Dr. Paul LaViolette

Verschlusssache Antigravitationsantrieb

1. Auflage April 2010

Dieses Werk wurde vermittelt durch die *Literarische Agentur Thomas Schlück GmbH*, 30827 Garbsen

Aus dem Amerikanischen: Klaus-Peter Kubiak
Lektorat: Peter Lay
Satz und Layout: Helmut Kunkel
Umschlaggestaltung: Angelika Unterreiner
Druck und Bindung: CPI – Clausen & Bosse, Leck

ISBN: 978-3-942016-24-7

Gerne senden wir Ihnen unser Verlagsverzeichnis
Kopp Verlag
Pfeiferstraße 52
72108 Rottenburg
E-Mail: info@kopp-verlag.de
Tel.: (0 74 72) 98 06-0
Fax: (0 74 72) 98 06-11

Unser Buchprogramm finden Sie auch im Internet unter:
www.kopp-verlag.de

Dr. Paul LaViolette

Verschlusssache Antigravitationsantrieb

Tesla, Ufos und die geheime Luft- und Raumfahrttechnik

KOPP VERLAG

INHALT

ANHANG

DANK

Ich widme dieses Buch meinem Vater Fred LaViolette (1916–2008), der für mich all die Jahre hindurch ein leuchtendes Vorbild war. Insbesondere möchte ich ihm für die vielen Stunden danken, die er damit verbracht hat, mir bei diesem Manuskript zu helfen. Ebenso danke ich meiner Schwester Mary für ihren redaktionellen Beistand. Und nicht zuletzt danke ich Tom Turman, Thomas Chavez, Guy Obolensky, Larry Deavenport, Jean-Louis Naudin und anderen für die Informationen, die sie mir zur Verfügung stellten, um dieses Buch zu ermöglichen.

1

Antigravitation: vom Traum zur Wirklichkeit

1.1 Reisen zu den Sternen

Interstellare Reisen haben die Phantasie und Sehnsucht der Menschheit seit jeher beschäftigt. Tatsächlich sind wir bereits ein Stück weit in den Kosmos vorgedrungen und auf dem Mond gelandet, während die modernsten Errungenschaften der Weltraumforschung, wie das Hubble-Teleskop, uns die unvorstellbaren Weiten des Weltalls nahe gebracht und in uns den Wunsch wiedererweckt haben, zu anderen Sternensystemen zu reisen. Aber bislang sind wir an die frustrierenden Grenzen der konventionellen Antriebstechnologie gebunden. Skeptiker erinnern uns daran, dass selbst ein mit modernsten chemischen Raketen bestücktes Raumschiff so viel Treibstoff benötigt, dass interstellare Reisen vollkommen undenkbar sind. Raumschiffe mit nuklear betriebenen Ionentriebwerken hätten zwar eine erheblich größere Reichweite, aber der Treibstoffbedarf wäre immer noch so enorm, dass selbst eine Reise von wenigen Lichtjahren praktisch unmöglich wäre. Rein rechnerisch würde ein von Raketen angetriebenes Raumschiff zur Verwirklichung unseres Traums eine Treibstoffmenge benötigen, die die Masse des Raumschiffes bei Weitem übersteigt.

Gibt es eine Möglichkeit, dieses Treibstoffproblem zu lösen – zum Beispiel durch den Einsatz eines völlig neuen Antriebssystems, bei dem kein rückwärtiger Ausstoß riesiger Massemengen erforderlich ist? Stellen Sie sich ein Raumschiff vor, das das Gravitationsfeld, von dem es umgeben ist, verändert und künstlich einen Gravitationsschacht erzeugt, der sich direkt vor dem Bug des Raumschiffs befindet und Masse anzieht. Die Anziehungskraft des Gravitationsschachts würde das Raumschiff nach vorn ziehen, so als ob sich ein sehr massiver Körper von der Größe eines Planeten vor ihm befände. Das Raumschiff würde sozusagen vorwärts »fallen« und dabei seinen selbst erzeugten Gravitationsschacht mit sich führen. Der Gravitationsschacht würde das Raumschiff ständig nach vorn ziehen, während er selbst ständig vor dem Raumschiff bleibt. Dadurch würde das Raumschiff fast Lichtgeschwindigkeit erreichen oder sie vielleicht sogar überschreiten, wobei keinerlei Energie erzeugt werden müsste, außer die, welche erforderlich ist, um den Gravitationsschacht zu erzeugen.

Ist eine solche Gravitationssteuerung überhaupt möglich? Ist es möglich, ein Raumschiff zu bauen, das so wenig Antriebsenergie benötigt, dass interstellare Reisen möglich werden? Die Antwort lautet ja. Während der letzten Jahrzehnte hat man in den Vereinigten Staaten und in einigen anderen Ländern Raumschiffe entwickelt, die der Schwerkraft trotzen. Eine Form dieser Technologie kann Raumschiffe auf Materie abstoßenden Energiestrahlen befördern. Diese seltsame Technologie fällt in jenen relativ obskuren Forschungsbereich, den man als Elektrogravitation bezeichnet.

Die Entdeckung der Elektrogravitation lässt sich bis zur Wende vom 19. zum 20. Jahrhundert zurückverfolgen. Nikola Tesla experimentierte mit Hochspannungs-Stoßentladungen, und kurze Zeit später machte T. Townsend Brown seine bis heute relativ unbekannte Entdeckung, dass elektrostatische und gravitative Felder eng miteinander verbunden sind. Leider wurde der Elektrogravitationseffekt von der etablierten Wissenschaft weitgehend ignoriert, denn dieses Phänomen passt nicht in den Rahmen der klassischen Elektrostatik und der allgemeinen Relativitätstheorie und wird demzufolge an den Fakultäten für Physik und Elektrotechnik nicht behandelt. Um die Geheimnisse der Elektrogravitation zu entdecken, muss man sich mit populärwissenschaftlichen Artikeln, Patenten und relativ obskuren technischen Berichten beschäftigen, die früher geheim gehalten wurden. Am besten beschäftigen wir uns wohl zuerst mit einigen von Browns grundlegenden Arbeiten.

1.2 Die Entdeckung der Elektrogravitation

Der amerikanische Physiker und Erfinder Thomas Townsend Brown wurde 1905 in einer wohlhabenden Familie in Zanesville, Ohio geboren. Schon in frühen Jahren interessierte er sich brennend für die Raumfahrt und träumte davon, eines Tages selbst ins Weltall zu reisen. Seine Entdeckung der Elektrogravitation gelang ihm während seiner Jahre an der Highschool, als sein Interesse für die Raumfahrt ihn veranlasste, mit Coolidge-Röhren zu experimentieren. Eine Coolidge-Röhre ist eine Röntgenstrahlen aussendende Hochspannungs-Vakuumröhre, ähnlich wie man sie auch in modernen Röntgengeräten in Zahnarztpraxen findet. Brown kam auf die Idee, die Röhre auf einer empfindlichen Waage zu montieren, um festzustellen, ob sie Schubimpulse erzeugt. Zu seiner Überraschung bewegte

Abb. 1.1 *Thomas Townsend Brown im Alter von 53 Jahren. (Foto mit freundlicher Genehmigung von Townsend Browns Familie und Qualight LLC)*

sich die Röhre jedes Mal, wenn sie angestellt wurde. Brown schloss Röntgenstrahlen als Ursache für diese geheimnisvolle Kraft aus. Er führte den Effekt auf die Hochspannung zurück, die er an die Platten der Röhre anlegte. Er kam zu dem Schluss, dass die Röhre sich bewegt hatte, weil ihr Gravitationsfeld irgendwie durch die Hochspannungsladung der Platte beeinflusst worden war.[1-4]

Nach weiteren Versuchen entwickelte Brown schließlich einen elektrischen Kondensator, den er Gravitator oder Gravitor nannte. Dieses Gerät war sehr schwer. Eine Version bestand aus einem Holzkasten mit einer Länge von ca. 60 cm sowie einer Höhe und Breite von jeweils 10 cm, der eine Reihe massiver, elektroleitfähiger Bleiplatten enthielt, die durch elektrisch isolierende Glasscheiben voneinander getrennt waren, welche als Dielektrikum dienten (ein Dielektrikum ist eine Substanz, die keinen elektrischen Strom leitet). Bei einer anderen Version wurde ein Dielektrikum verwendet, das aus einer Mischung aus Bleimonoxid und in Bakelit eingefasstem Bienenwachs bestand. Die Zeichnung in **Abb. 1.2**, die einem Patent von Brown aus dem Jahre 1928 entnommen wurde, zeigt eine weitere Version, die aus Aluminiumplatten und Paraffin besteht.

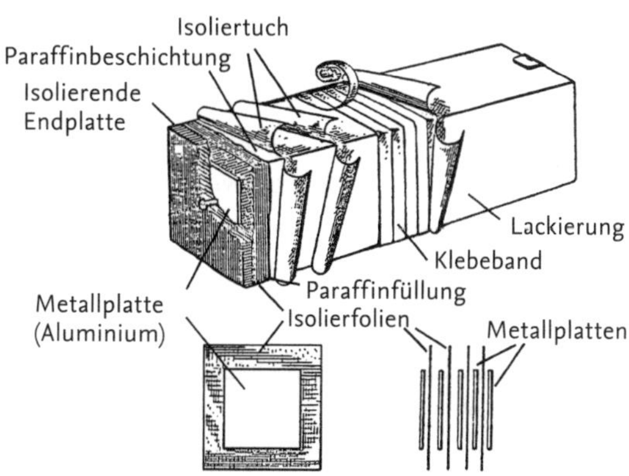

Abb. 1.2 *Perspektivische Darstellung eines zellularen Gravitators mit Details seiner Platten in End- und Seitenansicht. (Brown, 1928)*

Wurde Browns Gravitator mit einer Gleichspannung von 150.000 Volt aufgeladen, so erzeugte er eine Kraftwirkung in Richtung auf sein positiv geladenes Ende. Brown beobachtete, dass einer dieser Gravitatoren, der ein Gewicht von 10 kg hatte, eine maximale Kraftwirkung von 0,1 kg (1 Newton) hervorbrachte, eine Kraft, die etwa einem Prozent seines Gewichts entsprach.[5,6] Wenn der Gravitator auf einer Waage vertikal montiert und aufgeladen wurde, gewann bzw. verlor er die jeweilige Menge an Gewicht, je nach der Polarität der Hochspannung. Er wurde leichter, wenn sein positives Ende nach oben gerichtet wurde, und schwerer, wenn sein negatives Ende nach oben gerichtet wurde.

Im Jahr 1922 begann Brown mit seinem Studium am *California Institute of Technology*. Den Großteil seines ersten Jahres verbrachte er damit, sich mit seinen Professoren anzufreunden und sie von seinen Fähigkeiten als erstklassigem Laborassistenten zu überzeugen. Wenn er jedoch mit seinen Ideen in Bezug auf die Elektrogravitation anfing, mochte ihm keiner zuhören. Am Ende des Jahres ließ er sich seine gesamte Laborausrüstung aus Ohio schicken und baute sie in seinem Zimmer auf. Dann schickte er Einladungen an einige seiner Professoren, zum Beispiel den namhaften Dr. Robert Millikan, um ihnen die Kraft zu demonstrieren, die er entdeckt hatte. Doch niemand kam. Bald darauf fragte einer seiner Freunde Professor Millikan, ob er jemand kenne, der einen Weg gefunden hätte, die Gravitation zu beeinflussen. Millikan soll schroff geantwortet haben: »Natürlich nicht, so etwas ist doch vollkommen unmöglich!«

Brown, der durch diese Vorfälle tief gekränkt war, verließ Kalifornien und schrieb sich am *Kenyon College* in Gambier, Ohio ein. Im darauffolgenden Jahr wechselte er zur *Dennison University* in Granville, Ohio. Einer seiner Physikprofessoren an dieser Universität, Dr. Paul A. Biefeld, war ebenfalls an der Bewegung von elektrischen Kondensatoren interessiert. Brown führte häufig Gespräche mit Biefeld und nannte das Phänomen der Elektrogravitation schließlich den Biefeld-Brown-Effekt, wahrscheinlich aus Respekt vor Biefelds eigenem Interesse an diesem Thema. Es ist jedoch nicht klar, ob Brown bei seinen Forschungen von Biefeld aktiv unterstützt wurde.

Für eines seiner Experimente befestigte Brown an den zwei Enden eines Stabes jeweils einen Gravitator. Der Stab hing an einem langen Seil, das am Drehpunkt des Stabes und an der Decke des Labors befestigt wurde (**Abb. 1.3**). Als der Stab mit einer Gleichspannung zwischen 75.000 und 300.000 Volt aufgeladen wurde, drehte er sich, während sich jeder Gravitator in Richtung seines positiven Pols bewegte. Dies erfolgte immer auf dieselbe Art und Weise, auch wenn der Kondensator in einen Ölbehälter getaucht wurde, um die Möglichkeit auszuschalten, dass der Effekt durch einen elektrischen Ionenwind erzeugt wurde. Browns Gravitatoren konnten diese Bewegung mit einer Eingangsleistung von nur 1 Watt erzeugen. Da jeder Gravitator einen Schub von 100 g (1 N) erzeugte, betrug das Schub-Leistungs-Verhältnis der Bronwschen Elektrogravitationserzeuger 2000 Newton pro Kilowatt. Das ist das 130-fache des Schub-Leistungs-Verhältnisses eines Düsentriebwerks oder das 10.000-fache des Schub-Leistungs-Verhältnisses des Haupttriebwerks der Raumfähre.

Abb. 1.3 *Ein experimenteller Aufbau zur Messung der von Thomas Townsend Browns Gravitatoren erzeugten Kraftwirkung. (Foto mit freundlicher Genehmigung von Townsend Browns Familie und Qualight LLC)*

Brown stellte fest, dass der von ihm beobachtete Elektrogravitationseffekt von der Menge der in seinen Kondensatoren gespeicherten Ladung abhängig war. Wurde die angelegte Spannung erhöht und eine größere Ladung gespeichert, reagierten die Kondensatoren mit einer Zunahme an Elektrogravitation. Da die Intensität des Effekts außerdem von der Masse des Kondensators abhing, kam er zu dem Schluss, dass die induzierte Bewegung auf die Fähigkeit des Kondensators zurückzuführen war, ein lokalisiertes Gravitationsfeld zu erzeugen.

Nachdem Brown *Dennison* verlassen hatte, führte er vier Jahre lang, zwischen 1926 und 1930, Forschungen im Bereich der Astrophysik durch. Er arbeitete für ein Privatlabor in seiner Heimatstadt Zanesville und für das *Swazey-Observatorium* in Ohio, wo er mit Dr. Biefeld in Kontakt stand. Bei einer Abwandlung seiner Versuche mit dem drehbaren Gravitator hängte Brown einen einzelnen Gravitator mit zwei Drähten an die Decke seines Labors (**Abb. 1.4**). Dabei wurde dieser in einen Behälter mit Öl getaucht, um die Erzeugung von Ionen zu reduzieren. Als er aufgeladen wurde, schwenkte das Pendel in Richtung des positiven Pols des Gravitators. Brown bezeichnete dieses Elektrogravitationsphänomen als einen Impuls.[7] Er bemerkte, dass das Pendel in weniger als fünf Sekunden seine maximale Amplitude der Schwingung erreichte, dann jedoch, selbst unter Aufrechterhaltung des Hochspannungspotenzials, das Pendel allmählich in die senkrechte Position zurückkehrte, wozu es 30 bis 80 Sekunden benötigte. Er stellte außerdem fest, dass sein Pendel bei der Umkehr aus dem maximalen Ausschlag phasen- oder stufenweise zögerte. Jedoch zeigte sich bei Wiederholungen des Versuchs, dass es für diese Verzögerungsstufen keine festen Werte gab.

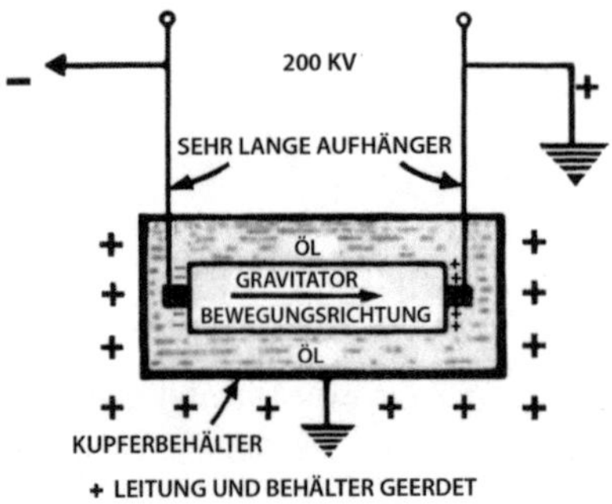

Abb. 1.4 *Thomas Townsend Browns Gravitator wurde pendelartig aufgehängt und in einen Behälter mit Öl getaucht. (Brown, 1929)*

Brown stellte ebenfalls fest, dass er seinem Gravitator nach jedem Test eine Pause gönnen musste, damit sich der Effekt wiederholte. Er musste die Ladespannung für mindestens fünf Minuten ausschalten, um seinem Gravitator ausreichend Zeit zu geben, sich »neu zu laden« und seinen »früheren Gravitationszustand« wieder zu erreichen. Er ging nicht darauf ein, was während dieser Regenerationsphase geschehen sein könnte. Wahrscheinlich hatte er zu jenem Zeitpunkt selbst keine klare Vorstellung davon. Er sah einfach, dass er bei größerer Dauer des Gravitationsimpulses dem Gravitator eine längere Pause einräumen musste.

Wir können uns vielleicht vorstellen, warum Browns Gravitator seine ursprüngliche Gravitationskraft nicht aufrechterhalten konnte, wenn wir uns

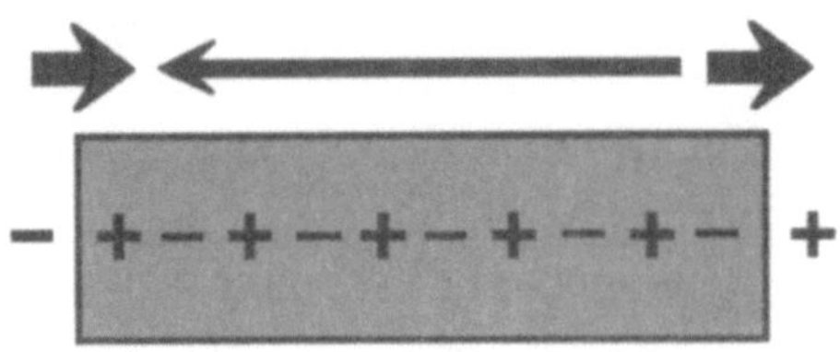

Abb. 1.5 *Die Anordnung der polarisierten Ladung im Dielektrikum des Gravitators, während die Platten unter Spannung gesetzt wurden. Die Pfeile zeigen die Richtung der Elektrogravitation an.*

vor Augen führen, was im Innern von dessen Nichtleiter geschehen sein mag: Am Anfang, bevor die Hochspannung angelegt wurde, befand sich das Dielektrikum in einem nichtpolarisierten Zustand. Nach dem Anlegen der Spannung begann der Strom zu fließen, und die Platten des Gravitators luden sich allmählich auf. Das elektrische Feld zwischen den Platten übte eine elektrostatische Kraft auf die Moleküle des Dielektrikums aus, wodurch sich diese leicht verschoben – die positiven Molekularladungen wurden in Richtung des negativen Pols gezogen und die negativen Molekularladungen in Richtung des positiven Pols. Auf diese Weise wurde das Dielektrikum polarisiert (siehe **Abb. 1.5**), und sein elektrisches Dipolmoment zeigte in eine dem angelegten elektrischen Feld entgegengesetzte Richtung.

Das Dielektrikum wird als Reaktion auf die angelegte Spannung nicht unmittelbar polarisiert. Es dauert einige Zeit, bis eine vollständige Polarisierung erreicht ist. Diese Verzögerung ist eine grundlegende Eigenschaft der Dielektrika, bekannt als »dielektrische Relaxation«. Sie erfolgt analog zur Hysterese, welche man beobachten kann, wenn ein Transformatorkern magnetisch erregt wird. Die meisten Dielektrika für Kondensatoren, die heutzutage verwendet werden, haben eine sehr kurze dielektrische Relaxation – weniger als einige Mikrosekunden. Browns Kondensator hingegen muss eine ausgesprochen lange Relaxationszeit gehabt haben, wahrscheinlich weil er von einem Ende zum anderen sehr lang war und aufgrund der Wachs-Bleioxid-Mischung, aus der er bestand. Die 30 bis 80 Sekunden, die es erforderte, bis der Gravitator aus seinem maximalen Ausschlag allmählich wieder in seine Lotposition zurückkehrte, entsprachen vermutlich der Dauer der dielektrischen Relaxation, der Zeit also, die erforderlich war, bis das Dielektrikum vollständig polarisiert war.

Während der ersten Sekunden, in denen die Spannung angelegt wurde, dürfte das langsam reagierende Dielektrikum zum großen Teil unpolarisiert geblieben sein. Daher breitete sich das angelegte elektrische Feld zusammen mit seinem entsprechenden Gravitationsfeldeffekt im gesamten Dielektrikum aus und übte einen maximalen Gravitationsdruck auf das Dielektrikum in Richtung seines positiven Pols aus. Während das Dielektrikum jedoch zunehmend polarisiert wurde, verstärkte sich das in die Gegenrichtung wirkende elektrische Feld des Dipolmoments allmählich und verringerte entsprechend die Gravitationseffekte. Somit ließ die Kraftwirkung, die den Gravitator in die Richtung seines positiven Pols drückte, allmählich nach. Als dann das Dielektrikum den vollständig polarisierten Zustand mit seinem entgegengesetzt gerichteten maximalen Dipolmoment erreichte, wurde diese Kraftwirkung praktisch auf null reduziert, und der Gravitator kehrte in seine Lotposition zurück.

Während das Dielektrikum allmählich polarisiert wurde, konnten die Kondensatorplatten eine zunehmende Menge elektrischer Ladung aufnehmen, denn immer mehr polarisierte molekulare Ladungen formierten sich entlang der Platten und zogen zusätzliche Ladungen an. Folglich lud sich der Gravitator während dieses Polarisierungsintervalls immer mehr auf, wobei ein Strom auf seine Platten floss. Die Ladungsrate war zu Beginn am stärksten und ließ dann allmählich nach, bis der vollständige Ladezustand erreicht wurde. Die durch das polarisierende Dielektrikum verursachte umgekehrte Gravitationswirkung hatte entsprechend zur Folge, dass die gesamte Kraftwirkung zu Beginn der Pendelbewegung am schnellsten nachließ und allmählich langsamer abnahm, bis der vollständige Ladezustand erreicht wurde. Die Beobachtung, dass die Gravitationskraft in Stufen nachließ, kann möglicherweise ein Hinweis darauf sein, dass das Dielektrikum bis zum vollständig polarisierten Zustand eine Reihe abrupter mechanischer Verschiebungen durchlief.

Die Notwendigkeit, den Gravitator zwischen den Testläufen zu entladen und ausruhen zu lassen, damit er »in seinen früheren Gravitationszustand« zurückgeht, ist verständlich, wenn wir uns klarmachen, dass es notwendig war, dem Dielektrikum ausreichend Zeit zu geben, um sich vollständig zu depolarisieren. Sobald die Gleichspannung abgeschaltet wird, bleibt die Restladung zunächst auf den Platten des Kondensators, da sie von der Restpolarisierung des Dielektrikums gehalten wird. Ingenieure bezeichnen diese Restladung als *dielektrische Absorption*. Sie ist besonders wichtig bei Kondensatoren, die eine große Menge Ladung speichern können.

Während sich das Dielektrikum allmählich entspannt, wird diese Ladung nach und nach freigesetzt. Sobald das Dielektrikum des Kondensators in einen unpolarisierten Zustand übergegangen ist, sammeln sich während des nächsten Ladezyklus sehr schnell neue Ladungen auf seinen Elektroden. Wieder bildet sich im gesamten Gravitator ein steiler Anstieg des Gravitationspotenzials aus und übt vorübergehend eine Kraftwirkung auf sein massives Dielektrikum aus, bis dann wieder das allmählich zunehmende Feld des Dipolmoments entgegenwirkt.

1.3 Eine Theorie der Elektrogravitation

Im August 1927 meldete Brown in England ein Patent für seine Idee des Gravitators an, das im November 1928 ausgestellt wurde (Britisches Patent Nr. 300.311). Darin stellte Brown unmissverständlich klar, dass die von ihm entdeckte Antriebskraft unkonventioneller Natur ist:

> Die Erfindung bezieht sich auch auf elektrische Energie benötigende Maschinen oder Geräte, die das Gravitationsfeld oder die Gravitationsenergie steuern oder beeinflussen. Sie bezieht sich ebenfalls auf elektrische Energie benötigende Maschinen oder Geräte, die eine lineare Kraft oder Bewegung zeigen, welche unabhängig von jedem Bezugssystem ist außer dem, was relativ zum Universum als Ganzem ruht. Ich gehe außerdem davon aus, dass die besagte lineare Kraft oder Bewegung keine gleiche und entgegengesetzte Reaktion aufweist, die durch irgendwelche allgemein bekannten, von der Physik akzeptierten Methoden beobachtet werden kann.[8]

Hier führt er seine Überzeugung aus, dass die Elektrogravitation innerhalb eines eigenen Bezugsrahmens wirkt, der relativ zum Universum ruht, ein Gedanke, der im Widerspruch zur Vorstellung der speziellen Relativitätstheorie steht, dass eine Kraft innerhalb jedes Bezugsrahmens auf dieselbe Art und Weise funktioniert. Außerdem behauptet er, dass diese Kraft reaktionslos ist, wenn sie vorwärts gerichtet wirkt – das heißt, dass dabei keine Gegenkraft wirkt. Und damit sagt er praktisch, dass sie gegen Newtons drittes Gesetz der Bewegung verstößt, nämlich dass jede Aktion eine gleich große und entgegengesetzte Reaktion erzeugt. Dr. Patrick Cornille, der Browns Hochspannungs-Pendelversuch wiederholte, kam ebenfalls zu dem Schluss, dass dies tatsächlich ein Verstoß gegen Newtons drittes Gesetz der Bewegung sei (siehe Kapitel 12).

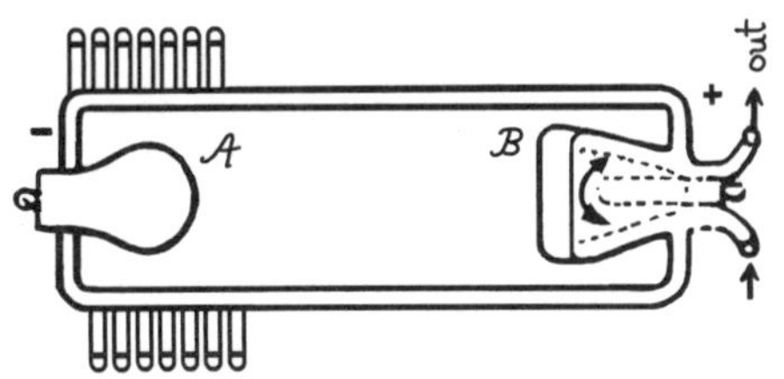

Abb. 1.6 *Ein Gravitator innerhalb eines evakuierten Gefäßes, das anhand von Browns Patent nachgebaut wurde. Bei dieser Version wird die negative Elektrode oder Kathode (links) zum Glühen gebracht, was die thermionische Emission von Elektronen fördert, wohingegen die positive Elektrode oder Anode (rechts) durch zirkulierende Luft oder Wasser gekühlt wird. Diese Konfiguration ahmt viele Konstruktionsmerkmale einer Röntgenröhre (oder Coolidge-Röhre) nach, wie jene, die Brown verwendete, als er zum ersten Mal das Phänomen der Elektrogravitation beobachtete. (Brown, 1928)*

Am 28. Oktober 1928, kurz bevor Townsend sein Patent erhielt, bot er der Physikzeitschrift *Physical Review* einen Artikel unter dem Titel »Tapping Cosmic Energy« (das Anzapfen kosmischer Energie) an, in dem er seine Versuche mit dem Gravitator beschrieb.

Leider lehnte die Zeitschrift seinen Artikel ab, offensichtlich wegen der darin enthaltenen unkonventionellen Behauptungen. Um nur einen Punkt aufzugreifen: Seine Ideen stellten die Gravitationstheorie Einsteins infrage, die zu diesem Zeitpunkt von der Physikwissenschaft bereits akzeptiert worden war. Ein Jahr später veröffentlichte Brown im *Science and Invention Magazine*[9] eine weniger technische Version seiner Ergebnisse. Es gelang ihm, mit seiner Arbeit zahlreiche Leute zu beeindrucken.

Im Jahr 1930 schrieb Brown in einem Brief an Oberst Edward Deeds, einen langjährigen Freund: »Ich lud eine Reihe von Wissenschaftlern ein und führte ihnen den Gravitator vor. Sie alle waren absolut erstaunt über sein Wirken. Sie sagten ganz offen, dass sie zwar die Resultate und die Bewegungen des Gravitators sahen, diese aber anhand der ihnen bekannten Gesetze der Physik absolut nicht erklären konnten.«[10]

Zu jener Zeit verfügte Brown noch über keine Theorie, um die Elektrogravitation zu erklären. Erst zwanzig Jahre später brachte er eine mögliche Theorie zustande, die er in einem seiner Notizbücher skizzierte. Aber eine theoretische Methodologie, die tatsächlich eine Ladung-Masse-Kopplung voraussagte und mit der die Elektrogravitation im Zusammenhang mit einer vereinheitlichten Feldtheorie verstanden werden konnte, entstand erst Ende der siebziger Jahre des 20. Jahrhunderts mit der Entwicklung der Subquantenkinetik.[11-13] Es ist nützlich, wenn wir uns an dieser Stelle ein wenig mit dieser Theorie beschäftigen, denn sie hilft uns dabei, die von Brown erzielten neuartigen Resultate zu verstehen.

Die Subquantenkinetik bietet eine Erklärung für die Gravitation, die sich von Einsteins Relativitätstheorie wesentlich unterscheidet. Während die allgemeine Relativitätstheorie postuliert, dass eine Masse eine Anziehungskraft auf andere Objekte ausübt, indem sie das Raum-Zeit-Gefüge um sich herum krümmt, besagt die Subquantenkinetik, dass eine Masse keinen solchen Effekt auf die Geometrie von Raum oder Zeit hat. Die Subquantenkinetik geht davon aus, dass der Raum geometrisch flach oder euklidisch ist. Somit entspricht sie den geometrischen Regeln, die wir alle im Mathematikunterricht gelernt haben. Sie sagt voraus, dass eine Masse ein klassisches Gravitationsfeld erzeugt und dass durch den Gradienten in einem solchen Potenzialfeld auf ein entferntes Objekt eine Kraft ausgeübt wird, wobei das Potenzialgefälle beeinflusst, wie die einzelnen subatomaren Teilchen dieses Objekts ihre physikalische Form erneuern. (Einzelheiten darüber, wie Potenzialfelder erzeugt werden und wie sie materielle Teilchen durch Formerneuerung beschleunigen, werden in Kapitel 4 behandelt.)

Auch in Bezug auf die Vorhersage der Polarität des Gravitationsfeldes unterscheidet sich die Subquantenkinetik von der allgemeinen Relativität. Nach der allgemeinen Relativitätstheorie ziehen Massen immer nur andere Massen an, stoßen sie jedoch nicht ab. Obwohl Einstein den Begriff eines Masse abstoßenden Effekts einführte, dessen Betrag er symbolisch durch eine Größe darstellte, die er kosmologische Konstante nannte, war diese nicht Teil seiner allgemeinen Relativitätstheorie, sondern ein Ad-hoc-Korrekturfaktor zu seinen Feldgleichungen, sodass diese nicht ein Universum postulierten, das sich aufgrund einer Selbstgravitation spontan zusammenzog.

Einstein hatte versucht, seine Relativitätstheorie so zu erweitern, dass sie sowohl den Elektromagnetismus als auch die Gravitation umfasste, aber das war ihm nicht gelungen. Die Relativitätstheorie war nicht imstande, irgendeinen Zusammenhang zwischen der Polarität von Ladungen und der Polarität des Gravitationsfeldes herzustellen.

Die Subquantenkinetik postuliert hingegen, dass die Gravitation zwei Polaritäten hat. Sie erlaubt die Schaffung entweder eines Materie anziehenden Gravitationspotenzialtales oder eines Materie abstoßenden Gravitationspotenzialberges und postuliert, dass diese beiden Gravitationspolaritäten in direktem Zusammenhang mit der Polarität der elektrischen Ladung stehen. Das bedeutet, dass positiv geladene Teilchen, wie zum Beispiel Protonen, Gravitationstäler bilden, wohingegen negativ geladene Teilchen, wie Elektronen, Gravitationsberge bilden.

Wenn Protonen und Elektronen sich zu elektrisch neutralen Atomen verbinden, neutralisieren sich die Gravitationspolaritäten der Protonen und Elektronen zum großen Teil gegenseitig. Da in der Theorie jedoch das Gravitationstal des Protons den Gravitationsberg des Elektrons geringfügig überragt, erzeugt elektrisch neutrale Materie durch das verbleibende Potenzialtal eine Materie anziehende Gravitation, und dadurch wird die Gravitation erzeugt, die uns am Boden festhält.

Die Subquantenkinetik postuliert, dass sich auf der negativ geladenen Seite eines Kondensators ein Materie abstoßender Gravitationsberg bildet und ein Materie anziehendes Gravitationstal auf der positiv geladenen Seite. Der eintretende Gradient des Gravitationspotenzials erzeugt eine auf das massive Dielektrikum des Kondensators einwirkende Anziehungskraft, die ihn in die Richtung

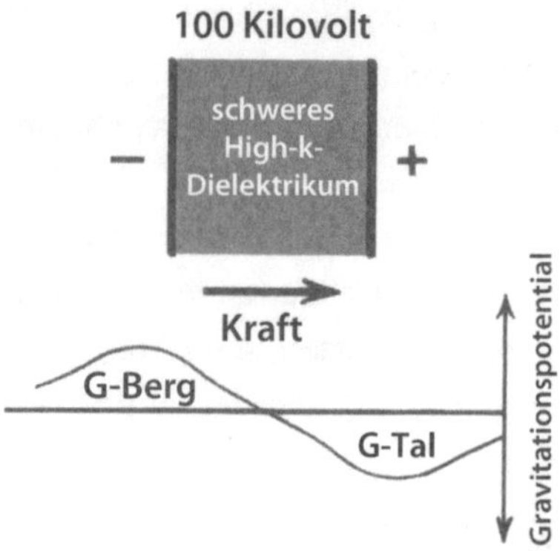

Abb. 1.7 *Der Elektrogravitationseffekt, der durch das Laden eines Kondensators auf hohe Spannung erzeugt wird. (P. LaViolette, © 1994)*

der positiv geladenen Platte zieht (**Abb. 1.7**). Je herausragender der Gravitationsberg und das Gravitationstal sind, desto steiler der Gradient des Gravitationspotenzials und desto stärker der erzeugte Gravitationsschub. Während die Kraft wirkt, verhält sich der Kondensator, als ob er durch ein sehr starkes Gravitationsfeld, das aus einer unsichtbaren, vor seinem positiven Pol befindlichen planetarischen Masse hervorgeht, nach vorne gezogen wird und als ob er von einer gleich starken repulsiven Gravitationskraft, die hinter seinem negativen Pol wirkt, nach vorne gestoßen wird. Würde der Kondensator mit seinem positiven Pol nach oben positioniert und so geladen werden, dass er einen ausreichend steilen vertikalen Gravitationsgradienten erzeugt, könnte die abwärts gerichtete Schwerkraft theoretisch komplett überwunden werden. (Eine detailliertere mathematische Analyse in Bezug auf die Quantifizierung der Elektrogravitationskraft finden Sie in der grau unterlegten Textpassage auf den folgenden Seiten.)

Gegenwärtig gibt es keine einfache Methode zur Überprüfung der Vorhersage, dass ein einzelnes Elektron eine negative schwere Masse haben könnte, denn jede Materie abstoßende Gravitationskraft, die es erzeugen könnte, würde von der elektrostatischen Interaktion mit der umgebenden Materie völlig überlagert. Das bedeutet, dass bisher noch niemand eine Methode gefunden hat, diese elektrostatischen Kräfte ausreichend zu überprüfen und damit eine genaue Messung der schweren Masse eines einzelnen Teilchens zu ermöglichen. Wenn sich jedoch eine große Zahl von Elektronen und Protonen differenziell akkumuliert, wie an den gegenüberliegenden Polen eines geladenen Kondensators, scheint der kumulative Effekt der negativen Gravitationspotenziale der Elektronen stark genug zu sein, um eine sichtbare makroskopische Kraft zu erzeugen. Diese Kraft ist der Elektrogravitationseffekt, den Brown beobachtete.

Quantifizierung des Elektrogravitationseffektes

Die Subquantenkinetik sagt also voraus, dass ein geladener Körper eine schwere Masse, m_g, erzeugt, die direkt der Größe seiner elektrischen Ladung entspricht. Ihre verhältnismäßige Entsprechung wird durch die folgende elektrogravitative Kopplungsrelation ausgedrückt:

[schwere Masse] IST PROPORTIONAL ZUR **[elektrischen Ladung]**

oder mit Symbolen:

$$m_g \propto q \tag{1}$$

Somit dürfte ein Körper, der eine vierfache Erhöhung der positiven elektrischen Ladung erfährt, eine vierfach größere positive schwere Masse erzeugen. Auch dürfte eine vierfache Erhöhung der negativen elektrischen Ladung eine vierfach größere negative (Masse abstoßende) schwere Masse erzeugen. Da außerdem elektrische Ladungen entweder in einer positiven oder negativen Polarität, $\pm q$, auftreten, würde die schwere Masse entsprechend einer der beiden Polaritäten je nach der Ladungspolarität induziert werden.

Dieselbe Elektrogravitationsregel gilt, wenn sie durch die elektrische Ladungsdichte ρ_e und die Dichte der schweren Masse ρ_m ausgedrückt wird; diese Größen beziehen sich auf die Menge der Ladung oder der schweren Masse pro Volumeneinheit. Ihre proportionale Äquivalenz wird ausgedrückt als:

[Die Dichte der schweren Masse] IST PROPORTIONAL ZUR **[elektrischen Ladungsdichte]**

oder mit Symbolen:

$$\rho_m \propto \rho_e \tag{2}$$

Wir können diese Entsprechung zwischen Ladung und Masse auch in Form von Energiepotenzialen ausdrücken oder, um einen anderen Ausdruck zu gebrauchen, in Form von Feldpotenzialen. Zum Beispiel dürfte ein positiv geladener Körper, der durch eine positive Ladungsdichte, ρ_e, gekennzeichnet ist, innerhalb seiner selbst ein positives elektrisches Potenzial entwickeln. Dieses erhöhte Potenzial dürfte ein elektrisches Potenzialfeld $\varphi_e(r)$ erzeugen, das als ein elektrischer Potenzialberg erscheint, dessen Maximum sich auf dem geladenen Körper zentriert, und einer Stärke, die mit zunehmendem radialen Abstand *r* von diesem Körper progressiv abnimmt. Der Ausdruck in Klammern, *(r)*, weist darauf hin, dass die Feldstärke mit dem Abstand *r* variiert.

Wie bereits in der Formel 2 angemerkt, ist zu erwarten, dass ein Körper mit einer positiven elektrischen Ladungsdichte eine entsprechende positive Dichte der schweren Masse ρ_m erzeugt, die ihre inhärente natürliche Massendichte ergänzt. Dies wiederum dürfte ein entsprechendes negatives Gravitationspotenzial innerhalb des Körpers hervorrufen, das sein natürlich erzeugtes negatives Gravitationspotenzial ergänzt, welches wiederum ein ausgedehntes Gravitationspotenzialfeld $-\varphi_g(r)$ erzeugt. Dieses Gravitationsfeld dürfte sich als ein Gravitationspotenzialtal aufbauen, das auf dem geladenen Körper zentriert ist, wobei sein Gravitationspotenzial mit zunehmendem radialen Abstand *r* vom Körper fortschreitend auf positivere Werte ansteigt.

Im Falle einer negativen Ladungsdichte wären diese Feldpolaritäten umgekehrt, was zu einem auf den Körper zentrierten elektrischen Potenzialtal führte, das wiederum einen Gravitationspotenzialberg erzeugte. Bitte beachten: Wenn von Gravitationsfeldern die Rede ist, ist das, was wir gemeinhin als »positive Masse« bezeichnen, eine Masse, die ein Materie anziehendes Gravitationspotenzialtal erzeugt. Im Fall einer elektrischen Ladung würde eine positive Ladung andererseits einen positiven elektrischen Potenzialberg erzeugen.

Die in (1) und (2) dargelegten Elektrogravitationsverhältnisse können in Form von Feldpotenzialen wie folgt ausgedrückt werden:

[Gravitationspotenzial] IST PORPORTIONAL ZUM **[negativen elektrischen Potenzial]**

oder mit Symbolen:

$$\varphi_g(r) \propto -\varphi_e(r) \qquad (3)$$

Somit besagt die Subquantenkinetik, dass ein Gradient des elektrischen Potenzialfelds, der sich zwischen den positiven und negativen Platten eines Kondensators erstreckt, einen proportionalen Gradienten des Gravitationspotenzialfeldes mit entgegengesetztem Vorzeichen über das Dielektrikum des Kondensators erzeugt (siehe **Abb. 1.5** auf Seite 16).

Außerdem besagt das zweite Gesetz Newtons, dass ein Gravitationspotenzialfeld in einem Körper eine Kraft erzeugt, die proportional zur Größe des Feldgradienten multipliziert mit der trägen Masse des Körpers ist. Dies kann mathematisch durch die folgende Gleichung dargestellt werden:

$$\vec{F}_g(r) = -Gm_\circ \vec{\nabla}\varphi_g(r), \tag{4}$$

wobei $\vec{F}_g(r)$ die Gravitationskraft ist, die auf den Körper wirkt, G die Gravitationskonstante, $m_\circ$ die träge Masse des betroffenen Körpers und $\vec{\nabla}\varphi_g(r)$ der örtliche Gradient des Gravitationspotenzials, der manchmal auch als $grad\varphi_g(r)$ symbolisiert wird. Die kleinen Pfeile über den Symbolen für Kraft und Gradient weisen darauf hin, dass es sich um Vektorgrößen handelt, die sowohl Richtung als auch Betrag haben. Grundsätzlich drückt diese Gleichung aus: Je steiler der Gradient des Gravitationsfeldes ist, desto größer ist die erzeugte Kraft, wie dies bereits im Zusammenhang mit **Abb. 1.7** erwähnt wurde. Oder, alternativ dazu: Je größer der Betrag von $\vec{\nabla}\varphi_g(r)$, desto größer die erzeugte Kraft.

Die Größe $-G\vec{\nabla}\varphi_g(r)$ in Gleichung 4 wird als *Gravitationsbeschleunigung* bezeichnet und manchmal als $g(r)$ symbolisiert. Somit kann die Gleichung 4 umgeschrieben werden, um den verkürzten Ausdruck für die Gravitationskraft zu ergeben: $\vec{F}_g(r) = m_\circ \vec{g}(r)$. Häufig wird der Betrag einer beschleunigenden Schwerkraft mit »*g*'s«, d. h. Vielfachen der Gravitationsbeschleunigung der Erde, ausgedrückt. Die Gravitationsbeschleunigung, die uns zur Erde zieht, hat auf der Oberfläche der Erde einen Wert von etwa 980 cm/s^2. Dies darf nicht mit dem Trägheitssymbol »*g*« verwechselt werden, welches den Betrag einer mechanischen Beschleunigungskraft quantifiziert, die von einem Jetpiloten oder Astronauten als träge Kraft erfahren wird, die sich der Beschleunigung widersetzt. Somit wäre eine Elektrogravitationsbeschleunigung von 10 *g*'s eine Gravitationsbeschleunigung, die zehn Mal derjenigen entspricht, die auf natürliche Weise auf der Oberfläche der Erde erzeugt wird. Je nach Polarität und Ausrichtung des angelegten elektrischen Feldes kann diese künstlich erzeugte Gravitationsbeschleunigung so eingestellt werden, dass sie die vom Erdfeld erzeugte Beschleunigung entweder ergänzt oder ihr entgegenwirkt.

Gleichung 4 kann mit der Proportionalitätsrelation 3 kombiniert werden, um die Gravitationskraft $\vec{F}_g$ auszudrücken, die auf einen Körper (oder Dielektrikum) wirkt. Dies erfolgt als Produkt der trägen Masse m_o des Körpers und des Spannungsgradienten, $\vec{\nabla}\varphi_g(r)$, der ihn umspannt:

$$\vec{F}_g(r) = km_o\vec{\nabla}\varphi_g(r) \tag{5}$$

Die hier hinzugefügte Konstante k ist eine experimentell bestimmte Proportionalitätskonstante der Elektrogravitation, die das Kopplungsverhältnis von Ladung und Masse quantifiziert. Hoffentlich wird durch zukünftige Experimente ein Wert für diese Konstante ermittelt. Die Gleichung 5 drückt also mathematisch die elektrische Induktion einer Gravitationskraft aus.

1.4 Elektrogravitationsmotoren

In seinem britischen Patent von 1928 stellte Brown auch seine Erfindung eines Gravitatormotors vor. Dazu gehörte eine Reihe von Gravitatorzellen, die in einem Kreis angeordnet sind (**Abb. 1.8**). Wenn man die Zellen in einem ausreichenden Abstand zueinander positioniert und dafür sorgt, dass das Abstandsmedium weniger dicht ist als das Medium des Dielektrikums innerhalb jeder Zelle, dann erzeugen die Zellen kollektiv unausgeglichene Kräfte und dadurch eine Rotation. Brown stellte fest, dass dieser Motor entweder »unabhängig erregt«, d.h. durch eine externe elektrische Stromquelle betrieben werden konnte oder durch elektrischen Strom, den er selbst erzeugte.

Eine spätere Version seines Gravitatormotors wurde im US-Patent 1.974.483 beschrieben, das im Februar 1930 beantragt und im September 1934 für Brown ausgestellt wurde. Dieser Motor hatte einen Rotor, bei dem sich Sektoren aus Marmor und lackiertem Holz abwechselten, welche jeweils durch Kupferplattenelektroden voneinander getrennt waren. Die Elektroden wurden mit einer Hochspannungsquelle aufgeladen (siehe **Abb. 1.9**). Bei einer anderen

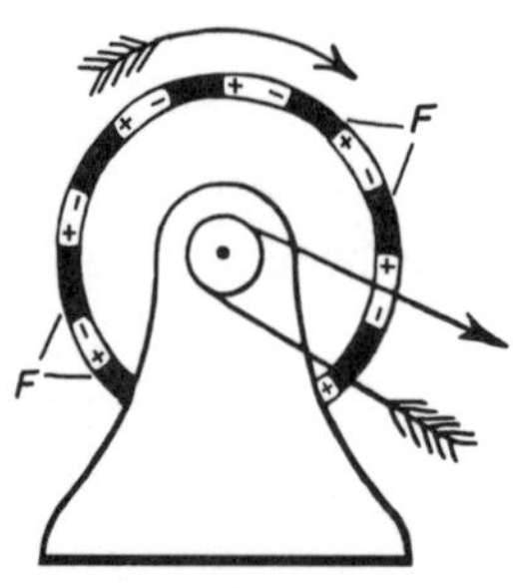

Abb. 1.8 *Ein Gravitatormotor, bestehend aus Gravitatorzellen (F), die um die Peripherie eines Rades herum angeordnet sind. (Brown, 1928)*

Variation benutzte er abwechselnde Sektoren aus Bleioxid und Paraffinwachs. Im Wesentlichen wechselte er Dielektrika hoher Dichte mit Dielektrika niedriger Dichte ab.

In seinem Patent von 1928, wo er die Möglichkeit beschrieb, seinen Motor mit elektrischem Strom anzutreiben, den der Motor selbst erzeugen sollte, wies er darauf hin, dass die vom Motor erzeugte elektrische Abgabeleistung die für den Betrieb des Motors nötige elektrische Leistung weit überschreiten würde. Er schrieb:

> Man muss bedenken, dass die durch den Betrieb des Motors erzeugte Energie manchmal die für den Betrieb des Motors erforderliche Energie weit überschreitet. In einigen Fällen kann das Verhältnis sogar eine Million zu eins betragen. [...] Bei den sich selbst antreibenden Motoren soll die Energie, die notwendig ist, um die Reibung oder andere Widerstände in der physikalischen Konstruktion des Apparats zu überwinden und die Motoren gegen solche Widerstände sogar zu beschleunigen, ausschließlich aus dem Gravitationsfeld oder der Gravitationsenergie bezogen werden.[14]

Brown behauptet also nicht weniger, als dass sein Motor ein Perpetuum Mobile sei. Es stellt sich nun die Frage, ob er die Over-Unity-Kapazität dieses Motors nicht übertrieben hat, denn er führt keine experimentellen Beweise an. Auch gibt es keinen Hinweis darauf, dass irgendjemand dieses Experiment wiederholt und dabei so hohe elektrische oder mechanische Leistungen erzielt hat. Trotzdem ist ein so eklatanter Verstoß gegen den ersten Hauptsatz der Thermodynamik im Prinzip möglich, wenn ein Gravitationsfeld dazu gebracht wird, einer Kreisbahn zu folgen, wie im Falle des Gravitatormotors von Brown. Das bedeutet, dass das induzierte Gravitationsfeld ungeachtet der Position des Rades immer weitere Rotationen verursacht, da die Gravitatoren, die an der Peripherie des Rades montiert sind, ein kreisförmig ausgerichtetes Gravitationsfeld bilden und dieses Feld mitführen, während sich das Rad dreht. Tatsächlich würde das

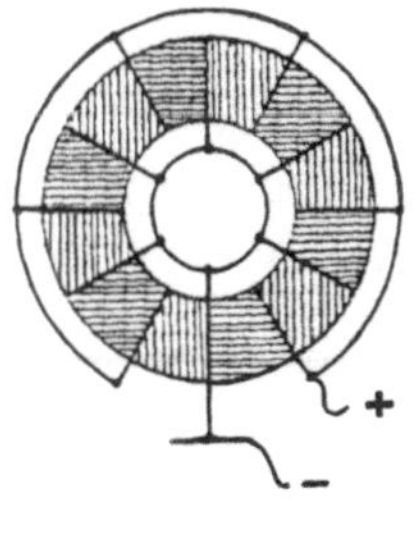

Abb. 1.9 *Eine Rotorkomponente für einen elektrostatischen Motor, der von Thomas Townsend Brown gebaut und zum Patent angemeldet wurde. Bei dieser Komponente werden dielektrische Sektoren von abwechselnd hoher und geringer Dichte verwendet. (Brown, 1930)*

Rad in einem Zustand des kreisförmigen freien Falls immer weiter rotieren. Ebenso wie eine Masse, die in einen unendlich tiefen Schacht fällt und immer weiter fallen würde, würde auch dieser Rotor sich endlos weiterdrehen, ohne jemals das Ende seiner Energieversorgung zu erreichen. Die ganze Zeit über würde Energie aus der Welle des Rades bezogen werden, und zwar ohne Kosten – außer denen, die erforderlich wären, um die Gravitatoren zu betreiben.

Solche Gravitationswirbelfelder sind in der Natur nur selten zu beobachten, denn das Erdfeld wird zum großen Teil radial zum Zentrum der Erde gelenkt. Jedoch gibt es einige wenige Ausnahmen zu dieser Regel, wie zum Beispiel am Golf von Argostoli auf der Insel Kefalonia an der Nordwestküste Griechenlands. Einige Kilometer nordwestlich der kleinen Küstenstadt Argostoli gibt es einen Ort, wo das Wasser von der Bucht landeinwärts fließt. Es strömt vom höheren Meeresspiegel abwärts und verschwindet nach einigen Hundert Metern in einem Riss im Felsen. Um herauszufinden, wo dieses Wasser hinfließt, schütteten österreichische Geologen 350 Pfund Markierfarbe ins Wasser und entdeckten zwei Wochen später mit ihrer hochempfindlichen Ausrüstung dieselbe Farbe in einer Quelle, die aus einer unterirdischen Höhle entsprang, auf der anderen Seite der Insel, etwa 14 km in östlicher Richtung. Seltsamerweise befindet sich das Wasser in dieser Höhle mehrere Meter über dem Meeresspiegel und fließt schließlich bergab in die Bucht zurück. Somit fließt das Wasser in einem kompletten Kreis! Vor hundert Jahren bauten Einheimische einen Kanal für das hereinfließende Wasser sowie ein Wasserrad, um die Energie zur Erzeugung von elektrischem Strom zu nutzen (siehe **Abb. 1.10**).

Was veranlasst das Wasser auf der westlichen Seite der Bucht, bergab, unter den Meeresspiegel, zu fließen und dann an der östlichen Seite bergauf zu fließen, um zur Bucht zurückzukehren? Einige haben die Vermutung geäußert, dass geothermische, unterirdische hydrostatische Drücke das Wasser nach oben bewegen. Da in dieser Gegend noch weitere ungewöhnliche Phänomene beobachtet wurden, glaubt der griechische Physiker Panagiotis Pappas, dass stattdessen eine Anomalie des Gravitationsfelds vorhanden sei. Die Wasserströmung in der Bucht von Argostoli ändert ihre Richtung ca. jede Viertelstunde. Das kann man ganz eindeutig von der einen Kilometer langen Brücke aus sehen, die das flache südliche Ende der Bucht überspannt. Dort kann man beobachten, wie das Wasser mit einer Geschwindigkeit von einem Meter pro Sekunde an den Brückenbögen entlangfließt, einige Minuten später jedoch langsam anhält und dann mit zunehmender Geschwindigkeit in die entgegengesetzte Richtung strömt. Dieser Effekt ist auf keinen Fall auf die Gezeiten zurückzuführen, die in einem viel längeren, zwölfstündigen Zyklus erfolgen.

Abb. 1.10 *Wasserrad an einem Schleusenkanal auf der Insel Kefalonia zur Stromerzeugung durch fließendes Wasser. Der Wasserstand fällt um etwa 2 m unter Meereshöhe, wenn das Wasser das Rad erreicht, und danach um einige weitere Meter, um in einer Spalte zu verschwinden. (Aufnahme des Autors)*

Auf der anderen Seite des Golfes von Argostoli, unweit des Dorfes Lixouri, liegt ein riesiger Felsblock, der, wie man über viele Jahre beobachtet hat, sich langsam hin und her neigt. Aufgrund seiner Bewegung wurde er Kounopetra oder »Wackelfelsen« genannt. Wenn man ein Blatt Papier unter ein Ende dieses Felsens legt, dann stellt man nach einiger Zeit fest, dass dieses Blatt unter dem Felsen festhängt und nicht mehr entfernt werden kann. Noch später hat sich das Gravitationszentrum des Felsens wieder verlagert, und man kann das Papier wieder entfernen. Vielleicht sind die Bewegung des Felsens, der allmähliche Richtungswechsel der Wasserströmung in der Bucht und die Gravitationsanomalie, die die unterirdische Wasserströmung über die Höhe des Meeresspiegels aufwärts fließen lässt, alle auf eine gemeinsame Ursache zurückzuführen – eine Wirbelinstabilität im örtlichen Gravitationsfeld, die eine Bewegung tangential zur Erdoberfläche verursacht. Wenn dem so ist, war die Meeresmühle von Argostoli vielleicht das erste Perpetuum Mobile der modernen Zeit.

1.5 Browns Entdeckungen auf dem Gebiet der Elektrogravitation

Brown beobachtete den täglichen Betrieb seines Elektrogravitationsmotors sehr genau. Im Laufe seiner Untersuchungen stellte er fest, dass die Drehzahl seines Motors nicht konstant war. Sie variierte entsprechend der Tageszeit. Weitere

Beobachtungen ergaben, dass sein Drehmoment entsprechend der Mond- und Sonnenzyklen stieg und fiel. Ein siderischer Tageszyklus war ebenfalls vorhanden, bei dem das Gravitationsdrehmoment sich aufgrund der Rotation der Erde im Verhältnis zu einem festen Punkt im Weltraum veränderte, der etwa in der Richtung des galaktischen Zentrums liegt. Brown beobachtete ähnliche zyklische Einflüsse bei seinen Versuchen mit dem Gravitatorpendel, bei dem die Gesamtdauer des erzeugten Pendelimpulses entsprechend den kosmischen Bedingungen variierte, zum Beispiel gemäß der Ausrichtung des Pendels zu Sonne und Mond in Zeiten der Konjunktion bzw. Opposition. Durch Ausschluss von Faktoren wie Schwankungen der Temperatur und der angelegten Spannung kam er zu dem Schluss, dass der Impuls ausschließlich durch die Bedingungen des umgebenden Gravitationsfeldpotenzials bestimmt wurde. Er fand heraus, dass jede beliebige Zahl unterschiedlicher Arten von Gravitatoren, die gleichzeitig mit sehr unterschiedlichen Spannungen arbeiteten, in jedem Augenblick dieselbe Impulsdauer hatten und über längere Zeiträume die gleichen Veränderungen aufwiesen. Die Ursache für diese Veränderungen faszinierte ihn außerordentlich und wurde für den Rest seines Lebens zu einem Mittelpunkt seiner Forschungen auf dem Gebiet der Gravitation.

Im Jahre 1930 verließ Brown das *Swazey-Observatorium* und begann als Spezialist für Strahlung, Feldphysik und Spektroskopie am *Naval Research Laboratory* in Washington D.C. Zwischen 1931 und 1933 beauftragte das *Naval Research Laboratory* ihn mit einem Projekt, dessen erklärtes Ziel es war, bestimmte ungewöhnliche »elektrische« Effekte zu untersuchen, die in Flüssigkeiten und massiven Dielektrika mit hoher Permittivität festgestellt wurden. Brown fand heraus, dass solche massiven Dielektrika die stärkste Elektrogravitationskopplung aufwiesen. Wiederum stellte er fest, dass die Stärke des Elektrogravitationsschubs je nach Tageszeit variierte.

Die dielektrische Konstante K

Häufig wird die Permittivität eines Dielektrikums als dielektrische Konstante K des Materials ausgedrückt, welche das Verhältnis seiner Permittivität zur Permittivität des leeren Raumes ist, mit $\varepsilon_0 = 8{,}85 \times 10^{-12}$ Farad pro Meter, d.h. $K = \varepsilon/\varepsilon_0$. Wenn also zwei Kondensatoren miteinander verglichen werden, von denen einer ein Dielektrikum mit zehnfach höherem K-Wert zwischen seinen Elektroden hat, und beide Kondensatoren mit derselben Spannung geladen werden, dann ist der Kondensator mit dem Dielektrikum mit dem höheren K-Wert in der Lage, zehn Mal so viel elektrische Ladung zu speichern. Die K-Werte können von nahe eins, z. B. dem Wert der Luft, bis auf über 20.000 variieren, z. B. bei bestimmten keramischen Materialien. Als Brown seine ersten Tests durchführte, verwendete er für einen seiner Gravitatoren Bleimonoxid als Dielektrikum, das einen K-Wert von 26 hat. Einige Keramikmaterialien, z. B. Bariumtitanat, haben nicht nur eine sehr hohe dielektrische Konstante zwischen 2.000 bis 10.000 K, sondern sind auch ziemlich schwer. Vor Kurzem hat man festgestellt, dass ein Keramikmaterial namens Bariumzirkoniumtitanat (auch als BZT bekannt), das auch sehr massiv ist, eine dielektrische Konstante von 23.000 hat.

Brown konstruierte teure Aufzeichnungsgeräte, von denen einige an den elektrostatisch aufgeladenen, multisegmentalen Rotor erinnern, den er in den zwanziger Jahren entwickelt hatte, bei dem jedoch massive Dielektrika mit höherer Permittivität verwendet wurden. Er nannte sie *siderale Elektrometer.* Mehrere Jahre lang führte er ständig Messungen unter sorgfältig kontrollierten Bedingungen durch. Er hielt die Spannung und die Temperatur konstant und schirmte seine Geräte gegen magnetische und elektrostatische Felder in der Umgebung ab. Sein siderales Elektrometer hatte normalerweise einen Durchmesser von 12 Zoll und wurde in der Mitte an einem dünnen Draht aufgehängt, wodurch es sich in horizontaler Richtung drehen konnte, sobald ein Drehmoment wirkte. Ein Sequenzgeber legte 3 Sekunden lang 11.000 Volt an die Rotorsegmente an, wodurch sich der Rotor um mehrere Grad drehte. Der Strom wurde dann für drei Minuten abgeschaltet, damit der Motor in seine entspannte Position ohne Drehmoment zurückkehren konnte. Der Zyklus wurde dann wiederholt. Die erregten und entspannten Winkelpositionen des Rotors wurden automatisch auf einem sich langsam bewegenden Papierstreifen notiert. Später wurden die Trends statistisch verarbeitet, um sie auf mögliche zyklische Korrelationen zu überprüfen. Im Jahre 1973 schrieb Brown Folgendes über seine Ergebnisse:

> Es gab ausgeprägte Korrelationen mit der mittleren Sonnenzeit, der siderischen Zeit und dem Stundenwinkel des Mondes. Dies schien über jeden Zweifel hinaus zu beweisen, dass die Kraftwirkung der »Gravitatoren« im Zusammenhang mit den Sonnen- und Mondgezeiten und einer siderischen Komponente unbekannten Ursprungs variierte. Diese automatischen Aufzeichnungen, die an so vielen Orten über einen so

> langen Zeitraum gemacht wurden, scheinen darauf hinzuweisen, dass die Elektrogravitationskopplung einem außerirdischen Faktor unterworfen ist, der möglicherweise mit der universellen Gravitationsgröße oder einer anderen, bisher noch nicht identifizierten kosmischen Variablen zusammenhängt.[15]

Außerdem ergaben Browns Forschungen im *Naval Research Laboratory* überraschenderweise, dass der elektrische spezifische Widerstand bestimmter Dielektrika hoher Dichte zyklischen Veränderungen unterworfen ist, die mit der Solar- und Sternenzeit zusammenhängen. Er konstruierte einen Widerstandssensor, der diese Veränderungen messen konnte. Im Gegensatz zum sideralen Elektrometer hatte dieses Gerät keine beweglichen Teile. Er machte Beobachtungen mit diesen beiden Detektoren, sowohl in Washington als auch auf hoher See an Bord des amerikanischen U-Boots *S-48* während der *Navy-Princeton International Gravity Expedition* zu den Westindischen Inseln. Admiral Hyman Rickover, der damals Leutnant war, diente bei dieser Expedition als (zweiter kommandierender) Führungsoffizier. Browns Laborergebnisse wurden in einer Studie unter dem Titel »Anomales Verhalten massiver Dielektrika mit hoher Permittivität« festgehalten, die anscheinend immer noch geheim gehalten wird. Unter Berufung auf den *Freedom of Information Act* wurde das *Naval Research Laboratory* im Mai 1995 aufgefordert, eine Kopie dieses Dokuments freizugeben. Man erhielt jedoch die Antwort, das Archiv besitze keine Kopie dieses Dokuments. Entweder hatte man nicht gründlich genug gesucht, oder das Dokument wurde verlegt und seine Existenz bzw. sein Verbleib geheim gehalten.

Die Resultate dieser Elektrogravitationsmessungen waren so vielversprechend, dass man 1937 beschloss, die Forschungen auszuweiten und westlich von Washington eine weitere Marinestation für diesen Zweck einzurichten. Messvorrichtungen wurden in einem großen Raum mit gleichbleibender Temperatur in Browns Haus in Zanesville eingerichtet. Außerdem wurden Automaten für die Datenerfassung aufgestellt. Diese neuen Messungen bestätigten die Ergebnisse des *Naval Research Laboratory*. Die Feldstation wurde im folgenden Jahr an die *University of Pennsylvania* in Philadelphia verlegt. Die Forschungen wurden während des Zweiten Weltkriegs unterbrochen, jedoch von 1944 bis 1949 in Kalifornien wieder aufgenommen, und zwar in Laguna Beach und Los Angeles. Das Projekt wurde von der *Townsend Brown Foundation* gefördert, einer wissenschaftlichen Forschungseinrichtung, die von Browns Eltern Mitte der zwanziger Jahre gegründet worden war.

In einem Brief von 1968 an den Forscher Thomas Turman ging Brown auf die von ihm beobachteten Veränderungen bei der Elektrogravitation ein:

> Es gibt da einige Unklarheiten in Bezug auf das Wesen der Elektrogravitation, insbesondere in Bezug auf die Veränderungen, die sie durchmacht. Es scheint mindestens drei halbtägige Zyklen zu geben:
>
> 1) in Bezug auf die mittlere Solarzeit (besonders stark um 4 und 16 Uhr);
> 2) in Bezug auf den Mondzeitwinkel, besonders stark etwa 2 Stunden nach dem oberen und unteren meridianen Transit des Mondes;
> 3) in Bezug auf die siderale Zeit bei einem absoluten Maximum um 16 Uhr ST [Greenwich Sidereal Time] und einem kleineren Maximum um 4 Uhr ST. Die Gründe für diese Veränderungen und die Gründe für die fast ununterbrochenen langfristigen Schwankungen sind völlig unbekannt.[16]

Abb. 1.11 *Thomas Townsend Brown in seiner unterirdischen elektrogravitativen Beobachtungsstation in seinem Haus in Zanesville, Ohio. (Foto mit freundlicher Genehmigung von Townsend Browns Framilie und Qualight LLC, 1937)*

Um 16 Uhr Greenwich ST erreicht das westliche Ende des Sternbilds Skorpion seinen Zenit, eine Himmelsposition innerhalb 25° des galaktischen Zentrums. Deshalb vermutete Brown, dass der siderale Effekt, den er beobachtete, auf irgendeine Strahlung aus dem Zentrum unserer Galaxie zurückzuführen sei. Er kam zu dem Schluss, dass diese »sideralen Strahlen« nicht elektromagnetisch seien und nicht an kosmische Strahlen erinnerten; sie hätten außerdem keine bekannte ionisierende Kraft, würden durch das magnetische Feld der Erde nicht beeinflusst und hätten eine starke Durchdringung. Schließlich mutmaßte er, dass es sich um hochfrequente Gravitationswellen handeln müsse.

Im Jahre 1970 nahm Brown seine sideralen Messungen an einem einsamen Ort auf Catalina, einer Insel vor der Küste Südkaliforniens, wieder auf. Etwa um diese Zeit entdeckte er einen neuen korrelierten Effekt. Er fand heraus, dass bestimmte Materialien – zum Beispiel keramische Dielektrika mit hoher Permittivität, bestimmte Arten von Widerständen, komplexe Silikate, natürliches Eruptivgestein und Lehm – spontan Gleichstrom-Elektropotenziale erzeugen, einige davon von mehr als 0,7 Volt. Außerdem stellte er fest, dass dieses erzeugte Gleichstrompotenzial von Stunde zu Stunde und von Tag zu Tag variierte, auf sehr ähnliche Weise wie die Widerstandsabweichungen, die er bei den Versuchen im *Naval Research Laboratory* beobachtet hatte.[17] In einer Abhandlung über diese Entdeckung schrieb er:

> Es wurde festgestellt, dass bestimmte Gesteine aus Basalt und Granit ein Eigenpotenzial aufweisen, das langen zyklischen Veränderungen unterworfen ist, die nichts mit Temperatur, Feuchtigkeit oder anderen lokalen Variablen zu tun haben. Eine Langzeitbeobachtung hat ergeben, dass es Zeitabschnitte während des Jahres gibt, in denen das Eigenpotenzial konsequent mit der sideralen Zeit korreliert und maximale und minimale Werte erreicht, die auf das galaktische Zentrum weisen (17 Std. 43 Min. RA). Zu anderen Zeiten herrschen Sonnenzyklen vor, und die siderale Komponente verschwindet. Trotzdem besteht fast immer ein regelmäßiges Muster, das nicht auf die Laborbedingungen zurückgeführt werden kann. Somit ist es nicht so sehr von Bedeutung, dass ein Eigenpotenzial existiert, sondern dass es entsprechend einem kosmischen Muster variiert.[18]

Browns Entdeckung, dass diese Veränderungen von zwei verschiedenen Messinstrumenten registriert wurden, bestätigte seine Hypothese, dass der siderale Effekt auf eine Energieströmung und nicht einfach auf einen Potenzialgradienten zurückzuführen ist. Was immer es auch war – dieses Phänomen war offensichtlich in der Lage, elektrische Energie in bestimmte dielektrische Materialien einzuspeisen, Substanzen, die er als »Petrovoltaika« bezeichnete. Weil seine Messungen darauf hinwiesen, dass diese Strömung selbst in unterirdische Räume eindringen konnte, kam er zu dem Schluss, dass man sie mit hochfrequenter Gravitationswellenstrahlung identifizieren könne. Er fand heraus, dass Petrovoltaika zusätzlich zur Gleichspannung auch elektrisches Wechselstromrauschen auf breiter Radiofrequenz erzeugen. Er vermutete, dass diese Wechselstromkomponente aus kosmischen Gravitationswellen entstand, die durch die Substanz hindurchgehen und einen Teil ihrer Energie auf sie übertragen. Er spekulierte, dass das Gestein möglicherweise als Gleichrichter fungiert und einen Teil dieser Energiefluktuationen in Gleichspannung umwandelt.

Falls elektrische Energie spontan in Petrovoltaika erzeugt wird, dann kann man erwarten, dass sie auch Wärme entwickelt. In den zwanziger Jahren führte der amerikanische Erfinder und Industrielle Charles Brush Messungen an Petrovoltaika durch und zeigte, dass sie spontan Hitze ausstrahlen, obwohl sie nicht radioaktiv sind.[19] Er berichtete über seine Ergebnisse in einem Artikel in der Fachzeitschrift *Physical Review* unter dem Titel »Verzögerung der Gravitationsbeschleunigung und spontane Entwicklung von Wärme in komplexen Silikaten, Lava und Ton«. Die Ergebnisse seiner Wärmemessungen wurden später von Dr. Elmer Harrington vom *National Bureau of Standards* [eine US-Bundesbehörde] bestätigt.[20] Das Phänomen fand bei der Wissenschaft sehr wenig Beachtung, vermutlich weil es nicht besonders gut verstanden wurde. Falls eine solche Wärmeentwicklung tatsächlich stattfindet, kann man davon ausgehen, dass ein bedeutender Anteil der von der Erdkruste ausgehenden geothermischen Strömung auf diese Weise entsteht.

Im Jahre 1974 stellte Brown sein automatisches Aufzeichnungsgerät im *Haleakala Observatory* auf Maui für Beobachtungen in großer Höhe (10.000 Fuß) auf, und 1975 verlegte er sein Labor in ein unterirdisches Gewölbe der *University of Hawaii* in Honolulu. Später führte er auch Messungen am Boden eines 300 Fuß tiefen Minenschachts in Berkeley, Kalifornien durch. Zu seinem Sortiment von Messinstrumenten gehörten jetzt auch ein siderales Elektrometer, ein dielektrischer Widerstandsmesser, ein petrovoltaischer Eigenpotenzialdetektor und ein »K-Wellen«-Detektor. All diese Instrumente registrierten Veränderungen, die auf siderale Korrelationen hindeuteten. So wies er nach, dass das siderale Phänomen die Elektrogravitationskopplung in beiden Richtungen beeinflusste. Es beeinflusste sowohl die *elektrogravitative* Konversion des elektrostatischen Potenzials in Gravitationskraft als auch die *gravitativ-elektrische* Konversion der Gravitationswellenenergie in elektrische Energie.

Browns K-Wellen-Detektor konnte sehr kleine Veränderungen in der dielektrischen Konstante eines Kondensators messen und dabei kleine Veränderungen in der lokalen elektrischen Permittivität des Raums – der Fähigkeit des Raums, elektrische Ladung zu speichern – aufzeichnen. Die elektrische Permittivität eines Kondensators – ε – entspricht seiner dielektrischen Konstante K mal ε_0, der elektrischen Permittivität des materiefreien Raums, d. h. $\varepsilon = K\varepsilon_0$. Der K-Wellen-Detektor registrierte Veränderungen, von denen man annimmt, dass sie von leichten Veränderungen beim ε_0 herrühren. Brown war der Meinung, dass langfristige Veränderungen des ε_0 die historischen Veränderungen der gemessenen Werte der Lichtgeschwindigkeit erklären könnten.

Die Schaltungen, die Brown für seinen K-Wellen-Detektor und den Detektor für den dielektrischen Widerstand verwendete, sind in **Abb. 1.12** dargestellt. Bei einer anderen Version seines K-Wellen-Detektors verwendete er eine verbrauchte Nickel-Cadmium-Batteriezelle statt eines Kondensators mit hoher Permittivität.

In **Abb. 1.13** sehen Sie Teile eines 9-Tage-Diagrammstreifens, auf dem die Spannung (in Millivolt) aufgezeichnet wurde, die im August 1978 spontan von einem Stück Basalt aus Koolau erzeugt wurde.[21] Die Spannung variierte zyklisch mit der Tageszeit und erreichte ein Maximum, wenn das galaktische Zentrum den Zenit erreichte.

Brown stellte ebenfalls fest, dass Detektoren, die in einem Abstand von bis zu 80 km voneinander entfernt waren, gleichzeitige Ereignisse oder »Bursts« (Ausbrüche) registrierten. Das ist ein Hinweis darauf, dass sie von einer gemeinsamen äußeren Quelle ausgelöst wurden.[22]

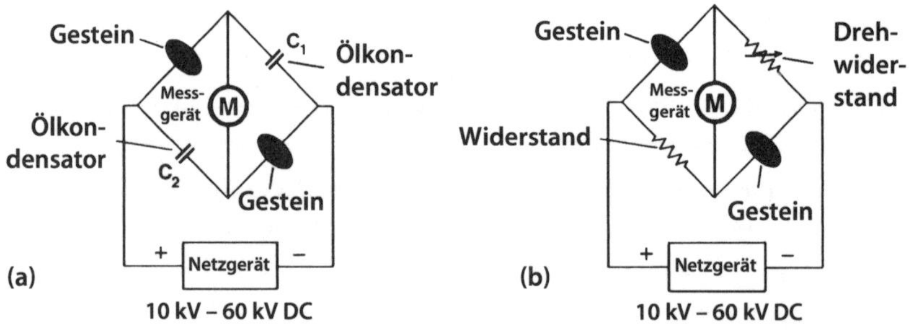

Abb. 1.12 *Brückenschaltungen, die Brown für seine K-Wellen-Detektoren (a) und seine dielektrischen Widerstandsdetektoren (b) verwendete. (Aus Einträgen in Thomas Townsend Browns Labornotizbuch von 1974)*

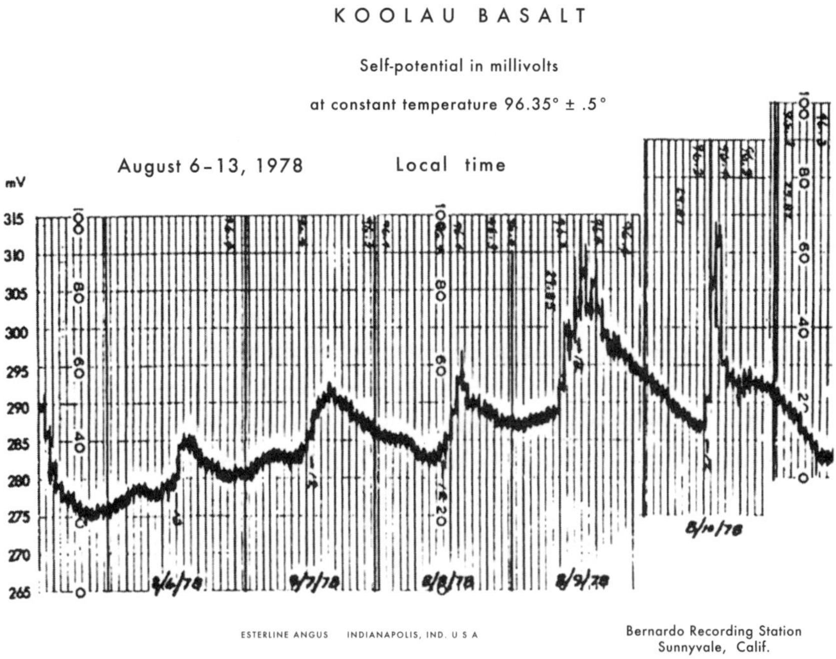

Abb. 1.13 *Ausschnitt eines 9-Tage-Diagrammstreifens, auf dem die von einem Stück Basalt aus Koolau erzeugte Spannung aufgezeichnet wurde. Die Spitzenspannungen traten auf, wenn das galaktische Zentrum seinen Zenit erreichte. (Diagramm mit freundlicher Genehmigung von Townsend Browns Familie und Qualight* LLC*)*

1.6 Das *Philadelphia-Experiment*

Eine weitere erwähnenswerte Episode in Browns Leben, für die jedoch nur sehr wenige und widersprüchliche Unterlagen vorliegen, betrifft seine Mitarbeit am *Philadelphia-Experiment* für die Marine. Dabei handelte es sich um ein höchst geheimes Forschungsprojekt in der *Marinewerft von Philadelphia* im Oktober 1943, bei dem man angeblich das Ziel verfolgte, ein Schiff der Marine sowohl für das Radar als auch für das bloße Auge unsichtbar zu machen. Zu den Wissenschaftlern, die angeblich an dem Projekt beteiligt waren, gehörten Albert Einstein, Vannevar Bush, John von Neumann und Nikola Tesla. Bevor ich näher darauf eingehe, sollten wir uns anschauen, womit sich Brown in den Jahren vor diesem Projekt beschäftigte.

Anfang 1933, während Brown für das *Naval Research Laboratory* in Washington D.C. arbeitete, nahm er sich einige Zeit frei, um als Physiker für eine geophysikalische Expedition in der Karibik zu arbeiten, die vom *Smithsonian Institute* und dem Geschäftsmann Eldrige Johnson, dem Mitbegründer der *Victor Talking Machine Company* [Vorläufer des Musikunternehmens RCA], unterstützt wurde.[23] Die Johnson-Smithsonian-Expedition, die an Bord von Johnsons riesiger Yacht *Caroline* durchgeführt wurde, hatte das Ziel, Risse im Meeresboden kartografisch zu erfassen.

Aber bei dieser Expedition ging es um viel mehr als nur um Wissenschaft. Auf dieser Reise hatte Brown die Gelegenheit, Johnson und mehrere von dessen Freunden und Kollegen zu treffen, zum Beispiel Johnsons reichen Geschäftspartner Leon Douglass und den britischen Meisterspion William S. Stephenson, der später, während des Zweiten Weltkrieges, den Namen »the man called Intrepid« (der Unerschrockene) erhalten sollte. In seiner im Internet veröffentlichten Brown-Biografie schreibt Paul Schatzkin, er habe von einem ehemaligen engen Bekannten Browns erfahren, dass Johnson und Douglass Mitglieder von Stephensons internationalem Spionagenetz gewesen seien und dass Brown während seines Aufenthalts auf der *Caroline* selbst als Spion rekrutiert worden sei.[24] Schatzkin bezeichnete dieses Netz als die *Caroline-Gruppe* und sagte, dass sie im Leben Browns fortan eine wichtige Rolle spielen sollte. Ein großer Teil von Schatzkins internen Informationen wurde ihm von einer Person verraten, der er den Decknamen Morgan gab und die zu jener Zeit eine führende Position in einer der Geheimdienstorganisationen der USA bekleidete. In früheren Jahren hatte »Morgan« mit Brown zusammengearbeitet.

In den folgenden Jahren erfüllte Brown eine Reihe von Aufgaben. Eine der wichtigsten war seine Position als stellvertretender technischer Offizier während der Jungfernfahrt der *USS Nashville.* Auf seiner Rückreise von Europa transportierte dieses Schiff Goldbarren im Wert von 50 Millionen Dollar über den Atlantik, die von der Bank von England an die *Chase Manhattan Bank* in New York transferiert wurde. Während Brown sich auf dieser Reise befand, wurde für ihn an der *University of Pennsylvania* ein Labor für Elektrogravitationsforschung eingerichtet. Schatzkin schrieb, dass Johnson am Bau dieses Labors beteiligt war, dessen Betrieb man durch einen Teil des Goldes finanzierte, das auf der *Nashville* transportiert wurde.[25]

Im Jahre 1939 verließ Brown die *University of Pennsylvania,* um als Material- und Betriebsingenieur für die *Glenn Martin Company* in Baltimore zu arbeiten, einem Vorläufer des Raumfahrtunternehmens *Lockheed Martin.* Kurz danach, im Jahre 1940, wurde er vom *Bureau of Ships* der Marine in Washington D.C. mit der Leitung eines »Forschungs- und Entwicklungsprojekts für die Minenräumung« beauftragt. William Moore schrieb, dass Brown eine Gruppe von 15

Akademikern leitete und über einen Etat von 50 Millionen Dollar verfügte.[26] Man könnte vermuten, dass die Mittel ebenfalls aus dem Gold stammten, das man zwei Jahre zuvor an die *Chase Manhattan* transferiert hatte. Es handelte sich um eine ziemlich bedeutende Geldsumme, etwa 5% des Etats der US-Marine von 1940! Wir können nur spekulieren, ob die Caroline-Gruppe irgendwie daran beteiligt war. Wie dem auch sei, das Projekt muss sehr wichtig gewesen sein, und man fragt sich wirklich, ob es dabei nur um Minenräumung ging.

Nach dem Überfall auf Pearl Harbor und dem Eintritt der USA in den Zweiten Weltkrieg wurde Brown als Einsatzleiter der *Atlantic Fleet Radar Materiel School* und der *Gyro-Compass School* zur *Naval Operating Base* in Norfolk, Virginia versetzt. Im Sommer 1942 wurde er nach Philadelphia zurückbeordert, um die wissenschaftliche Ausrüstung in seinem Labor an der *University of Pennsylvania* auseinanderzubauen und nach Norfolk zu bringen. Dort arbeitete er weiter für die *Atlantic Fleet Radar School,* bis zu seinem Ausscheiden aus der Marine Ende 1943.

Einem kurzen Eintrag in einer seiner Autobiografien können wir entnehmen, dass er nach seiner Arbeit für das *Bureau of Ships* in Washington D.C. und vor seiner Tätigkeit bei der *Atlantic Fleet Radar School* als stellvertretender technischer Leiter für die »Ausstattung neuer Schiffe« in der *Marinewerft von Philadelphia* eingesetzt wurde. In jener Autobiografie schrieb Brown:

> Meine Arbeit während des Krieges bestand im Wesentlichen aus Folgendem:
>
> 1. Akustische und magnetische Minenräumung (Einsatzleiter), *Bureau of Ships,* Washington D.C.
> 2. Stellvertretender technischer Leiter (Ausstattung neuer Schiffe), *Marinewerft Philadelphia*
> 3. *Naval Research Laboratory* – Radar-Auffrischungskurs
> 4. *Atlantic Fleet Radar School* (befehlshabender Offizier), *Naval Operating Base,* Norfolk, Virginia. Unterricht für Fortgeschrittene und Abfassen von Lehrbüchern, Offizier und Bibliothekar.[27]

Seltsamerweise werden seine Arbeit bei der Marinewerft und seine »Radar-Auffrischungskurse« im *Naval Research Laboratory* in Washington in anderen Biografien von Brown nicht erwähnt. In seiner Autobiografie sind keine Datumsangaben zu finden. In seiner Biografie in *Who's Who in American Science* heißt es jedoch, dass er seine Arbeit beim *Bureau of Ships* im Jahre 1941 abschloss.[28] Und in Moores Artikel steht, dass Brown seine Arbeit an der Radarschule kurz nach der Bombardierung Pearl Harbors im Dezember 1941 aufgenommen hat, also im Jahr 1942.[29] Seine Mission bei der *Marinewerft von Philadelphia* muss er also irgendwann im Jahre 1941 erfüllt haben. Das heißt, dass er sich zu diesem Zeitpunkt an dem Ort befunden haben muss, an dem das Zerstörer-Begleitschiff *USS Eldridge* DE 173 für das *Philadelphia-Experiment* vorbereitet wurde, das angeblich im Oktober 1943 durchgeführt wurde. Wenn man Browns technische Kompetenz als Forscher und Wissenschaftler bedenkt, dann könnte man ohne weitere Informationen eventuell auf die Idee kommen, dass die Schiffe bei der *Marinewerft von Philadelphia,* für deren Ausstattung er zuständig war, möglicherweise für ein Forschungsexperiment ausgerüstet wurden. Das verleiht der Theorie, dass er für das *Philadelphia-Experiment* arbeitete, einige Glaubwürdigkeit.

In seinem späteren Leben wurde Brown von Josh Reynolds, einem Geschäftspartner und Freund der Familie, nach seiner Beteiligung am *Philadelphia-Experiment* befragt. Er antwortete, dass es ihm nicht erlaubt sei, über diesen Teil seiner Arbeit zu sprechen. Er fügte jedoch hinzu, dass eine Menge von dem, was über das Projekt geschrieben wurde, grob übertrieben sei.[30] Hierbei bezog er sich wahrscheinlich auf die Behauptungen einiger Leute, dass das Schiff durch die Zeit gereist sei oder sich selbst zum Hafen von Norfolk teleportiert hätte, wo es angeblich für einige Minuten sichtbar geworden sei, bevor es dann wieder in der *Marinewerft von Philadelphia* auftauchte. Aber die Tatsache, dass er seine Beteiligung an diesem Projekt nicht direkt leugnete, lässt schon vermuten, dass die Gerüchte in diesem Punkt wahr sind.

Moore, der Mitautor des Buches *The Philadelphia Experiment* [deutsch: *Das Philadelphia-Experiment*], bat Brown einmal, den Rohentwurf eines Artikels zu überarbeiten, den er über Browns Leben schrieb. In einem Abschnitt beschrieb er eine Reihe von Experimenten, die von der Marine gefördert wurden und bei denen es um die Effekte und die Geräte ging, die später mit dem *Philadelphia-Experiment* in Zusammenhang gebracht wurden. Er hatte diesen Abschnitt absichtlich eingeschoben, um Browns Reaktion zu testen. Brown nahm eine Menge von Korrekturen vor und machte Änderungsvorschläge, aber den Abschnitt über das *Philadelphia-Experiment* ließ er vollkommen unbeanstandet. So können wir also davon ausgehen, dass dieses Projekt tatsächlich durchgeführt wurde und dass Brown irgendwie daran beteiligt war, obwohl niemand genau weiß, welche Aufgaben er dabei erfüllte.

In ihrem Buch *The Philadelphia Experiment* zitieren Moore und Charles Berlitz Briefe, die einem ehemaligen Seemann namens Carlos Allende (alias Carl Allen) zugeschrieben werden und in denen steht, dass die *USS Eldridge* am 28. Oktober 1943 in ein sehr starkes Magnetfeld gehüllt und damit unsichtbar gemacht wurde.[31] Sie behaupteten, dass man eine Riesenmenge an elektrischer Energie, die durch Bordgeneratoren erzeugt wurde, dazu benutzte, große Entmagnetisierungsspulen, die an der Innenseite des Stahlrumpfes befestigt waren, in Resonanz zu bringen. Diese resonante Anregung habe ein pulsierendes Magnetfeld aufgebaut, das das Schiff in einen riesigen Elektromagneten verwandelte. Das intensive Feld soll das Schiff sowohl für das Radar als auch für das bloße Auge unsichtbar gemacht haben.

Allende zufolge wurde die Besatzung des Schiffes körperlich und geistig derart in Mitleidenschaft gezogen, dass das Experiment unverzüglich abgebrochen werden musste. Er behauptete, dass es dem größten Teil der Mannschaft nach dem Abschalten des Feldes extrem schlecht ging. Einige Mitglieder der Crew wurden vermisst, und einige waren verrückt geworden. Und was das Ungewöhnlichste war: Fünf Männer waren mit der Schiffskonstruktion verschmolzen. Einige steckten in Trennwänden aus Stahl fest, andere im Deck, und bei einem stak die Reling durch den Körper. Allende behauptete auch, dass einige Männer für einen bestimmten Zeitraum – von wenigen Minuten bis zu einigen Monaten – spontan unsichtbar wurden oder nicht mehr in der Lage waren, sich zu bewegen, zu sprechen oder mit anderen Menschen zu kommunizieren. Von solchen Leuten sagte man, dass sie »in der Strömung steckten«. Die Opfer der Katastrophe litten an einer Vielzahl von Symptomen – von psychologischen Traumata bis zum Wahnsinn. Allende sagte, die Überlebenden seien als »geistesgestört« ausgemustert worden, gleichgültig, in welchem Zustand sie sich befanden.

Es ist sehr schwierig, Tatsachen von Behauptungen zu trennen, wenn man verstehen will, was während des *Philadelphia-Experiments* geschah. Aber Laborversuche haben ergeben, dass man einen Gegenstand aus Metall durch hochintensive Magnetfelder für das Radar unsichtbar machen kann. Beim Tesla-Symposium in Colorado Springs im Jahre 1994 beschrieben K. Corum, J. Corum und J. Daum ein Experiment, bei dem sie eine Spule mit hoher Strombelastbarkeit um einen 2 Zoll dicken Torus aus Stahl mit einem Durchmesser von 14 Zoll wickelten.[32] Sie stellten fest: Wenn die Spule mit einem plötzlichen Stromstoß von mehreren Tausend Ampere aus einem großen Hochspannungskondensator betrieben wird, verursacht das hochmagnetische Feld um den Stahlkern des Torus herum eine fünffache Reduktion von Radarreflexionen. Einige bezeichnen dies als den Corum-Daum-Effekt. Über die Möglichkeit optischer Unsichtbarkeit allerdings hat bisher noch kein Wissenschaftler berichtet.

Versuche mit elektromagnetischen Wellen, die der unabhängige Wissenschaftler John Hutchison durchgeführt hat, verleihen den Berichten, dass

Seeleute mit der Metallkonstruktion des Schiffes verschmolzen seien, einige Glaubwürdigkeit. Ab 1979 begann Hutchison, mit hochfrequenten Hochspannungs-Längswellenemissionen zu experimentieren, ähnlich denen, die Tesla erzeugt hatte. Unter Verwendung eines Van-de-Graaff-Generators und zweier oder mehrerer Tesla-Spulen gelang es ihm, Wellenstörungszonen zu erzeugen, in denen eine Reihe seltsamer Phänomene zu beobachten waren, zum Beispiel die Verschmelzung unterschiedlicher Materialien, wie Holz und Metall, die Kaltverflüssigung oder Fragmentierung von Metall, Unsichtbarkeit und Levitation. Beispiele für die Metallaufspaltung und Verschmelzung unterschiedlicher Materialien sehen Sie in den **Abbildungen 1.14** und **1.15**. Bei dem Verschmelzungsphänomen lösen sich die Substanzen nicht auf. Sie behalten ihre individuelle Zusammensetzung. Zum Beispiel kann ein Stück Holz mit einer Metallstange verschmelzen, wobei weder das Holz noch das Metall auseinanderfällt.

Browns Arbeit bei der magnetischen Minenräumung hätte ihn interessanterweise zu einem geeigneten Kandidaten für die Arbeit an dieser Version des *Philadelphia-Experiments* gemacht. In seiner Autobiografie beschreibt er, wie er eine neue Technik für die Sprengung von magnetischen Minen entwickelte – Unterwasser-Sprengvorrichtungen, die ausgelöst werden, wenn ein Schiff mit Stahlrumpf darüberfährt. Ein Detektor in einer Mine registriert die durch den Stahlrumpf verursachte vorübergehende Veränderung der Intensität des

Abb. 1.14 *Professor Panos Pappas (links) hält eine zwei Zoll breite Messingstange, die durch den Hutchison-Effekt gespalten wurde. Rechts John Hutchison (Foto mit freundlicher Genehmigung von P. Pappas)*

Abb. 1.15 *Ein Buttermesser aus rostfreiem Stahl, das durch den Hutchison-Effekt in einen Aluminiumblock eingeschweißt wurde. (Foto mit freundlicher Genehmigung von J. Hutchison)*

Magnetfelds der Erde und lässt den Sprengstoff der Mine explodieren. Brown hatte eine Methode erfunden, mit der diese Minen gesprengt werden konnten. Er ließ ein Kabel in Form einer Entmagnetisierungsschleife auf der Wasseroberfläche schwimmen und schickte 300 Ampere Strom hindurch, wodurch ein Magnetfeld erzeugt wurde, das die Minen zur Auslösung brachte. Das Kabel, das normalerweise einen Durchmesser von 3,5 Zoll hatte, konnte problemlos Strom von mehreren Hunderttausend Ampere oder mehr führen. Solch ein Kabel wäre ideal, um damit ein extrem hochintensives Magnetfeld um ein Schiff aufzubauen. So gesehen ist der Gedanke, dass Brown im *Bureau of Ships* in Washington und später in der Marinewerft von Philadelphia mit mehr beschäftigt war als nur mit Forschungsarbeiten übers Minenräumen, durchaus naheliegend. Das von ihm geleitete Forschungsprojekt, das 50 Millionen Dollar kostete und an dem ein Team von mehr als fünfzehn Akademikern – zeitweise sogar Albert Einstein – beteiligt war, hatte höchstwahrscheinlich unmittelbar mit dem sagenhaften *Philadelphia-Experiment* zu tun.

In einer weiteren, sehr unterschiedlichen Version der Geschichte, erzählt von Gerry Vassilatos in seinem Buch *Lost Science,* soll der Unsichtbarkeitseffekt dadurch zustande gebracht worden sein, dass man das Schiff mit einem sehr intensiv pulsierenden elektrostatischen Feld umgab. Von einem Magnetfeld sagt er nichts.[33] Vassilatos' Bericht ist nicht so gut dokumentiert wie der von Moore. Er gibt keine Hinweise auf die Quellen, die er für seine sehr detaillierten Informationen verwendet hat. Man gewinnt den Eindruck, dass Teile seiner Geschichte improvisiert sind. Vassilatos schreibt, dass der Unsichtbarkeitseffekt eher zufällig in einer geheimen militärischen Bogenschweißanlage entdeckt wurde, in der eine neue Punktschweißtechnik für die Herstellung extrem haltbarer, gepanzerter Schiffsrümpfe entwickelt worden war. Bei dem Verfahren sei eine Hochstromentladung aus einer auf sehr hohe Spannung aufgeladenen Bank von Hochspannungskondensatoren durchgeführt worden. Als der Rumpf mit der riesigen, blitzartigen Entladung behandelt worden sei, soll die Schockwelle die gesamte Anlage erschüttert haben. Vassilatos schreibt, dass es während der Entladung um den Lichtbogen herum zu einer Art optischem Blackout kam und dass Werkzeuge, die sich in der Nähe dieser Entladung befanden, sich hinterher an einem anderen Ort befanden oder ganz verschwunden waren. Wissenschaftler vom *Naval Research Laboratory*, die damit beauftragt wurden, die Sache zu untersuchen, kamen zu dem Schluss, dass es sich bei diesem Blackout nicht um ein neurales Phänomen der Netzhaut handelte und dass das Verschwinden von Werkzeugen nicht auf Verdampfung durch Hitze zurückzuführen sei. Hier sei etwas viel Seltsameres vor sich gegangen. Schließlich kamen sie zu dem Schluss, dass die vorübergehende Bildung hoher elektrischer Feldpotenziale in der Umgebung des Lichtbogens einen Zustand von Unsichtbarkeit induzierte und sogar die örtliche Entmaterialisierung von Gegenständen verursachte. Dem Projekt wurde der Codename *Project Rainbow* gegeben, und Vassilatos behauptet, dass Brown zu irgendeinem Zeitpunkt als Berater für das Projekt herangezogen wurde.

Vassilatos schreibt, dass die Forscher nach einer Reihe weiterer Versuche ein Experiment durchführten, mit dem sie versuchten, einen Panzer unsichtbar zu machen. Kondensatoren mit sehr großer Kapazität wurden in einem Kreis angeordnet und der Panzer in die Mitte des Rings gestellt. Die Kondensatoren wurden so ausgerichtet, dass ihre Platten parallel zum Umfang des Kreises lagen, also mit ihren Polarisationsachsen in Richtung auf das Zentrum des Kreises. Sie wurden synchron durch eine speichenförmige Anordnung von Kabeln, die vom Zentrum des Rings zu jedem Kondensator verliefen, mit Hochstromimpulsen aufgeladen. Auf diese Weise erzeugten die Kondensatoren gemeinsam ein sehr hohes elektrisches Feldpotenzial, wahrscheinlich mit einem negativen Potenzial im Innern des Rings. Tesla hatte jahrelang Forschungen mit Hochspannungs-Impulsentladungen betrieben. Angeblich wurde er deshalb als Berater für das Projekt herangezogen.

Vassilatos zufolge versuchte man als Nächstes, ein komplettes Schiff unsichtbar zu machen. Er behauptet, dass man versuchte, den Effekt zu steuern, indem man die Intensität des elektrischen Feldes abmilderte, um eine totale Entmaterialisierung zu verhindern. Weiterhin sagt er, dass Brown sich vor dem Test mit der *Eldrige* aus dem Projekt zurückgezogen habe, das dann angeblich in einer Katastrophe endete.

Zwar behauptet die Marine, die Geschichte vom *Philadelphia-Experiment* sei ein reines Märchen, aber Browns Zögern, sich zu diesem Thema zu äußern, lässt doch darauf schließen, dass während des Krieges in Philadelphia etwas sehr Wichtiges und höchst Geheimes vor sich ging. Dieser Verdacht wird noch durch die riesige Menge an Desinformationen bestätigt, die verbreitet wurden, um vorsätzlich Verwirrung zu stiften. Selbst in Browns eigener Biografie gibt es Widersprüche in Bezug auf diese Zeit. Es ist fast so, als ob diese Jahre in Browns Leben in einen dunstigen Schleier gehüllt wären. Widersprüchliche Berichte vermitteln den Eindruck, dass es zwei Townsend Browns zur gleichen Zeit gegeben hat. Einer von ihnen arbeitete 1942 und 1943 auf der Marinebasis in Norfolk, Virginia, und der andere bei *Lockheed Vega Aircraft* in Burbank, Kalifornien. Diese Duplizität lässt uns fragen, ob es möglicherweise Brown war, und nicht die *Eldrige*, der während des geheimnisvollen Experiments im Jahre 1943 durch Zeit und Raum teleportiert wurde.

Nach der von Moore im Jahre 1978 veröffentlichten Version verließ Brown die Marine im Dezember 1943, nachdem er einen Nervenzusammenbruch erlitten hatte.[34] Moore behauptet, dass Brown auf Anraten eines Teams von Marineärzten einen sechsmonatigen Urlaub nahm, um sich daheim zu erholen.

Im Juni 1944 trat er seine Stelle bei der *Advanced Projects Unit* (etwa: Abteilung für fortgeschrittene Projekte) der Firma *Lockheed Vega Aircraft* in Burbank an. Das war der Vorläufer der heutigen *Skunk Works* von *Lockheed*. Wir können davon ausgehen, dass Moores Bericht korrekt ist, denn vor dessen Veröffentlichung hatte er Brown Gelegenheit gegeben, den Entwurf des Artikels zu überprüfen und eventuelle Abänderungen durchzuführen. Der Zeitpunkt des Arbeitsantritts bei *Lockheed Vega*, den Moore angibt, stimmt mit der Biografie in *Who's Who* überein, die nach Browns Tod veröffentlicht wurde. Demnach war Brown von 1944 bis 1945 bei *Lockheed Vega* als Radarberater angestellt.[35]

A. L. Kitselman, ein Mathematiker, der ebenfalls bei diesem Unternehmen von *Lockheed* gearbeitet hatte, begegnete dort Brown und wurde ein enger Freund von ihm. In einem Essay, das Kitselman 1962 schrieb, beschreibt er Brown als eine »ruhige, bescheidene und zurückhaltende Person – genau die Art von Mensch, den man in einer wichtigen Forschungsanstalt anzutreffen erwartet. Bei der Lösung technischer Probleme war er geradezu brillant, und ich fand schnell heraus, dass er mehr über die grundlegenden physikalischen Gesetze wusste als jeder andere, den ich jemals getroffen hatte. Zu viele von uns beziehen ihr Wissen ausschließlich aus Lehrbüchern. Da ist es sehr anregend, mal jemanden zu treffen, der Wissen aus eigener Erfahrung hat.«[36]

In seinem Essay sagt Kitselman, dass Brown, nachdem er in der Radarschule von Norfolk zu hart und zu lange gearbeitet hätte, einen Zusammenbruch erlitt und aus der Marine ausschied. Dann, nachdem er sich sechs Monate lang daheim erholt hätte, habe er seine Arbeit bei *Lockheed Vega* angetreten. Somit stimmt Kitselmans Bericht mit Teilen von Moores Geschichte überein.

Diesen Aussagen zufolge hat Brown während der kritischen Zeit, als das *Philadelphia-Experiment* durchgeführt wurde, für die Marine gearbeitet und seinen Zusammenbruch etwa um die Zeit des katastrophalen Fehlschlags des Experiments erlitten. In ihrem Buch *The Philadelphia Experiment* zitieren Moore und Berlitz den Gründer der *Borderland Sciences Research Foundation*, Riley Crabb. Er soll gesagt haben, dass Browns Zusammenbruch unmittelbar mit dem *Philadelphia-Experiment* zusammenhing. Crabb meinte, es sei nicht schwierig, sich vorzustellen, unter welch schwerem mentalem Druck die Verantwortlichen gestanden haben müssen, falls der Mannschaft des Schiffes eine solche Katastrophe zugestoßen wäre.

Schatzkin ist in Bezug auf Browns Aufenthalt während dieser Zeit zu ganz anderen Schlussfolgerungen gekommen. Auf Morgans Anregung besorgte er sich bei der Marine eine Kopie von Browns Kündigungsbrief, der das Datum des 30. September 1942 trägt und wie folgt lautet: »Ich erkläre hiermit meinen Abschied von der Marine im Interesse der Marine und um einen Prozess durch das Allgemeine Kriegsgericht zu vermeiden.«[37] Wenn dieses Datum korrekt ist, dann erfolgte die Kündigung nur zwei Monate nachdem Brown seine Ausrüstung von der *University of Pennsylvania* nach Norfolk verschickt hatte.

Schatzkin erhielt ebenfalls eine offizielle Kopie von Browns Tauglichkeitsbescheinigung für die Marine vom 5. Oktober 1942. Er kommentierte diese Bescheinigung wie folgt:

> Die Tauglichkeitsbescheinigung ist fast komplett leer. Anstatt die üblichen Einzelheiten aufzuführen, wurde die Seite mit einem einzigen Federstrich durchkreuzt und mit dem handgeschriebenen Vermerk »siehe Bemerkungen« versehen. Und auf der zweiten Seite, in der Rubrik »Bemerkungen«, die in früheren Bescheinigungen so viele lobende Erwähnungen in Bezug auf Browns Charakter und Fleiß enthielten, hatte Captain Hinkamp nur geschrieben: »Angesichts der Umstände, unter denen dieser Offizier abgelöst wurde, ziehe ich es vor, keine Anmerkungen zu machen.«[38]

Wir wissen, dass etwas in den Marineunterlagen fehlt, denn sie enthalten keinen Hinweis auf Browns Einsatz in der Radarschule in Norfolk im Jahre 1942. Wie dem auch sei, Schatzkin akzeptierte den 5. Oktober 1942 als das Datum von Browns Entlassung, im Vertrauen darauf, dass die Marineunterlagen und Browns

Entlassungspapiere nicht heimlich verändert wurden, um zu verhindern, dass irgendwelche geheimen Forschungsprojekte der Marine an die Öffentlichkeit gelangten. Er führte weiter an, dass Brown innerhalb von zwei Wochen nach seinem Ausscheiden aus der Marine bei *Lockheed Vega* anfing. Er behauptet, dass Brown nach seiner Entlassung weder einen Nervenzusammenbruch erlitt noch sich sechs Monate lang zu Hause erholen musste. Schatzkins Version steht also im Widerspruch zu den Berichten von Moore und Kitselman, von denen er behauptet, dass sie fehlerhaft und widersprüchlich seien. Die Andeutung, dass Kitselmans Bericht falsch sein könnte, kommt jedoch ein wenig überraschend, denn schließlich war dieser ja einer von Browns engsten Freunden. Als Kitselman sein Essay schrieb, stand er mit Brown in ständiger Verbindung, und ihm hätte eigentlich sehr daran gelegen gewesen sein müssen, dass seine Behauptungen in Bezug auf das Ausscheiden Browns aus der Marine korrekt waren. Auch hatte Brown selbst Moores Geschichte vor ihrer Veröffentlichung überprüft. Wenn ihm also ein so grober Fehler in Bezug auf das Datum und die Umstände des Ausscheidens von Brown unterlaufen wäre, dann wäre es Brown sicher aufgefallen. Wenn man berücksichtigt, dass es keinen Hinweis darauf gibt, dass Brown die Angaben in den Berichten von Moore oder Kitselman beanstandete, dann ist es doch sehr zweifelhaft, dass sie nicht korrekt gewesen sein sollen.

Außerdem gibt es da noch eine Diskrepanz in Bezug auf das Datum, an dem Brown seine Arbeit bei *Lockheed Vega* aufgenommen haben soll. Schatzkin datiert das Ereignis auf Ende Oktober 1942, während Moore den Zeitpunkt auf den Juni 1944 verlegt, mehr als eineinhalb Jahre später. Dieser Termin wird auch durch die Angaben in der Biografie von *Who's Who* bestätigt. Welcher Zeitrahmen stimmt nun: die auf Unterlagen der Marine beruhende, überarbeitete Fassung oder die bereits vorher vorhandene biografische Fassung, die mit Browns vollem Wissen erstellt wurde? Leider kann sich Brown nicht mehr dazu äußern. Er starb 1985.

Um sein Argument für Browns frühzeitiges Ausscheiden zu belegen, zitiert Schatzkin einen Bericht des *Federal Bureau of Investigation* (FBI), der angeblich im März 1943 eingereicht wurde. Demzufolge war Brown zu diesem Zeitpunkt bereits aus der Marine ausgeschieden und hatte sich in sein Haus in Los Angeles zurückgezogen, wie dies ein anonymer Informant (Name geschwärzt) angegeben hatte. Aber kann man sich auf diesen anonymen Informanten verlassen? Schatzkin gibt selbst zu, dass ein Großteil der im Bericht enthaltenen Informationen über Brown ungenau und widersprüchlich ist. So scheint zum Beispiel der dort angegebene Tag der Einreichung eine Fälschung zu sein. In dem Bericht steht: »Er [Brown] verfügte über ein eigenes Labor und hatte die Ausrüstung aus eigener Tasche bezahlt. Diese Ausrüstung wurde von ihm mitgenommen, als er aus der Marineakademie entlassen wurde.« Zu dieser Ausrüstung gehörten eine gravitoelektrische Sensorausrüstung und der Apparat, der von der *University of Pennsylvania* nach Norfolk transportiert wurde. Nach Schatzkins revidiertem Zeitrahmen hätte diese Ausrüstung dann, etwa im Oktober 1942, von Norfolk nach Los Angeles transportiert werden müssen, als Brown, wie er behauptet, entlassen wurde.

Jedoch stimmt dieser revidierte Zeitrahmen nicht mit Browns Bericht über die Termine und Orte überein, an denen er elektrische Gravitationsmessungen durchführte. In seiner Abhandlung vom März 1975 mit dem Titel »Anomale tägliche und langfristige Schwankungen im Eigenpotenzial bestimmter Gesteine« nennt Brown Termine und Orte, an denen er gravitoelektrische Messungen durchgeführt hat. Er erwähnt auch seine Arbeit am *Naval Research Laboratory* (1931–1933) und seine Forschungen an der *University of Pennsylvania* (1939). Außerdem schreibt er: »Die Forschung wurde durch den Zweiten Weltkrieg unterbrochen, jedoch im Jahre 1944 in Kalifornien durch die *Townsend Brown Foundation* (eine gemeinnützige Stiftung mit Hauptsitz in Ohio) wieder aufgenommen und an zwei Orten in speziell konstruierten, abgeschirmten Räumen bei konstanter Temperatur durchgeführt.«[39]

Wenn wir den Zeitrahmen akzeptieren, nach dem Brown im Dezember 1943 aus der Marine entlassen wurde und seine Ausrüstung etwa zur gleichen Zeit nach Kalifornien schaffte, so ist die Behauptung, dass er 1944 seine Elektrogravitationsmessungen in Kalifornien wieder aufnahm, sinnvoll. Das bedeutet, dass er keine Zeit verlor und seine Ausrüstung für die Sammlung von Daten unverzüglich wieder aufbaute. Wenn wir andererseits die Aussagen der Marine und des FBI akzeptieren, dass Brown im Oktober 1942 entlassen wurde, dann müssten wir zu dem Schluss kommen, dass er seine Ausrüstung Ende 1942 nach Kalifornien schickte und sie für mehr als ein Jahr in Kisten aufbewahrte, bevor er sie dann wieder aufbaute. Jedoch scheint es unwahrscheinlich, dass Brown seine Detektoren für eine so lange Zeit einfach ungenutzt liegen ließ. Könnte es sein, dass der Bericht des FBI tatsächlich 1944 erstellt und das Datum einige Zeit später auf 1943 abgeändert wurde, um Browns offizielle Lebensgeschichte umzuschreiben?

Um seine Behauptung zu beweisen, dass Brown 1942 aus der Marine entlassen wurde, bezieht sich Schatzkin auf ein gebundenes Labornotizbuch, von dem er glaubt, dass Brown es während seiner Arbeit für *Lockheed Vega* führte.[40] Die Notizen darin sind in Browns eigener Handschrift geschrieben und enthalten Termine, ebenfalls in Browns Handschrift. Das älteste Datum am Anfang des Buches ist der 1. Dezember 1942, und das jüngste, am Ende des Buches, der 2. Mai 1944. Die Deckseite des Notizbuches ist in sauberer Handschrift abgefasst und lautet:*

T. T. BROWN
VEGA AIRCRAFT CORP.
BURBANK, CALIF.
NOTES

Wir könnten nun die Möglichkeit in Betracht ziehen, dass das Notizbuch Vortragsnotizen enthält, die Brown niederschrieb, als er an der Marineakademie in Norfolk unterrichtete. Der letzte Eintrag dürfte dann erfolgt sein, nachdem er die Marine verlassen hatte und nach Kalifornien gezogen war, also noch bevor er bei *Lockheed* anfing. Möglicherweise hat er in diesem Fall das Notizbuch mit dem Vermerk »Vega Aircraft Corp.« versehen, weil er seine Notizen an seinem neuen Arbeitsplatz verwenden wollte. Oder er hat dem Buch einfach einen Scheintitel verpasst, um zu verhindern, dass es der Marinegeheimdienst in irgendeinem streng geheimen Lagerraum verschwinden ließ.

Gehen wir hingegen davon aus, dass Brown diese Notizen machte, während er bei *Lockheed Vega* arbeitete, und dass er dort bereits im Oktober 1942 angefangen hatte, dann haben wir es mit einer Diskrepanz zwischen diesem Datum und jenen Daten zu tun, die in Browns diversen Biografien angegeben sind, sowie mit der Frage, warum diese Sensorausrüstung angeblich für mehr als ein Jahr ungenutzt herumlag. Bei diesem Szenario ist es auch schwer zu verstehen, warum Brown auf dem Höhepunkt des Zweiten Weltkrieges zurücktreten wollte, gerade mal neun Monate nach dem Überfall der Japaner auf Pearl Harbor und zu einem Zeitpunkt, da seine Karriere bei der Marine so vielversprechend aussah. Dem FBI-Bericht zufolge »wusste Brown mehr über Radarerfassung als jede andere Person in der US-Marine«. Warum also hätte die Marine ihn zu einem so kritischen Zeitpunkt gehen lassen sollen? Falls jedoch die Entscheidung Browns, die Marine zu verlassen, aufgrund seines Nervenzusammenbruchs erfolgte, der auf die Schuldgefühle zurückzuführen war, an einem Projekt beteiligt gewesen zu sein, das einen so tragischen Ausgang genommen hatte, wie Moore und Vassilatos behaupten, dann wird sein Ausscheiden zu dem späteren Zeitpunkt

---

* Die Informationen aus den fotokopierten Seiten wurden mir freundlicherweise von Paul Schatzkin zur Verfügung gestellt. Da sie mit der Hand geschrieben wurden, ist es schwierig, festzustellen, ob das Deckblatt ebenfalls in Browns Handschrift geschrieben wurde. Einige Mitglieder seiner Familie haben mir jedoch bestätigt, dass es seine Schrift ist.

im Dezember 1943 eher verständlich. Die führenden Mitarbeiter der Marine, die über jenes geheime Projekt Bescheid wussten und eine Mitschuld für das katastrophale Ergebnis trugen, dürften dann für Browns Wunsch, die Marine zu verlassen, wohl Verständnis gehabt haben, auch wenn sie sich darüber im Klaren waren, wie unersetzlich er war.

Schatzkins schreibt: »Ab Herbst 1942 gibt es praktisch keine Unterlagen darüber, was Brown während dieser entscheidenden Jahre trieb.«[42] Er weist darauf hin, dass es in den Familienunterlagen keinerlei Korrespondenz oder Unterlagen gibt, die ab diesem Zeitpunkt bis zum Ende des Zweiten Weltkriegs über Browns Tätigkeit Auskunft geben. Auch gebe es dort fast keine Informationen über seine Tätigkeit bei *Lockheed Vega*.

Da weder in den Marineunterlagen noch in den Unterlagen seiner Familie Informationen zu finden sind, bleibt uns nichts anderes übrig, als zu spekulieren. Hatte irgendein militärischer Geheimdienst alles unternommen, um sicherzustellen, dass jede einzelne Unterlage über Browns Aktivitäten während dieser Zeit entweder vernichtet oder weggesperrt wurde, um Browns Forschungsaktivitäten während des Krieges geheim zu halten? Hatte die Marine trotz der öffentlichen Dementis ein streng geheimes Projekt durchgeführt, um Schiffe unsichtbar zu machen, und war Brown daran beteiligt gewesen? Vielleicht gilt hier der Satz »Kein Rauch ohne Feuer«. Vermutlich gingen zwischen 1942 und 1943 in Philadelphia, Washington und Norfolk sehr absonderliche und streng geheime Dinge vor sich.

Im Juli 1946 wurde die *Eldridge* außer Dienst gestellt und in die Reserveflotte übernommen. 1951 übergaben die Vereinigten Staaten sie der griechischen Marine, in der sie bis in die neunziger Jahre unter dem Namen *HS Leon* eingesetzt wurde. Ein griechischer Professor für Technologie sagte, dass er früher als Marineoffizier und Spezialist für Elektrotechnologie auf der *Leon* gedient habe.[43] Während seiner Zeit an Bord seien ihm einige eigenartige Dinge aufgefallen. Zum Beispiel sah er im Innern des Rumpfes die Überreste schwerer Kabel, die einst über die gesamte Länge des Schiffes verliefen. Er sah isolierte Metallstangen von 10 bis 15 cm Breite, die in bestimmten Abständen zwischen den Befestigungen am Rumpf angeschnitten waren. Und es gab weitere Kabel mit großem Durchmesser, die noch völlig intakt waren. Anscheinend waren sie Teil der elektrischen Verkabelung für das Antriebssystem des Schiffes. Bei der *Eldridge* handelte es sich um ein elektrisch angetriebenes Schiff der Cannon-Klasse. Das heißt, dass sie statt über eine Welle, wie sie in den meisten Schiffen direkt vom Motor zum Propeller verläuft, über einen dieselbetriebenen Stromgenerator verfügte, dessen Energie durch schwere Kabel zu einem riesigen

Elektromotor am Heck des Schiffes geleitet wurde, der den Propeller antrieb. Da die *Eldrige* in der Lage war, mit einem Bordgenerator große Mengen an elektrischer Energie zu erzeugen, war sie für die Durchführung des *Philadelphia-Experiments* geradezu prädestiniert.

Die andere ungewöhnliche Sache, die dem Professor auffiel, war, dass der Zutritt zu einem Raum direkt neben dem Rumpf des Schiffes untersagt war. Die Luke war zugeschweißt worden. Der befehlshabende Offizier hatte der Mannschaft mitgeteilt, es sei streng verboten, den versiegelten Raum zu betreten. Was sich in diesem versiegelten Raum befand, werden wir wohl niemals erfahren, denn das Schiff wurde außer Dienst gestellt und irgendwann nach 1992 verschrottet.

2

Was kommt nach dem Raketenantrieb?

2.1 Browns elektrifizierte Flugscheiben

Nach dem Zweiten Weltkrieg fuhr Brown in seiner Freizeit fort, seinen Gravitator zu verbessern. Er finanzierte seine Arbeit durch die *Townsend Brown Foundation.* Bis 1950 hatte er ein Testgerät gebaut, um das Konzept des Elektrogravitationsantriebs anhand einiger scheibenförmiger Flugscheiben zu demonstrieren. Er montierte einen 6 Fuß langen Stab horizontal auf eine spitze Drehachse, und zwar so, dass er um seinen Mittelpunkt rotieren konnte. An jedes Ende des Stabes hängte er zwei leichte Scheiben an 7 Fuß lange Stricke (**Abb. 2.1**). Befanden sich die Scheiben im Flug, dann lenkten sich die rotierenden Stricke zur Seite hin aus und erweiterten den Durchmesser der Flugbahn auf bis zu 20 Fuß. Bei einer Version bestand jede Scheibe aus zwei gewölbten Aluminiumschalen von 1,5 Fuß Durchmesser, die an beiden Seiten einer Plexiglasfolie mit einem Durchmesser von 2 Fuß befestigt waren (**Abb. 2.2**).[1] Eine Hochspannung von

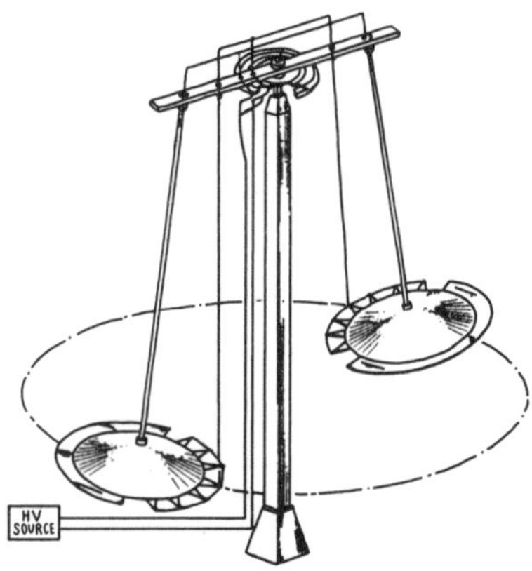

Abb. 2.1 *Thomas Townsend Browns Testaufbau mit fliegenden Scheiben.*

Abb. 2.2 *Thomas Townsend Browns Testflugscheibe mit einem Durchmesser von 2 Fuß. (Aus dem* Winterhaven-Projekt, *Tafel 1; Foto mit freundlicher Genehmigung von Townsend Browns Familie und Qualight LLC)*

bis zu 50.000 Volt wurde durch Versorgungskabel zugeführt. Entlang der vorderen Außenkante beider Scheiben verlief ein dünner Draht, der positiv aufgeladen wurde, während die Aluminiumscheiben negativ aufgeladen wurden. Die Scheiben bewegten sich auf einer Kreisbahn bei einem Durchmesser von 20 Fuß mit Geschwindigkeiten von bis zu 12 Meilen pro Stunde, wenn sie mit etwa 50 Watt Hochspannungsleistung betrieben wurden.[2,3]

Die Drahtelektroden ionisierten die umgebende Luft und bildeten eine Wolke aus positiven Ionen um den äußeren Draht und eine Wolke negativer Ionen um den Rumpf der Scheibe. Obwohl ständig Ionen diese Wolke verließen, weil sie von den gegensätzlich geladenen Elektroden angezogen wurden, lieferten die Elektroden eine ausreichende Menge von Ionen nach, sodass immer eine Raumladung mit positiven Ionen an der Vorderseite und eine Raumladung negativer Ionen am Rumpf der Scheibe vorhanden war (siehe **Abb. 2.3**).

Es gibt zwei Möglichkeiten, wie diese Scheiben ihre Antriebskraft erzeugen. Eine wäre, dass die von ihnen emitierten Ionen elektrostatische Felder erzeugen, die auf die Ladungen am Draht der Vorderkante der Scheibe und am Rumpf einwirken und dadurch einen Vorwärtsschub erzeugen. Die andere Möglichkeit wäre, dass ein Elektrogravitationsschub vorhanden ist, wobei die positiv und negativ geladenen Ionenwolken in ihrer Umgebung jeweils ein Gravitationspotenzialtal und einen Gravitationspotenzialberg bilden. Da der positiv geladenen Wolke ständig neue positive Ladungen zugeführt werden, ersetzen sie die Ladungen, die vom negativen Pol der Scheibe angezogen werden. Daher behält

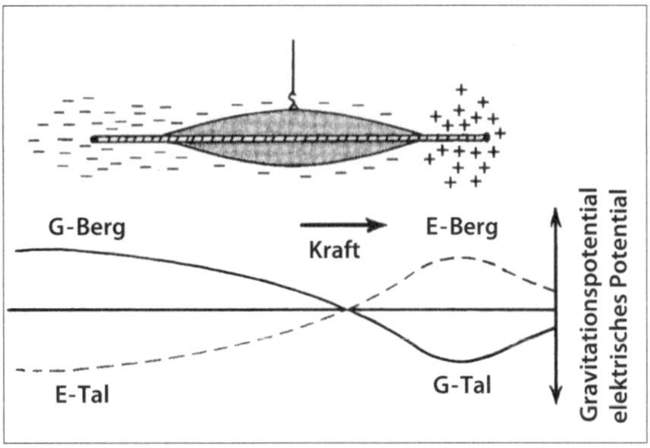

Abb. 2.3 *Seitenansicht einer von Thomas Townsend Browns fliegenden Scheiben mit Angabe der Position der Ionenraumladungen und des induzierten Gravitationsfeldgradienten. (P. LaViolette, © 1994)*

die Wolke ein mäßig tiefes Gravitationstal am Bug durch eine Art dynamischen Gleichgewichts. Dasselbe gilt für die negativen Ladungen am Heck der Scheibe. Trotz der Beweglichkeit der einzelnen negativen Ionen bleibt die Wolke aus negativen Ionen konstant und erzeugt einen resultierenden Gravitationsberg. Deshalb bewegt der Gradient des Gravitationspotenzials, der entlang des Rumpfes der Scheibe zwischen diesem Berg und Tal wirkt, die Scheibe nach vorn, in Richtung auf ihre positiv geladene Wolke.

Durch die Ansammlung von Ladungen in der Luft in Form von Bug- und Heck-Ionenwolken werden große Ladungsmengen aufgebaut, vergleichbar mit der Ladungsmenge auf den Platten eines Kondensators mit hochpermittivem Dielektrikum. Aber da diese Ladungen neu erschaffen werden, haben sie nur wenig Zeit, die umgebende Luft zu polarisieren. Außerdem wird das Dielektrikum Luft um die Scheibe herum aufgrund der Vorwärtsbewegung der Scheibe ständig durch neue, unpolarisierte Luft ersetzt, und dies trägt ebenfalls dazu bei, das Dielektrikum Luft in einem relativ unpolarisierten Zustand zu halten. Deshalb sind die elektrischen und die gravitativen Potenzialfelder in der Lage, sich ungehindert durch irgendein elektrisches Dipolmoment in der Luft zwischen den gegensätzlich geladenen Bug- und Heckwolken auszudehnen. Somit könnte ein substanzieller Gradient des Gravitationsfeldes die Scheibe umspannen und für einen maximalen Vorwärtsschub sorgen.

Während sich die Scheibe nach vorn bewegt, bewegen sich die positiven und negativen Ionenwolken ebenfalls nach vorn und führen die von ihnen erzeugten elektrostatischen und Gravitationsfeldgradienten mit sich. Dadurch reitet jede Scheibe praktisch auf der sich vorwärts bewegenden Welle, so wie ein Surfer auf einer Ozeanwelle reitet. Dr. Mason Rose, einer von Townsends Kollegen, beschreibt das Gravitationsprinzip der Scheibe wie folgt:

> Die von Brown hergestellten Scheiben haben keine Propeller, keine Düsen und keine beweglichen Teile. Sie bewirken eine Modifikation des Gravitationsfeldes um sich herum. Das ist so, als ob man sie auf den Abhang eines Berges legen würde. Sie funktionieren wie ein Surfbrett auf einer Welle ... Die Elektrogravitationsscheibe erzeugt ihren eigenen »Berg«, eine örtliche Verzerrung des Gravitationsfeldes, und kann diesen »Berg« dann in jede Richtung und bei jeder Geschwindigkeit mit sich nehmen.[4]

Man ging davon aus, dass man eine komplett fertiggestellte Version von Browns Flugobjekt auf Tausende von Kilometern pro Stunde beschleunigen und die Richtung ändern oder anhalten könnte, indem man einfach die Intensität, Polarität und Richtung seiner elektrischen Ladung beeinflusst. Da die wellenartige Verformung des lokalen Gravitationsfeldes mit derselben Kraft auf alle Materieteilchen einwirken würde, würden das Raumschiff, seine Insassen und die Ladung gleichermaßen auf diese Manöver reagieren. Die Besatzungsmitglieder würden überhaupt keine Belastung spüren, gleichgültig, wie abrupt das Manöver oder wie groß die Beschleunigung ist. Zum Vergleich: Ein Luftfahrzeug mit Strahlantrieb muss einen zwanzigfach größeren Schub erzeugen, nur um die doppelte Geschwindigkeit zu erreichen. Während Düsenmaschinen und Raketen durch entgegengesetzt wirkende grobe Kräfte gegen die Schwerkraft ankämpfen müssen, versucht die Elektrogravitation die Schwerkraft direkt zu kontrollieren, sodass diese Kraft, die bisher immer ein Gegner war, jetzt für das Fluggefährt arbeitet und nicht dagegen.

Zum Teil mit der Unterstützung seines Freundes Kitselman, der damals in Pearl Harbor Mathematik unterrichtete, erweckten Browns Flugscheiben die Aufmerksamkeit von Admiral Arthur Radford, dem Oberbefehlshaber der US-Flotte im Pazifik. Im Jahre 1950 wurde Brown als beratender Physiker angestellt, um die Funktion seiner Scheiben vorzuführen. Dabei kam erst einmal nichts heraus. Zwei Jahre später jedoch, am 21. März 1952, wurde Brown in seinem Labor in Los Angeles von Vic Bertrandias besucht, einem Generalmajor der Luftwaffe mit guten Verbindungen. Er kam ganz unerwartet hereingeschneit, gerade als Brown dabei war, seine Flugscheiben einer Gruppe von Kollegen vorzuführen. Bertrandias bat darum, an der Vorführung teilnehmen zu dürfen. Da er vorher eine Zeit lang als Vizepräsident bei *Douglas Aircraft* gearbeitet hatte, war er in Bezug auf die Flugzeugtechnologie auf dem neuesten Stand. Er wusste also, dass Browns Scheiben eventuell bedeutende Einsatzmöglichkeiten für das Militär boten. Durch das, was er bei der Demonstration sah, war er so erschüttert, dass er sofort am nächsten Morgen Generalleutnant H. A. Craig anrief, um ihm seine Sorge mitzuteilen. Ein Auszug aus einer freigegebenen Mitschrift dieses Gesprächs lautete wie folgt:

> **Bertrandias:** Das Ding hat mir wirklich Angst eingejagt – allein die Tatsache, dass es von einer privaten Gruppe betrieben wird. Ich war zwischen 13.30 und 17 Uhr da, und ich habe diese beiden Modelle fliegen sehen. Das Ding hat so eine gewaltige Kraft! Wir müssen unbedingt herausfinden, was es damit auf sich hat und wer diese Leute sind. Wenn die Sache jemals bekannt wird ... es kommt mir fast so brisant vor wie die Entwicklung der Atombombe in ihren Anfängen.
> **Craig:** Verstehe.
> **Bertrandias:** Es war richtig beängstigend. Ich fragte, ob die Luftwaffe oder die Marine etwas davon wüssten, und die Antwort war nein. Aber ich kann Ihnen sagen, ich war richtig besorgt. Ich bin überzeugt ... falls das, was ich gehört habe ... falls es jemals wahr wird und jemand mit diesem Instrument durch das All kreuzt, dann ist das für einige Leute eine sehr schlechte Nachricht.
> **Craig:** Na schön, wir werden die Sache überprüfen, Vic.

Craig veranlasste eine gründliche Überprüfung der *Townsend-Brown-Stiftung*.

Bertrandias war auch ein enger Freund von General Albert Boyd, Direktor des *Air Force Systems Command* im *Wright Air Development Center.* Unter Boyd führte das *Air Force Systems Command* die meisten seiner supergeheimen Forschungsprojekte im Zusammenhang mit der Antigravitations-Antriebstechnik durch.[5] Brown war mit seiner Arbeit möglicherweise in einen Bereich eingedrungen, in dem die Luftwaffe einen ziemlichen Vorsprung hatte.

Vielleicht hatte Brown die ängstliche Reaktion von Bertrandias gespürt und war nun besorgt, dass seine Arbeit auf dem Gebiet der Elektrogravitation unter Geheimhaltung gestellt würde, denn nur zwei Wochen nach dem Besuch von Bertrandias hielten Brown und seine beiden Partner, Mason Rose und Bradford Shank, eine Pressekonferenz ab, um die fantastischen Möglichkeiten seiner Elektrogravitations-Antriebstechnologie bekannt zu machen. Auf diese Weise konnten sie verhindern, dass die ganze Sache der Öffentlichkeit vorenthalten wurde. Reporter von der *Los Angeles Times* wurden eingeladen, an einer Demonstration der Flugscheiben teilzunehmen. Außerdem wurde ihnen eine von Rose verfasste Abhandlung ausgehändigt, in der erläutert wurde, wie der Biefeld-Brown-Antigravitationseffekt funktioniert und wie er für den Antrieb eines kompletten Antigravitations-Raumschiffes eingesetzt werden könnte. Am nächsten Tag brachte die *Times* einen Artikel über Browns Scheiben und schrieb, wie fliegende Untertassen (auch unter der Bezeichnung »Ufos« bekannt, eine Abkürzung für »unidentifizierte oder unkonventionelle Flug-Objekte«) nach einem ähnlichen Prinzip funktionieren könnten.[6] Zitiert wurde Rose, der gesagt hatte, dass Einzelheiten über Browns Scheiben an einige Admirale der Marine weitergegeben worden seien und dass beim Militär Interesse an dieser Sache bestünde, obwohl man sie bisher noch nicht unter Geheimhaltung gestellt hätte. Ebenso wie die Luftwaffe hatte auch die Marine ein starkes Interesse an fortgeschrittener Flugtechnologie.

Etwa zwei Monate nach der Pressekonferenz in Los Angeles, im Juni 1952, schickte das *Office of Naval Research* (ONR) Will Cady, um eine Reihe von Browns Erfindungen, einschließlich seiner Flugscheiben, zu untersuchen. Die Angaben des ONR lassen darauf schließen, dass Cady dabei war, als ein Paar Scheiben mit einem Durchmesser von anderthalb Fuß eine Geschwindigkeit von 3 Meilen pro Stunde erreichte, mit einer Antriebseffizienz von 1,5% und einem Leistungsverbrauch von 15 Watt bei 47 kV.[7] Dies war etwa ein Viertel der Geschwindigkeit und Effizienz, die mit einem Modell mit einem Durchmesser von 2 Fuß erzielt worden war. Lag es in der Absicht Browns, gerade so viel zu demonstrieren, um das Interesse des Militärs zu wecken, jedoch nicht so viel, um die Demonstration so beeindruckend zu machen, dass man eine Geheimhaltung seiner Arbeit veranlassen würde? Eine alternative Erklärung, die von Paul Schatzkin stammt, besagt, dass es während der Demonstration von Browns Flugscheiben zu einem Geheimnisverrat gekommen sei und dass man Brown gebeten hätte, die Leistung seiner Geräte bewusst herunterzuspielen, um ausländische Agenten davon zu überzeugen, dass die Erfindung nicht viel taugte.[8]

Vielleicht erlebte Cady keine Demonstration der Scheiben bei höheren Spannungen, weil die Stromversorgung, die Brown für diesen Anlass einsetzte, ziemlich gering war. Das heißt, die Angaben des ONR weisen darauf hin, dass die Ausgangsspannung allmählich auf 47 kV absank, während die Spannung an der Steuertafel zunehmend höher eingestellt wurde. Das ist ein Hinweis darauf, dass der Strom von 0,7 mA, die der Testaufbau aufnahm, höher war, als die Hochspannungsquelle liefern konnte.* Für seine eigene Forschung benutzte Brown wahrscheinlich einen Transformator mit einer leicht höheren

* Die obere Grenze der Strombelastbarkeit des Hochspannungsnetzgerätes wird durch die Impedanz der sekundären Wicklung des Hochspannungstransformators bestimmt.

Nennstromstärke, vielleicht 2 mA. Cady führte einen Test durch, bei dem er eine der Scheiben aus dem Karussell herausnahm und sie an die Decke hängte, um ihren statischen Antriebsschub bei verschiedenen Spannungen zu messen. Bei 47 kV beobachtete er, dass die Scheiben einen Schub von nur 8 Gramm lieferten.

Cady kam zu dem Schluss, dass die Technologie für die Luftfahrt ungeeignet sei, weil die Scheiben mit einer Effizienz angetrieben wurden, die nicht einmal der eines Düsentriebwerks entsprach. Er hatte nicht begriffen, dass der Trend seiner eigenen Daten zeigte, dass die Geschwindigkeit und die Antriebseffizienz der Scheiben sich mit zunehmender Spannung exponentiell erhöhen würde und dass er ihr Verhalten in einem sehr ungünstigen Spannungsbereich beobachtet hatte. Eine logarithmische Darstellung der Daten des ONR (siehe **Abb. 2.4**) zeigt, dass sich über 38 kV die Geschwindigkeit der Scheiben gemäß der 5,5ten Potenz der Spannung erhöhte [$\sim U^{5,5}$] und dass ihre Antriebseffizienz gemäß der 4,5ten Potenz der Spannung anstieg [$\sim U^{4,5}$].[9] Diese Berechnungen sind vielleicht etwas optimistisch, da in den meisten Unterlagen von Brown steht, dass die Kraftwirkung sich entsprechend der zweiten oder dritten Potenz der Spannung erhöht. Trotzdem hätte man bei höheren Spannungen zweifellos eine enorme Geschwindigkeit und Effizienz erreicht.

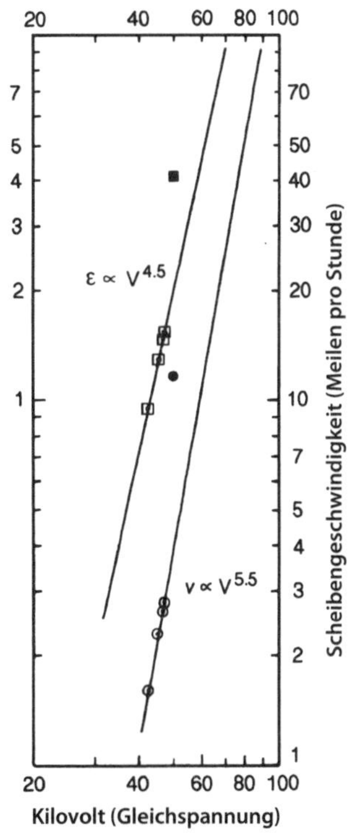

Abb. 2.4 *Ein logarithmisches Diagramm, das zeigt, wie die Geschwindigkeit (rechter Graph) und die Effizienz (linker Graph) der Elektrogravitationsscheiben von Thomas Townsend Brown mit der Spannung anstiegen. Die leeren Quadrate und Kreise zeigen die ONR-Messungen von Scheiben mit einem Durchmesser von 1,5 Fuß, während die vollen Quadrate und Kreise die Leistung eines Modells mit 2 Fuß Durchmesser anzeigen. (P. LaViolette, © 1997).*

Cady behauptete, es sei nicht notwendig, exotische Ideen wie die elektrisch induzierten Gravitationsfelder einzuführen, weil das Verhalten der Scheiben auch durch die konventionellen Ionenwindeffekte erklärt werden könne. Er glaubte also, die Scheiben erhielten ihren Schub dadurch, dass ionisierte Teilchen, die auf die Elektroden der Scheiben einwirkten, mehr von ihrem Moment in den Vorwärtsschub als in den Rückwärtsschub einbrächten. Doch obwohl Ionenwindkräfte tatsächlich vorhanden waren, wären diese zu schwach gewesen, um den Schub zu erklären. Außerdem haben Tests in der Vakuumkammer, die Brown später an elektrostatisch geladenen Rotoren und Untertassen vornahm, gezeigt, dass der Schub auch ohne Ionenentladung vorhanden war.

Brown bezog sich auf einen Masseneffekt (Gravitationskrafteffekt), der bei der elektrokinetischen Bewegung von massiven hochpermittiven Dielektrika wirkt. Er berichtete jedoch nicht über einen Masseneffekt, der bei seinen Versuchen mit elektrokinetischen Scheiben wirksam war. Somit ist nicht klar, welchen Anteil der Kraftwirkung er auf die Gravitationskräfte bzw. auf die elektrostatischen Kräfte zurückführte. Nichtsdestoweniger schienen seine Kollegen zu glauben, dass der Antrieb nur durch ein neues Prinzip der Elektrogravitation erklärt werden könne. In seiner Abhandlung von 1952 schrieb Rose: »Jeder, der die Elektrogravitation und ihre Anwendung in der Astronautik verstehen will, muss die Prinzipien des Elektromagnetismus vergessen, um die grundlegend anders gearteten Prinzipien der Elektrogravitation zu verstehen. [...] Die Elektrogravitation muss als völlig neuer Bereich der wissenschaftlichen Forschung und der technischen Entwicklung verstanden werden.«[10]

Wie wir den Einträgen entnehmen können, die Brown 1943 in eines seiner Labor-Notizbücher geschrieben hat, untersuchte er eine »Äther«-Theorie zur Erklärung des Phänomens der Elektrogravitation, die viele Ähnlichkeiten mit der Subquantenkinetik aufweist. Darauf komme ich in Kapitel 4 noch zurück.

Die skeptische Reaktion des ONR-Forschers war typisch für Personen, die es gewohnt sind, in konventionellen wissenschaftlichen Mustern zu denken. In einem seiner Artikel über Brown schrieb der Journalist Gaston Burridge, dass viele Wissenschaftler und Ingenieure die Scheiben hatten fliegen sehen, und die meisten von ihnen glaubten, dass die Scheiben von dem bekannten Phänomen des »elektrischen Windes« angetrieben wurden, und nicht durch ein neues physikalisches Prinzip. Ein Forscher sagte ihm direkt ins Gesicht: »Die ganze Sache ist so verrückt, dass ich nicht einmal darüber reden will!« Andere Ingenieure beklagten den Mangel an mathematischen Beweisen. Burridge erklärte: »Für Ingenieure und Wissenschaftler ist eine Gleichung mehr wert als tausend Worte!« Aber selbst eine Gleichung ist wenig hilfreich, wenn nicht wenigstens einigen ihrer Hauptparameter Werte zugewiesen sind. Und wenn diese nicht zur Verfügung standen, dann schien die ganze Sache, rein wissenschaftlich gesehen, auf wackligen Beinen zu stehen.[11]

2.2 Die zweite Scheibendemonstration in Pearl Harbor

In der Hoffnung, das Interesse der Marine neu zu erwecken, veranstaltete Brown einige Jahre später, etwa 1953 oder 1954, eine weitere Demonstration für einige Admirale in Pearl Harbor. Dieses Mal wurde sie in einem viel größeren Rahmen durchgeführt. An die Decke einer Turnhalle, in einer Höhe von 50 Fuß, hatte Brown einen sich horizontal drehenden Stab aufgehängt, an dem ein Paar Scheiben mit einem Durchmesser von je 3 Fuß hingen (**Abb. 2.5**). Betrieben mit einer Spannung von 150 kV, flogen die Scheiben im Kreis herum mit einem Durchmesser von 50 Fuß und mit einer so beeindruckenden Geschwindigkeit, dass die Sache sofort unter Geheimhaltung gestellt wurde. Die Geschwindigkeit muss mehr als 100 Meilen pro Stunde betragen haben, denn in der Ausgabe der Schweizer Flugzeitschrift *Interavia* vom Mai 1956 stand, dass diese Scheiben in der Lage waren, Geschwindigkeiten von einigen hundert Meilen pro Stunde zu erreichen, wenn sie auf einige Hundert Kilovolt aufgeladen wurden![12] So hohe Geschwindigkeiten sind nicht überraschend, wenn man bedenkt, dass die Testdaten des ONR ergeben hatten, dass die Geschwindigkeit der Scheiben exponentiell mit der Spannung zunahm.

Brown verwendete für diese spätere Demonstration eine andere Scheibenkonstruktion. Während eines Telefongesprächs mit dem Elektroingenieur Tom

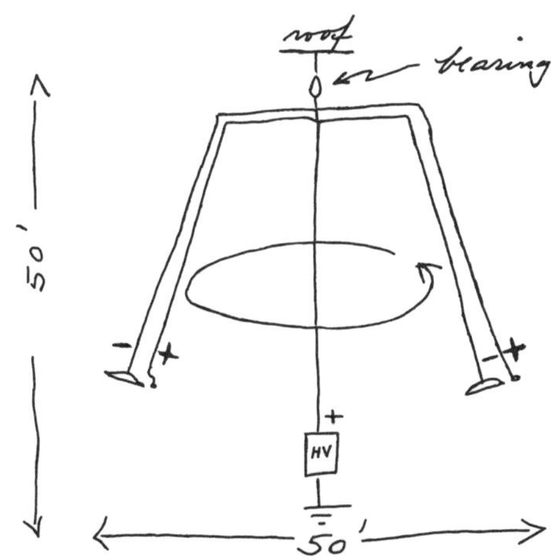

Abb. 2.5 *Von Thomas Townsend Brown angefertigte Skizze vom Testaufbau, der für die Demonstration seiner fliegenden Scheiben von 3 Fuß Durchmesser verwendet wurde. (Aus Browns Brief an T. Turman vom 1. November 1971; siehe Anhang A)*

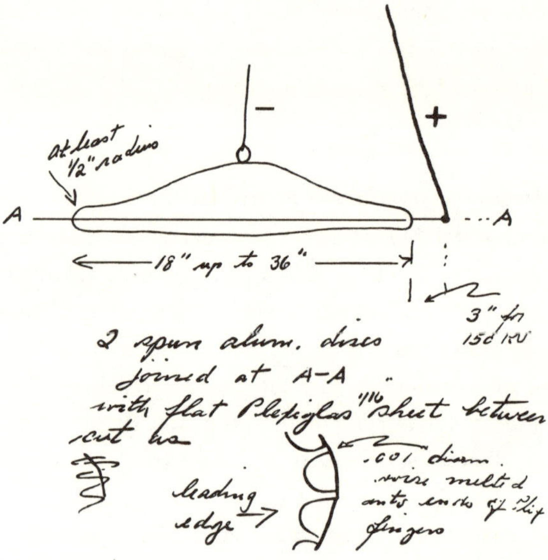

Abb. 2.6 *Von Thomas Townsend Brown angefertigte Skizze, die die Konstruktion einer Flugscheibe mit einem Durchmesser von 3 Fuß zeigt; er führte sie Vertretern des Militärs vor. (Aus Browns Brief an T. Turman vom 1. November 1971)*

Turman Anfang der siebziger Jahre verriet Brown, dass die in seinem Patent von 1960 (Nr. 2.949.550) aufgeführte Flugscheibenkonstruktion minderwertig war. Die Querschnittsdarstellung in dem Patent zeigt eine Scheibe aus gesponnenem Aluminium mit einer sehr dünnen Kante an ihrer Peripherie (siehe **Abb. 2.3**). Die bei dem ONR-Test von 1952 verwendeten Scheiben waren ähnlich konstruiert. Andererseits hatten die Scheiben, die Brown bei der Demonstration in der Turnhalle vorgeführt hatte, ein stumpfes Profil, wie in **Abb. 2.6** und **2.7** gezeigt. Diese Konstruktion bestand aus zwei Scheiben aus gedrehtem Aluminium, die auf den beiden Seiten einer Plexiglasfolie befestigt waren. Jedoch hatte die obere Scheibe ein »triarkuates« Querschnittsprofil – eine konvexe zentrale Ausbuchtung, die etwas weiter draußen konkav wurde und schließlich in einem konvex gekrümmten Rand mit einem Krümmungsradius von ½ Zoll oder mehr endete. Der äußere Rand der unteren Hälfte der Scheibe hatte ein flaches Profil, aber ihre äußere Kante war gekrümmt und bildete so einen glatten Übergang zur Kante der oberen Scheibe.

Auch hatte die verwendete Elektrode an der Vorderkante der Scheibe, welche bei Browns Versuch in der Turnhalle vorgeführt wurde, einen viel geringeren Durchmesser. In einem Brief, den Brown 1971 an Turman schrieb, erwähnte er in einer Skizze, dass er eine Elektrode mit einem Durchmesser von nur einem Tausendstel Zoll verwendete. Das ist fünf Mal kleiner als der Draht, den er für die Vorführung der Scheiben beim ONR-Test in Los Angeles benutzte. Auch ist

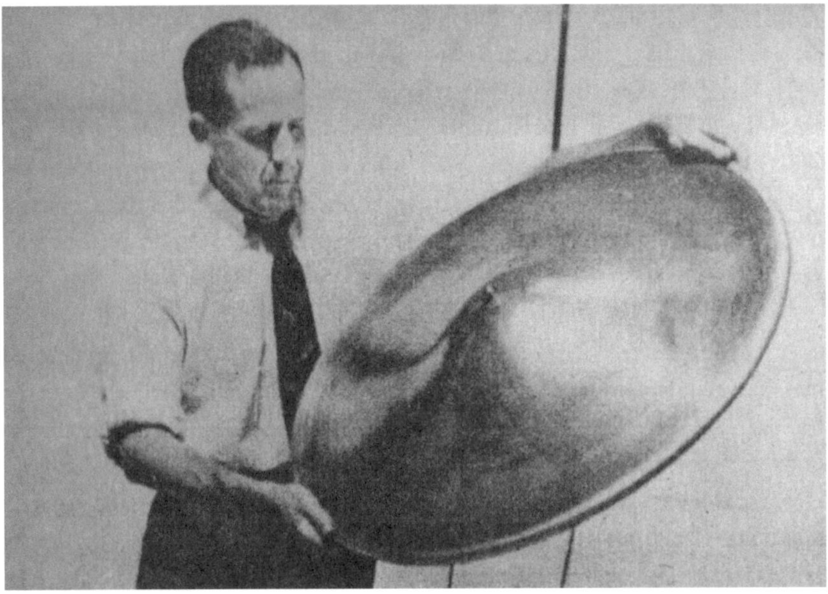

Abb. 2.7 *Thomas Townsend Brown mit einer seiner Scheiben von 3 Fuß Durchmesser. Er bezeichnete sie als experimentelle triarkuate ballistische Elektrode. (Mit freundlicher Genehmigung von Townsend Browns Familie und Qualight LLC)*

dies viel kleiner als der Durchmesser, den er in seinem Patent von 1960 angegeben hatte. In seinem Patent steht, dass Flugscheiben, die für Spannungen von über 125 kV ausgelegt sind, an der Vorderkante vorzugsweise mit Elektroden mit großem Querschnitt aus Stäben oder Hohlleitern mit einem Durchmesser von ¼ bis ½ Zoll (z. B. 250 bis 500 Tausendstel Zoll) versehen sind, um dafür zu sorgen, dass ihr Gradient des Oberflächenpotenzials unter der Schwelle bleibt, die erforderlich ist, um eine sichtbare Korona zu erzeugen. Er behauptete, dass Energieverluste durch koronale Ionisierung den erreichbaren Schub reduzieren. In seinem Brief von 1971 gab er aber zu, dass die in dem Patent beschriebene Konstruktion nicht so gut war wie die, die bei der Demonstration in der Turnhalle in Pearl Harbor benutzt wurde. Die Elektroden an der Vorderkante der Scheibe, die er bei der Demonstration vorführte, hatten an ihrer Oberfläche einen viel steileren Feldgradienten, wodurch sie Ionen effektiver ausstoßen konnten.

Burridge erwähnte, dass die Scheiben beim Flug ein leicht summendes Geräusch erzeugten.[13] Dies lässt darauf schließen, dass Brown bei der Scheibe möglicherweise eine nichtumkehrende AC-Hochspannung angelegt hatte, sodass sich durchschnittlich eine Gleichspannung an den Elektroden aufbaute.

Möglicherweise verwendete er eine Schaltung mit Brückengleichrichter, um die 60 Hz Wechselspannung des Hochspannungstransformators in eine Folge ungefilterter Halbwellen mit einer Frequenz von 120 Hz umzuwandeln. Das stumpfe Profil, das er für die Kante des negativ geladenen Scheibenkörpers verwendete, unterdrückte die Koronaentladung mit negativen Ionen in Richtung auf die Vorderseite des Objekts. Dies war besonders wichtig für seine Demonstration in der Turnhalle, denn er ließ seine Scheiben mit sehr viel höheren Spannungen fliegen als bei seinem früheren Modell. Das asymmetrische Profil seiner Untertasse mit ihrer gekrümmten oberen und flachen unteren Fläche war ebenfalls von Vorteil, denn die Luft, die über die Oberflächen strömte, verlieh der Untertasse während des Flugs einen aerodynamischen Hub.

Nach seiner Vorführung in Pearl Harbor reiste Brown in die Vereinigten Staaten. Als er nach Hawaii zurückkehrte, stellte er fest, dass jemand in sein Zimmer eingebrochen war. Irgendeine staatliche Behörde hatte seine Modelle und Notizbücher beschlagnahmt und sein Labor versiegelt.[14] Einen Tag später teilte die Marine ihm mit, dass sie seine Notizbücher habe und dass er sie zurückhaben könne. Wiederum einige Tage später hieß es, die Marine sei an seiner Arbeit nicht mehr interessiert. Man wisse nun, dass die Scheiben von Ionenwind angetrieben sein müssten und dass sie daher im Weltraum nicht funktionieren könnten.[15] Hier hatte die Marine also die Gelegenheit, im Interesse der nationalen Sicherheit an jedem der Notizbücher Browns Veränderungen vorzunehmen, auch an seinem Notizbuch, das er während seiner Arbeit bei *Vega* geführt hatte.

2.3 Das *Winterhaven-Projekt*

Die schlechte Bewertung von Browns elektrokinetischen Scheiben aufgrund der ONR-Untersuchung von 1952 wirkte sich negativ auf die Unterstützung seiner Arbeit durch das Pentagon aus, konnte aber nicht verhindern, dass sich seine Elektrogravitationstechnologie schließlich durchsetzte. Bei seinen Bemühungen, staatliche Unterstützung für seine Technologie zu erhalten, unterbreitete er der Marine 1952 einen Vorschlag für ein streng geheimes Projekt zur Entwicklung einer bemannten fliegenden Untertasse, die als Grundlage eines Abfangjägers mit Mach-3-Geschwindigkeit dienen sollte. Er schlug vor, dieses Projekt auf ähnliche Weise durchzuführen wie das *Manhattan-Projekt* zur Entwicklung der Atombombe gegen Ende des Zweiten Weltkrieges. Dieser diskrete Vorschlag vom Januar 1953 wurde mit dem Codenamen *Winterhaven-Projekt* versehen.[16] Indem man von den Werten der Leistungsdiagramme von Browns Modellflugscheiben ausging, schätzte man beim *Winterhaven-Projekt*, dass größere Scheiben, die mit 5 Millionen Volt statt mit 50.000 Volt betrieben werden, in der Lage sein würden, unter dem Einfluss des Luftwiderstands Geschwindigkeiten von 1.150 Meilen pro Stunde (Mach 1,5) zu erreichen, bzw. über 1.800 Meilen (Mach 2,5) in der oberen Atmosphäre.

Diese recht vorsichtige Schätzung basierte auf der Annahme, dass die Geschwindigkeit der Scheibe linear mit der Spannung zunahm. Tatsächlich ließen alle Beweise auf ein nichtlineares Verhältnis schließen, bei dem die Geschwindigkeit der Scheiben exponentiell mit der eingesetzten Spannung steigt. Da nun Browns Scheiben von 1,5 Fuß Durchmesser bei einer Aufladung von 50 kV Geschwindigkeiten von 12 Meilen pro Stunden erreicht hatten, ging man vorsichtig davon aus, dass größere Versionen in der Lage wären, eine hundertfach größere Geschwindigkeit zu erreichen, wenn sie mit 5.000 kV aufgeladen würden. Die Demonstration in der Marinewerft von Pearl Harbor, die Brown durchführte, kurz nachdem er seinen Vorschlag unterbreitet hatte, und die als Demonstration der Flugtechnologie gedacht war, die er beim *Winterhaven-Projekt* vorschlug, ergab, dass noch viel höhere Geschwindigkeiten möglich wären. Da es sich erwiesen hatte, dass seine Flugscheiben von 3 Fuß Durchmesser Geschwindigkeiten von mehren Hundert Meilen pro Stunde erreichen konnten, wenn sie mit nur 150 kV aufgeladen wurden, hätte selbst eine einfache lineare Spannungs-Geschwindigkeits-Extrapolation ergeben, dass eine Geschwindigkeit von Mach 13 (10.000 Meilen pro Stunde) für eine 5-Megavolt-Scheibe durchaus plausibel gewesen wäre. Da jedoch der Düsengeschwindigkeitsrekord Anfang 1953 bei nur Mach 1,88 lag, konnte sich Brown sicher sein, dass die Marine selbst bei seinen eher moderaten Geschwindigkeitsschätzungen Interesse zeigen würde.

Das *Winterhaven-Projekt* sah ein fünf- bis sechsjähriges Forschungs- und Entwicklungsprogramm vor, das in mehreren Stufen durchgeführt werden sollte. Zu Beginn sollten Scheiben mit 2 Fuß (etwa 60 cm) Durchmesser verwendet werden, die mit 50 kV aufgeladen wurden, danach Scheiben mit einem Durchmesser von 4 Fuß und einer Aufladung mit 150 kV und schließlich Scheiben mit 10 Fuß Durchmesser und einer Aufladung mit 500 kV. Es wurde auch vorgeschlagen, eine Demonstration mit einem Modell von 10 Fuß Durchmesser durchzuführen, das zu einer vertikalen und horizontalen Bewegung fähig wäre.

Das Flugobjekt, das Brown für die militärische Entwicklung vorschwebte, sah wahrscheinlich ähnlich aus wie die Version, die im US-Patent 3.022.430 beschrieben wurde, das er im Juli 1957 eingereicht hatte (siehe **Abb. 2.8**).[17] Wie seine kleineren Flugscheibenmodelle erzeugte auch dieses Objekt eine Wolke

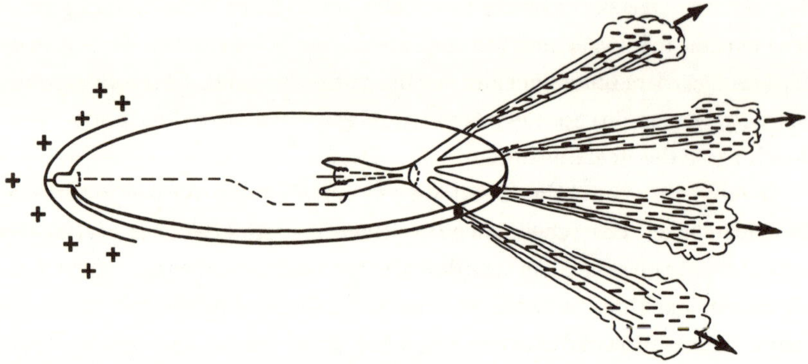

Abb. 2.8 *Die Flugscheibe, die Thomas Townsend Brown für die Entwicklung im Rahmen des* Winterhaven-Projekts *vorschlug, könnte so ausgesehen haben. (Nach Brown, US-Patent 3.022.430, Abb. 1)*

aus positiven Ionen am Bug und eine Wolke aus negativen Ionen am Heck. In seinen Patenten erwähnte Brown keine Gravitationsfeldeffekte, wahrscheinlich weil er der Meinung war, dass das Patent aufgrund solcher unkonventionellen Konzepte möglicherweise nicht akzeptiert werden könnte. Obwohl Brown in seinem Patent also Ionenschübe als Antriebskraft für das Objekt angibt, war er aufgrund seiner eigenen Forschungen davon überzeugt, dass beim Antrieb auch Elektrogravitationseffekte beteiligt waren.

Parallel zu den Anstrengungen, ein Objekt mit Elektrogravitationsantrieb herzustellen, plante man beim *Winterhaven-Projekt* auch die Untersuchung verschiedener Methoden zur Erzeugung der Hochspannungen, die an Bord eines Raumschiffes erforderlich wären. Die Scheiben, die Brown bei seiner Karusselldemonstration vorgeführt hatte, wurden durch einen schweren Hochspannungstransformator aufgeladen, der durch Netzstrom betrieben wurde. Ein fliegendes Objekt von natürlicher Größe müsste jedoch seine eigene Energiequelle mit sich führen, eine Energiequelle, die viel mehr Energie für weit höhere Spannungen zu liefern hätte als die, die für dieses Vorführmodell erforderlich gewesen war. Jedoch wäre eine Einheit aus konventionellem Turbinengenerator und Transformator, die in der Lage wäre, die erforderliche Menge Strom zu liefern, viel zu schwer gewesen. Also versuchte es Brown auf eine andere Weise. Er empfahl die Untersuchung einer Vorrichtung, die er als elektrostatischen »Stichflammen«-Generator bezeichnete. Dabei handelte es sich eigentlich um einen Düsenantrieb, der so umgebaut wurde, dass seine Abgase in einen leistungsfähigen elektrohydrodynamischen Generator strömten und Elektrizität lieferten (siehe **Abb. 2.9**; aus Browns Patent von 1965).

Die Abgasdüse sollte mit einer negativ geladenen Nadelelektrode und einer positiv geladenen Plattenelektrode ausgerüstet werden. Ein 50.000-V- Starttransformator sollte dafür sorgen, dass die Nadel einen Strom negativer Ionen in das Abgas einführt. Die Ionen würden jedoch die positive Elektrode der Düse niemals erreichen, weil sie durch die extrem schnellen Abgase aus dem Düsenhals herauskatapultiert würden. Die herausströmenden negativen Ionen würden im Verhältnis zu den Elektroden in der Düse ein sehr großes negatives Spannungspotenzial aufbauen. Ein Van-de-Graaff-Generator, eine Standardausstattung in fast jedem Physiklabor der heutigen Schulen, funktioniert nach einem ähnlichen Prinzip. In diesem Fall übernimmt ein sehr schnell laufendes Förderband die Rolle der Abgase für den Transport und die Trennung der negativen von den positiven Ionen. Bei der Winterhaven-Projektierung wurde darauf hingewiesen, dass solch ein Antrieb in der Lage sei, bis zu 15 Millionen Volt zu erzeugen, das sind 300 Mal mehr als die Eingangsspannung von 50 kV, die dazu benutzt wurde, den Nadelionisator aufzuladen.

Indem man ein Metallgitter direkt hinter die Düse des Generators in die Abgasströmung positioniert, könnte ein Teil der ausströmenden Abgasionen bei einer Zwischenspannung von etwa 1 Million Volt eingefangen werden. Nachdem die Spannung heruntergeteilt wurde, könnte sie dazu wiederverwendet werden, den Nadelionisator des Generators anzutreiben. Sobald der Generator läuft, könnte also der 50-kV-Starttransformator, der den Anfangsstrom lieferte, abgeschaltet werden, sodass der Generator mit seinem selbst erzeugten Strom läuft. Bei einem alternativen Design (siehe **Abb. 2.10**) wird das Abgasgitter durch eine Reihe kegelförmiger Prallbleche ersetzt, die sich nach und nach negativ

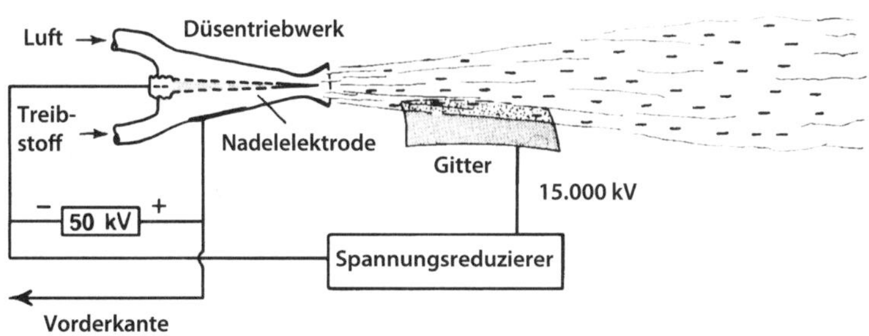

Abb. 2.9 *Eine von Brown als Patent angemeldete Konstruktion eines Hochspannungs-Stichflammengenerators. (Nach Brown, US-Patent Nr. 3.022.430, Abb. 3)*

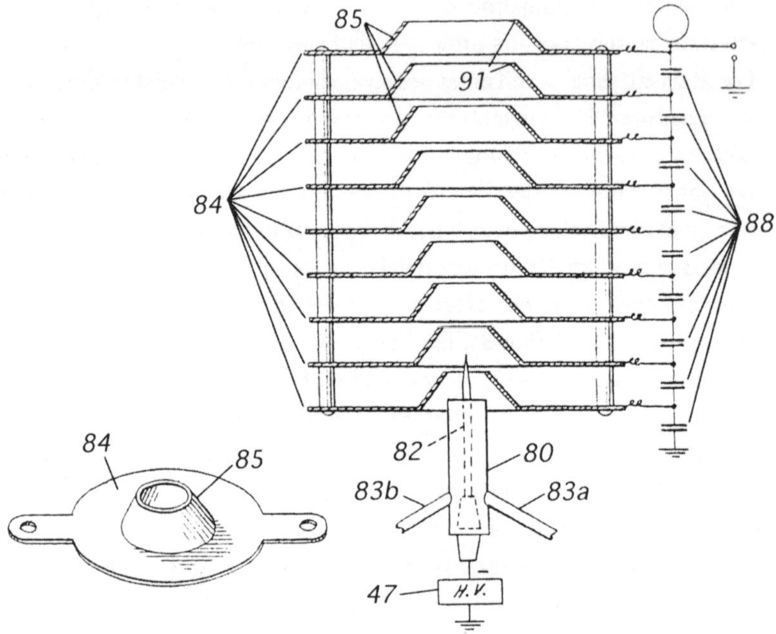

Abb. 2.10 *Ein Hochspannungs-Stichflammengenerator; eine zweite Ausführung, die in Browns Patent beschrieben wurde. Die Zahlen weisen auf Folgendes hin: (47) 50 kV Stromanschluss; (80) Abgasdüse; (82) Nadelelektrode; (83a und 83b) Luft- und Treibstoffeinlass; (84 und 85) Prallbleche; (88) Kondensatoren; (91) Elektronenemitter mit gezackten Kanten. (Nach Brown, US-Patent Nr. 3.022.430, Abb. 4)*

aufladen, wobei das äußere Prallblech am negativsten wird und sich auf eine Spannung von vielen Millionen Volt auflädt.

Außerdem schlug Brown vor, dass die positive Elektrode des Stichflammen-Generators an einen Ionisatordraht angeschlossen wird, der entlang der vorderen Kante des Objekts verläuft (siehe **Abb. 2.8**). Wenn der Generator dann in Betrieb ist, erwartete er, dass sich vor dem Objekt eine Raumladung aus positiven Ionen bildet, die die Raumladung aus negativen Ionen, die sich im Abgas hinter dem Objekt gebildet hat, ausgleicht. Der zwischen diesen gegensätzlich polarisierten Ionenwolken erzeugte Gravitationsgradient würde eine vorwärtsgerichtete Gravitationskraft induzieren. Das Objekt könnte zur einen oder anderen Seite gelenkt werden, indem man das Abgas durch die eine oder andere Seitendüse ableitet und dadurch eine entsprechende Verschiebung im Gravitationsantriebsfeld erzeugt.

Brown stellte fest, dass dieser Stichflammengenerator die Ladungen am effektivsten transportiert, wenn die Flamme auf eine orangerote Farbe eingestellt ist, was auf eine unvollständige Verbrennung des Treibstoffs hinweist.[18] Nach seiner Darstellung erzeugt eine unvollständige Verbrennung große Mengen geladener Teilchen von Submikron-Größe (0,003 bis 0,03 µm Durchmesser), die sich während der Ionisierung vergrößern und Langevin-Ionen-Staubpartikel (> 0,03 µm) bilden. Da Langevin-Ionen viel massiver seien als Luftionen, bewegten sie sich unter dem Einfluss eines elektrischen Feldes bedeutend langsamer. Zum Beispiel bewegten sich Langevin-Ionen in einem Feld von 10.000 Volt pro Zentimeter, mit dem Brown häufig gearbeitet hat, mit einer Geschwindigkeit von etwa 1 cm pro Sekunde fort. Im Vergleich dazu legten Luftionen 450 Meilen pro Stunde zurück. Sobald also die negativen Abgasionen vom Objekt ausgestoßen würden, würden sie nicht ohne Weiteres zum vorderen Teil des Objekts zurückkehren, um die positiven Ionen zu neutralisieren. Als Folge bilde sich, so Brown, hinter dem Objekt eine viel größere Raumladung aus negativen Ionen, welche den nach vorn gerichteten Gravitationsantrieb wiederum bedeutend verstärke. Obwohl die an der Vorderseite des Objekts gebildeten positiv geladenen Luftionen eine viele höhere Mobilität hätten, lenke die Stoßfront des Bugs, die sich bei einem Flug bei hoher Geschwindigkeit bildet, diese Ionen vom Rumpf der Scheibe ab und verzögere dabei ihren Flug nach hinten zur Raumladung der negativen Ionen hin.

Die Winterhaven-Projektion kündigte einen weitgehend geräuschlosen Elektrogravitationsantrieb an, ohne Vibrationen und ohne Hitze. Interne Widerstandsverluste, so hieß es, seien praktisch kaum vorhanden, und die Geschwindigkeit sei enorm. Der Schub des Antriebs könne durch die Regulierung der eingesetzten Spannung gesteuert und die Geschwindigkeit beim Flug durch Umkehrung der elektrischen Polarität abgebremst oder sogar umgekehrt werden. Laut Projektion hatten frühere Laboruntersuchungen ergeben, dass ein Elektrogravitationsantrieb ein Gravitationsfeld erzeugt, das unabhängig von dem der Erde ist. Somit könne ein Raumschiff mit Elektrogravitationsantrieb eine ständige Beschleunigung aufrechterhalten, sogar nachdem es die Erdanziehungskraft verlassen habe. Es wurden Spitzengeschwindigkeiten weit über denen von Düsen- oder Raketenantrieben vorhergesagt, sogar mit einem Hinweis auf die Möglichkeit, im freien Weltraum Lichtgeschwindigkeit zu erreichen.

In einem Bericht von 1960 mit dem Titel »Elektrohydrodynamik«, den die *Electrokinetics Corporation* in Bala Cynwyd, Pennsylvania herausgab, wurde die Idee von einem Luft-Wasser-Fahrzeug vorgestellt, das senkrecht starten und landen kann. Es handelte sich um eine Variation des im *Winterhaven-Projekt* vorgestellten Objekts (**Abb. 2.11**).[19] Das geplante Objekt war 24 Fuß hoch und hatte einen Durchmesser von 70 Fuß. Durch Versuche fand Brown heraus, dass eine Scheibe, deren obere Fläche ein triarkuates Profil hatte, also eine helmartige Form ähnlich wie in Abb. 2.11, den besten vertikalen Schub erzeugte.

Wie in dem Bericht beschrieben, sollten bei dem Objekt kugelförmige Pontons benutzt werden, die auf dem Wasser schwimmen konnten (siehe **Abb. 2.12, Landeposition**). Um abzuheben, so hieß es, würde das Objekt seine Stichflammendüse ohne elektrische Erregung zünden (**Abb. 2.12, Stufe 1**). Die Düse sollte entweder durch Kerosin oder Raketenfeststoffe angetrieben weden. Das Abgas würde unter der Kanzel einen positiven Druck erzeugen, der das Objekt etwa 10 Fuß über die Wasseroberfläche hebe, wodurch die Pontons teilweise eingezogen würden. Ein Kreisel in der Kabinenkanzel sollte für die horizontale Stabilität und die Kursregelung sorgen.

Sobald sich das Objekt in der Luft befinde, werde die Flamme elektrisch entzündet, indem man Hochspannung an eine Glühkathode anlege (**Abb. 2.12, Stufe 2**). Ein elektrischer Gradient bilde sich entlang des Abgasstrahls, wobei die Spannung entlang der Strömung zunehmend steige und eine Potenzialdifferenz von mehreren Millionen Volt erreiche. Ein Potenzialgradient baue sich ebenfalls auf den kegelförmigen Sammelelektroden der Düse auf, der Energie für das Objekt sammle. Das Abgas bilde unter dem Objekt eine Raumladung negativer Ionen, und Ionisierungselektroden erzeugten auf der Kanzel positive

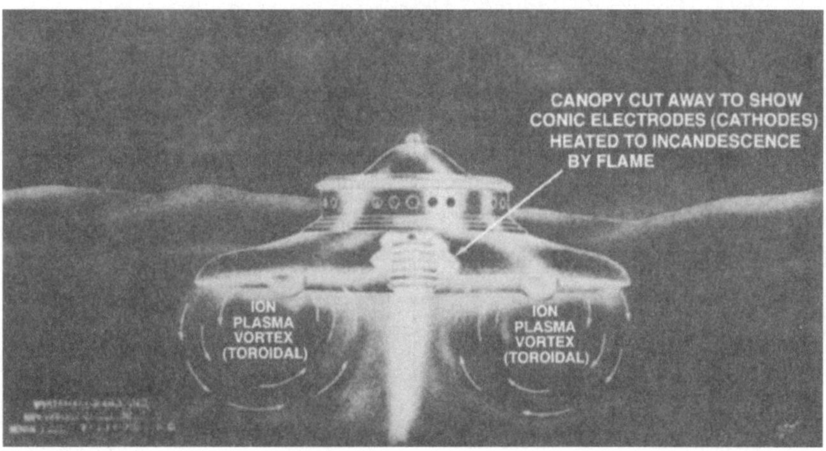

Abb. 2.11 *Prototyp des Luft-Wasser-Fahrzeugs, das mit einem Hochspannungs-Stichflammengenerator angetrieben wird. (Mit freundlicher Genehmigung von Townsend Browns Familie und Qualight* LLC*)*

Ionen über dem Objekt. Die aus der Kanzel ausgestoßenen positiven Ladungen würden einen Ionenwind erzeugen, der sich abwärts und dann radial in Richtung auf die zentrale Kathodenachse zubewege und dabei einen Ionenwirbel bilde. Die Strömung nehme negative Ladungen aus dem Abgas auf, die sie nach oben, in Richtung auf die Kanzel, schleudere. Das große Volumen von aufwärts strömendem Plasma verleihe der Unterseite der Kanzel ein Aufwärtsmoment und drücke dadurch das Objekt nach oben. Auch wirke das einströmende Ionenplasma der austretenden Gasströmung der Stichflammendüse entgegen, was die Strömung behindere und dadurch den Hubdruck unter der Kanzel verstärke. In diesem Stadium sei der Wirbel etwas größer als der Durchmesser des Objekts. Das Objekt sei nunmehr auf eine Höhe von etwa 25 Fuß (etwa 8 m) gestiegen und steige höher, weil die Drücke unter der Kanzel weiter ihre Hubkraft ausübten. Zu diesem Zeitpunkt seien die Pontons komplett eingezogen. Rauchtests, die Brown an einem Modell von 18 Zoll Durchmesser durchführte, zeigten in der Tat,

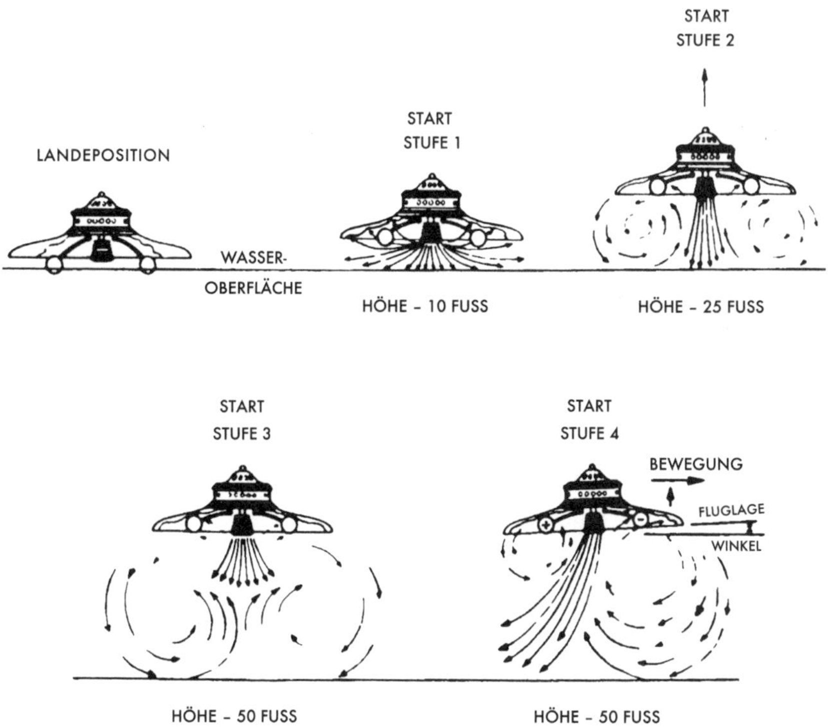

Abb. 2.12 *Startstufen von Browns elektrohydrodynamischem Antriebsobjekt. (Mit freundlicher Genehmigung von Townsend Browns Familie und Qualight LLC)*

dass diese Elektrodengeometrie einen kreisförmigen Wirbel bildet (siehe Kapitel 3, **Abb. 3.3**).

Im Bericht heißt es weiter, dass sich der kreisförmige Wirbel, während das Objekt steigt, auf etwa drei Durchmesser (des Objektes) ausweitet. Das axiale Aufsteigen wirke weiterhin, um der Abwärtsströmung des Strahls entgegenzuwirken, was so zum Aufwärtsschub beitrage (**Abb. 2.12, Stufe 3**). Bei einer Höhe von 50 Fuß (etwa 16,5 m) lasse der Druck unter der Kanzel nach und gleiche das Gewicht des Objektes aus, sodass ein Gleichgewicht hergestellt werde. Auf diese Weise sei das Objekt in der Lage, bei etwa dieser Höhe zu schweben, wobei die Kanzel auf dem Wirbel reite, dessen aerodynamischer Druck an allen Stellen der Unterseite des Objekts wirksam sei und so für einen Hub sorge. Elektrogravitationskräfte trügen ebenfalls zu diesem Effekt bei, wie auch die elektrostatischen Kräfte zwischen dem Objekt und den Ladungen in der umgebenden Luft und dem geladenen Plasma.

Horizontalschübe in alle Richtungen würden durch eine Veränderung der Symmetrie des elektrischen Feldes und des resultierenden Wirbelmusters ermöglichen (**Ab. 2.12, Stufe 4**). Dadurch gelange das Gas der Stichflamme zum rückwärtigen Teil des Objekts und zu der nach vorn gerichteten Seite des Wirbels und übe einen Zug auf die Wasseroberfläche aus. Die unausgeglichenen Kanzeldrücke würden für einen Vorwärtsschub sorgen, und der zusätzliche Hub der Vorderkante bewirke eine Höhenveränderung beim Objekt.

Im Rahmen des *Winterhaven-Projekts* wurden ebenfalls Finanzhilfen für die Entwicklung von Elektrogravitationsmotoren, ähnlich denen von Browns früheren Gravitatoren, beantragt. Dabei wurde die Bedeutung der Verbesserungen betont, die bei der Entwicklung neuer dielektrischer Materialien erzielt worden waren, besonders dass die verfügbaren Werte der dielektrischen Konstante zunehmend von 6 auf 100 auf 6.000 und bis zu mehr als 30.000 angestiegen seien. Es wurde die Herstellung eines dielektrischen Motors mit hoher Permittivität und einem Gewicht von 500 Pfund für den Antrieb eines Modellraumschiffs vorgeschlagen, mit der Voraussage, dass dies die Entwicklung viel größerer Motoren für Raumschiffe, die Tausende von Tonnen wiegen, einleiten könne.

Ein weiteres Projekt im Winterhaven-Komplex betraf die Untersuchung von Elektrogravitations-Kommunikationsgeräten, die Elektrogravitationswellen übertragen und empfangen. Anfang 1952 führte Brown ein solches Übertragungs- und Empfangssystem vor. Es gelang ihm, ein Signal über eine Entfernung von 35 Fuß (12 m) an einen Empfänger zu übertragen, der sich innerhalb eines elektrisch geerdeten Metallgehäuses befand.[20] Er benutzte einen Kipposzillator als Transmitter. Dieser bestand aus einer Hochspannungs-Stromversorgung, die ständig einen Kondensator lud, welcher periodisch durch eine kleine Funkenstrecke entladen wurde, sobald die Spannung einen bestimmten Wert erreicht hatte (**Abb. 2.13**). Ebenso wie bei seinen früheren Versuchen mit Kondensatoren ging Brown davon aus, dass die Elektrogravitationskopplung den Kondensator dazu veranlassen würde, Gravitationswellen auszustrahlen. Seine Empfängerantenne bestand aus einer mit Hochspannung betriebenen Kondensatorenbrücke, ähnlich derjenigen, die er für seine Elektrogravitationsmessungen verwendet hatte. Da der geerdete Faradaykäfig, der seine Empfängerantenne umgab, das Eindringen normaler elektromagnetischer Wellen verhinderte, kam er zu dem Schluss, dass das übertragene Signal gravitativ und nicht elektromagnetisch war und dass seine Kondensatorenbrücke in der Lage war, Gravitationsstörungen aufzuspüren.

In einer Patentschrift, die Brown im September 1953 abfasste, beschrieb er eine weitere Version dieses Kommunikationsgerätes, das dazu ausgelegt war, ein Signal von einem Audiooszillator an einen elektrisch abgeschirmten Radioempfänger zu schicken. Statt Kondensatoren wurden bei diesem Gerät jedoch

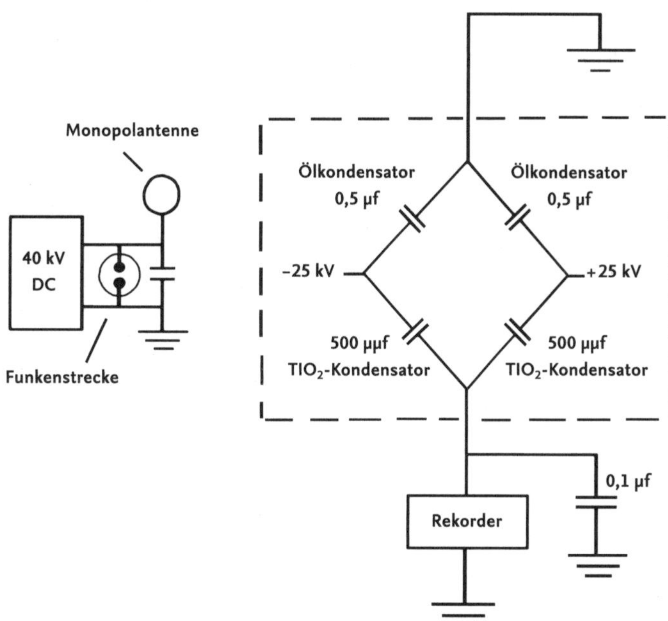

Abb. 2.13 *Schematischer Schaltplan von Browns Elektrogravitationswellen-Transmitter (links) und -Empfänger (rechts).*

schwere, kugelförmige Massen für die Transmitter- und Empfangsantennen benutzt.[21] Beim *Winterhaven-Projekt* schwebte ihm vor, dass die Übertragung und der Empfang von Elektrogravitationswellen zu einer vollkommen neuen Kommunikationstechnik entwickelt werden könne. Aufgrund der extrem durchdringenden Eigenschaft dieser Wellen könnten Mitteilungen an Unterseeboote, unterirdische Bunker und Militäreinrichtungen geschickt werden, die für die normalen Funkwellen nicht erreichbar sind. Browns Kugelantennen-Gravitationswellen-Generator hatte eine große Ähnlichkeit mit Geräten, die der Wissenschaftler und Erfinder Nikola Tesla Anfang des zwanzigsten Jahrhunderts entwickelt hatte. Wie solche Geräte Gravitationswellen erzeugen, kann man anhand der Äthermethodologie der Subquantenkinetik verstehen (siehe grauer Kasten).[22,23]

Ein Gravitationswellenmodell

Wie bereits erwähnt, sagt die Subquantenkinetik voraus, dass eine positive Ladung die Bildung eines Gravitationspotenzialtales induziert, eine negative Ladung die Bildung eines Gravitationspotenzialberges. Somit erzeugt ein kugelförmiger Leiter, der abwechselnd geladen und entladen wird, sowohl eine elektrische Welle als auch eine Gravitationswelle. Diese Wellen sind skalare Wellen anstatt transversale Wellen, denn sie bestehen aus Veränderungen im Energiepotenzial (d. h. in der Ätherkonzentration), bei dem es sich um eine skalare Größe handelt. Das heißt, eine Potenzialwelle hat an einem bestimmten Punkt im Raum eine messbare Größe, aber keine entsprechende Richtung. Elektrische Ladungen auf einer kugelförmigen Monopolantenne werden nicht in nennenswertem Maße zur Seite gedrängt wie bei einer herkömmlichen Dipolantenne. Im Gegensatz zu elektromagnetischen Hertzschen Wellen, die quer zur Richtung der Bewegung schwingen, induzieren diese Skalarwellen also keine Kräfte quer zur Wellenrichtung. Stattdessen erzeugen sie longitudinale elektrische und gravitative Potenzialfeldgradienten, die Längskräfte induzieren, d. h. Kräfte, die in die Ausbreitungsrichtung der Welle zeigen.

Teslas Modell von der Ätherschallwelle zur Beschreibung von Strahlungsenergiewellen passt sehr gut zu der Beschreibung des Energiepotenzials, weil man sich sinusförmige Variationen der Ätherkonzentration als abwechselnde Kompression und Verdünnung des Äthermediums vorstellen kann, analog zur Kompression und Verdünnung in einer Schallwelle.

Eine hohe Ätherkonzentration entspricht einem hohen Energiepotenzial, eine niedrige Ätherkonzentration einem niedrigen Energiepotenzial. Diesem Modell zufolge strahlt also eine Antenne sphärische Wellen wechselnder Ätherkonzentration aus. Wenn die Wellen dazu gebracht werden, unter Resonanz ständig hin und her zu schwingen, verstärken sie sich gegenseitig, und stationäre Wellenmuster entstehen, die durch sehr starke Längskräfte charakterisiert sind.

Der Entwurf für *Winterhaven* sah vor, dass die zukünftigen Projekte durch einen mit einem Hauptvertragsnehmer abgeschlossenen und vom Verteidigungsministerium verwalteten Forschungs- und Entwicklungsvertrag durchgeführt werden sollte. Das Papier empfahl die kooperative Teilnahme von vier Unternehmen, die im Bereich der angewandten Forschung arbeiteten, und vier akademischen Instituten, die mit reiner Forschung beschäftigt waren. Bei den vier Unternehmen handelte es sich um *Lear Inc.* (gravimetrische Feldmessungen), *Jansky & Bailey* (Forschung über Elektrogravitationswellen-Kommunikation), *Brush Development Company* (Entwicklung von dielektrischen Schubmotoren mit hoher Permittivität) und *Hancock Manufacturing Company* (für die Entwicklung des Flugscheibenrumpfs). Zu den akademischen Institutionen gehörten das *Stanford Research Institute*, die *University of Chicago* und das *Franklin Institute*.

Im Entwurf wurde bestätigt, dass das Pentagon einige von Browns früheren Forschungsergebnissen im Bereich der Elektrogravitation unter Geheimhaltung gestellt hatte. Es hieß dort, die Existenz des Elektrogravitations-Kopplungseffekts stehe »im Zusammenhang mit streng geheimen staatlichen Forschungsprojekten, deren Veröffentlichung untersagt worden ist«. Trotzdem verfolgte Brown mit dem *Winterhaven-Projekt* nicht die Absicht, diese Technologie geheim zu halten, sondern ihre Entwicklung zu beschleunigen, damit die Menschheit davon profitieren könne.

Leider sollte sich sein Traum von einem unbeschränkten Zugang zur Elektrogravitationstechnologie nicht erfüllen. Vielleicht war er sich nicht darüber im Klaren, dass man damals bereits streng geheime Arbeiten auf dem Gebiet der Elektrogravitation betrieb, die schon relativ weit fortgeschritten waren. Von all den Ideen, die im Zusammenhang mit dem *Winterhaven-Projekt* vorgeschlagen wurden, kam der Elekrogravitationswellen-Kommunikator dieser geheimen Forschung auf dem Gebiet der Antriebstechnologie am nächsten.

2.4 Antigravitationsforschung: streng geheim

Browns Bemühungen in Bezug auf die Förderung seines Konzeptes der Elektrogravitationsforschung wurde besonders von der *Aviation Studies (International) Ltd.* unterstützt, einer privaten Londoner Beraterfirma für die Luftfahrt.* Seit ihrer Gründung im Jahre 1950 hat diese Firma Berichte über eine weite Palette von Themen vertrieben. Zu ihren Kunden gehören Luft- und Raumfahrtunternehmen sowie staatliche Verteidigungsbehörden. Die Berichte enthalten Informationen über verschiedene Flugzeuge und Raketen (z. B. Konstruktionsmerkmale, Preise, Produktionsumfang, Umfang ausländischer Arsenale), Daten über Nuklear-, Thermal- und Energiewaffen, Auswertung der militärischen Geheimdienstkapazitäten ausländischer Regierungen (z. B. Einsatzmissionen, Personalstärke, geheimdienstliche Berater) und vieles mehr. Die Preislisten für die Publikationen von *Aviation Studies* zwischen 1957 und 1960 sowie für 1993 sind im Anhang B abgebildet.

Der Direktor von *Aviation Studies,* Richard Worcester, war zu der Überzeugung gekommen, dass Brown etwas entdeckt hatte, was die Luftfahrttechnologie radikal revolutionieren würde. Anfang 1954 begannen er und seine Denkfabrik, Browns Ideen der Luft- und Raumfahrtindustrie vorzustellen. Es wurde betont, dass die Aussichten bei einem Erfolg der Elektrogravitationstechnik so weitreichend wären, dass man sie nicht einfach übersehen dürfe. Man begann, neue Themen bezüglich der Elektrogravitationstechnik in das wöchentliche Mitteilungsblatt *Aviation Report*** aufzunehmen, und 1956 fing man an, die Forschung auf dem Gebiet dielektrischer Materialien mit hoher Permittivität beim Einsatz für Elektrogravitationsflugzeuge zu fördern. Diese Bemühungen erwiesen sich als erfolgreich, denn ab 1954 stieg die Beteiligung der Industrie an diesem Forschungsbereich enorm an. Ende der fünfziger Jahre wurde die Forschung im Bereich der Antigravitations-Antriebstechnologie unter Geheimhaltung gestellt, und man hörte nicht mehr viel davon. Trotzdem wurde die Arbeit weiterbetrieben, und zwar in einem Umfang und mit einer Anstrengung, die fast der des *Manhattan-Projekts* zur Entwicklung der Atombombe gleichkam.

---

* Als Adresse der Firma wurde folgende angegeben: *Aviation Studies (International) Ltd.*, Sussex House, 37A Parkside, Wimbledon, London SW19 5NB, UK. Eine aktuelle Adresse dieser Firma ist jedoch nicht bekannt.

** In einem Rundschreiben von 1993 steht, dass dieses Mitteilungsblatt sich mit der Raumfahrtpolitik beschäftigt und Informationen über Ausrüstung und geheimdienstliche Daten enthält sowie wirtschaftliche/technische Bedarfszahlen, staatliche Mitteilungen, Analysen und Trends. Mir ist nicht bekannt, ob das Blatt noch immer herausgegeben wird.

Im Februar und Dezember 1956 veröffentlichte *Aviation Studies* zwei Berichte über Elektrogravitation. Der Bericht vom Februar, erschienen unter dem Titel »Electrogravitics Systems: An Examination of Electrostatic Motion, Dynamic Counterbary and Barycentric Control«, enthielt eine interessante Untersuchung über die Beteiligung des Staates und der Industrie bei der Erforschung und Entwicklung der Antigravitation.[24] Als Autor ist auf der Titelseite die *Gravity Research Group* angegeben, eine Unterabteilung der *Aviation Studies Special Weapons Study Unit*, aber wir wissen heute, dass der Bericht von Worcester geschrieben wurde. Als Autor des Berichts vom Dezember, der den Titel »The Gravitics Situation« trug und in Wahrheit ebenfalls von Worcester verfasst wurde, ist die *Gravity Rand Limited* angegeben, eine Tochterfirma von *Aviation Studies.*[25] Darin finden sich zusätzliche Informationen über den Fortschritt der Luftfahrtindustrie bei der Entwicklung der Elektrogravitations- und Antigravitations-Technologie. *Gravity Rand* steht in keiner Beziehung zur *Rand Corporation.* Die Bezeichnung *Rand,* ein Akronym für »Research and Development«, wird häufig für Namen von Firmen benutzt, die Forschungs- und Entwicklungsarbeiten betreiben.

Es ist ziemlich schwierig, an die Originale dieser Dokumente heranzukommen. Obwohl die Kartei der *U.S. Library of Congress* in Washington eine Karte für den Bericht mit dem Titel »Electrogravitics Systems« (LOC no. 3,1401,00034,5879; call no. TL565.A9) vom Februar 1956 enthält, stellte der Bibliothekar, als ich 1985 versuchte, diesen Bericht ausfindig zu machen, fest, dass er in der Bibliothek nicht mehr auffindbar war. Eine anschließende Überprüfung der Datenbank der Kongressbibliothek ergab, dass nur noch eine weitere Bibliothek in den Vereinigten Staaten über eine Kopie dieses Berichtes verfügte. Das war die Technische Bibliothek des Luftwaffenstützpunkts *Wright-Patterson* in Dayton, Ohio. Der Bericht, der ursprünglich mit dem Vermerk »vertraulich« versehen worden war, war kurz zuvor freigegeben worden, als ich ihn 1985 erhielt, und er kann gegenwärtig von jedem eingesehen werden. Er kann durch ein Verleihsystem der öffentlichen Bibliotheken von *Wright-Patterson* ausgeliehen werden, aber das erfordert eine gewisse Ausdauer, denn das Dokument ist nicht in allen Datenbanken von *Wright-Patterson* aufgeführt, für die Bibliothekare also nicht so einfach zu finden. Den Bericht vom Februar 1956 finden Sie im Anhang C.

Das Original des Berichts vom Dezember 1956 war noch schwerer aufzufinden. Die Bibliothekare von *Wright-Patterson* konnten in ihrer Datei keine Kopie finden, und ein Versuch, das Dokument von *Aviation Studies* zu beziehen, erwies sich als erfolglos. Der Direktor antwortete, dass Kopien beider

Elektrogravitationsstudien von 1956 in seinen Dateien nicht zu finden seien. Gegenwärtig ist es jedoch möglich, diese Dokumente aus dem Internet herunterzuladen. Flugzeugfirmen, die die Berichte von *Aviation Studies* erworben haben, verfügen möglicherweise noch über Exemplare dieser Ausgaben in ihren technischen Archiven, aber wahrscheinlich sind die Firmen nicht ohne Weiteres bereit, diese an Außenstehende auszuhändigen. Man ist offensichtlich bemüht, dieses Thema nicht an die große Glocke zu hängen. Zum Beispiel hat die *Loral Vought Systems Corporation* aus Grand Prairie, Texas – ein Unternehmen, das auf dem Gebiet der Forschung und Entwicklung von Raketen arbeitet und als Unterauftragnehmer für die *Northrop Grumman Corporation* bei der Entwicklung des *B*-2-Tarnkappenbombers mitgewirkt hat – den Bericht vom Dezember 1956 in ihrer Datenbank gespeichert, aber bei einem Telefongespräch von 1993 teilte mir eine ihrer Bibliothekarinnen mit, dass das Dokument als »vernichtet« gekennzeichnet war. Sie erwähnte zwar, dass noch drei oder vier weitere Berichte von *Aviation Studies* vorhanden waren, aber sie war nicht bereit, deren Titel zu nennen, und sagte mir, dass die Firma es untersagt hätte, diese Dokumente auszuleihen.

Der Untertitel des Berichts vom Februar 1956 – »An Examination of Electrostatic Motion, Dynamic Counterbary, and Barycentric Control« – weist ganz eindeutig darauf hin, dass er sich mit Gravitationssteuerung beschäftigt. Die Ausdrücke *dynamic counterbary* und *barycentric control* bedeuten »Antigravitationsantrieb« bzw. »Gravitationssteuerung«. Der Wortstamm *bary* kommt aus dem Griechischen *(βάρος)* und bedeutet »Gewicht«. Genauer gesagt wird auf Seite 19 dieses Berichts der Ausdruck *counterbary* als »Manipulation der Gravitationskraftlinien« definiert und *barycentric control* als »die Anpassung eines solchen manipulativen Potenzials zur Herstellung einer stabilen Bewegung, die als Beförderungsmittel geeignet ist«.

Im Glossar des Berichts von *Aviation Studies* vom Dezember 1956 wird *counterbary* übersetzt als »eine andere Bezeichnung für *anheben* ... die Aktion der Levitation, wobei die Gravitation durch Elektrostatik oder einen anderen Antrieb überwunden wird«. Und *barycentric control* wird definiert als »die Vorrichtung zur Steuerung des Abhebevorgangs eines Fahrzeugs«.

Der Ausdruck *dynamic counterbary* (oder *contrabary*) wurde von dem namhaften deutschen Wissenschaftler Burkhard Heim geprägt, der ihn zum ersten Mal 1952 bei einem Vortrag in Stuttgart öffentlich benutzte. Der Vortrag hatte den Titel »Die dynamische Kontrabarie als Lösung des astronautischen Problems«. Heim hatte sich Anfang der fünfziger Jahre intensiv mit der Gravitationsfeldforschung beschäftigt und behauptete, etwas entdeckt zu haben, was er »kontrabarischen Effekt« nannte, eine Methode zur Induktion eines Gravitationsfeldes durch elektromagnetische Mittel.

Der Bericht vom Februar 1956 geht kurz auf die grundlegenden Arbeiten von Brown ein. Dort wird auch sein 1952 für das *Winterhaven-Projekt* angefertigter Entwurf zur Entwicklung einer Elektrogravitations-Abfangflugscheibe von etwa 35 Fuß (ca. 12 m) Durchmesser erwähnt, die in der Lage sein sollte, eine Geschwindigkeit von Mach 3 (2.250 Meilen pro Stunde) zu erreichen und sehr schnelle Richtungsänderungen durchzuführen. Die Autoren des Berichts waren davon überzeugt, dass die Elektrogravitation eine unkonventionelle Methode zur künstlichen Veränderung des Gravitationsfeldes darstellt, denn der Artikel beginnt wie folgt:

> Die Elektrogravitation könnte man beschreiben als eine Synthese von elektrostatischer Energie, die für den Antrieb benutzt wird, [...] und Gravitationstechnologie (oder dynamischer Counterbary), bei der Energie auch dazu benutzt wird, eine örtliche Gravitation aufzubauen, die unabhängig von der der Erde ist. [...]
>
> Die Essenz des Elektrogravitationsschubs ist die Verwendung einer sehr starken positiven Ladung auf der einen Seite des Vehikels und einer negativen Ladung auf der anderen Seite. Der Kern des Antriebs ist ein Kondensator, und die Fähigkeit des Kondensators, seine Ladung (die K-Zahl) aufrechtzuerhalten, ist der Maßstab für die Leistungsfähigkeit. [...]
>
> Die Flugscheibe mit Elektrogravitationsantrieb kann die Funktion einer klassischen Tragfläche erfüllen – sie erzeugt eine Druckwirkung auf die untere und eine Saugwirkung auf die obere Oberfläche, aber im Gegensatz zum Tragflügel benötigt sie keine Luftströmung, um den Effekt hervorzubringen.[26]

In dem Bericht werden die Arbeiten mit Elektrogravitation zusammengefasst, die in den USA und in England durchgeführt wurden. Es wird sogar darauf hingewiesen, dass zu jener Zeit mehrere Antigravitations-Prüfstände in Betrieb waren. Es ist darin auch eine Reihe von Auszügen aus verschiedenen Ausgaben des *Aviation Report* vom August 1954 und Dezember 1955 enthalten. Dies vermittelt einen Eindruck davon, wie sich das Interesse an der Elektrogravitation über einen Zeitraum von achtzehn Monaten allmählich entwickelte. Einige interessante Auszüge werden im Folgenden in chronologischer Reihenfolge aufgeführt:

Antigravitationsforschung

Die Forschung und Technologie auf dem Gebiet der Elektro-Antigravitation steckt noch so sehr in den Kinderschuhen, dass wir es hier vielleicht mit einem Entwicklungsbereich zu tun haben, bei dem nicht nur die Methoden, sondern auch die Ideen geheim sind. Deshalb kann über nichts offen geredet werden. Bisher wurden nur sehr wenige Arbeiten über dieses Thema veröffentlicht, und die einzigen Pläne, die bisher an die Öffentlichkeit gelangt sind, betreffen Experimente, bei denen man versuchte, Objekte frei in einem Raum schweben zu lassen [...] langfristige Ziele sehen die Entwicklung einer Technologie vor, mit der sich die Gravitation überwinden lässt.

Aviation Report, 20. August 1954

Anwendungsstrategien für die Antigravitation

Die Arbeit mit der Antigravitation wird [...] wahrscheinlich den Firmen mit den größten Elektrolabors und -einrichtungen übertragen. Es ist außerdem klar, dass die Antigravitation, ebenso wie andere fortgeschrittene Technologien, zuerst einmal wegen ihrer Möglichkeiten zur Verteidigung gefördert wird. Es gibt vielleicht zwei allgemeine Möglichkeiten, diese Wissenschaft zu nutzen – zum einen für die Konstruktion moderner Raketen ... und zum anderen ist langfristig geplant, ein völlig neues technologisches Umfeld zu schaffen, in dem Geräte eingesetzt werden, die mit Antigravitation funktionieren.

Aviation Report, 24. August 1954

Die Aufgabe der Gravitationsforschung

Es wurden einige äußerst ehrgeizige theoretische Programme unterbreitet, und es wurde mit der Arbeit an der Realisierung eines bemannten [Antigravitations-] Vehikels begonnen. Nach allem, was man bisher weiß, sind die unglaublichen Erwartungen im Zusammenhang mit dieser Sache viel realistischer als zum Beispiel die Erwartung, durch Uranspaltung die Atombombe zu entwickeln.

Aviation Report, 7. September 1954[27]

Ein Bericht vom Oktober 1954 bezieht sich auf Browns Entwurf für das *Winterhaven-Projekt* und weist darauf hin, dass das Pentagon mit der Finanzierung der Entwicklung von Flugzeugen mit Elektrogravitationsantrieb beginnen wollte:

Der Status quo des Elektrogravitationsantriebs

Unter den Bedingungen des *Winterhaven-Projekts* [1952] waren die Vorschläge zur Entwicklung der Elektrogravitation bis zur Realisierung einer Kampfflugscheibe mit einer Geschwindigkeit von Mach 3 nicht weit entfernt von den unglaublichen Anstrengungen, die man für das *Manhattan-Projekt* aufbrachte. Tatsächlich war der Wunsch, diesen neuen Antrieb zu entwickeln, ebenso stark wie der, die Atombombe zu bauen. Beide Projekte erforderten eine geradezu fantastische mathematische Kapazität, und beide Wissenschaften waren so neu, dass andere Wissenschaften nicht viel helfen konnten. In den zwei Jahren seit das Prinzip der Bewegung durch Dielektrika mit hoher Permittivität zum ersten Mal auf einem Testgelände demonstriert wurde, hat man nur wenige Fortschritte gemacht. Aber alles weist jetzt darauf hin, dass das Pentagon bereit ist, eine Reihe von Projekten zu unterstützen, um die Dinge voranzubringen. [...] Nach vorsichtigen Schätzungen soll die Scheibe noch vor 1960 fertig sein, und dann mag es noch die ganzen »Sechziger« hindurch dauern, bis sie ausgereift ist, wenngleich bereits in zehn Jahren die ersten Kampfflugscheiben verfügbar sein könnten. [...] Der Rahmen ist übrigens untrennbar vom »Antrieb«. Wenn es eine Aufteilung von Verantwortung gibt, dann würde sie so aussehen, dass die Firma, die für den Antrieb zuständig ist, auch für die Lieferung der elektrostatischen Energie (eine Art Stichflamme) zuständig wäre und der Rahmenhersteller für das Kondensatorsystem, den Kern der Hauptkonstruktion.

Aviation Report, 12. Oktober 1954[28]

Beachten Sie, dass im Bericht vom Oktober Browns Konzept vom Stichflammen-Hochspannungsgenerator als Mittel zur Erzeugung elektrostatischer Energie erwähnt und der Vorschlag gemacht wird, solch eine Vorrichtung von der Düsenantriebsindustrie entwickeln zu lassen. In einem Bericht vom November 1954 werden die ersten Versuche der Luftwaffe beschrieben, Spezifikationen für die Entwicklung eines Objekts mit Elektrogravitationsantrieb zu entwickeln. Es wird erwähnt, dass die Entwicklung einer Kampfscheibe mit einer Geschwindigkeit von Mach 3 auf der Grundlage der damals vorhandenen Technologie möglich sei.

Schritte zur Entwicklung eines Gravitationsantriebs

Fachautoren scheinen immer noch nicht genau zu wissen, wonach sie in einer so verschwommenen Wissenschaft wie der des Elektrogravitationsantriebs eigentlich fragen sollen. Das Gebiet ist so neu, dass es noch an den wichtigsten Grundlagen mangelt. Zunächst einmal braucht man einen vernünftigen Prüfstand und dann ein Testfahrzeug. Dies dürfte dann zur Förderung der Entwicklung einer Kampfscheibe führen. Bei den ersten Versuchsaufbauten war der Schub recht gering, was inzwischen etwas verbessert wurde. Aber die bisher erreichten Geschwindigkeiten erinnern eher an den Straßenverkehr als an die Luftfahrt. Aber man weiß jetzt, dass dieser Antrieb möglich ist. Es geht nur darum, ausreichend kVA (Kilovoltampere) in Kondensatoren mit höherer Permittivität einzuspeisen. 50.000 ist eine magische Zahl für die Kampfscheibe – es ist diese Menge von kVA und diese Menge von Permittivität, die in Geschwindigkeiten von Mach 3 umgewandelt werden kann.

Aviation Report, 19. November 1954[29]

Der Ausdruck »kVA« (Kilovoltampere) bezieht sich auf den Verbrauch von Leistung, wobei die Stromquelle Wechselstrom ist. Seine Verwendung in dem obigen Abschnitt lässt darauf schließen, dass bei der Scheibe, um die es geht, Kondensatoren mit hoher Permittivität verwendet wurden, die mit Wechselstrom und nicht mit Gleichstrom betrieben wurden.[30] Würden die Kondensatoren der Scheibe stattdessen ausschließlich mit Gleichstrom betrieben, dann wäre es sinnvoller, von Leistung in Kilowatt (kW) zu sprechen.* Weiter steht in dem Bericht: »Die wichtigste Sache, die das Management beachten muss, wenn es Leute einstellt, ist, dass es sich bei der Elektrogravitation grundsätzlich um eine Wellentechnologie handelt und ein großer Teil davon mit der Planckschen Dimension von Wirkung, Energie und Zeit zusammenhängt; einiges davon gehört zu ja den sichersten und unumstrittensten Aspekten der modernen Atomphysik.« Hier haben wir also einen weiteren Beweis dafür, dass sich Forscher aktiv mit der Möglichkeit beschäftigten, *zeitvariierende* elektrische Felder für den Elektrogravitationsantrieb einzusetzen.

Die Scheiben bei den ersten Demonstrationen wurden mit Hochspannungs-Gleichstrom betrieben. Bei späteren Vorführungen, zum Beispiel in der Turnhalle in Pearl Harbor, wurden sie stattdessen mit gleichgerichteter Wechselspannung betrieben. Außerdem erwähnt Brown in einem seiner Patente

---

* Wird ein Kondensator mit Wechselstrom betrieben, gibt es eine Phasenverschiebung zwischen den Sinuswellen des Stroms und der Spannung, sodass der Strom der Spannung am Kondensator vorauseilt. Deshalb ist das Produkt aus durchschnittlichem Strom und durchschnittlicher Spannung (oder Kilowatt) kein gutes Maß für die durchschnittliche Energie einer Halbwelle. In solchen Fällen sprechen Elektroingenieure stattdessen von Kilovoltampere.

beiläufig die Energetisierung von hochpermittiven Dielektrika mit hochfrequenter Wechselspannung, aber in Bezug auf diesen Teil seiner Arbeit ist er ziemlich schweigsam. Wie ein mit Wechselspannung energetisierter Kondensator zur Erzeugung eines verstärkten Elektrogravitationsantriebs eingesetzt werden kann, wird im nächsten Kapitel beschrieben.

Während einer Besprechung führender Flugzeughersteller am 25. Januar 1955 in New York soll George S. Trimble, Vizepräsident für modernes Design bei der Firma *Glenn Martin Aircraft* in Baltimore, nach Angaben von *Associated Press* Folgendes gesagt haben: »Unbegrenzte Energie, Unabhängigkeit von der Gravitation und unendlich kurze Reisezeiten sind nun in den Bereich des Möglichen gerückt.«[31] Er soll dann noch hinzugefügt haben, dass irgendwann jeder Flugtransport in Maschinen erfolgen würde, die auf der Grundlage dieser fantastischen Prinzipien funktionieren. Sie erinnern sich sicher noch daran, dass Brown sechzehn Jahre zuvor, noch vor Beginn des Zweiten Weltkrieges, für kurze Zeit für die Firma *Glenn Martin* in Baltimore gearbeitet hatte. Zweifellos hatte er dort die Grundlagen für die Elektrogravitation gelegt.

Bei derselben Besprechung sagte Dr. Walter R. Dornberger, ein Berater für ferngelenkte Raketen bei der *Bell Aircraft Corporation*, dass im Flugverkehr in absehbarer Zeit mit einer Geschwindigkeit von 10.000 Meilen pro Stunde (Mach 13) zu rechnen sei. Damit könnte man einen Flug von New York nach Sydney in etwa einer Stunde schaffen. Zwei Wochen später veröffentlichte *Aviation Studies* einen Bericht, aus dem hervorging, dass viele Luftfahrtgesellschaften über die Existenz dieser Antigravitationstechnologie orientiert waren:

> **Geschäftliche Mitteilung zur Elektrogravitation**
> Neue Unternehmen, die in zehn oder fünfzehn Jahren gern größere Rüstungsaufträge an Land ziehen würden, sind die Firmen, die wohl am meisten zum Fortschritt dieser Entwicklung beitragen werden. Einige Firmen in Großbritannien und den USA kommen da zuerst in den Sinn – Firmen wie *AiResearch*, *Raytheon*, *Plessey* in England, *Rotax* und andere. Aber diese Firmen müssten mindestens ein Jahrzehnt lang in teure Forschung auf dem Gebiet der theoretischen Physik investieren, und das setzt einen enormen Optimismus voraus. Die Firmen sind zum großen Teil bereits überlastet, und eigentlich können sie sich das gar nicht leisten. Aber wenn man ernsthaft darüber nachdenkt, kommt man wohl zwangsläufig zu dem Schluss, dass man es sich erst recht nicht leisten kann, *nicht* von Anfang an dabei gewesen zu sein.
>
> *Aviation Report*, 8. Februar 1955[32]

Im Juli 1955 zitierte *Aviation Report* Lawrence D. Bell, den Gründer von *Bell Aircraft*, der gesagt habe, dass das Entwicklungstempo, das zum praktischen Einsatz von Fahrzeugen mit Antigravitationsantrieb führe, sich beschleunige und dass Durchbrüche, die zu jener Zeit erzielt wurden, die Einführung solcher Fahrzeuge schneller herbeiführen werde, als es gedauert habe, den Turbojet zu entwickeln.[33]

In derselben Ausgabe wurde vorausgesagt, dass die Regierung die Sache großzügig unterstützen werde, »weil die Möglichkeiten einer solchen Maschine unendlich viel größer sind als die jeder anderen Antriebsform«.

Am 15. Oktober 1955 gab das Verteidigungsministerium eine Mitteilung heraus, durch die die Öffentlichkeit darüber informiert wurde, dass ein vom Staat unterstütztes Flugobjekt für eine fliegende Untertasse gehalten werden könnte. Der Secretary of the Air Force Donald A. Quarles sagte in diesem Zusammenhang:

> [...] treten wir jetzt in eine Ära der Luftfahrttechnologie ein, in der Flugzeuge mit ungewöhnlichen Formen und Flugeigenschaften eingesetzt werden. [...] Die Luftwaffe und diverse Waffenfirmen sind dabei, Flugzeuge zu entwickeln, die vertikal starten und landen können und hohe Leistungen erbringen. [...] Vertikal startende Flugzeuge, die in der Lage sind, Horizontalflüge mit Überschallgeschwindigkeit durchzuführen, sind ein ganz neues Phänomen am Himmel. Unter gewissen Umständen könnte das die Illusion vermitteln, dass es sich um sogenannte fliegende Untertassen handelt.[34]

Obwohl Quarles keine unkonventionelle Antriebstechnologie erwähnte, ist es vielleicht kein Zufall, dass das Pentagon nur ein Jahr zuvor damit begonnen hatte, Pläne für die Finanzierung von Browns Elektrogravitationstechnologie aufzustellen. Um vom wahrhaft exotischen Wesen dieses Projekts abzulenken, wies man in der Mitteilung auf die scheibenförmige *Avrocar* hin, die von der AVRO Ltd. in Kanada entwickelt worden war. Bei der *Avrocar* handelte es sich um ein schlecht konstruiertes Fluggerät, bei dem eine herkömmliche Luftturbine verwendet wurde, die für einen vertikalen Hub sorgen sollte. Leider war die Konstruktion vollkommen instabil. Sie neigte dazu, zur Seite zu kippen, sobald sie nur wenige Meter abgehoben hatte.

In der Ausgabe des *Aviation Report* vom November 1955 wird die wichtige Rolle erwähnt, die das Rundschreiben der *Aviation Studies* bei der Entwicklung der Elektrogravitationsindustrie spielte:

Die Umsetzbarkeit der Elektrogravitation
Die Realisierbarkeit eines Mach-3-Kampfflugzeugs (die gegenwärtig das Ziel der Untersuchungen darstellt) hängt von einer ziemlich großen Permittivitäts-Extrapolation ab, weil die wenigen Untertassen, mit denen das Prinzip demonstriert wurde, nur Geschwindigkeiten von etwa 30 Fuß pro Sekunde erreicht haben. Aber – und dies ist sehr wichtig – sie haben mit einer (selbst für heutige Maßstäbe) sehr ineffizienten Art von Kondensatorkonstruktion eine verwertbare Geschwindigkeit erreicht. [...]

Es ist übrigens auf die frühe Erwähnung im *Aviation Report* zurückzuführen, dass diese Arbeit in den USA jetzt sehr schnell vorangetrieben wird. Ähnliche Untersuchungen werden auch in Frankreich betrieben, und in England sind einige Leute ausschließlich damit beschäftigt.

Aviation Report, 15. November 1955[35]

Noch im gleichen Monat veröffentlichte Ansel Talbert, Redakteur für Angelegenheiten des Militärs und der Luftfahrt bei der *New York Herald Tribune*, eine Reihe von Artikeln über das Interesse der Luftfahrtindustrie an der Gravitationstechnologie. Am 20. November schrieb er:

Eine Reihe größerer etablierter Firmen in der Luftfahrt- und Elektronikindustrie in den Vereinigten Staaten sind ebenfalls mit der Erforschung der Gravitationstechnologie beschäftigt. Die Wissenschaftler bezeichnen die Gravitation neben dem Leben an sich als das größte Geheimnis des Universums. Aber eine zunehmende Zahl von ihnen ist der Meinung, dass es einen physischen Mechanismus für seine Verbreitung geben muss, der entdeckt und kontrolliert werden kann. Sollte dieses Geheimnis gelüftet werden, würde dies eine größere Revolution auf dem Gebiet der Energie, des Transports und vieler anderer Bereiche bedeuten als selbst die Entdeckung der Atomkraft. Der Einfluss einer solchen Entdeckung wäre von immenser Bedeutung für den Flugzeugbau, wo die Effekte der Gravitation immer ein enormes Problem waren.[36]

In Talberts Artikel war ein Foto von zwei Wissenschaftlern von *General Dynamics Convair Division* abgebildet, die einen Forschungsversuch in Bezug auf die Kontrolle der Gravitation durchführten. Es zeigte sie vor einem Apparat, der auf Stützen stand, die mit elektrischen Anschlüssen verdrahtet waren. In einem Artikel vom 21. November nannte Talbert sechs weitere Firmen, die an solchen Untersuchungen beteiligt waren:

> Zu den Firmen der Luftfahrtindustrie, die jetzt an der Erforschung der Gravitation aktiv beteiligt oder zumindest daran interessiert sind, gehören die *Glenn L. Martin Co.* aus Baltimore, die das erste gigantische düsenbetriebene Flugboot gebaut hat; *Convair* aus San Diego, die den riesigen Interkontinental-Bomber *B-36* konstruiert hat sowie das erste Kampfflugzeug, das vertikal starten und landen konnte; *Bell Aircraft* aus Buffalo, die das erste bemannte Flugzeug konstruiert hat, das schneller als der Schall flog, sowie das neueste Düsenflugzeug, das vertikal starten und landen kann; und die *Sikorsky*-Abteilung von *United Aircraft*, Pionier auf dem Gebiet des Baus von Hubschraubern; *Lear Inc.* aus Santa Monica, einer der größten Hersteller von Autopiloten für Flugzeuge; *Clarke Electronics* aus Palm Springs in Kalifornien; sowie die *Sperry Gyroscope Division* der *Sperry-Rand Corp.* aus Great Neck in Long Island, die wichtige Arbeiten auf dem Gebiet von Lenkraketen und Erdsatelliten leistet: Sie alle beschäftigen Wissenschaftler, die an dem Problem des Gravitationsantriebs forschen.[37]

Talbert nannte auch die Namen einiger Physiker, die an der Erforschung der Gravitation interessiert waren:

> [...] werden die gegenwärtigen Bemühungen, die universelle Gravitation sowohl auf subatomarer Ebene als auch auf der Ebene des Universums zu verstehen, heutzutage von vielen hervorragenden amerikanischen Wissenschaftlern unterstützt. Dazu gehören Dr. Edward Teller von der *University of California*, der bereits an der Entwicklung der Wasserstoffbombe beteiligt war; Dr. J. Robert Oppenheimer, Direktor des *Institute for Advanced Study* an der *Princeton University;* Dr. Freeman J. Dyson, theoretischer Physiker am gleichen Institut, und Dr. John A. Wheeler, Professor für Physik an der *Princeton University*, der einen wichtigen Beitrag zum ersten amerikanischen Projekt für Kernspaltung leistete.[38]

Andere Wissenschaftler, die in diesem Zusammenhang erwähnt wurden, waren Dr. Václav Hlavatý von der *University of Indiana* sowie Dr. Stanely Deser und Dr. Richard Arnowitt vom *Institute for Advanced Studies* an der *Princeton University*. Im Gegensatz zu seinem Kollegen Albert Einstein hielt Hlavatý die Gravitation lediglich für einen Aspekt des Elektromagnetismus.

In einem Artikel vom 21. November erwähnte Talbert, dass es ein weitverzweigtes Industrieprogramm gebe, das sich mit der Erforschung der Gravitation beschäftigte:

Viele in der amerikanischen Luftfahrt- und Elektronikindustrie schwärmen von den Möglichkeiten des Einsatzes von Magnet- und Gravitationsfeldern als Mittel für die Konstruktion erstaunlicher »fliegender Objekte«, die nicht mehr von der Luft als Träger abhängig sind. Raumschiffe, die in der Lage sind, innerhalb weniger Sekunden auf Geschwindigkeiten von mehreren Tausend Meilen pro Stunde zu kommen und bei diesen Geschwindigkeiten plötzliche Kurswechsel zu vollziehen, ohne ihre Passagiere den sogenannten »G-Kräften« auszusetzen, die durch die Gravitation verursacht werden, sind ebenfalls geplant. Diese Konzepte sind Teil eines neuen Programms zur Lösung der Geheimnisse der Gravitation, das bereits in vielen führenden Labors und etablierten Firmen der Nation in Angriff genommen wurde.

William P. Lear, Erfinder und Vorstandsvorsitzender von *Lear Inc.*, einem der größten Elektronikunternehmen der USA, das sich auf die Luftfahrt spezialisiert hat, beschäftigt sich seit Monaten zusammen mit seinen führenden Wissenschaftlern und Ingenieuren mit neuen Entwicklungen und Theorien auf diesem Gebiet. Im Jahre 1950 erhielt Mr. Lear vom Präsidenten der Vereinigten Staaten die Collier Trophy »für die größte Leistung auf dem Gebiet der Luftfahrt in den Vereinigten Staaten«, und zwar für die Entwicklung eines leichtgewichtigen Autopiloten und eines Anflugkontrollverfahrens für Düsenkampfflugzeuge. Er ist überzeugt, dass es bald möglich sein wird, künstliche »Elektrogravitationsfelder zu schaffen, deren Polarität gesteuert werden kann, um die Gravitation auszuschalten«. Er sagte unserem Korrespondenten: »Alle Gegenstände und alle Menschen innerhalb dieser Felder werden ein Teil von ihnen sein. Die Felder werden anpassbar sein, sozusagen einstellbar, sodass das Gewicht jedes Objekts in ihrer Umgebung erhöht oder verringert werden kann. Sie werden von der Gravitation der Erde oder eines Himmelskörpers nicht länger beeinflusst werden. Mit anderen Worten: Wenn ein Mensch sich in einem Antigravitations-Raumschiff oder -Flugzeug befindet, das sich entlang seines eigenen Gravitationsfeldes bewegt [...] – unabhängig davon, wie schnell es beschleunigt oder seinen Kurs ändert –, würde sein Körper dabei nicht mehr empfinden, als er es jetzt bei der Geschwindigkeit der Erde empfindet.«[39]

Es ist unwahrscheinlich, dass ein so prominenter Industrieller wie Lear eine so bemerkenswerte Aussage machen würde, wenn er nicht selbst konkrete Beweise gesehen hätte, dass solch ein Elektrogravitationseffekt möglich ist. Bell, dessen Unternehmen in Buffalo das erste bemannte Flugzeug gebaut hatte, das schneller als der Schall fliegen konnte, war ebenfalls optimistisch in Bezug auf die Gravitationsforschungen, die damals im Gang waren. Von der *New York Herald Tribune* wurde er wie folgt zitiert: »Der Luftfahrt, so wie wir sie kennen, stehen heute unglaubliche neue Möglichkeiten offen. Die Luftfahrtindustrie in den Vereinigten Staaten arbeitet bereits mit nuklearen Brennstoffen und mit einer Technik, mit der man nicht mehr gegen die Gravitation kämpft, sondern sie ausschaltet.«[40]

Grover Loening, der erste Ingenieur, der von den Gebrüdern Wright angeheuert wurde und dessen vierzigjährige Karriere in der Konstruktion von Flugzeugen und in der Beratung von Firmen ihm einen Orden von der US-Luftwaffe einbrachte, äußerte Talbert gegenüber: »Ich bin fest davon überzeugt, dass in nicht allzu ferner Zukunft der Mensch in der Lage sein wird, einen elektromagnetischen Antigravitationsmechanismus zu bauen, der funktioniert. Dieselbe Einstellung, die die Wissenschaftler in die Lage versetzte, das Atom zu spalten, wird es ihnen auch ermöglichen, das Wesen der Gravitation zu verstehen und sie zu beherrschen.«[41]

Trimbles Firma, *Glenn Martin,* war die erste in den Vereinigten Staaten, die sich mit der Erforschung des Elektrogravitationsantriebs beschäftigte.[42] Das ist nicht überraschend, denn Brown hatte bereits 1939 für *Martin* gearbeitet. Die *New York Herald Tribune* schrieb, dass *Martin Aircraft* auf Trimbles Initiative hin zwischen Baltimore und Washington ein Labor baute, um das neue *Research Institute for Advanced Study* unterzubringen, das sich mit der Erforschung der theoretischen Grundlage der Elektrogravitation beschäftigte sowie mit der angewandten Forschung. Was die Entwicklung dieser neuen Technologie betraf, zitierte die *Herald Tribune* Trimble, der dazu sagte: »Ich glaube, dass wir diese Aufgabe in etwa der Zeit bewältigen könnten, die für den Bau der ersten Atombombe nötig war, wenn genügend kompetente Wissenschaflert sich gleichzeitig damit beschäftigen und auf eine Lösung hinarbeiten. Das größte Hindernis für den wissenschaftlichen Fortschritt waren immer gewisse Leute – auch Wissenschaftler –, die sich weigerten, daran zu glauben, dass erstaunliche oder außergewöhnliche Dinge tatsächlich durchführbar sind.«[43]

Dudley Clarke, Präsident von *Clarke Electronics,* soll auch sehr optimistisch in Bezug auf die Gravitationsteuerung gewesen sein. In einem Artikel vom 22. November erklärte Talbert: »Mr. Clarke sagt, dass die Kraft der Gravitation ausreicht, um viele Tausend Mal mehr Elektrizität zu erzeugen, als heute bei Niagara Falls und von jedem anderen Wasserkraftwerk in der Welt erzeugt wird – wenn sie gezähmt werden kann. Dieses bevorstehende Ereignis, so behauptet er, wird den Bedarf unserer Familien an Wärme und Strom für einen unendlich langen Zeitraum decken.«[44]

Zwei Wochen nach diesem Artikel in der *Herald Tribune* hieß es im *Aviation Report:*

> **Erforschung der Elektrogravitation nimmt Fahrt auf**
> Zu den Firmen, die sich mit den Möglichkeiten der Gravitation beschäftigen, gehören *Glenn Martin, Convair, Sperry-Rand, Sikorsky, Bell,* die *Lear Inc.* und *Clarke Electronics.* Weitere Firmen, die schon früher ihr Interesse bekundet hatten, sind zum Beispiel *Lockheed, Douglas* und *Hiller.* Die anderen Firmen sind nicht grundsätzlich desinteressiert, aber sie haben bisher noch keine öffentliche Unterstützung für diese neue Wissenschaft an den Tag gelegt – die sich immer schneller entwickelt. Die Reaktion in den Vereinigten Staaten ist in gewisser Weise positiver, als man hätte erwarten können.
>
> *Aviation Report,* 9. Dezember 1955[45]

Von all diesen Firmen unterhielt Brown die stärksten Beziehungen zu *Lockheed,* für die er zehn Jahre zuvor gearbeitet hatte. Der Bericht »Electrogravitic Systems« von *Aviation Studies,* der zwei Monate nach dem oben zitierten Artikel vom 9. Dezember herauskam, wies auf die steigende Zahl amerikanischer Flugzeugunternehmen hin, die ein Interesse an der Antigravitations-Antriebstechnologie bekundet hatten:

> Eine der Schwierigkeiten von 1954 und 1955 war, die Luftfahrtindustrie dazu zu bewegen, die Elektrogravitation ernst zu nehmen. Der Begriff allein reichte schon aus, um die Leute abzuschrecken. Jedoch wurden inzwischen einige große Fortschritte erzielt, und jetzt sind die meisten größeren Firmen in den USA durchaus an Counterbary interessiert. Es werden Gruppen organisiert, die sich mit der Erforschung der elektrostatischen und elektromagnetischen Phänomene beschäftigen. Die meisten Industrieführer haben sich zu diesem Thema geäußert. So teilte die Firma *Douglas* unlängst mit, dass sie sich mit Counterbary befasse, vorerst jedoch keine größeren Ergebnisse erwarte. *Hiller* hat auf neue Formen fliegender Plattformen hingewiesen. *Glenn Martin* ließ verlautbaren, dass die Beherrschung der Gravitation in etwa sechs Jahren möglich sei, fügte aber auch hinzu, dass dazu Anstrengungen erforderlich seien, die denen beim *Manhattan-Projekt* gleichkämen. *Sikorsky,* einer der Pioniere beim Bau von Hubschraubern, stellte sich weitgehend hinter das Urteil von

> *Douglas* und erklärte ferner, die Gravitation sei etwas Beeindruckendes und Gewaltiges, es müsse aber auch einen physischen Träger für diese immense, raumübergreifende Kraft geben. Mit anderen Worten: Wo eine physische Manifestation existiert, da kann auch eine physische Vorrichtung entwickelt werden, um eine ähnliche Kraft zu schaffen, die sich in die entgegengesetzte Richtung bewegt, um erstere zu neutralisieren. *Clarke Electronics* behauptet, über eine Vorrichtung zu verfügen, und erklärt darüber hinaus, dass das Phänomen der Gravitation schon eher verstanden würde, als so mancher glaubt. *General Electric* arbeitet gegenwärtig an Geräten, mit denen Veränderungen an der Gravitation bewirkt werden können – dieser Ansatz hat den Vorteil, dass Vorrichtungen eingesetzt werden können, die bereits existieren und für andere Verteidigungsprojekte verwendet werden. *Bell* verfügt auch über eine experimentelle Vorrichtung, mit der, wie es die Firma ausdrückt, die Gravitation neutralisiert werden soll, und Lawrence Bell hat gesagt, er sei davon überzeugt, dass die notwendige Technologie sich aus den laufenden Programmen ergeben werde. Grover Loening ist davon überzeugt, dass das, was er als elektromagnetischen Antigravitationsmechanismus bezeichnet, für die praktische Verwendung entwickelt werden wird. *Convair* ist intensiv mit der Arbeit an den entsprechenden Geräten beschäftigt. Die *Lear Inc.* verfügt inzwischen über eine Abteilung, die sich mit der Gravitationsforschung beschäftigt, ebenso wie *Sperry-Rand.* In dieser Liste sind die meisten amerikanischen Luftfahrtunternehmen vertreten. Die übrigen, wie *Curtis-Wright, Lockheed, Boeing* und *North American,* haben ihr Interesse noch nicht offiziell erklärt, aber alle vier sind dabei, diesen neuen Bereich zu überprüfen.[46]

Der Bericht führt weiter aus, dass man sich auch in Europa mit der Antigravitation beschäftigt. Es werden zwei französische Unternehmen erwähnt, die an solchen Projekten beteiligt seien, sowie verschiedene Privatunternehmen, die die entsprechenden Ausrüstungen in England herstellten. Weiterhin werden ein schwedisches Unternehmen sowie zwei kanadische und mehrere deutsche Firmen erwähnt, die ebenfalls Studien auf diesem Gebiet betrieben. Die *Airplane Corporation* und *Gluhareff Helicopter* gehörten zu den nichtamerikanischen Firmen, die kurz zuvor in diesen neuen Forschungsbereich eingestiegen waren.

Dem Bericht zufolge sollte es möglich sein, eine Mach-3-Kampfscheibe zu bauen, indem man das Objekt mit Spannungen von mehreren Millionen Volt auflädt und Oberflächenbeschichtungen mit einer Permittivität von über 10.000

verwendet. Zu jener Zeit hatte man mit bestimmten Keramikmaterialien Permittivitätswerte von 6.000 erreicht, und Forscher hatten bei aufgeladenen Vorrichtungen eine Gewichtsreduzierung von 30 % erzielt. Außerdem bestand die Aussicht auf synthetische Keramiken mit einer Permittivität von bis zu 30.000. So glaubte man, dass es möglich sei, ein betriebsfertiges bemanntes Fluggerät bauen zu können, indem man einfach bereits Vorhandenes verbesserte.

Die Absicht, für den Rumpf des Fluggeräts Dielektrika mit hoher Permittivität zu verwenden, ist ein Hinweis darauf, dass die Konstrukteure planten, die Gravitation dadurch zu kontrollieren, dass sie die Oberfläche des Flugzeugs elektrisch aufluden, anstatt auf die Gravitationswirkung der externen Ionenwolken zu bauen. Da dieses Flugzeug seine Hochspannung jedoch aus einem Stichflammengenerator beziehen sollte, planten seine Konstrukteure wahrscheinlich auch, den Effekt der Ionenwolken zu nutzen.

Im März 1956 wurde der Bericht von *Aviation Studies* herausgegeben. Die Zeitschrift *Interavia* war ähnlich optimistisch in Bezug auf die praktische Anwendung von Browns Elektrogravitationstechnologie:

> Solch eine Kraft, die exponentiell auf Werte gesteigert werden kann, mit denen bemannte Objekte durch die Luft – oder in den Weltraum – getragen werden können, und das bei einer unglaublich hohen Geschwindigkeit, ist jetzt Gegenstand gemeinsamer Anstrengungen in mehreren Ländern. Sobald das Ziel erreicht ist, werden die meisten Schwierigkeiten, mit denen man es heute bei der Konstruktion sehr schneller Flugzeuge zu tun hat, der Vergangenheit angehören. Diese Gravitationskraft ist keine physische Kraft, die erst an einem ganz bestimmten Punkt in der Maschine wirkt und sich dann auf andere Teile überträgt. Es handelt sich vielmehr um ein Elektrogravitationsfeld, das auf alle Teile gleichzeitig einwirkt. Eine Richtungsänderung oder eine Geschwindigkeitsveränderung könnte man durch eine einfache Veränderung der Intensität, Polarität und Richtung der Ladung bewirken.[47]

Im Dezember 1956 gab *Aviation Studies* einen zweiten Fortschrittsbericht heraus, in dem auf die militärischen Vorteile dieser Technologie hingewiesen wurde. Man erwähnte auch, dass die Regierung das Projekt weiterhin finanziell unterstützte:

> Die elektrostatischen Scheiben liefern einen Hub, ohne dass vorher beschleunigt werden müsste. [...] Dies könne ein wichtiger Vorteil gegenüber allen Tragflächenformen sein, die eine induzierte Strömung

> benötigen, und Auftrieb ohne Luftströmung ist eine Entwicklung, die es unbedingt verdient, um ihrer selbst willen weiterverfolgt zu werden, und die von den Benutzern bereits für alle drei Teilstreitkräfte (Luftwaffe, Marine und Heer) als nützlich angesehen wird. Über diesen Punkt ist man sich in den USA durchaus im Klaren, und es ist anzunehmen, dass die Entwicklung großer Flugscheiben weiter betrieben werden wird. Dies wird von der amerikanischen Regierung unterstützt, jedoch nur in kleinem Umfang. Damit folgt man Browns ursprünglichem Vorschlag, den er im Zusammenhang mit dem *Winterhaven-Projekt* unterbreitete.[48]

In dem Bericht wurde auch die Lage der Elektrogravitationsindustrie sehr aufschlussreich bewertet:

> Die Firmen spezialisieren sich bereits auf die Entwicklung bestimmter Komponenten einer Elektrogravitationsscheibe. Das bedeutet, dass die Wissenschaft sich in demselben Stadium befindet wie die ICBM (Interkontinentalrakete). Das heißt, dass keine neuen Durchbrüche erforderlich sind, sondern lediglich intensive technische Entwicklungsarbeiten. Das mag eine sehr optimistische Sicht der Dinge sein. Es stimmt, dass jetzt Materialien zur Verfügung stehen, mit denen Kondensatoren gebaut werden können, die höhere Permittivitätswerte erreichen, als sie beim *Winterhaven-Projekt* noch für notwendig gehalten wurden; auch stehen alle Bauteile, die für den Bau der Scheiben benötigt werden, zur Verfügung. Aber die Industrie ist noch weit davon entfernt, über eine adäquate Energiequelle zu verfügen. Auch besitzt sie noch keine praktische Erfahrung mit dem Betrieb einer solchen Ausrüstung.[49]

Der Bericht besagt, dass andere Unternehmen Browns Versuche mit den fliegenden Scheiben wiederholten und ebenfalls Geschwindigkeiten von Hunderten von Meilen pro Stunde erzielten: »Die hohen Geschwindigkeiten beim elektrostatischen Antrieb kleiner Scheiben sollten im Auge behalten werden (mit hohen Geschwindigkeiten sind Hunderte von Meilen pro Stunde gemeint), und einige dieser Resultate gelangen jetzt langsam an die Öffentlichkeit.«[50] Das Interesse an der Antigravitation wurde in den folgenden Jahren immer stärker. Im Januar 1957 fand am *Institute of Field Physics* an der *University of North Carolina* in Chapel Hill eine wochenlange wissenschaftliche Konferenz statt, bei der die Rolle der Gravitation in der Physik behandelt wurde. Fünfundvierzig Physiker aus den Vereinigten Staaten und sieben anderen Ländern nahmen daran teil.

Brown befand sich mit Sicherheit unter ihnen. Interessanterweise war das *Wright Air Development Center* des Luftwaffenstützpunktes *Wright-Patterson* einer der Sponsoren der Konferenz und übernahm auch die Veröffentlichung der Konferenzberichte.[51] Im selben Jahr verkündete J. E. Surrat Jr., stellvertretender Vorsitzender der *Society for Aeronautical Weight Engineers,* dass *Wright-Patterson* mit einer Multimillionen-Dollar Einrichtung zur Erforschung der Antigravitationskräfte ausgestattet sei.[52]

A. V. Cleaver, der als stellvertretender Chefingenieur bei der Abteilung für Flugzeugmotoren von *Rolls-Royce* arbeitete, bewertete den Stand der Elektrogravitationsforschung in einem Artikel, der im Februar 1957 in der angesehenen Zeitschrift *Journal of the British Interplanetary Society* veröffentlicht wurde.[53] Er schätzte, dass der Staat und die Industrie in den USA jährlich etwa 5 Millionen Dollar für die Grundlagenforschung der Elektrogravitation ausgeben, und schrieb, dass Firmen in Frankreich, Italien und Japan ebenfalls dieses Phänomen erforschen.

Trotzdem – und das ist vielen Neulingen auf dem Gebiet der Elektrogravitation nicht bekannt – wurde durch dieses Forschungs- und Entwicklungsprojekt, an dem viele Firmen beteiligt waren, lediglich ein streng geheimes Projekt ergänzt, an dem man bereits seit dem Ende des Zweiten Weltkrieges arbeitete. Das ältere Projekt, bekannt als *Skyvault-Projekt,* war auf dem Weg zu einem bemannten Fluggerät mit Antigravitationsantrieb bereits weiter fortgeschritten. Aber bevor wir uns mit diesem Projekt befassen, wollen wir uns zuerst einige von Browns späteren Entwicklungen anschauen, die die Antriebskraft seiner Technologie wesentlich verbesserten.

3

Vorwärts und aufwärts

3.1 Die Pariser Experimente

Skeptiker haben behauptet, Browns fliegende Scheiben würden ausschließlich durch Ionenwinddruck angetrieben und verlören ihre Antriebskraft, würde man sie in einer Vakuumkammer mit einer nur geringen Menge von Luftmolekülen testen. Aber in den Jahren 1955 und 1956 wurde diese Ansicht widerlegt. Unter der Schirmherrschaft der französischen Regierung führte Brown eine Reihe von Versuchen in einer Vakuumkammer durch. Die technischen Vorrichtungen wurden ihm von der *Société Nationale du Constructions Aeronautiques du Sud-Ouest* zur Verfügung gestellt, einem in Paris ansässigen Luft- und Raumfahrtunternehmen. Dort gelang es ihm, ein Paar Miniaturflugscheiben in einem Hochvakuum von weniger als einem Milliardstel einer Atmosphäre fliegen zu lassen. Die Scheiben trieben sich selbst nicht nur effizienter an, sondern sie flogen auch schneller, denn ohne Ionenverluste konnten sie mit höheren Spannungen betrieben werden. Bei den Tests wurde auch eine 200-W-Stromquelle zur Lieferung von Gleichspannungen zwischen 70 und 220 kV verwendet.[1] Über diese Tests sind nur wenige Details bekannt, denn die Resultate wurden als geheim eingestuft. Aber anscheinend hatten die Scheiben einen Durchmesser von 4 bis 5 Zoll und einen zentralen Rumpf aus festem Aluminium.[2,3] Zum Vergleich: Die Scheiben, die Brown bei seiner Karusselldemonstration testete, hatten einen Durchmesser von 1,5 bis 3 Fuß und bestanden aus Plexiglas und leichter Aluminiumfolie.

Zusätzlich zu den Versuchen mit jenen Miniaturflugscheiben führte Brown Vakuumkammertests mit einem Rotorapparat durch (im Anhang D finden Sie die Beschreibung von einem dieser Tests[4]). Der Apparat bestand aus einem Stab, der um ein Zentrallager rotierte und an jedem Ende mit einem Paar Elektroden ausgerüstet war (**Abb. 3.1**). Wurden die Elektroden entgegengesetzt geladen, drehte sich der Rotor wie ein Windrädchen. Er drehte sich um seine

Achse von der negativen zur positiven Richtung. Man stellte fest, dass sich das Drehmoment mit der angelegten Spannung exponentiell erhöhte. Wenn ein Strom von Elektronen sich von der negativen zur positiven Platte entlud, wurde der Rotor kurzzeitig von einem starken Vorwärtsschub erfasst. Bei etwa 150 kV wurde die Rotation nach vier oder fünf Entladungen dermaßen stark, dass die Spannung reduziert werden musste, um zu verhindern, dass der Rotor auseinanderflog und sein Glasgehäuse zerbrach. Außerdem stellte Brown fest, dass die Antriebskraft weiterwirkte, selbst wenn die Kondensatorelemente mit Plexiglasgehäusen umhüllt waren, wie in **Abb. 3.1** gezeigt. Da die Ionen unmöglich aus dem Gehäuse entweichen konnten, ließ sich ein Ionenschub als Ursache ausschließen. Brown verwendete auch asymmetrische Kondensatoren mit Elektroden unterschiedlicher Größen, in denen entweder die positive Platte größer war als die negative oder die negative größer als die positive. Allerdings hatte keines dieser Systeme einen nennenswerten Effekt auf die Stärke der durch die Entladungen erzeugten Kraftwirkung.

Im Februar 1973 erhielt Dr. Rolf Schaffranke, der unter dem Pseudonym Rho Sigma das Buch *Das Geheimnis der Ätherschiffe* geschrieben hatte, einen Brief von Brown, in dem dieser auf eine Frage antwortete, die Schaffranke ihm bezüglich der Pariser Experimente gestellt hatte.[5] In seinem Brief verriet Brown, dass der Schub des Rotors mehrere Größenordnungen zu stark war, als dass man ihn durch einen Ionenschub hätte erklären können. Er teilte Schaffranke ebenfalls mit, dass er einen noch größeren Schub erzielt hatte, als er zwischen den Platten des Kondensators ein Dielektrikum mit hoher Permittivität positioniert hatte, wie z. B. Bariumtitanat. Ferner bestätigte er, dass ein Restschub erzielt worden war, selbst wenn es keine Entladungen gab – ein klarer Hinweis auf die Existenz eines Biefeld-Brownschen Elektrogravitationseffekts.

Mehrere Effekte könnten erklären, warum jede Entladung von sehr großen Kraftwirkungen begleitet wurde. Eine Erklärung wäre, dass die große Menge hochenergetischer Elektronen, aus denen die Funkenentladung bestand, der positiven Elektrode einen Elektrogravitationsimpuls geliefert haben könnte. Der

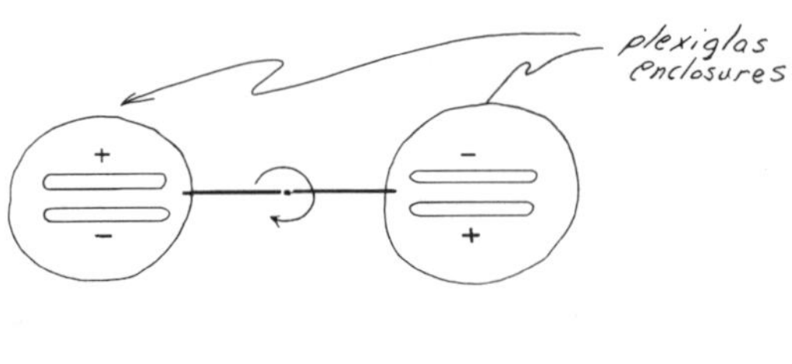

Abb. 3.1 *Draufsicht des bei den Pariser Vakuumkammer-Versuchen von Thomas Townsend Brown verwendeten Elektrogravitationsrotors. (Nach T. Brown)*

Elektronenstoß könnte sich bei annähernder Lichtgeschwindigkeit von der negativen zur positiven Elektrode des sich entladenden Rotorkondensators bewegt haben. Genauer gesagt hätten in diesem Falle die Elektronen, die sich in einem 150-kV-Feld beschleunigten, in dem herrschenden Hochvakuum eine Geschwindigkeit von etwa 82% Lichtgeschwindigkeit erreicht. Die Subquantenkinetik prognostiziert, dass diese freien Elektronen einen lokalen Gravitationspotenzialberg erzeugt und diesen, während sie sich auf die positive Elektrode zubewegten, mit sich geführt haben dürften. In dem gelagerten Rotorrahmen wäre dies wie eine sich nach vorn ausbreitende Gravitationspotenzialwelle erschienen. Der starke Anstieg des Potenzials an der vorderen Flanke dieser Welle hätte einen Materie abstoßenden Effekt gehabt, der einen Stoßimpuls von der negativen in die positive Richtung verursacht hätte, während er durch die positive Elektrodenmasse und irgendwelcher Dielektrika hindurchging. Auf diesen Elektrogravitationsimpuls werde ich in Kapitel 6 im Zusammenhang mit den Versuchen des russischen Werkstoffwissenschaftlers Jewgeni Podkletnow mit Gravitationsstrahlen noch näher eingehen.

Der nichtlineare Feldgradient, der mit jeder Zündung im Zusammenhang steht, könnte ebenfalls zu dem Stoß beigetragen haben. Brown beobachtete, dass die Entladungen, die von einer Stelle seiner negativen Elektrode emittiert wurden, sich ausbreiteten und auf der positiven Elektrode ein breites Leuchten verursachten. Mit anderen Worten: Ungeachtet der Größe seiner positiven Elektrode – ob es sich also um eine Scheibe von 4 Zoll oder eine Kugel von ½ Zoll handelte – gehe ich von folgendem Szenario aus: Das durch die Entladung erzeugte Feld hat sich von einer kleinen Region mit hoher Flussdichte zu einer größeren Region mit niedriger Flussdichte ausgebreitet. Die Ausbreitungsgeometrie der Entladung und das plötzliche Einsetzen der Entladung haben dann kurzzeitig ein nichtlineares elektrisches Feld zwischen den Kondensatorplatten erzeugt. Dies wiederum hat einen großen virtuellen Ladungsgradienten zwischen den Kondensatorelektroden sowie einen Gravitationspotenzialgradienten erzeugt, der kurzzeitig einen starken Stoß auf das Dielektrikum des Kondensators in Richtung auf die positive Elektrode induziert hat, wo die Strömungsdichte des Feldes am niedrigsten war. Wir werden uns mit diesen Elektrogravitationseffekten der virtuellen Ladung im Abschnitt 4.2 des nächsten Kapitels näher beschäftigen.

Browns Karriere als beratender Physiker für die *Société Nationale de Constructions Aeronautiques du Sud-Ouest* fand 1956 ein Ende, als die Firma mit einem größeren Unternehmen, der *Sud Est*, fusionierte. Dieses Unternehmen hatte anscheinend kein Interesse an Elektrogravitation. In jenem Sommer kehrte er mit sämtlichen Unterlagen in die Vereinigten Staaten zurück und ließ sich in Washington D.C. nieder.* Dort setzte er sich mit der Marine in Verbindung. Er wollte den Verantwortlichen dort die Ergebnisse seiner Pariser Versuche vorlegen, die bewiesen, dass die Navy mit ihrer Ionenwindtheorie falsch lag. Er traf mit Admiral Rickover zusammen, der jedoch kein Interesse an Browns Resultaten hatte, sondern ihm klarmachte, dass es das Beste wäre, die Forschungen in Bezug auf Elektrogravitation nicht weiter zu betreiben, sondern die ganze Sache zu vergessen.[6] Ende 1956 hatte das Pentagon jedoch damit begonnen, die Elektrogravitationsforschung zu unterstützen, die damals von einigen der größeren Luft- und Raumfahrtunternehmen betrieben wurde. Sie war anscheinend zur Geheimsache erklärt worden. Sollte Brown, der Begründer dieser erstaunlichen Technologie, aus dem inneren Kreise jener Firmen ausgeschlossen werden, die seine Ideen weiterentwickeln sollten?

Doch Brown gab nicht so schnell auf. Mithilfe einer von ihm gegründeten Firma, der *Whitehall-Rand Corporation* in Delaware, die auch Firmensitze in Washington und London hatte, setzte er seine Arbeit fort. Den Namen *Whitehall* hat er wahrscheinlich in Anspielung auf die Exekutive der britischen Regierung gewählt, die vornehmlich in der Whitehall Street in London angesiedelt ist. Während Brown im Juli 1957 als Forschungs- und Entwicklungsleiter von *Whitehall-Rand* arbeitete, beantragte er drei Patente (Nr. 2.949.550, 3.018.394 und 3.022.430) für seine elektrische Scheibe und das stichflammenbetriebene Flugzeug. Als diese 1960 und 1962 erteilt wurden, wurden sie der *Whitehall-Rand* übertragen. Brown war der einzige, der diesem Unternehmen Patente einbrachte.

3.2 Over-Unity-Levitation

Im Herbst 1957 tat sich Brown mit Dr. Frank King und Agnew Bahnson Jr. zusammen, die beide ebenfalls ein starkes Interesse an der Antigravitationsforschung hatten. Bahnson, ein Industrieller aus Winston-Salem in North Carolina, hatte 1956 eine entscheidende Rolle bei der Gründung des *Institute of Field Physics* an der *University of North Carolina* gespielt, einer Organisation, die sich dem Studium der Gravitation widmete. Da er schon seit längerer Zeit an Browns

---

* Ende August hatte Brown das *National Investigations Committee on Aerial Phenomena* (NICAP) gegründet, eine Ufo-Forschungsorganisation, die zu der Zeit die größte und einflussreichste dieser Organisationen war. Jedoch wurde er vier Monate später aufgrund von Unstimmigkeiten in Bezug auf die Ziele dieser Organisation gezwungen, als Direktor zurückzutreten. Seine Position wurde anschließend von Major Donald E. Keyhoe übernommen.

Arbeiten in Bezug auf elektrostatische Antriebe interessiert war, richtete er ein gut ausgerüstetes Privatlabor in Winston-Salem ein und bat Brown, mit ihm und King als Berater zusammenzuarbeiten. Ab November 1957 führten die drei Wissenschaftler Elektrogravitationsversuche an verschiedenen Arten von Flugscheibenmodellen mit »ballistischen Elektroden« durch. Bahnson hielt ihre Arbeit in einer Reihe von Notizbüchern fest, von denen einige von Charles Yost in der zweiten Ausgabe des *Electric Spacecraft Journal* bewertet wurden.[7] Diese Arbeit veranlasste Brown und Bahnson dazu, im Mai eine Reihe von Patentanträgen zu stellen. Im Juni 1965 wurde Brown ein Patent für einen »elektrokinetischen Apparat« zuerkannt (Nr. 3.187.206), und zwei Patente für eine »Vorrichtung zur Erzeugung eines elektrischen Schubs« wurden Bahnson 1960 und 1966 zuerkannt (Nr. 2.958.790 und 3.263.102).

Im selben Jahr gründeten Brown und seine Freunde ein Unternehmen unter dem Namen *Rand International Limited,* deren Präsident Brown war. Zusammen führten sie Elektrogravitationsversuche durch und beantragten mehr als 75 Patente in zwölf Staaten (USA, Australien, Kanada, Frankreich, Belgien, Großbritannien, Deutschland, Holland, Italien, Japan, Schweden und die Schweiz).

Etwa um die gleiche Zeit gelang es Brown, eine kuppelförmige Flugscheibe von 15 Zoll Durchmesser zu entwickeln, die in der Lage war zu levitieren! Ein Freund von Brown, der Mathematiker Kitselman, erzählte, dass er mit Brown in Kontakt trat, nachdem er mehrere Jahre lang nichts von ihm gehört hatte. Dieser erzählte ihm: »Bei diesem Hub geht es nicht mehr um 1 %. Der Apparat ist jetzt in der Lage, 110 % seines eigenen Gewichts zu heben!« Kitselman und seine Frau flogen sofort nach Washington und sahen mit eigenen Augen ein ziemlich schweres Gerät, bestehend aus Metall und Pyrex, das unmittelbar vom Boden abhob, wenn eine Spannung von 50 kV angelegt wurde, und gleichmäßig schwebte, wenn die Spannung etwas geringer war.[8]

In einem Brief vom April 1973 an Schaffranke bestätigte Brown, dass er diese Demonstration durchgeführt hatte. Er wies jedoch darauf hin, dass er Experimente im gesamten Spannungsbereich zwischen 50 und 250 kV DC durchgeführt hatte. In seinem Brief, den er mit der in **Abb. 3.2** dargestellten Skizze illustriert hatte, schrieb er:

> Herr Kitselman war bei einem Versuch anwesend, bei dem eine runde, kuppelförmige Aluminiumelektrode von 15 Zoll verwendet wurde, die verdrahtet und aufgeladen wurde wie in der beigefügten Skizze dargestellt. Als die Hochspannung zugeführt wurde, stieg diese Vorrichtung in die Höhe, obwohl sie mit Drähten befestigt war. Sie hob dabei nicht

nur ihr eigenes Gewicht, sondern auch ein kleines Stabilisatorgewicht, das an ihrer Unterseite befestigt worden war. Der Apparat übte in der Tat eine Kraft von 110 % seines Eigengewichts aus.[9]

In einem Brief vom 1. November 1971 schrieb Brown an den Elektroingenieur Tom Turman, in dem er auf einige Fragen antwortete, die dieser ihm gestellt hatte. Er beschrieb Tests mit einer Scheibe von 18 Zoll Durchmesser, die 125 % ihres eigenen Gewichts gehoben hatte:

> Wir verwendeten eine triarkuate ballistische Elektrode als Anode und eine kleine Elektrode darunter als Kathode. [...] Die große Elektrode bestand aus einem regenschirmartigen Rahmen aus Balsaholz mit Aluminiumfolie als Abdeckung. An einem dünnen Abstandsisolator aus Glas war die Kathode befestigt, wie in der Zeichnung dargestellt [Zeichnung in Anhang A]. Die Hubfähigkeit dieser Vorrichtung bei 170 kV betrug etwa 125 Gramm. Die Elektrodenkonstruktion selbst wog nur etwa 100 g. Also levitierte sie praktisch aus eigener Kraft.[10]

In dem Bericht, der im März 1960 unter dem Titel »Elektrohydrodynamik« von der *Electrokinetics Corporation* herausgegeben wurde, ist ein Diagramm dieses Testmodells von 18 Zoll Durchmesser dargestellt, welches zeigt, dass sich unter der kuppelförmigen Elektrode ein ringförmiger Luftstromwirbel bildete, wenn die Elektrode aufgeladen wurde (**Abb. 3.3**).[11] Weiter heißt es, dass dieser Wirbel ein effektives aerodynamisches Muster für die Erzeugung des Hubs

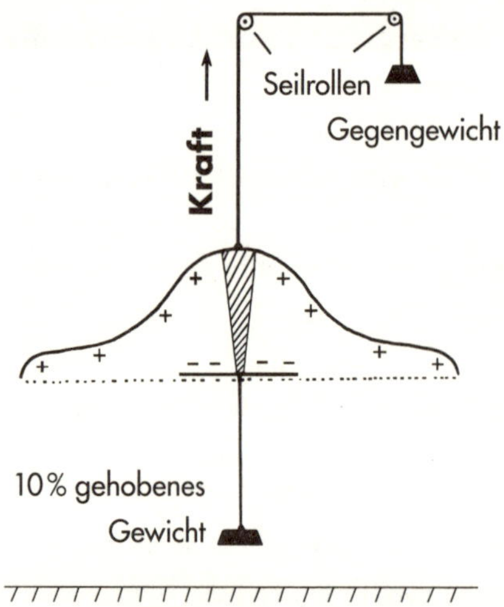

Abb. 3.2 *Eine Querschnittansicht des Modells einer Elektrogravitations-Untertasse, die in der Lage war, anhaltend zu schweben. (Brown, 5. April 1973, Brief an R. Schaffranke)*

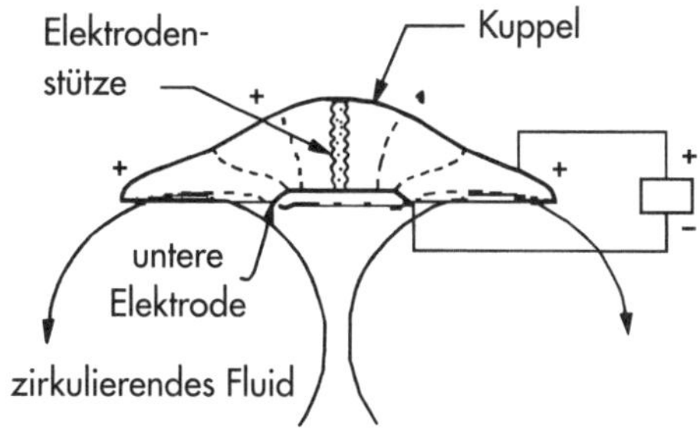

Abb. 3.3 *Thomas Townsend Browns triarkuate ballistische Elektrode von 18 Zoll Durchmesser und ihre Erzeugung eines ringförmigen Luftwirbels. (Mit freundlicher Genehmigung von Townsend Browns Familie und Qualight LLC)*

darstellte, obwohl Tests in der Vakuumkammer gezeigt hätten, dass jede Kraftwirkung, die durch einen Ionenwind verursacht worden sein mag, viele Größenordnungen zu klein gewesen wäre, um den beobachteten Hub zu erklären. In dem Bericht steht, dass der Druck, der auf die gesamte innere Oberfläche der großen kuppelförmigen Elektrode ausgeübt wurde, zu einer Hubkraft führte.

In einem zweiten Brief an Turman zeichnete Brown Querschnittansichten, die zeigten, wie der hydrostatische Luftdruck unter der positiv geladenen Elektrode bei unterschiedlichen Neigungen der negativen Elektrode verteilt ist (siehe **Abb. 3.4**).[12] Man stellte fest, dass der Druck bis zu 0,25 Zoll Wassersäule (~ 0,64 g pro cm^2) betrug und unter der Elektrode positiver war als in der unmittelbaren Umgebung der Scheibe. Aufgrund von Browns Skizze kann man schätzen, dass der positive Druck unter der positiven Elektrode im Durchschnitt bei etwa 0,1 Zoll Wassersäule oder etwa 0,25 g pro cm^2 lag. Eine Scheibe von 18 Zoll

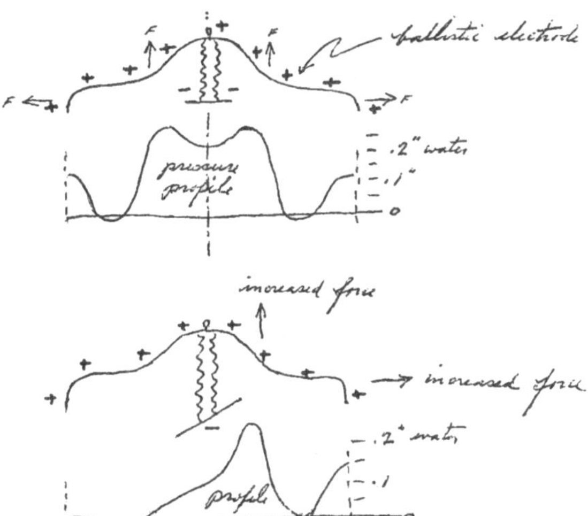

Abb. 3.4 *Das Druckprofil unter Browns vertikaler triarkuater ballistischer Elektrode. (Zeichnung aus einem Brief von T. T. Brown an T. Turman aus dem Jahre 1971; siehe Anhang A, Brief 3)*

Durchmesser hätte einen Querschnittbereich von 1640 cm^2. Somit hätte dieser Druck eine Aufwärtskraft von bis zu 400 Gramm bewirkt, also mehr als genug, um das Gewicht von 125 Gramm zu tragen.

In Bezug auf die verschiedenen Möglichkeiten des Steuerns und der Stabilisierung des Fluges bei solchen Scheiben schrieb Brown:

> Wie sich zeigte, konnten die Drücke durch ein Schrägstellen der zentralen Elektrode aus dem Gleichgewicht gebracht werden, sodass sich die eine oder andere Seite heben ließ. Dadurch konnte man bei einem großen Prototyp eine horizontale Stabilität herstellen. Eine alternative Methode wäre, anstelle einer zentralen Elektrode drei unabhängige Elektroden in einer dreieckigen Konfiguration anzuordnen. Diese Elektroden könnten unterschiedlich geladen werden, um die Konfiguration des elektrischen Feldes unter der ballistischen Kuppel zu verändern. Dadurch entfiele die Notwendigkeit eines mechanisch beweglichen Teils. Die horizontale Stabilität könnte rein elektrisch aufrechterhalten werden.[13]

Brown räumte ein, dass die beteiligten Kräfte nicht ausschließlich elektrogravitativ gewesen sein mochten, sondern dass auch konventionellere elektrostatische Kraftphänomen eine Rolle gespielt haben könnten, zum Beispiel Elektrophorese (die Kraft, die auf ein geladenes Teilchen in einem elektrischen Feld ausgeübt wird) oder Dielektrophorese (die Kraft, die auf dielektrische Materialien in inhomogenen Feldern ausgeübt wird). Er bezeichnete dieses neue Forschungsfeld allgemein als *Elektrohydrodynamik* – die Untersuchung hochintensiver elektrischer Feldphänomene und ihres Einflusses auf nichtleitende (dielektrische) Medien. Er betrachtete diesen Forschungsbereich als das Gegenstück zu dem allgemein bekannteren Bereich der Magnetohydrodynamik. Der Bericht »Elektrohydrodynamik« der Firma *Electrokinetics Corporation* beschreibt ebenfalls Tests in der Vakuumkammer, bei denen eine ballistische Elektrodenscheibe mit einem Durchmesser von 6 Zoll zum Schweben gebracht wurde, als sie mit 150 kV DC aufgeladen wurde; ab einer Spannung von über 10 kV konnte ein Hub festgestellt werden. Die Grafik in **Abb. 3.5** zeigt, wie Auftrieb und elektrischer Eingangsstrom variierten, wenn der Luftdruck reduziert wurde, bei konstant gehaltener DC-Versorgungsspannung.[14] In dem Bericht wird erwähnt, dass der Strom katastrophal anstieg, sobald der Druck leicht unter eine Atmosphäre fiel, und dass er außerhalb der Messskala lag, wenn der Druck auf etwa ein Hundertstel einer Atmosphäre fiel (10 mm Quecksilbersäule). Bei diesen niedrigen Drücken ionisierte die Luft spontan und erzeugte eine Glimmentladung, die die Elektroden kurzschloss. Schließlich fiel der Elektrogravitationsschub steil ab, bis er erst wieder auftauchte, als der Druck auf den sehr niedrigen Wert von 4×10^{-6} Atmosphären (0,003 mm Quecksilbersäule) gefallen war. Bei und unterhalb von diesem Hochvakuumdruck verminderte sich die Glimmentladung, und es kam zu einem starken Stromabfall. Interessanterweise zeigt die Grafik, dass der Auftrieb bei 17 Gramm (0,6 g/cm^2) konstant blieb, trotz des starken Abfallens des zugeführten Stroms. Im Bericht heißt es weiter:

> Ein bedeutendes Merkmal der Kurven ist, dass mit dieser Einschränkung (die Lücke der Glimmentladung) der Schub bei einem Druckabfall von 10^{-6} mmHg konstant bleibt, während der Stromverbrauch drastisch sinkt – ein Zeichen für die verbesserte Effizienz des Systems, wenn ein Hochvakuum erreicht wird.
>
> Aus diesem Grund besteht ein starker Hinweis darauf, dass der Schub in erster Linie auf elektrostatische Feldbelastungen zurückzuführen ist und nicht auf Plasmaströmung. Somit könnte sich die Elektrohydrodynamik in einem Hochvakuum (10^{-12} mmHg) als effizienter erweisen als in Luft, wo das erzeugte Plasma einen unnötigen Stromverbrauch zu verursachen scheint.[15]

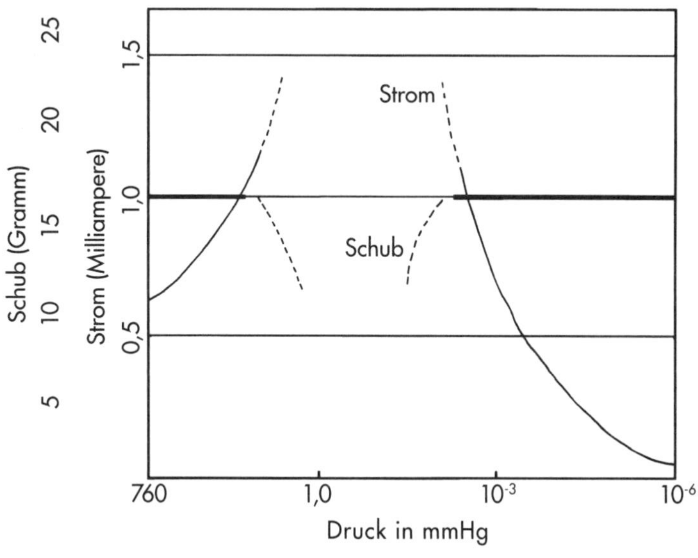

Abb. 3.5 *Grafische Darstellung, die zeigt, wie Schub und Strom entsprechend dem Vakuumdruck bei einer elektrohydrodynamischen Schubvorrichtung variieren. (Die Skizze wurde A. Wagner von T. T. Brown zu Verfügung gestellt.)*

Da die Strömungsrate der Ionen, die zwischen den Elektroden der Vorrichtung hindurchgeht, mit dem Strom korreliert, müsste der Ionenwind zusammen mit dem Stromabfall steil abgefallen sein. Somit zeigen die Daten ganz eindeutig, dass die Ursache des beobachteten Schubs nicht auf den Ionenwind zurückzuführen ist, wie Kritiker häufig behauptet haben, sondern auf irgendeine andere Kraft. Daraus ergibt sich eine Frage in Bezug auf die in Kapitel 2 beschriebenen Druckmessungen an der Kuppel. Bei den Tests in der Vakuumkammer gab es weder eine wirbelnde Ionenbewegung unter der positiven Elektrode noch irgendein durch Luft verursachtes Druckdifferenzial von der Art, wie es bei der Erklärung für den Betrieb des Luft-Wasser Senkrechtstarters vorgebracht wurde. Auf die Theorie im Bericht über die »Elektrohydrodynamik«, dass der Aufwärtsschub auf »elektrostatische Feldbelastungen« zurückzuführen sei, werde ich später in diesem Kapitel noch zurückkommen.

Bei einem weiteren Test, der vermutlich mit einer größeren Elektrode und bei einer höheren Spannung durchgeführt wurde, wurden noch größere Schübe erzielt:

> Mit Laborvorrichtungen, die ohne Stromquelle 100 g wogen, wurde ein Schub von 110 g erzielt, bei einem Stromverbrauch von 500 Watt (250.000 V, 2,0 mA). Dieser Versuch wurde in Luft durchgeführt (1 Atmosphäre). Zusätzliche Versuche haben viel größere Ergebnisse erbracht (derselbe Schub bei weniger Stromzufuhr), wenn sie in einem Vakuum durchgeführt wurden (10^{-4} mmHg oder besser), wo der Strom auf etwa 2,0 Mikroampere gefallen war.[16]

Hier enthüllt der Bericht erstaunlicherweise, dass unter Hochvakuumbedingungen eine Kraft von 110 g (1,1 Newton) erzielt werden kann, bei einem Leistungsverbrauch von nur 0,5 Watt (250.000 Volt mal 2×10^{-6} Ampere) oder 2.200 Newton Schub pro Kilowatt. Das wären ungefähr 150 Mal das Schub-Leistungs-Verhältnis eines Düsenantriebs oder 10.000 Mal das des Hauptantriebs einer Raumfähre. In dem Bericht steht, dass unter Hochvakuumbedingungen von 10^{-12} mmHg, so wie sie im Weltraum vorherrschen, Browns elektrokinetische Antriebsvorrichtung aufgrund einer weiteren Reduzierung des Energieverbrauchs durch Ionenaustritt wohl noch höhere Leistungen bringen würde. In dem Bericht wurde ebenfalls der beobachtete Schub mit dem des Ionentriebwerks der NASA verglichen, das zehn Mal so viel wog wie Browns Untertasse und nur 28 g Kraft bei einer Leistungsaufnahme von 1.200 Watt erzeugte, d. h. nur 0,23 Newton pro Kilowatt. Somit war das Triebwerk der NASA 10.000 Mal weniger effizient als Browns elektrokinetische Scheibe.

Diese Schubmessungen sind ein Hinweis darauf, dass die Kraft, die Browns elektrifizierte Scheibe anhob, fast 100 Millionen Mal größer war als das, was man mit einem Ionenwind erzeugen konnte. Zum Beispiel entspricht ein Aufwärtsschub von 110 g einer Kraft von etwa 105 Dyn. Zum Vergleich: Ein Ionenwind von 2 Mikroampere, der durch Elektronen entsteht, die in einem Spannungsfeld von 250 kV beschleunigt werden, ergeben eine Kraft von über 10^{-3} Dyn, also fast 100 Millionen Mal weniger als der von Browns Apparat erzeugte Schub.

Die Kraft des Ionenwindes

Eine Abschätzung für den oberen Wert der Ionenwindkraft kann durch die folgende Berechnung ermittelt werden: Ein Elektronenstrom von 2×10^{-6} A entspricht einer Ionenwindströmung von $\Phi = 1{,}25 \times 10^{13}$ Elektronen pro Sekunde. Eine Spannung von 250.000 Volt beschleunigt diese Teilchen auf eine Geschwindigkeit $v = 2{,}96 \times 10^{10}$ cm/s oder 0,988 c. Das ergibt einen Lorentz-Faktor von $\gamma = 6{,}6$. Die Kraft des Ionenwindes, d. h. der Elektronenimpulsstrom, wäre gleich $F = 9{,}1 \times 10^{-28}$ g/Elektron $\cdot \gamma \cdot \Phi \cdot v = 2{,}2 \times 10^{-3}$ Dyn. Würde der Ionenwind aus Aluminiumionen statt Elektronen bestehen, wäre die resultierende Kraft nur 38-fach größer. Zum Vergleich: Die Hubkraft, die Brown beobachtete, betrug 110 gm $\cdot$ 980 $cm/s^2 = 1{,}08 \times 10^5$ Dyn.

Dieser Senkrechtstarter brachte viel bessere Leistungen als die elektrokinetischen Scheiben, die Brown Will Cady, dem Wissenschaftler vom ONR, vorgeführt hatte. Er entwickelte einen 14 Mal größeren Schub, wenn er mit einer Spannung aufgeladen wurde, die mehr als 5 Mal höher war. Auch verbrauchte er 30 Mal weniger Energie, wenn sie unter Vakuumbedingungen betrieben wurde.

Außerdem hätte Browns Apparat einen viel größeren Schub erzeugt, wenn er anstelle von Pyrex für sein Dielektrikum Bariumtitanat benutzt hätte. Bariumtitanat-Keramik kann eine dielektrische Konstante, K, von etwa 5.000 haben, wenn sie mit einer Gleichspannung geladen wird. Wenn sie jedoch bei Frequenzen von Hunderten von Megahertz schnell geladen und entladen wird, kann ihr K-Wert auf etwa 50 fallen. Der geringere Wert ist hier möglicherweise relevanter, denn, wie bereits in Abschnitt 3.4 dieses Kapitels gesagt, scheint es, dass er die Spannung über den Platten seines elektrokinetischen Apparats bei Frequenzen von etwa 750 MHz periodisch variierte, um hohe Schubbedingungen zu schaffen. In »Elektrohydrodynamik« wurde berichtet, dass der Schub auf den elektrokinetischen Apparat direkt mit dem K-Wert des Dielektrikums steigt und entsprechend mit der Wurzel (oder in einigen Fälle der Kubikwurzel) der angelegten Spannung. Daher würde ein Dielektrikum mit einem K-Wert von 50, was etwa 12 Mal größer ist als die Dielektrikkonstante für Pyrex, einen 12 Mal größeren Schub bewirken. Wenn man außerdem bedenkt, dass Bariumtitanat eine Massendichte hat, die 2,7 Mal der von Pyrex entspricht, dürfte es einen proportional größeren Schub entwickeln, wenn es einem Gravitationsgradienten ausgesetzt wird. Man kann also eine 32-fache Verbesserung erwarten, bei der Browns Apparat eine phänomenal hohe Hubkraft von etwa 3,5 kg entwickelt! Wenn dieses Dielektrikum mit hoher Permittivität nur ein halbes Watt Strom verbrauchte, hätte sein Schub-Leistungs-Verhältnis den ungewöhnlich hohen Wert von 70.000 Newton pro Kilowatt, also fast 5.000 Mal den eines Düsenantriebs.

Die Messungen, bei denen ein Energieverbrauch von nur einem halben Watt festgestellt wurde, beziehen sich möglicherweise nur auf den Gleichstrom-Energieverbrauch. Wenn bedeutend mehr Energie erforderlich wäre, um ein Wechselstromfeld im gesamten Apparat zu erzeugen, müsste das oben geschätzte Schub-Kraft-Verhältnis entsprechend reduziert werden. Falls Tests mit Bariumtitanat durchgeführt wurden, dann hat man sie in dem Bericht seltsamerweise nicht erwähnt.

Brown hat solche Testresultate wahrscheinlich aus dem Grunde nicht öffentlich kommentiert, weil sie so phänomenal waren. Falls Berichte darüber geschrieben wurden, dann ist es möglich, dass sie gegenwärtig geheim gehalten werden.

Stellen Sie sich einmal den Nutzen dieser Technologie für die Raumfahrt vor. Angenommen, eine elektrokinetische Schubdüse mit hoher Permittivität wäre in der Lage, ein Schub-Leistungs-Verhältnis von 70.000 Newton pro Kilowatt zu erreichen. Ein Block mit 6.000 asymmetrischen Kondensatoren, der durch eine 3-Kilowatt-Energiequelle betrieben wird, könnte einen Schub von 21 Tonnen (210.000 Newton) erzielen, also genug, um ein kleines Raumschiff von 100 Tonnen in nur etwas über fünf Tagen zum Mars zu bringen. Mit einem Raketenantrieb auf chemischer oder nuklearer Basis würde die Reise zwischen fünf und sieben Monaten dauern und eine sehr viel größere Treibstofflast erfordern. Wenn man dieses 100 Tonnen schwere Raumschiff in den Weltraum bringt und es sich unter dem Einfluss dieser Kraft von 0,21 g (21 Tonnen/100 Tonnen) beschleunigt, würde sich seine Antriebseffizienz linear mit der Zeit erhöhen. Am Ende einer Sekunde, wenn es eine Geschwindigkeit von etwa 2 Metern pro Sekunde erreicht hat, hätte seine Antriebseffizienz bereits 7.000 %

erreicht.* Außerdem würde seine Effizienz mit jedem zusätzlichen zehnfachen Anstieg der Flugzeit um das Zehnfache steigen. Da die kinetische Energie, die die eingespeiste elektrische Energie bei Weitem übertrifft, anscheinend praktisch aus dem Nichts erschaffen wird, verstößt Browns Gerät von seinem Wesen her gegen das erste Gesetz der Thermodynamik. Solche geradezu ikonoklastischen Resultate werden praktisch zur Norm, wenn wir in die neue Ära des Feldantriebs eintreten.

3.3 Nichlineare Felder

Im Gegensatz zu den aufgehängten Modellen der fliegenden Scheiben hatten Browns levitierende Untertassenmodelle keine Drähte, um positive und negative Ionen zu erzeugen. Eine Vorstellung, wie sie ihren hohen Antigravitationsschub erzeugten, wurde in Browns Patent vom »elektrokinetischen Apparat« vermittelt, das er 1958 beantragte und das 1965 genehmigt wurde. Darin wurde das in **Abb. 3.6** gezeigte System behandelt. In dem Patent wird der Schub des Geräts auf dessen Fähigkeit zurückgeführt, einen nichtlinearen Feldgradienten zwischen seinen positiven und negativen Elektroden zu erzeugen, wobei der Gradient bei der negativen Elektrode steiler ist als bei der positiven Elektrode. Dies gelang, indem die obere, positiv geladene Oberfläche in die Form eines Paraboloids gebogen und die Größe der negativen Elektrode reduziert wurde. Die negative Elektrode wurde entweder als Kugel mit geringem Durchmesser oder als Scheibe dargestellt, die am geometrischen Fokus der positiven Elektrode positioniert wurde. In Bezug auf die Bedeutung eines nichtlinearen Feldgradienten über dem dielektrischen Element schrieb Brown:

> Ich habe entdeckt, dass durch das dielektrische Element kein Schub erzeugt wird, wenn zwei Elektroden an entgegengesetzten Enden eines dielektrischen Elements montiert werden und von diesen Elektroden ein Feld ausgeht, das durch das dielektrische Element einen linearen Gradienten erzeugt [gestrichelte Linie in **Abb. 3.6**]. Ist jedoch das Feld verzerrt, wodurch ein nichtlinearer Gradient erzeugt wird [durchgehende Linie in **Abb. 3.6**], dann wird ein Schub erzeugt, der mit dem Grad der

---

* Eine Beschleunigungskraft von 0,21 g wird ein Raumschiff von 100 Tonnen mit 206 cm/s^2 beschleunigen. Nach einer Sekunde wird dieses Raumschiff eine Geschwindigkeit von etwa 2 m/s erreichen und eine kinetische Energie von $E_k = 2{,}1 \times 10^{12}$ Erg haben. Während dieser Sekunde wird der elektrische Leistungsverbrauch des Raumschiffes von $E_e = 3$ kW zu einem Gesamtenergieverbrauch von 3.000 Joule oder $E_e = 3 \times 10^{10}$ Erg führen. Somit läge die Antriebseffizienz bei $\varepsilon = E_k/E_e = 7.060\,\%$.

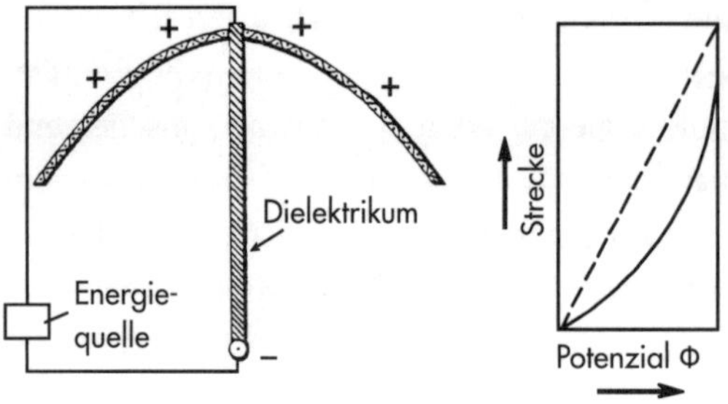

Abb. 3.6 *In Browns Patent von 1965 beschriebene schuberzeugende Elektrogravitations-Vorrichtung (links); grafische Darstellung des elektrischen Potenzials, Φ, gegenüber der Strecke entlang des dielektrischen Stabes (rechts).*

Nichtlinearität des Feldgradienten zusammenhängt. Eine Möglichkeit, einen Gradienten zu erzeugen, der nichtlinear variiert, besteht darin, eine der Elektroden in Form einer bogenförmigen Oberfläche zu gestalten.[17]

Browns Patent zufolge könnte der elektrische Feldgradient auch nichtlinear gemacht werden, indem man ein konisches dielektrisches Element benutzt, das in Richtung auf die negative Elektrode spitz zuläuft, oder eines, dessen dielektrische Konstante K sich entlang ihrer Länge progressiv verändert, das heißt eines, das sich in Richtung auf die negative Elektrode möglichst vermindert. Es weist auch darauf hin, dass die Kraft von einem Bereich ausgeht, wo die elektrische Flussdichte hoch ist, und auf einen Bereich gerichtet ist, wo die elektrische Flussdichte niedrig ist. Zum Beispiel:

> Durch das Befestigen eines Elektrodenpaares an den gegenüberliegenden Ende eines dielektrischen Elements und das Anlegen eines hohen elektrostatischen Potenzials an diese Elektroden wird eine Kraft erzeugt, die in die Richtung einer Elektrode geht. Dies setzt voraus, dass diese Elektrode so konfiguriert ist, dass sie die Kraftlinien dazu bringt, auf der anderen Elektrode zu konvergieren. Die Kraft wirkt deshalb von der Region hoher Flussdichte in Richtung auf die Region mit niedriger Flussdichte, allgemein in Richtung durch die Achse der Elektroden. Der durch diese Vorrichtung erzeugte Schub ist vorhanden, wenn der elektrostatische Feldgradient zwischen den beiden Elektroden nichtlinear ist. Diese Nichtlinearität des Gradienten kann aus einem Unterschied in der Konfiguration der Elektroden herrühren, […] aus der Form des dielektrischen Elements, aus einem Gradienten in der Dichte, der elektrischen Leitfähigkeit, der elektrischen Permittivität und der magnetischen Durchlässigkeit des dielektrischen Elements oder aus einer Kombination dieser Faktoren.[18]

Brown betont häufig, dass nichtlineare Felder von zentraler Bedeutung für dieses Phänomen seien. In einem Brief an Turman aus dem Jahr 1968 schrieb er, dass dieses Patent von 1965 den Schlüssel zum Verständnis der Elektrogravitation enthält:*

> Das Patent Nr. 3.187.206 enthält die grundlegende Lehre der Elektrogravitation. Eine Definition der Elektrogravitation könnte lauten: »die ponderomotive Kraft, die sich innerhalb eines Dielektrikums mit hoher Permittivität entwickelt«. Das Patent beschreibt die Verwendung nichtlinearer elektrischer Felder, wie z. B. jener, die sich in Kegelstümpfen aus dielektrischem Material entwickeln. [...] Die Vermutung, dass das Phänomen von Natur aus gravitativ ist, basiert fast ausschließlich auf den beobachteten Effekten an der Masse (im dielektrischen Material), die der Kraft ausgesetzt ist.[19]

Brown ließ sich nicht näher darüber aus, warum ein nichtlineares Feld einen erhöhten Schub erzeugt. Er kam durch sorgfältige Beobachtung zu diesem Schluss, bot aber keine Theorie an, um ihn zu erklären. Wenn man jedoch die in Kapitel 1 beschriebene Theorie in Bezug auf die Elektrogravitationseffekte von Ladungsdichten erweitert, dürfte es möglich sein, ein Verständnis dafür zu bekommen, wie nichtlineare elektrische Felder den Elektrogravitationsschub eines Kondensators verstärken. Dies schließt ein Verständnis darüber ein, wie ein nichtlineares Feld einen *Dichtegradienten mit virtueller Ladung* entlang eines Dielektrikums erzeugt und wie dieser Gradient wiederum einen Gravitationsfeldgradienten erzeugt. Eine virtuelle Ladung ist eine Ladungsquelle, wie ein Elektron oder Proton, aber eine, die nicht mit einem Teilchen verbunden ist. Sie entsteht stattdessen aus dem umgebenden Elektrofeldkontinuum, wenn dieses Feld mit zunehmendem Abstand auf eine nichtlineare Art und Weise variiert.

Das Konzept von der virtuellen Ladung lässt sich am besten im Zusammenhang mit der im nächsten Kapitel behandelten »Ätherphysik« verstehen. Wir werden also die Thematik des *Elektrogravitationsschubs der virtuellen Ladung* verschieben, bis wir uns mit dem Äther der Subquantenkinetik beschäftigt haben. Es sollte an dieser Stelle jedoch schon bemerkt werden, dass die durch virtuelle Ladungen erzeugten Elektrogravitationsschub-Effekte mit ausreichender Feldnichtlinearität jene, die durch die realen Ladungen auf den Kondensatorplatten verursacht werden, weit überschreiten.

---

* Dieser und andere Briefe, die Brown an Tom Turman schrieb, sind im Anhang A zu finden.

Ein Teil des von Browns elektrokinetischem Apparat entwickelten Schubs wäre auch von ungleichmäßigen *elektrostatischen* Kräften erzeugt worden, die auf die Ladungen auf den Platten des Kondensators einwirkten. Eine ungleichmäßige Restkraft wäre vorhanden gewesen, da das nichtlineare elektrische Feld des Kondensators eine größere Kraft auf die kleinere Elektrode ausgeübt hätte als auf die größere Elektrode. Solch eine Kraft wäre in einem herkömmlichen Kondensator mit Elektroden derselben Größe nicht vorhanden. Solche Kondensatoren erzeugen beim Laden ein lineares elektrisches Feld entlang ihres Dielektrikums, wobei der Gradient des elektrischen Feldes an seinem negativen Pol derselbe ist wie an seinem positiven Pol. Der Gradient des elektrischen Feldes, der entlang des geladenen Kondensators erzeugt würde, zöge dann elektrostatisch die negativ geladene Elektrode des Kondensators in Richtung auf den positiven Pol des Feldes und die positiv geladene Elektrode des Kondensators in Richtung auf den negativen Pols des Feldes. Da beide Kondensatorplatten die gleiche Ladungsdichte an den Oberflächen haben und dem gleichen Feldgradienten unterliegen, sind diese beiden Anziehungskräfte gleich groß und gegeneinander gerichtet. Somit erfährt der Kondensator eine komprimierende Kraft, die die Platten in Richtung auf das Dielektrikum schiebt. Da diese Kräfte sich jedoch gegenseitig ausgleichen, wird der Kondensator als Ganzes nicht bewegt. Bei dieser Kraftanalyse gehen wir davon aus, dass das elektrische Feld des Kondensators weder mit den Ladungen des Kondensators verankert ist noch mit den Platten des Kondensators, sondern sich als unabhängige Einheit in der Umgebung des Kondensators befindet und in der Lage ist, Kräfte auf genau die Ladungen auszuüben, die es geschaffen haben.

Beschäftigen wir uns stattdessen jetzt mit einem asymmetrischen Kondensator von der Art, wie ihn Brown bei seinen Versuchen mit der elektrokinetischen Untertasse benutzt hat, einem, dessen positive Elektrode größer ist als seine negative Elektrode **(Abb. 3.7)**. Das elektrische Feld über dieser Art von Kondensator variiert auf nichtlineare Art und Weise mit der Entfernung, da die elektrische Flussdichte und der Feldgradient am negativen Pol des Kondensators am höchsten und am positiven Pol am niedrigsten sind. Nehmen wir einmal an, dass sich der Kondensator in einem Vakuum befindet und deshalb nicht von ionischen Ladungen umgeben ist. Folgendes Bild ergäbe sich: Das in der Umgebung der unteren negativen Elektrode induzierte elektrische Feld erzeugt eine Anziehungskraft auf die dort angesammelten negativen Ladungen, welche in Richtung auf das elektrische Feld des positiven Pols wirkt. Und das in der Umgebung der oberen positiven Elektrode induzierte elektrische Feld erzeugt eine Anziehungskraft auf die dort angesammelten positiven Ladungen, welche in Richtung auf das elektrische Feld des negativen Pols wirkt (**Abb. 3.7**). Da die elektrischen Feldlinien jedoch zur negativen Elektrode hin zusammenlaufen, ist der Feldgradient dort stärker, verglichen mit dem positiv geladenen Ende des Dielektrikums. Folglich ist die Kraft, die das untere Ende des Dielektrikums nach oben zieht, stärker ist als die Kraft, die das obere Ende des Dielektrikums nach unten zieht. Schließlich wirkt eine resultierende Kraft auf den Kondensator, die nach oben in Richtung auf seine größere Elektrode gerichtet ist.

Außerdem ist nur ein Bruchteil der gesamten Kraft aller Kraftvektoren an der oberen Elektrode nach unten gerichtet. Die Kraftvektoren der Randgebiete der positiven Elektrode, die den größten Teil der Oberfläche der Elektrode ausmachen, zeigen in Richtung auf die Achse des Dielektrikums, wobei nur eine geringere Vektorkomponente nach unten gerichtet ist (siehe **Abb. 3.7**). Dadurch wird klar, warum Brown seine obere Elektrode in einer schirmartigen Bogenform konstruierte, sodass sie sich nach unten krümmt und die gesamte Säule des Dielektrikums oder zumindest den größten Teil davon umfasst. Dadurch wird eine größere Zahl positiver Ladungen zur Peripherie der Elektrode gezogen, und die Richtung der Anziehungskräfte wirken mehr horizontal, d. h. senkrecht zur Achse des Dielektrikums. Somit ist die nach unten ziehende Kraft an der oberen Elektrode geringer als die nach oben ziehende Kraft an der unteren Elektrode,

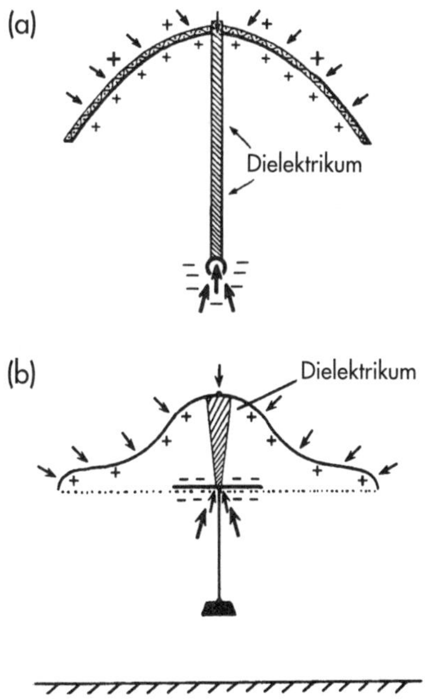

Abb. 3.7 *Unausgeglichene elektrostatische Abstoßungskräfte, die auf die beiden dielektrischen Elemente von Browns Flugscheibenkonstruktionen einwirken: (a) Entwurf, der in seinem Patent des elektrokinetischen Apparats dargestellt wurde, und (b) Apparat, der bei dem Test verwendet wurde, an dem Kitselman teilnahm. (P. LaViolette, © 2007)*

weil nur die geringe senkrechte Kraftkomponente der oberen Elektrode nach unten wirkt.

Solche ungleichmäßigen elektrostatischen Kräfte erzeugen einen Schub in Richtung auf die größere Elektrode, selbst wenn die Polarität des Kondensators umgekehrt wäre. Das ist darauf zurückzuführen, dass die Richtung der resultierenden elektrostatischen Kraft nicht von der Polarität der Platte abhängt, sondern von der Richtung, in der sich das elektrische Feld verteilt. Die Richtungsabhängigkeit dieses elektrostatischen Schubs unterscheidet sich von der des Elektrogravitationsschubs, welcher, wie im vorangegangenen Abschnitt erklärt wurde, immer auf die positive Elektrode gerichtet ist. Je nach der Polarität des Gleichspannungsfeldes entlang des asymmetrischen Kondensators wird die ungleichmäßige elektrostatische Kraft den Elektrogravitationsschub entweder verstärken oder ihm entgegenwirken.

In diesem Patent erwähnt Brown, dass sein asymmetrischer elektrokinetischer Apparat immer einen Schub in Richtung auf seine größere Elektrode erzeugt, selbst wenn die Polarität der Elektrode umgekehrt ist. Er erwähnt jedoch auch, dass der Schub größer ist, wenn die größere Elektrode positiv statt negativ ist. Das lässt darauf schließen, dass der ungleichmäßige elektrostatische Schub, der von der Feldgeometrie und nicht von der Plattenpolarität abhängt, der Elektrogravitationskraft an Stärke überlegen ist. Jedoch scheint diese Aussage sich auf den Fall zu beziehen, bei dem das Antriebsaggregat mit einer Gleichspannung geladen wird. Er gibt keinen Kommentar über den Zusammenhang zwischen Schubrichtung und Plattenpolarität, wenn ein Wechselstromfeld den Apparat erregt.

Als Reaktion auf die ungleichmäßige elektrostatische Kraft erfolgt die nach oben gerichtete Bewegung von Browns elektrokinetischem Apparat *ohne rückwirkende Verschiebung des von ihm erzeugten elektrischen Feldes.* Tatsächlich ist es so: Während sich der Apparat nach oben bewegt, bewegen sich die Ladungen, die dieses Feld erzeugen, ebenfalls nach oben, sodass auch das Feld sich nach oben bewegt. So zieht sich Browns Untertasse mithilfe dieses ungleichmäßigen Krafteffekts sozusagen an den eigenen Haaren nach oben.

Die konventionelle Physik ist sich uneins über die Frage, ob ein Feld als unabhängige Einheit überhaupt existieren kann. Die meisten sind sich zum Beispiel darin einig, dass elektromagnetische Wellen sich als Einheiten ausbreiten, unabhängig von den verschobenen Ladungen, von denen sie ursprünglich erschaffen wurden. Die Vorstellung jedoch, dass ein elektrostatisches Feld unabhängig von den Ladungen, durch die es entsteht, existieren kann, stellt ein Problem für gewisse Theorien dar, gemäß denen die elektrostatische Anziehung durch virtuelle Teilchen vermittelt wird, die »mechanisch« ausgestoßen und dabei mit einem Rückstoßmoment am Zeitpunkt der Emission geprägt werden, während sie zum Zeitpunkt der Absorption ein gleich großes, aber entgegengesetzt gerichtetes Moment übertragen.

Die Subquantenkinetik zieht jedoch diesen Momentaustausch von der Quelle zur Senke nicht in Betracht. Der Subquantenkinetik zufolge sind Ladungen in der Lage, ein elektrisches Feld zu schaffen, ohne dass ein Rückschlagmoment entsteht. Mit anderen Worten: Die Quellenladungen sind blind gegenüber den Konsequenzen des Feldes, das sie erzeugen. Und wenn der Spannungsgradient dieses Feldes andere Ladungen beschleunigt, dann reagieren sie, ohne dass eine Rückwirkung zum Feld übertragen wird. In dem bekannten Fall des Rückstoßes zwischen zwei gleich geladenen Teilchen erhält jedes Teilchen seinen Rückstoßimpuls, indem es auf das Feld des anderen Teilchens reagiert, ohne dass ein Rückschlagimpuls auf das Feld selbst erfolgt. Diese Vorstellung von einem reaktionslosen elektrostatischen Schub stimmt allgemein mit einer Idee überein, die der französische Erfinder Jean-Claude Lafforgue unabhängig davon vertreten hat (siehe Kapitel 4). Die Existenz eines elektrostatischen Schubs in asymmetrischen Kondensatoren wurde bei Versuchen an von Lafforgue entwickelten Geräten nachgewiesen, von denen in Kapitel 12 die Rede sein wird.

Zusammen mit der Nichtlinearität und Steilheit des angelegten Spannungsgradienten steigt auch der durch die ungleichmäßigen elektrostatischen Kräfte entstandene resultierende Schub. Die Stärke der induzierten elektrostatischen Kraft hängt auch von der Menge der auf den Kondensatorplatten gespeicherten Ladung ab. Das erklärt, warum Brown so sehr betont, dass ein Dielektrikum mit hoher Permittivität eingesetzt werden soll. Bei einer bestimmten Spannungsdifferenz können Dielektrika mit hoher Permittivität auf ihren Endelektroden mehr elektrische Ladung speichern, wobei die Menge der Ladung direkt proportional zu ihrem K-Faktor steht. Mit einer größeren Ladung sind die Platten in der Lage, eine verhältnismäßig größere ungleichmäßige Anziehungskraft zum umgebenden Feld zu erzeugen. Dementsprechend besagt der Bericht »Elektrohydrodynamik«, man habe beobachtet, dass sich der Schub auf die »triarkuate« Elektrode im Vakuum im direkten Verhältnis zum K-Faktor des Dielektrikums erhöht hätte, d. h. im Verhältnis zu der gespeicherten Ladung. Denken Sie dabei an den vorangegangen Abschnitt.

Eine Erhöhung der Spannung entlang des gesamten Dielektrikums veranlasst das Dielektrikum, ebenfalls mehr Ladung zu speichern, da seine Fähigkeit, Ladung zu speichern, direkt vom Verhältnis zur angelegten Spannung abhängt. Gleichzeitig wird die höhere Spannung den Gradienten des elektrischen

Potenzials entlang des Kondensators erhöhen und dadurch auch die nach innen ziehende Kraft, die auf jede seiner Elektroden einwirkt. Bei einer bestimmten Feldgeometrie sollte also eine bestimmte Erhöhung der Spannung eine weit größere Erhöhung des Schubs bewirken. Tatsächlich stellte Brown fest, dass der Schub auf seine Scheibe in der zweiten oder dritten Potenz zur Spannung variierte.

Wenn Browns elektrokinetischer Apparat in einer Atmosphäre betrieben wurde, spielten auch ionische Kräfte eine Rolle, obwohl angesichts der in »Elektrohydrodynamik« beschriebenen Resultate der Versuche in der Vakuumkammer diese Kräfte nicht sehr signifikant gewesen sein können. Positive Ionen wurden an der Unterseite der Kuppel erzeugt, d. h. der Seite gegenüber der negativen Elektrode, und sie übten eine abstoßende Aufwärtskraft auf die positiven Ladungen in der Kuppel aus. Negative Ionen von der unteren, negativen Elektrode erzeugten auch eine negative Raumladung etwas oberhalb dieser Elektrode. Dies stieß die negativen Ladungen bei dieser Elektrode ab und erzeugte eine Kraft, die nach innen und unten gerichtet war, in Richtung auf diese Elektrode. Es ist schwer zu bestimmen, ob die durch die nach oben stoßenden positiven Ionenladungen erzeugte Kraft stärker war als die Kraft, die durch die nach unten stoßenden negativen Ionenladungen erzeugt wurde, und ob dadurch ein Aufwärtsschub bewirkt wurde. Zum Verständnis der Wirkungsweise der in Kapitel 12 beschriebenen Liftervorrichtungen scheinen die ionischen Kräfte wichtiger zu sein.

Zusammenfassend kann man sagen, dass die elektrostatischen Kräfte auf den Platten eines Kondensators unausgeglichen werden, wenn die Intensität des elektrischen Feldes mit der Entfernung zwischen den Platten nichtlinear variiert. Der resultierende Schub erhöht sich, wenn sich die Nichtlinearität des Feldes gemäß den Erklärungen in Browns Patent erhöht.

3.4 Wechselstromfelder

Eine sorgfältige Lektüre von Browns Patent von 1965 verrät, dass er vorschlug, für seine Schub erzeugende Vorrichtung entlang des hochpermittiven Dielektrikums eine Wechselspannung zu verwenden. Auf die Idee, sein Dielektrikum mit einem nichtlinearen Wechselspannungsfeld zu erregen, kam er möglicherweise, nachdem er die Ergebnisse seiner Pariser Vakuumkammer-Versuche überprüft hatte. Da er beobachtet hatte, dass der Testrotor bei diesen Versuchen während jeder spontanen Entladung einen sehr hohen Elektrogravitationsschub entwickelt hatte, wäre es nur natürlich gewesen, diese hohen Schubbedingungen zu duplizieren, indem er seinen elektrokinetischen Apparat für vertikalen Schub einem hochfrequenten oszillierenden Feld aussetzte und den Apparat dabei schnell lud und wieder entlud.

Browns Patent von 1965 lässt darauf schließen, dass ein zyklisch variierendes Potenzial entlang des dielektrischen Elements wiederholt einen nichtlinearen Feldgradienten aufbaut und den resultierenden Schub erhöht:

> Beim Anlegen von Spannung an diesen verschiedenen Systemen hat sich gezeigt, dass die Geschwindigkeit, mit der die Spannung angelegt wird, häufig den Schub beeinflusst. Das gilt insbesondere dann, wenn dielektrische Elemente eingesetzt werden und die Ladezeit ein Faktor ist. In solchen Fällen verändert sich der Feldgradient, während die Ladung aufgebaut wird. [...] Eine vorteilhafte Methode, Spannung anzulegen, wäre, Spannungen einzusetzen, die zyklisch variieren.[20]

In diesem Patent schlug Brown vor, ein AC- Hochspannungsfeld im Megahertz-Hochfrequenzbereich an eine hornförmige Vorrichtung anzulegen, die mit einem konischen Dielektrikum ausgerüstet ist (**Abb. 3.8**). Die kleine Scheibe (29) am Scheitelpunkt des Dielektrikums wird als »Halbwellenradiator« bezeichnet. Die Frequenz der angelegten Wechselspannung ist so groß, dass die halbe Wellenlänge den Durchmesser der Scheibe abdeckt.

Beachten Sie, dass bei den von Brown getesteten Untertassen, die mit 110–125 % ihres eigenen Gewichtes levitierten, eine Scheibenelektrode an der Spitze der zentralen dielektrischen Säule angebracht worden war. Somit stellte

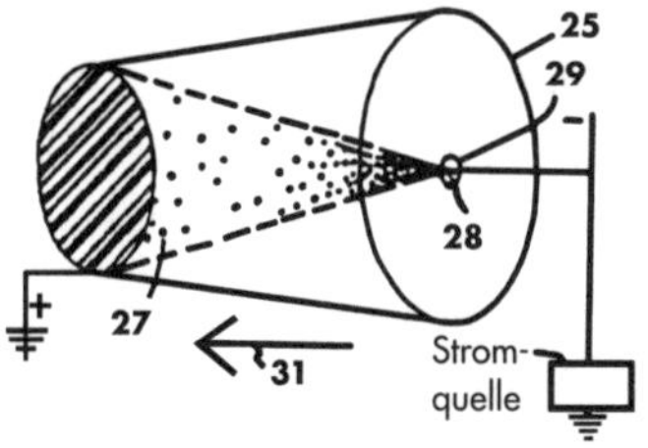

Abb. 3.8 *Ein von Thomas Townsend Brown vorgeschlagener elektrokinetischer Apparat, der einen Elektrogravitationsschub mit AC-Hochspannung erzeugt. Die Zahlen weisen auf Folgendes hin: positive Elektrode in Form eines Kegelstumpfes (25); dielektrischer Kegelstumpf (27) mit Halbleiterpartikeln an der Spitze (28); negative Elektrode in Form einer Scheibe, die als Halbwellen-(λ/2) Strahler dient (29); Richtung des Elektrogravitationsschubs (31). (Von Brown, US-Patent 3.187.206, Abb. 4)*

diese Vorrichtung dieselbe Konstruktion dar wie das in **Abb. 3.8** dargestellte Mikrowellengerät, außer dass ihre positive Elektrode gekrümmt und nicht kegelförmig war; auch war die Scheibenantenne etwas größer. So war der enorme Hub, den Brown bei diesen Versuchen erzielte, vielleicht darauf zurückzuführen, dass er zusätzlich zu der AC-Hochspannung noch Hochfrequenz-Wechselstrom anlegte. Bei der Beschreibung dieses Versuchs erwähnte Brown gegenüber Kitselman, Schaffranke und Turman niemals, dass er auch Wechselstrom verwendete. Vielleicht war das der Schlüssel für die praktische Anwendung seiner Technologie, und aus diesem Grund wollte er diesen Aspekt geheim halten.

Im Falle der in **Abb. 3.2** gezeigten Vorrichtung besaß die Kuppel einen Durchmesser von 15 Zoll (38 cm), während die negative Scheibenelektrode einen Durchmesser von 4 Zoll (10 cm) hatte. Ohne Dielektrikum würde sie am effizientesten bei einer Frequenz von etwa 1,5 Gigahertz erregt werden, um eine Wellenlänge von 20 cm auszustrahlen. In diesem Fall jedoch, wo eine Scheibe von derselben Größe am Scheitelpunkt des dielektrischen Kegels befestigt ist, verändert das Dielektrikum die Impedanz der Scheibe, sodass die Antenne bei einer niedrigeren Frequenz betrieben wird, um effizienter zu arbeiten, z. B. bei 750 Megahertz, was im UHF-Bereich liegt.* Das würde die Ausstrahlung einer proportional längeren Freiraumwellenlänge von 40 cm bewirken. Wenn die negative Scheibenelektrode von der positiv geladenen Kuppel im Abstand einer Viertelwellenlänge (10 cm) positioniert wurde, diente die Kuppel (oder das Horn) als Hohlraumresonator, wodurch sich eine stehende Welle von einer Viertelwellenlänge (10 cm) entlang der beiden Enden des zentralen Dielektrikums aufbaute.

Nehmen wir einmal an, dass die DC-Vorspannung entlang des Dielektrikums des Kondensators bei -100 kV liegt und dass die Amplitude des Wechselstromfelds auf einen vergleichbaren Wert von 95 kV eingestellt und so eingesetzt wurde, dass das Potenzial der negativen Elektrode im Verhältnis zur geerdeten positiven Elektrode frei schwingen konnte. Die Gesamtspannung am Kondensator würde dann aufgrund der gemeinsamen Wechselstrom- und Gleichstrompotenziale zwischen -5 kV und -195 kV variieren. Wie im folgenden Kapitel erklärt wird, würde diese sich wiederholende unipolare Oszillation einen

* Zum Beispiel haben Kupferferrit-Bariumtitanat-Zusammensetzungen eine dielektrische Konstante von etwa 50 im Frequenzbereich zwischen 10^8 und 10^9 Hz; die dielektrische Konstante von solch hochpermittiven Dielektrika ist bei hohen Frequenzen viel kleiner als bei kleinen Frequenzen. Da die optimale Betriebsfrequenz durch den Faktor $1/\sqrt{K}$ bestimmt wird und da das Dielektrikum nur einen kleinen Teil des Durchmessers der dem Strahlungsfeld ausgesetzten Scheibe ausmacht, kann man vermuten, dass die optimale Betriebsfrequenz um den Faktor 2 anstatt 7 reduziert würde. Somit ergäbe sich eine Betriebsfrequenz von 750 MHz.

virtuellen Ladungsgradienten entlang des gesamten Dielektrikums erzeugen, der am Gerät einen einseitig gerichteten oszillierenden Elektrogravitationsschub erzeugt hätte.

Der Elektrogravitationsschub wäre stärker als der, der allein durch eine Gleichstrom-Erregung erzeugt würde, denn bei solch einem schnellen Ladezyklus hätte das Dielektrikum nicht ausreichend Zeit, um sich auf die Spannungsänderungen hin zu polarisieren. Somit wäre das entgegengesetzte elektrogravitative Dipolmoment im Dielektrikum nicht in der Lage, sich ausreichend aufzubauen, um das angelegte Elektrogravitationsfeld auszulöschen und zu ermöglichen, dass ein maximaler Schub auf das gesamte Dielektrikum wirkt. Im Gegensatz zu Browns Gravitator, der in Kapitel 1 beschrieben wurde und dessen Vorwärtsschub allmählich abnahm, nachdem er zu Beginn erregt wurde, würde das beim elektrokinetischen Antrieb angelegte oszillierende Potenzial dem Antriebsaggregat eine Reihe schnell aufeinanderfolgender Vorwärtsschübe versetzen.

Browns Patent lässt darauf schließen, dass die halbe Periode der Wechselspannungsschwingung, die an die negative Elektrode des asymmetrischen Kondensators angelegt wurde, vergleichbar ist mit dem Zeitraum, den dieser Spannungswechsel benötigt, um sich über das Dielektrikum zur positiven Elektrode des Kondensators auszubreiten. Unter solchen Umständen würde die applizierte Schwingung die Nichtlinearität des Feldes entlang des Dielektrikums erhöhen und dadurch den Schub verstärken, der aus dem Elektrogravitationseffekt und dem ungleichmäßigen elektrostatischen Krafteffekt entsteht.

Es gibt noch einen weiteren Aspekt bei dieser Wechselstrom-Erregung, auf den Brown in seinem Patent nicht eingegangen ist, nämlich dass sich unter der Scheibe ein phasenstarres, stehendes Wellenmuster gebildet und die Energie jeder Wechselspannungsperiode gespeichert hätte. Dies hätte um den Raum der Scheibe herum einen elektrischen und einen gravitativen Potenzialgradienten erzeugt, der sich im Laufe der Zeit erhöht hätte und schließlich viel größer geworden wäre als der während jedes einzelnen Zyklus induzierte Gradient. Tesla beobachtete diesen Effekt bei seinen Versuchen mit hochfrequenten Hochspannungs-Stoßentladungen. Dieser wichtige Effekt ist Ingenieuren, die an geheimen Projekten beteiligt sind, bekannt. Sie nennen ihn das »feldinduzierte Solitonphänomen«. Im Zusammenhang mit der phasenkonjugierten Resonanz in Kapitel 8 werden wir näher auf dieses Thema eingehen.

Eine schnell aufeinanderfolgende Umladung des Dielektrikums dürfte ebenfalls den Schub verbessern, der aus den ungleichmäßigen elektrischen Kräften entsteht. Während das Dielektrikum des Kondensators polarisiert wird, werden die Ladungen auf den Kondensatorplatten zum Teil durch Ladungen gegensätzlicher Polarität neutralisiert, die in dem angrenzenden Dielektrikum verschoben werden, sodass die resultierende Kraftwirkung auf den Kondensator geringer wird. Durch ein schnelles und wiederholtes Laden der Platten, ohne Polaritätswechsel, könnte der elektrostatische Schub auf einem maximalen Wert gehalten werden.

3.5 Die Elektrogravitation wird zur Verschlusssache

Als Brown anfing, mit seinem Konzept des Wechselstrom-Elektrogravitationsresonators zu arbeiten, begab er sich womöglich zu sehr in die Nähe von etwas, was die Regierung als streng geheim betrachtete. Etwa 1959 fing man an, ein Geheimnis um die Antigravitationsforschung zu machen. Etwas früher, Mitte der fünfziger Jahre, hatten die Luft- und Raumfahrtunternehmen der Öffentlichkeit die Tatsache, dass sie Forschung und Entwicklung auf dem Gebiet der Elektrogravitation betrieben, nicht verschwiegen, obwohl sie die Einzelheiten natürlich für sich behielten. Ein Artikel von A. V. Cleaver von der *Rolls-Royce Aero Engine Division* weist darauf hin, dass Anfang 1957 noch keine Geheimhaltung vorgeschrieben war, jedoch kurz bevorstand. In dem Artikel heißt es: »Die Tatsache, dass anscheinend keine strenge Geheimhaltung vorgeschrieben ist, lässt darauf schließen, dass noch kein konkreter Erfolg auf diesem Gebiet erzielt worden ist. Andernfalls wären die Zügel wohl deutlich gestrafft worden.«[21]

Bis Anfang 1958 war man noch ziemlich offen. Das Thema verursachte bei einer Konferenz in New York sogar erhitzte Diskussionen. Kurz vor der Konferenz brachte die Zeitschrift *Product Engineering* die folgende kurze Nachricht:

> **Elektrogravitation: Wissenschaft oder Tagtraum?**
> In einigen Wochen wird bei einer Sondersitzung des *Institute of Aeronautical Sciences* (New York City, 27.–31. Januar) eine Gruppe engagierter Wissenschaftler darüber diskutieren, was einige Leute für reine Science-Fiction halten, andere jedoch für ein erreichbares Ziel. Es geht um Elektrogravitation – die Wissenschaft von der kontrollierten Gravitation.

Der Artikel geht auf verschiedene Begriffe der Gravitation ein und schließt dann mit den folgenden Sätzen:

> Vielleicht hat ja der britische Flugzeugingenieur A. V. Cleaver recht, wenn er behauptet, dass für die Entwicklung eines Antigravitationsgeräts zuerst einmal die Physik auf eine neue Grundlage gestellt werden

> müsse – eine neue Erfindung oder die Anwendung bekannter Prinzipien reiche nicht mehr aus. Trotzdem fördert die Luftwaffe die Erforschung der Elektrogravitation, und viele Unternehmen und Personen arbeiten auf diesem Gebiet.[22]

Nach der Konferenz berichtete die Zeitschrift *Business Week* Folgendes:

> Hätte vor zehn Jahren jemand behauptet, dass führende Physiker, Raumfahrtingenieure und Mathematiker der Nation sich drängen würden, einen Vortrag zu hören, bei dem die traditionelle Theorie der Gravitation ernsthaft in Zweifel gezogen wird, dann hätte man ihn als senil oder schwachsinnig bezeichnet.
>
> [...] Bei der Eröffnungsveranstaltung des *Institute of Aeronautical Sciences* in New York in der letzten Woche wurde das Unmögliche jedoch wahr. Scharenweise strömte die Elite der Wissenschaft in den *North Ballroom* des Hotels *Sheraton-Astor*, um einen Vortrag darüber zu hören, wie man der Gravitation beikommen kann.
>
> Wie kommt es, so wollten sie wissen, dass große Flugzeugunternehmen, die Regierung und verschiedene Universitäten sich ernsthaft mit den Möglichkeiten der Gravitationskontrolle beschäftigen? Wie passen die jüngsten Entdeckungen auf dem Gebiet der Antiprotonenforschung ins Bild? Und vor allem: Inwieweit kann man den (von der TASS in Umlauf gebrachten) Berichten Glauben schenken, dass russische Wissenschaftler an der Entwicklung einer Maschine arbeiten, mit der sie bis 1958 die Gravitation ausschalten oder modifizieren wollen?[23]

Business Week führte dann noch eine beeindruckende Liste von Unternehmen und Institutionen auf, die die Gravitationsforschung unterstützten – Firmen wie die *Glenn Martin Company*, die *Grumman Aircraft Engineering Corporation*, die *Lockheed Aircraft Corporation*, die *Sperry-Rand Corporation* und *das Army Transportation Research and Development Command* sowie die *Princeton University*, die *University of North Carolina* und die *University of California*. Auch *Hughes Aircraft* sollte in die Liste von Organisationen aufgenommen werden, die sich ab 1958 mit der Erforschung der Antigravitation beschäftigten.[24,25]

Dieses Klima der Offenheit sollte sich jedoch schon bald darauf ändern. Die Unternehmen wurden zunehmend schweigsam in Bezug auf ihre Beteiligung an der Gravitationsforschung. In der Ausgabe der Zeitschrift *Canadian Aviation* vom Juli 1959 schrieb Charles Carew: »Der Autor konnte nicht feststellen, ob die

Glenn L. Martin Corp. ihr Antigravitationsprogramm unterbrochen hat oder ihr eine bedeutende Entdeckung gelungen ist, die unter strengste Geheimhaltung fällt – denn in jüngster Zeit wurden über das Projekt keine Informationen mehr veröffentlicht.«[26]

Dies zeigt, dass das Unternehmen *Glenn Martin* eine deutliche Abkehr von seiner ungewöhnlich offenen Unterstützung der Elektrogravitation vollzogen hatte, wie sie beispielsweise noch 1955 in den Äußerungen seines Vizepräsidenten gegenüber der Presse zum Ausdruck gekommen war. Höchstwahrscheinlich hatte das Militär angefangen, die Antigravitationsforschung zu fördern, und stellte sie jetzt unter Geheimhaltung. Dies könnte erklären, warum Brown solche Schwierigkeiten hatte, seine Ideen zu verwirklichen. Während dieser Zeit hatte er dem Pentagon und wichtigen Raumfahrtunternehmen in den USA seine Arbeit geduldig demonstriert, in der Hoffnung, Interesse für seine Ansätze zu wecken. Viel Erfolg hatte er damit allerdings nicht. In *Das Philadelphia-Experiment* schrieb Moore: »Das Interesse, das er zu wecken imstande war, verblasste ebenso schnell, wie es sich entwickelt hatte – fast so, als würde jemand (oder vielleicht etwas?) gegen ihn arbeiten.«[27]

Wie bereits erwähnt, erhielt Brown Anfang 1957 das Angebot, als Berater für Agnew Bahnson Jr. zu arbeiten, der sich mit dem Elektrogravitationsantrieb beschäftigte. Zusammen mit Dr. Frank King erforschten sie Methoden zur Anwendung von Wechselstromfeldern bei elektrifizierten Scheiben. Eine Überprüfung von Bahnsons Labortagebuch ergab, dass er am 5. Januar 1958 Brown eine andere Version des Konzepts des elektrischen Wechselstromfelds vorschlug.[28] Bahnsons Idee war, ein Parabolgitter aus Metall zwischen einer positiv geladenen parabolischen Hubkuppel und einer negativ geladenen Kugel zu positionieren, wie in **Abb. 3.9** gezeigt. Dann legte er ein oszillierendes Hochspannungsfeld zwischen der Hubkuppel und der negativen Kugel an. Für dieses oszillierende Feld wählte er eine Frequenz im Megahertz-Bereich, die eine resonante stehende Welle zwischen den beiden Elektroden schaffen sollte. Er

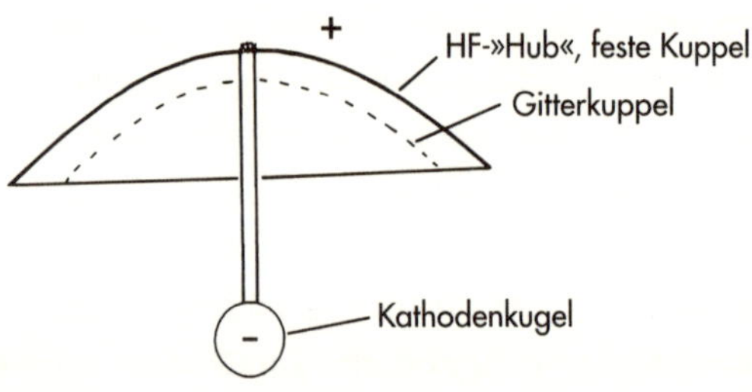

Abb. 3.9 *Eine von Bahnson vorgestellte Elektrogravitations-Hubvorrichtung. (Nach C. Yost,* Electric Spacecraft Journal, *Mai/Juni 1991, Jg. 8)*

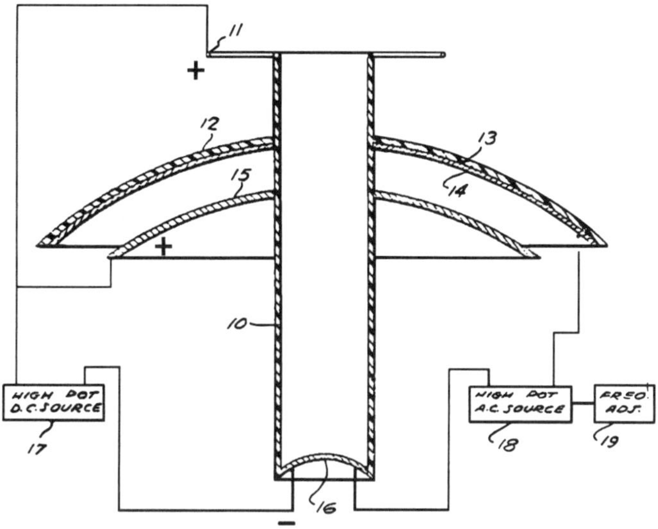

Abb. 3.10 *Eine Elektrogravitationsvorrichtung zur Schuberzeugung in Bahnsons Patent von 1965.*

stellte die Hypothese auf, dass diese elektrostatische, stehende Welle irgendwie die Energie des angelegten Wechselstromfeldes in einem »ätherartigen« Energiereservoir speichere, das sich im Raum unmittelbar um das Testobjekt herum befände. Er glaubte, dass man bei diesem Resonanzzustand die latente Energie in diesem stehenden Feld möglicherweise mit einem Minimum an Energieverbrauch nutzen könnte. Wie wir sehen, verfolgte Bahnson die gleiche Grundidee von einem feldinduzierten Solitonphänomen.

Bahnson beschrieb in einem US-Patent für eine Elektrogravitations-Schwebevorrichtung, welches er im September 1964 einreichte, auch die Nutzung von Wechselstromfeldern (siehe **Abb. 3.10**).[29] Die Angaben in diesem Patent weisen darauf hin, dass sein Messaufbau bei 15 kV einen Schub von 100 g entwickelt hatte, wobei sich der Schub exponentiell mit der 2,6ten Potenz der Spannung erhöhte.

Diese Leistung war vergleichbar mit der von Brown getesteten Schwebevorrichtung, was die Vermutung nahelegt, dass Brown die beeindruckenden Resultate erzielte, die sein Freund Kitselman bezeugt hatte, indem er Wechselstrom einsetzte.

Kurz nachdem Bahnson sein Patent eingereicht hatte, schlug das Schicksal zu. Er starb unter ungeklärten Umständen in seinem Privatflugzeug, das angeblich in eine Hochspannungsleitung geraten war.[30] Sein Patent, das im Dezember 1965 erteilt wurde, wurde in seinen Nachlass aufgenommen. Die Erben, die an einer weiteren Entwicklung von Bahnsons Antigravitationsprojekten kein Interesse hatten, verkauften die Patente an eine andere Firma.

Browns Patente (Nr. 3.187.206 und 3.196.296) für seinen elektrokinetischen Apparat und den elektrischen Generator wurden im Juni und Juli 1965 erteilt, sechs Monate vor den Patenten von Bahnson. Brown trat diese Patente an die *Electrokinetics Corporation* ab, eine Firma, die ein Geschäftsmann aus Philadelphia namens Martin Decker zusammen mit Brown gegründet hatte, um Browns elektrokinetische Geräte zu entwickeln. Das Unternehmen hatte seinen Sitz in Bala Cynwyd, einem Vorort von Philadelphia, wo Decker ein Industriekonglomerat leitete. Es war nur acht Meilen vom *General Electric Space Center* in King of Prussia entfernt, wo Brown 1959 seine Versuche mit der Vakuumkammer durchgeführt hatte. Brown hatte seit Anfang der sechziger Jahre als Berater für *Electrokinetics* gearbeitet und als Gegenleistung für das Abtreten seiner Patentrechte einen beträchtlichen Aktienanteil an der Firma erworben. Schatzkin schreibt in seiner Brown-Biografie, Decker habe Brown im Sommer 1964 mitgeteilt, dass seine *Electrokinetics*-Aktien wertlos seien.[31] Trotzdem muss die Firma weiter existiert haben, denn Patente von Brown, die noch 1967 erteilt wurden, gingen an *Electrokinetics*. Die Verhältnisse dieser Firma scheinen etwas unklar zu sein.

Die *Electrokinetics Corporation* hielt ihre Projekte in Bezug auf Elektrogravitation geheim. Im Jahre 1968 schrieb Brown in einem Brief an Turman: »Die Firma, für die ich als Berater arbeite, hat die Informationen, um die Sie gebeten haben, nicht freigegeben, und ich weiß eigentlich gar nicht, was ich dazu sagen soll.«[32] Diese Geheimniskrämerei um Browns Arbeit ging anscheinend bis in die achtziger Jahre weiter, denn im Februar 1982 schrieb er als Antwort auf die Frage eines Mannes aus Illinois, wie weit er mit seiner Arbeit sei: »Es tut mir leid, Ihnen mitteilen zu müssen, dass die Elektrogravitationsforschung komplett von einer Firma in Kalifornien übernommen wurde und dass diese sie geheim hält, jedenfalls so lange, bis ihre Untersuchungen abgeschlossen sind. Es sind keine weiteren Veröffentlichungen oder Freigaben von Informationen gestattet, möglicherweise bis zum nächsten Jahr.«[33] Handelte es sich bei dieser Firma in Kalifornien um *Lockheed Martin* oder *Hughes Aircraft?* Brown sagte es nicht.

Nach seiner kurzen Tätigkeit als Berater für *Electrokinetics* ging Brown Anfang der sechziger Jahre in den Vorruhestand, und bis 1970 hatte er den Großteil seiner Arbeit der angewandten Elektrogravitation zugunsten der Forschung auf dem Gebiet der Petroelektrizität aufgegeben, oder zumindest schien es so. Brown starb 1985 eines natürlichen Todes. Bis zu seinem Tod wurden keine Einzelheiten über den Einsatz pulsierender Felder in seiner Elektrogravitationsforschung veröffentlicht. Die Geheimhaltungsvorschriften oder vielleicht auch die Sorge wegen der Urheberrechte hielten ihn wahrscheinlich davon ab, sich öffentlich über diesen Teil seiner Arbeit zu äußern.

Moores Brown-Biografie zeichnet das Bild von einem Mann, der seiner Zeit weit voraus war und von den meisten seiner Kollegen nicht verstanden wurde. Sie schildert einen Erfinder, der bei seinen Versuchen, staatliche Unterstützung für seine Arbeit zu bekommen, eine Enttäuschung nach der anderen erlebte und der Ende der sechziger Jahre seine Forschungen auf dem Gebiet des Elektrogravitationsantriebs schließlich aufgab. Jedoch behauptet eine Person, die der Familie Browns nahesteht, dass dem nicht so war, sondern dass Brown vielmehr aktiv an der geheimen Luft- und Raumfahrtforschung teilnahm und dass der Wechsel zur Petroelektrizität in erster Linie ein Täuschungsmanöver war. Die öffentliche Aufmerksamkeit, die ihm in der Vergangenheit aufgrund seiner Elektroscheiben-Technologie zuteil geworden sei, habe ihn zu einem potenziellen Sicherheitsrisiko gemacht. Sobald das Militär seine Ideen ernsthaft zu fördern begann, sei die Arbeit an eine große Luft- und Raumfahrtfirma vergeben worden, wobei es Brown gestattet worden sei, als geheimer Berater tätig zu sein, solange er über seine Beteiligung Stillschweigen bewahrte. Ein durchaus plausibles Szenario.

Allerdings war Brown wahrscheinlich tatsächlich ernsthaft mit der Erforschung der Petroelektrizität beschäftigt, was auch seine Arbeit am *Stanford Research Institute* einschloss. Doch diese offizielle Arbeit nahm ihn nicht voll in Anspruch. Wahrscheinlich war er der höchsten Sicherheitsstufe unterstellt und im Hintergrund als Berater bei einem militärischen Geheimprojekt tätig, bei dem seine Ideen in Bezug auf den Elektrogravitationsantrieb umgesetzt wurden. Wie in Kapitel 5 beschrieben, wurde Browns elektrokinetische Technologie schließlich beim *B*-2-Bomber verwendet und dient jetzt als dessen primäre Antriebsquelle. Tatsächlich stellt die *B*-2 die Realisierung des Konzepts dar, das Brown zuerst beim *Winterhaven-Projekt* vorbrachte. Seine Elektrogravitationstechnologie wäre wahrscheinlich ein Geheimnis geblieben, hätte nicht eine Gruppe von Wissenschaftlern, die zum inneren Kreis gehörten, der an solchen supergeheimen Projekten arbeitete, Informationen weitergegeben.

Bisher scheinen sich die optimistischen Erwartungen, dass Flugzeuge mit Elektrogravitationsantrieb im kommerziellen Flugverkehr allgemeine Verbreitung finden würden, nicht erfüllt zu haben. Carews Beschäftigung mit den unveröffentlichten Forschungen im Bereich der Gravitationskontrolle, die 1959 auf der ganzen Welt im Gang waren, ließ ihn zu der Überzeugung kommen, dass man die Technik zur effektiven Kontrolle der Gravitation noch zu Lebzeiten seiner Leser beherrschen würde. Der Bericht der *Aviation Studies* vom Februar 1956 war sogar noch optimistischer. Man glaubte damals, dass die Entwicklung des Prototyps einer Antigravitationsscheibe für den Kriegseinsatz nur noch zehn Jahre entfernt sei. Man sagte voraus, dass das zwanzigste Jahrhundert in zwei Hälften geteilt sein werde. Während der Flugverkehr in der ersten Hälfte des Jahrhunderts mit aerodynamischen Prinzipien, Wärmemotoren und Klappensteuerung durchgeführt worden sei, werde die zweite Hälfte nichts mehr mit der Luftfahrt der Vergangenheit zu tun haben. In dieser neuen Ära werde die elektrische Energie als Antrieb dienen. Die Gravitation, der erbitterte Feind des Flugwesens während der ersten Hälfte des Jahrhunderts, werde während der zweiten Hälfte ungeahnte Möglichkeiten bieten. Heute, fast ein halbes Jahrhundert später, stellen wir fest, dass die Luftfahrt immer noch den »Holzhammer« der Düsen- und Raketenantriebe einsetzt. Trotzdem waren diese frühen Voraussagen zum Teil richtig: Die Gravitationskontrolle wurde in der Tat praktisch eingesetzt, jedoch nicht für den kommerziellen Bereich. Wie in den folgenden Kapiteln noch beschrieben wird, wurden Objekte mit Antigravitationsantrieb für das Militär entwickelt und werden heute in großer Zahl eingesetzt. Ihre Existenz ist jedoch ein streng gehütetes Geheimnis.

4

Eine ätherische Erklärung

4.1 Die neue »Geheimphysik«

Wie bereits in Kapitel 1 dargelegt, war der Biefeld-Brown-Effekt für die Wissenschaft von Anfang an sehr verwirrend, denn er wich von den vorherrschenden Theorien über die Gravitation – der klassischen Feldtheorie und der allgemeinen Relativität – ziemlich stark ab. Einsteins Gleichungen von der Raumkrümmung zum Beispiel konnten keinen Zusammenhang zwischen Elektrostatik und Gravitation herstellen. Der folgende Auszug aus dem *Aviation Report* veranschaulicht diese Verwirrung:

> Mittlerweile ist *Glenn Martin* nun bereit, öffentlich zuzugeben, dass sie die einheitliche Feldtheorie prüfen, um weiterzukommen. Es wäre wahrscheinlich richtiger zu sagen, dass *Martin* und andere Unternehmen jetzt nach Leuten suchen, die sich [angesichts der Elektrogravitation] Einsteins Gleichungen überhaupt irgendwie zusammenreimen können. Es gibt gegenwärtig niemanden in der Luftfahrtindustrie, der diese Zusammenhänge auch nur ansatzweise versteht.
>
> *Aviation Report,* 19. November 1954[1]

Im Bericht der *Aviation Studies* vom Februar 1956 wurde festgestellt, dass die moderne Physik für das Verständnis des Phänomens der Elektrogravitation nicht besonders hilfreich ist. Man erhoffte sich nützliche Hinweise durch neue Erkenntnisse auf dem Gebiet der subatomaren Teilchen, durch Versuche mit Atomzertrümmerung sowie durch abstruse Berechnungen anhand der Feldtheorie.

Das wissenschaftliche Establishment lieferte nur wenig Unterstützung bei der Durchführung notwendiger Grundlagenforschung in Bezug auf die

Elektrogravitation, denn ihre Mitglieder weigerten sich zu glauben, dass solch ein Effekt überhaupt existierte. Ein typisches Beispiel für die Selbstzufriedenheit der konventionellen Wissenschaftler in diesem Fachbereich ist die Reaktion von Wissenschaftlern am *U.S. National Bureau of Standards Laboratory* in Boulder, Colorado. Von allen wissenschaftlichen Einrichtungen der Regierung wäre diese am meisten dazu verpflichtet gewesen, das Phänomen der Elektrogravitation gründlich zu erforschen. Im Jahre 1985 fragte ich ihren Experten für Gravitationsmessung, Dr. James Faller, ob er von jemandem wüsste, der experimentelle Forschungen durchgeführt hätte, um einen möglichen Zusammenhang zwischen Ladung und schwerer Masse zu untersuchen. Er antwortete, dass er von solch einer Forschung nichts wüsste. Als ich ihn fragte, warum niemand eine solche Untersuchung durchgeführt hätte, antwortete er: »Weil daran kein Interesse besteht.«

Trotzdem gab es seit 1956, als *Aviation Studies* den Bericht »Electrogravitics Systems« veröffentlichte, bedeutende Fortschritte, sowohl was das Verständnis der Theorie hinter dem Phänomen der Elektrogravitation angeht, als auch in Bezug auf die Entwicklung von Geräten. Aber der größte Teil dieser Arbeit wurde bei Geheimprojekten der Luftwaffe durchgeführt. Im Jahre 1992 führte ich ein interessantes Telefongespräch mit einem Mann, der zu den in Kapitel 5 erwähnten Informanten gehört. Seine erstaunlichen Eröffnungen über den *B*-2-Bomber wurden in *Aviation Week & Space Technology* veröffentlicht. Obwohl er mir seinen vollständigen Namen verriet, werde ich ihn aus Gründen der Diskretion hier nur Ray nennen. Ray behauptete, er habe an einer Reihe von geheimen Projekten mitgearbeitet und stehe in Kontakt mit bestimmten Wissenschaftlern, die ebenfalls an solchen Projekten beteiligt seien.[2] Er erklärte mir, dass die physikalischen Theorien, die heutzutage von Akademikern und den meisten Laborphysikern vertreten und gelehrt werden, von Fehlern durchsetzt seien. Wissenschaftler, die an Geheimprojekten mitarbeiteten, hätten eine sehr fortschrittliche und viel genauere Theorie entwickelt, deren Grundlagen gegenwärtig jedoch geheim gehalten würden. Weiter sagte er, die Vertreter dieser neuen Physik bezeichneten die herkömmlichen Auffassungen der Physik – wie die Relativitätstheorie, die Quanten-Elektrodynamik und die Quantenmechanik – als »klassische Konzepte«. Mit anderen Worten, sie gelten als hoffnungslos veraltet.

Nach Rays Darstellung geht die neue Physik – im Gegensatz zur heutigen »klassischen« Physik – nicht von materiell messbaren Dingen aus, um physikalische Phänomene zu erklären. Vielmehr postuliert sie die Existenz einer grundlegenden Realität, die aus einem ganz feinen, von Natur aus unsichtbaren und unmessbaren Stoff besteht: dem Äther, der den gesamten Raum durchdringt. Alle wesentlichen Größen dieser neuen Physik werden von jener feinstofflichen Basis her definiert. Messbare Werte tauchen dann erst als mathematische Lösungen für Gleichungen auf, die anhand dieser fundamentaleren Ätherprozesse definiert wurden. Aus Sicht der neuen Physik sind Zeit und Raum absolute Größen, und Einsteins Vorstellung der Relativität von Raum und Zeit ist grundfalsch. Physikalisch messbare Phänomene wie Längenkontraktion und Zeitverzögerung, die von Anhängern der Relativitätstheorie normalerweise als Veränderungen des Raum-Zeit-Kontinuums betrachtet werden, erscheinen hier als Manifestationen, die auf die Bewegung durch den absoluten Äther zurückzuführen sind. Somit erweist sich die Ätherkonzeption, vom akademischen Establishment so lange verschmäht, als veritabler Eckstein dieser streng geheimen, neuen Physik.

Ray sagte, dass die Ätherphysik decke auch Browns Elektrogravitations-Phänomen ab sowie die Forschungen, die Brown während seiner Arbeit bei der Marine durchführte. Die Unterlagen darüber hat man unter strenge Geheimhaltung gestellt. Vielleicht bezog sich Ray dabei auf die Arbeit, die Brown im Zusammenhang mit dem *Philadelphia-Experiment* durchführte. Er behauptet jedenfalls, dass diese Physik auch Phänomene erklären kann, die von Tesla entdeckt wurden. Unter anderem ist Tesla bekannt für seine Arbeit mit resonanten Wechselstromkreisen und Techniken zur Erzeugung unkonventioneller Coulombwellen durch Stoßentladungen, die manchmal als Längswellen bezeichnet werden. Wie in Kapitel 1 beschrieben, waren die Elektrogravitationswellen, die Brown mit seiner Kommunikationsvorrichtung erzeugte, von dieser Art. Was Teslas Arbeit mit dem Antigravitationsantrieb zu tun hat, wird in Kapitel 6 näher beschrieben.

Wie bereits erwähnt, kann sich die konventionelle Physik den Biefeld-Brown-Effekt überhaupt nicht zusammenreimen. Auch die Stringtheorie mit ihren mehr als zehn Dimensionsräumen bietet hier keine Erklärungen, und jetzt, nachdem sie über vierzig Jahre existiert, sind viele Wissenschaftler von ihr enttäuscht. Einige suchen heute wieder nach einer einheitlichen Feldtheorie, die funktioniert.[3,4] Zum gegenwärtigen Zeitpunkt gibt es keine öffentliche Darstellung der geheim gehaltenen Ätherphysik oder darüber, wie sie die Elektrogravitation erklärt. Es gibt allerdings eine vielversprechende Theorie, über die man diskutieren kann und die viele Aspekte des Phänomens der Elektrogravitation prognostiziert. Dabei handelt es sich um die Ätherphysik der Subquantenkinetik.[5-11] Im Gegensatz zur Stringtheorie, die niemals eine überprüfbare Voraussage hervorbrachte, konnten bei der Subquantenkinetik bisher zwölf A-priori-Prognosen bestätigt werden, und damit mehr als bei den meisten herkömmlichen Feldtheorien.*

Beschäftigen wir uns nun eine Weile mit diesem neuen Ansatz und damit, wie er den von Brown beobachteten geheimnisvollen Gravitationsschub erklären kann. Die Subquantenkinetik ist ein Ansatz zur Mikrophysik, der auf Entdeckungen beruht, die in den letzten Jahren in der Allgemeinen Systemtheorie, der Nichtgleichgewichtsthermodynamik und der Nichtlinearen Dynamik gemacht wurden. Sie wurde durch Forschungen inspiriert, die gegen Ende des zwanzigsten Jahrhunderts an bestimmten Arten nicht ausgeglichener Reaktionssysteme durchgeführt wurden, die in der Lage sind, spontan Wellenmuster mit präziser Wellenlänge zu erzeugen. Probleme wie der Welle-Teilchen-Dualismus, der Feld-Materie-Dualismus, die Absurdität der unendlichen Energie, die nackten Singularitäten, das Rätsel der kosmologischen Konstanten, das Problem der Dispersion von Wellenpaketen und viele andere, mit denen sich die konventionelle Physik herumplagt, tauchen in der Subquantenkinetik nicht auf, weil dort das Quantenphänomen ganz anders angegangen wird.

Wie die unter Verschluss gehaltene Physik aus der Welt der Geheimprojekte beginnt die Subquantenkinetik mit dem Äther als Ausgangspunkt. Sie geht davon aus, dass es sich bei Quantenstrukturen, wie subatomaren Teilchen und Energiewellen, um konzentrierte Muster handelt, die in einem Reaktions-Diffusions-Uräther auftauchen, einem Äther, dessen Bestandteile sich im Raum verbreiten und gemäß einem festgelegten System unausgeglichener Reaktionsprozesse aufeinander reagieren. Dieses subtile Medium verbreitet sich durch den gesamten Raum und besteht aus Subquanteneinheiten, sogenannten Ätheronen, von denen es verschiedene Arten gibt. Auf ähnliche Weise postuliert die konventionelle Physik Subquantenstrukturen, die sogenannten Quarks, die in unterschiedlicher Form erscheinen und nach ihrer »Farbe« und ihrem »Geschmack« unterschieden werden. Jedoch geht die Subquantenkinetik bei ihrem aktuellen »Modell G« von einer viel geringeren Anzahl von Ätheronenarten aus als der Anzahl von Quarks, die in der Physik postuliert werden. Das Modell G nennt gerade mal sieben Arten von Ätheronen: A, B, G, X, Y, Z und Ω. Im Gegensatz zu den Quarks, die typischerweise unreaktiv sind, wird vorausgesetzt, dass Ätheronen aufeinander reagieren und sich entsprechend einem festgelegten System von fünf Reaktionen, die kollektiv als »Modell G« bezeichnet werden (siehe **Abb. 4.1**), von einem Ätheronenzustand in den anderen umwandeln.

---

* Informationen über diese Voraussagen der Subquantenkinetik, die später bestätigt wurden, finden Sie unter: *www.starburstfound.org/LaViolette/Predict2.html*

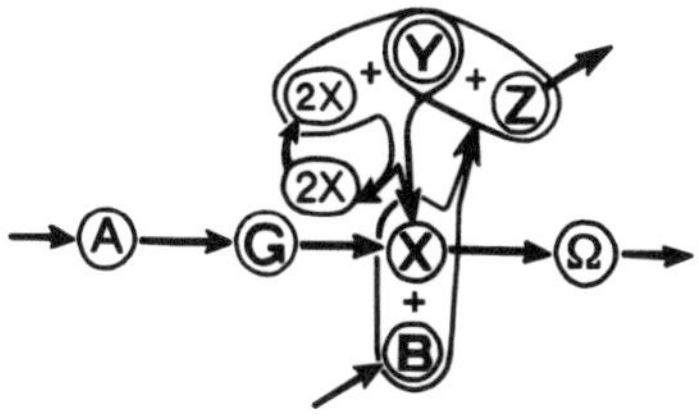

$$
\begin{array}{rcll}
A & \xrightarrow{k_1} & G, & \text{a)} \\
G & \xrightarrow{k_2} & X, & \text{b)} \\
B + X & \xrightarrow{k_3} & X + Z, & \text{c)} \\
2\,X + Y & \xrightarrow{k_4} & 3X, & \text{d)} \\
X & \xrightarrow{k_5} & \Omega & \text{e)}
\end{array}
$$

Abb. 4.1 *Eine schematische Darstellung der reaktionskinetischen Wege des Modells G (links), die auch als eine Reihe von fünf getrennten kinetischen Gleichungen dargestellt sind (rechts). (P. LaViolette © 1995)*

Dieses Reaktionssystem hat Ähnlichkeit mit dem Brüsselator, einem doppelt variablen Reaktionssystem, das an der *Freien Universität Brüssel* entwickelt wurde, mit der Ausnahme, dass es zwischen den Reaktionszuständen A und X eine dritte Variable G postuliert. Daher die Bezeichnung Modell G. Die k_i-Symbole in **Abb. 4.1** sind kinetische Konstanten, die die Geschwindigkeit spezifizieren, mit der jede Reaktion erfolgt. Zusammen mit den Diffusionskoeffizienten, die die Geschwindigkeit beschreiben, mit der jede Art von Ätheron sich im Raum ausbreitet, bildet dieses System von Reaktionen die Grundlage der Subquantenkinetik. Die grundlegenden Vorgänge sind extrem einfach, aber aus ihrer Interaktion ergeben sich physikalisch realistische Strukturen und eine sehr reiche Palette von Verhaltensweisen.

Die Subquantenkinetik identifiziert die Ätheronenkonzentration an jedem beliebigen Punkt im Raum anhand des üblichen Energiepotenzialkonzepts. Insbesondere entspricht ein elektrisches Feld, das durch eine Raumvariation im elektrischen Potenzial charakterisiert ist, einer Raumvariation in der X- und Y-Ätheronen-Konzentration. Ein Gravitationsfeld, das durch eine Raumvariation im Gravitationspotenzial charakterisiert ist, entspricht einer Raumvariation in der G-Ätheronen-Konzentration.

Im Gegensatz zur traditionellen Physik, die auf geschlossenen Systemen und mechanistischen Konzepten basiert, funktioniert der ständig reagierende und sich wandelnde Reaktions-Diffusions-Äther der Subquantenphysik als ein offenes System. Im Unterschied zu geschlossenen Systemen lassen offene Systeme die Möglichkeit zu, dass sich Ordnung aus dem Chaos entwickelt. Unter den entsprechenden Bedingungen ist Äther in der Lage, subatomare Teilchen mit wellenähnlichen Eigenschaften hervorzubringen. Sie entstehen spontan aus Energiefluktuationen von ausreichender Stärke, die gelegentlich aus dem Chaos des Äthers auftauchen. Somit vertritt die Subquantenkinetik statt eines einmaligen Urknallereignisses eine Kosmologie, in der ständig Materie erzeugt wird.

Der Subquantenkinetik zufolge befinden sich die Ätheronenkonzentrationen in einem Zustand ständiger Fluktuation im gesamten Raum und manifestieren sich als Energiepotenzial-Fluktuationen. Diese sind ähnlich den von der konventionellen Physik propagierten Nullpunktenergie-Fluktuationen, jedoch bedeutend kleiner, jede von ihnen weniger als ein Wirkungsquantum. Auch entstehen sie nicht unbedingt als zusammenhängende Materie-Antimaterie-Polaritätsfluktuationen, sondern als einzelne unipolare Impulse von entweder positiver oder negativer Polarität.* Dies kann sich entweder als Fluktuation mit positiver Polarität äußern – ein Bereich mit hoher Y- und geringer X-Ätheronen-Konzentration – oder als eine negative Polaritätsfluktuation – ein Bereich mit hoher X- und geringer Y-Ätheronen-Konzentration.

Gelegentlich wird der »Same« einer solchen Fluktuation eines elektrischen Potenzials groß genug, um sich im Laufe der Zeit zu einem subatomaren Teilchen zu entwickeln, das sich als eine stationäre elektrische Potenzialwelle darstellt. Das spontane Wachstum einer solchen Energiefluktuation scheint gegen das erste Gesetz der Thermodynamik zu verstoßen, welches lautet, dass Energie weder erzeugt noch vernichtet werden kann. Aber ein solches Wachstum ist zulässig, weil der Äther ein offenes System darstellt und die Energie, die für dieses Wachstum verantwortlich ist, aus den immer gegenwärtigen Prozessen entsteht, die allen Teilchen- und Feldphänomenen zugrunde liegen. Die Erzeugung von Materie erfolgt so langsam, dass selbst gut ausgerüstete Physiker nicht in der Lage wären, sie nachzuweisen.

Subatomare Teilchen erscheinen nicht als Massepunkte, so wie die konventionelle Physik sie auffasst, sondern als Wellenmuster, als Ätheronenkonzentrationen, deren Größe im Raum zyklisch variiert. **Abb. 4.2a** illustriert die kugelförmige, muschelartige Geometrie des X-Y-Wellenmusters, das ein Proton bildet, und **Abb. 4.2b** zeigt eine stilisierte Querschnittansicht der Variation der X- und Y-Ätheronen-Konzentration im Kern eines Protons. Dies stellt das elektrische Potenzialfeld eines Protons dar, eine positive Ladungspolarität, die einer Konzentration mit hohem Y- und niedrigem X-Kern entspricht. Das negativ geladene Antiproton hätte eine Konzentration mit niedrigem Y- und hohem X-Kern – deshalb X- und Y-Beträge mit umgekehrter Polarität.

* Dies widerspricht natürlich dem konventionellen Gesetz der Ladungserhaltung, ist jedoch im Rahmen der Subquantenkinetik zulässig, wenn man es mit einsetzenden Nullpunkt-Fluktuationen zu tun hat.

Nach der Subquantenkinetik entspräche die Wellenlänge dieses elektrischen Feldmusters der Compton-Wellenlänge des Teilchens, die numerisch gleich der Wellenlänge des Photons ist, das entsteht, falls die Ruhemasse des Teilchens komplett in Energie umgewandelt wird. Diese Compton-Wellenlänge λ wird mathematisch quantifiziert als $\lambda = hc/E$, wobei E die Ruhemasse-Energie des Teilchens ist, h das Plancksche Wirkungsquantum und c die Lichtgeschwindigkeit. Die Compton-Wellenlänge des Protons beträgt zum Beispiel nicht mehr als $1{,}32 \times 10^{-13}$ cm. Die Wellenlänge des Elektrons ist etwa 2.000 Mal so lang. In der Subquantenkinetik bezeichnet man dieses wellenartige Feld als die Turing-Welle des Teilchens, zu Ehren des britischen Kybernetikers Alan Turing. Turing konnte als Erster nachweisen, dass Reaktions-Diffusions-Systeme solche Wellenmuster durch einen Prozess bilden können, den er als *Morphogenese* bezeichnete.

Einer der Erfolge der Subquantenkinetik besteht darin, dass ihre Prognose, dass das elektrische Feld des Nukleonenkerns mit einer Periodizität der Compton-Wellenlänge geprägt sein dürfte, fast dreißig Jahre später durch Nukleonenstreuversuche bestätigt wurde.[12] Mit dem Quark-Modell konnte der Wellencharakter des Nukleons hingegen nicht vorausgesagt werden.

In der üblichen quantenmechanischen Sicht gilt das subatomare Teilchen als ein Wellenpaket, eine Superposition (Überlagerung) mehrerer linearer elektromagnetischer Wellen. Es wurde jedoch schon vor Langem ein mit diesem Konzept verbundenes Problem erkannt: Das Wellenpaket erweitert sich spontan

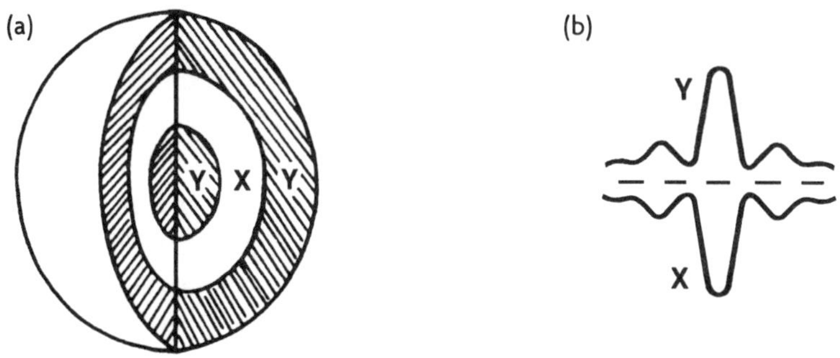

Abb. 4.2 *(a) Ein Querschnitt des konzentrischen, schalenartigen Ätherkonzentrationsmusters, aus dem ein Proton besteht, wobei abwechselnd Y- und X-Äther-Maxima gezeigt werden. (b) Radiale Abweichung der X- und Y-Ätheronen-Konzentration, die das stationäre elektrische Potenzialwellenmuster des Protons bilden. Die Wellenlänge der Schale von Spitze zu Spitze entspricht der charakteristischen Compton-Wellenlänge des Teilchens. (P. LaViolette, © 1995)*

und zerstreut sich schließlich, sodass das Teilchen vollkommen unlokalisiert ist. Die subatomaren Teilchen im Modell G hingegen zerstreuen sich nicht im Laufe der Zeit. Ihre periodische Struktur der Ätherkonzentration wird ständig durch ordnende ätherische Reaktions-und-Diffusionsprozesse erneuert. Die in **Abb. 4.1** dargestellte zyklische Transformation von X in Y und Y in X erlaubt dem Reaktionssystem des Modells G, das feststehende Wellenmuster des subatomaren Teilchens zu erzeugen und aufrechtzuerhalten.

Eine Analyse des Reaktionssystems des Modells G ergibt, dass es einen stabilen Gleichgewichtszustand gibt, in dem die Turing-Welle des Kerns eines ursprünglich neutral geladenen Teilchens aus dem ladungsneutralen stationären Zustand gebracht wird. Beim Übergang in diesen Zustand erhält das Teilchen eine elektrische Ladung, die es ihm erlaubt, sein langfristiges elektrisches Feld zu erzeugen. Das ist keine bloße Vermutung, sondern ein Merkmal, das als Folge des postulierten Reaktionssystems auftritt. In einem positiv geladenen Teilchen zum Beispiel würde das elektrische Feldmuster in seinem Zentrum positiv vorgespannt. Die hohe Y-Konzentration des Kerns würde steigen und die niedrige X-Konzentration des Kerns fallen, um die vorgegebenen Werte ähnlich denen in **Abb. 4.2b** anzunehmen. Bei einem negativ geladenen Teilchen, zum Beispiel einem Elektron, würde das elektrische Feldmuster stattdessen negativ vorgeprägt werden, die Y-Konzentration des Kerns würde herabgedrückt und die X-Konzentration des Kerns erhöht. Kürzlich durchgeführte Teilchenstreuversuche, mit denen die Ladungsverteilung im Kern des Nukleons aufgeklärt wurde, haben die Voraussage dieses Wellenmusters bestätigt.

Die Subquantenkinetik sagt voraus, dass die elektrische Ladung eines Teilchens seine eigene Gravitationsmasse und das entsprechende Gravitationspotenzialfeld durch die umgekehrte Ätherreaktion G ← X erzeugt, die die X-Ätheronen (X-onen) in G-Ätheronen (G-onen) umwandelt. Obwohl die in **Abb. 4.1** gezeigten Ätherreaktionen sich meist nach vorn bewegen (in der Abbildung nach rechts), treten auch Rückwärtsreaktionen auf, jedoch in einem kaum nennenswerten Umfang. Aber obwohl die umgekehrte X-zu-G-Reaktion nur eine sehr geringe Strömung erzeugt, wären die Teilchen ohne sie nicht in der Lage, ihre Gravitationsfelder zu erzeugen. Durch diese Reaktion schlägt sich eine aus einer negativen oder positiven Ladungspolarität entstehende Steigerung oder Senkung von X in einer entsprechenden Steigerung oder Senkung von G nieder. Dementsprechend sagt die Subquantenkinetik voraus, dass es zwei Polaritäten der schweren Masse geben müsse, wobei jede von ihnen mit einer entsprechenden elektrischen Ladungspolarität korreliert. Das heißt, positiv geladene Teilchen, wie zum Beispiel Protonen, die eine geringe Konzentration von X-Ätheronen im Kern haben, dürften ein zentrales Gravitationspotenzialtal erzeugen, während negativ geladene Teilchen, wie Elektronen, die eine hohe Konzentration von X-Ätheronen im Kern haben, einen zentralen Gravitationspotenzialberg erzeugen dürften.

Nehmen wir zum Beispiel ein positiv geladenes Teilchen, zum Beispiel ein Proton mit einer hohen Konzentration von Y-Ätheronen und einer geringen Konzentration von X-Ätheronen im Kern. Gemäß der Subquantenkintetik wird nun durch die geringe Konzentration von X-Ätheronen die Geschwindigkeit reduziert, mit der über die X-zu-G-Reaktion G-Ätheronen im Zentrum des Protons erzeugt werden. Mit anderen Worten: Die positive Ladung des Teilchens erzeugt eine entsprechende positive schwere Masse (siehe **Abb. 4.3**). Die reduzierte Konzentration von X-Ätheronen und G-Ätheronen im Kern aufgrund des Defizits der Produktionsrate von X- und G-Ätheronen sorgt dafür, dass X-Ätheronen und G-Ätheronen aus der Umgebung nach innen diffundieren. Und die erhöhte Konzentration von Y-Ätheronen im Kern aufgrund des Produktionsüberschusses von Y-Ätheronen veranlasst die Y-Ätheronen, radial in die Umgebung zu diffundieren. Diese radial diffundierenden Strömungen erzeugen weitreichende elektrische und gravitative Potenzialfelder, die den Kern des Protons umgeben.

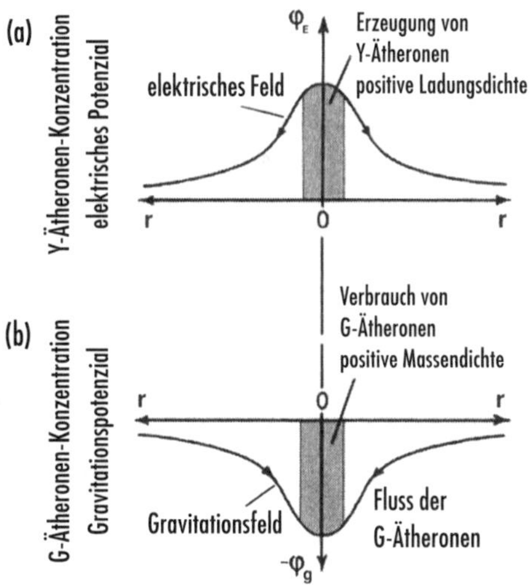

Abb. 4.3 *(a) Das elektrische Potenzialfeld eines Protons (positive Y-Ätheronen-Konzentration), das durch eine zentrale positive Ladungsdichte erzeugt wird (Überschussrate der Y-Ätheronen-Produktion). (b) Das negative Gravitationspotenzialfeld eines Protons (negative G-Ätheronen-Konzentration), das durch eine zentrale positive Massendichte erzeugt wird (Produktionsdefizit von G-Ätheronen). Die Pfeile weisen in die Richtung der Y-Ätheronen- und G-Ätheronen-Diffusion, die die jeweiligen Felder erzeugen. Das Konzentrationsprofil der X-Ätheronen, das hier nicht gezeigt wird, ist der Kehrwert des Y-Ätheronenprofils. (P. LaViolette, © 2007)*

Das elektrische Feld in diesem Modell besteht aus einer 1/*r*-Abnahme der X- und Y-Ätheronen-Konzentration der Partikel, und das Gravitationsfeld aus einer 1/*r*-Abnahme der G-Ätheronen-Konzentration der Partikel. Beide Felder entsprechen mathematisch den Anforderungen der klassischen Elektrostatik und Gravitation. Ihr 1/*r*-Charakter wird nicht ad hoc angenommen, sondern ergibt sich als natürliche Folge einer radialen Ätheronendiffusion. In seiner Abhandlung *Lectures on Physics* stellt der Physiker und Nobelpreisträger Richard Feynman ein Diffusionsmodell der Ätheronen vor, das sich nicht wesentlich von diesem unterscheidet und die Möglichkeit bietet zu verstehen, wie ein subatomares Teilchen sein 1/*r*-Energiepotenzialfeld erzeugt.

Bei einem Elektron sind diese Konzentrationen und Ätheronendiffusionsflüsse genau entgegengesetzt. Ein negativ geladenes Teilchen, wie z. B. ein Elektron, hat in seinem Kern eine hohe X-Ätheronen- und G-Ätheronen-Konzentration und eine niedrige Y-Ätheronen-Konzentration, was die negative Ladung und den negativen Massezustand ausmacht. Diese Überschussproduktion von X-Ätheronen und G-Ätheronen veranlasst die X- und G-Ätheronen, nach außen in die umgebenden Regionen abzufließen, und das Produktionsdefizit an Y-Ätheronen veranlasst die Y-Ätheronen, aus der Umgebung nach innen zu strömen. Diese Ströme erzeugen die weitreichenden elektrischen und gravitativen Potenzialfelder des Elektrons. Das Gravitationstal eines Protons übt einen Materie anziehenden Effekt auf die umgebende neutrale Materie aus, während der Gravitationsberg eines Elektrons einen Materie abstoßenden Effekt auf die umgebende neutrale Materie hat.

Der österreichische Astrophysiker Sir Hermann Bondi beschrieb diese Gravitationsfelder erzeugende Masse mit dem Begriff »aktive schwere Masse«, womit er sie von der passiven schweren Masse unterschied. Die passive schwere Masse charakterisiert die Tendenz des Teilchens, auf ein äußeres Gravitationsfeld zu reagieren, während die träge Masse die Tendenz des Partikels charakterisiert, sich Veränderungen in der Geschwindigkeit zu widersetzen. Elektrisch neutrale Materie, die dieselbe Zahl von Protonen und Elektronen enthält, hat gemäß Bondi eine positive, aktive schwere Masse, denn die positive schwere Masse des Protons ist etwas größer als die negative schwere Masse des Elektrons. Das bedeutet, dass das Gravitationstal nur teilweise durch den Gravitationsberg des Elektrons ausgelöscht wird und als Ergebnis das elektrisch neutrale Atom ein Materie anziehendes Gravitationstal behält. Teilchen, die Gravitationstäler erzeugen, ziehen neutrale Materie an, wohingegen Teilchen, die Gravitationsberge erzeugen, diese abstoßen.

Es sollte nicht vergessen werden, dass die Subquantenkinetik aus der Absicht entstand, kinetische Konzepte aus der Chemie auf die Mikrophysik zu übertragen, sowie aus der Erkenntnis, dass ein reaktionskinetischer Äther einen zufriedenstellenden Rahmen für die Beschreibung der Bildung subatomarer Teilchen bieten würde. Ich habe die Subquantenkinetik nicht als gezielten Versuch konzipiert, das Phänomen der Elektrogravitation zu erklären. Eigentlich war ich anfangs ein wenig besorgt, dass die Theorie zwei Zustände der Massenpolarität voraussagen würde, jede im Zusammenhang mit einer entsprechenden elektrischen Ladungspolarität. Ich war also später sehr erleichtert, als ich Browns Arbeit entdeckte.

Die Subquantentechnik erklärt die Gravitationskraft durch den Einfluss von Gradienten des Gravitationspotenzials auf materielle Körper und nicht durch die spontane Einführung von hypothetischen Dimensionskrümmungen. Die Gravitationspotenzialfelder bewegen ein Teilchen, indem sie die Ätherreaktionen beeinflussen, die das Teilchen erzeugen und ihre Turing-Welle bilden. Der reaktionskinetische Ansatz ist der klassischen Physik und der Quantenmechanik, für die ein Proton oder ein Elektron eine verhältnismäßig unveränderbare Struktur ist, ziemlich fremd. Das ist bei der Subquantenkinetik anders. Die Ätheronenpopulation eines subatomaren Teilchens wird fortwährend transformiert und erneuert. Die Turing-Wellen-Struktur eines Teilchens wird in jedem Augenblick neu erzeugt, da die Diffusion von Ätheronen die Erschaffung oder Auflösung von Ätheronen im Raum ständig ausgleicht. Das subatomare Teilchen hält also seine Feldstruktur in einem dynamischen Dauerzustand oder, wie es der ungarische Systemtheoretiker Ludwig von Bertalanffy nannte, in einem »Fließgleichgewicht«. Der russische Nobelpreisträger Ilya Prigogine bezeichnete die subatomaren Teilchen als »dissipative Raumstrukturen«.

Das Vorhandensein eines externen Feldgradienten wird notwendigerweise die Position eines Teilchens beeinflussen, denn er wird das Gleichgewicht der Reaktionsprozesse stören, die ständig das Turing-Wellen-Muster des Teilchens erzeugen. Das heißt, dass der Feldgradient die Raumstruktur des Teilchens verzerrt, indem er die Ätheronenkonzentration auf einer Seite des Teilchens erhöht (oder verringert). Da dieser stabile Zustand dazu tendiert, eine symmetrische Raumstruktur für das Teilchen zu erzeugen, verursacht jede Abweichung von der Symmetrie eine Anspannung oder einen Zustand des Ungleichgewichts. Diese Anspannung wird durch die elektrostatische oder gravitative Kraft identifiziert, die dieses elektrische oder gravitative Potenzialfeld auf das Teilchen ausübt. Das Reaktionssystem beseitigt diese Anspannung und gewinnt vorübergehend eine größere Symmetrie, indem es das regenerierende Wellenmuster des Teilchens den Feldgradienten entweder hinauf oder hinunter beschleunigt oder bewegt, wobei die Bewegungsrichtung davon abhängt, ob die Aktion des Feldes anziehend oder abstoßend ist.

Entsprechend der Subquantenkinetik ist eine Kraftwirkung im Wesentlichen ein reaktionskinetischer Prozess und kein mechanischer Prozess. Dadurch gleicht das Kernfeld des Teilchens sein Konzentrationsmuster wieder aus, als Reaktion auf das Ungleichgewicht durch den applizierten Feldgradienten. Somit erzeugt die Induktion von Kraft und Beschleunigung durch das Feld keine Rückwirkung auf das Feld. Es ist keine Impulsübertragung beteiligt. In ähnlicher Weise wird der von einer Ladung oder Masse erzeugte Potenzialgradient im Äther geschaffen und ist in der Lage, auf Ladungen und Massen einzuwirken, ungeachtet der Massen oder Ladungen, die ihn ursprünglich erzeugt haben. In der Subquantenkinetik ist es also vollkommen akzeptabel, dass ein Feld dieselben Ladungen beschleunigt, die es erzeugt haben. Diese Feldautonomie ist der Schlüssel zum Verständnis dafür, wie unausgeglichene elektrostatische Kräfte in einem asymmetrischen Kondensator Bewegung induzieren können, ein Thema, mit dem wir uns bereits im vorangegangenen Kapitel beschäftigt haben.

Der französische Erfinder Jean-Claude Lafforgue präsentierte in seinem Patent von 1991 für einen asymmetrischen Schubkondensator einen ähnlichen Gedanken. Er stellte die Theorie auf, dass die Felder, die beim Laden eines Kondensators entstehen, ihren Sitz im örtlichen Bezugssystem des Raum-Zeit-Kontinuums haben. Dadurch wird es ihnen ermöglicht, auf den Kondensator einzuwirken, ohne dass eine Reaktionskraft auf den Kondensator selbst zurückwirkt. Er behauptet also, dass die elektrischen Felder, die durch einen korrekt geformten asymmetrischen Kondensator erzeugt werden, unausgeglichene elektrostatische Kräfte auf den Kondensator ausüben können, die in der Lage sind, den Kondensator bezüglich des ursprünglichen Ruhesystems zu verschieben. In seinem Patent schreibt Lafforgue:

> Der Schluss liegt also nahe, dass $\vec{F}$ [die elektrostatische Kraft] sich auf $\vec{E}$ stützt [die Intensität des elektrischen Kraftfeldes], d. h. auf das Raum-Zeit-Kontinuum. [...] Das gilt für alle Elektroden, ungeachtet ihrer Orientierung und Polarisierung. [...] Ob die Elektroden nun ruhen oder in Bewegung sind, das verändert keineswegs die Werte ρ, σ, q oder $\vec{E}$. Unter dem Einfluss der »Expansionskraft« bewegt sich das isolierte System und zieht $\vec{E}$ und σ mit sich und infolgedessen auch $\vec{F}$. Unsere isolierten Systeme sind daher selbstbeschleunigend.[15]

Lafforgues Ausdruck »Expansionskraft« bezieht sich auf den elektrostatischen Druck, d. h. die elektrostatische Kraft $\vec{F}=\sigma\vec{E}$, die auf einen Teil der Kondensatorplatte einwirkt, geteilt durch die Oberfläche, auf die sie wirkt. Lafforgue lässt den Ätherbegriff unerwähnt. Er benutzt stattdessen den relativistischen Ausdruck »Raum-Zeit-Kontinuum«, und statt des elektrischen Potenzialgradienten $\nabla\vec{\varphi}_E$ übernimmt er die Konvention der Arbeit mit der Kraftfeldintensität $\vec{E}$. Jedoch sind seine Schlussfolgerungen in Bezug auf eine Eigenfeldaktion des Kondensators, die auf experimenteller Beobachtung beruhen, überraschend identisch mit jenen, die von der Subquantenkinetik vorausgesagt wurden. Somit kann seine Arbeit als eine unabhängige Bestätigung für den Ansatz der Subquantenkinetik angesehen werden. Die Tests, die an einem von Lafforgues asymmetrischen Kondensatoren durchgeführt wurden, werden in Kapitel 12 behandelt.

Die klassische Physik geht davon aus, dass subatomare Teilchen ungeachtet ihrer Ladungspolarität nur Materie anziehende Gravitationskräfte erzeugen. Die klassische Theorie beschreibt nicht, was ein Gravitationsfeld ist oder wie es seine Kraft ausübt. Sie identifiziert es lediglich und stellt mathematisch dar, wie die Gravitationskraft auf die Masse eines Körpers und auf die Entfernung eines Beobachters vom Körper bezogen ist. Einige glauben, dass Antimaterieteilchen Materie anziehende Felder erzeugen. Andere wiederum sind davon überzeugt, dass sie Materie abweisende Felder erzeugen.

Die allgemeine Relativitätstheorie behauptet, ebenso wie die klassische Physik, dass alle subatomaren Teilchen ungeachtet ihrer elektrischen Ladung anziehende Gravitationsfelder erzeugen. Jedoch vertritt sie auch die Theorie, dass diese Gravitationseffekte entstehen, weil die Masse des Körpers die umgebende Metrik von Raum und Zeit krümmt und dadurch eine anziehende Bewegung bei den Massen in der Umgebung entsteht. Die Relativitätstheorie sagt nichts darüber aus, wie die Materie diese Krümmung zustande bringt. Sie behauptet einfach, dass es eine Tatsache sei. Zwar werden sehr einfallsreiche Gleichungen präsentiert, um diese Krümmung zu beschreiben, doch diese vermitteln keine Einsichten darüber, warum Materie, die eine physikalische Größe ist, die Geometrie des Raumes oder die Schnelligkeit der Zeit beeinflussen sollte. Der Eingeweihte wird einfach aufgefordert, dies als wahren Glauben zu akzeptieren. Die Subquantenkinetik hingegen erklärt, wie ein materieller Gegenstand seine eigenen elektrischen und gravitativen Potenzialfelder erzeugt, warum diese beiden Felder miteinander zusammenhängen und wie diese Felder Kräfte auf Ladungen und Massen ausüben. Außerdem beschreibt sie, wie ein materielles Teilchen im Raum entsteht – ein weiterer Punkt, bei dem die konventionelle Physik recht vage bleibt.

Die meisten Physiker sind nicht geneigt, die Äthertheorie als Erklärung für Teilchen und Felder zu akzeptieren, denn die Relativisten haben ihnen seit langer Zeit eingebläut, dass die Idee vom Äther und deren bevorzugtem Bezugssystem bereits widerlegt worden ist. Üblicherweise ziehen sie dann den erfolglosen Versuch von Michelson und Morley heran, eine Schwankung der Lichtgeschwindigkeit bei veränderter Richtung zu entdecken. Viele behaupten jedoch, der gescheiterte Versuch sei auf die Tatsache zurückzuführen, dass er unter der Erde durchgeführt wurde, wo der Äther innerhalb des Bezugssystems der rotierenden Erde ruht. Andere Versuche, die von Georges Sagnac, Dayton Miller und Ernest Silvertooth durchgeführt wurden, haben seither gezeigt, dass die Geschwindigkeit des Lichts keine Konstante ist.[16-20] Somit bevorzugen die Resultate das Ätherkonzept gegenüber der Idee des Relativsystems der Relativitätstheorie.

Die Befürwortung des Äthersystems ist sogar ganz praktisch aus unserem täglichen Leben zu begründen. Um eine stimmige Synchronisierung der Uhren im globalen Navigations-Satellitensystem zur Positionsbestimmung und Zeitmessung zu erreichen, muss die Computersoftware die Veränderung der Geschwindigkeit der Radiosignale berücksichtigen, die durch die geosynchrone Rotation des Systems im Verhältnis zum örtlichen Ätherrahmen verursacht wird. Würde dies nicht durchgeführt und würde das Netz stattdessen gemäß den Lehren der speziellen Relativitätstheorie synchronisiert werden, wäre ein Wanderer nicht in der Lage, seine Längen- und Breitenkoordinaten korrekt zu bestimmen. Das Militär ist sich darüber durchaus im Klaren.

Außerdem hat die allgemeine Relativitätstheorie keinen Exklusivanspruch auf Tests, die durchgeführt wurden, um ihre Voraussagen zu überprüfen, z. B. die Gravitationskrümmung des Sternenlichts durch die Sonne und die Präzession der Umlaufbahn des Merkur. All diese Phänomene sind bereits auch anhand der klassischen Physik erklärt worden.[21] Ferner wurden die gleichen Gravitationseffekte auch durch die Subquantenkinetik vorausgesagt. Was die allgemeine Relativitätstheorie als Raumkrümmung der Photonen des Sternenlichts durch einen Himmelskörper deutet, sieht die Subquantenkinetik als Refraktion von Photonen (Ätherwellen) durch den Gravitationspotenzialgradienten (Gradient der G-Ätheronen-Konzentration) des Himmelskörpers. Das Phänomen der Zeitdehnung durch die Gravitation, das alle massiven Himmelskörper erfahren und das von der Relativitätstheorie wiederum als unerklärbare Raumkrümmung gedeutet wird, wird in der Subquantenkinetik als Uhrenverzögerungseffekt verstanden, der aufgrund der Reduktion der G-Ätheronen-Konzentration innerhalb des Sterns oder Planeten entsteht (so wie G abnimmt, nimmt auch X ab und wiederum auch die X-Y-Flussrate, die für alle physikalischen Vorgänge verantwortlich ist). Die Gravitations-Rotverschiebung des Lichts, das von einem massiven Himmelskörper ausgestrahlt wird, geschieht aus einem ähnlichen Grund. Die Subquantenkinetik erklärt auch die Effekte der speziellen Relativitätstheorie. All diese Effekte entstehen aus den fünf Grundgleichungen, die in **Abb. 4.1** aufgeführt sind (siehe Seite 129). Zusammenfassend kann man sagen, dass sich die Effekte der speziellen und allgemeinen Relativitätstheorie als logische Folgerungen der Subquantenkinetik erweisen, ohne hier aber auf die magische Krümmung von Raum und Zeit angewiesen zu sein.

Es ist also nicht überraschend, dass streng geheime Programme, die aus geheimen Fonds finanziert werden, die Ätherkonzeption aufgreifen, um die von ihnen entwickelten Technologien zu verstehen, die der Gravitation trotzen. Sie sind ja nicht dazu verpflichtet, irgendeiner Gruppe etablierter Physiker nach dem Mund zu reden, die davon überzeugt ist, dass die Raketentechnologie in der Raumfahrt das A und O ist.

Der norwegische Forscher Dr. Bjørn Overbye weist darauf hin, dass es für die meisten Physiker praktisch unmöglich ist, sich die Relativitätstheorie vorzustellen und sie zu verstehen, denn dies würde voraussetzen, dass man vierdimensional denkt. Er sagte: »Selbst erfahrene Mathematiker und theoretische Physiker, die seit Jahren mit höheren Dimensionen arbeiten, geben zu, dass sie sich diese eigentlich so gar nicht recht vorstellen können! Stattdessen ziehen sie sich in die Welt der mathematischen Gleichungen zurück.«[22]

Der Nobelpreisträger Hannes Alfvén sagte: »Man hat uns immer gesagt, nur Einstein und einige Genies, die in der Lage seien, in vier Dimensionen zu denken, könnten die wahre Natur der physikalischen Welt verstehen. Die Wissenschaft sei etwas, an das man glauben muss, und nicht etwas, was es zu verstehen gilt.«[23]

Die Subquantenkinetik hingegen bietet uns einen Weg zurück zur Vorstellung und zum Verständnis. Sie basiert auf einem einfachen begrifflichen Rahmenwerk, aber um ihm folgen zu können, muss man die irreführenden Modelle vergessen, die uns in der Vergangenheit eingetrichtert worden sind, z. B. die Quantenmechanik und die Relativitätstheorie. Da man diese Theorie nicht in wenigen Abschnitten darstellen kann, verweise ich den Leser auf die Zeitschriftenartikel, die zu Beginn dieses Kapitels angeführt wurden, und auf mein Buch *Subquantum Kinetics,* wo dieses Thema gründlicher angegangen wird.[24] Die eher philosophisch veranlagten Leser verweise ich auf mein Buch *Genesis and the Cosmos,* das eine weniger technische Einführung in dieses Thema bietet.[25]

4.2 Elektrogravitationswirkungen der virtuellen Ladung

In früheren Abhandlungen darüber, wie die Subquantenkinetik einen Zusammenhang mit der Elektrogravitation voraussagt, habe ich nicht berücksichtigt, dass die Gradienten der virtuellen Ladung möglicherweise ebenfalls Elektrogravitationseffekte bewirken. Es ist jedoch anzunehmen, dass virtuelle Ladungen, ebenso wie wirkliche Ladungen, Gravitationspotenziale induzieren können. Außerdem können Kraftwirkungen, die durch virtuelle Ladungen auf ein Kondensatordielektrikum einwirken, in einigen Fällen viel größer sein als jene, die das elektrische Feld des Kondensators auf wirkliche Ladungen erzeugt hat. Es ist also offensichtlich, dass der Umfang der Voraussage der Elektrogravitation in der Subquantenkinetik auf solche virtuellen Ladeeffekte erweitert werden muss. Deshalb werden wir uns jetzt mit einem geladenen asymmetrischen Kondensator beschäftigen, der ein nichtlineares elektrisches Feld entlang seines Dielektrikums aufbaut.

Aufgrund der damit verbundenen Mathematik sind die auf den folgenden Seiten dargelegten Informationen für jene, die nicht viel davon verstehen, vielleicht ein wenig langweilig. Vielleicht möchten Sie diese Seiten lieber überschlagen. Wer aber wirklich wissen will, wie die Antigravitationstechnologie funktioniert, sollte diese Abschnitte doch lesen; wenn nicht jetzt, dann eben später, denn ich komme später immer wieder auf diese Punkte zurück.

Wie bereits oben erklärt, identifiziert die Subquantenkinetik einen elektrischen Potenzialgradienten mit einem Gradienten der X-Ätheronen- oder Y-Ätheronen-Konzentration. Stellen Sie sich einen geladenen asymmetrischen Kondensator vor, dessen negative Platte kleiner ist als seine positive Platte. Mit einer solchen Feldgeometrie variiert der Spannungsgradient nichtlinear mit dem Abstand entlang des Dielektrikums, wobei der Feldgradient in Richtung auf die kleinere negative Platte des Kondensators steiler wird. Ausgedrückt durch die Komponente der X-Ätheronen-Konzentration C_X heißt das, dass sie nichtlinear ansteigt, bis sie an der negativen Platte ein Maximum erreicht. Die X-Ätheronen werden kontinuierlich entlang dieses Konzentrationsgradienten von der negativen Platte wegdiffundieren, wobei ihre Flussdichte durch das Symbol $\vec{\Phi}_X$ dargestellt wird, das auch als X-diffundierender Flussvektor bezeichnet wird. Sein Verhältnis zum Gradienten der X-Ätheronen-Konzentration $\nabla\vec{C}_X$ wird durch die Formel $\vec{\Phi}_X(r) = -\vec{D}_X \nabla C_X(r)$ beschrieben, wobei $\vec{D}_X$ der Diffusionskoeffizient ist.

Nehmen wir einmal an, wir haben drei aneinandergrenzende Volumina im Dielektrikum eines Kondensators, die entlang der Achse des Kondensators nahe der negativen Platte des Kondensators angeordnet sind (siehe die unteren drei Kästchen in **Abb. 4.4**). Da das Feldpotenzial nichtlinear mit dem Abstand entlang

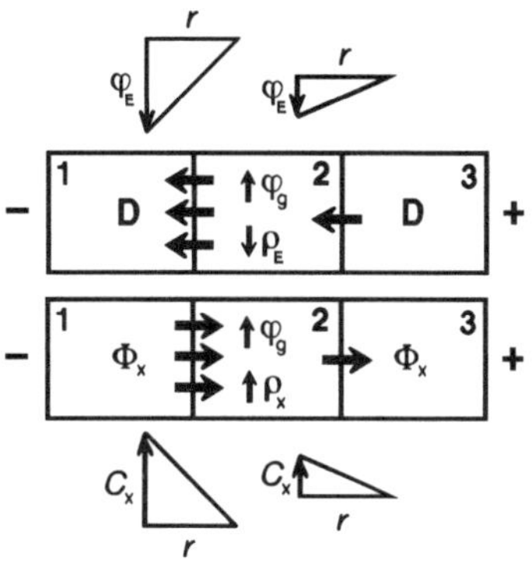

Abb. 4.4 *Die Konzeption von der Divergenz des Flussvektors. Die unteren Kästchen zeigen die angrenzenden Raumvolumina entlang der Polarisierungsachse eines Kondensators mit ihren entsprechenden X-diffundierenden Flussvektoren $\vec{\Phi}_X$, die aus einem nichtlinearen Gradienten der X-Ätheronen-Konzentration entstehen. Die oberen Kästchen zeigen, wie in der herkömmlichen Theorie die entsprechenden elektrischen Flussdichtevektoren $\vec{D}$ aus einem elektrischen Potenzialgradienten entstehen. (P. LaViolette, © 2007)*

des Dielektrikums variiert, ist der Gradient der X-Ätheronen-Konzentration, $\nabla\vec{C}_X$, zwischen Kästchen 1 und 2 steiler als zwischen Kästchen 2 und 3. Deshalb fließen mehr X-Ätheronen in Kästchen 2 hinein als aus ihm heraus. Als Ergebnis dieses Strömungsungleichgewichts wird sich die Zahl der X-Ätheronen in diesem Kästchen mit einer Rate von $\vec{\Phi}_{X(herein)} - \vec{\Phi}_{X(heraus)}$ erhöhen. Dadurch erhöht sich die Konzentration von X-Ätheronen in diesem Kästchen, was gleichbedeutend ist mit der Senkung seines elektrischen Potenzials, wobei das negative Potenzial mit einer erhöhten Konzentration von X-Ätheronen zusammenhängt.

Da es eine Nettoeinströmung von X-Ätheronen in das Kästchen 2 gibt, ist die Divergenz des X-diffundierenden Flussvektors $\nabla\cdot\vec{\Phi}_X$ für dieses Kästchen negativ. Diese Divergenz des diffundierenden Flussvektors wird definitionsgemäß aus der Abweichung der X-Ätheronen-Konzentration $C_X(r)$ berechnet, wobei die Gleichung $\nabla\cdot\vec{\Phi}_X(r) = -\vec{D}_X\nabla^2 C_X(r)$ zur Anwendung kommt. Die negative $\vec{\Phi}_X$-Divergenz entspricht wiederum einer Größe, genannt Gleichgewichtsdichte ρ_X der X-Ätheronen-Erzeugungsrate. Dies ist eine skalare Größe, die die Rate Q_X angibt, mit der X-Ätheronen in ein Volumenelement dV eintreten. Das wird mathematisch ausgedrückt als $\rho_X = Q_X(r)/dV = -\nabla\cdot\vec{\Phi}_X(r) = -\vec{D}_X\nabla^2 C_X(r)$.

Die Gleichgewichtsdichte ρ_X der X-Ätheronen-Erzeugungsrate ist das Äther-Gegenstück zur negativen virtuellen elektrischen Ladungsdichte, $-\rho_E$.* Somit

* Die Gleichgewichtsdichte ρ_Y der Y-Ätheronen-Erzeugungsrate wäre das Gegenstück zur positiven virtuellen elektrischen Ladungsdichte. Wir konzentrieren uns hier stattdessen auf die Festlegung der X-Ätheronen-Komponente, da es diese Komponente ist, die an der Erzeugung des G-Ätheronen-Gravitationsfeldes beteiligt ist.

würde die übermäßige Einströmung von X pro Zeiteinheit in das Kästchen 2 so wirken, als ob eine negative elektrische Ladungsdichte, $-\rho_E$, im Kästchen vorhanden wäre. Auch ist der X-diffundierende Flussvektor $\vec{\Phi}_X$ das Ätheräquivalent des elektrischen Flussdichtevektors $\vec{D}$ der konventionellen Theorie. Die Physik bezeichnet $\vec{D}$ auch als elektrische Verschiebung, aber wir benutzen hier den Ausdruck Flussdichtevektor, da er enger an der Terminologie ist, die für sein Ätherpendant verwendet wird. Es sollte erwähnt werden, dass all diese konventionellen Physikausdrücke ursprünglich im Zusammenhang mit den Äthermodellen des 18. und 19. Jahrhunderts geprägt wurden.

Die oberen Kästchen in **Abb. 4.4** stellen dar, wie diese Ätheronenströmungen durch die konventionellen physikalischen Begriffe $\vec{D}$ und ρ_E ausgedrückt würden. Es wird davon ausgegangen, dass ein elektrischer Potenzialgradient $\nabla\vec{\varphi}_E$ sich über das Dielektrikum des Kondensators erstreckt, wobei der Potenzialgradient zur negativen Elektrode auf der linken Seite hin steiler wird. Der Feldgradient induziert eine größere elektrische Flussdichte, die aus dem Kästchen 2 (links) herausfließt, als in das Kästchen 2 (von der rechten Seite) hineinfließt. Daher hat $\vec{D}$ eine positive Divergenz, die definitionsgemäß eine negative virtuelle Ladungsdichte in dem Kästchen erzeugt. In konventioneller Terminologie wird dies ausgedrückt als $\nabla\cdot\vec{D}(r) = -\varepsilon\nabla\cdot\vec{E}(r) = \varepsilon\nabla^2\vec{\varphi}_E(r)$. Wenn wir diese Ausdrücke umordnen, könnten wir schreiben:

$$\rho_E(r) = -\nabla\cdot\vec{D}(r) = -\varepsilon\nabla\cdot\vec{E}(r) = \varepsilon\nabla^2\vec{\varphi}_E(r) \tag{6}$$

Für jene, die mit diesem alternativen Begriff vertraut sind, führen wir hier ebenfalls die Formel $-\varepsilon\nabla\cdot\vec{E}(r)$ ein, in der diese Äquivalenz in Form von Permittivität mal Divergenz der elektrischen Feldstärke $\vec{E}$ ausgedrückt wird.

Jedoch wären die $\vec{D}$-Vektoren im Fall von wirklich negativen Ladungen, wie z. B. Elektronen, nach innen gerichtet, wodurch die Divergenz $\nabla\cdot\vec{D}$ eine negative Größe wird. Wenn dieser feine Unterschied zwischen realen und virtuellen Ladungen nicht berücksichtigt wird, dann könnte man virtuellen Ladungen irrtümlich eine falsche Polarität zuweisen und Gravitationsschub-Vektoren berechnen, die in die entgegengesetzte Richtung zeigen. Nehmen wir das Ätheronenmodell als Beispiel: Wenn reale negative Ladungen im Kästchen 2 vorhanden wären, dann würden – durch die Bildung von X-Ätheronen gemäß Modell-G-Reaktionen – X-Ätheronen in das Kästchen eintreten. Der daraus resultierende Überschuss von X-Ätheronen würde eine nach außen gerichtete divergente Strömung erzeugen, und der Divergenzterm $\nabla\cdot\vec{\Phi}_X$ wäre eine positive Größe. Im Fall einer negativen virtuellen Ladungsdichte hingegen entstünde der X-Zustrom aus der räumlichen Umverteilung von X-Ätheronen, die in das Volumenelement durch das nichtlineare elektrische Feld eintreten. Somit würden die diffundierenden Flussvektoren dann nach innen zeigen, und der Divergenzterm $\nabla \cdot \vec{\Phi}_X$ wäre eine negative Größe.

Aufgrund der obigen Gleichung 6 kommen wir zu dem Schluss, dass die virtuelle Ladung immer dann erzeugt wird, wenn der Vektor $\vec{D}$ der elektrischen Flussdichte eine Divergenz annimmt, die nicht null ist ($div\ \vec{D} \neq 0$), oder in anderen Worten: wann immer die Ableitung von $\vec{D}$ sich von null unterscheidet. Ausgedrückt durch das elektrische Potenzialfeld $\vec{\varphi}_E(r)$, würde eine virtuelle Ladung immer dann entstehen, wenn die zweite Ableitung des elektrischen Potenzials des Feldes nicht null wird, d. h. $\nabla^2 \vec{\varphi}_E(r) \neq 0$. Damit die zweite Ableitung nicht null wird, muss der Betrag des elektrischen Potenzials des Feldes nichtlinear mit dem Abstand variieren.

Wir wollen jetzt zu unserem Ätherflussmodell zurückkehren und sehen, wie diese virtuellen elektrischen Ladungsdichten ein Gravitationsfeld entlang des Kondensators erzeugen. Die positive Gleichgewichtsdichte der X-Erzeugungsrate im Kästchen 2 (untere Hälfte von **Abb. 4.4**) führt zur Schaffung eines Ausgleichs der positiven G-Produktionsrate in diesem Kästchen aufgrund der umgekehrten Reaktion $G \leftarrow X$, die wiederum einen örtlichen Anstieg in der G-Ätheronen-Konzentration C_g bewirkt. Mit diesem Überschuss der G-Produktionsrate reagiert das Volumen, als ob es eine negative virtuelle Massendichte enthält, die einen örtlichen Anstieg des Gravitationspotenzials $\vec{\varphi}_g$ erzeugt. Folglich führt eine negative Divergenz des X-diffundierenden Flussvektors an diesem Punkt zu einem Anstieg des Gravitationspotenzials.

Somit führt die Subquantenkinetik zu einer Ladung-Masse-Äquivalenz ähnlich derjenigen in Relation 2 von Kapitel 1, außer dass wir hier die Definition von Ladungsdichte erweitert haben, sodass wir die Elektrogravitationseffekte eines virtuellen Ladungsdichtegradienten im Gegensatz zu einem realen Ladungsdichtegradienten betrachten. Somit können wir sagen, dass eine virtuelle Ladungsdichte vom Betrag ρ_E eine proportionale virtuelle Massendichte vom Betrag ρ_m erzeugt, d. h. $\rho_m \propto \rho_E$. Falls die negative virtuelle Ladungsdichte mit dem Abstand entlang des Dielektrikums des Kondensators variiert, gibt es auch eine entsprechende Abweichung in der negativen virtuellen Massendichte, und es bildet sich ein Gradient des Gravitationspotenzials entlang des Dielektrikums. Da diese virtuelle Massendichte ein proportionales negatives Gravitationspotenzialfeld erzeugt, gemäß $\rho_m \propto -\varphi_g(r)$, können wir daraus schließen, dass das Gravitationspotenzial an einem bestimmten Punkt r proportional zur negativen Ladungsdichte an dieser Stelle sein dürfte. Durch die

Verwendung der Gleichung 6 (siehe oben) kann dies mathematisch wie folgt ausgedrückt werden:

$$\varphi_g(r) \propto -\rho_E(r) = \nabla \cdot \vec{D}(r) = \varepsilon \nabla \cdot \vec{E}(r) = -\varepsilon \nabla^2 \vec{\varphi}_E(r) \qquad (7)$$

In unserem Modell übt der Gradient dieses Gravitationspotenzialfeldes auf die Materie, die er überspannt, eine Gravitationskraft aus. Wie bereits erwähnt, entsteht diese Kraft, weil der Gradient der G-Ätheronen-Konzentration das ätherische Wellenmuster der subatomaren Teilchen, das er beeinflusst, räumlich verzerrt und es aus seiner idealen kugelsymmetrischen Konfiguration wirft. Aufgrund ihrer Tendenz, den Zustand der Isomorphie aufrechtzuerhalten, reagieren die Teilchen auf diese Belastung, indem sie sich entlang des Gradienten des Gravitationspotenzials in Richtung auf den positiven Pol des Kondensators hin bewegen.

In Übereinstimmung mit Newtons zweitem Gesetz ist die Gravitationskraft, die beim Punkt *r* auf ein Objekt einwirkt, an dieser Stelle proportional zum negativen Gradienten des induzierten Gravitationspotenzialfeldes, multipliziert mit der trägen Masse des Objektes. Dies wird mathematisch ausgedrückt durch die Formel $\vec{F}_g(r) = -Gm_o \nabla \vec{\varphi}_g(r)$. Wenn man also die Gleichung 7 als Ersatz für das Gravitationspotenzial $\vec{\varphi}_g(r)$ verwendet, dürfte die Gravitationskraft auf einen Kondensator proportional zur dritten Ableitung des elektrischen Potenzials $\vec{\varphi}_E(r)$ variieren oder als Ableitung des LaPlace-Operators des elektrischen Potenzials:

$$\vec{F}_g(r) = k\, m_o \varepsilon \nabla \left(\nabla^2 \vec{\varphi}_E(r) \right) \qquad (8)$$

Wie zuvor ist die Konstante *k* in dieser Gleichung eine experimentell ermittelte Proportionalitätskonstante der Elektrogravitation, die das Verhältnis der Kopplung von virtueller Ladung zur virtuellen Masse quantifiziert.

Dieser Schub auf das Dielektrikum des Kondensators wird so lange andauern, bis das angelegte elektrische Feld durch das gegenwirkende elektrische Dipolmoment aufgehoben wird, das durch die Polarisierung des Dielektrikums entsteht. Durch Oszillierung des elektrischen Feldes – um wiederholt virtuelle Ladung zu schaffen – kann der Gravitationsschub ohne komplette Aufhebung aufrechterhalten werden.

Eine Sache, die offensichtlich wird, wenn man Gleichung 8 näher betrachtet, ist, dass die Elektrogravitationskraft steigt, wenn das elektrische Potenzialfeld entlang des Kondensators zunehmend nichtlinearer wird. Je nichtlinearer das

Feld, desto größer der induzierte Gravitationsschub. Die Kraft steigt ebenfalls entsprechend mit der dielektrischen Konstante ε des Dielektrikums und seiner Masse m_0. Somit wird ein Dielektrikum mit einem höheren K-Wert und einer größeren Masse einen größeren Schub liefern. Brown hat in seiner Arbeit all diese Punkte besonders betont.

Außerdem wird die Elektrogravitationskraft, die aus einem virtuellen Ladungsdichtegradienten entsteht, ebenso wie die Elektrogravitationskraft, die durch einen realen Ladungsdichtegradienten entsteht, immer auf den positiven Pol hin ausgerichtet sein. Wenn die Polarität des Feldes umgekehrt wird, wird sich auch die Polarität der virtuellen Ladungsdichte umkehren, ebenso wie die Richtung des Gravitationsschubs. Wenn also die kleinere Elektrode in einem asymmetrischen Kondensator positiv statt negativ geladen wird, wird der Elektrogravitationsschub wieder auf die positive Elektrode ausgerichtet sein, was in diesem Fall die kleinere der beiden Elektroden wäre.

Beschäftigen wir uns jetzt einmal mit einem üblichen symmetrischen Kondensator mit parallelen Platten. Solch ein Kondensator entwickelt keinen virtuellen Ladungsdichtegradienten, wenn er geladen ist, denn sein elektrisches Feldpotenzial variiert linear entlang seines Dielektrikums. Das einzige Gravitationsfeld entlang seines Dielektrikums ist das, welches aus den Ladungen auf seinen Platten entsteht. Die negativen Ladungen auf der negativen Platte erzeugen X-Ätheronen und G-Ätheronen, während die positiven Ladungen auf der positiven Platte des Kondensators X-Ätheronen und G-Ätheronen verbrauchen. Dementsprechend sind die Konzentrationen von X-Ätheronen und G-Ätheronen auf dem negativen Pol des Kondensators am höchsten und fallen linear mit dem Abstand entlang des Dielektrikums ab, bis sie ihren niedrigsten Wert in der Nähe des positiven Pols des Kondensators erreichen. Diese Gradienten der X-Ätheronen- und G-Ätheronen-Konzentrationen werden durch einen diffundierenden Fluss von X-Ätheronen und G-Ätheronen gleichmäßig entlang des Gradienten begleitet. Da jedes Volumen im Dielektrikum dem gleichen Ätheronenzufluss wie -abfluss unterliegen würde, läge die Divergenz des X-diffundierenden Flussvektors im gesamten Dielektrikum bei null, ebenso wie die Dichte der virtuellen Ladung.

Wir können jetzt versuchen, das Gravitationsfeld zu berechnen, das sich über einem asymmetrischen elektrokinetischen Wechselstromkondensator entwickelt, der ähnlich wie der in **Abb. 3.2** und **3.6** konstruiert ist. Wir können die Elektrogravitationsgleichung 7 verwenden, um das virtuelle Ladungsprofil und das Gravitationspotenzialfeld zu ermitteln, das über dem Dielektrikum erzeugt wird. Nehmen wir an, dass eine DC-Vorspannung von 100 Kilovolt an die Platten des Kondensators angelegt würde, wobei das Potenzial nichtlinear mit dem inversen Quadrat des Abstands variiert, wie durch die gepunktete Linie in **Abb. 4.5a** angezeigt; der Graph würde dem der Gleichung $V = -1/r^2$ ähnlich sehen. Vergleichen Sie dies mit dem Graphen des Feldpotenzials

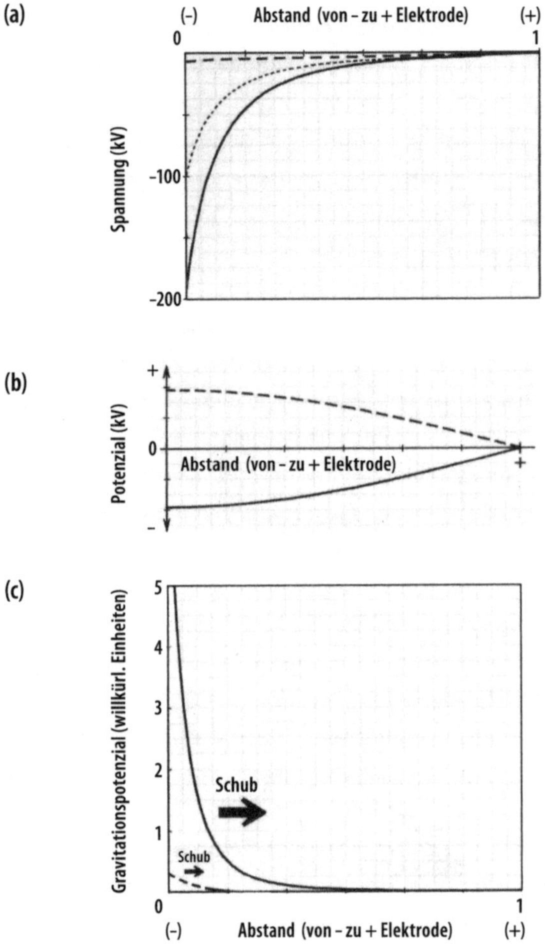

Abb. 4.5 *(a) Die* DC*-Vorspannung entlang des Dielektrikums (gepunktete Linie) mit der überlagerten Resonanzschwingung (die durchgezogende Linie repräsentiert die maximale negative Spannung, die gestrichelte Linie die maximale positive Spannung). (b) Sinusförmige Spannung, die entlang des Dielektrikums in Browns elektrokinetischem Apparat angelegt wurde. (c) Das entsprechende Gravitationspotenzial-Profil. (P. LaViolette, © 2007)*

aus Browns Patent (siehe **Abb. 3.6**). Beachten Sie, dass dieses Feld wesentlich nichtlinearer ist als das Potenzialfeld $1/r$, das üblicherweise um eine geladene Kugel in Erscheinung tritt. Nehmen wir ebenfalls an, dass die negative Antennenelektrode des Kondensators entlang des Dielektrikums eine Viertelwellen-Sinusschwingung anregt, mit einem Knoten an der positiven Elektrode. Wenn es sich um einen herkömmlichen symmetrischen Kondensator mit Elektroden von gleichen Abmessungen handelte, würde das Schwingungspotenzial entlang des Dielektrikums variieren, wie in **Abb. 4.5b** gezeigt, in der die durchgezogenen und gestrichelten Kurven die Potenzialverteilung bei Höchst- bzw. Mindestspannung darstellen. Da jedoch der Kondensator asymmetrisch ist und sein Feld in Abhängigkeit vom Abstand nichlinear variiert, wird die Amplitude der Sinuswellen mit dem Abstand in Richtung auf die positive Elektrode hin steil abnehmen.

Wird die AC-Spannung mit einer DC-Vorspannung überlagert, dann oszilliert das Gesamtfeld zwischen dem sehr negativen Potenzialwert, wenn die Sinusschwingung ihre maximale negative Spannung durchläuft (wie in der durchgehenden Linie in **Abb. 4.5a** dargestellt), und der niedrigen negativen Spannung, wenn die Sinusschwingung ihre maximale positive Spannung durchläuft (in der **Abb. 4.5a** als gestrichelte Linie dargestellt). Die Amplitude der Sinusschwingung an der negativen Elektrode wird auf etwa 95% der Vorspannung eingestellt. Verwendet man die Formel der Elektrogravitationskopplung, die durch Gleichung 7 ausgedrückt wird, und berücksichtigt noch eine geometrische Korrektur, um die asymmetrische Geometrie des Kondensators zu erklären, dann errechnet sich die resultierende Verteilung des Gravitationspotenzials so, wie sie in **Abb. 4.5c** dargestellt ist. Für Einzelheiten siehe Text im folgenden grauen Abschnitt. Der Gravitationsgradient und der resultierende Schub variieren von einem Minimum zu einem Maximum, wie auch die Spannung der Sinusschwingung an der negativen Elektrode zwischen positiven und negativen Maxima variiert. Während der gesamten Wechselstromperiode bleibt der Schub immer auf die positive Elektrode hin ausgerichtet. Er oszilliert jedoch im Betrag etwa 750 Millionen Mal pro Sekunde.

Der Gradient des Gravitationspotenzials ist bei der negativen Elektrode am steilsten, während sein Betrag rapide abnimmt, wenn man sich der positiven Elektrode nähert, und der Gravitationsschub auf das Dielektrikum nimmt in ähnlicher Weise ab. Der Schub, der durch die Vorrichtung entwickelt wird, könnte folglich maximiert werden, indem man halbleitende Teilchen mit hoher Masse in der Nähe des negativen Pols im Dielektrikum einbringt, wo der Gravitationsgradient am höchsten ist.

Verteilung des Gravitationspotenzials in einem asymmetrischen Kondensator mit einer DC-Vorspannung und einer aufgeprägten AC-Schwingung

Das in **Abb. 4.5c** dargestellte Gravitationspotenzial wurde anhand der folgenden Gleichung errechnet:

$$\varphi_g(r) = \left(\frac{\partial}{\partial r}\left(\left(-2\frac{\partial}{\partial r}\left(\frac{1}{r^2}\left(\frac{3}{\pi}\sin\pi\left(\pm 0{,}5 + \left(\frac{r}{12}\right)\right)\right)-\frac{1}{r^2}\right)\right)4\,\pi r^2\right)\right)\frac{1}{4\pi r^2}$$

Das mittlere Term in Klammern stellt das elektrische Potenzial dar und wird wie folgt angegeben:

$$\varphi_g(r) = -2\frac{\partial}{\partial r}\left(\frac{1}{r^2}\left(\frac{3}{\pi}\sin\pi\left(\pm 0{,}5 + \left(\frac{r}{12}\right)\right)\right)-\frac{1}{r^2}\right)$$

Das Sinusglied repräsentiert hier die Sinusschwingung der Spannung bei ihren positiven und negativen Maxima. Dies wird mit $1/r^2$ multipliziert, um die nichtlineare Veränderung des Potenzialfeldes mit dem Abstand entlang des Dielektrikums darzustellen. Der Term $-1/r^2$, der eine ähnliche nichtlineare Veränderung mit dem Abstand r hat, wird hinzugefügt, um die DC-Vorspannung zu berücksichtigen. Das summierte elektrische Potenzialfeld hat ein Minuszeichen, d. h., die Spannung am Kondensator ist negativ bezogen auf die geerdete positive Platte. Diese Größe wird differenziert, um den Gradienten des elektrischen Feldes, $\nabla\varphi_E$, abzuleiten, der definitionsgemäß proportional zum negativen elektrischen Flussdichtevektor $\vec{D}$ ist. Wir haben es jedoch mit einem asymmetrischen Kondensator zu tun, bei dem die Oberfläche der positiven Elektrode größer ist als die Oberfläche der negativen Elektrode. Unter Berücksichtigung des Umstandes, dass der gesamte elektrische Fluss durch ein gegebenes Kugelschaleninkrement ein- oder austritt, müssen wir $\vec{D}$ mit $4\pi r^2$ multiplizieren, um die größer werdende Oberfläche in Richtung zur positiven Elektrode hin zu berücksichtigen. Wenn man die Ableitung davon nimmt und durch $4\pi r^2$ dividiert, ergibt das die Divergenz von $\vec{D}$ in diesem Volumeninkrement. Wenn wir dann mit -1 multiplizieren, erhalten wir die virtuelle Ladungsdichte, $\rho_E(r)$, in diesem Inkrement. Der Negativwert davon ergibt wiederum das Gravitationspotenzial $\varphi_g(r)$, was die in **Abb. 4.5c** dargestellte Größe ist.

Beachten Sie, dass die Divergenz null wäre, falls das Spannungspotenzial entlang des Dielektrikums stattdessen nur mit $1/r$ variieren würde, so wie die Felder, die von einer geladenen Kugel abstrahlen. Dies liegt daran, dass der Fluss pro Flächeneinheit sich nicht mit dem Abstand verändert. Somit würde ein solches Feld, obwohl es nichtlinear ist, keinen virtuellen Ladungsdichtegradienten erzeugen.

Die Amplitude der AC-Viertelwellenschwingung sollte unter 100 % der negativen DC-Vorspannung gehalten werden. Andernfalls würde das resultierende elektrische Potenzial entlang des Dielektrikums immer dann kurzzeitig leicht positiv werden, wenn die Sinusschwingung periodisch ihr positives Maximum durchläuft. Dies würde wiederum ein leicht negatives Gravitationspotenzial mit einem kleinen positiven Potenzialgradienten erzeugen, der einen Schub in Richtung auf die negative Elektrode erzeugen würde. Während der kurzen Zeit, in der er erzeugt wurde, würde dieser kleine gegenläufige Schub den Gravitationsschub reduzieren, der während der größten Zeit des Oszillationszyklus entwickelt wurde.

Die Ergebnisse, die Brown bei seinen Versuchen mit der Vakuumkammer in Paris erzielte, können auch anhand des elektrogravitativen Konzepts der virtuellen Ladung erklärt werden. Die plötzlichen Rotorschübe, die nach jeder Funkenentladung beobachtet wurden, könnten auf die Erzeugung eines virtuellen Ladungsdichtegradienten zurückzuführen sein. Dabei führt die ausfächernde Feldgeometrie der Funkenentladung zu einem nichtlinearen elektrischen Potenzialgradienten zwischen den Kondensatorplatten, der wiederum einen virtuellen Ladungsdichtegradienten zwischen den Platten erzeugt. Dies erzeugt vorrübergehend einen Gradienten des Gravitationspotenzials entlang des Kondensatorelements. Wenn der Funke erlischt, verschwinden diese virtuellen Ladungen ebenfalls, und das Zwischenfeld wird wieder linear. Solange jedoch die virtuellen Ladungen vorhanden sind, erzeugen sie beim Rotor einen beträchtlichen Gravitationsschub.

Es ist auch möglich, dass die schnelle Neuladung der negativen Elektrode, die nach jeder Funkenentladung einige Millisekunden dauert, die Nichtlinearität des Feldes zwischen den Platten steigert und dabei die erzeugte virtuelle Ladung und den damit verbundenen Gravitationsschub erhöht. Browns Beobachtung, dass er einen größeren Schub erzielte, wenn er ein Dielektrikum aus Bariumtitanat zwischen den Kondensatorplatten einsetzte, kann auf der Grundlage dieses Konzeptes der virtuellen Ladung erklärt werden. In Übereinstimmung mit der Gleichung 8 (siehe oben) dürfte die Elektrogravitationskraft, die auf ein Dielektrikum einwirkt, direkt proportional zur Permittivität des Dielektrikums variieren. Ein Dielektrikum wie Bariumtitanat hat einen K-Wert von etwa 104, wenn es langsam geladen wird. Wenn es jedoch schnell geladen wird, im Bereich von wenigen Millisekunden, dann liegt sein K-Wert viel geringer, vielleicht bei etwa 1.500. Wenn sich also die Spannung in einer Millisekunde ändert, dann würde während dieses Intervalls eine 1.500-fach größere virtuelle Ladungsdichte und ein 1.500-fach größerer Schub erzeugt werden, verglichen mit dem Fall, dass so ein Dielektrikum nicht vorhanden wäre. Die hohe Massendichte von Bariumtitanat wäre ein weiterer Faktor, der zur Erzeugung eines größeren Schubs beitragen würde, da Bariumtitanat etwa 6 Mal so dicht ist wie Wasser. Wenn also ein bestimmter Gradient des Gravitationspotenzials entlang des Kondensators erzeugt wird, würden Dielektrika mit einer größeren Masse einen größeren Schub erzeugen.

4.3 Townsend Browns Ätherphysik

Um die Phänomene der Elektrogravitation zu erklären, theoretisierte auch Brown über die Existenz eines Äthers und verwarf den Gedanken von Relativsystemen. Das Laborbuch, das er während seiner Arbeit bei *Vega* führte, enthält einen Abschnitt mit dem Titel »Struktur des Raums«, in dem er das Thema der Existenz eines Äthers behandelt und einige seiner wichtigen Eigenschaften postuliert. Obwohl auf der Titelseite seines Notizbuches »Vega Aircraft Corp.« stand, stammen diese Notizen über den Äther aus der Zeit zwischen Januar und März 1943, ein Hinweis darauf, dass Brown sie höchstwahrscheinlich niederschrieb, als er an der *Atlantic Fleet Radar School* in Norfolk, Virginia unterrichtete. Interessanterweise weist die Äthertheorie, mit der sich Brown beschäftigte, gewisse Ähnlichkeiten mit der Subquantenkinetik auf.

In einer Passage erklärt Brown die Gründe dafür, dass er sich mit dem Äther auseinandersetzt. Er schreibt:

> Bei gewissen Phänomenen ist es ratsam, ja geradezu notwendig, die Existenz eines Äthers vorauszusetzen, um eine zufriedenstellende Erklärung anzubieten. Ein Beispiel dafür ist die Gravitation, insbesondere die Effekte der Elektrogravitation. Das Phänomen der Bewegung eines Dielektrikums ist ein solches Beispiel. [...] Ein großer Teil der [in diesen Notizen dargelegten] Arbeit basiert auf Tatsachen, die aus Versu-

> chen abgeleitet wurden, welche ohne die Existenz eines Äthers, der im Wesentlichen diese Eigenschaften besitzt, nicht zufriedenstellend erklärt werden könnten.[26]

Brown schlägt vor, dass die dielektrische Konstante K und die Permeabilität μ, welche elektromagnetische Eigenschaften des freien Raums darstellen, mit dem Äther identifiziert werden. Er postuliert weiter, dass Materie möglicherweise eine Abweichung des Betrages von K und μ induziert und dafür sorgt, dass diese Größen in der Nähe eines massiven Körpers größere Werte erhalten. Er assoziiert diese Abweichung von K und μ mit einem Gradienten des Gravitationspotenzialfeldes und behauptet, dass eine Masse, auf die dieses Feld einwirkt, eine Tendenz hat, sich in Richtung auf Regionen mit höheren K- und μ-Werten hinzubewegen, d. h. in Richtung auf Regionen, in denen das Gravitationspotenzial negativer ist. Er stellt sich eine Region mit geringem K- und μ-Wert vor, die einen »hohen Druck« aufweist, und eine Region mit hohem K- und μ-Wert, die einen »niedrigen Druck« aufweist, und glaubt, dass ein gravitierender Körper von einer Region mit hohem Druck in Richtung auf eine Region mit niedrigem Druck wandert.

Wie es auch in der Subquantenkinetik erfolgt, schlägt Brown vor, dass Potenziale die realen Existenzen sind und dass die Anpassungsreaktion eines Körpers auf einen Feldgradienten die Essenz der Kraft ist. Browns Theorie, dass ein Körper als ausgleichende Reaktion auf den Einfluss eines Gravitationsgradienten wandert, erinnert sehr stark an Konzepte, die in der Subquantenkinetik verwendet werden. Jedoch verwendet er eine mechanische Analogie der Reaktion eines festen Körpers auf ein Druckdifferenzial, wohingegen die Subquantenkinetik die Analogie eines Reaktions-Diffusions-Prozesses verwendet, die fundamental anders ist. Ich glaube, dass das Konzept eines Reaktions-Diffusions-Systems ein besserer Rahmen für die Anwendung auf die Mikrophysik ist, denn abgesehen davon, dass es ein Verständnis dafür liefert, wie Felder erzeugt werden und wie diese Kraft ausüben, sagt es die Selbsterzeugung subatomarer Teilchen voraus, die Eigenschaften von Ladung, Masse, Spin und Materiewellen aufweisen.

Brown nimmt ein mechanisches Modell an, wenn er vorschlägt, dass das ätherische Feld einen Druck auf einen materiellen Körper ausübt. Ein ähnliches Konzept wurde in vielen der Äthertheorien des neunzehnten Jahrhunderts vertreten. Jedoch hilft uns Browns Theorie nicht dabei, zu verstehen, was Kraft eigentlich ist. Zu sagen, dass die beobachtete Gravitation aus dem Zusammenstoß unzähliger energetischer ätherischer Teilchen entsteht, beantwortet diese Frage nicht. Man fragt sich dann immer noch, warum diese ätherischen

Teilchen eine beschleunigende Kraft ausüben. Die Subquantenkinetik hingegen behandelt diese Frage, indem sie ein Verständnis dafür liefert, wie ein materielles Objekt – das durch ein ätherisches Wellenmuster durch Reaktion-Diffusion entsteht – als Reaktion auf den Einfluss eines Gradienten der Ätheronenkonzentration (Potenzialgradient) wandert. Das Wellenmuster wandert, weil der Ätheronengradient die laufenden Reaktions- und Diffusionsprozesse verändert, die für seine Erzeugung verantwortlich sind.

Ebenso wie die Subquantenkinetik wendet sich Browns Theorie deutlich von dem Konzept der herkömmlichen allgemeinen Relativitätstheorie ab, die davon ausgeht, dass Masse die Raumzeit krümmt. Erklärt seine Theorie aber auch, wie eine Masse die K- und μ-Werte verändert, die er dem Äther zuschreibt? Aus den wenigen Zitaten aus seinen Notizen, die seine Familie bisher freigegeben hat, ergibt sich kein entsprechender Hinweis. Brown weist darauf hin, dass sein Konzept vom Äther auf den Ergebnissen von Experimenten beruht. Tatsächlich sind Permittivität und Permeabilität beobachtbare Eigenschaften, die dazu verwendet werden, die elektrischen Eigenschaften nicht nur von materiellen Medien zu charakterisieren sondern auch die eines Vakuums, das elektromagnetische Wellen überträgt. Jedoch ist es damit immer noch sehr spekulativ, zu behaupten, dass dieser Aspekt des Äthers die Ursache der Gravitation sei. Wenn man von beobachtbaren Größen ausgeht, ist es schwierig, die Wirkungen eines ätherischen Bereiches zu extrapolieren, der an sich für die direkte Beobachtung unzugänglich ist. Man riskiert dabei, denselben Fehler zu machen wie im Gleichnis von den blinden Männern und dem Elefanten.

Wir wissen, dass die Lichtgeschwindigkeit sich in Medien verlangsamt, die höhere K- und μ-Werte aufweisen. Wir wissen ebenfalls, dass die Geschwindigkeit eines Photons abnimmt, während es durch das Gravitationstal eines massiven Himmelskörpers hindurchgeht, was für den Gravitationslinseneffekt verantwortlich ist. Jedoch geht daraus nicht zwangsläufig hervor, dass die Gravitation diesen Effekt erzeugt, indem sie die K- und μ-Werte des Äthers erhöht. Könnte diese Geschwindigkeitserhöhung nicht auch daraus entstehen, dass eine Reduzierung des Gravitationspotenzials (der Ätheronenkonzentration) einen Zeitverzögerungseffekt verursacht? Die Subquantenkinetik sagt Letzteres voraus und nimmt an, dass dasselbe Verzögerungsphänomen, das die Relativisten als »Zeitdilatation« bezeichnen, ebenfalls für die Rotverschiebung verantwortlich ist, die in den Spektren von Weißen Zwergen beobachtet wird.*

Die Subquantenkinetik beschreibt ebenfalls detailliert, wie eine Masse die G-Ätheronen-Konzentration örtlich vermindert, um ein Gravitationspotenzialtal in seiner Umgebung zu erzeugen, und ebenfalls, wie ein geladenes Teilchen je nach seiner elektrischen Polarität eine entsprechende Ab- oder Zunahme des Gravitationspotenzials erzeugt. Somit ist die Subquantenkinetik die einzige vereinheitlichte Feldtheorie, die die Existenz einer Elektrogravitationskopplung bei niedrigen Energiepotenzialen voraussagt. Erklärt Browns Äthertheorie entsprechend auch, wie elektrische Ladung Gravitationseffekte erzeugt, indem sie Veränderungen im K- und μ-Wert des Äthers verändert? Mit den wenigen Informationen, die uns gegenwärtig zur Verfügung stehen, können wir darüber nur spekulieren. Trotzdem ist es interessant festzustellen, dass Brown bei seiner Elektrogravitationsforschung schon zu diesem frühen Zeitpunkt Erklärungen aus dem Bereich der Ätherphysik heranzog.

---

* Den K-Wert des Äthers, d.h. den Wert seiner elektrischen Permittivität, zu verändern, ist in der Subquantenkinetik gleichbedeutend mit der Veränderung der X- und Y-Diffusionskoeffizienten des Modell-G-Ätherreaktionssystems. Die Veränderung dieser Diffusionskoeffizienten würde den Betrag der X- und Y-Ätherkonzentration (das elektrische Potenzial) verändern. In der Subquantenkinetik können jedoch Gradienten der Ätherkonzentration (Potenzialgradienten) erzeugt werden, ohne die Diffusionskoeffizienten zu verändern.

5

Das Antigravitationsgeschwader der USA

5.1 Antigravitationsgeheimnisse des B-2-Bombers

Viele Jahre lang zirkulierten Gerüchte, dass die Vereinigten Staaten dabei seien, ein hochmodernes, radarsicheres Flugzeug zu entwickeln. Im November 1988 wurden die Gerüchte zur Realität, als die US-Luftwaffe den *B-2 Advanced Technology Bomber* vorstellte (siehe **Abb. 5.1**). Obwohl die Sprecher des Militärs etwas über die äußere Konstruktion sowie die niedrige Radar- und Infrarotsignatur des Flugzeugs verrieten, gab es da einige Dinge, über die sie sich konsequent ausschwiegen. Ein paar Jahre später wurden jedoch einige wichtige Geheimnisse in Bezug auf den *B-2-Bomber* an die Presse weitergegeben. In ihrer Ausgabe vom 9. März 1992 brachte die Zeitschrift *Aviation Week & Space Technology* die überraschende Meldung, dass der *B-2-Bomber* seinen Abgasstrom und die Vorderkante seines flügelartigen Rumpfs elektrostatisch auflädt.[1] Diejenigen, die mit Browns Arbeit vertraut sind, werden schnell begreifen, dass dies gleichbedeutend mit der Aussage ist, dass die *B-2* als Antigravitationsflugzeug eingesetzt werden kann.

Die *Aviation Week* hatte ihre Informationen über die *B-2* von einer kleinen Gruppe abtrünniger Wissenschaftler und Ingenieure von der amerikanischen Westküste erhalten, die früher an geheimen militärischen Forschungsprojekten mitgewirkt hatten, die so geheim waren, dass sogar ihre Existenz unter Verschluss gehalten wurde. Durch ihre Enthüllungen verstießen diese Wissenschaftler gegen einen Geheimhaltungscode, der es mit dem der Mafia aufnehmen könnte. Sie gingen dieses Risiko ein, weil sie der Meinung waren, dass es aus wirtschaftlichen Gründen wichtig sei, Anstrengungen zu unternehmen, um bestimmte geheime Technologien der kommerziellen Nutzung zu erschließen. Zwei dieser Personen behaupteten, ihre Bürgerrechte seien »im Interesse der Sicherheit« auf eklatante Weise verletzt worden, entweder um sie zum

Abb. 5.1 *Der* B-2 Advanced Technology Bomber *beim Flug. (Foto der US-Luftwaffe)*

Schweigen zu bringen oder um sie daran zu hindern, die streng kontrollierte Forschungs- und Entwicklungsgemeinschaft zu verlassen.

Einige Monate nachdem die *Aviation Week* den Artikel veröffentlicht hatte, trat das Sicherheitspersonal dieser geheimen Forschungsgemeinschaft voll in Aktion. Die Wissenschaftler der geheimen Forschungsgemeinschaft erhielten eindeutige Warnungen, und als Folge davon brachen sie den Kontakt zu der Zeitschrift ab. Die Leute, die für diese geheimen Forschungsprojekte zuständig sind, waren anscheinend sehr besorgt über die Informationen, die man in dem Artikel erwähnt hatte.

Northrop, der wichtigste Auftragnehmer bei dem *B-2-Projekt*, war seit einiger Zeit damit beschäftigt, die Antriebsvorteile durch den Einsatz von Hochspannungsladungen bei Flugzeugrümpfen zu erproben. Zum Beispiel berichteten Wissenschaftler der *Norair Division* von *Northrop* bei einer Konferenz über Luft- und Raumfahrttechnik in New York im Januar 1968 darüber, dass sie mit Windkanalversuchen begonnen hätten, um die aerodynamischen Wirkungen bei Anwendung von Hochspannungsladungen an den Vorderkanten von Hochgeschwindigkeitsflugzeugen zu überprüfen.[2-3] Wie sie sagten, erwarteten sie, dass das angelegte elektrische Potenzial ein koronales Glühen erzeugt, das sich von den Vorderkanten des Flugzeugs nach vorn ausbreitet, um die Luftmoleküle vor dem Flugzeug zu ionisieren und abzustoßen. Die daraus resultierenden abstoßenden elektrischen Kräfte würden den Luftstrom so beeinflussen, dass der Widerstand und die Reibungshitze reduziert und der Überschallknall vermindert oder verhindert werde.* Die Resultate zeigten Folgendes: Sobald bei einer flügelförmigen Konstruktion, die einer Überschallströmung ausgesetzt ist, DC-Hochspannung angelegt wird, treten anscheinend neue »elektro-aerodynamische« Eigenschaften auf, die zu einer signifikanten Reduktion des Luftwiderstands und zur praktischen Eliminierung der durch Reibung verursachten aerodynamischen Hitze führen sowie zur Eliminierung der Schockwelle und des Wellenwiderstands.[4] Ähnliche Forschungen wurden 1965 durch die Firmen *Grumman* und *Avco* durchgeführt. Es ist interessant, dass *Northrop* 1994 die Firma *Grumman* übernahm, als Teil ihrer Geschäftsstrategie, sich zunehmend auf die Elektroniktechnologie für Verteidigungszwecke zu konzentrieren.

Wissenschaftler von *Northrop* und *Grumman* waren anscheinend durch Brown oder durch die Lektüre seiner wissenschaftlichen Arbeiten, die damals bereits im Umlauf waren, auf die Idee gekommen, diesen Schallpolstereffekt zu untersuchen. Zum Beispiel erklärte Rose in seiner Abhandlung von 1952, in der er Browns Elektrogravitationsscheiben beschrieb: »Die Versuche von Townsend Brown weisen darauf hin, dass das positive Feld, das sich vor der Untertasse befindet, als Puffer dient, der die Luft praktisch aus dem Weg räumt. Dieses immaterielle Elektrogravitationsfeld dient als Eintrittskeil, der die Überschallmauer aufweicht und es der Vorderkante der Untertasse somit ermöglicht, in ein aufgeweichtes Druckgebiet einzudringen.«[5] Er fügte seinen Ausführungen ein Diagramm hinzu (siehe **Abb. 5.2a**), welches zeigt, wie die Überschallströmung um die Vorderkante eines Flügels herumgeleitet wird.

In seinem »Patent eines elektrokinetischen Apparats« von 1960 hatte Brown ebenfalls auf diesen Effekt aufmerksam gemacht. Er schildert darin, wie man durch einen Stichflammengenerator eine positive Hochspannungsladung auf eine nadelförmige Elektrode an der Vorderseite einer Rakete aufbringt (siehe dazu **Abb. 5.2b**). Es heißt dort: »Durch die Verwendung einer solchen Nasenform, welche gegenwärtig am besten geeignet zu sein scheint, Geschwindigkeiten nahe der Schallgrenze oder über die Schallgrenze hinaus zu erreichen, kann ich eine Ionisierung der Atmosphäre in der unmittelbaren Umgebung des vordersten Teils des fliegenden Objektes erzielen. Ich glaube, dass diese Ionisierung die Überwindung der Schallgrenze erleichtert und den plötzlichen Übergang von der Unterschallgeschwindigkeit zur Überschallgeschwindigkeit abmildert.«[6]

---

* Obwohl der Autor des Artikels spekulierte, dass *Northrop* die Vorderkante des Flugzeugs negativ auflud, könnten die Schallmauereffekte auch mit einer positiven Ladung erzielt worden sein, wie es Brown ursprünglich angedeutet hatte.

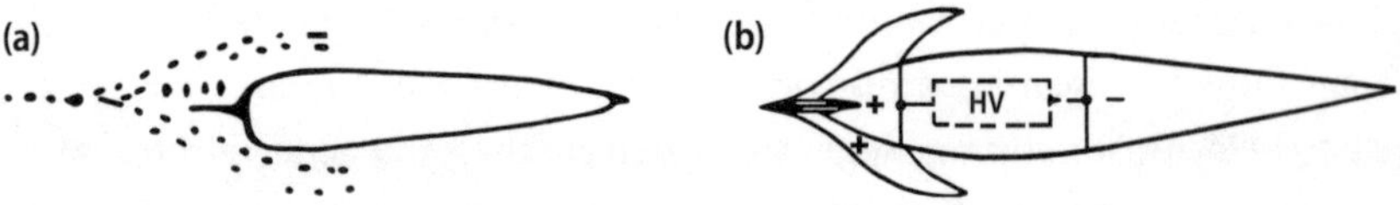

Abb. 5.2 *(a) Elektrostatische Ablenkung der Luftströmung um die elektrifizierte Vorderkante eines untertassenförmigen Fluggeräts (aus Rose: »The Flying Saucer«, University for Social Research, 8. April 1952, Band 7). (b) Die von Brown vorgeschlagene Verwendung einer Hochspannungs-Nadelelektrode am Bug einer Rakete (Brown, US-Patent Nr. 3.022.430, Abb. 2).*

Luft- und Raumfahrtunternehmen haben Browns Idee später bei Raketen in die Praxis umgesetzt. An der Spitze einer Rakete wurde ein Dorn befestigt, der dazu gebracht wurde, einen Hochspannungsbogen auszusenden. Tests im Windkanal ergaben, dass das entstehende elektrische Feld die Schockfront am Bug von der Nase der Rakete wegstieß, sodass sie nicht mehr mit dem Rumpf der Rakete in Kontakt kam und der Luftwiderstand somit wesentlich reduziert wurde. Nach Ansicht eines griechischen Wissenschaftlers, der mit der US-Botschaft in Griechenland zusammenarbeitet, ist die Elektrifizierung der Nase eine Standardtechnik, die bei US-Raketen eingesetzt wird, um sie während des Starts zu stabilisieren. Die Ingenieure rechnen mit einer zwanzigprozentigen Gewichtsreduzierung während der ersten Kilometer des Aufstiegs, wenn sie die Flugbahn der Rakete bestimmen.

Ende der siebziger Jahre führten russische Wissenschaftler am St. Petersburger *Ioffe-Institut* unter der Leitung von Anatoli Klimow einen interessanten Versuch durch, bei dem nachgewiesen wurde, dass Plasma den Luftwiderstand reduzieren kann. Sie feuerten eine Stahlkugel von 3 cm Durchmesser mit einer Geschwindigkeit von 1 km pro Sekunde durch ein Rohr, das mit Niederdruck-Argongas gefüllt war. In einem Abschnitt des Rohrs war das Argongas ionisiert, sodass sich ein Plasma bildete. Wie sie feststellten, war die Schockwelle beim Eintritt der Kugel in das Plasma doppelt so weit von der Kugel entfernt wie in normalem Gas. Noch wichtiger war die Beobachtung, dass der aerodynamische Widerstand der Kugel sich um 30 % reduziert hatte.[7]

Interessanterweise wurde die Firma *Northrop,* die bereits über Erfahrungen in der Elektrifizierung von Vorderkanten verfügte, 1981 vom Pentagon damit beauftragt, am höchst geheimen *B*-2-Bomber mitzuarbeiten. *Northrops* Erfahrungen auf diesem Gebiet müssen ein wichtiger Grund dafür gewesen sein, dass die Firma diesen Auftrag erhielt, denn wie *Aviation Week* berichtete, wurden bei der *B*-2 an den Vorderkanten der Flügel »elektrostatische, felderzeugende

Techniken« eingesetzt, um die aerodynamischen Turbulenzen so weit wie möglich zu verringern und so den Radarquerschnitt des Bombers zu reduzieren.[8] In demselben Artikel wird erwähnt, dass die *B*-2 auch den Abgasstrom ihres Düsenantriebs auflädt, wodurch er sehr schnell abgekühlt wird und eine stark reduzierte Thermalsignatur hinterlässt.

Zwar wurden diese Angaben im Zusammenhang mit der Radarsicherheit der *B*-2 gemacht, doch eigentlich beschrieben sie die Möglichkeit des Feldantriebs für die *B*-2. Mit positiv geladenen Vorderkanten der Flügel und einem negativ geladenen Abgasstrom (siehe **Abb. 5.3**) würde die *B*-2 wirklich wie ein Flugzeug mit elektrogravitativem Antrieb funktionieren. Ebenso wie bei Browns Modell der fliegenden Scheibe (siehe **Abb. 2.1**) und seiner patentierten elektrokinetischen Scheibe (siehe **Abb. 2.8**) erzeugen die positiven und negativen Ionenwolken, die vor und hinter der *B*-2 erzeugt werden, ein örtlich verändertes Gravitationsfeld, welches bewirkt, dass sie eine nach vorn gerichtete Kraft erfährt. Tatsächlich handelt es sich bei der *B*-2 um die Verwirklichung der Flugscheibenkonstruktion, die Brown in seinem Patent vom elektrokinetischen Generator beschreibt (siehe Kapitel 2).

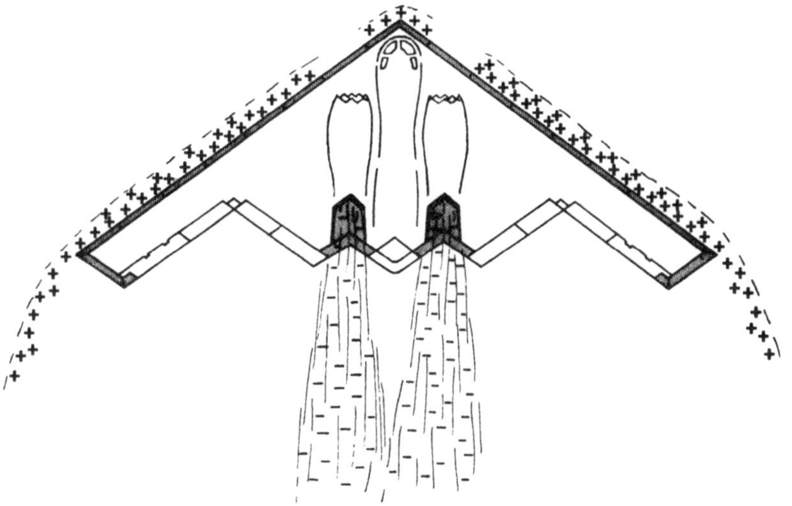

Abb. 5.3 *Profil des* B-2-*Bombers, von oben gesehen. Das Flugzeug misst 69 Fuß (ca. 21 m) von vorn bis hinten und 172 Fuß (ca. 52 m) von Flügelspitze zu Flügelspitze. Die Verkleidungen an beiden Seiten des Cockpits führen große Mengen einströmender Luft zu den Stichflammen-Hochspannungsgeneratoren innerhalb des Rumpfes. (P. LaViolette, © 1993)*

Gerüchten zufolge, die unter Mitarbeitern der Flugzeugindustrie kursieren, die mit diesem Projekt zu tun haben, kommt bei der *B-2* in der Tat Antigravitationstechnologie zum Einsatz. Eine ähnliche Behauptung wurde in den siebziger Jahren von Marion Williams aufgestellt, einem ehemaligen Mitarbeiter der CIA, der in der streng geheimen *Area 51* gearbeitet hatte, wo die *B-2* getestet wurde.[9,10] Kurz bevor er an Krebs starb, vertraute er einem Verwandten, Andrew Basiago, an, dass beim Tarnkappenbomber Konstruktionsprinzipien eines abgestürzten außerirdischen Antigravitations-Raumschiffs verwendet wurden. Unsere Vermutung, dass die *B-2* über einen Elektrogravitationsantrieb verfügt, könnte also im Wesentlichen stimmen, obwohl der Ursprung ihrer Konstruktion wohl eher nicht so weit in der Ferne liegt, wie man Williams hatte glauben machen wollen. Die *B-2* ist also möglicherweise das erste militärische Antigravitationsflugzeug, das der Öffentlichkeit vorgestellt wurde. Es könnte die endgültige Version des Flugobjekts sein, das Brown im Zusammenhang mit dem *Winterhaven-Projekt* erwähnt hatte und mit dessen Konstruktion, gemäß dem Bericht in *Aviation Studies* von 1956, das Militär Ende 1954 angefangen hatte. Deshalb ist es durchaus denkbar, dass die Bezeichnung »B-2« eigentlich für »Biefeld-Brown-Effekt« steht.

Die strenge Geheimhaltung um die *B-2* war höchstwahrscheinlich nicht so sehr auf deren Tarnkappentechnik als vielmehr auf den Antigravitationsantrieb zurückzuführen, wenngleich beide Dinge vermutlich eng miteinander verbunden sind. Der Einsatz einer solch unkonventionellen Antriebstechnologie erklärt auch den hohen Preis für die *B-2*, der durchschnittlich bei über 2 Milliarden Dollar pro Maschine liegt.

Obwohl die Wissenschaftler in dem Artikel über die *B-2* in der *Aviation Week* nicht die Elektrogravitation erwähnten, gaben sie die Existenz einer »sehr geheimen Technologie für die Steuerung und den Antrieb« zu. In Bezug auf diese Projekte waren sie in ihren Äußerungen sehr zurückhaltend. Sie sagten, dass sie »äußerst geheim« seien. Einer von ihnen bemerkte: »Außerdem würde es ungefähr 20 Stunden dauern, um das Prinzip zu erklären, und nur wenige Leute würden es überhaupt verstehen.«[11] Was er offensichtlich meinte, war, dass die Steuerungs- und Antriebstechnologie dieser Maschine auf physikalischen Prinzipien beruht, die weit über das gegenwärtige Wissen und Verständnis der allgemeinen Bevölkerung wie auch der meisten studierten Physiker hinausgehen.

An allen gängigen Normen gemessen, handelt es sich bei der Elektrogravitation in der Tat um eine exotische Antriebstechnologie. Aber wenn man von einer verständlichen Theorie ausgeht, dann wird die Elektrogravitation weit weniger rätselhaft. Und wie bereits erwähnt, kann die Subquantenkinetik hier einen plausiblen theoretischen Unterbau liefern.

Die Rumpfkonstruktion der *B*-2 lässt vermuten, dass die Maschine tatsächlich durch Elektrogravitation angetrieben wird. Ein wichtiges Konstruktionsmerkmal für ein durch Elektrogravitation angetriebenes Flugobjekt ist eine große horizontale Oberfläche, die eine ausreichend starke Gravitations-Auftriebskraft erzeugt. Wie Browns Versuche gezeigt haben, muss ein solches Objekt nicht unbedingt die Form einer Scheibe haben. Dreieckige und quadratische Formen ermöglichen bei Elektrifizierung ebenfalls einen Antigravitationshub. Allerdings bringen Scheibenformen die besten Ergebnisse. Die bei der *B*-2 und anderen modernen Tarnkappenmaschinen verwendeten dreieckigen Grundrisse werden möglicherweise wegen ihres viel geringeren Radarquerschnitts bevorzugt.

Eines der zentralen Merkmale der geheimen Technologie der *B*-2 ist interessanterweise der Aufbau der äußeren Oberfläche des Rumpfes. Informierte Stellen haben uns mitgeteilt, dass der Rumpf aus einem streng geheimen, radarabsorbierenden Material besteht. Eine mögliche Wahl für die *B*-2 wären keramische Dielektrika. Im Gegensatz zu vielen verlustreichen Dielektrika, die die Energie einfallender Radiowellen verstreuen und daher Radarwellen absorbieren, funktionieren die keramischen Dielektrika ohne Verluste. Sie sind energetisch nichtinteraktiv und deshalb durchlässig für Radarwellen. Und was noch wichtiger ist: Dielektrika aus Keramik können auch große Mengen an Hochspannungsladung speichern. Indem man den Rumpf mit einer solchen elektrischen Isolierung abdeckt, sorgt man dafür, dass die *B*-2 zwischen ihrer positiv geladenen Vorderkante und ihrem mit negativen Ionen geladenen Abgas eine sehr hohe Spannungsdifferenz aufrechterhält. Auf Meereshöhe beträgt die Durchschlagsspannung etwa 27.000 Volt pro Zentimeter, wohingegen bei einer Höhe von 14 km die Durchschlagsspannung bei etwa 10.000 Volt pro Zentimeter liegt. Somit dürfte die *B*-2 mit ihrer Länge von 69 Fuß (21 m) auf Meereshöhe und in trockener Luft in der Lage sein, ein Spannungsdifferenzial von bis zu 57 Millionen Volt ohne Durchschlag aufrechtzuerhalten, wohingegen sie bei 14 km Höhe in der Lage sein dürfte, ein Differenzial von bis zu 20 Millionen Volt zu erreichen. Sprecher des Militärs haben behauptet, die *B*-2 könne nicht bei Regen fliegen, da dann ihre Beschichtung mit radarabsorbierendem Material negativ beeinflusst werden könnte. Der eigentliche Grund ist jedoch: Falls der Rumpf nass wird, würde er seine isolierenden Eigenschaften verlieren, und die Elektrode der vorderen Kante würde mit dem hinteren Auspuffrohr kurzschließen.

Selbst wenn die Aufladung des Rumpfes mit Hochspannung abgeschaltet wird, kann das Dielektrikum des Rumpfes aufgrund der in Kapitel 1 erwähnten nichtleitenden Absorptionseigenschaften noch einige Zeit eine Restspannung enthalten. Das wäre eine Erklärung dafür, dass einige Mitglieder der Bodenmannschaft angeblich einen elektrischen Schlag bekamen, als sie die *B*-2 zu früh nach der Landung berührten.

Die positiv aufgeladene Vorderkante der *B*-2 – eine weitere Schlüsselkomponente ihrer Antriebstechnologie – war ebenfalls ein größeres Problem für die Konstrukteure bei *Northrop*. Nach Angaben der *Aviation Week* bereiteten die Vorderkanten des Bombers bei der Produktion der ersten Maschinen ziemliche Schwierigkeiten. Beim Ionisator der Vorderkante handelt es sich wahrscheinlich um einen elektrisch leitenden Streifen oder Draht, der entlang des spitzen Bugs der *B*-2 verläuft und mit vielen Millionen Volt aufgeladen ist. Während sich das Objekt nach vorn bewegt, lenkt die elektrifizierte Vorderkante den herankommenden Luftstrom zu beiden Seiten ab, sodass ein großer Teil der erzeugten positiven Ionen vom Rumpf weggedrängt und daran gehindert wird, mit den negativen Ionen im Abgasstrom unmittelbar in Berührung zu kommen und sie zu neutralisieren. Dementsprechend ist die *B*-2 in der Lage, hinten wie vorne sehr große Raumladungen aufzubauen, die sie einem hohen Gravitationspotenzialgradienten unterwerfen. Dieser künstlich erzeugte Gravitationsgradient dürfte bei höheren Geschwindigkeiten steiler werden und die positiven Ionen mit steigender Kraft nach außen ablenken. Somit wird der Elektrogravitationsantrieb der *B*-2 wahrscheinlich viel effizienter funktionieren, wenn das Flugzeug mit höherer Geschwindigkeit fliegt.

Die besten Resultate dürften erreicht werden, wenn die *B*-2 mit Überschallgeschwindigkeit fliegt. Die positiven Ionen von seiner vorderen Kante würden sich im Aufwind der Schockfront des Schalls verfangen und durch diese Schallgrenzschicht von der Maschine weggedrückt werden, um sich dann später mit dem negativ geladenen Abgasstrom zu vereinigen. Militärische Quellen behaupten jedoch, dass es sich bei der *B*-2 um ein Unterschallflugzeug handelt. Sein etwas plumpes Querprofil und die Winkelstellung seiner Flügel könnten zu der Ansicht verleiten, dass dies stimme. Aber diese Konstruktionsmerkmale dürften kein Hindernis für Überschallflüge darstellen, wenn man bedenkt, dass die *B*-2 über ein elektrostatisches Feld verfügt, mit dem sie den entgegenkommenden Luftstrom ableiten kann. Auch Browns Untertassenkonstruktion hatte ein etwas plumpes Querprofil und war dennoch für Überschallflüge bestimmt. Die Luftwaffe wollte die Überschall-Flugfähigkeit der *B*-2 wahrscheinlich geheim halten, um neugierige Fragen zu vermeiden, wie das Flugzeug denn den erforderlichen Schub erhalten würde.

Sowohl bei Überschall- als auch bei Unterschallflügen bilden die abgelenkten positiven Ionen eine ellipsenförmige Hülle, während sie um die *B*-2 kreisen (siehe **Abb. 5.4**). Die Hülle aus positiven Ionen wirkt so ähnlich wie eine erweiterte positiv geladene Elektrode, deren Oberfläche eine parabolische Form hat. Somit entsteht die Elektrogravitationsenergie, die die *B*-2 antreibt, nicht nur aus den Elektroden der Vorderkante, sondern auch aus der gesamten positiv geladenen Ionenhülle. Die Verteilung der Raumladung aus positiv und negativ geladenen Ionen erinnert sehr stark an die Ladungskonfiguration, die Brown bei einigen seiner späteren Elektrogravitationsversuche verwendete. Vergleichen Sie **Abb. 5.4** mit den von Brown getesteten parabolischen Elektrogravitationsvorrichtungen in **Abb. 3.7**. Brown stellte fest, dass er einen stärkeren Elektrogravitationsschub erzielte, wenn die positive Elektrode gekrümmt und viel größer als die negative Elektrode war. Wenn die negativen Ionen aus den Abgasdüsen der *B*-2 austreten, dürften sie räumlich viel konzentrierter sein als die positiven Ionen, die entlang der Leitkante der *B*-2 austreten. Somit wäre der Feldgradient vom Bug zum Heck ausgesprochen nichtlinear.

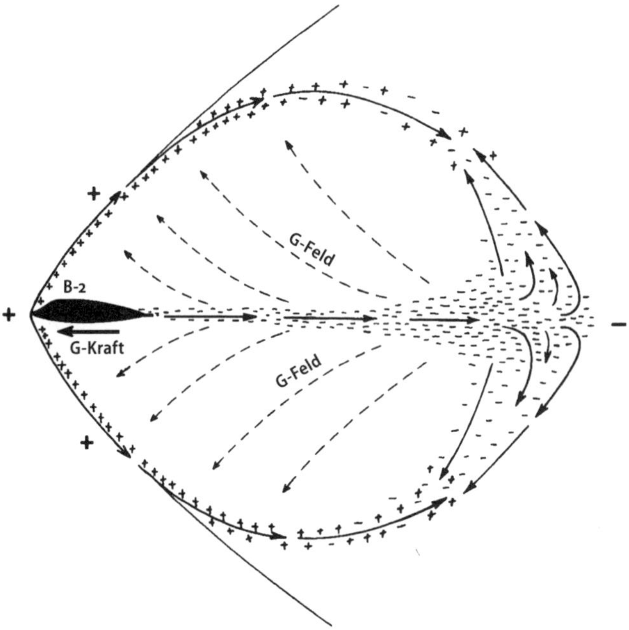

Abb. 5.4 *Seitenansicht des* B-2-*Bombers, bei der die Form der elektrisch geladenen Überschallströmung bei Mach 2 und die Abgasströmung von vorn bis hinten zu sehen sind. Die Pfeile mit den durchgehenden Linien zeigen die Richtung der Ionenströmung an; die Pfeile mit den gestrichelten Linien zeigen die Richtung des um das Flugzeug herum erzeugten Gravitationsgradienten. (P. LaViolette, © 1993)*

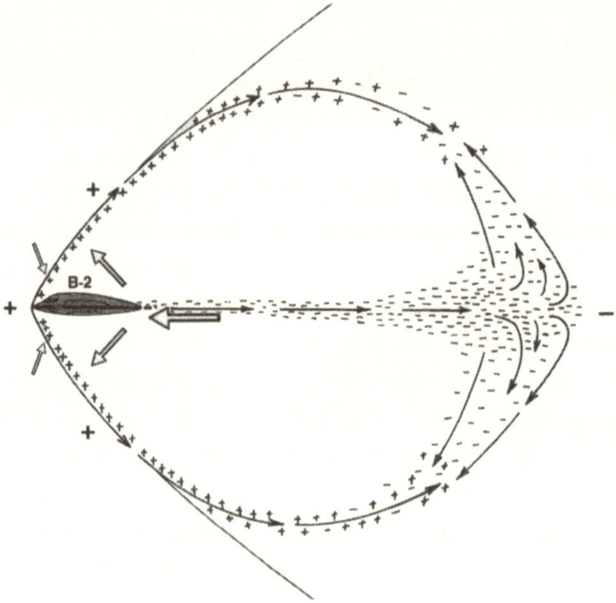

Abb. 5.5 *Seitenansicht des B-2-Bombers, die die Richtung der elektrostatischen Abstoßungskräfte zeigt (große weiße Pfeile), die sich zwischen dem geladenen Rumpf und der umgebenden Ionenraumladung entwickelt haben. (P. LaViolette, © 2006)*

Wie in Kapitel 3 bei der Beschreibung des Vertikalhub-Prüfstands erwähnt, hatte Brown von der Notwendigkeit gesprochen, entlang des Dielektrikums einen nichtlinearen Feldgradienten aufzubauen, um den Schub zu maximieren. Wie bei diesen Labor-Prüfständen dürfte auch bei der *B*-2 während des Fluges ein hohes nichtlineares Feld vom Bug zum Heck erzeugt werden. Die Feldlinien werden im negativ geladenen Abgasstrom eine sehr hohe Flussdichte haben, was die Rückseite des Flugzeugs anregt und die Feldlinien zur positiv geladenen Ionenhülle an der Vorderseite des Flugzeugs zerstreut, wo die Flussdichte viel niedriger ist. Dieselbe Asymmetrie dürfte die Polarisierung des *B*-2-Rumpfes aus keramischem Dielektrikum kennzeichnen, wobei die Feldlinien in Richtung auf die negativ geladenen Abgasleitungen am meisten konzentriert und in Richtung auf die positiv geladene Elektrode der Vorderkante am meisten zerstreut sind.

Das durch die Ionen erzeugte elektrostatische Feld, das die *B*-2 umgibt, dürfte auf den polarisierten dielektrischen Rumpf der *B*-2 Kräfte ausüben, die einen resultierenden Vorwärtsschub erzeugen, wie in **Abb. 5.5** gezeigt. Die hohe Konzentration negativer Ladungen am hinteren Ende des Flugzeugs drückt das negativ

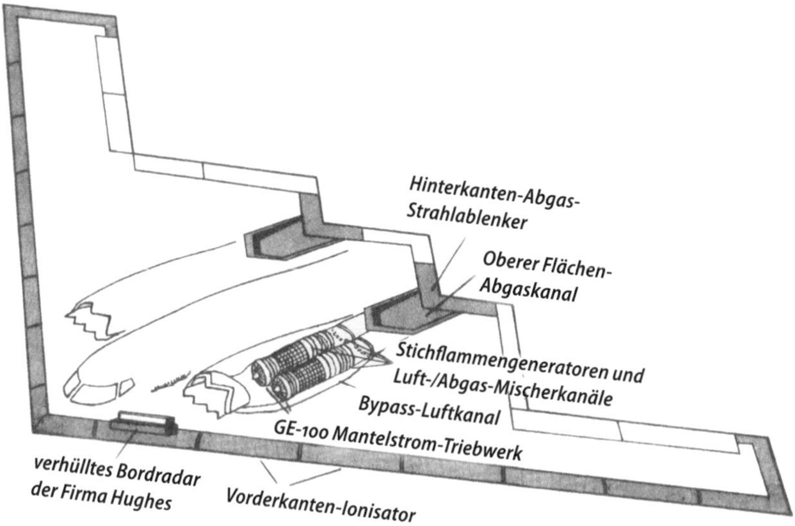

Abb. 5.6 *Eine Schnittperspektive der Anordnung des Stichflammengeneratoren des* B-2-*Bombers. (P. LaViolette,* © 1993)

geladene Heck nach vorn. Elektrostatische Anziehungskräfte unterstützen ebenfalls den Vorwärtsschub des Flugzeugs, indem sie sein negativ geladenes Heck in Richtung auf seine positiv geladene Bugwelle ziehen. Das elektrische Feld fächert aus und lässt dadurch an Intensität in Richtung auf den Bug der *B*-2 nach. Somit werden die gegensätzlichen Kräfte, die auf die Vorderseite des Flugzeugs einwirken, schwächer, und es wirken dann hauptsächlich die Kraftkomponenten quer zur Flugrichtung des Flugzeugs. Die Rückwärtsneigung der positiv geladenen Bugwelle der *B*-2 unterstützt auch den Vorwärtsantrieb des Flugzeugs, indem dadurch an der Nase und an der Vorderkante des Flügels der *B*-2 vorwärtsgerichtete abstoßende Kraftkomponenten wirken. Bei höheren Geschwindigkeiten biegt sich die Bugwelle zu einem steileren Winkel zurück und erhöht dadurch den durch diese repulsiven Kräfte erzeugten Vorwärtsschub.

Obwohl diese Ladungen sich bei sehr hoher Geschwindigkeit vom Flugzeug wegbewegen, werden sie ständig weiter erzeugt und in die umgebende Luft verteilt. Deshalb bleibt ihre Raumladungsverteilung relativ zum Flugzeug stationär. Sie folgt dem Flugzeug und übt weiterhin ihre Antriebskraft aus. Die in **Abb. 5.5** dargestellten elektrostatischen Kräfte sind ganz anders angeordnet als die in **Abb. 5.4** gezeigten Elektrogravitationskräfte. Aber beide unterstützen den Vorwärtsantrieb des Flugzeugs. Im Augenblick wissen wir noch nicht genug, um zu bestimmen, welche dieser Kräfte für den Antrieb des Flugzeugs wichtiger sind.

Wie wir aus **Abb. 5.6** ersehen können, sind die beiden Vorderkanten in acht Abschnitte unterteilt, die durch 10 cm breite Streben voneinander getrennt sind. Wahrscheinlich sind die Abschnitte von den Streben elektrisch isoliert, sodass sie einzeln elektrifiziert werden können. Somit wäre es durch sorgfältige Regelung der angelegten Spannung möglich, das Flugzeug durch Gravitation zu steuern. Brown hatte eine ähnliche Idee zur Steuerung seiner fliegenden Untertasse präsentiert.

Die Bereiche vor den Lufteinlässen werden höchstwahrscheinlich leicht elektrisch geladen, um zu verhindern, dass positive Ionen in die Antriebsschächte eindringen und die dort erzeugten negativen Ionen neutralisieren. Diese beiden nichtelektrischen Bereiche der Vorderkante wären ideal für die Montage von nach vorn gerichteten Radarantennen, denn die durch die anderen Bereiche der Vorderkante erzeugte Ionenplasmahülle würde eine Barriere bilden, die die Übertragung von Radarsignalen unterbindet. Tatsächlich wurden die beiden Radargeräte der *B*-2 von *Hughes Aircraft* genau an diesen Stellen an der Vorderkante montiert, direkt vor den Lufteinlassöffnungen. Die ellipsenförmige Hülle aus Ionenplasma, die die *B*-2 umgibt, dürfte die eindringenden Radarimpulse sowie jedes Signal, das vom Flugzeug reflektiert wird, stark abschwächen und damit die Erfassung der *B*-2 durch ein Radar beträchtlich reduzieren. Diese Ionenhülle könnte die Radarsignale stärker abschwächen als das radarabsorbierende Keramikmaterial, aus dem der Rumpf des Flugzeugs besteht. Tatsächlich ist das Militär dabei, Möglichkeiten des Einsatzes von Plasma zur Absorbierung von Radarsignalen zu untersuchen, in der Hoffnung, dass ein von Plasma eingehülltes Flugzeug für das Radar unsichtbar ist.[12]

Die Radargeräte von *Hughes* könnten auch Mikrowellenenergie an die Vorderkante der *B*-2 schicken, um den Prozess der Luftionisierung zu unterstützen. Mikrowellenfrequenzen, die entlang der Vorderkante ausgestrahlt werden, könnten die von vorn kommende Luft ohne Weiteres ionisieren und es dem elektrischen Hochspannungsfeld der *B*-2 ermöglichen, einen größeren Fluss positiver Ionen zu entladen. Mit stärkeren Ionenströmungen wäre die *B*-2 in der Lage, bei einer bestimmten Geschwindigkeit eine größere Ionenhülle zu erzeugen und dadurch den elektrogravitativen und elektrostatischen Schub zu erhöhen, der das Flugzeug antreibt. Das Magazin *New Scientist* berichtete, dass das *Langley Research Center* der NASA in Hampton, Virginia, Tests im Windkanal mit einer Luftströmung von Mach 6 durchgeführt hat, bei denen Mikrowellenstrahlen verwendet wurden, um ein Plasma vor einem Flugzeug zu erzeugen. Dabei hätten sie festgestellt, dass der Luftwiderstand sich drastisch verringerte.[13] Höchstwahrscheinlich wurde bei der *B*-2 die gleiche Technik angewandt, obwohl ein Hochspannungs-Funkfrequenzfeld möglicherweise ebenso gut funktionieren würde.

5.2 Die Stichflammengeneratoren der B-2

Der in Kapitel 2 zitierte Auszug aus einem Artikel der Zeitschrift *Aviation Report* vom Oktober 1954 lässt vermuten, dass es bei dem Programm eine Abteilung gab, die ein Elektrogravitationsflugzeug entwickelte, das eine Geschwindigkeit von Mach 3 erreichen konnte; dass das »Kondensatorsystem, das den Kern der Hauptkonstruktion bildet«, von einem Flugwerkhersteller entwickelt wurde und dass der Stichflammengenerator, der die elektrostatische Energie lieferte, von Firmen entwickelt wurde, die auf Düsenantriebstechnologie spezialisiert waren. Im Einklang mit dieser Vermutung wurde dann tatsächlich *Northrop Grumman*, ein Unternehmen mit Erfahrung auf dem Gebiet der Flugzeugelektrostatik, mit der Entwicklung des Flugwerks für die *B*-2 beauftragt. *General Electric*, ein Unternehmen, das über Erfahrungen bei der Entwicklung von Düsenantrieben und supraleitfähigen elektrischen Generatoren verfügte, erhielt von der Luftwaffe den Auftrag für die Entwicklung der Antriebe. Wie Sie sich erinnern, wurde in dem Artikel der Zeitschrift *Aviation Studies* von 1956 *General Electric* als eines der Unternehmen erwähnt, die an den ersten Arbeiten mit der Elektrogravitation beteiligt waren. Auch hatte Brown im *General Electric Space Center* Versuche mit einer Vakuumkammer durchgeführt, und der Firmensitz der *Electrokinetics Corporation*, die ihn als Berater eingestellt hatte, war nur wenige Kilometer entfernt.

Die Luftwaffe behauptet, dass der Tarnkappenbomber durch vier *F*-118-*GE*-100-Düsenantriebe von *General Electric* angetrieben wird, ähnlich jenen, die beim *F*-16-Kampfflugzeug verwendet werden, aber die Antriebe der *B*-2 wurden höchstwahrscheinlich umgebaut, um als Stichflammen-Hochspannungsgeneratoren zu fungieren. Die Energie, die das Flugzeug antreibt, wird also nicht nur durch den mechanischen Schub des Düsenabgases erzeugt, sondern auch durch die Elektrogravitations- und elektrostatischen Kraftfelder, die sich um das Flugzeug herum befinden und von den Generatoren des Düsenantriebs geliefert werden. Diese Stichflammengeneratoren wären auch eine Erklärung für die Ionen, von denen *Aviation Week* behauptet, dass sie im Abgasstrom der *B*-2 vorhanden seien. Wie bei Browns fliegender Untertasse würde die Antriebsdüse eine hohe positive Ladung empfangen, während sie negative Ionen ausstößt. Wahrscheinlich ist der Antrieb vom Rumpf des Flugzeugs und dem umgebenden Leitungssystem elektrisch isoliert, und seine positiven Ladungen werden vorwärts geleitet, um die Ionisatoren der Vorderkanten zu betreiben.

Die Triebwerke der *B*-2 von *General Electric* sollen jeweils einen Schub von 19.000 Pfund erzeugen. Deshalb dürften alle vier Triebwerke zusammen eine Leistung von etwa 140.000 PS haben, was eine elektrische Leistung von etwa 25 Megawatt ergibt, wenn man von einem dreißigprozentigen Wirkungsgrad ausgeht.* Zum Vergleich: In der Novemberausgabe von 1954 kam der *Aviation Report* zum Schluss, dass eine Elektrogravitations-Flugscheibe mit einem Durchmesser von etwa 12 m eine Energie von ca. 50 Megawatt benötigen würde, um eine Fluggeschwindigkeit von Mach 3 zu erreichen. Anscheinend liegt die Leistung der *B*-2 also etwa im richtigen Bereich.

Eine Gesamtleistung von ca. 50 Kilowatt (50 kV × 1 Ampere) wäre wahrscheinlich ausreichend, um die Ionisatoren des Antriebs in Gang zu bringen. Dies wäre ohne Weiteres durch elektrische Generatoren zu schaffen, die von den Düsenturbinen mechanisch angetrieben werden. Sobald die Stichflammengeneratoren betriebsbereit und die Energie aus dem ionisierten Abgasstrom extrahiert wäre, könnte man die Leistungsaufnahme der Vorderkante und der Abgasionisatoren viel höher steigen lassen – bis zu mehreren Dutzend Megawatt.

Die *B*-2 verwendet möglicherweise supraleitende Generatoren für die eher konventionelle Stromerzeugung aus seinen Turbinen. Solche Generatoren hätten den Vorteil, dass sie die Leistung der Antriebswelle mit nahezu hundertprozentiger Effizienz in Elektrizität umwandeln. Außerdem sind sie extrem leicht. Sie sind mehr als 10 Mal leichter als herkömmliche Generatoren. Die ersten supraleitenden Generatoren wurden Mitte der siebziger Jahre von Wissenschaftlern im *General Electric Research Laboratory* entwickelt, das im Auftrag der amerikanischen Luftwaffe arbeitete. Daraufhin erfolgte die Massenproduktion dieser Generatoren für die Luftwaffe.

Als die *B*-2 1988 vorgestellt wurde, erklärte ein Sprecher der Luftwaffe, es werde ein System von Schutzschirmen verwendet, um die kühle Einlassluft mit den heißen Abgasen zu mischen; auf diese Weise würden die Gase abgekühlt und damit für infrarotgelenkte Raketen weniger sichtbar gemacht. Obwohl dieser Aspekt natürlich ein Vorteil wäre, besteht der eigentliche Zweck, die Abgase zu vermischen, wohl darin, das Strömungsvolumen stark zu erhöhen und damit auch die Fähigkeit des Abgasstroms, negative Ladungen aus der Maschine

---

* Die PS-Schätzung geht von der Annahme aus, dass die Düsen in der Lage sind, das Flugzeug auf eine Geschwindigkeit von etwa 600 Meilen pro Stunde (Mach 0,8) zu bringen.

auszustoßen. Ein großer Teil der durch die Eingangsöffnungen eindringenden Luft würde vom Einlass der Stichflamme vorbeigeleitet und sich mit dem heißen ionisierenden Abgas der Düsen vermischen (**Abb. 5.6**).

Die Düsenabgase üben einen Saugeffekt aus, bei dem die Reibung zwischen dem Abgasstrom und der umgebenden Luft eine dünne Schicht bildet, die die umgeleitete Luft in den Abgasstrom zieht und beide gründlich vermischt. Dadurch fallen die Temperatur und die Geschwindigkeit des Abgasstroms, während sich sein Volumen erhöht. Gleichzeitig wird das Geräusch, das normalerweise von der dünnen Schicht des Abgases ausgeht und wesentlich zum Überschallknall einer Düsenmaschine beiträgt, stark gedämpft, denn all dies geschieht innerhalb der Abdeckung des Antriebs.

Eine Reihe elektrifizierter kegelförmiger Muffen – ähnlich denen, die in Browns Patent Nr. 3.022.430 beschrieben wurden (siehe **Abb. 2.10**) – in der Abgasdüse könnten zusätzlich negative Ionen in den gemischten Abgasstrom leiten und damit den Ionengehalt erhöhen. Dieses erhöhte Volumen ionisierter Gase entlädt sich dann durch die beiden rechteckigen Abgasöffnungen oben an der hinteren Seite des Flügels und kommt mit den titanbeschichteten Abgasöffnungen am oberen Flügel in Kontakt, wie in **Abb. 5.6** dargestellt. Diese offenen Kanalabschnitte könnten als rückwärtige elektrische Gitter fungieren, die Elektronen von Millionen Volt aus dem Abgasstrom einfangen und damit die Ionisatoren des Abgases und der Tragflächenluft antreiben. Dies könnte auf dieselbe Art und Weise erfolgen, wie es Brown in seinem Patent vorgeschlagen hat (siehe **Abb. 2.9**). Ein zusätzlicher Hochspannungsstrom könnte aus den konischen Elektroden wiedergewonnen werden.

Während die Abgase aus dem Flugzeug strömen, fließen sie über die Abgasdeflektoren an der Hinterkante. Die Klappen können so geschwenkt werden, dass der Abgasstrom für die Flugsteuerung entweder nach oben oder nach unten gelenkt wird. Damit wird mehr erreicht als nur eine Umlenkung des Abgasschubs. Auch die Richtung des Vektors der Elektrogravitationskraft wird geändert. Werden die Abgase nach unten gelenkt, fließen negative Ladungen unter die Maschine. Dadurch wird die Elektrogravitation der Maschine nach oben und nach vorn gelenkt. Wird der Abgasstrom nach oben gelenkt, werden seine negativen Ionen direkt über die Maschine geleitet. Das führt zu einer Elektrogravitation, die abwärts und nach vorn gerichtet ist. Durch den Einsatz dieser Klappen kann also das Kraftfeld der *B*-2 kontrolliert werden, sodass die Maschine an Flughöhe gewinnt oder verliert.

Sobald die *B*-2 eine entsprechend hohe Fluggeschwindigkeit erreicht, fließt ein ausreichender Luftstrom durch seine Luftstutzen, sodass eine relativ hohe

Strömungsrate von ionisiertem Abgas aufrechterhalten wird, selbst wenn die Triebwerksverbrennung beträchtlich reduziert wird. Da heiße Abgase für seinen Betrieb nicht unbedingt erforderlich sind, könnte der Hochspannungsgenerator ebenso gut mit kalter Eintrittsluft funktionieren, wobei die Treibstoffverbrennung vollkommen abgeschaltet ist. Brown erklärte in seinem Patent des elektrokinetischen Generators: »Wohlgemerkt kann auch jeder andere flüssige Treibstoff für die Verbrennungskammer verwendet werden.«[14]

Bei einem solchen »Leerlauf«, in dem die Triebwerksverbrennung vollkommen ausgeschaltet ist, sollte die *B-2* für einen unendlich langen Zeitraum mit einem Treibstoffverbrauch von praktisch null fliegen und sich primär durch Energie versorgen können, die aus dem selbsterzeugten Gravitationsgradienten erzeugt wird. Zum Beispiel dürfte während des Leerlaufs die kinetische Energie des abgefangenen Luftstroms komplett aus der eigenen Vorwärtsbewegung der Maschine gewonnen werden, wobei diese Bewegung aus dem Zug des Antriebsfeldes der Elektrogravitation entsteht. Die kinetische Energie dieses ionisierten Luftstroms ist verantwortlich für die lineare Beschleunigung der negativen Ionen entlang der Abgasrohre der *B-2* und damit für die Erzeugung der Multimegavolt-Potenzialdifferenz in Bezug auf den positiv geladenen Antriebskörper. Die unter Hochspannung stehenden Elektronenkollektorgitter der Maschine – die an der Flügeloberseite verlaufenden Abgaskanäle und andere Kollektoroberflächen, die möglicherweise in der Abgasdüse verborgen sind – ziehen einen Teil dieser elektrischen Energie ab, um die Ionisatoren des Stichflammengenerators der Maschine zu versorgen. Wenn diese Leistungsaufnahme nicht übermäßig hoch ist und das Antriebsgravitationsfeld der Maschine entsprechend aufrechterhalten werden kann, dann kann die Maschine einen Zustand des Perpetuum Mobile, des ständigen Antriebs, erreichen. Wie bereits in Kapitel 1 erwähnt wurde, ist dieser Zustand möglich bei Geräten, die in der Lage sind, ihr eigenes Gravitationsfeld zu beeinflussen. Wenn außerdem die *B-2* bei einer ausreichend hohen Geschwindigkeit fliegt, sodass die Strömungsrate ihrer umgeleiteten Luft die Abgasströmungsrate ihrer Düsenturbinen um das Vielfache übersteigt, wird die elektrische Leistung aus den gemischten Abgasen vergleichbar größer und überschreitet 100 Megawatt.

Als die *B-2* zum ersten Mal der Öffentlichkeit vorgestellt wurde, gaben Kritiker zu bedenken, dass man es nicht riskieren könne, die Maschine in großen Höhen zu fliegen, weil sie dann Kondensstreifen erzeugen würde, die für den Feind sichtbar wären. Der Staatssekretär der Luftwaffe, Edward Aldridge Jr., wurde gefragt, ob man dieses Problem inzwischen gelöst hätte. Er antwortete: »Ja, aber wir werden nicht verraten, wie wir das geschafft haben.« Um bekannt zu geben, wie die *B*-2 in großen Höhen fliegen kann, während ihr Verbrennungssystem weitgehend abgeschaltet ist und die Maschine keine Kondensstreifen erzeugt, hätte er wohl die unkonventionelle Antriebsmethode der Maschine verraten müssen. Nebenbei bemerkt würde bei einem solchen Leerlauf auch der Wärmeausstoß der Maschine beträchtlich reduziert und damit auch die Möglichkeit der Entdeckung durch Infrarotsensoren.

Die Notstromaggregate spielen bei Flügen in solchen Höhen wahrscheinlich eine Schlüsselrolle. Nach Aussagen von Bill Scott, dem Autor des Buches *Inside the Stealth Bomber*[15], besteht jedes Notstromaggregat aus einer kleinen unabhängigen Gasturbine, die von Hydrazin angetrieben wird, einer Flüssigkeit, die sich schnell in Gase zersetzt, wenn sie von einem Katalysator aktiviert wird. Die sich ausdehnenden Gase treiben eine Turbine an, die wiederum einen elektrischen Generator antreibt. Den öffentlichen Verlautbarungen zufolge besteht der Zweck der Notstromaggregate darin, die Maschine mit elektrischem Strom zu versorgen, wenn die vier Düsenantriebe der *B*-2 ausflammen oder seine vier Elektrogeneratoren zufällig gleichzeitig ausfallen. Es ist aber wahrscheinlicher, dass sie als Hilfsgeneratoren ausgelegt sind, die in sehr großen Höhen (oder selbst im Weltraum) funktionieren, wo die Luft für die normale Düsenverbrennung zu dünn ist. Bei sehr großen Höhen würden die sich zersetzenden Hydrazingase die Rolle der umgeleiteten Luft übernehmen, um als Medium für den Transport der Ionen von der Maschine weg zu fungieren. Das bedeutet, dass diese Gase nach ihrem Durchgang durch die Notstromaggregate auf dieselbe Art und Weise von der Maschine elektrifiziert und abgestoßen würden wie sonst die Düsenabgase. Brown schrieb, dass sein Elektrogravitations-Antriebssystem ebenso gut mit komprimiertem Gas, zum Beispiel mit Kohlendioxid als Transportmedium für die Ionen, funktionieren könnte wie mit den Abgasen aus dem Düsenantrieb.

Bei Flügen in einer Höhe zwischen 28 und 83 Kilometern müsste die *B*-2 die Rumpfelektrik abschalten, da die Luft in dieser Höhe aufgrund der Glimmentladung zu einem sehr guten Leiter wird. Durch eine Beschleunigung auf Orbitalgeschwindigkeit im Bereich von Mach 19 bis 23 vor dem Erreichen einer Höhe von 25 Kilometern könnte die *B*-2 durch diesen gefährlichen Bereich hindurchgleiten. Im Weltraum, bei einer Höhe von über 83 Kilometern, wäre das Vakuum ausreichend hoch, sodass der Elektrogravitationsantrieb der Maschine wieder eingeschaltet werden könnte. Wie bereits erwähnt, wäre er beim Flug durch den Raum auf das Hydrazin-Notstromaggregat angewiesen.

In **Abb. 5.7** sehen Sie eine *B*-2, die im schallnahen Geschwindigkeitsbereich durch feuchte Küstenluft fliegt. Bei Geschwindigkeiten, die dicht unter bzw. über der Schallgeschwindigkeit liegen (Mach 0,8 bis 1,3), erreichen Teile der Luftströmung über einem Flugzeug Überschallgeschwindigkeit. In diesem niedrigen Geschwindigkeitsbereich bilden sich an mehreren Stellen um die Maschine herum Bereiche mit sehr niedrigem Luftdruck. Falls die Maschine dann zufällig durch Luft fliegt, die so feucht ist, dass sie sich dem Taupunkt nähert, dann können sich in diesen Niederdruckbereichen sichtbare Wolken bilden, die die Maschine auf ihrem Flug begleiten. **Abb. 5.8** zeigt eine Wolke, die sich um ein *F/A-18*-Kampfflugzeug gebildet hat, das bei schallnaher Geschwindigkeit fliegt.

Northrop Grumman hat einen kurzen Film produziert, in dem die *B-2* bei verschiedenen Flugmanövern gezeigt wird. Er kann über die offizielle Website der Firma unter *http://www.as.northropgrumman.com/products/b2spirit/gallery.html (vm_b2_tx.wmv)* aufgerufen werden. An einer Stelle zu Beginn des Films, die etwa anderthalb Sekunden dauert, wird gezeigt, wie die *B-2* von schallnahen Dampfwolken umgeben ist, während sie durch feuchte Luft fliegt. Der französische Astrophysiker Jean-Pierre Petit hat diese Passage auf seiner Website veröffentlicht. Er erklärte dazu, dass diese Dampfwolke über dem Flügel sichtbar leuchtet, als ob sie durch ein Hochspannungsfeld erregt worden wäre.[16] Der Leser sei auch auf farbige Einzelbilder aufmerksam gemacht, die Petit

Abb. 5.7 *Ein B-2-Bomber, der bei transonischer Geschwindigkeit durch feuchte Küstenluft fliegt und bei dem eine Dampfwolke an der hinteren Bugwellle kondensiert. (Foto von Bobbi Garcia, mit freundlicher Genehmigung des* Flight Test Centers *der US-Luftwaffe)*

Abb. 5.8 *Dampfwolke um ein F/A-18 Kampfflugzeug bei transonischer Geschwindigkeit. (Foto von Ensign John Gay von der US-Marine)*

dem Video entnommen und auch auf seine Website gestellt hat. Leider hat uns *Northrop Grumman* nicht erlaubt, diese Aufnahmen hier zu veröffentlichen.

Der Ausschnitt aus diesem Video zeigt, dass die Wolke selbst einen leuchtend gelben Ton hat, der sich von der weißen Farbe unterscheidet, die solche Wolken im Sonnenlicht normalerweise aufweisen. Da Nebel bei hohen Spannungen eher einem elektrischen Durchschlag unterworfen ist als trockene Luft, könnte ein Hochspannungsfeld in einer Dampfwolke über dem Flügel eine Glimmentladung verursachen, die so aussieht wie das Leuchten im Video. Es ist auch eine Orangefärbung zu sehen, die von dem Teil der Oberfläche des oberen Flügels der *B*-2 reflektiert, der an die Dampfwolke angrenzt. Interessanterweise verschwindet die Dampfwolke in den letzten beiden Bildern des Videos fast völlig. Dennoch ist jenes orangefarbene Leuchten auf dem Flügel der *B*-2 weiterhin zu sehen, was darauf hinweist, dass das Hochspannungsfeld immer noch aktiv ist. Es ist überraschend, dass diese Wolke ganz plötzlich verschwindet, praktisch von einem Bild zum nächsten, in weniger als einer Zehntelsekunde. Es ist nicht eindeutig, ob dieser Wechsel auf eine plötzliche Veränderung der Luftfeuchtigkeit zurückzuführen ist oder ob das elektrische Feld der *B*-2 auf eine niedrigere Stufe umgeschaltet wurde.

Die *B*-2 ist nicht ganz so sicher davor, entdeckt zu werden, wie es häufig behauptet wird. Zum Beispiel könnten die Abgase ihres Stichflammengenerators ein Funkrauschen erzeugen. Falls dem so ist, würde die diffuse und sehr schnelle Bewegung negativer Ionen, die im turbulenten Abgasstrom enthalten sind, Radiowellenrauschen erzeugen. Dies würde das Signalrauschen erklären, das ein Fernsehzuschauer hörte, als eine *B*-2 in Sichtweite kam. Obwohl die *B*-2 bei Mikrowellenfrequenzen für das Radar unsichtbar ist, erzeugt sie bei niedrigeren Frequenzen, wie sie zum Beispiel für Fernsehübertragungen verwendet werden, eine deutliche Reflexion. Ebenso wie herkömmliche, in niedriger Höhe fliegende Flugzeuge, erzeugt auch sie eine Störung der TV-Signale, die von heimischen Fernsehgeräten empfangen werden. Während des Krieges im ehemaligen Jugoslawien beobachteten die Serben die Muster von Störungen im Fernsehen, um festzustellen, ob sich im Luftraum eine *B*-2 befand. Zur Vergeltung bombardierten die Amerikaner ihren Fernsehturm.

5.3 Wechselstrom-Elektrifizierung?

Es ist möglich, dass die *B*-2 ihre DC-Vorspannung mit einem Wechselstromsignal überlagert. Im Bericht »Electrogravitic Systems« der *Aviation Studies* wird erwähnt, dass Dielektrika mit hoher Permittivität verwendet werden, die mit 50.000 kVA erregt wurden, um Überschallkampfflugzeuge in der Art anzutreiben, wie sie für das *Winterhaven-Projekt* vorgeschlagen wurden. Das ist ein eindeutiger Hinweis auf die Verwendung von AC-Hochspannung. Wir können also davon ausgehen, dass zusätzlich zur DC-Vorspannung zwischen der Vorderkante des Flügels und den hinteren Abgasöffnungen ein Wechselstromfeld mit hoher Frequenz eingesetzt wird. Eine Erregungsfrequenz von 30 Megahertz würde zu einem Viertel der Wellenlänge über die 10-m-Distanz zwischen den Auslasskanälen bis zur Vorderkante des Flügels passen. Dadurch könnte das angelegte Wechselstromfeld ein resonantes Hochspannungspotenzial aufbauen, ähnlich dem, welches Brown mit seiner elektrokinetischen Vorrichtung erzielte. Dies könnte mit einem Hochspannungsverstärker der Klasse C erfolgen, der so ausgelegt ist, dass er sich automatisch an die Resonanzfrequenz des Flügels anpasst. Wenn man das Dielektrikum des Flugzeugs wiederholt lädt und entlädt, wird das Wechselstromfeld das Dielektrikum der Maschine daran hindern, sich vollständig zu polarisieren und ein elektrisches Dipolmoment aufzubauen, das die meisten Antriebsschubkräfte des Feldes auslöschen würde.

Wir können davon ausgehen, dass dieselbe Erregungstechnik mit Wechselstrom ebenfalls dazu verwendet wird, die *B*-2 mit einem vertikalen Schub anzuheben. Die *B*-2 soll ein Leergewicht von ca. 72 Tonnen haben und im beladenen Zustand ungefähr das Doppelte wiegen. Bei einer Flügelfläche von 460 m^2 sind das etwa 16 g pro cm^2 im Leerzustand und 32 g pro cm^2 im voll beladenen Zustand. Zum Vergleich: Browns elektrokinetischer Senkrechtstarter hat bei einer Erregung von 170 Kilovolt einen Aufwärtsschub von 125 g erzeugt. Das wäre ein Auftrieb von etwa 0,08 g pro cm^2. Um also eine Kraft zu erzeugen, die ausreicht, die *B*-2 zu bewegen, wäre ein Schub pro cm^2 erforderlich, der 400 Mal größer wäre. Dies wäre ohne Weiteres möglich, indem man für die Zentralisolation des Antriebs einfach ein Dielektrikum mit hoher Permittivität verwendet und das Gerät auf eine höhere Spannung bringt. Im Bericht »Electrohydrodynamics« wird erwähnt, dass der Schub exponentiell mit der Spannung in zweiter oder dritter Potenz steigt. Außerdem zeigen die Daten, die Bahnson in seinem Patent von 1965 präsentierte, dass sich der Schub auf einem mit Wechselstrom gespeisten Messplatz in der 2,6ten Potenz der Spannung erhöhte. Davon ausgehend, stellen wir fest, dass Browns Senkrechtstarter einen über 100 Mal größeren Schub erzeugen würde, wenn er mit 1.000 anstatt mit 170 Kilovolt versorgt würde. Und wenn Brown seine Pyrexisolierung durch ein Material wie Bariumtitanat ersetzt hätte, das eine höhere Permittivität und eine höhere Massendichte hat, dann hätte er den Schub zusätzlich um das 32-fache erhöht. Statt 125 g hätte Browns Aggregat erstaunliche 400 kg Kraft erzeugt. Falls man 380 dieser asymmetrischen Kondensatoren über die untere Flügelfläche der *B*-2 verteilen würde, würden sie zusammen eine Auftriebskraft von 152 Tonnen erzeugen. Das wäre ausreichend, um eine voll beladene *B*-2 zu heben. Als Brown dem Militär seine Idee in Bezug auf die Elektrogravitation präsentierte, hat er wahrscheinlich ähnliche Schubberechnungen angestellt. Vielleicht ist unsere Schätzung hier sogar zu niedrig, denn es gibt Dielektrika mit einem K-Wert, der vier Mal höher liegt als der von Bariumtitanat.*

Um sicherzugehen, dass die Elektroden des Antriebsaggregats bei diesen hohen Spannungen nicht durchschlagen, könnte der Bereich der oberen Wölbung (siehe **Abb. 3.2**) mit einem Isolierkörper von niedriger Permittivität gefüllt werden. Der gesamte Antrieb zusammen mit seiner extrem starken Abschirmung, dem zentralen Dielektrikum mit hoher Permittivität, dem umgebenden Isolator mit niedriger Permittivität und dem Hochspannungstransformator könnte nur 20 kg wiegen. Das wären etwa 2 % des Schubs, den das Gerät erzeugt.

Im Bericht »Elektrohydrodynamik« wird erwähnt, dass Browns elektrokinetischer Kondensator unter Vakuumbedingungen bei 250.000 Volt nur 2 Mikroampere aufnahm. Bei dem Potenzial von 1.000 Kilovolt, das für die Schubdüsen der *B*-2 vorgesehen war, könnte dieser Reststrom wahrscheinlich auf etwa 30 Mikroampere oder etwa 30 Watt Leistung hochgerechnet werden. Wenn man dazu noch den Strombedarf für die AC-Mikrowellenquelle nimmt, die dazu verwendet wird, um die negative Elektrode zu erregen, könnte der Stromverbrauch auf etwa 100 Watt pro Schubdüse oder 38 Kilowatt insgesamt steigen. Da jede Schubdüse eine Kraft von 400 kg bringt, könnte dies ein Schub-Leistungs-Verhältnis von etwa 40.000 Newton pro Kilowatt ergeben. Das wäre 2.700 Mal die Leistung eines Düsenantriebs.

Als Alternative zu Browns elektrokinetischen Antriebsaggregaten könnte die *B*-2 durch eine Reihe von Lafforgue-Feldantriebsaggregaten, wie in Kapitel 12

* Die in diesem Kapitel bereits erwähnten Wissenschaftler, die an geheimen Projekten arbeiteten, gaben Informationen über die Entwicklung von dielektrischer Keramik preis, die schwer vom Radar erfasst werden kann. Sie wird aus abgereichertem Uran in Pulverform hergestellt.[17] Das Material soll etwa die 92 %ige Rohdichte von Uran haben, was ihm ein spezifisches Gewicht von etwa 17,5 geben würde. Dieses neue Material hätte somit eine Massendichte, die etwa drei Mal so hoch wäre wie die von Bariumtitanat, und würde so eine verhältnismäßig größere elektrogravitative Zugkraft entwickeln. Asymmetrische Antriebsaggregate, die möglicherweise in der Tragfläche der *B*-2 integriert sind, könnten ein hochdichtes Dielektrikum dieser Art in der Nähe ihrer negativen Elektroden verwenden, wo die Feldstärke und der Gravitationsschub am höchsten sind.

beschrieben, angehoben werden. Theoretischen Berechnungen zufolge wäre ein Kondensator mit einer Höhe von 38 cm, einer Breite von 8 cm, einer Länge von 1 m und einem Bariumtitanat-Dielektrikum mit K = 4.000 in der Lage, eine Auftriebskraft von 2 Tonnen zu schaffen, wenn er mit 100 Kilovolt aufgeladen ist. Gegenwärtig stehen noch keine Laborergebnisse über Lafforgue-Schubdüsen aus Bariumtitanat zur Verfügung, um diese Berechnung zu bestätigen, aber falls sie korrekt ist, würde das bedeuten, dass 75 dieser Schubdüsen ausreichen würden, um eine voll beladene *B*-2 zu heben.

Wir haben bereits über die von *General Electric* entwickelten und von der amerikanischen Luftwaffe finanzierten leichten, supraleitfähigen Generatoren gesprochen, die primär von der Luftwaffe gekauft werden. Solche Generatoren werden möglicherweise nicht nur dazu benutzt, um die elektrische Ausrüstung der *B*-2 anzutreiben, sondern sie dienen vielleicht auch als Primärquelle zur Erzeugung von Wechselstrom für den vertikalen Auftrieb der *B*-2. Der Strom aus diesen Generatoren könnte in ein Netzwerk von Hochspannungstransformatoren eingespeist werden, die an jeder Schubdüse angebracht sind. AC-Hochspannung könnte ebenfalls zwischen der Elektrode der Vorderkante und den Auslasskanälen auf dem Flügel übertragen werden, um den Vorwärtsschub der *B*-2 zu verstärken. Energie mit einer Radiofrequenz von mehreren Dutzend Megahertz könnte dazu beitragen, den sich der Vorderkante nähernden Luftstrom zu ionisieren, um die Stoßfront abzumildern. Dies hätte die gleiche Wirkung wie ein Mikrowellenionisator.

Durch arrayförmig angeordnete Antriebsaggregate könnten die Potenziale der einzelnen Aggregate fließend ineinander übergehen, sodass diejenigen, welche sich näher am Bug der *B*-2 befinden, mit einem positiveren DC-Potenzial arbeiten würden als jene am Heck. Außerdem könnte die *B*-2 eine Höhenstabilisierung erreichen, indem sie diese Antriebsaggregate selektiv aktiviert. Zum Beispiel würde eine Aktivierung von mehr Aggregaten auf der linken Seite die Maschine im Uhrzeigersinn nach rechts drehen lassen. Somit könnten die Schubdüsen die Stelle mechanischer Klappen bei konventionellen Flugzeugen übernehmen. Diese selektive Aktivierung könnte durch einen Bordcomputer erfolgen, der mithilfe eines Fuzzy-Logik-Servosystems die Stabilität der *B*-2 automatisch steuern würde.

Sobald der *B*-2-Bomber der Öffentlichkeit vorgestellt worden war, waren Wissenschaftler von der *British Aerospace Corporation* (BAE Systems) wie versessen darauf, sein Antriebssystem nachzubauen. Im Jahre 1996 erzählte ein Mitarbeiter einem Besucher, man wisse darüber Bescheid, dass die *B*-2 mithilfe irgendeiner Art von Antigravitationsantrieb fliege und dass die Maschine über eine sehr große Energieversorgung verfüge. Und wenn die *B*-2 über Supraleiter-Generatoren und zahlreiche Hochspannungstransformatoren verfügen würde, dann wäre seine Energieversorgung tatsächlich enorm.

Im Jahre 1997 teilte ein Drei-Sterne-General dem Luftwaffenoberst a.D. Donald Ware mit, er wisse, dass »sowohl die neue Raumfähre von *Lockheed Martin [National Space Plane]* als auch die *B*-2 [Tarnkappenbomber] Elektrogravitationssysteme an Bord haben«. Ferner sagte er: »Dies erklärt, warum unsere 21 Exemplare der *Northrop B*-2 jeweils etwa eine Milliarde Dollar kosten. Somit kann die *B*-2, nachdem sie auf konventionelle Art und Weise gestartet ist, auf Antigravitationsmodus umschalten und, wie ich gehört habe, ohne aufzutanken rund um die Welt fliegen.«[18]

Ware hatte dies gesagt, vier Jahre nachdem ich beim *1993 International Symposium on New Energy* meine Abhandlung über das Elektrogravitationsantriebssystem der *B*-2 vorgestellt hatte.[19] Nachdem ich diese Abhandlung vorgestellt hatte, schickte ich eine Kopie davon an Bill Scott, den Herausgeber von *Aviation Week and Space Technology,* demselben Magazin, das als Erstes darüber berichtet hatte, dass bei der *B*-2 die Vorderkante des Flügels mit Hochspannung geladen wird. Scott, der früher für die *National Security Agency* (NSA) gearbeitet hatte, hat die *B*-2 in der Testphase selbst mehrmals geflogen. Einige Zeit nachdem ich ihm die Abhandlung geschickt hatte, rief ich ihn an und fragte ihn, was er davon hielt. Seine Antwort war: »Sehr interessant, sehr interessant.« Mehr sagte er nicht.

Im gleichen Jahr hielt Ben Rich, der bei *Lockheeds* geheimer Forschungsabteilung *Skunk Works* die Entwicklung des *F-117 Stealth Fighter* geleitet hatte, eine Rede vor ehemaligen Kommilitonen der *University of California:* »Wir haben bereits die Mittel, zu den Sternen zu reisen, aber diese Technologien sind verschlossen in geheimen Projekten, und um an sie heranzukommen und sie der Menschheit zugänglich zu machen, wäre schon Gottes Hilfe vonnöten. [...] Was man sich auch vorstellen mag – wir wissen bereits, wie man es macht.« Rich hatte recht damit, wie schwer es ist, an militärische Geheimnisse heranzukommen. Im Oktober 2007 hörte ich von einem zuverlässigen Mittelsmann bei der US-Regierung, dass *Boeing* unlängst für das Militär ein geheimes Projekt durchgeführt habe, bei dem es um einen Elektrogravitationsantrieb ging, der vollkommen neue Merkmale aufweise. Angeblich funktionierte die Technologie so gut, dass man der Meinung war, sie könne für die kommerziellen Düsenmaschinen von immensem Vorteil sein. Die Firma soll sich um eine Freigabe ihrer Erfindung bemüht haben, um sie kommerziell zu nutzen. Jedoch wurde ihr das verweigert.

6

Antrieb durch Gravitationsstrahl

6.1 Erläuterung der elektrogravitativen Impulswirkung

Eine Hochspannungs-Stoßentladung erzeugt einen momentanen Gravitationsschub, den wir als elektrogravitative Impulswirkung bezeichnen können. Ein Beispiel dafür ist die Serie von Stoßentladungen, die durch Teslas Hochspannungs-Verstärkungssender (»Magnifying Transmitter«) ausgesandt wurden (siehe **Abb. 6.1**). Die Stöße erzeugten Schübe in Richtung ihrer Bewegung mit minimaler Umkehr während der Entspannungsperioden dazwischen. Tesla äußerte sich wiederholt zu den Kräften, die solche Impulse auf entfernte Objekte ausüben würden. Wenn er in der Nähe der Quelle dieser Entladungen stehe, könne er eine große Kraft oder einen starken Druck auf der gesamten Vorderseite seines Körpers spüren, so sagte er.[1] Dies machte sich auch als Stechen im Gesicht oder auf den Händen bemerkbar, eine Wirkung, die auch andauerte, wenn er sich hinter einer Glas- oder Metallwand fünfzehn Meter von der Quelle entfernt aufhielt. Wenn er den Entlader auf seinem Transmitter entsprechend einstellte, konnte er Kräfte nach außen projizieren oder nach innen richten.

Tesla bezeichnete diese länglichen Kraftfeldstrahlen als strahlende Energie, obwohl mit diesem Begriff normalerweise die Strahlung transversaler elektromagnetischer Wellen gemeint ist. Er konstruierte eine Reihe langer Vakuumröhren, um die Strahlungsenergie zu projizieren, die er erzeugte. Diese Strahlungsröhre verfügte über eine einzelne konkave negative Elektrode an der einen Seite und in vielen Fällen auch über ein dünnes, normalerweise aus Aluminium oder Berryllium bestehendes Metallfenster auf der anderen Seite. Trotz des Hochvakuums, mit dem diese Röhren anfangs ausgestattet wurden, entwickelten sie häufig anomal hohe Drücke und explodierten oft. In seinem Buch *Secrets of Cold War Technology* führt Vassilatos aus, dass Eric Dollard, der in den achtziger Jahren viele von Teslas Experimenten mit den Strahlungsröhren wiederholte, ebenfalls die anomale Kraft beobachtete, die diese Röhren entwickelten. Vassilatos schrieb: »Vakuumröhren, die so betrieben wurden, bildeten tatsächlich winzige Risse und erzeugten dennoch weiterhin ihre ›Vakuum‹-Entladungen! Dollard und die Zeugen dieser Experimente berichteten, sie hätten ein zischendes Geräusch gehört, das aus den Rissen im Glas kam. Wurde die aktivierende Energie unterbrochen, implodierten die Kolben einfach.«[3]

Dollard hat demonstriert, dass Impulse der Strahlungsenergie sowohl Massenabstoßungs- als auch Massenanziehungseffekte bewirken. Tesla fasste diese Entladungen als Wellen in einem verdünnten Äther auf. Vassilatos schrieb:

> In seinem Artikel beschreibt Tesla die den Schutzschirm durchdringenden Stöße als »Schallwellen elektrifizierter Luft«. Trotzdem macht er eine interessante Bemerkung in Bezug auf die Geräusche, die Hitze, das Licht, den Druck und die Stöße, die er direkt durch die Kupferplatten dringen fühlte. Sie alle »implizieren das Vorhandensein eines Mediums gasförmiger Struktur, das heißt einer Struktur, die aus unabhängigen Trägern besteht, die in der Lage sind, sich frei zu bewegen«. Bei diesem »Medium« handelte es sich offensichtlich nicht um Luft. Was meinte er also? Außerdem sagte er in diesem Artikel ganz eindeutig: »Neben der Luft ist noch ein anders Medium vorhanden.«[4]

Teslas Hinweis auf ätherische Schallwellen impliziert ein Äthermedium, welches komprimierbar ist und Längswellen aussendet, ebenso wie Luft Schall überträgt. Der Äther, den er sich vorstellte, unterschied sich wesentlich von dem elastischen festen Äther, den die Ätherphysiker des 19. Jahrhunderts propagiert hatten und der durch Scherspannungen in seinem Gefüge angeblich elektromagnetische

Abb. 6.1 *Teslas Verstärkungssender während des Betriebs. Tesla sitzt im Hintergrund.*

Abb. 6.2 *Nicola Tesla 1894 im Alter von 38 Jahren.*

Wellen übertrug und so Kräfte senkrecht zur Richtung der Wellenausbreitung erzeugte. Tesla vertrat seinen hiervon abweichenden Standpunkt, weil die Kräfte, die durch die von ihm beobachteten Stöße erzeugt wurden, in Längsrichtung und nicht senkrecht verliefen. Somit kommt seine Vorstellung vom Äther der Idee des transmutierenden Äthers sehr nahe, wie sie in der Subquantenkinetik zum Ausdruck kommt, wo ein lokales Energiepotenzial als örtlich hohe oder niedrige Ätheronenkonzentration erachtet wird und eine Energiepotenzialwelle als ein sich ausbreitender Wall bestimmter Ätheronenkonzentration. Die sich abwechselnde Zu- und Abnahme der Ätheronenkonzentration, die einer vorbeiziehenden Welle gleicht, erinnert sehr stark an Teslas Vorstellung von einer sich abwechselnden Kompression und Verdünnung eines Äthergases.

Tesla schrieb die von ihm beobachteten Längskräfte dem Wirken von Ätherströmungen zu, die durch Ätherstöße vorwärtsgedrängt werden. Jedoch ist die Kraft, die von diesen Impulsen erzeugt wird, wie weiter unten noch ausgeführt wird, wohl eher auf das Wirken des potenziellen Gradienten (des Gradienten der Ätheronenkonzentration) zurückzuführen als auf irgendwelche mechanischen Abläufe, die aus einem zugehörigen Ätherwind entstehen.

Versuche, die Jewgeni Podkletnow und seine Mitarbeiter in einem Labor in Russland durchgeführt haben, bieten ein weiteres Beispiel für die Existenz der elektrogravitativen Impulswirkungen. Mit seinem Wissen über Kristall- und Keramikmaterialien entwickelte Podkletnow ein einzigartiges supraleitendes Keramikmaterial, Yttrium-Barium-Kupferoxid ($YBa_2Cu_3O7_{-y}$). Damit führte er eine Reihe von Versuchen durch, bei denen er Hochspannungsentladungen von einer Elektrode aussandte, die mit diesem supraleitenden Material beschichtet worden war. Bei seinen frühen Experimenten trug er einen dünnen Film dieses Supraleiters auf die Oberflächen von Metallkugeln mit einem Durchmesser zwischen 25 und 50 cm auf. Er kühlte eine Kugel kryogenisch ab, lud sie mit einem Van-de-Graaff-Generator auf 500 kV auf und ließ sie sich dann über eine gewisse Strecke auf eine zweite Metallkugel entladen. Beide waren in einer mit Helium gefüllten Kammer eingeschlossen (**Abb. 6.3**).[5] Er beobachtete, dass ein schwacher Gravitationsimpuls ausgesandt wurde, der in der Lage war, eine Zeitung in Bewegung zu setzen, die man in einem Nebenraum an der Wand befestigt hatte. Die Kraft schien sich mit der Entfernung nicht zu verringern.

Bei späteren Versuchen, in denen eine modifizierte Version dieser Funkenstrecke verwendet wurde, stellte Podkletnow fest, dass es sich hierbei um eine Gravitationskraft handelte. Es gelang ihm, den Impuls auf einen engen Strahl zu begrenzen, der in der Lage war, starke Längskräfte auf weit entfernte Testmassen zu übertragen. Er entwickelte seine Technologie für diese Tests weiter, indem er seine Entladevorrichtung in eine Vakuumkammer einschloss. Und statt einer Kugel verwendete er für seinen Emitter eine Scheibe aus supraleitender Keramik mit einem Durchmesser von 10 cm und einer Dicke von 0,8 cm (siehe **Abb. 6.4**).[6-8] Die Scheibe wurde auf 50 bis 70K abgekühlt, und eine innere Elektromagnetspule induzierte ein »erstarrtes« Magnetfeld, das senkrecht zur Fläche der Scheibe ausgerichtet war, um die Ladung entsprechend zu justieren. Mit einer äußeren Spule, die die Entladekammer umgab, wurde ein Feld erzeugt, um den Justiereffekt des inneren Magnetfeldes zusätzlich zu verstärken. Podkletnow benutzte dann einen Marx-Generator, um einen Hochspannungselektronenimpuls von 0,5 bis 2 Megavolt zu erzeugen, den er durch die Scheibe und über die evakuierte Entladestrecke auf eine 1,5 cm dicke Kupferanode mit ähnlichem Durchmesser richtete.

Wenn der Marx-Generator entladen wurde, dann wurde aus der supraleitenden Kathode eine kohärente ebene Welle emittiert, die zur Anode fortschritt, wobei die supraleitende Kathode von einem die ganze Scheibe bedeckenden Glühen eingehüllt wurde. Mithilfe eines Laserstrahls als Sensor konnten Podkletnow und seine Mitarbeiter feststellen, dass die Entladung eine Anstiegszeit von

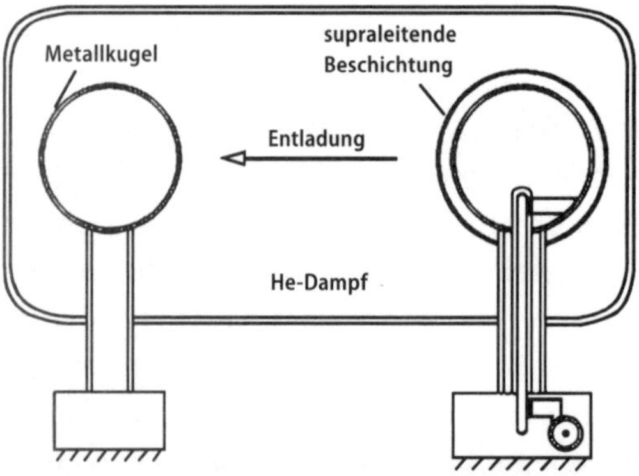

Abb. 6.3 *Der erste Aufbau des Impuls-Gravitations-Generators von Podkletnow. (Nach Podkletnow und Modanese, 2001)*

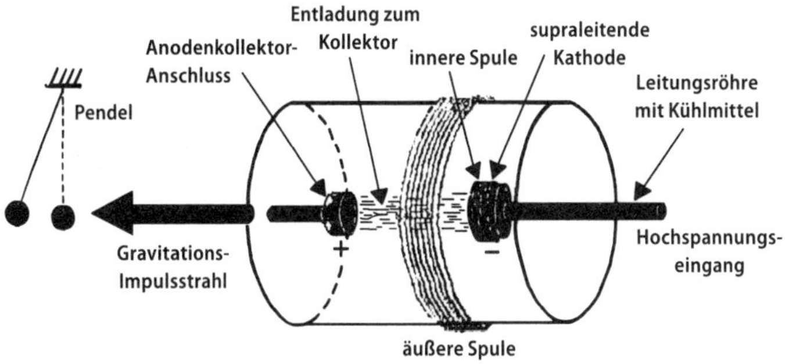

Abb. 6.4 *Von Podkletnow entwickelter Gravitationsimpulsstrahl-Generator. (Nach Cook,* Jane's Defense Weekly, *2002)*

weniger als 100 Nanosekunden und eine Dauer in der Größenordnung von 10 bis 100 Mikrosekunden hatte. Diese Elektronenentladung wurde offensichtlich von einer Gravitationsstoßwelle begleitet. Während die Elektronenentladung an der Anode des Strahlengenerators endete, ging eine Gravitationsstoßwelle, die die Entladung offensichtlich begleitete, in dieselbe Richtung weiter. Sie lief ungehindert durch die Anode und erschien als Gravitationsimpuls, der auf einen Strahl von 10 cm Durchmesser beschränkt war und dem Querschnitt der Anode entsprach.

Als die emittierte Welle mit einer Entladespannung von 2 Millionen Volt abgefeuert wurde, stellte man fest, dass sie ein Pendel mit einem Gewicht von 18,5 g, das an einem 80 cm langen Faden hing und in einem Abstand von 150 Metern zum Strahlengenerator positioniert war, um 14 cm auslenkte. Der Strahl war in der Lage, diese Kraft aufzubringen, nachdem er zuerst einen Faradayschen Käfig, 2,5 cm dicken Stahl und eine 30 cm dicke Ziegelwand durchdrungen hatte. Das erinnert uns an Teslas Strahlenenergiestöße, die sogar noch dann Kraft hatten, nachdem sie Kupfer- und Glaswände durchdrungen hatten. Eine kurze Berechnung ergibt, dass ihr Pendelgewicht mit jeder Stoßfront von 100 Nanosekunden einen kurzzeitigen Rückstoß von etwa 500.000 g erfuhr.*

* In ihrer Abhandlung von 2003 berichteten Podkletnow und Modanese von einer geringeren momentanen Beschleunigung in der Größenordnung von etwa 500 g. Sie gingen davon aus, dass die Schwerkraft während der gesamten Dauer des Impulses (10^{-4} Sek.) wirksam ist. Jedoch lässt die Subquantenkinetik darauf schließen, dass die Schwerkraft von einem Gradienten an der Vorderfront ihrer Schockwelle geliefert wird, die von einer viel kürzeren Dauer ist und eine Anstiegszeit von weniger als 100 Nanosekunden hat. Dies setzt eine sofortige Schwerkraftbeschleunigung voraus, die tausend Mal größer wäre als die von ihnen berechnete.

Es wurden Pendelgewichte von unterschiedlicher Masse verwendet, die aus verschiedenen Materialien hergestellt wurden (z. B. Gummi, Kunststoff, Metall), aber sie alle wiesen bei einer beliebigen Entladespannung die gleiche Abweichung auf. Da die Kraft, die auf das Pendel einwirkte, in direktem Verhältnis zur Pendelmasse stand, kamen Podkletnow und der Physiker Giovanni Modanese zu dem Schluss, dass der von ihnen beobachtete Effekt mit Schwerkraft zu tun haben müsse.[9] Dieser Masseneffekt schließt die Möglichkeit aus, dass ein elektromagnetischer Strahlungsdruck eine Kraft auf das Pendel ausübt. Außerdem ist die durch die Entladung erzeugte Menge elektromagnetischer Energie viel zu gering, um die beobachteten Energieeffekte zu erklären. Die Pendelresultate schließen auch die Möglichkeit aus, dass diese Kraft möglicherweise auf eine »elektrokinetische Längskraft« zurückzuführen ist, von der Art, wie sie der amerikanische Physiker und Professor Oleg Jefimenko dargelegt hat, die nur auf freie Ladungen im Zielmaterial einwirken würde.[10] Falls die vom Gravitationsimpulsstrahl erzeugte Kraft auf solche elektrokinetischen Ionenkräfte zurückzuführen wäre, hätte man beim Testen unterschiedlicher Materialien beim Pendelgewicht unterschiedliche Auslenkungen beobachten müssen, und das war nicht der Fall. In **Abb. 6.5** sehen Sie den Grad der Auslenkung des Pendels bei unterschiedlichen Spannungseinstellungen des Gravitationsstrahlgenerators.

Versuche, die mit Rauch angestellt wurden, haben ergeben, dass sich die Luft im Pfad des Gravitationsstrahls während jedes emittierten Gravitationsimpulses kurz vorwärts und rückwärts bewegte. Wenn man die Gravitationsimpulse bei unterschiedlichen Entfernungen durch druckempfindliches Kohlepapier jagte, erzielte man damit stets einen schwarzen Kreis mit einem Durchmesser von 10 cm. Das ist ein Hinweis darauf, dass der Strahl in der Lage war, über große Entfernungen kohärent zu bleiben und äußerst scharfe Kanten zu hinterlassen. Somit ist dieser Impulsstrahl vergleichbar mit einem Laserstrahl. Aber er erzielt seine Kohärenz ohne die Hilfe eines Resonanzhohlraums. In einem Artikel in der Zeitschrift *Jane's Defense Weekly* berichtete Nick Cook von dem in einem russischen Labor erbrachten Nachweis, dass dieser Strahl, wenn er mit einem Laserzielgerät ausgestattet war, über eine Entfernung von einem Kilometer einen Stapel Bücher umstoßen konnte und dass er selbst über eine Entfernung von zweihundert Kilometern nur einen unbedeutenden Kraftverlust aufwies.[11-13]

Laut Cook waren die Ingenieure in der Anlage *Phantom Works* der *Boeing Aerospace Corporation* in Seattle, Washington sehr daran interessiert, diese Strahlentechnologie zu untersuchen, mit dem Ziel, sie für ein Forschungs- und Entwicklungsprojekt einzusetzen. In einem internen Informationsdokument der Firma mit dem Titel *Gravity Research for Advanced Space Propulsion* (etwa:

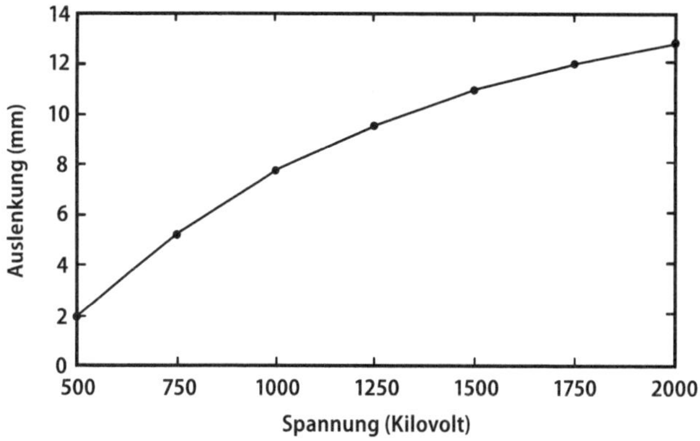

Abb. 6.5 *Grafische Darstellung der Pendelauslenkung bei verschiedenen Entladungsspannungen des Gravitationsstrahl-Versuchs von Podkletnow und Modanese. (Nach Podkletnow und Modanese, 2001)*

Gravitationsforschung für fortgeschrittene Raumfahrtantriebe) steht: »Falls die Gravitationsmodifizierung real ist, wird sie die gesamte Raumfahrt revolutionieren.«[14] Zu den anderen Raumfahrtunternehmen, die sich für Podkletnows Strahlengenerator interessierten, gehörten BAE *Systems* und *Lockheed Martin.* Cook berichtete jedoch, dass die russische Regierung verhindern wollte, dass die Gravitationsstrahltechnologie exportiert würde.

Entsprechend der Subquantenkinetik würde Podkletnows Gravitationsimpuls-Strahlengenerator beim Abfeuern keinen Rückschlag erzeugen. Das bedeutet, dass der rückwärts gerichtete Impuls, der zum Zeitpunkt der Elektronenimpulsentladungen auf die supraleitende Kathode wirkt, durch den gleichgroßen und in die Gegenrichtung wirkenden, also nach vorn zur Anode gerichteten Impuls ausgelöscht wird, sobald die Anode die Elektronenentladung absorbiert. Aber der Impuls des Gravitationsfeldes, der weiterhin nach vorn durch die Anode hindurch und darüber hinaus drängt, würde dann bei allen Massen, durch die er hindurchgeht, zusätzliche Vorwärtsschübe bewirken, und zwar im offensichtlichen Widerspruch zu Newtons drittem Gesetz der Bewegung. In diesem Fall, wenn also diese fernen Schübe berücksichtigt werden, ist es nicht länger korrekt, dass jede Aktion notwendigerweise eine gleich große und entgegengesetzte Reaktion bewirkt.

Im Jahr 2003 schrieb ich an Dr. Podkletnow und teilte ihm meine Überzeugung mit, dass sein Impulsgenerator keinen Rückschlag verursachen dürfte und dass ich aufgrund der Subquantenkinetik erwarten würde, dass seine Impulse sich mit Überlichtgeschwindigkeit ausbreiten würden.[15] Er antwortete, ich hätte recht mit meiner Vermutung, dass die Vorrichtung beim Abfeuern »keine mechanische Rückwärtsreaktion« verursacht, und seine Mitarbeiter hätten festgestellt, dass die Impulse Überlichtgeschwindigkeit erreichen. Weiter teilte er mir mit, es sei ihnen gelungen zu ermitteln, dass die Impulse etwa die 63- bis 64-fache Lichtgeschwindigkeit erreichten, ein Ergebnis, das sie noch wiederholt überprüfen wollten, ehe sie es der Öffentlichkeit vorstellten. Außerdem schrieb er: »Es ist schon erstaunlich, dass Sie die Effekte voraussagen konnten, die wir beobachtet haben. Wir würden uns freuen, mehr über Ihren Ansatz der Subquantenkinetik zu erfahren.«[16] Ich schickte ihm also eine Kopie meines Buches *Subquantum Kinetics*, und 2004 veröffentlichte er eine sehr positiv Kritik darüber in der Zeitschrift *Infinite*.[17]

In ihrer Abhandlung von 2003 erkennen Podkletnow und Modanese an, dass die Wirkung ihrer Gravitationsimpulsstrahlen durch die konventionellen Gravitationstheorien nicht erklärt werden kann. Zum Beispiel sagt die allgemeine Relativitätstheorie voraus, dass Gravitationswellen Quadrupolkräfte in einer Zielmasse induzieren, die transversal zur Richtung der Wellenbewegung ausgerichtet sind. Stattdessen wurde beobachtet, dass der Gravitationsimpulsstrahl abstoßende längsgerichtete Kräfte erzeugt, also in Übereinstimmung mit der Richtung der Wellenausbreitung. Und genau das hat auch Tesla bei seinen Stoßentladungen beobachtet. Dies bestätigt ebenfalls eine zentrale Voraussage der Subquantenkinetik, nämlich dass Elektronen Materie abstoßende Gravitationspotenzialberge (G-Ätheronen-Berge) erzeugen und dass eine Veränderung im elektrischen oder gravitativen Potenzialfeld sich als longitudinale Potenzialwelle nach vorn ausbreiten würde.

Die Subquantenkinetik bietet die folgende Erklärung, wie die Gravitationswellen erzeugt werden könnten: Eine Stoßentladung von einer Kathode zu einer Anode erzeugt eine Welle mit einem starken Anstieg des elektrischen Feldpotenzials, gefolgt von einer allmählichen Entspannung. Wie in Kapitel 4, Abschnitt 4.1 beschrieben, sagt die Subquantenkinetik voraus, dass ein Elektron einen Gravitationspotenzialberg erzeugt. Eine Elektronenentladung würde also von einer gleichphasigen Gravitationspotenzialwelle begleitet werden. Dies würde ähnlich aussehen wie in **Abb. 6.6** (Seite 188 oben) dargestellt, wo der Verlauf der Welle von rechts nach links gezeigt wird. Die Vorderseite dieser Welle besteht aus einem steilen Anstieg der G-Ätheronen-Konzentration, d. h. einem Anstieg des Gravitationspotenzials. Sein Gradient induziert auf alle Massen, auf die er trifft, eine Gravitationskraft, wie in der Abbildung von rechts nach links gezeigt. Somit hat er einen repulsiven Effekt. Der nachfolgende Teil der Welle, die ein abnehmendes Gravitationspotenzial hat, erzeugt einen gegensätzlich gerichteten Schub, der eine anziehende Kraft auf Massen ausübt, auf die die Welle trifft. Diese Zeichnung ist ziemlich stark idealisiert, denn eine Impulsentladung erzeugt üblicherweise einen oszillierenden Spannungsabschwung, wenn sie schwächer wird.

Eine Kraft (F) die einen gewissen Zeitraum (t) auf ein Objekt ausgeübt wird, ergibt eine Größe, die Impuls genannt wird, das Produkt von Kraft und Zeit ($I = F \times t$), was der resultierenden Veränderung der Bewegungsgröße des Objekts entspricht. Wenn also eine vorwärts gerichtete Abstoßungskraft, die während des Durchgangs der vorderen Flanke der Welle ausgeübt wird, zehn Mal so groß wäre und aber auch nur ein Zehntel so lange dauern würde wie die rückwärts gerichtete Anziehungskraft, die während des Durchgangs der hinteren Flanke ausgeübt wird, dann würde der Vorwärtsimpuls genau den Rückwärtsimpuls ausgleichen. Der Durchgang der Welle hätte also keinen resultierenden Effekt auf das Moment der Zielmasse.

Um also die Ergebnisse von Podkletnow und Modanese zu erklären, muss ein weiterer wichtiger Faktor einbezogen werden – die virtuelle Ladung. Dann ergäbe sich folgendes Bild: Die vorwärts drängende Elektronenentladung wird von einer negativen elektrischen Potenzialwelle begleitet, und die Vorderseite erfährt nicht nur mit der Entfernung einen sehr starken Spannungsabfall, sondern ihre Spannung verändert sich mit der Entfernung auch auf eine höchst nichtlineare Art und Weise.* Diese Stoßfront hängt also mit der Erzeugung einer sehr hohen negativen virtuellen Ladungsdichte zusammen, die ein enormes Materie abstoßendes Gravitationsfeld erzeugt.

Dieser plötzliche Spannungsabfall könnte mit der exponentiellen Gleichung $U = -r^{10}$ dargestellt werden, wie in **Abb. 6.7a** gezeigt. Die Gleichung 7 aus Kapitel 4 sagt voraus, dass dies ein Gravitationspotenzialfeld erzeugen würde, das mit $\varphi_g(r) \propto \nabla^2 \varphi_E(r)$ variieren würde, also mit $\varphi_g \propto r^8$. Das extrem steile Profil des Gravitationspotenzials ist in **Abb. 6.7b** dargestellt. Die Welle verläuft in der Abbildung nach links, und ihr Gravitationsgradient erzeugt eine Kraft, die ebenfalls

* Relativistische Längenkontraktionseffekte würden ebenfalls zur Steilheit dieser Vorderseite beitragen. Zum Beispiel würde die Elektronenentladung bei 500 Kilovolt aus 0,5 MeV Elektronen bestehen, mit einer Masse, die zwei Mal so groß wäre wie die Ruhemasse. Die Elektronen würden sich mit 87%iger Lichtgeschwindigkeit bewegen und hätten einen Lorentzfaktor von 2. Deshalb würde die Anstiegszeit der Spannung um einen Faktor von 2 komprimiert werden, was den Potenzialgradienten zwei Mal so steil machte. Bei 2 MeV würden sich die Elektronen mit 98% der Lichtgeschwindigkeit fortbewegen und hätten einen Lorentzfaktor von 5, was den Spannungsgradienten fünf Mal so steil machte.

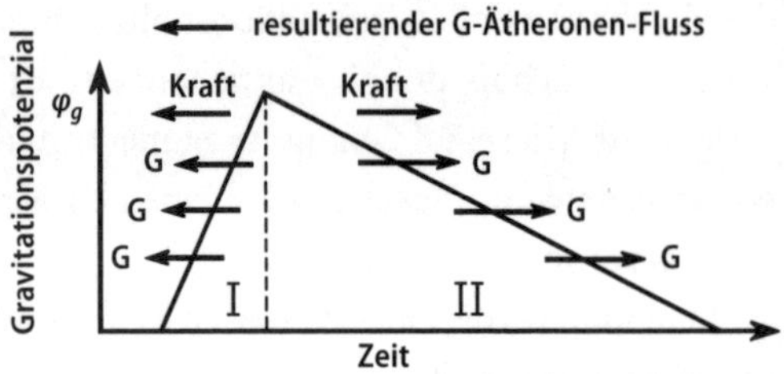

Abb. 6.6 *Eine sich ausbreitende elektrogravitative Stoßwelle, die eine abstoßende Gravitationskraft zu erzeugen vermag. Die Welle bewegt sich von rechts nach links, und die resultierende Gravitationskraft sowie der G-Ätheronen-Fluss verlaufen ebenfalls von rechts nach links. (P. LaViolette, © 2007)*

nach links verlaufend dargestellt ist. Damit ist sie also abstoßend. Die hinter der Schockfront herziehende gedämpfte Schwingung der Sinuswelle erzeugt einen Gravitationsschub, der viele Male kleiner ist und von hinten nach vorne schwingt. Der Vorwärtsschub dürfte jedoch immer dominieren und zu einer resultierenden Abstoßungskraft führen.

Wenn die Elektronenentladung durch die Anode des Impulsgenerators absorbiert wird, geht das elektrische Feldpotenzial der Entladung auf null. Jedoch bewegt sich die Gravitationswelle, die erzeugt wurde, während sich die Entladung im Flug befand, weiter vorwärts. Sie geht durch die Anode und erzeugt letztlich Schubwirkungen auf weit entfernte Massen.

Der Subquantenkinetik gemäß erzeugt der steile Gradient des Gravitationspotenzials an der vorderen Flanke einen konvektiven G-Ätheronen-Fluss in Richtung der Wellenausbreitung oder, mit anderen Worten, einen G-Ätheronen-Ätherwind. Die hier beschriebenen G-Ätheronen-Ströme werden von X-Ätheronen-Strömen begleitet, die in dieselbe Richtung gehen (und durch Y-Ätheronen-Ströme, die sich in die entgegengesetzte Richtung bewegen). Bei jedem Abfeuern des Gravitationsimpulsstrahls bewegt sich eine gewisse Menge von G-Ätheronen geradlinig von der Kathode weg. Wir können dies mit dem Abfeuern einer Kanone vergleichen, bei dem die herausschießende Kanonenkugel von einer sich nach vorn bewegenden Luftmasse begleitet wird, die einen Ringwirbel oder Rauchring bildet. Auf ähnliche Weise wird diese Menge von G-Ätheronen von einem sich nach außen bewegenden G-Ätheronen-Ringwirbel begleitet, der dazu beiträgt, den Impuls auszurichten.

Podkletnows Gravitationsstrahlgenerator erzeugt nicht insbesondere deshalb Gravitationsimpulse, weil sein Kathodenemitter aus supraleitendem Material besteht. Der Gravitationsabstoßungseffekt seiner Stöße kann vielmehr auf die Kopplung der Elektrogravitation zwischen Ladung und Gravitation zurück-

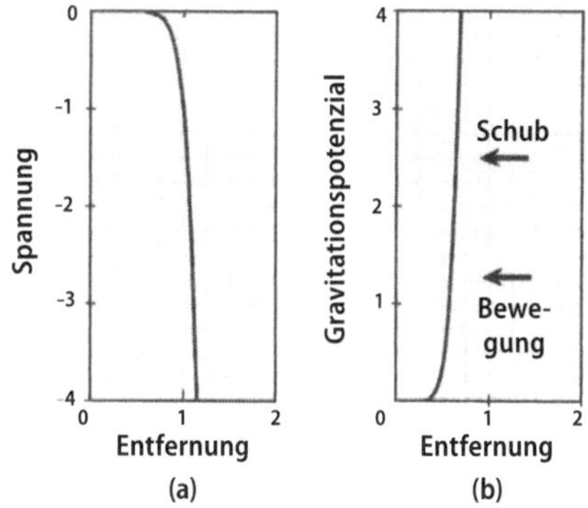

Abb. 6.7 *(a) Spannung an der Vorderseite der Elektronenstoßentladung, gezeichnet als Funktion der Zeit oder Entfernung. Die Welle bewegt sich nach links. (b) Entsprechendes Profil des Gravitationspotenzials, das aus der virtuellen Ladungsdichte entsteht, die durch die Welle erzeugt wird. (P. LaViolette, © 2007)*

geführt werden. Die oben angeführte subquantenkinetische Erklärung für die Erzeugung des Gravitationsimpulseffektes gilt ebenfalls für die von Teslas Stoßentladungsimpulsen erzeugten Rückstöße. Die Supraleitfähigkeit von Podkletnows Kathodenemitter trägt wahrscheinlich eher dadurch zur Stärke des Impulses bei, dass sie den Feldgradienten der vorderen Flanke schärfer und steiler werden lässt. Außerdem wäre es wahrscheinlich nützlich, die Gravitationswelle in einen nichtdivergierenden Strahl zu bündeln.

Wir können davon ausgehen, dass dieser Elektrogravitationsimpulseffekt sich mehr oder weniger auf dieselbe Art und Weise manifestiert wie der Biefeld-Brownsche Elektrogravitationsschubeffekt. Das heißt, er entsteht aufgrund einer inhärenten Kopplung zwischen der Ladung und der schweren Masse. Die Impulswirkung übt jedoch eine viel stärkere unmittelbare Kraft aus als die Gravitatoren Browns, da ihr Feldgradient viel steiler ist. Da dieser intensivere Schub jedoch über eine viel kürzere Zeitspanne agiert, muss er zyklisch wiederholt werden, um einen fortlaufenden Antriebseffekt zu erzeugen.

Im Juli 2003 verriet mir Podkletnow, dass der Gravitationswellenimpuls bei einer höheren Entladungsspannung von etwa 10 Millionen Volt so stark wurde, dass er in der Lage war, in einer 1 Zoll dicken Stahlplatte eine Delle zu hinterlassen und ein Loch von 4 cm Durchmesser durch einen Betonblock zu bohren.[20] Verglichen mit dem Pendelausschlag, der durch eine Entladung von 2 Millionen Volt bewirkt wurde, demonstriert diese Art von Schaden eine mindestens tausendfache Steigerung der erzeugten Kraft. Ein solch starker Impuls wird von der Trendlinie in **Abb. 6.5** nicht vorausgesagt. Diese zeigt, dass der Pendelausschlag auf einem hohen Niveau gleich bleibt, wenn die Impulsspannung steigt. Sie zeigt eine zweifache Steigerung der Impulsstärke, nicht eine tausendfache. Die Subquantenkinetik sagt voraus, dass Spannungsgradienten, die steiler und nichtlinearer sind, größere Gravitationsschübe erzeugen. Denken

Sie an die Gleichung 8 aus Kapitel 4. Ich ging also davon aus, dass Podkletnows Forschungsteam für diese stärkeren Gravitationsimpulse den Impulsgenerator mit einem verbesserten Marx-Generator ausgerüstet hatte, der in der Lage war, die Ladung viel schneller zur supraleitenden Scheibe des Strahlengenerators zu schicken, um so einen Impuls des Gravitationspotenzials mit einer steileren Anstiegszeit zu erzeugen.

Um zu überprüfen, ob meine Vermutung korrekt war, schrieb ich 2007 einen Brief an Dr. Podkletnow und erklärte ihm die Gründe für meine Annahme, dass er einen verbesserten Marx-Generator verwendet habe, um seinen Impulsgenerator so zu verbessern, dass er diese höheren Schubimpulse erzeugen konnte.[21] In seinem Antwortschreiben bestätigte er mir, dass er tatsächlich den Marx-Generator modifiziert hatte, sodass die Impulsspannung auf dem Supraleitemitter viel schneller anstieg.[22] Er teilte mir außerdem folgende Beobachtung mit, die sie gemacht hatten: Je schneller die Spannung im Kathodenemitter steigt, desto größer ist die erzeugte Impulskraft. Da ein schnellerer Spannungsanstieg die Nichtlinearität des Impulses steigert, stimmen ihre Beobachtungen in Bezug auf einen größeren Schub mit den Vorhersagen der Subquantenkinetik überein. Podkletnow verriet mir ebenfalls, dass dieser verbesserte Impulsgenerator eine stärkere Schubkraft aufwies, selbst wenn er mit Impulsen von 5 Millionen Volt erregt wurde. Ferner erklärte er, dass diese starken Impulse manchmal die Kupferanode des Generators verbogen und die Wände der Entladungskammer beschädigten. Möglicherweise ist die russische Regierung wegen dieser höheren Impulsergebnisse nicht sehr darauf erpicht, diese Technologie zu exportieren. Tatsächlich könnte eine Technologie, die solche Möglichkeiten bietet, als Waffe missbraucht werden.

6.2 Impulse mit Überlichtgeschwindigkeit

Befassen wir uns jetzt einmal mit einigen erstaunlichen Tatsachen, die beweisen, dass Weltraumreisen mit Überlichtgeschwindigkeit möglich sind, und die gleichzeitig Einsteins überholte spezielle Relativitätstheorie widerlegen. Ein Beispiel für eine Wellenausbreitung mit Überlichtgeschwindigkeit finden wir in den Gravitationsstoßfronten, die von Podkletnows Strahlengenerator erzeugt werden. Seinem Forschungsteam war es gelungen, die Geschwindigkeit ihrer Gravitationsstrahlenimpulse zu messen, indem sie ein Oszilloskop benutzten, um die Momente zu kennzeichnen, in denen der Gravitationsimpuls vorübergehend zwei Laserstrahlen abdunkelte, die durch den Pfad des Strahls hindurchgingen. Da die Forscher die Entfernung zwischen den Kreuzungspunkten des

Laserstrahls und die Zeit, die für jede Abdunklung registriert wurde, kannten, waren sie in der Lage, die Geschwindigkeit des Gravitationsimpulses zu messen. Wie bereits erwähnt, fand Podkletnows Team heraus, dass sich die Impulse 64 Mal so schnell bewegten wie das Licht![23] Dabei konnten sie nur einen unteren Grenzwert ermitteln, weil die Geschwindigkeit der Impulse das Limit der Zeitauflösung des Oszilloskops überschritt.

Das kontroverse Ergebnis ist ein offensichtlicher Gegenbeweis zur speziellen Relativitätstheorie, derzufolge nichts schneller sein kann als das Licht. Jedoch wird die hohe Geschwindigkeit dieser Impulse verständlich, wenn man sie im Zusammenhang mit der Subquantenkinetik betrachtet. Der Subquantenkinetik zufolge hat eine Lichtwelle die Geschwindigkeit *c*, die Geschwindigkeit des Lichts relativ zum örtlich ruhenden Bezugssystem des Äthers. Nehmen wir jetzt einmal an, dass der Feldgradient der sich fortbewegenden Gravitationspotenzialwelle eine Ätherkugel relativ zum ruhenden Ätherbezugssystem des umgebenden Labors auf eine hohe Geschwindigkeit beschleunigt. Nehmen wir weiter an, dass sie eine Geschwindigkeit von 63 *c* erreicht. Theoretisch sollte dies möglich sein, denn der Äther ist nicht an dieselben Regeln der Geschwindigkeitsbegrenzung gebunden, die für elektromagnetische Strahlung gelten. Wenn nun ein Lichtstrahl oder eine Stoßfront sich innerhalb dieses Ätherwinds in dieselbe Richtung bewegt wie der Ätherwind, dann dürften wir feststellen, dass sich dieser Lichtstrahl, relativ zum Bezugssystem des Labors, mit 64-facher Lichtgeschwindigkeit bewegt, 63 *c* für die Geschwindigkeit des Ätherwinds plus 1 *c* für den Lichtstrahl, der sich darin vorwärts bewegt.

Podkletnows Team maß eine viel höhere Geschwindigkeit bei den Gravitationsimpulsen, die durch ihren verbesserten Marx-Impulsgenerator erzeugt wurden und die Beton durchstießen. Unter Verwendung eines Paares synchronisierter Atomuhren zur Messung der Ankunftszeit der Impulse an verschiedenen Orten konnten sie ermitteln, dass die Impulse mindestens mehrere Hundert Mal Lichtgeschwindigkeit erreichten und vielleicht sogar noch schneller waren![24] Ihre größere Geschwindigkeit ist möglicherweise auf den steileren Feldgradienten zurückzuführen, der die G-Ätheronen auf eine sehr hohe Geschwindigkeit gedrückt hat.

In den 1980er Jahren, lange vor den Versuchen von Podkletnow und Modanese, untersuchte der amerikanische Physikingenieur Guy Obolensky die Geschwindigkeit elektrischer Feldstöße, um Teslas Behauptung zu überprüfen, dass seine Strahlungsenergiestöße Überlichtgeschwindigkeit erreicht hätten. Obolensky wies nach, dass die plötzliche Entladung eines Hochspannungs-Luftkondensators von 16 Quadratfuß eine Oberflächenwelle erzeugte, die sich entlang einer 7,07 m langen Übertragungsleitung bei einer Geschwindigkeit von 1,23 *c* bewegen konnte, also um 23 % schneller als das Licht.[25]

In den Jahren 2005 und 2006 arbeitete ich mit Obolensky in seinem Labor in New York zusammen, um die Überlichtgeschwindigkeit von Stoßentladungen zu untersuchen. Dazu benutzten wir einen Hochspannungs-Verstärkungstransmitter, den Obolensky einige Jahre zuvor gebaut hatte und in dem viele von Teslas Konstruktionsmerkmalen enthalten waren. Ebenso wie Podkletnows Apparat wird auch Obolenskys Verstärkungstransmitter durch die Entladung eines Marx-Generators erregt (**Abb. 6.8**). Die Stoßentladung der Elektronen erfolgt entlang eines horizontalen, mit Öl gefüllten Rohrs, des sogenannten Teslatrons, das eine längliche Spule enthält, die dazu beiträgt, die Stoßfront zu schärfen. Es erfüllt somit eine Funktion, die ähnlich ist wie die der Supraleitscheibe von Podkletnow. Das Rohr endet innerhalb einer pilzförmigen Kuppelelektrode mit einem Durchmesser von 1,2 m, die eine ähnliche Geometrie aufweist wie die Kuppel auf Teslas *Wardenclyffe Tower.* Das elektrische Potenzial dieser Kuppel »schwebt« auf dem Potenzial des Stoßes. Sie funktioniert also so ähnlich wie die Kathode in Podkletnows Strahlengenerator, obwohl sie über keine supraleitfähige Beschichtung verfügt.

Die Stoßentladung induziert eine gedämpfte sinusförmige Schwingung entlang der Teslatron-Säule, sodass der ersten negativen Halbwelle der Poten-

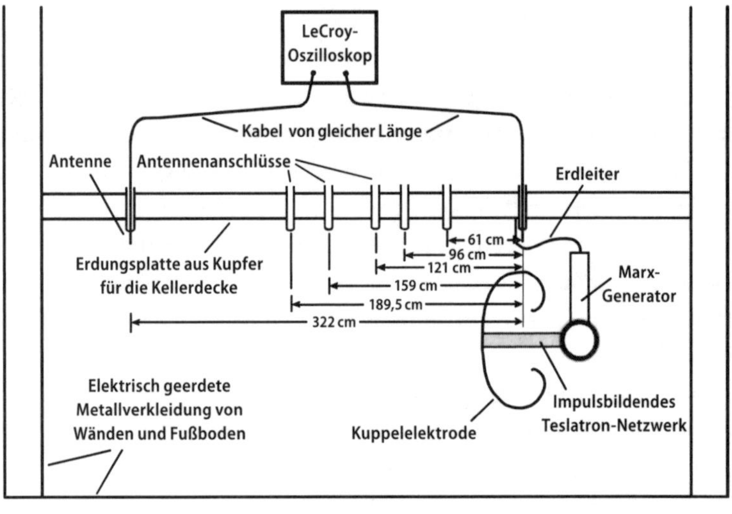

Abb. 6.8 *Ein Testaufbau zur Messung von Impulsen mit Überlichtgeschwindigkeit, ausgestrahlt von einer Kuppelelektrode. (P. LaViolette, © 2007)*

zialschwingung eine positive Halbwelle folgt, dann eine negative Halbwelle, usw. Diese Wechselstromschwingung prägt sich in die nach vorn schreitende Stoßwelle ein, wobei ein typischer Wechselstromimpuls auftritt, wie in **Abb. 6.9** gezeigt. Wenn sie die Kuppel erreicht, beginnt sich der Elektronenstoß aufzufächern, während er sich vorwärts von der Elektrode weg bewegt und eine elektrische Potenzialwelle, die »Coulombwelle«, bildet. Diese unterscheidet sich insofern von einer konventionellen elektromagnetischen Welle, als dass sie auf die Ladungen, auf die sie trifft, primär Längskräfte ausübt statt Querkräfte.

Es ist davon auszugehen, dass die negative Schwingung im elektrischen Potenzial an der Vorderfront der Coulombwelle eine sich vorwärts bewegende negative virtuelle Ladungsdichte trägt. Die Kopplungsbeziehung der Elektrogravitation der Subquantenkinetik sagt voraus, dass dies eine Gravitationswelle mit einem steigenden G-Feld und einem positiven Gradienten des Gravitationspotenzials induziert. Ebenso wie Podkletnows Gravitationsimpuls dürfte sie eine abstoßende Längskraft auf Massen ausüben, die sie durchstößt. Die unmittelbar folgende positive Schwingung des elektrischen Potenzials wird dann eine sich vorwärts bewegende positive virtuelle Ladungsdichte mitführen, die ein abnehmendes G-Feld induziert und eine Anziehungskraft auf die Massen ausübt, auf die sie trifft. Während das Feld weiterhin von negativ zu positiv oszilliert, wechselt die induzierte Gravitationskraft zwischen Abstoßung und Anzie-

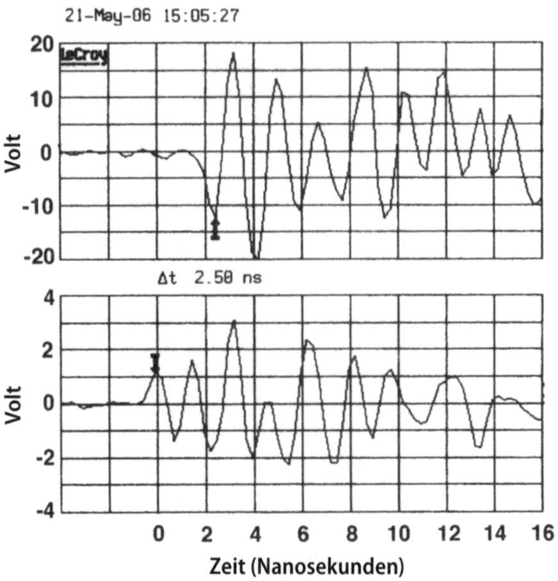

Abb. 6.9 *Spannung/Zeit-Oszillogramm eines von Obolensky gemessenen typischen Stoßfrontimpulses. Oberer Linienzug: Impuls, der bei 189,5 cm von der Bezugsantenne registriert wurde; unterer Linienzug: positiver Strom, der sehr nahe an der Erdklemme des Impulsgenerators registriert wurde. (Mit freundlicher Genehmigung von A. G. Obolensky)*

hung. Da die einzelnen Zyklen in diesem Wellenzug die Form von Sägezähnen mit unterschiedlich ansteigenden und abfallenden Flanken haben, dürften sie eine Gravitationslängskraft erzeugen, die wahrscheinlich abstoßend ist. Zu einem späteren Zeitpunkt hoffen wir, Messungen in Bezug auf den von dieser Vorrichtung erzeugten Gravitationsimpuls liefern zu können.

Im Fall des Gravitationsstrahls von Podkletnow steigt sein Querschnitt nicht nennenswert mit der Entfernung vom Strahlengenerator. Deshalb dürfte die Vorderfront des Impulses ihren ersten steilen Gradienten des Gravitationsfeldes aufrechterhalten, während er sich vorwärtsbewegt, und auch ihre Fähigkeit, die G-Ätheronen auf ihrem Weg zu derselben hohen Geschwindigkeit zu beschleunigen. Somit dürfte sich die anfängliche Überlichtgeschwindigkeit des Strahls mit der Entfernung nicht merklich verlangsamen. Jedoch sagt die Subquantenkinetik einen anderen Umstand für Impulse voraus, die von der Kuppelelektrode von Obolenskys Verstärkungstransmitter nach außen strahlen. Im Gegensatz zu den ausgerichteten Stoßentladungen, die von Podkletnows Gravitationsimpulsgenerator emittiert werden, fächern sich die von Obolenskys Verstärkungstransmitter erzeugten Stoßentladungen auf, während sie von der Kuppelelektrode des Transmitters abstrahlen. In diesem Fall würde die Geschwindigkeit des erzeugten Ätherwindes umgekehrt proportional zur Entfernung des Impulses von der Kuppel sinken, weil die Wellenfont des Impulses bei ihrer Vorwärtsbewegung radial nach außen expandiert (siehe folgendes graues Kästchen).

Das Absinken der Ätherwind-Geschwindigkeit mit der Entfernung

Im Falle eines isotropischen elektrostatischen oder gravitativen Feldes, so wie es sich vom Zentrum eines Teilchens nach außen erstreckt, ist zu beobachten, dass der Potenzialgradient des Feldes umgekehrt proportional zum Quadrat des radialen Abstands vom Zentrum des Teilchens sinkt. Im Falle einer elektrischen oder gravitativen Stoßwelle dürfte der Gradient jedoch entsprechend dem Kehrwert des radialen Abstands sinken.[26] Das bedeutet: Falls sich die Breite des Impulses nicht verändert, sinkt der Gradient entsprechend der 1/r-Abnahme des elektrischen oder gravitativen Feldpotenzials. Bei diesen Tests wurde festgestellt, dass die Impulsbreite relativ unverändert blieb, also könnte man eine 1/r-Abnahme im Feldgradienten erwarten.

Die Geschwindigkeit einer Welle, die sich mit Überlichtgeschwindigkeit ausbreitet, ist die Summe der Geschwindigkeit (*c*) des Impulses, relativ zum Bezugssystem des örtlichen Ätherwindes, plus die Geschwindigkeit (*v*) des örtlichen Ätherwindes, relativ zum Bezugssystem des Labors. Deshalb könnte man erwarten, dass die resultierende Geschwindigkeit zunächst bei einer Überlichtgeschwindigkeit anfängt und dann in Richtung auf *c* hin abfällt, während sich die Schockwelle vorwärts bewegt und die Geschwindigkeit des Ätherwindes hin zu null tendiert.

Tatsächlich haben Tests, die Obolensky und ich durchgeführt haben, gezeigt, dass die Geschwindigkeit mit zunehmender Entfernung abnahm, wie vorausgesagt. Die Daten waren immer dann am stimmigsten, wenn die Geschwindigkeit des Ätherwindes umgekehrt proportional zur Entfernung vom Erdungspunkt der Elektrode abnahm.[27] Dies war der erste Versuch seiner Art, um festzustellen, ob die Überlichtgeschwindigkeit eines Stoßes sich mit zunehmender Entfernung von einer emittierenden Elektrode verändern könnte. Durch Obolenskys Testanordnung konnte die Laufzeit der Stoßwelle zu sechs kollinearen Antennenpositionen gemessen werden. Sie befanden sich in Entfernungen von 61 bis 322 cm, gemessen von einem Bezugspunkt, der sich dort befand, wo der Stromimpuls vom Marx-Generator durch einen Keramikscheibenwiderstand zur Deckenerdungsplatte ging (siehe **Abb. 6.8**). Mit diesem Test konnte also die Gültigkeit der Voraussage der Subquantenkinetik überprüft werden, dass die Geschwindigkeit der Stoßwelle bei einem Überlichtwert beginnt und sich dann asymptotisch der Lichtgeschwindigkeit (*c*) nähert. Wir überprüften gleichzeitig die von Tesla aufgestellte Behauptung, dass die Impulse von diesem Verstärkungstransmitter anfänglich bei einer theoretisch unendlichen Geschwindigkeit starteten und dann langsamer wurden, zuerst bei einer höheren und dann bei einer geringeren Rate.

Bei Obolenskys Testaufbau wurde ein LeCroy-Oszilloskop mit einer Bandbreite von 1 Gigahertz benutzt, das Daten in Abständen von 250 Picosekunden sammeln konnte. Es war sehr viel schneller als das Oszilloskop, das er für frühere Versuche benutzt hatte. Er verwendete zwei einpolige Antennen, um die elektrische Feldkomponente der vorbeilaufenden Erdstrom-Stoßwelle zu entdecken. Jede Antenne bestand aus einem 12 cm langen Draht, der mit einem Koaxialkabelanschluss von 50 Ohm verbunden war und der zu einem Oszilloskop führte, wobei beide Kabel gleich lang und mit Ferritkernen umgeben waren, die Oberflächenwellen unterdrückten. Das Oszilloskop maß wiederum den Zeitabstand zwischen den beiden Signalströmen, und da die Entfernung zwischen den Antennen bekannt war, ließ sich die Geschwindigkeit der Impulse berechnen.

Obolensky positionierte eine einpolige Antenne unmittelbar hinter dem Erdungswiderstand der Keramikscheibe, die sich nahe, aber hinter dem Rand der Kuppel befand. Diese Antenne registrierte den positiven Stromimpuls, der in die Decken-Erdungsplatte des Labors floss, und damit gleichzeitig den Moment des Loslösens der Stoßwelle. Er positionierte die andere Antenne an einer der vorher festgelegten Stellen vor der Kuppelantenne. Bei mehreren aufeinanderfolgenden Testdurchläufen bewegte er diese zweite Antenne zu jedem der sechs Antennenausgänge, um die Ankunftszeiten der Impulse bei diesen unterschiedlichen Entfernungen von der Bezugsantenne, die den Erdstrom aufnahm, zu erhalten.

Der untere Linienzug in **Abb. 6.9** zeigt einen typischen Stoßstrompuls, der von der Bezugsantenne erfasst und als positiver Spannungsanstieg dargestellt wurde, wobei die Höchstspannung durch einen Pfeil angezeigt wird. Der obere Linienzug in **Abb. 6.9** zeigt die entsprechenden mit Überlichtgeschwindigkeit wandernden Oberflächenwellen, die von der zweiten einpoligen Antenne erfasst wurden, welche 189,5 cm von der die Erdströmung aufnehmenden Bezugsantenne positioniert war. Sein erstes negatives Spitzenpotenzial ist ebenfalls mit einem Pfeil gekennzeichnet, wobei die Polarität der Oberflächenwelle umgekehrt zum gemessenen Stromimpuls der Erdungsplatte ist.

Der Zeitabstand zwischen den beiden Pfeilen weist auf die Laufzeit der sich mit Überlichtgeschwindigkeit bewegenden Oberflächenwelle hin. Die Zeitbestimmung eines bestimmten Markierers war auf etwa 125 Pikosekunden genau. Die Periodendauer der Stoßwelle variierte sehr wenig, während sie sich nach außen bewegte, wobei die Periodendauer etwa bei 1,77 ± 0,09 Nanosekunden lag.

Abb. 6.10 zeigt die Laufzeit der Impulse, die bei verschiedenen Entfernungen von der Kuppelelektrode gemessen wurde. Die Messungen sind als schwarze Kreise dargestellt, mögliche passende Zwischenwerte durch kleine schwarze Rhomben. Der Datenpunkt von 61 cm wurde mit einem Nullzeitraffer versehen, da die Oszilloskopmessungen ergaben, dass der Impuls diesen elektrodennahen Abstand praktisch unmittelbar überspannte.

Abb. 6.11 zeigt die geschätzte Geschwindigkeit des Stoßes bei verschiedenen Entfernungen vom Impulsgenerator auf der Grundlage des Laufzeitmodells in **Abb. 6.10**. Dies zeigt, dass der Stoß bei einer Entfernung von 80 cm von der Sensorreferenzantenne eine Geschwindigkeit von etwa 2,32-facher Lichtgeschwindigkeit hatte, wobei seine Geschwindigkeit mit zunehmender Wegstrecke auf die Ruhelichtgeschwindigkeit *(c)* zurückfiel. Das gezeigte Modell geht davon aus, dass die Äthergeschwindigkeit *(v)* mit der Entfernung *(d)* wie folgt variiert:

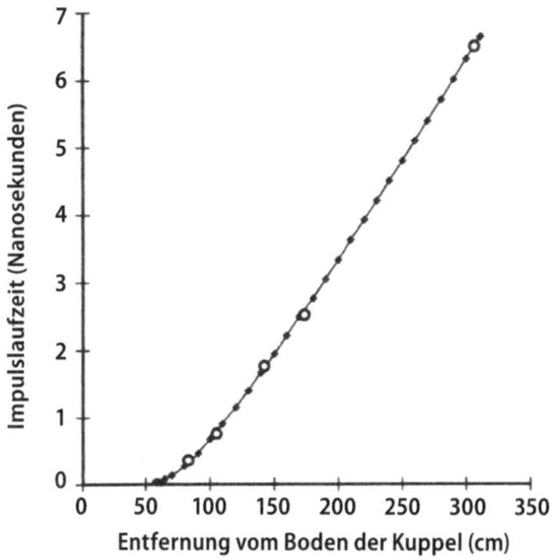

Abb. 6.10 *Diese Grafik zeigt die Laufzeit der Stoßfrontimpulse als Funktion der Entfernung vom emittierenden Impulsgenerator. Die weißen Kreise zeigen die tatsächlichen Datenpunkte an, die kleinen schwarzen Punkte die beste Position dieser Datenpunkte auf der Grundlage des in Abb. 6.11 dargestellten Geschwindigkeits-Abstands-Modells.*

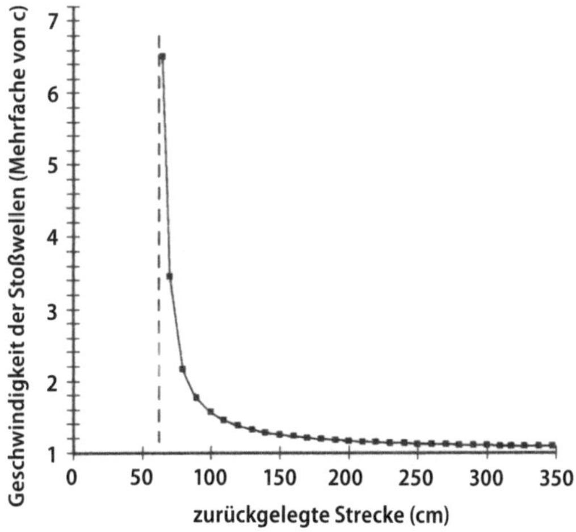

Abb. 6.11 *Diese Grafik zeigt eine Stoßfront bei Überlichtgeschwindigkeit als Funktion der Entfernung von der emittierenden Kuppel. Die grauen Quadrate weisen auf das Modell hin, das für die in Abb. 6.10 aufgezeigten sechs Datenpunkte der Laufzeit am besten passt. Mit zunehmender Flugentfernung fällt die Stoßgeschwindigkeit auf c, wie von der Subquantenkinetik vorausgesagt wurde. (Daten beider Grafiken von Obolensky übernommen und von LaViolette bearbeitet; © 2007, P. LaViolette)*

$\nu = kc/(d-61)^{1,1\pm0,1}$, wobei *k* der Strecke 33,6 cm entspricht und eine Entfernung von 61 cm vom Bezugspunkt als Nullpunkt des Modells ausgesucht wurde. Die Überlichtgeschwindigkeit (*c'*) wird dann als $c' = c + \nu$ angegeben.

Die Daten bestätigen die Voraussage der Subquantenkinetik, dass die Überlichtgeschwindigkeit einer solchen Welle mit zunehmender Entfernung abnimmt, wenn sie von der Kuppel eines Verstärkertransmitters ausgestrahlt wird. Außerdem zeigen sie, dass die Überlichtgeschwindigkeit ein Charakteristikum der Stoßentladungen ist, wobei es keine Rolle spielt, ob die Entladungen von einer supraleitenden Elektrode der Art ausgestoßen werden, wie sie bei dem Versuch von Podkletnow und Modanese verwendet wurde. Und schließlich unterstützen diese Ergebnisse die unveröffentlichten Ergebnisse von Podkletnow und Modanese, dass sich ihr Gravitationswellenimpuls mit einer hohen Überlichtgeschwindigkeit bewegt hatte. In anderen Worten: Wenn man die Arbeit von Tesla und die von Podkletnow und Modanese im Zusammenhang sieht, dann stellt man fest, dass die Ausbreitung der Stoßfront mit Überlichtgeschwindigkeit eher die Regel als die Ausnahme ist.

Ausbreitungsgeschwindigkeiten mit Überlichtgeschwindigkeit wurden auch bei Atombombentests beobachtet. Wissenschaftler, die für das Militär arbeiten, wissen seit den frühen Bombentests, die Mitte bis Ende der vierziger Jahre durchgeführt wurden, dass sich der elektromagnetische Impuls der Stoßwelle einer Atomexplosion mit Überlichtgeschwindigkeit ausbreitet, wenn er nahe dem Epizentrum der Explosion gemessen wird. Die enorme Energie, die bei der Explosion freigesetzt wird, beschleunigt die freien Elektronen des Feuerballs radial nach außen mit einer relativistischen Geschwindigkeit. Dabei erzeugt sie einen sich radial ausbreitenden Stoßimpuls, der sich, wie die Stoßentladung von Obolenskys Verstärkungstransmitter, mit Überlichtgeschwindigkeit nach außen bewegt. Die Subquantenkinetik schreibt diesen Bruch der »Lichtmauer« einem gewaltigen radialen Ätherwind zu, der durch den elektrischen Gradienten des sich vorwärts bewegenden Stoßes erzeugt wird. Bei einer isotropischen Explosion würde die Geschwindigkeit dieses Ätherwindes etwa als Kehrwert der zurückgelegten Strecke abnehmen. In ähnlicher Weise könnte man erwarten, dass die Geschwindigkeit des elektromagnetischen Pulses dieser Verlangsamung in einer asymptotischen Annäherung an die Lichtgeschwindigkeit folgt. Sobald diese Daten bekannt gegeben werden, würde es sich lohnen, nachzuprüfen, ob die Voraussage der Subquantenkinetik in Bezug auf die Geschwindigkeitsabnahme korrekt war.

Die Ergebnisse von Obolenskys Verstärkungstransmitter verstoßen ganz eindeutig gegen die fundamentale Lehre der speziellen Relativitätstheorie, dass

Energie nicht schneller übertragen werden kann als mit Lichtgeschwindigkeit. Einen Meter über dem Erdstromanschluss der Kuppel war die Wegstrecke der Stoßfront länger als die Wellenlänge der Stoßfront. Bis zu dem Zeitpunkt, als der Impuls die 3-Meter-Marke erreicht hatte, überschritt seine Flugstrecke fünf Impuls-Wellenlängen. Somit können die beobachteten Überlichtgeschwindigkeiten nicht einfach als eine zufällige Abweichung abgetan werden, die aus der Quantenverstrickung des Photonenquantums entstanden ist. Auch können sie nicht auf eine Formveränderung des Stoßwellenprofils zurückgeführt werden. Folglich ist Einsteins Theorie eindeutig widerlegt und die Äthertheorie der Subquantenkinetik bestätigt.*

6.3 Interstellare Reisen

Allein für sich genommen könnte der Effekt des Elektrogravitationsimpulses bereits als idealer Antrieb für interstellare Reisen verwendet werden. Man könnte sich ein Raumschiff vorstellen, das mit einem großen Podkletnowschen Gravitationsstrahlenprojektor ausgestattet ist, der durch einen Satz extrem leistungsfähiger Marx-Generatoren mit einem Potenzial von bis zu 2 Millionen Volt angetrieben wird und seine Entladung an eine supraleitende Elektrode weitergibt, deren Durchmesser 70 Mal größer ist als die Supraleiterscheibe, die Podkletnow für seinen Strahlengenerator herstellte, d. h. 7 Meter im Durchmesser anstatt nur 10 cm. Der Strahlengenerator würde hinten im Raumschiff montiert und so die Gravitationsimpulse nach vorn, zum Bug des Raumschiffs, lenken. Nehmen wir einmal an, dass der Gravitationsstrahlgenerator des Schiffes, ebenso wie Podkletnows Laborapparat, Impulsbeschleunigungen von über 500.000 g über ein kurzes Pulsintervall von 100 Nanosekunden erzeugt. Nehmen wir ebenfalls an, dass der Kondensatorblock des Schiffes ausreichend Zeit hat, um neu zu laden und diese Impulse einmal pro Sekunde zu liefern, also 60 Mal schneller als Podkletnows Apparat. Wenn wir diesen Gravitationsimpuls über

* Aufgrund des revolutionären Wesens dieser Ergebnisse haben wir einen eigenen Versuch durchgeführt, bei dem unsere Messungen doppelt überprüft wurden. Wir maßen die Zeit, die die Welle dazu benötigte, um von Punkt A zu Punkt B zu kommen bzw. von Punkt B zu Punkt C. Diese Punkte waren kollinear zur Richtung der Ausbreitung der Stoßwelle. Die Gesamtzeit wurde dann mit der gemessenen Zeit verglichen, die die Wellen von A nach C benötigten. Die Summierung entsprach genau dem Wert von A nach C. Das war ein Zeichen dafür, dass die Stromimpulse, die die Kabel zum Oszilloskop übertrugen, die eigentliche Bewegung der Stoßwelle weg von der Kuppelelektrode wiedergaben und dass die unmittelbare Position der Welle von der Aufnahmeantenne getreu registriert wurde.

das Intervall von einer Sekunde zwischen den aufeinanderfolgenden Impulsen mitteln, stellen wir fest, dass dies dasselbe wäre, als ob ein Raumschiff eine durchgehende Beschleunigung von etwa 0,05 g oder 5 % der Beschleunigungskraft der Erde erfahren würde.

Eine solche Beschleunigungsvorrichtung zu betreiben würde jedoch eine enorme Menge an Energie erfordern, nämlich 6.000 Megawatt, also 300.000 Mal mehr als die 20 Kilowatt, die Podkletnow und Modanese einsetzten. Solch eine Energie könnte von einer Reihe großer Atomkraftwerke geliefert werden, ähnlich denen, die von einigen Stromunternehmen betrieben werden. Oder sie könnte durch einen Bordgenerator für »freie Energie« geliefert werden, zum Beispiel den im nächsten Abschnitt beschriebenen Gravitationswellen-Leistungsgenerator, oder durch einen Searl-Generator, wie er in Kapitel 10 beschrieben wird.

Der Strahl müsste so ausgelegt werden, dass er eine sehr einheitliche Beschleunigung über die Oberfläche seiner Elektrode erzeugt, um die Entwicklung von Gravitationsscherkräften zu minimieren. Würden die Insassen des Raumschiffes im Weg eines solchen Strahls sitzen, würden sie keinerlei Beschleunigung empfinden, weil jedes Atom ihres Körpers und auch des gesamten Raumschiffes durch die Gravitationsimpulse gleichmäßig beschleunigt würde. Die Öffnung des Strahls müsste etwas größer sein als das Raumschiff, um einen zu schnellen Abfall der Beschleunigung an der Peripherie des Strahls zu vermeiden. Es bestünde nicht die Gefahr einer Kollision mit Meteoren, weil die nach vorn gerichteten Gravitationsimpulse des Strahls etwaige interstellare Trümmer aus dem Weg räumen würden. Durch die negative Ladung des Bugs würde sich dort ein abstoßendes Gravitationsfeld aufbauen, das jeden Meteor ablenkt, der die Flugbahn des Schiffes kreuzen sollte.

Bei einer Beschleunigung von 0,05 g wäre eine Reise selbst zu unserem nächsten Stern zu lang, um für einen normalen bemannten Raumflug praktikabel zu sein. Solch ein Unternehmen würde Antriebe erfordern, die Gravitationsantriebskräfte von 10 g liefern. Wenn man jedoch den Strahlengenerator von Podkletnow und Modanese einsetzen würde, wäre eine zweihundert Mal größere Impulswiederholungsrate erforderlich oder ein Impuls alle 5 Millisekunden. Jedoch würde sich der Energiebedarf auf die enorme Menge von 1.200 Gigawatt erhöhen, also drei Mal die Durchschnittsmenge des Energieverbrauchs der Vereinigten Staaten oder sechs Mal die Schubkraft, die die erste Stufe der *Saturn-V-Rakete* erzeugt hat.

Vergessen wir mal für einen Augenblick die Praktikabilität des Unterfangens, eine derartige Energie an Bord eines Raumschiffes zu erzeugen. Wenn ein Schiff von 10 g Beschleunigung angetrieben wird, wäre es in der Lage, in nur einem Tag auf 2,8 % der Lichtgeschwindigkeit zu beschleunigen. In einer Woche hätte es 20 % der Lichtgeschwindigkeit erreicht, und nach einem Monat etwa 85 %. Sobald es diesen Unterschwellenbereich der Lichtgeschwindigkeit erreicht und dafür drei Mal soviel Energie verbraucht hat wie der Staat Kalifornien in einem ganzen Jahr, könnte die Mannschaft das Strahlenantriebssystem abschalten und für den Rest der Reise praktisch im Leerlauf fliegen. Sie würde nur 5 Jahre und 2 Monate benötigen, um Alpha Centauri, unser nächstes Sternensystem, zu erreichen, das 4,37 Lichtjahre von uns entfernt ist. Während sich das Raumschiff Alpha Centauri nähert, müsste es sich um 180° drehen und dann noch einmal den Gravitationsantriebsstrahl aktivieren, um die Geschwindigkeit zu drosseln. Die Navigation könnte problemlos durch das »galaktische GPS-System« erfolgen, ein Netz von Pulsarleuchtfeuern, das in der gesamten Galaxie verteilt ist. (Für weitere Informationen über die Verwendung von Pulsaren für die interstellare Raumfahrtnavigation siehe mein Buch *Decoding the Message of the Pulsars*).

Bei ihrem gegenwärtigen Entwicklungsstand ist die Gravitationsstrahltechnologie, was die Energieeffizienz betrifft, ziemlich unpraktisch. Ein Raumschiff mit einer Masse von 700 Tonnen, das mit einem Energieverbrauch von 1.200 Gigawatt mit 10 g beschleunigt wird, hätte ein Schub-Leistungs-Verhältnis von etwa 5×10^{-3} Newton pro Kilowatt oder etwa 50 Mal weniger als der Ionenantrieb des *Lewis Research Centers* der NASA. Vielleicht könnte man eine 100 Mal höhere Effizienz erreichen, wenn die Supraleiterscheiben des Raumschiffes durch verbesserte Marx-Generatoren von der Sorte angetrieben würden, die Podkletnow bei der Erzeugung der Impulse eingesetzt hat, die mit 10 Millionen Volt Beton zertrümmerten. Jedoch wäre dies noch immer keine Verbesserung im Vergleich zur Effizienz eines Ionenantriebs.

Allein für sich genommen, wäre die Gravitationsstrahltechnologie praktikabler, wenn der Strahlengenerator und seine Energieversorgung in einer stationären Raumhafenanlage positioniert würden, wobei der Strahl auf ein bestimmtes Ziel gerichtet würde, zu dem man reisen möchte. Das Raumschiff müsste dann einfach so navigiert werden, dass es seine Position innerhalb des Strahls einhält.

Ein Vorteil der Gravitationsstrahltechnologie wäre ihre Fähigkeit, den Äther innerhalb der Grenzen des Strahls mit einer sehr hohen Geschwindigkeit nach vorn zu treiben und dadurch einen Lense-Thirring-Effekt (Verwirbeln der Raumzeit) zu erzeugen, der es dem Raumschiff ermöglichen würde, sich ohne schädliche Folgen für die Insassen der Lichtgeschwindigkeit zu nähern oder sie sogar zu übertreffen. Wie wir bereits im vorangegangenen Abschnitt gesehen haben, ist es möglich, Stoßwellen mit Überlichtgeschwindigkeit zu übertragen, vermutlich, weil sie in der Lage sind, auf dem sich fortbewegenden Ätherwind zu reiten. Demzufolge können wir daraus schließen, dass es ebenfalls möglich sein dürfte, ein Raumschiff auf Überlichtgeschwindigkeit zu bringen. Im Gegensatz zur speziellen Relativitätstheorie sieht die Subquantenkinetik die Möglichkeit vor, sowohl Materie als auch Energiewellen auf Überlichtgeschwindigkeit zu beschleunigen. Der Gravitationsstrahl würde nicht nur das Raumschiff vorantreiben, sondern auch den Äther innerhalb seines Überlichttunnels. In den üblichen physikalischen Standardbegriffen ausgedrückt, würde der Gravitationsstrahl das örtliche Bezugssystem des Schiffes auf Überlichtgeschwindigkeit beschleunigen. Wie bereits bemerkt, wurde beobachtet, dass der Gravitationsstrahlgenerator von Podkletnow Gravitationsstöße erzeugt hat, die sich mit Überlichtgeschwindigkeit fortbewegen. Daraus können wir schließen, dass es technisch möglich ist, ein »Strahlenschiff« auf eine ähnliche Geschwindigkeit zu bringen, sodass es mit hundert- oder gar tausendfacher Lichtgeschwindigkeit zu seinem Ziel gelangt.

Vielleicht könnte die interstellare Raumfahrt möglich werden, wenn die in Kapitel 3 behandelten Antriebsaggregate von Brown zusammen mit dem Gravitations-Impulsstrahl-Antrieb eingesetzt werden, was eine unglaubliche Reduktion des Energieverbrauchs bedeutete. Der Energiebedarf für eine Reise zum Alpha Centauri könnte dann auf 50 Megawatt reduziert werden, was mit der Kapazität des Kernreaktors eines Unterseebootes vergleichbar ist.

Die erste Phase der Beschleunigung könnte hauptsächlich durch den Betrieb der elektrokinetischen Schubdüsen erfolgen. Während dieser Zeit wird der Gravitationsstrahlantrieb in einem niedrigen Modus betrieben, um Energie zu sparen. Sein Hauptzweck besteht darin, den Äther voranzutreiben, damit das Raumschiff nicht einem entgegenkommenden Ätherwind ausgesetzt ist. Wenn der Gravitationsimpulsantrieb nach einer mehrwöchigen Beschleunigung auf etwa 85 % der Lichtgeschwindigkeit gesteigert worden ist, kann er auf maximale Impulskraft erhöht werden, sodass das Raumschiff im Ätherwindtunnel auf eine Überlichtgeschwindigkeit von 200 *c* beschleunigt. Für die übrige Strecke zum Alpha Centauri würde dann nur noch eine Woche benötigt.

Wenn es jemals einen Impulsantrieb wie in *Star Trek* geben sollte, dann wäre es dieser, außer dass Captain Kirk nicht sagen würde »auf Warpgeschwindigkeit 5, Scotty«, sondern »Gradgeschwindigkeit 5«, entsprechend der Konzeption des Äthergradienten der Subquantenkinetik.* Bei längeren interstellaren Reisen könnte ein Raumschiff auf eine Geschwindigkeit von über 3.000 *c* beschleunigen, das entspräche etwa Warp 11. Dann würde eine Reise zu unserer

Nachbargalaxie, der Magellanwolke, die etwa 180.000 Lichtjahre entfernt ist, nur 60 Jahre dauern.

Ist Raumfahrt mit Überlichtgeschwindigkeit möglich? Die Antwort ist ein klares und eindeutiges Ja. Es ist nicht länger nur Science-Fiction. Solche galaktischen Reisen können mit einer Technologie durchgeführt werden, die bereits existiert und mit einem Minimalaufwand an Forschung und Entwicklung perfektioniert werden kann. Mit 500 Millionen Dollar und einhundert Ingenieuren und Technikern könnte das Projekt durchgeführt werden. Innerhalb von zehn Jahren könnte ein Raumschiff für einen interstellaren Flug gebaut werden.

* Der für die Serie *Star Trek* entwickelte Warpfaktor berechnet die erreichte Überlichtgeschwindigkeit aus der Warpfaktor-Zahl, wobei die Formel: Geschwindigkeit = *c* X (Warpfaktor) benutzt wird.[33,3] Somit würde Warp 5 ein Raumschiff auf eine Geschwindigkeit von 214 *c* bringen.

7

Das *Skyvault*-Projekt

7.1 Die Anfänge der Mikrowellenforschung

Eines Abends im Jahre 1986 ging ich mit einem Freund namens Thomas Chavez ein Bier trinken. Ebenso wie ich, war Thomas sehr an alternativer Wissenschaft interessiert. Nach einiger Zeit kamen wir auf das Thema Elektrogravitation zu sprechen, und da erzählte er mir eine äußerst interessante Geschichte. Sein Vater sei Ende der fünfziger Jahre als Physiker bei der *Rocketdyne Aerospace Corporation* in Südkalifornien beschäftigt und an irgendeiner supergeheimen Antigravitationsforschung beteiligt gewesen. Mein Freund war damals noch ein kleiner Junge gewesen. Er sagte, normalerweise habe sein Vater ihm niemals etwas über seine Arbeit verraten, weil er ein Schweigelübde geleistet hatte. Aber als er eines Abends heimkam, konnte er sich kaum noch beherrschen. Er war total aufgeregt und rief ständig: »Es hat geklappt! Es hat geklappt!« Als mein Freund ihn fragte, was denn nun geklappt hätte, zeigte ihm sein Vater ein Foto von einem Objekt, das mitten in der Luft schwebte. Er rief: »Wir haben es geschafft, dass es abhebt!« Mehr sagte er nicht darüber, aber dieser Augenblick hatte sich Thomas ins Gedächtnis gebrannt, und jetzt erzählte er mir davon. Ich kannte meinen Freund gut genug, um zu wissen, dass er mir hier keine Lügenmärchen auftischte.

Rocketdyne wurde kurz nach dem Zweiten Weltkrieg als Forschungs- und Entwicklungsunternehmen für Raketenantriebe gegründet. Eine Zeitlang gehörte das Unternehmen zur *North American Aviation*. 1955 wurde es dann zu einem eigenständigen Unternehmen. 1984 wurde es wieder ein Teil der Firma, die aufgrund der Fusion von *North American Aviation* und *Rockwell International* im Jahre 1967 inzwischen *North American Rockwell* hieß. Ihre Abteilung für Weltraumfahrt und Verteidigung hatte unter anderem die Apollorakete und die Weltraumfähre »Space Shuttle« entwickelt. Zum Zeitpunkt der Fusion im

Jahre 1984 stellte *Rocketdyne* den größten Teil der Raketenantriebe in den Vereinigten Staaten her, aber anscheinend produzierte die Firma noch viel mehr als nur konventionelle Raketen. Wie wir noch sehen werden, arbeiteten die Wissenschaftler dieser Firma an einem ganz neuartigen Antriebssystem, einer Technologie, die weit über die konventionelle Raketentechnologie hinausging. Ende 1996 verkaufte *Rockwell* seinen Zweig *Rocketdyne* zusammen mit einem großen Teil seiner Weltraum- und Rüstungssparte an *Boeing Integrated Defense Systems*. Dann, im Jahre 2005, wurde *Rocketdyne* an *Pratt and Whitney* weiterverkauft, eine Abteilung der *United Technologies Corporation*.

Ich habe oft über die Geschichte meines Freundes mit dem *Rocketdyne*-Projekt nachgedacht. Schließlich hatte er ja nicht weniger behauptet, als dass die Vereinigten Staaten bereits Ende der fünfziger Jahre einen erfolgreichen Versuch mit einem Fluggerät mit Feldantrieb durchgeführt hätten, zu einem Zeitpunkt also, da Townsend Brown immer noch versuchte, das Pentagon und die Raumfahrtindustrie für seine eigene Forschung im Bereich der Elektrogravitation zu gewinnen. Wie in dem Bericht »Electrogravitics Systems« von 1956 erwähnt, betrieb *North American* in der Tat Studien auf dem Gebiet der Elektrogravitations-Antriebstechnologie, hatte aber bis dahin niemals öffentlich zugegeben, sich mit dieser exotischen Technologie zu beschäftigen. Die Abteilung *Rocketdyne* wurde überhaupt nicht erwähnt. Offenbar wurden die Projekte von *Rocketdyne* in Bezug auf die Antigravitation bereits zu diesem frühen Zeitpunkt streng geheim gehalten.

Einige Jahre später, im Sommer 1994, wurde ein weiterer Teil des Rätsels gelöst. Zu diesem Zeitpunkt nahm ich an einem Tesla-Symposium in Colorado Springs teil, zu dem ich als Vortragsredner eingeladen worden war. Ich hatte gerade meinen Vortrag beendet, bei dem ich über die offensichtliche Unterdrückung der Elektrogravitationstechnologie durch die NASA gesprochen hatte (mehr darüber in Kapitel 13), und war von einer kleinen Gruppe von Leuten umgeben, die mir Fragen zu diesem Thema stellten, als jemand mir eine eilig hingekritzelte Nachricht in die Hand drückte; umständehalber kam ich erst viel später dazu, sie zu lesen. Auf dem Zettel stand:

> Ich beschäftige mich seit einigen Jahren mit dem Biefeld-Brown-Effekt. Vielleicht kann ich Ihnen helfen, diesen Effekt nachzuweisen. Ich glaube, ich weiß, welchen Fehler Sie mit den Scheiben gemacht haben. Ich stand in Kontakt mit T. Brown – telefonisch und auch per Brief. Im Zusammenhang mit dem *Winterhaven-Projekt* gab es noch ein anderes Projekt mit der Jargon-Bezeichnung »Sky Vaulting«. Es handelt sich um ein von der

Regierung finanziertes Projekt der Firma *North American Rockwell*. Falls Sie Interesse haben, setzen Sie sich mit mir in Verbindung.

PS: Die NASA teilt ihre Daten mit dem Verteidigungsministerium. Für Sie liegt der Schlüssel bei der *Air Force*. Sie ist der zivilen Forschung um Jahre voraus. Die NASA ist eine Art PR-Vertretung oder eine Fassade, um die Forschungen der *Air Force* zu tarnen.

Aus Gründen der Vertraulichkeit habe ich mich entschlossen, den Namen dieses Mannes geheim zu halten, und werde ihn deshalb einfach Tom nennen. Die Geschichte, die er mir später über das *Skyvault-Projekt* erzählte, ist einfach verblüffend. Er sagte mir, er habe im Herbst 1974 zum ersten Mal davon gehört, als er für ein Ingenieurbüro in Texas arbeitete. Sein unmittelbarer Vorgesetzter, mit dem er später sehr gut befreundet war, erzählte ihm eines Tages über ein streng geheimes Regierungsprojekt, an dem er zwischen 1952 und 1957 mitgearbeitet hatte, während er bei der *North American Aviation* beschäftigt war, einer Firma, die später in *North American Rockwell* umbenannt wurde. Bei dem Projekt handelte es sich um eine Initiative des Verteidigungsministeriums, die durch *Rocketdyne* umgesetzt wurde. Obwohl Toms Vorgesetzter bereits gestorben war, wollte Tom dessen Namen nicht verraten. Der Einfachheit halber nenne ich ihn also Murray. Tom hatte also von Murray gehört, dass der Zweck dieses Projekts darin bestand, ein Antigravitationsfahrzeug zu produzieren, bei dem Mikrowellenstrahlen als Antrieb verwendet werden sollten. Es ist ungewiss, ob *Skyvault* der offizielle Name des Projekts war, aber zumindest wurde es von den Wissenschaftlern bei *Rocketdyne* so genannt.

Das *Skyvault-Projekt* wurde Anfang der fünfziger Jahre von der Regierung initiiert. Aber Forschungen auf dem Gebiet dieser exotischen Antriebstechnologie mit Mikrowellen wurden bereits Ende der vierziger Jahre betrieben. Murray, der einen Ph.D. (Dr. phil.) hatte, sagte, er habe bereits zu jener Zeit an Projekten mitgearbeitet, die mit der ersten Phase dieser Forschungen im Zusammenhang standen, und später habe er bis in die sechziger Jahre seine Arbeit bei *Rocketdyne* fortgesetzt. Dieses Projekt zur Erforschung des Antigravitationsantriebs mit Mikrowellen war 1974 immer noch im Gang, denn Tom hatte erfahren, dass ein enger Freund von Murray damals immer noch bei *North American Rockwell* an dem Projekt arbeitete, wahrscheinlich bei *Rocketdyne*. Zu der Zeit war die ganze Sache immer noch sehr geheim, denn es gab vieles, was sein Chef ihm nicht darüber erzählen durfte.

Später, im Jahre 1975, erhielt Tom eine weitere Bestätigung für die Existenz des *Skyvault-Projekts*, als das Militär seinem Ingenieurbüro in Texas eine

Ausschreibung für den Bau einer Startrampe in New Mexico schickte. Aufgrund der Beschreibung der Form der Rampe und der Art und Weise, wie sie gebaut werden sollte, erkannte er, dass es sich hier um eine Startrampe für eine Mikrowellenstrahlen-Antigravitationsrakete handeln musste. Bei dieser Version wurde die Energie auf dem Boden erzeugt und als Mikrowellenstrahl zur Rakete hochgeschickt. Der Strahl wurde von nach oben gerichteten, von der Startrampe gestützten Mikrowellentrichtern erzeugt. Die Rakete bestand aus einem speziellen Material, das von den Mikrowellen abgestoßen und somit von dem Strahl nach oben getragen wurde (siehe **Abb. 7.1**). Ein Teil des Strahls wurde zum Boden zurückgeführt, um den ausgehenden Mikrowellenstrahl zu modulieren. Die Rakete konnte sich auf- und abwärts bewegen und nur wenig von der Vertikalen zur einen oder anderen Seite abweichen.

Im Jahre 1996, zwei Jahre nach meinem Gespräch mit Tom, brachte der TV-Sender CBS eine wöchentliche Spionageserie mit dem Titel *Mr. and Mrs. Smith* mit Scott Bakula, einem Schauspieler, der auch schon in verschiedenen Science-Fiction-Serien wie *Quantum Leap* und *Star Trek* Hauptrollen gespielt hat. Die neunte Folge dieser Serie mit dem Titel »Space Flight«, die am 8. November 1996 ausgestrahlt wurde, kam Toms Geschichte von der Antriebsstrahlrakete und der Startrampe, für die seine Firma ein Angebot hatte unterbreiten sollen, sehr nahe. Bei dieser speziellen Episode ging es um den Test eines scheibenförmigen Raumschiffs namens »Beam Rider«. Der Start erfolgte an einem geheimen Ort in der Wüste. Das Testvehikel wurde durch einen mächtigen Mikrowellenstrahl gehoben, der von einem bodengestützten Parabolspiegel vertikal nach oben auf das Raumschiff gerichtet wurde. Da ein großer Teil der frühen Forschung von *Rocketdyne* in Bezug auf das *Projekt Skyvault* im Gebiet von Los Angeles durchgeführt wurde, ist es nicht überraschend, dass diese Idee früher oder später von einem Hollywood-Produzenten aufgegriffen wurde. Obwohl jedoch noch vier weitere Episoden von *Mr. and Mrs. Smith* auf dem Plan standen, wurde die Serie zur Enttäuschung vieler Zuschauer unmittelbar nach der Ausstrahlung dieser Episode eingestellt. Wie wir noch sehen werden, ist die Idee, Mikrowellenstrahlen als Antrieb in der Luft- und Raumfahrt einzusetzen, alles andere als Science-Fiction.

Was ich hier und im nächsten Kapitel über das *Skyvault-Projekt* schreibe, basiert auf Notizen, die ich anhand der Gespräche mit Tom niedergeschrieben habe, und auf Informationen, die Tom mir geschickt hat. Zu letzteren gehören auch Notizen, die ich von meinen Gesprächen mit Murray 1974 anfertigte, sowie ein Brief, den ein Freund von Murray schrieb, der zu jener Zeit immer noch beim *Skyvault-Projekt* arbeitete (siehe Anhang E).

Abb. 7.1 *Darstellung eines Skyvault-artigen Flugobjekts, das durch einen bodengestützten Mikrowellenstrahl gestartet wird. (P. LaViolette, © 2007)*

Murray zufolge kamen die ersten Hinweise, dass Mikrowellen für Antriebszwecke eingesetzt werden könnten, durch die Entdeckung, dass Mikrowellenstrahlen Objekte bewegen können, wenn diese Objekte aus dem richtigen Material bestehen. Die Wissenschaftler gingen davon aus, dass der Mikrowellenstrahl irgendwie eine Gravitation auf das Objekt ausübt. Der Gedanke, dass Mikrowellen Objekte bewegen können, war für Tom einigermaßen plausibel, denn ein Freund von ihm, ein Radaringenieur, der auf dem Luftwaffenstützpunkt *Homestead* in Florida arbeitete, hatte ihm einmal von etwas entfernt

Ähnlichem berichtet. Sein Freund hatte ein Experiment beobachtet, bei dem ein Mikrowellenstrahl mit geringer Kraft aus einer Klystronröhre auf Bleistifte gerichtet wurde, die auf einem Tisch lagen. Die Bleistifte hatten sich bewegt. Tom theoretisierte, dass Mikrowellen in bestimmten Materialien mit nichtlinearen elektrischen Eigenschaften elektrische Ladungsgradienten induzierten und dass die beobachtete Bewegung auf den Biefeld-Brown-Effekt zurückzuführen sei, der dem Material einen Schub versetze.

Die Gruppe, mit der Murray gearbeitet hatte, hatte mit einer ganzen Reihe unterschiedlicher Materialien experimentiert, um herauszufinden, welches am besten funktionierte. Papier, Seide und einige Holzarten zeigten zum Beispiel überhaupt keine Reaktion. Ziegel und Beton bewegten sich ebenso wenig. Die Mikrowellen gingen einfach durch sie hindurch. Man stellte fest, dass einige Materialien sich sehr heftig bewegten, während andere sich einfach auflösten. Aluminiumfolie bewegte sich, wurde durch die Mikrowellen jedoch aufgelöst. Man führte umfangreiche Tests durch, setzte verschiedene Materialien Mikrowellen unterschiedlicher Formen aus und sammelte Daten über die Zerstörung und das Verbrennen von Material und über die Wirkungen von Stoßwellen auf jene Materialien, die auf die Mikrowellen durch Bewegung reagiert hatten. Man stellte fest, dass die besten Antriebseffekte bei jenen Materialien zu verzeichnen waren, die eine bestimmte *magnetische* Eigenschaft aufwiesen. Tom versuchte herauszufinden, um welche Materialien es sich dabei genau handelte, aber man teilte ihm mit, diese Information sei geheim.

Murray sagte, seine Gruppe habe festgestellt, dass die Effekte sehr frequenzempfindlich waren, d. h., dass sie nur innerhalb bestimmter, für das jeweilige Material charakteristischer Frequenzbänder auftraten. Wich die Frequenz auch nur leicht ab, konnte das Objekt plötzlich verdampfen. Er beschrieb einen Versuch, der in ihrem Labor durchgeführt wurde, als man dort mit verschiedenen Frequenzen experimentierte: Man hatte den Mikrowellengenerator angestellt, und dieser hatte einen bläulichen Mikrowellenstrahl erzeugt, der ein Loch durch die Laborwand gebohrt hatte und gerade dabei war, ein benachbartes Gebäude zu beschädigen, als es endlich gelang, ihn wieder abzuschalten. Murray sagte: »Der Schreck fuhr uns in sämtliche Glieder.«

7.2 Elektromagnetische Resonanz

Obwohl Murray nicht verriet, welch einzigartige Materialien mit einer so starken Antriebskraft reagierten, ist es doch offensichtlich, dass er von Materialien sprach, die bei einer bestimmten Frequenz eine starke Resonanz aufweisen.

Solche Materialien reagieren sehr ungewöhnlich auf einfallende Mikrowellen. Nehmen wir als Beispiel ein Material, das eine resonante Reaktion auf die elektrische Komponente einer elektromagnetischen Welle aufweist. Bei den meisten Frequenzen hat die Permittivität des Materials einen positiven Wert, und als Ergebnis wird das eingesetzte elektrische Feld eine Polarisierung in dieselbe Richtung wie die seines eigenen Feldvektors induzieren, wie man es allgemein bei den meisten Materialien beobachtet. In der Nähe einer Resonanzfrequenz wird die induzierte Polarisierung jedoch sehr lang sein, wobei die lange Reaktion des Materials auf die Energieakkumulation aus dem Mikrowellenstrahl über viele Wellenzyklen zurückzuführen ist. Die im mitschwingenden Medium gespeicherte Energie kann dann die durch das applizierte Feld entstandene Energie weit überschreiten. Sie kann so stark sein, dass selbst eine Phasenveränderung der einfallenden Welle nur einen geringen Einfluss auf die Polarisierungsschwingung hätte.[1] Wenn also die Frequenz der einfallenden Welle leicht über diese Resonanzfrequenz erhöht wird, ist das applizierte elektrische Feld nicht in Phase bezogen auf die induzierte Polarisierungsschwingung. Als Resultat wird das Material durch eine negative Permittivität reagieren, wobei die induzierte Polarisierung jetzt nicht in Phase zum äußeren elektrischen Feld ist. Die innerhalb des Materials schwingenden Elektronen widerstehen jetzt dem einprägenden elektrischen Feld, und daher wird die elektromagnetische Welle auf das Material eine abstoßende Kraft ausüben.

Die Physiker John Pendry und David Smith illustrierten dieses Phänomen der abstoßenden Kraft durch das Beispiel einer Person, die eine Schaukel anschiebt. In einem Artikel im *Scientific American* schrieben sie:

> Stellen Sie sich eine Schaukel vor: Wenn Sie ihr einen leichten und gleichmäßigen Schub versetzen, wird die Schaukel automatisch in die Richtung schwingen, in die sie geschoben wird – obwohl sie nicht sehr hoch schwingt. Sobald sie einmal in Bewegung ist, wird sie in einem bestimmten Tempo hin und her schwingen. Der Fachausdruck dafür ist Resonanzfrequenz. Geben Sie der Schaukel im Takt mit ihrem Schwung gelegentlich einen kräftigen Schub, dann wird sie höher schwingen. Wenn Sie die Schaukel jetzt mit etwas erhöhter Frequenz anschieben, dann ist dieser Schub nicht in Phase bezogen auf die Bewegung der Schaukel. Zu irgendeinem Zeitpunkt können Ihre Arme dann ausgestreckt sein, während die Schaukel zurückkommt. Wenn Sie eine Weile so weitermachen, dann könnte es sein, dass die Schaukel genügend Kraft hat, um Sie umzuwerfen – der Schub kommt dann auf Sie zurück.[2]

Auf dieselbe Art und Weise werden Elektronen in einem Material mit einer negativen Permittivität, ε, außerphasig und widerstehen dem »Schub« des elektromagnetischen Feldes. Zu solchen Materialien gehören Silber, Gold und Aluminium, deren Resonanzen normalerweise bei optischen Frequenzen auftreten.

Dasselbe repulsive Kraftphänomen tritt bei Materialien auf, die mit der magnetischen Komponente einer einfallenden elektromagnetischen Welle in Resonanz stehen. Die magnetische Permeabilität des Materials, μ, die normalerweise positiv ist, wird bei Frequenzen, die leicht über der Resonanzfrequenz des Materials liegen, negativ. Die Reaktion des Materials besteht dann darin, dem Magnetfeld der applizierten elektromagnetischen Welle magnetisch zu widerstehen. Zu den Materialien, die natürlicherweise negative μ-Bereiche aufweisen, gehören ferromagnetische oder antiferromagnetische Materialien, die Resonanzen aufweisen. Solche Resonanzen treten üblicherweise bei Frequenzen im Gigahertz-Bereich auf und werden bei höheren Frequenzen im Terahertz-bis-Infrarot-Bereich schwächer. Zum Beispiel hat eine Gruppe japanischer Wissenschaftler über negative Permeabilität bei einem granularen Verbundstoff berichtet, der zu 70 % aus Permalloy bestand, als das Material Mikrowellenfrequenzen von mehr als 5 Gigahertz ausgesetzt wurde.[3]

Bei den speziellen Mikrowellen-Antriebsmaterialien, von denen Murray behauptete, dass sie von den Ingenieuren des *Skyvault-Projekts* untersucht wurden, und die »eine besondere magnetische Eigenschaft« aufweisen sollten, handelte es sich höchstwahrscheinlich um Materialien dieser Art, die magnetische Resonanzen im Gigahertz-Bereich aufwiesen. Dies wäre eine Erklärung für Murrays Bemerkung, dass die Antriebseffekte sehr frequenzempfindlich seien, dass also jedes Material sein eigenes Frequenzband habe, innerhalb dessen es reagiere und in dem es eine Antriebskraft entwickle. Wie bereits erwähnt, sind negative μ-Bereiche in solchen Materialien auf einen bestimmten Frequenzbereich beschränkt, wobei die größten Abstoßkräfte auftreten, wenn die einfallende Welle eine Frequenz aufweist, die im Bereich der magnetischen Resonanzfrequenz des Materials liegt. Wurde der Mikrowellenstrahl auf eine leicht geringere Frequenz eingestellt, sodass er der Resonanzfrequenz des Materials entsprach, so absorbierte das Material eine enorme Energiemenge aus dem Strahl und speicherte diese Energie in seiner resonanten Schwingung. Wurde das Material bei dieser Resonanzfrequenz einem sehr starken Mikrowellenstrahl ausgesetzt, dann war es möglich, dass die vom Material eingefangene Energie stark genug war, um es zu vaporisieren, genauso wie Murray es gesagt hatte.

Pendry zufolge hängt die Kraft, die Mikrowellen bei einer bestimmten Frequenz auf ein Material ausüben, von der Stärke der Interaktion des Materials mit dem Strahl ab, welche proportional zum Streuquerschnitt des Strahls ist.[4] Diese Kraft ist immer ziemlich schwach, kann jedoch bedeutend verstärkt werden, indem man den Strahl so einstellt, dass er eine Frequenz hat, die einer der Resonanzfrequenzen des Materials nahekommt. Ist der Strahl auf der Resonanzfrequenz des Materials, dann weist das Material einen hohen Streuquerschnitt auf und absorbiert den einfallenden Strahl stark. Bei einer leicht höheren Frequenz ist der Streuquerschnitt weiterhin hoch, aber ε (Permittivität) und μ (Permeabilität) werden jetzt negativ, und das Material fängt an, eine abstoßende Kraft in Bezug auf den erregenden Strahl auszuüben.

Ein Material dürfte mit einer noch stärkeren abstoßenden Kraft reagieren, wenn es elektrische und magnetische Resonanzen im selben Frequenzbereich aufweist, wodurch sowohl ε als auch μ bei einem leicht höheren Frequenzbereich negativ werden. Es ist zu erwarten, dass ein solches Material einen negativen Brechungsindex aufweist. Der Brechungsindex *(n)* eines Materials wird durch den Wert seiner Permittivität und Permeabilität bestimmt, d. h. $n = \sqrt{\varepsilon\mu/\varepsilon_0\mu_0}$, wobei die Konstanten ε_0 und μ_0 die Permittivitäts- und Permeabilitätswerte in einem Vakuum sind. Die üblichen refraktiven Materialien, wie Plastik und Glas, haben einen positiven Brechungsindex, wobei entweder einer oder beide ihrer ε- und μ-Parameter positiv sind. Materialien mit einem negativen Brechungsindex treten normalerweise in der Natur nicht auf, da elektrische Resonanzen, die negative ε-Werte, und magnetische Resonanzen, die negative μ-Werte erzeugen, in unterschiedlichen Regionen des elektromagnetischen Spektrums auftreten. Mit der richtigen Technik ist es jedoch möglich, spezielle Materialien, »Metamaterialien« genannt, zu produzieren, deren Permittivität und Permeabilität über einen speziellen Frequenzbereich gleichzeitig negativ sind, sodass sie einen negativen Brechungsindex aufweisen. Da negativ refraktierende Materialien voller Resonanzen sind, können diese genutzt werden, um den streuenden Querschnitt, und somit die Antriebskraft des Materials, zu verstärken.

Die Idee, dass es möglich sein könnte, ein Material mit einem negativen Brechungsindex herzustellen, wurde zum ersten Mal 1967 von dem russischen Physiker Victor Veselago vorgebracht.[5] Ab Mitte der neunziger Jahre begannen Forscher mit Versuchen, um herauszufinden, ob Veselagos Voraussage wahr sein könnte. Schließlich gelang es im Jahre 2001 Smith und seinen Kollegen von der *University of California* in San Diego, die Herstellung eines solchen künstlichen Metamaterials zu demonstrieren. Sie konstruierten eine Reihe gerader Drähte und Spaltring-Resonatoren mit Drahtschleifen.[6–8] Unter Verwendung lithografischer Techniken fabrizierten sie eine Reihe von Resonatorelementen in Schaltkreisen mit einem geraden Draht auf einer Seite und C-förmigen Spaltring-Resonator-Anordnungen auf der anderen Seite (**Abb. 7.2**).[9] Diese Elemente wurden dann in Reihen mit einem Abstand von jeweils 0,5 cm angeordnet, sodass sie eine Metamaterial-Matrix bildeten (**Abb. 7.3**). Die Anordnung wies sowohl elektrische als auch magnetische Resonanzen auf und ließ die ε- und μ-Werte über einen Frequenzbereich von 10,3 bis 11,5 Gigahertz negativ werden. Es stellte sich heraus, dass ein Strahl von 10,5 Gigahertz (2,8 cm Wellenlänge) negativ refraktierte, wie vorausgesagt. Kurz danach konstruierten Claudio Parazzoli, Kin Li und einige Mitarbeiter der *Phantom Works Division* von *Boeing* ein dreidimensionales Drahtgitter in Form eines 2,7 mm großen Würfels, der einen Mikrowellenstrahl von 10 Gigahertz negativ refraktierte.

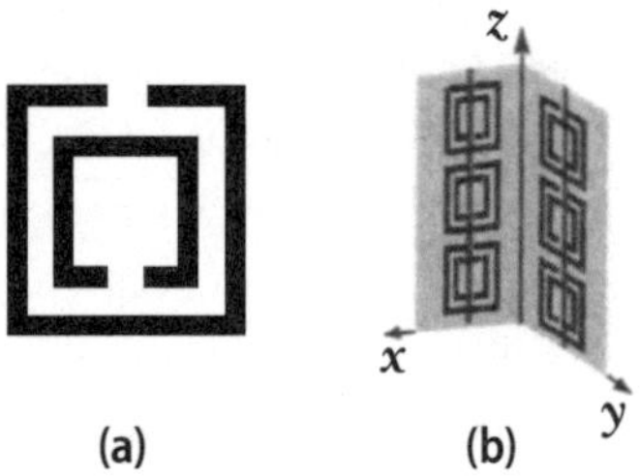

Abb. 7.2 *(a) Ein Spaltring-Resonator. (b) Spaltring-Resonatoren, die auf einer Leiterplatte mit geraden Drahtsegmenten kombiniert wurden und so ein elektrisches und magnetisches Resonatorelement bildeten. Viele solcher Elemente zusammen bildeten das Metamaterial. Die Abmessungen der Muster wurden eigens ausgewählt, um den ausgelegten Resonanzeffekt zu erzielen. (Nach R. Shelby et al., »Microwave Transmission through a Two-Dimensional Left-Handed Metamaterial«,* Applied Physics Letters, *78/4/[2001]: S. 489–491, Abb. 1)*

Abb. 7.3 *Resonatorelemente, die so kombiniert wurden, dass sie eine Palette von Metamaterialien bildeten. Dieses Metamaterial wies über einen spezifischen Mikrowellenfrequenzbereich einen negativen Brechungsindex auf. (Foto mit freundlicher Genehmigung von Richard A. Shelby)*

Eine andere Gruppe am *Bartol Research Institute* der *University of Delaware* erzeugte auf ganz andere Weise ein Metamaterial, nämlich durch die Integrierung metallisch- magnetischer Nanopartikel in einer entsprechenden Isoliermatrix.[10] Das klingt so ähnlich wie Browns Idee, massive Halbleiterpartikel, z. B. Bleioxid, im konischen Dielektrikum seines elektrokinetischen Apparats einzubetten. Ein Diagramm aus seinem Patent von 1965, das in **Abb. 3.8** zu sehen ist, zeigt diese Partikel als winzige Flecken, die sich nahe der Spitze des Kegels des Dielektrikums konzentrieren. Brown wies darauf hin, dass es vorteilhaft sei, solche Teilchen mit einzubeziehen, um den Schub seiner Vorrichtung zu verbessern, wenn sie bei Mikrowellenfrequenzen erregt würde. Sein Dielektrikum war so konstruiert, dass die Teilchen sich zunehmend auf die Spitze hin konzentrierten, wobei die Absicht darin bestand, die Permittivität des Dielektrikums allmählich zu senken, sodass der Spannungsgradient an seiner Spitze immer höher wurde.

Obwohl dieser Ausdruck damals noch nicht erfunden worden war, hatte Brown damit effektiv ein Metamaterial hergestellt. Außerdem hatte er, ebenso wie die Bartol-Gruppe, möglicherweise mit Ferroelektrika experimentiert, die in dielektrischen Medien eingebettet wurden, sodass die magnetische Permeabilität entlang des Dielektrikums variierte. Zum Beispiel schrieb er in seinem Patent:

> Bei der Applikation von Potenzialen bei diesen verschiedenen Systemen wurde festgestellt, dass die Geschwindigkeit, mit der das Potenzial aufgebracht wird, häufig den Schub beeinflusst. Das gilt insbesondere da, wo Teile des Dielektrikums mit hoher dielektrischer Konstante verwendet werden und die Ladezeit ein entscheidender Faktor ist. In solchen Fällen verändert sich der Feldgradient, während sich die Ladung aufbaut. Wenn die ersten Ladungsströme ebenfalls hoch sind, weisen auch dielektrische Materialien mit hoher magnetischer Permeabilität im Laufe der Zeit einen variablen Schub auf.[11]

In jedem Fall hätte Brown durch die Einbettung solcher Teilchen in sein Dielektrikum Bereiche mit elektrischen und/oder magnetischen Resonanzen über einen Bereich von Mikrowellenfrequenzen erzeugt, die wiederum Bereiche erzeugt hätten, in denen die Permittivität bzw. Permeabilität des Dielektrikums negativ wäre.

Mehrere Jahrzehnte bevor die Gruppe der *University of California* in San Diego einen negativen Brechungsindex in einem Metamaterial demonstrierte, experimentierte Brown also mit ähnlichen künstlichen Materialien, jedoch mit dem Ziel, den Schub bei Dielektrika, die durch Wechselstrom erregt werden, zu verstärken. Er erwähnte keine Resonanzen oder negative ε- oder μ-Werte, also war er sich vermutlich nicht ganz über die Gründe im Klaren, warum diese Halbleiter-Teilchen den Hub seiner Dielektrika verbesserten. Als er diese Untersuchungen durchführte, war fast ein Jahrzehnt vergangen, seit die Wissenschaftler vom *Skyvault-Projekt* ihre streng geheimen Versuche mit ähnlichen Materialien begonnen hatten. Es ist also nicht überraschend, dass Brown von Admiral Rickover aufgefordert wurde, seine Forschungen auf dem Gebiet der Elektrogravitation einzustellen. Anscheinend war Brown mit seinen Versuchen den Arbeiten, die beim *Skyvault-Projekt* bereits im Gange waren, zu nahe gekommen. Interessanterweise führte Brown Anfang der fünfziger Jahre in seinem Labor in Los Angeles Versuche mit elektrischen Scheiben durch. Sein Labor befand sich in demselben Stadtteil wie das *Skyvault-Projekt*. Man fragt sich, ob er gerüchteweise von diesem Projekt gehört haben könnte.

Metamaterialien haben seltsame neue Eigenschaften, die man in der Natur normalweise nicht antrifft. Vor allem refraktieren sie elektromagnetische Wellen stärker als natürlich auftretende Materialien mit einem positiven Brechungsindex. Die Diagramme in **Abb. 7.4** vergleichen die Bahnen eines Strahls, der (a) durch ein Medium mit einem positiven Brechungsindex und (b) durch ein Medium mit einem negativen Brechungsindex hindurchgeht. Ungeachtet ihres Brechungsindexes refraktieren Materialien mit einem positiven Index einfallende Strahlen immer in den rechten Quadranten, der auf der gegenüberliegenden Seite der Linie liegt, die senkrecht auf der refraktierenden Oberfläche steht. Materialien mit einem negativen Index (z. B. $n = -1$) refraktieren einfallende Strahlen in den linken Quadranten, der auf derselben Seite der senkrechten Linie liegt. Aus diesem Grunde werden Materialien mit einem negativen Brechungsindex manchmal als »linkshändige Materialien« bezeichnet.

Eine weitere ungewöhnliche Eigenschaft von linkshändigen Materialien ist, dass sie dazu verwendet werden können, eine Linse herzustellen, die viel größere Details auflösen kann als Linsen aus einem Material mit einem positiven

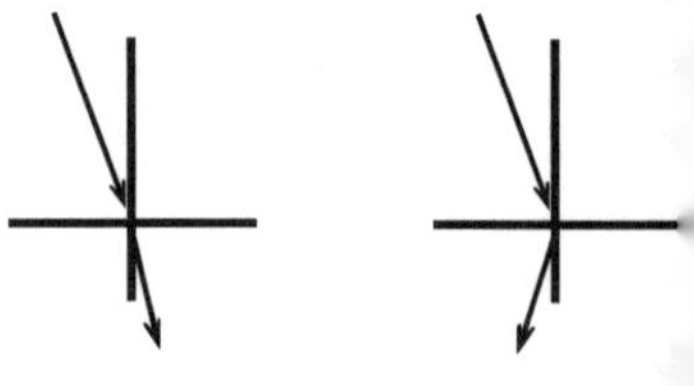

(a) (b)

Abb. 7.4 *Refraktion eines Lichtstrahls bei einem Material, das (a) einen positiven Brechungsindex und (b) einen negativen Brechungsindex aufweist.*

Brechungsindex. Solch eine Linse kann Einzelheiten abbilden, die noch kleiner sind als die Wellenlängen des Lichts, das dazu verwendet wird, um das Objekt zu beleuchten. Sie kann auch vom Gewicht her viel leichter gemacht werden als dicke, konvexe Linsen für herkömmliche optische Geräte. Metamaterialien brechen Licht so stark, dass eine glatte Folie als konvexe Linse dient, wobei die einfallenden Strahlen auf einen Brennpunkt innerhalb dieser Folie fallen. Um es dem Strahl zu ermöglichen, sich auf einen Brennpunkt außerhalb der Linse zu richten, muss das Metamaterial in einer konkaven Form hergestellt werden.

Metamaterialien können auch so ausgelegt werden, dass sie die einfallenden Strahlen komplett absorbieren. Das macht sie ideal für radarabsorbierende Materialien. Im Jahre 2003 demonstrierten Yong Zhang und seine Mitarbeiter am *National Renewable Energy Laboratory* negative Refraktion an einem normalen ferroelastischen Material aus einer Legierung, die Yttrium, Vanadium und Sauerstoff enthielt.[12] Sie stellten fest, dass dieser Kristall Licht jeder Frequenz ohne Reflexion an der Oberfläche des Mediums refraktierte. Damit ergab sich die Möglichkeit, reflexionsfreie optische Linsen herzustellen.

Im Zuge des jüngsten Interesses an Metamaterialien haben die Forschungslabors der amerikanischen Luftwaffe eine Reihe von Forschungsprojekten durchgeführt. Und das *Defense Sciences Office* (DSO, Amt für Verteidigungswissenschaften) der *Defense Advanced Research Projects Agency* unterstützt ein Programm zur Finanzierung der Erforschung von Metamaterialien. Im Juli 2006 bekundete das DSO auf seiner Website ganz offen, eines der Ziele des Forschungsprogramms bestehe darin, magnetische Metamaterialien für »elektrische Antriebe« zu entwickeln:

> Bei Metamaterialien handelt es sich um künstliche Zusammensetzungen, die überragende Eigenschaften aufweisen, welche in den einzelnen Bestandteilen oder in der Natur so nicht vorkommen. Das Ziel des *Meta Materials Program* besteht in der Entwicklung und Herstellung sowie im Einsatz neuer Metamaterialien, die die enormen Lücken füllen sollen, die bei einer Reihe äußerst wichtiger Anwendungen im militärischen Bereich bestehen. Insbesondere sollen mit diesem Programm (1) magnetische Metamaterialien für Leistungselektronik und elektrische Antriebe und (2) Mikrowellen- und optische Metamaterialien für Antennen, Radar und drahtlose Kommunikation entwickelt werden.[13]

Somit scheint der Gedanke, dass *Rocketdyne* Anfang der fünfziger Jahre Metamaterialien für die Antriebe von Raumschiffen entwickelte, plausibel zu sein.

Es ist interessant, dass das DSO im November 2007 diese Webseite entfernt und sie durch eine umgeschriebene Version ersetzt hat, in der nicht das Interesse an der Nutzung von Materialien mit negativem Index zum Zweck von Antrieben nicht mehr ewähnt wird. Jetzt wird dort nur die Anwendung von Materialien mit negativem Index für optische Zwecke und die Entwicklung »leichter, kompakter RF-Strukturen« erwähnt, wobei man besonders die »praktische Anwendung« dieser Technologie hervorhebt. Offensichtlich müssen Mitarbeiter des Verteidigungsministeriums irgendwann zwischen Juli 2006 und November 2007 entschieden haben, dass der Antriebsaspekt ihres Metamaterial-Programms zu heikel war, um ihn der Öffentlichkeit preiszugeben. Man fragt sich, ob die Änderung der Webseite möglicherweise auf die bevorstehende Veröffentlichung dieses Buches zurückzuführen sein könnte. Anfang August 2007 wurde mir per E-Mail der Textentwurf für einen Katalogeintrag zur Durchsicht zugeschickt, worin das Buch angekündigt wurde – mit Erwähnung des *Skyvault-Projekts* –, und Anfang Oktober 2007 erschien die fertige Buchankündigung auf der Website des Verlages.

7.3 Sägezahnwellen

Laut Murray hatten die Mitarbeiter von *Skyvault* festgestellt, dass die Art der Reaktion eines Materials von der jeweils verwendeten Wellenform abhing. Sie erzielten die besten Resultate mit einer sägezahnartigen Wellenform, die aus asymmetrischen, dreieckigen Wellen bestand, die entweder einen starken Spannungsanstieg oder Spannungsabfall aufwiesen. Wie bereits in Kapitel 6 erwähnt, zeigen die von Podkletnows Gravitationsimpuls-Strahlengenerator erzeugten Wellenimpulse einen starken Anstieg an ihrer Vorderkante und sind in der Lage, starke repulsive Kräfte zu erzeugen. Tesla beobachtete auch repulsive Längskräfte, die durch die Energiewellenschocks erzeugt wurden, die von seinen Verstärkertransmittern ausgestrahlt wurden.

Die Subquantenkinetik sagt voraus, dass Betrag und Richtung der beschleunigenden Kraft wesentlich von der Form der Sägezahnwelle abhängt, da unterschiedliche Wellenformen unterschiedliche Verteilungen virtueller Ladungen hervorbringen, die wiederum unterschiedliche Gravitationspotenzialgradienten erzeugen. Nehmen wir zum Beispiel die Wellenform in **Abb. 7.5a**. Dort wird das Profil des Spannungspotenzials, $\varphi_E(r)$, für einen Kondensator gezeigt, der allmählich durch einen Widerstand, R_1, geladen und dann durch einen weiteren Widerstand, R_2, entladen wird, wobei R_1 größer ist als R_2. Dies erzeugt eine Welle mit asymmetrischen Anstiegs- und Abfallflanken (siehe Bildunterschrift

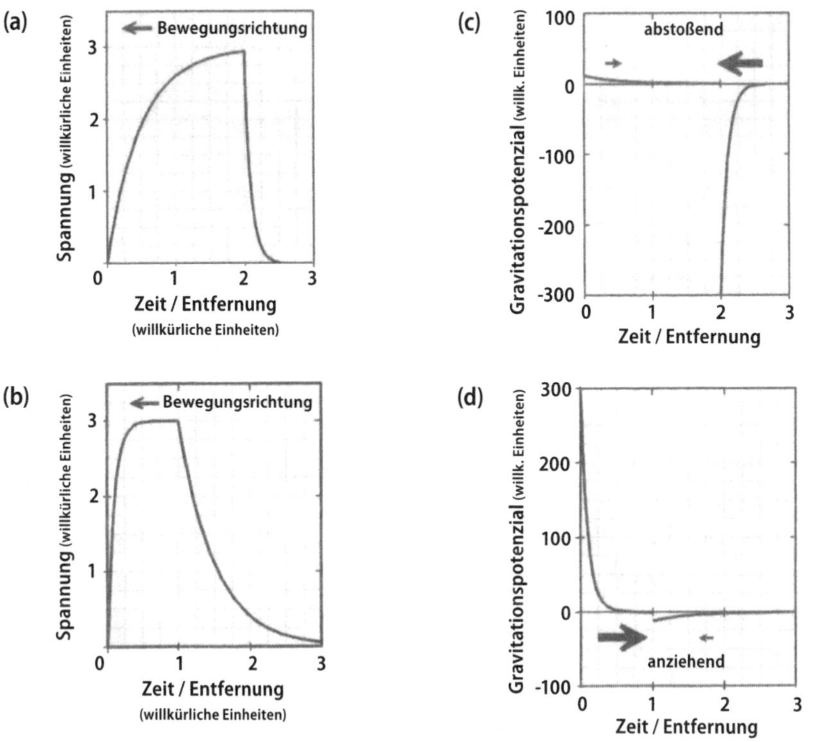

Abb. 7.5 *(a) links: Graph der Spannung einer asymmetrischen RC-RC-Sägezahnwelle mit einem allmählichen exponentiellen Spannungsanstieg und einem schnellen exponentiellen Spannungsabfall. (b) Spannungsprofil für eine RC-RC-Sägezahnwelle mit einem schnellen exponentiellen Spannungsanstieg und einem allmählichen Spannungsabfall. (c) Ein durch die virtuelle Ladungsverteilung der in Abb. 7.5a gezeigten RC-RC-Welle erzeugtes Gravitationspotenzialprofil. (d) Ein durch die virtuelle Ladungsverteilung der in Abb. 7.5b gezeigten RC-RC-Welle erzeugtes Gravitationspotenzialprofil. Die Pfeile in Abb. 7.5c und 7.5d weisen auf die Beträge und die Richtungen der resultierenden Kräfte der Elektrogravitation hin. (P. LaViolette, © 2007)*

Das Spannungspotenzial in Abb. 7.5a wird durch die folgenden Gleichungen dargestellt: $U = 3(1 - e^{-2x})$ für den Spannungsanstieg und $U = 3e^{-10x}$ für den Spannungsabfall, wobei x die Zeit von links nach rechts bzw. die Entfernung von der Vorderseite zur Rückseite der Welle repräsentiert. Somit hat die Welle eine Abstiegsrate, die 5 Mal die Zeit ihrer Anstiegsrate beträgt. Die Spannung in 7.5b wird durch die folgenden Gleichungen dargestellt: $U = 3(1-e^{-10x})$ für den Spannungsanstieg und $U = 3e^{-10x}$ für den Spannungsabfall. Hierbei wurden somit die Exponenten ausgetauscht. Die entsprechenden Graphen der Gravitationspotenziale in 7.5c und 7.5d wurden erstellt, indem man jeweils die negative zweite Ableitung dieser Gleichungen berechnete.

zu **Abb. 7.5**). Wenn die x-Achse so gewählt wird, dass sie die Entfernung statt der Zeit angibt, dann zeigt die Grafik, wie der elektrische Potenzialgradient mit dem Abstand von der Vorderseite zur Rückseite der Welle variiert, in dem die Welle mit Lichtgeschwindigkeit von rechts nach links geht. Das Sägezahnprofil in **Abb. 7.5b** (links) ist eine ähnliche Art von Wellenform, jedoch eine, die die Spannung an einem Kondensator darstellt, der sich schnell lädt und dann allmählich wieder entlädt. Tatsächlich wurden die Werte für die Widerstände R_1 und R_2 mit jenen ausgetauscht, die für die Erzeugung der in **Abb. 7.5a** gezeigten Kurve verwendet wurden. Bei diesem zweiten Beispiel ist R_1 kleiner als R_2.

Die Profile 7.5c und 7.5d in **Abb. 7.5** zeigen die entsprechenden Graphen des Gravitationspotenzials, $\varphi_g(r)$, die jede dieser elektrischen Potenzialwellen begleiten dürften, ausgehend von der Annahme, dass die Dichten der virtuellen Ladungen, die durch diese Welle erzeugt werden, entsprechende virtuelle Massendichten und damit verbundene Gravitationspotenziale erzeugen. Diese werden erhalten, indem man die negative zweite Ableitung von den Gleichungen der ersten beiden Diagramme berechnet. Dies steht in Übereinstimmung mit der in Gleichung 7 (Kapitel 4) aufgezeigten subquantenkinetischen Elektrogravitationsrelation. Das Wellenprofil in **Abb. 7.5a**, das einen allmählichen Spannungsanstieg anzeigt, gefolgt von einem schnellen Spannungsabfall, erzeugt, wie in der Darstellung des Gravitationspotenzials in **Abb. 7.5c** zu sehen ist, zuerst eine schwache anziehende Gravitationskraft (kleiner Pfeil), gefolgt von einer sehr starken abstoßenden Kraft (großer Pfeil). Bei der hier dargestellten speziellen Wellenform ist der abstoßende Impuls (Kraft multipliziert mit der Zeit) 25 Mal größer als der anziehende Impuls, obwohl der abstoßende Impuls nur etwa ein Fünftel so lange dauert. Somit erzeugt diese Welle eine abstoßende resultierende Kraft bei materiellen Objekten. Wandelt man die Wellenform in jene um, wie sie in **Abb. 7.5b** gezeigt wird, führt dies zu einer Gravitationspotenzialwelle mit einem sehr steilen anziehenden Gravitationsgradienten an der Vorderkante und einem allmählichen abstoßenden Gradienten an der hinteren Kante, und damit im Endresultat zu einer anziehenden Gravitationskraft (siehe **Abb. 7.5d**).

Wenn die Welle symmetrisch erzeugt wurde, sodass ihre Spannung mit derselben Geschwindigkeit anstieg, wie sie fiel, ($R_1 = R_2$), dann würde die während des Durchgangs der vorderen Kante der Welle erzeugte anziehende Gravitationskraft die während des Durchgangs der hinteren Kante erzeugte abstoßende Kraft ausgleichen, und die resultierende Gravitationskraft wäre null.

Würde die Polarität der in **Abb. 7.5a** gezeigten Welle so geändert, dass ihre Spannung negativ statt positiv wäre, wie in **Abb. 7.6a** gezeigt, dann sagt das Elektrogravitations-Kopplungsverhältnis voraus, dass die Gravitationspotenziale

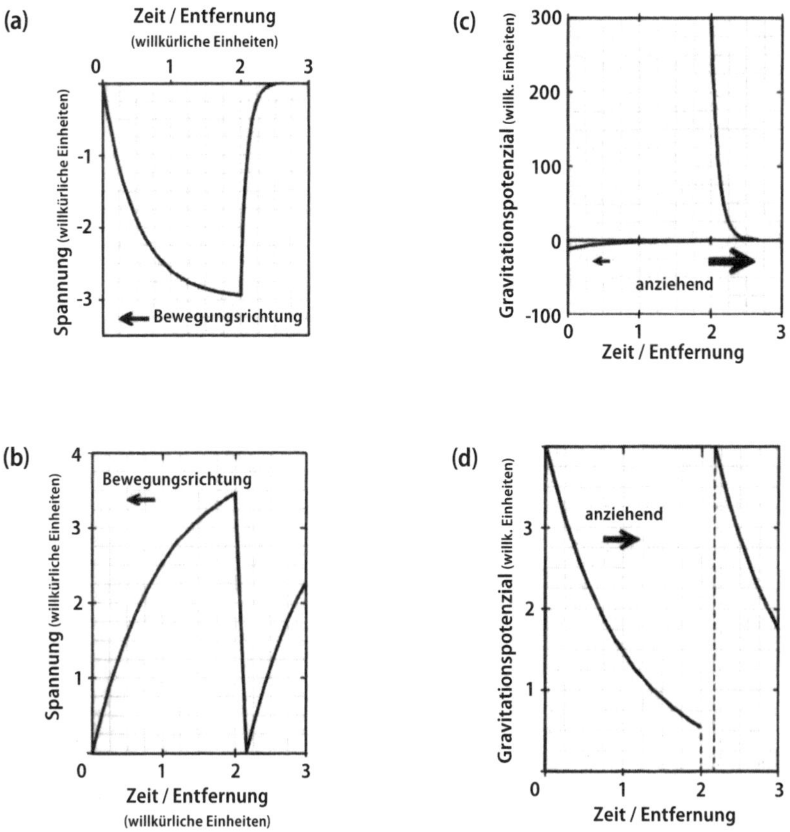

Abb. 7.6 *(a) Spannung einer asymmetrischen RC-RC-Welle mit einem allmählichen exponentiellen Spannungsabfall und schnellen exponentiellen Spannungsanstieg. (b) Spannung einer RC-Nortonschen Sägezahnwelle mit einem allmählichen exponentiellen Spannungsanstieg und einem schnellen linearen Spannungsabfall. (c) Graph des Gravitationspotenzials, erzeugt durch die in Abb. 7.6a gezeigte RC-RC-Welle. (d) Graph des Gravitationspotenzials, erzeugt durch die RC-Nortonsche Welle von Abb. 7.6b. (P. LaViolette, © 2007)*

ebenfalls ihre Polarität umkehren, wie in **Abb. 7.6c** gezeigt. Die Gravitationsgradienten würden jetzt das Vorzeichen ändern, und die resultierende Kraft wäre anziehend statt abstoßend. Dieselbe Umkehr der Gravitationspolarität würde auftreten, wenn das in **Abb. 7.5b** gezeigte Profil negativiert würde. Statt einer anziehenden resultierenden Kraft käme eine abstoßende resultierende Kraft heraus.

Stavros Dimitriou, Professor für Elektrotechnologie an der TEI (Technische Fachhochschule) in Athen, hat untersucht, ob Kondensatoren, die mit Sägezahnwellen im Radiofrequenzbereich betrieben werden, Anziehungskräfte auf in der Nähe befindliche Massen ausüben.[14-16] In seiner Diplomarbeit behandelte er eine Wellenform, die jenen in **Abb. 7.5** und **Abb. 7.6** ähnlich war und die er als RC-RC-Wellenform bezeichnete.[17] Das Akronym RC bedeutet, dass die Wellenform durch einen Kondensator mit einer Kapazität C bestimmt wird, der durch einen Widerstand mit dem Widerstandswert R geladen wird. Auf seine Elektrogravitations-Wellenforschung komme ich in Kapitel 11 zurück.

Eine weitere von Dimitriou untersuchte Wellenform ist in **Abb. 7.6b** dargestellt. Diese ist ähnlich der RC-RC-Sägezahnwelle in **Abb. 7.5a**, außer dass in diesem Fall die Spannung linear abfällt statt exponentiell.* Der Spannungsabfall der Welle wird durch die Entladung des geladenen Kondensators mithilfe eines Konstantstrom-Elements (Nortonsches Element) erzeugt. Deshalb bezeichnet Dimitriou diese Art von Wellenform als RC-Nortonsche Welle. Die Relation der Elektrogravitationskopplung der Subquantenkinetik sagt voraus, dass solch eine Welle während des Spannungsanstiegs eine anziehende Gravitationskraft und während des Spannungsabfalls keine Gravitation erzeugt. Folglich läge, da die Spannung linear abfällt, ihre zweite Ableitung bei null. Somit dürfte während dieser Abfallphase keine virtuelle Ladung und keine Massendichte erzeugt werden.

Wird das Gravitationsfeld primär durch die Elektrogravitationseffekte der virtuellen Ladung erzeugt, dann dürfte eine dreieckige Sägezahnwelle mit einem linearen Spannungsanstieg und -abfall keinen Gravitationsschub erzeugen, weder in der Spannungsanstiegsphase noch in der Spannungsabfallphase. Bei einem anderen Beispiel wird kein Schub erzeugt, wenn die Welle ein Spannungsprofil hat, das quadratisch mit der Entfernung ansteigt. Solch ein Profil hätte eine konkave parabolische vordere Kante, ähnlich wie die des Profils 2 in **Abb. 7.7a**. In diesem Fall ergibt die negative zweite Ableitung seines r^2-Spannungsprofils ein negatives Gravitationspotenzial, das zeitlich konstant bleibt (siehe Profil 2 in **Abb. 7.7b**). Somit läge sein Gravitationsgradient bei null. Es wäre also keine Kraft vorhanden.

Wenn wir den Exponenten, der das Wellenprofil bestimmt, so ändern, dass der Exponent nicht gleich 1 oder 2 ist, sondern gleich einem Bruch oder irgendeiner anderen ganzen Zahl, dann wäre die Welle in der Lage, eine Anzie-

* Die Welle in **Abb. 7.6b** wird durch die folgende Gleichung dargestellt: $U = 4(1 - e^{-x})$ für den Spannungsanstieg und $U = 4(1 - 5x)$ für den Spannungsabfall.

hungskraft auszuüben. Wenn das Profil mit $r^{1,5}$ variiert, erzeugt der Gravitationspotenzialgradient eine abstoßende Kraft in dieselbe Richtung, in die sich die Gravitationswelle bewegt (siehe Kurve 1 in **Abb. 7.7b**). Variiert das Profil mit $r^{2,5}$, dann entwickelt das Gravitationspotenzial eine Steigung mit entgegengesetztem Vorzeichen, das eine anziehende Kraft entgegen der Richtung der Wellenbewegung erzeugt (siehe Kurve 3 in **Abb. 7.7b**). Variiert das Profil hingegen mit r^3, dann entwickelt das Gravitationspotenzial eine steilere Steigung, die eine noch stärkere anziehende Kraft erzeugt (siehe Kurve 4 in **Abb. 7.7b**).

Die von Podkletnows supraleitender Kathode ausgesandte Stoßentladung dürfte in ähnlicher Weise durch einen exponentiellen Spannungsanstieg an seiner Vorderflanke charakterisiert gewesen sein, aber mit einem sehr großen Exponenten. Solche Entladungen hätten also viel steilere Gravitationsgradienten und größere Gravitationskräfte erzeugt als jene, die hier dargelegt sind. Da es sich bei Podkletnows Strahl um einen negativen Spannungsanstieg handelt, wird die von ihm ausgeübte Gravitationskraft durch die Relation der Elektrogravitationskopplung als abstoßend vorhergesagt und nicht als anziehend, wie es auch beobachtet wurde.

Die obige Analyse geht davon aus, dass der Gravitationseffekt dieser Sägezahn-Mikrowellen primär durch die virtuellen Ladungen entsteht, die diese Wellen erzeugen, welche wiederum aus der zweiten Ableitung der Spannungschwankung entstehen, die entlang der Wellenbewegung anliegt. Falls

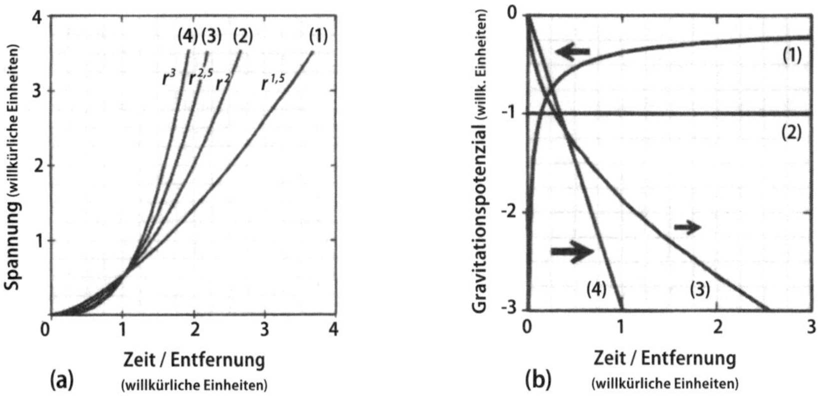

Abb. 7.7 *(a) Graphen der Wellenfronten, deren Spannung exponentiell mit unterschiedlichen Graden der Nichtlinearität steigt, mit: $r^{1,5}$ (Kurve 1), r^2 (Kurve 2), $r^{2,5}$ (Kurve 3) und r^3 (Kurve 4). (b) Zugehörige Graphen der Gravitationspotenziale, die von den resultierenden virtuellen Ladungen erzeugt wurden. (P. LaViolette, © 2007)*

andererseits das Gravitationsfeld der emittierten Mikrowellen hauptsächlich durch die realen elektrischen Ladungen erzeugt wird, von denen die Welle hervorgerufen wird, dann wäre der Elektrogravitationsschub proportional zur ersten Ableitung der Spannungsschwankung entlang der Welle. In diesem Fall würden lineare Sägezahnprofile und exponentielle r^2-Profile Gravitationsschübe erzeugen. Es sind weitere Forschungen erforderlich, um festzustellen, welche der beiden Elektrogravitationsrelationen die Erzeugung von Gravitationswellen bei Mikrowellenfrequenzen besser charakterisiert, oder ob elektrogravitative Schubeffekte aus einer Mischung aus virtueller und realer Ladung entstehen.

Ein Charakteristikum der Elektrogravitationsrelation für virtuelle Ladungen besteht darin, dass Spannungsprofile mit einer nichtlinearen Veränderung größere Gravitationsschübe erzeugen dürften. Zum Beispiel wird einer Welle, deren Spannung mit r^3 ansteigt, eine Gravitationskraft prognostiziert, die 2,8 Mal stärker ist als bei einer Welle, deren Spannung mit $r^{2,5}$ ansteigt. Auch dürfte eine Welle, deren Spannung mit r^4 ansteigt, eine Gravitationskraft erzeugen, die sechs Mal stärker ist als eine Welle, deren Spannung mit r^3 ansteigt. Es ist zu erwarten, dass Wellen mit Exponenten von weniger als 2 sehr schwache Kräfte erzeugen. Zum Beispiel dürfte eine Welle wie Kurve 1 in **Abb. 7.7.a**, deren Spannung mit $r^{1,5}$ ansteigt, eine Gravitationskraft erzeugen, die 15 Mal schwächer ist als die, die durch eine Welle erzeugt wird, deren Spannung mit $r^{2,5}$ ansteigt. Brown bestätigte dies. Er hatte beobachtet, dass die von einem elektrischen Feld erzeugte Elektrogravitationskraft tatsächlich steigt, wenn die Nichtlinearität des Spannungsprofils des Feldes ansteigt.

Dimitriou behauptet, er habe Gravitationskräfte erzeugt, indem er Kondensatoren mit Sägezahnwellen erregte, die eine Amplitude von etwa 15 Volt aufwiesen (siehe Kapitel 11). Unsere Versuche, seine Arbeit in diesem unteren Spannungsbereich praktisch nachzuvollziehen, waren jedoch nicht erfolgreich. Höchstwahrscheinlich muss die Wellenamplitude einige Dutzend Kilovolt überschreiten, bevor der Schubeffekt dieser Sägezahnwelle stark genug wird, um bedeutsame Werte hervorzurufen. Das stimmt auch mit den Ergebnissen von Brown und Podkletnow überein, die beide Wellen im Bereich von 50 bis 2.000 Kilovolt benutzten, um ihre Schubeffekte zu erzielen. Wie wir noch sehen werden, benutzten die Mitarbeiter vom *Skyvault-Projekt* ebenfalls Wellen im Kilovoltbereich, um ihre Antriebseffekte zu erzielen.

Zusammenfassend kann man sagen, dass die Antriebsergebnisse, die Murrays *Skyvault*-Team erzielte, sehr stark von der Form der von ihm benutzten Mikrowelle abhingen. Eine Frage, die überprüft werden sollte, ist, ob Metamaterialien eine größere Antriebskraft entwickeln (einen größeren Wechselwirkungsquerschnitt zeigen), wenn sie einem Mikrowellenstrahl ausgesetzt werden, der statt einer symmetrischen Sinuswellenform eine asymmetrische Sägezahnwellenform aufweist. Falls dem so ist, ist es wahrscheinlich, dass es sich bei den frequenzempfindlichen Materialien, die sie bei ihrer Forschung verwendeten, in der Tat um Metamaterialien handelte.

7.4 Der Strahlengenerator

Nach Aussagen von Murray verwendete das Team vom *Skyvault-Projekt* während der ersten Zeit seiner Forschung für die Erzeugung des Mikrowellenstrahls Magnetron-Vakuumröhren. Das Team arbeitete mit Frequenzen zwischen 7 Gigahertz (7.000 MHz) und mehr als 1.000 Gigahertz. Zum Vergleich: Die Magnetronröhren, die in Mikrowellenöfen verwendet werden, haben üblicherweise Frequenzen von 2,54 Gigahertz. Das Hohlraum-Magnetron hat eine zentrale, Elektronen emittierende Kathode, die von einer positiv geladenen Kupferplatte, der Anode, umgeben ist (siehe **Abb. 7.8**). Ein axiales Magnetfeld sorgt dafür, dass Elektronen, die von der Kathode emittiert werden, in einer kreisförmigen Umlaufbahn rotieren. Sie zirkulieren mit einer Frequenz, die von der angelegten Spannung und der Stärke des Magnetfeldes abhängt. Während des Umlaufs passieren sie eine Reihe zylindrischer Hohlräume, die um den inneren Umfang der Anode angeordnet sind; dort induzieren sie Schwingungen im Mikrowellenbereich. Ebenso wie die Länge einer Orgelpfeife für eine bestimmte Tonhöhe sorgt, kann man mit dem Durchmesser dieser Hohlräume die Mikrowellen auf eine bestimmte Wellenlänge einstellen. Diese Schwingungen übertragen sich auf die zirkulierende Elektronenwolke und werden dann aus dem Magnetron herausgeleitet, um einen Mikrowellenstrahl zu bilden.

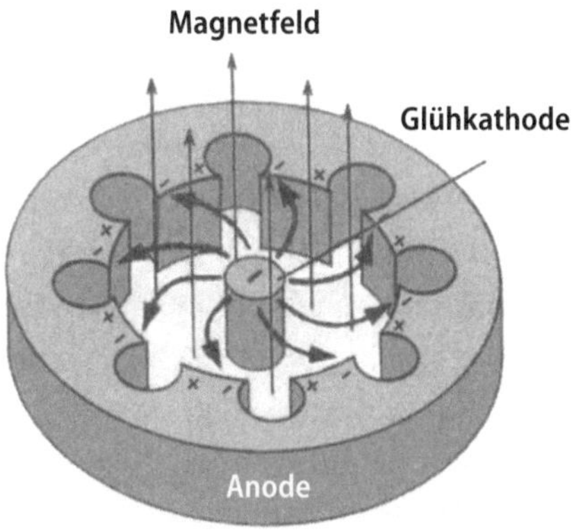

Abb. 7.8 *Querschnitt eines Hohlraum-Magnetrons.*

Das Mikrowellensignal aus den Magnetronröhren, die das Team von *Skyvault* benutzte, wurde in einen Hohlraum mit Wellenverstärker geleitet. Hierbei handelte es sich im Wesentlichen um einen Metallkanal aus einem rechteckigen Querprofil, das lang genug war, um eine ganze Reihe von Wellenlängen des Mikrowellensignals dort unterzubringen. Wenn das Magnetron zum Beispiel Wellen bei einer Frequenz von 100 Gigahertz emittierte, dann wären die ausgestoßenen Wellenlängen 3 Millimeter lang gewesen. Und hätte der Hohlraum eine Länge, die ein Vielfaches von 3 mm beträgt, dann würden die Wellen, während sie innerhalb des Hohlraums hin und her reflektiert werden, einen Zustand der Resonanz erzeugen, der es ihnen ermöglicht, eine Amplitude hoher Spannung aufzubauen.

Wenn man verschiedene Arten von Materialien, die Mikrowellen absorbieren, in den Hohlraumresonator einbringt, kann die Kurvenform des eingeleiteten Mikrowellensignals von einer Sinuswelle in eine sägezahnförmige Welle umgewandelt werden. Dafür hat das Team von *Skyvault* möglicherweise Dielektrika aus Keramik (z. B. Bariumtitanat) verwendet, die mit einem DC-Hochspannungspotenzial von 10 kV pro Zentimeter polarisiert wurden. Nach der Polarisierung stellt das hochpermittive Dielektrikum eine höchst nichtlineare Umgebung für die Mikrowellen dar. Dieselbe Umwandlung der Wellenform in eine Sägezahnform dürfte auch bei Browns Antriebsaggregat, das mit Gleichspannung betrieben wurde (siehe Kapitel 3), aufgetreten sein. Etwa so: Das Dielektrikum hat die Form der Eingangswelle verändert, sodass sie einen schnelleren Anstieg des Potenzials in Richtung auf die Polarisierung des Dielektrikums aufwies und eine langsamere Abnahme des Potenzials während der anderen Halbwelle. Die Polarität der Sägezahnwelle – ob sie nun schnell auf ein positives oder negatives Potenzial anstieg – hing dabei von der Polarität ab, die an das hochpermittive Dielektrikum angelegt wurde. Die Mikrowellenleistung aus diesem Verstärker wurde dann in einem Wellenleiter hinunter zu einem Mikrowellenhorn geleitet. Die Abmessungen des Horns mussten dabei so ausgelegt sein, dass seine Impedanz derjenigen der umgebenden Luft entsprechen würde, damit ein Mikrowellenstrahl effektiv vom Horn abgestrahlt werden konnte. Sobald das Dielektrikum polarisiert war, konnte es seine Polarisierung ohne externe Zufuhr von Gleichspannung aufrechterhalten. Die Sägezahnwellen dienten möglicherweise sogar dazu, das Spannungspotenzial des Dielektrikums vorzuspannen.

Das Team von *Skyvault* hat seine Röhren nicht durchgehend unter Strom gesetzt, sondern sie mit einem mechanischen Impulsgeber etwa tausend Mal pro Sekunde mit Impulsen erregt. Dabei handelte es sich um ein Rad in einer luftleeren Kammer, das 60.000 bis 100.000 mal pro Minute rotierte (1.000 bis

2.000 Hertz) und bei jeder Umdrehung einen Satz von elektrischen Platinkontakten betätigte, die für kurze Zeit die DC-Hochspannung einschalteten, um die Magnetrone mit Energie zu versorgen. Die entsprechende Impulsrate hing davon ab, wie viel Spannung und Leistung man aus der Röhre herausholen wollte. Wurde der Impulsgeber auf eine höhere Rate eingestellt oder befanden sich die Kontakte für einen längeren Bruchteil der Zyklusperiode im geschlossenen Zustand, konnte mehr Energie vom Magnetron ausgestrahlt werden.

Murray sagte, dass man an der Hüllkurve der »Rechteckwelle« des Impulsgebers feine Anpassungen vornehmen musste, um die Amplitude des Pulszyklus und die Schaltzeiten richtig einzustellen. Das Magnetron musste zu genau dem richtigen Zeitpunkt eingeschaltet werden, sodass seine Wellen in Phase mit den Wellen waren, die bereits im Wellenleiter des Mikrowellenverstärkers hin und her reflektiert wurden, und ihre Energie dem verstärkten Signal hinzugefügt wurde. Magnetrone sind sehr empfindlich. Wenn das Timing bei der Impulsgebung nicht korrekt ist, kann sich das Energiepotenzial in der Röhre so stark aufbauen, dass die Röhre durchbrennt. Es kommt zu einem Ausfall, wenn der Überschlag von der Kathode der Röhre zu seiner Anode springt und die Elektronen emittierende Thoriumbeschichtung der Kathode verbrennt und so die Röhre wertlos macht.

Radarforscher ersetzten später diese ältere Technologie des mechanischen Impulsgebers durch Thyrotronröhren, die Stoßentladungen mit einer viel höheren Anstiegszeit erzeugen können. Thyrotrone hatten eine feste Funkenstrecke, die in einer versiegelten Glasröhre mit Wasserstoff eingebettet und mit einer dritten Zündelektrode versehen war, um die Funkenstrecke zur Entladung zu bringen. Diese Entladungen ähneln den Stoßentladungen Teslas, außer dass die Magnetrone diese Impulse in Mikrowellenfrequenzstöße umwandeln. In *Secrets of Cold War Technology* äußerte sich Vassilatos zu den Explosionskräften, die diese Radarstöße erzeugen könnten. Er schrieb: »Während diese Impulsmethoden immer mehr verfeinert wurden, hielten es die Ingenieure für möglich, einzelne Gleichstromimpulse von ungeheurer Kraft zu erzeugen. Die Geräte flogen häufig auseinander, wenn diese explosiven elektrischen Versuche durchgeführt wurden. Drähte explodierten. Dichtungen und versiegelte Elektroden rissen auseinander. Magnetronröhren und Hochvakuumgefäße gingen regelrecht in die Luft. Hier hatten wir es mit dem Phänomen zu tun, das Tesla so sehr beschäftigte.«[18] Die Mikrowellenexplosionen, mit denen die Ingenieure von *Skyvault* herumexperimentierten, waren höchstwahrscheinlich von dieser Art.

Murray sagte, dass sie die besten Magnetronröhren verwendeten, die sie finden konnten, d. h. diejenigen, die damals bei militärischen Radarsystemen eingesetzt wurden. Um den Antriebseffekt der Gravitationswelle zu maximieren, mussten sie diese Röhren weit über ihre Spannungsspezifikation betreiben, bis zu 250 kV. Murray sagte nicht, was der normale Spannungsbereich für diese speziellen Radarmagnetrone war. Zum Vergleich: In einer 1956 veröffentlichten Forschungsarbeit wird die Entwicklung eines Magnetrons von 1,3 Gigahertz beschrieben, das im Bereich von 50 bis 75 kV arbeitete und während einer Impulszeit von zehn Mikrosekunden eine Leistung von 10 Megawatt erzeugte.[19] Die Magnetrone bei geheimen militärischen Projekten haben wahrscheinlich schon viel früher höhere Ausgangsleistungen erbracht.

Bei diesem außerhalb der Spezifizikationsgrenzen liegenden Hochspannungsbetrieb dürften die Eigenschaften der Röhre extrem nichtlinear geworden sein und zu etwas geneigt haben, was als longitudinale Sägezahninstabilität bezeichnet wird. Dieses Phänomen sorgt dafür, dass Elektronen, die im Magnetron zirkulieren, sich zu Gruppen formieren und die normalen Sinuswellen der Röhre in eine Reihe von Sägezahnspitzen verwandeln. Ein ähnlicher Effekt ist beim Betrieb der *Synchrotron Ultraviolet Radiation Facility* (SURF III) aufgetreten.[20] Als die Sägezahninstabilität bei SURF III auftrat, beobachteten die Forscher Ausbrüche einer kohärenten Mikrowellenstrahlung, die 10.000 Mal intensiver war als die normale Synchrotronstrahlung und aus sägezahnförmigen Wellen im Frequenzbereich von 10 Gigahertz bestand.

Indem die Leute von *Skyvault* die Röhren über ihre Spezifikationen hinaus betrieben, versuchten sie anscheinend, Mikrowellen mit einer maximalen abrupten Anstiegszeit zu erzeugen – also eine extrem nichtlineare Flanke mit negativem Potenzial. Dies wiederum dürfte den von diesen Wellen erzeugten Elektrogravitationsschub maximiert haben. Wie aus unserer Analyse der vom Gravitationsimpulsstrahl von Podkletnow erzeugten Gravitationsstöße hervorging, weist die Elektrogravitationsrelation der Subquantenkinetik darauf hin, dass solche Wellenformen abstoßend gewesen sein müssen.

Murray sagte, dass das Forschungsteam durch den Betrieb der Röhren über ihre eigentliche Leistungsfähigkeit hinaus Tausende von Magnetronen verschwendet hätten. Die Mitarbeiter waren bereit, das Risiko in Kauf zu nehmen, weil sie wussten, dass dieser Antriebseffekt existierte. Anscheinend hatte in der Vergangenheit jemand zufällig die richtige Frequenz und Wellenform gefunden und dabei den Effekt entdeckt.

Zuerst war die Ausrüstung, die den Antriebsstrahl bei *Skyvault* erzeugte, recht plump. Der gesamte Aufbau, der aus Hochspannungsgeneratoren, Mikrowellengeneratoren, Wellenleitern und Wellenformresonatoren bestand, erforderte ein Gebäude von der Größe einer Scheune. Murray verriet, dass bei dieser frühen Version der kegelförmige Teststrahl nach oben gerichtet wurde, um ein Testobjekt schweben zu lassen, das eine konkave Unterseite hatte, die breit genug war, um den Strahl aufzunehmen. Er verriet, dass dieser konkave Teil aus einer Keramik bestand, die der ähnlich war, die die Firma *CorningWare* herstellt.

Obwohl die Keramik von *CorningWare* undurchsichtig ist, ist sie für Mikrowellen teilweise transparent. Mit der richtigen Form könnte sie also als Mikrowellenlinse dienen, die einer optischen Linse ähnlich sähe, aber nicht unbedingt optisch transparent wäre. Solch eine Linse könnte aus Paraffin, Keramik oder Glas bestehen. Das Wichtige ist jedoch, dass sie aus einem Material hergestellt wird, das über die richtige Permittivität und Permeabilität verfügt. Das Team von *Skyvault* könnte also den Keramikboden des Objekts als Linse verwendet haben, um die Mikrowellen, mit denen es angestrahlt wurde, zu refraktieren.

Bei einem divergenten Mikrowellenstrahl könnte man jedoch erwarten, dass sie eine konvergente Linse benutzt haben, um die Wellen innerhalb des Objekts zu fokussieren. Man fragt sich, ob es sich bei dieser konkaven Keramik eventuell um ein Metamaterial handelt, das mit einem negativen Refraktionsindex ausgelegt wurde. Eine Eigenschaft linkshändiger Materialien (mit negativem Index) ist, dass sie eine konkave Form haben, um einen Mikrowellenstrahl zu einem Brennpunkt auf der anderen Seite der Linse zu bringen.

Der Strahlengenerator für den Prototyp bei *Skyvault* war anfangs zwar recht sperrig gewesen, doch im Laufe der Zeit gelang es dem Team, die Ausrüstung kompakter zu gestalten. Murray sagte, dass sie es schließlich schafften, den Apparat so klein zu machen, dass er in ein Fluggerät passte. Er sagte jedoch nicht, welche Art von Stromanschluss verwendet wurde. Das Fluggerät hatte eine runde Form und richtete einen grünlich-blauen Mikrowellenantriebsstrahl auf die Erde. Der Strahl wurde durch eine »irisartige Konvexlinse« auf den Boden gelenkt, wo er reflektiert wurde, um dem Fluggerät Auftrieb zu geben. Es ist unklar, was Murray mit einer »irisartigen Konvexlinse« meinte. Eine Iris ist eine kleine Öffnung am Ende einer Wellenführung, die es den Mikrowellen erlaubt auszutreten.

Vielleicht wurden die Mikrowellen durch eine Iris am Ende des Wellenleiterverstärkers ausgestoßen und dann durch eine konvexe Keramiklinse konzentriert. Die aus der Iris kommenden Mikrowellen könnten sich zerstreut haben und hätten für die Bündelung zu einem Strahl eine konvergente Linse erfordert. Der Durchmesser des Strahls im Zielgebiet auf dem Boden könnte durch eine Steuerung der Linsenposition im Verhältnis zur Iris angepasst worden sein.

Diese experimentelle Version des Flugobjekts von *Skyvault*, das in den sechziger Jahren entwickelt worden ist, war offenbar viel weiter fortgeschritten als sein Vorläufer – die Version, für die Toms Ingenieurbüro 1975 ein Angebot unterbreiten sollte. Das heißt, sie war viel mobiler, weil sie über einen Bordstrahl verfügte. Murray sagte, dass das Objekt durch Signale ferngesteuert wurde, die von einem Radiotransmitter kamen, der sich wahrscheinlich auf einem Berggipfel befand. Der Transmitter schickte 6.400 Mal pro Sekunde verschlüsselte Signale aus, die den Anstellwinkel, das Giermoment, den Kurvenflug und die Geschwindigkeit des Objekts kontrollierten. Das Objekt hatte eine Reichweite von fast 300 Meilen über der Wüste und konnte Höhen von 50.000 Fuß und mehr erreichen. Murray sagte, dass es »extreme Geschwindigkeiten« erreichen konnte. Zu Beginn führten sie Testflüge mit einer unbemannten Maschine durch. Später bauten und testeten sie Objekte mit einer Mannschaft an Bord. Murray erzählt Tom, dass die Flugobjekte, an denen er mitarbeitete, eine geschätzte Antriebseffizienz von 60 % hatten und dass er sich vorstellen könnte, dass man bis 1974 viel höhere Antriebseffizienzen erreicht hätte. Zum Vergleich: Ein Düsenflugzeug hat eine Antriebseffizienz von nur etwa 20 %.

Mitte der sechziger Jahre, als Murray nicht mehr am Projekt mitarbeitete, begann das Team von *Skyvault* damit, die Magnetrone durch Halbleiteroszillatoren, sogenannte Gunndioden, zu ersetzen, die viel zuverlässiger waren. Murray hatte von einem Freund darüber erfahren, der weiter am *Skyvault-Projekt* mitarbeitete. Da Tom mehr darüber erfahren wollte, fragte er seinen Vorgesetzten, ob es möglich wäre, mit Murrays Freund zu sprechen. Murray setzte sich mit seinem Freund in Verbindung, der ihm mitteilte, dass er Tom stattdessen einen Brief schreiben werde, den er über Murray an ihn schicken wolle. Den Brief, der in einem etwas skurrilen Stil geschrieben wurde, finden Sie in Anhang E [als deutsche Übersetzung].

Murray wollte den Namen seines Freundes nicht verraten, aber aus praktischen Gründen werde ich ihn hier Don nennen. In seinem Brief sagte Don, dass die Gunndioden normalerweise weniger als 1 Watt Leistung für ihren Betrieb benötigen, aber durch die Zusammenarbeit mit dem Hersteller seien sie in der Lage gewesen, spezielle Hochleistungs-Gunndioden herzustellen, die für ihr Projekt geeignet waren. Diese waren in der Lage, bis zu 100.000 Watt Mikrowellenleistung zu erzeugen, und die verschiedenen Dioden, die sie herstellten, umfassten einen Frequenzbereich von 1 bis 500 Gigahertz. Don gab nicht genau an, ob diese Leistung sich auf die Durchschnittsleistung eines einzelnen Impulses bezog oder auf die Dauerleistung.

Die erste Gunndiode wurde 1963 entwickelt. Später wurden viel leistungsfähigere und effizientere Geräte konstruiert, die sogenannten »Impact Ionization Avalanche Transit-Time Diodes« (IMPATT-Dioden [im Deutschen Lawinen-

Laufzeit-Dioden genannt]), die zu höheren Mikrowellenleistungen fähig waren. Die IMPATT-Dioden haben jedoch den Nachteil, dass ihr Signal ein viel stärkeres Phasenrauschen hervorruft. Das bedeutet, dass ihre Schwingungsperioden nicht so genau eingestellt werden können. (Eine Beschreibung, wie diese Geräte funktionieren, finden Sie im folgenden Kasten.) Solche Dioden haben den Vorteil, dass sie einfacher zu handhaben sind als Magnetrone, und sie sind zuverlässiger, weil sie nicht so leicht durchbrennen. Sie sind auch in der Lage, viel höhere Frequenzen zu erzeugen. Bei den Gunndioden aus Galliumnitrid konnten Frequenzen von bis zu 3.000 Gigahertz erzielt werden. Die kommerziell verfügbaren Gunndioden haben eine Effizienz von nur 2 bis 5 %, während die IMPATT-Dioden eine etwas höhere Effizienz von etwa 10 % haben. Das ist wenig im Vergleich zu den Magnetronen, die eine Effizienz von bis zu 60 % erreichen.

Gunndioden und IMPATT-Dioden

Die Gunndiode wurde nach J. B. Gunn benannt, einem Physiker, der 1963 entdeckte, dass Galliumarsenid bei Mikrowellenfrequenzen spontan oszillierte, wenn auf jeder Seite eine ausreichend hohe Gleichspannung angelegt wurde. Das wurde als Gunneffekt bekannt. Gunn fand heraus, dass Galliumarsenid einen negativen Widerstand aufweist, wenn es einem elektrischen Feld von mehr als 3.000 Volt pro Zentimeter ausgesetzt ist. Das heißt, dass unterhalb dieser kritischen Schwelle der elektrische Strom, der durch den Kristall hindurchgeht, sich allmählich mit zunehmender Spannung erhöht, wie er das bei den meisten elektrisch resistiven Substanzen tut. In diesem Niedrigspannungsbereich sagt man, dass der Kristall einen »positiven Widerstand« aufweist. Jedoch geht die Strom-Spannungskurve bei einer kritischen Schwelle nach unten, sodass der Strom jetzt mit zunehmender Spannung abnimmt, ein Phänomen, das man als negativen Widerstand bezeichnet.

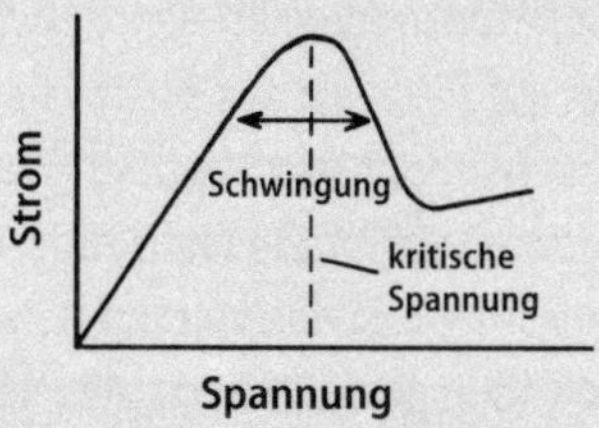

Aufgrund dieser besonderen Eigenschaft wird eine Gunndiode aus Galliumarsenid, wenn sie über ihre kritische Schwelle von 5 kV pro Zentimeter hinaus vorgespannt wird, bei einer bestimmten Frequenz im Gigahertzbereich spontan oszillieren. Einige andere Substanzen, die diesen Oszillationseffekt aufweisen, sind Indiumphosphid, Kadmiumtellurid, Zinkselenid und Wurtzid-Galliumnitrid. Letzteres oszilliert, wenn es bei einem höheren Potenzial von etwa 150 kV pro cm vorgespannt wird.

Eine IMPATT-Diode ist eine Silizium-PN-Übergangsdiode, die normalerweise in Sperrrichtung betrieben wird. Ihr Betrieb unterscheidet sich von der Gunndiode dadurch, dass eine Stoßionisierung erfolgt, die zu einem elektrischen Durchbruch mit einer Elektronenlawine führt. Sie ähnelt der Gunndiode insofern, dass sie eine Vorrichtung mit negativem Widerstand ist, die spontan anfängt zu oszillieren, wenn ihre Basisvorspannung einen bestimmten Wert übersteigt.

Kommerziell verfügbare Gunndioden und IMPATT-Dioden erbringen meist Leistungen im Milliwattbereich, obwohl es möglich ist, Gunndioden zu erwerben, die bis zu 30 Watt Leistung erzeugen. Eine gründliche Suche nach Herstellern solcher Festkörper-Oszillatoren Mitte der neunziger Jahre ergab, dass Dioden mit einer Leistung, die weit über 30 Watt liegt, nicht an die allgemeine Öffentlichkeit verkauft werden. Zum Beispiel erfuhr ich im Jahre 2002 von einer Kontaktperson, dass eine Vertriebsfirma, die das Militär und die Raumfahrtindustrie beliefert, einen experimentellen Oszillator mit 1.040 Gigahertz (300 Mikron) und einer angeblichen Leistung von 40 Kilowattt ausgeliefert hatte. Dieses Unternehmen verschickt regelmäßig Geräte, die als »Mikrowellenoszillatoren« bezeichnet werden, an Unternehmen der Rüstungs- oder Raumfahrtindustrie wie *Northrop Grumman, Boeing, Lockheed Martin* und BAE *Systems* sowie an Forschungs- und Entwicklungsfirmen wie *Raytheon* und SAIC *(Science Application International Corporation).*

Eine Übersicht der innovativen Entwicklungen im Bereich der Festkörper-Mikrowellengeräte weist darauf hin, dass die hohen Leistungen, die den beim *Projekt Skyvault* verwendeten Gunndioden zugeschrieben werden, gar nicht so außergewöhnlich sind. In einer im Jahre 1995 geschriebenen Buchbesprechung ist zu lesen, dass Gunndioden aus Galliumarsenid zu Einheiten kombiniert wurden, die bei Frequenzen über 30 Gigahertz die Kilowattschwelle erreichten.[21] Und im Jahre 2000 verkündeten Wissenschaftler der *Purdue University,* dass sie eine IMPATT-Diode aus Siliziumkarbid entwickelt hatten, die in der Lage war, Mikrowellenleistungen zu erzielen, die 400 Mal größer waren als die IMPATT-Dioden auf Siliziumbasis. Ihre Versuche zeigten, dass es möglich war, Leistungen von bis zu 4,2 Kilowatt bei 10 Gigahertz zu erreichen.[22] Eine leichte Mikrowellenröhre mit der Bezeichnung »Pasotron« *(plasma-assisted slow-wave oscillator)*, die Anfang der neunziger Jahre in den *Hughes Research Laboratories* und der *Hughes Missile Systems Co.* entwickelt worden war, konnte noch höhere Leistungen erzielen.[23] Bei ihr wird eine Elektronenkanone verwendet, die hochenergetische Elektronen erzeugt. Die Elektronen emittieren einen Mikrowellenstrahl, während sie durch eine Glimmentladung mit niedrigem Druck hindurchgehen. Das Gerät erzeugt Mikrowellenimpulse mit einer Dauer von 100 Mikrosekunden und Impulsspannungen von 220 kV, eine Impulsleistung von 1 bis 5 Megawatt und eine Effizienz zwischen 20 und 50 %. Und erst kürzlich sollen Pasotrone Impulse von 100 Nanosekunden mit einer Mikrowellenleistung von 7 Gigawatt erzeugt haben. Obwohl es sich nicht um ein Festkörpergerät handelt, hat es den Vorteil, dass es für seinen Betrieb kein Magnetfeld erfordert, viel leichter ist und nicht so leicht durchbrennt. Es ist nicht bekannt, ob das Team vom *Skyvault-Projekt* bei seinen Forschungen auch Pasotrone testete.

7.5 Der Strahlenverstärker

Nach Aussagen von Murrays Freund Don wurde die Hochleistungs-Gunndiode, die beim *Skyvault-Projekt* eingesetzt wurde, ebenso wie das Magnetron, in einen Wellenleiter eingebaut. Dieser hatte an einem Ende eine Öffnung sowie Abmessungen, die den Schwingungseigenschaften der Diode entsprachen. Mit anderen Worten: Die Länge des Leiters entsprach dem Vielfachen der Wellenlänge der Mikrowellen, die von der Gunndiode emittiert wurden, sodass die Wellen sich gegenseitig resonant verstärkten, während sie entlang der Wellenführung hin und zurück reflektiert wurden. Diese Resonanz erhöhte die Spannung des Strahls.

Don sagte in seinem Brief zwar nichts über den Spannungsbedarf, aber wie Tom erfuhr, waren diese speziellen Gunndioden so ausgelegt, dass sie im Bereich von wenigen Hunderttausend bis zu einer Million Volt operierten. Diese Spannungen sind im Vergleich zu denjenigen, mit denen frei verkäufliche Gunndioden normalerweise arbeiten (5 bis 100 Volt Gleichstrom) sehr hoch. Es bleibt noch die Frage, ob diese Spannung sich möglicherweise auf die Nennspannung der Dioden bezieht, d. h. die Spannung, die im Hohlraumverstärker erzeugt werden könnte und der zu widerstehen sie ausgelegt sind.

Die Spannung des verstärkten Mikrowellenstrahls müsste dann bis zu mehrere Millionen Volt betragen haben.

Wie gesagt, würde ein einfacher Wellenleiter, der auf die richtigen Maße zugeschnitten ist, die Spannung des Mikrowellenstrahls erhöhen, jedoch nicht seine Gesamtenergie. Aber in seinem Brief scheint Don über eine andere Art von Verstärker zu sprechen, über einen, der in der Lage ist, die Gesamtenergie des Strahls zu erhöhen. Er sagte, dieser »Verstärker« sei notwendig, um die »Anwendungsmöglichkeit« (d. h. die Fähigkeit) der Gunndiode zu erweitern, sodass sie »das Objekt [...] starten« könne (siehe seinen Brief im Anhang E). Obwohl die beim *Skyvault-Projekt* verwendeten modifizierten Gunndioden eine Ausgangsleistung hatten, die weit höher war als die der frei verkäuflichen Dioden, hätte selbst eine Ausgangsleistung von 10 kW nicht das erbracht, was erforderlich war. Die Magnetrone, die bei dem Projekt anfangs eingesetzt wurden, hatten eine Ausgangsleistung, die mehrere Größenordnungen höher war. Um das zu erreichen, hätte man die Leistung des Strahls der Gunndiode in einem »Energieverstärker« erhöhen müssen.

Höchstwahrscheinlich hat man das beim *Skyvault-Projekt* mit einem parametrischen Verstärker erreicht, einer Vorrichtung, wie sie üblicherweise von Mikrowelleningenieuren verwendet wird, um die Signalstärke zu erhöhen. Ein parametrischer Verstärker besteht aus einem Hohlraum, der ein nichtlineares Medium, z. B. eine Kapazitätsdiode, enthält. Der zu verstärkende Strahl kann durch einen Port in den Verstärkerhohlraum ein- und austreten, und während er sich im Hohlraum befindet, geht er durch die Diode, wo seine Energie durch einen zweiten Mikrowellenstrahl, den sogenannten Pumpstrahl, verstärkt wird. Der Pumpstrahl hat üblicherweise eine Frequenz, die zweimal der des Oszillatorstrahls entspricht und um 90 Grad verdreht zum Hauptstrahl ausgerichtet ist, sodass er mit diesem nicht direkt interagiert (**Abb. 7.9**).

Der Pumpstrahl beeinflusst den Hauptstrahl des Oszillators indirekt, indem er den Parameter der Diode, d. h. ihre dielektrische Konstante, genau zum richtigen Zeitpunkt während der Schwingungsperiode des Hauptstrahls variiert.* Durch eine Verminderung der dielektrischen Kontante (K) der Kapazitätsdiode reduziert das Pumpstrahlsignal die elektrische Permittivität ε der Diode; dies senkt wiederum die Kapazitanz der Diode ($C \propto \varepsilon$) und erhöht dabei ihre Spannung ($V \propto 1/C$). Wenn man dies während der Phasen tut, in denen die Spannung des

* Parametrische Verstärker können auch Ferrite als nichtlineares Medium enthalten und stattdessen mit der Veränderung der magnetischen Permeabilität μ der Ferrite arbeiten. Das Ergebnis ist im Endeffekt dasselbe.

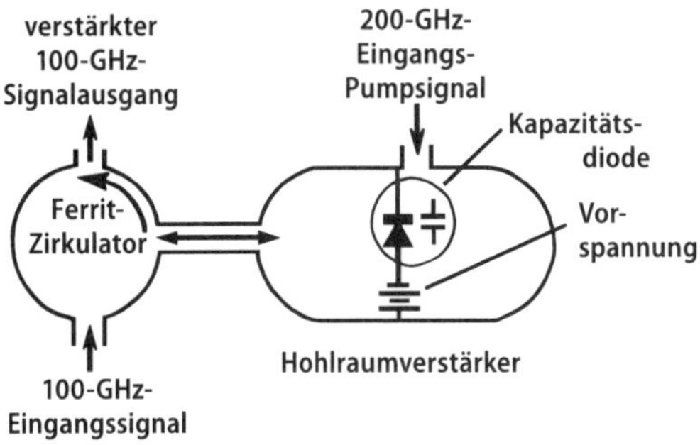

Abb. 7.9 *Diagramm eines parametrischen Mikrowellenverstärkers. (P. LaViolette, © 2007)*

Hauptstrahls entweder ein positives oder ein negatives Spannungsmaximum erreicht, können Amplitude und Leistung des Hauptstrahls verstärkt werden. Auf diese Weise kann der Pumpstrahl die Leistung des Hauptstrahls erhöhen. Häufig hat der parametrische Verstärker eine Schnittstelle mit einem Zirkulator, der den Hauptstrahl in einer Schleife zirkulieren lässt, wobei ein Teil seiner Energie zur Verstärkung in den parametrischen Verstärker abgeleitet wird. Parametrische Verstärker sind in der Lage, die Energie eines Strahls von einhundert bis eintausend Mal zu verstärken. Somit könnte ein Mikrowellenoszillatorsignal von 10 kW so verstärkt werden, dass es einen Mikrowellenstrahl von 10 Megawatt erzeugt.

Ein interessanter Aspekt bei den parametrischen Verstärkern ist, dass ihre Energieleistung ihre Energiezufuhr enorm übersteigen kann. Die Menge an Energie, die ein Pumpstrahl benötigt, um die Permittivität oder Permeabilität des nichtlinearen Mediums des Verstärkers zu verändern, kann viel geringer sein als die Menge an Energie, die der verstärkte Strahl durch den parametrischen Erregungsprozess gewinnt. Die Menge dieser Überschussleistung gegenüber der zugeführten Leistung hängt von der Art des nichtlinearen Mediums und seiner Reaktion im verwendeten Frequenzbereich ab.

Der magnetische Resonanzverstärker ist ein Beispiel für solch einen Verstärker, der im Audiofrequenzbereich statt im Mikrowellenfrequenzbereich arbeitet. Er basiert auf der Arbeit und den Theorien des amerikanischen Erfinders John Ernst Worrell Keely (19. Jahrhundert) und wurde von Laien intensiv erforscht. Kreisdiagramme und Forschungsergebnisse in Bezug auf seinen Betrieb finden Sie im Internet.[24-28] In ihm kommt ein Dielektrikum mit hoher Permittivität zum Einsatz, z. B. ein Kondensator aus Bariumtitanat, der in einer Reihe mit einer Spule geschaltet ist, wobei die Spule um einen Keramikmagnetkern aus Bariumferrit gewickelt ist. Durch Erregung mit einer Frequenz von etwa 20 bis 40 Kilohertz wird dieser nichtlineare Schwingkreis bei seiner Resonanzfrequenz von etwa 8.000 bis 11.000 Hertz zum Schwingen gebracht. Somit wird die

Erregerfrequenz auf das Dreifache der Resonanzfrequenz eingestellt, d. h. drei Oktaven (neun Oberschwingungen) über der Resonanz. Die Energie wird durch eine sekundäre Wicklung, die an einen Brückengleichrichter angeschlossen ist, aus dem oszillierenden Ferritkern bezogen. Ein solches Gerät, das die amerikanischen Forscher Joel McClain und Norman Wootan gebaut und getestet haben, erreichte eine Leistung von 2,75 Watt bei einer Eingangsleistung von 0,7 Watt und einem Überschussverhältnis von etwa 4.[29] Bei Resonanz erreichte die Spannung über dem Schwingkreis bis zu 1.000 Volt, wenn er mit einem AC-Pumpsignal von 30 Volt erregt wurde.

Bei parametrischen Verstärkern im Audiobereich wurde sogar über höhere Leistungen berichtet. Im Jahre 1949 zum Beispiel baute Obolensky einen parametrischen Verstärker, bei dem ein Super-Permalloy-Ferrit als nichtlineares Medium verwendet wurde und der in der Lage war, ein Überschussverhältnis von etwa einer Million zu eins zu erzielen, wenn er auf Frequenzen von 60 und 400 Hertz gebracht wurde.[30] Woher kommt diese Überschussenergie? Die Physiker sind sich nicht ganz sicher. Obolensky sagte, dass die Energie möglicherweise aus dem Rauschen erzeugt wird, die auf atomarer Ebene im nichtlinearen Medium des Verstärkers und in der unmittelbaren Umgebung vorhanden ist.

Es ist möglich, eine getrennte Stromquelle zu benutzen, um den Pumpstrahl in den Verstärker zu bringen, und es ist ebenfalls möglich, einen Teil des Energieüberschusses im verstärkten Hauptstrahl abzuziehen und ihn für den Betrieb des parametrischen Erregungsprozesses einzusetzen. Dies könnte erfolgen, indem man den Wellenleiter des Pumpstrahls an einen vierten Eingang am Zirkulatorhohlraum anschließt (**Abb. 7.10**). Der Zirkulator würde nicht nur die Grundfrequenz des Hauptstrahls enthalten, sondern auch seine Oberschwingungen. Indem man also die Länge dieser Wellenleiter entsprechend einem ungeradzahligen Vielfachen der halben Wellenlänge der zweiten Oberschwingungsfrequenz des Strahls anpasst, wird die Grundfrequenz blockiert, und nur die zweite Oberschwingung (d. h. $2f_0$) geht durch den parametrischen Verstärker. Während die Grundfrequenz intensiver wird, werden es auch ihre Oberschwingungen, und so wird eine größere Leistung in der zweiten Oberschwingung für die parametrische Erregung zur Verfügung stehen. Dadurch wird sich die Intensität des Strahls progressiv erhöhen.

Bei solch einem System besteht jedoch immer die Gefahr, dass es instabil wird, denn ohne eine korrekte Regulierung würde es zu einem exponentiellen Aufbau von Energie kommen, was letztendlich zu einer Explosion führen würde. Das heißt, im Verstärker würde Energie schneller erzeugt als abgegeben. Dafür zu sorgen, dass ein solcher Verstärker vernünftig arbeitet, sodass er die

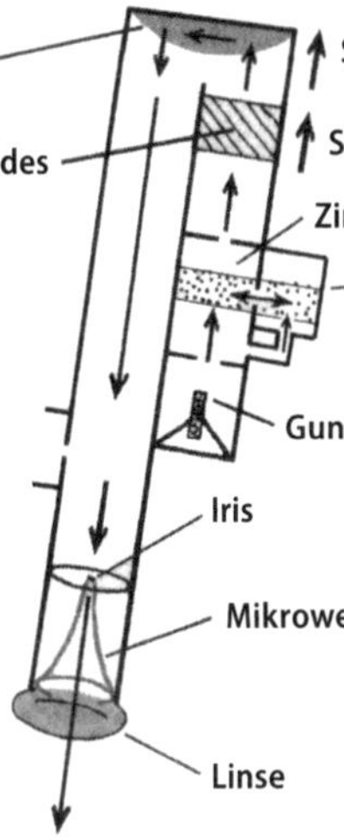

Abb. 7.10 *Eine mögliche Anordnung von Komponenten, die zusammen den Mikrowellenstrahl-Generator an Bord des Skyvault-Raumschiffes bildeten. (P. LaViolette © 2007)*

Leistung des Mikrowellenstrahls erhöht, ohne den Verstärker in die Luft zu jagen, ist ziemlich knifflig. Das erfordert eine geistreiche Technik – z. B. den Einbau einer schnell funktionierenden Servosteuerung, die die Phase der Pumpstrahlfrequenz automatisch ändert, wenn die Ausgangsleistung des Verstärkers zu hoch wird. Dies würde den Verstärkungsprozess abwürgen und den exponentiellen Anstieg der Energieproduktion stoppen.

Don erwähnte nicht den Einsatz eines Sägezahnwellen bildenden Dielektrikums. Wir wissen also nicht, ob dieses wellenbildende Dielektrikum im Hohlraum des Wellenverstärkers positioniert war oder im Hohlraum eines separaten wellenbildenden Resonators. Gehen wir einmal davon aus, dass Letzteres der Fall war. Dann wäre Folgendes zu erwarten: Sobald der Gunndiodenstrahl des Raumschiffs verstärkt worden ist, erregt er den Zirkulator tritt und in eine Wellenleitung ein, die ein polarisiertes Dielektrikum mit hoher Permittivität enthält, welches die Welle in eine Sägezahn-Wellenform umwandelt. Wie bei Browns elektrokinetischem Vertikalstart-Gerät erzeugt der hereinkommende Mikrowellenstrahl die ganze Länge des Dielektrikums entlang einen beträchtlichen Elektrogravitationsschub, der dazu beiträgt, das Raumschiff vom Boden zu heben. Folglich war diese wellenbildende Kammer wahrscheinlich fest verankert, damit ihr Schub auf die Struktur übertragen werden konnte, die das Objekt stützte.

Falls der Strahl innerhalb des Raumschiffes durch das wellenbildende Dielektrikum nach oben gerichtet war, könnte er durch eine konvexe Platte aus Metamaterial mit einem negativen Brechungsindex hindurchgegangen sein.

Wie bereits erwähnt, würde ein etwa auf die Resonanzfrequenz des Materials eingestellter Mikrowellenstrahl eine starke abstoßende Kraft ausüben, sodass ein nach oben gerichteter Mikrowellenstrahl auch auf die Platte eine aufwärts gerichtete abstoßende Kraft ausüben würde. Man hat ebenfalls festgestellt, dass Metamaterialien Mikrowellenstrahlen durch kleine Drehungen effizient refraktieren können. Tatsächlich haben Pendry und Smith gezeigt, wie eine Platte aus Metamaterial mit einer konvexen Linsenform einen Strahl durch eine 180-Grad-Drehung refraktiert hat. Auf ähnliche Weise könnte die Schubdüse aus Metamaterial gleichzeitig dazu verwendet worden sein, den Strahl nach unten durch einen Wellenleiter umzuleiten, von dem er letztlich die Untertasse durch eine fokussierende Linse verlassen haben könnte, um dann weiter zum Boden gelenkt zu werden (siehe **Abb. 7.10**).

In Kapitel 8 werde ich mich weiter mit Dons Aussagen über das *Skyvault-Projekt* befassen. Wir werden feststellen, dass der Mikrowellen-Antriebsstrahl nicht nur nach oben gegen das Raumschiff drückte, sondern auch nach unten gehen musste, um dann vom Bezugspunkt des Bodens zurück zum Raumschiff projiziert zu werden. Dabei konnte er so eingestellt werden, dass er resonant riesige Mengen an Energie speicherte, um das Raumschiff zu stützen. Dadurch konnte der Flug des Raumschiffes präziser gesteuert werden.

8 Mikrowellen-Phasenkonjugation

8.1 Phasenkonjugierter Mikrowellenantrieb

Wie bereits im vorigen Kapitel erwähnt, hatte mein Kontaktmann Tom einen Brief von einem Freund seines Vorgesetzten erhalten, den wir Don genannt haben. Im Jahre 1974, als Tom diesen Brief erhielt, war Don aktiv beim *Skyvault-Projekt* beschäftigt. In dem Brief umriss er das Projekt, bei dem es um Mikrowellen-Antriebstechnologie ging, nur sehr grob, denn ein großer Teil seiner Arbeit war damals noch geheim. Trotzdem verriet Don genug Informationen, dass es mir, kurz nachdem ich Toms Geschichte gehört hatte, gelang, zu einer konkreten Schlussfolgerung in Bezug auf einen wichtigen Aspekt der Antriebstechnologie mit Mikrowellenstrahlen zu kommen. Ich konnte ihn mit einem Bereich der Optikforschung in Verbindung bringen, der 1994 gerade erst in der Fachliteratur auftauchte, aber anscheinend bereits seit Anfang der fünfziger Jahre unter strenger Geheimhaltung für die Raumfahrt entwickelt worden war. Bevor ich auf dieses optische Phänomen eingehe, das Phasenkonjugation genannt wird, und darauf, wie es für den Antrieb von Fahrzeugen genutzt werden könnte, möchte ich kurz noch einige zusätzliche Details zusammenfassen, die mir Don über das Antriebssystem lieferte.

Don sagte, dass die Mikrowellenenergie aus dem Mikrowellen-Verstärkerresonator in einen hornförmigen Wellenleiter gelenkt wird, der das Wellenstrahlungsmuster steuert oder formt. Obwohl er es nicht ausdrücklich erwähnte, befand sich diese Hornantenne höchstwahrscheinlich zwischen der Iris und der konvexen Keramiklinse und wurde, wie Murray es beschrieben hatte, dazu verwendet, den Durchmesser des Strahls zu steuern.

Wenn der Strahl die Linse verließ, richtete er sich auf ein Ziel, wahrscheinlich ein Objekt am Boden. Die Mikrowellen, die von diesem Ziel zurück zum Objekt reflektiert wurden, konnten dann in einen Hohlraum eindringen, der eine Mischdiode enthielt (**Abb. 8.1**). Dort werden sie mit einem Teil des herausgehenden Mikrowellenstrahls gemischt. Eine Mischdiode ist ein radarabsorbierendes Material mit nichtlinearen elektromagnetischen Eigenschaften, das in der Lage ist, Wellen leicht unterschiedlicher Frequenzen zu kombinieren, um eine komplexere Welle zu erzeugen. Diese verfügt dann über Frequenzen, welche die Summe und die Differenz der beiden Frequenzen ausmachen. Ein Material, das über solche nichtlinearen Eigenschaften verfügt, ist interessanterweise Bariumtitanat, die piezoelektrische Keramik, die Brown bei seinen Experimenten verwendete. Don schrieb, dass eine stabilisierte Gleichspannungsquelle über die Mischdiode angeschlossen war, um sie vorzuspannen, und dass der Oszillator der Gunndiode auf ähnliche Weise vorgespannt war.

Don beschrieb zwei Arten von Antigravitations-Mikrowellensystemen. Die einfachere Version, Homodyn genannt, verwendete dieselben Leitungen für die Übertragung und den Empfang. Er kommentierte, dass dieses System »an einem Mangel an Reichweite« litt, da sein Mikrowellenstrahl normalerweise kein Ziel erreichen konnte, das mehr als 30 Meilen entfernt war. Die zweite Art von Konfiguration, »Micro-X-Einheit« genannt, verwendete getrennte Antennen für die Übertragung und den Empfang und hatte eine größere Reichweite. Wahrscheinlich wurde sie Micro-X genannt, weil sie ursprünglich im X-Mikrowellenbereich arbeitete, der sich von 8 bis 12 Gigahertz erstreckt.

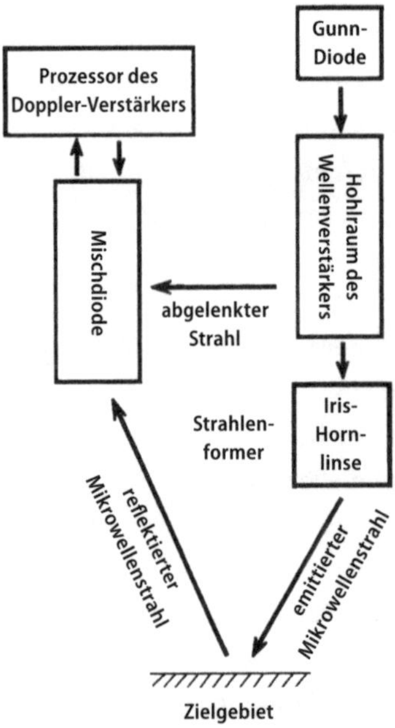

Abb. 8.1 *Murrays Beschreibung des Mikrowellen-Transmitters/Mischdetektors, der beim* Skyvault-Projekt *eingesetzt wurde. (P. LaViolette, © 2006)*

Bis jetzt klingt Dons Beschreibung des Apparats nach einem normalen Radargerät. Beim Radar sendet der Transmitter einen starken Mikrowellenimpuls aus, der dann vom entfernten Ziel zurückreflektiert wird und in den Radarempfänger eintritt. Diese schwache reflektierte Welle wird dann in der Mischkammer des Radargeräts mit einem Teil des ursprünglichen ausgehenden Signals kombiniert. Nehmen wir einmal an, dass f_0 für die Bezugsfrequenz des ausgehenden Signals steht und f für das Rückkehrsignal, das von einem Ziel, z. B. einem weit entfernt fliegenden Flugzeug, reflektiert wird. Wenn sich das Ziel bewegt, dann unterscheidet sich die Frequenz des Rückkehrsignals f leicht vom ursprünglichen ausgehenden Signal f_0; für ein sich näherndes Ziel ist $f > f_0$, und für ein sich entfernendes Ziel ist $f < f_0$. Die beiden Frequenzen unterscheiden sich um einen Betrag Δf, entsprechend zweimal der Doppler-Frequenzverschiebung, d. h. $\Delta f = f - f_0 = 2 f_0 v/c$, wobei v die Geschwindigkeit des Ziels im Verhältnis zum Sende-Empfangsgerät des Radargeräts ist, und c die Lichtgeschwindigkeit. Eine Frequenz φ *(phi)*, die dem genannten Frequenzunterschied gleicht ($\varphi = \Delta f$), tritt aus der Mischkammer des Radargeräts aus. Ihre Größe und ihr Signal zeigen an, wie schnell sich das Objekt bewegt und ob es sich nähert oder entfernt. Je größer der Frequenzunterschied, desto größer die für das Zielobjekt ermittelte relative Geschwindigkeit.

Jedoch kann das nichtlineare Medium, das bei einem Radarmischer verwendet wird, anscheinend auch als phasenkonjugierter Spiegel dienen. Das heißt, wenn es mit einem vom Zielobjekt kommenden Radarimpuls bestrahlt wird, erzeugt es einen ausgehenden Mikrowellenimpuls, der den Weg zum hereinkommenden Echosignal vom Ziel genau zurückverfolgt.

Nehmen wir als Beispiel sichtbares Licht, das von einem normalen Spiegel reflektiert wird. Wenn ein Laser seinen Strahl auf ein Zielobjekt richtet und ein Teil des Lichts, das auf das Objekt fällt, zerstreut wird und in irgendeinem Winkel auf die Oberfläche eines normalen Spiegels fällt, dann wird das Licht von der Oberfläche des Spiegels in einem ähnlichen Winkel wieder abgestrahlt. Das reflektierte Licht wird auf einem divergenten Weg fortfahren, der es vom Spiegel und dem Licht verstreuenden Objekt wegführt (siehe **Abb. 8.2a**).

Im Falle eines phasenkonjugierten Spiegels wird die versilberte Oberfläche des Spiegels jedoch durch einen durchsichtigen piezoelektrischen Kristall ersetzt, wie z. B. Bariumtitanat, der über nichtlineare optische Eigenschaften verfügt. Nehmen wir wiederum als Beispiel einen Laser, der das Zielobjekt beleuchtet, wobei ein Teil des Lichts, das vom Zielobjekt zerstreut wird, in diesen Kristall eindringt. Zusätzlich wird jedoch ein Teil des Lichts, das direkt vom Laser kommt, abgelenkt und als Strahl P_1 in den Kristall geleitet. Dieser Laserstrahl

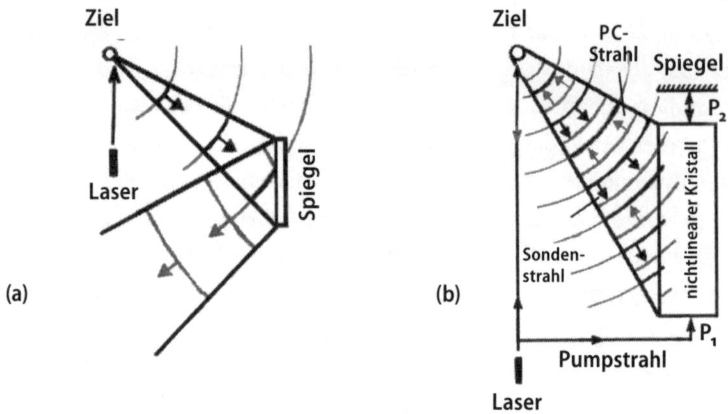

Abb. 8.2 *Vergleich zwischen einem normalen und einem phasenkonjugierten Spiegel. (a) Die Lichtwellen, die von einem normalen Spiegel reflektiert werden. Die schwarzen Wellenfronten repräsentieren die einfallenden Strahlen, die grauen Wellenfronten die reflektierten Strahlen. (b) Lichtwellen, die von einem phasenkonjugierten Spiegel reflektiert werden. Die schwarzen Wellenfronten repräsentieren die einfallenden Strahlen und die grauen Wellenfronten die phasenkonjugierten Strahlen, die sich »rückwärts« nach oben links bewegen. Der phasenkonjugierte Strahl wird durch die Interaktion des einfallenden Sondenstrahls mit den zwei sich in Gegenrichtung ausbreitenden Pumpstrahlen,* P_1 *und* P_2*, erzeugt.*

geht durch den Kristall und wird auf der anderen Seite von einem Spiegel reflektiert und bildet einen zweiten Strahl, P_2, der sich in die entgegengesetzte Richtung ausbreitet (siehe **Abb. 8.2b**). Diese sich in Gegenrichtung ausbreitenden Strahlen nennt man Pumpstrahlen. Das Licht, das vom Zielobjekt in Richtung auf den Kristall streut, heißt Sondenstrahl. Dieser dringt ins Innere des Kristalls ein und interagiert dort mit den sich in die Gegenrichtung ausbreitenden Pumpstrahlen. Die Interaktion des Sondenstrahls mit jedem der Pumpstrahlen erzeugt ein Interferenzmuster, das den Refraktionsindex innerhalb des Kristalls verändert, sodass er ein komplexes Oberflächenlichtmuster bildet, das kollektiv als holografisches Amplitudengitter bezeichnet wird. Das holografische Gitter, das durch den Pumpstrahl P_2 gebildet wird, refraktiert dann den gegenläufigen Pumpstrahl P_1 und bildet einen ausgehenden phasenkonjugierten Strahl. Im Gegenzug dazu refraktiert das durch den Strahl P_1 gebildete Gitter den Strahl P_2, der dadurch einen ausgehenden phasenkonjugierten Strahl mit ergänzenden Eigenschaften bildet. Dieser kombinierte phasenkonjugierte Strahl wird in **Abb. 8.2b** durch die grauen Wellenfronten dargestellt. Der phasenkonjugierte Strahl hat das besondere Merkmal, dass seine Lichtwellen vom Kristall aus entlang einer Linie verlaufen, die genau den Weg zurückverfolgen, auf dem vorher die hereinkommenden Wellen des Sondenstrahls verlaufen sind. Somit konvergiert der phasenkonjugierte Strahl zurück zu den Stellen, die ursprünglich das Licht auf dem Zielobjekt zerstreut haben, und von dort zerstreuen sich seine Wellen wieder zurück zur ursprünglichen Lichtquelle des Laserstrahls.

Der phasenkonjugierte Spiegel erzeugt eigentlich einen neuen Satz von Lichtwellen, die denselben Winkel sowie dieselbe Form und Phase haben wie die ankommenden Lichtwellen, die vom Zielobjekt zerstreut werden, sich aber in die umkehrte Richtung, zurück zum Ziel bewegen. Der Effekt ist so, als ob sich die Zeit rückwärts bewegt und die ankommenden zerstreuten Lichtwellen auf ihrem Weg kehrtmachen. Jedoch wird dieser Effekt erzielt, indem die Zeit vorwärts läuft, so wie sie es immer tut, und mit Lichtwellen, die sich von den ankommenden Wellen unterscheiden, da es die ankommenden Lichtwellen sind, die das Gittermuster erzeugen. Im Gegensatz zur Reflexion durch einen normalen Spiegel, bei dem das reflektierte Licht sich weiter in die Umgebung ausbreitet, staut sich das Licht bei der phasenkonjugierten Reflexion in einem Strahl auf, der sich in der Laserlichtquelle, seinem Licht zerstreuenden Objekt und dem nichtlinearen Medium des phasenkonjugierten Resonators ausbreitet. Da die Lichtquellen nicht über einen unmittelbaren Ausgang verfügen, kann die Energie, die im phasenkonjugierten Resonator aufgestaut ist, eine sehr hohe Intensität entwickeln.

Physiker bezeichnen diese Anordnung als Vierwellenmischer, weil sich im nichtlinearen Medium vier Strahlen kreuzen: der hereinkommende Sondenstrahl, die beiden sich gegenläufig ausbreitenden Pumpstrahlen und der herauskommende phasenkonjugierte Strahl. Obwohl der Sondenstrahl anfangs noch relativ schwach ist, kommt die von den beiden Pumpstrahlen gelieferte Energie als kräftiger ausgehender phasenkonjugierter Strahl aus diesem Vierwellenmischer. Beim Eintritt in den Hohlraum des Laserresonators stimuliert dieser phasenkonjugierte Strahl einen kräftigeren ausgehenden Laserstrahl, der besonders auf Stellen des Zielobjekts gerichtet ist, die vorzugsweise Licht in den Vierwellenmischer zurückstreuen. Folglich erhöht der Sondenstrahl, der in den Kristall des Mischers eintritt, seine Intensität. Im Laufe der Zeit bildet sich ein resonanter Lichtweg mit hoher Intensität vom Laser über das Zielobjekt bis hin zum Vierwellenmischer, und sehr wenig wird von dem Laserlicht in die Umgebung zerstreut, wenn überhaupt etwas.

Dem zweiten Gesetz der Thermodynamik zufolge tendiert die Ordnung in geschlossenen Systemen immer zur Unordnung, d. h., Licht, das von einem Objekt zerstreut wird, sollte sich im Raum zerstreuen und schließlich seine Energie dissipieren. Bei Licht, das auf einen phasenkonjugierten Spiegel trifft, ist das nicht der Fall. Das Gitter speichert die Informationen des hereinkommenden Sondenstrahls in Bezug darauf, wo die Lichtwellen entstanden sind, und refraktiert (lenkt) den Pumpstrahl, sodass dieser einen ausgehenden phasenkonjugierten Strahl erzeugt, dessen Wellen genau auf dem Weg zurückgehen, dem die Strahlen des Sondenstrahls gefolgt sind. So geht ein anfänglich ungeordneter Zustand tendenziell in einen Zustand größerer Ordnung über. Das zerstreute Licht geht zurück in einen konzentrierteren Zustand, in Richtung auf den Punkt, von dem es gekommen ist.

Bei den meisten Medien hat das Interferenzmuster der elektromagnetischen Welle, das zwischen dem ankommenden Sondenstrahl und den Pumpstrahlen gebildet wird, keine Wirkung auf die Ausbreitung der Lichtwellen. Hingegen können bei einem polarisierten piezoelektrischen Medium, z. B. Bariumtitanat, die Feldpotenziale den Refraktionsindex des piezoelektrischen Mediums auf mikroskopischer Ebene physisch verändern. Durch diese vielfältige Musterbildung seines Refraktionsindexes kann der Kristall Lichtwellen, die durch ihn hindurchgehen, auf komplexe Weise streuen, um den »zeitverkehrten« phasenkonjugierten Strahl zu rekonstruieren. Wenn wir einen Kristall als die Festplatte eines Rechners ansehen, dann könnte man sagen, dass der Sondenstrahl, der auf diesen Kristall trifft, Daten über die Richtungen und Phasen seiner verschiedenen Lichtstrahlen auf die Festplatte schreibt. Diese gespeicherte Information bricht den Pumpstrahl und weist ihn an, einen ausgehenden phasenkonjugierten Strahl zu bilden.

Die Pumpstrahlen, die in den Mischer eingehen, müssen nicht aus einem Laserstrahl gebildet werden, der durch das Streulicht des anstrahlenden Lasers gebildet wird. Vielmehr können sie spontan aus dem Sondenstrahl gesät werden, vorausgesetzt, dass die Spiegel im richtigen Winkel auf jeder Seite des Mischkristalls positioniert werden. Wie ein solcher passiver phasenkonjugierter Resonator funktioniert, wird im grauen Kasten auf Seite 245 f. zusammengefasst.

Die Wissenschaft wurde zum ersten Mal durch die Arbeit an Lasern auf die optische Phasenkonjugation aufmerksam. Solche Laserversuche wurden 1972 am *Lebedew-Institut* in Moskau durchgeführt. Danach beschäftigten sich Wissenschaftler in den Vereinigten Staaten und anderen Ländern mit der Erforschung dieses Phänomens.[1,2] Diese Technologie wurde bei der Entwicklung einer sogenannten Star-Wars-Waffe angewendet. Man fand eine Methode,

Abb. 8.3 *Ein selbstgepumpter optischer phasenkonjugierter Spiegel, der zeigt, wie ein einfallender Sondenstrahl (1) mit den sich in Gegenrichtung ausbreitenden Pumpstrahlen (3 und 4) zwischen den Spiegeln M1 und M2 interagiert, um den austretenden phasenkonjugierten Strahl (2) zu erzeugen.*

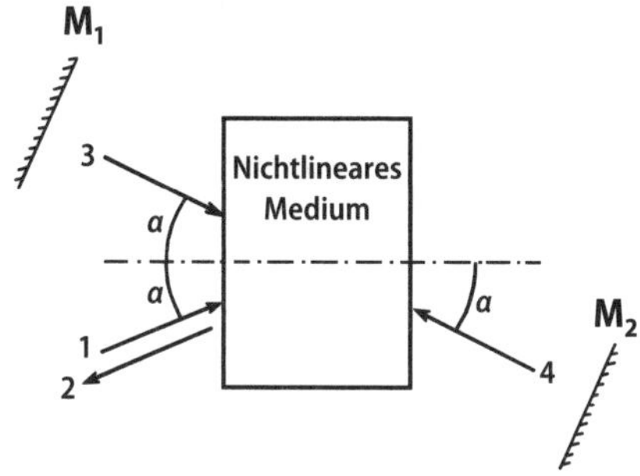

wie man eine feindliche Rakete abfangen kann, und zwar indem man sie mit einem Laserstrahl beleuchtet und dann mit einem leistungsfähigen Laserimpuls zerstört, der am Ziel konvergiert, indem er den vom Ziel reflektierten Strahl zurückverfolgt.

Im Jahre 1994, als ich zum ersten Mal vom *Skyvault-Projekt* hörte, kannte ich den Begriff der Phasenkonjugation nur von Experimenten, die mit Lasern an optischen Wellenlängen durchgeführt worden waren; aber Dons Beschreibung der Mischung von Mikrowellenstrahlen führte mich zu dem Schluss, dass beim *Skyvault-Projekt* eine Phasenkonjugation mit Mikrowellenstrahlen durchgeführt wurde. Ich arbeitete die einschlägige Literatur durch, konnte jedoch nichts über den Einsatz von Phasenkonjugation bei Mikrowellenfrequenzen finden. Trotzdem vermutete ich: Wenn die Phasenkonjugation bei optischen Wellenlängen funktioniert, dann sollte das auch im Mikrowellenbereich der Fall sein. Seit jener Zeit wurde eine beträchtliche Menge an Forschungsarbeiten über Mikrowellen-Phasenkonjugation veröffentlicht, was ein Hinweis darauf ist, dass meine frühere Schlussfolgerung durchaus berechtigt war.

Optische phasenkonjugierte Resonanz in Bariumtitanat

Wenn ein Sondenlaserstrahl oder »Saatstrahl« mit kohärentem Laserlicht (siehe **Strahl 1, Abb. 8.3**) auf ein nichtlineares dielektrisches Medium gerichtet wird – z. B. auf einen elektrisch polarisierten Kristall aus Bariumtitanat – und dieses Dielektrikum zwischen zwei parallelen Spiegel positioniert wird, wird dieser Sondenstrahl dafür sorgen, dass sich zwischen den Spiegeln zwei sich gegenläufig ausbreitende »Pumpstrahlen« bilden (siehe **Strahlen 3 und 4, Abb. 8.3**). Diese Pumpstrahlen interagieren mit dem hereinkommenden Sondenstrahl und erzeugen ein stationäres periodisches Elektrofeld und ein refraktives Indexmuster, das als holografisches Amplitudengitter bezeichnet wird. Experimente haben gezeigt, dass die sich gegenläufig ausbreitenden Pumpstrahlen sich ohne zusätzliche Energiezufuhr selbst auf die 60-fache Intensität des einfallenden Sondenstrahls anregen können.[3,4] Höhere Verstärkungskoeffizienten könnten erreicht werden, indem die Verluste des Hohlraumresonators reduziert und die natürlichen Resonanzen im nichtlinearen Dielektrikum genutzt werden.

Dieser passive Resonator funktioniert auch als phasenkonjugierter Spiegel. Das holografische Amplitudengitter, das durch die Interaktion des Pumpstrahls (**Strahl 3 in Abb. 8.3**) mit dem einfallenden Sondenstrahl (**Strahl 1**) erzeugt wird, refraktiert den sich gegenläufig ausbreitenden Pumpstrahl (**Strahl 4**) und erzeugt einen austretenden zeitverkehrten Strahl (**Strahl 2**), auch phasenkonjugierter Strahl genannt. In ähnlicher Weise refraktiert das durch die Interaktion der Strahlen (**Strahlen 4 und 1**) erzeugte Gitter den sich gegenläufig ausbreitenden Pumpstrahl (**Strahl 3**), um einen ähnlichen austretenden phasenkonjugierten Strahl (**Strahl 2**) zu erzeugen, der phasengleich mit jenem ist, der durch den anderen Pumpstrahl (**Strahl 4**) erzeugt wurde. Die elektromagnetischen Wellenfronten im austretenden Strahl (**Strahl 2**) sind identisch mit den ordentlichen Wellenfronten im Sondenstrahl (**Strahl 1**), außer dass sie sich nach hinten statt nach vorne ausbreiten, genauer gesagt, sie gehen denselben Weg zurück wie die vorwärts wandernden Wellenfronten des ordentlichen Strahls. Dementsprechend funktioniert der Bariumtitanat-Kristall als ein selbstgepumpter optischer phasenkonjugierter Spiegel. Wenn der Sondenstrahl von einem bestimmten Punkt ausgeht, dann reflektiert dieser phasenkonjugierte Spiegel einen Strahl, der zu diesem Punkt zurückkehrt. Dieses Prinzip macht man sich bei den »Star-Wars-Waffen« zunutze, die dazu ausgelegt sind, Raketen mit einem Laserstrahl aufzuspüren und zu zerstören.

Wenn jedoch beim *Skyvault-Projekt* tatsächlich eine Mikrowellen-Phasenkonjugation eingesetzt wurde, dann erhalten wir ein ganz anderes Bild von der historischen Entwicklung dieses Zweigs der Naturwissenschaft. Es wäre nämlich ein Hinweis darauf, dass zwei Jahrzehnte bevor die Wissenschaft durch Laserversuche die Phasenkonjugation entdeckte, dieses Phänomen bereits intensiv von Wissenschaftlern erforscht wurde, die an Geheimprojekten arbeiteten. Sie sollten die Möglichkeiten untersuchen, Mikrowellenstrahlen zu verstärken und zu intensiven, nach unten gerichteten Strahlen aufzustauen, um sie für Flugobjekte zu nutzen.

Wenn ein Radargerät als phasenkonjugierter Mikrowellenresonator fungieren könnte, dann wäre es in der Lage, automatisch ein Ziel zu erfassen und zu verfolgen und auch die Intensität des hereinkommenden Radarechos exponentiell zu verstärken. Anstatt sich in die Umgebung zu zerstreuen, würde der größte Teil der Energie der Radarsignale in einem nichtstreuenden Strahl gebündelt, der sich zwischen dem Radar und dem Zielobjekt erstreckt. Dies hätte den Vorteil, dass sich sehr intensive Mikrowellenstrahlen mit sehr wenig Eingangsleistung aufbauen würden, und das wäre auch ganz eindeutig von Vorteil, wenn man intensive Mikrowellenstrahlen für den Antrieb von Fahrzeugen erzeugen wollte.

Mit ein wenig Wissen über die Funktionsweise eines phasenkonjugierten Resonators können wir Dons Beschreibung des Micro-X-Gerätes wie folgt verstehen: Die Maschine bei *Skyvault* verfügt über eine DC-Hochspannungsquelle, die eine Hochleistungs-Gunndiode betreibt, welche in einem Hohlraumresonator unterhalb der Maschine eingebaut ist. Eine kohärente, von der Gunndiode ausgesandte Mikrowellenstrahlung wird wiederholt über die gesamte Länge des Hohlraumresonators hin- und zurückgeworfen, wodurch die Spannung verstärkt wird. Die im Hohlraumresonator positionierten Dielektrika formen das Signal in eine sägezahnförmige Welle um. Die Mikrowellenstrahlung aus diesem Resonator tritt durch eine Iris aus und strahlt nach unten durch ein Mikrowellenhorn. Eine konvexe Linse bündelt die Strahlung zu einem auf den Boden gerichteten Strahl (siehe **Abb. 8.4**). Ein Teil dieser Strahlung wird vom Boden absorbiert, der übrige Teil wird nach oben gestreut, und davon streut wiederum ein kleiner Teil zurück in Richtung Maschine. Eine zweite konvexe Mikrowellenlinse, die unter dem Raumschiff montiert ist, fängt einen Teil dieser zurückgestreuten Strahlung ein, die dadurch zum eintretenden Sondenstrahl wird. Der Strahl passiert dann eine weitere Iris und gelangt in einen weiteren Hohlraumresonator, wo sich die Mischdiode befindet. Die Mischdiode ist im Grunde nichts anderes als ein Block aus einem Material wie z. B. Bariumtitanat oder einer anderen Substanz mit nichtlinearen elektrischen Eigenschaften und wird durch DC-Hochspannung elektrisch polarisiert. Da die Wellenlängen von Mikrowellen etwa tausend Mal größer sind als die sichtbarer Wellenlängen, muss das Mischmedium nicht unbedingt ein durchsichtiger Kristall sein. Eine amorphe Bariumtitanat-Keramik würde den gleichen Zweck erfüllen.

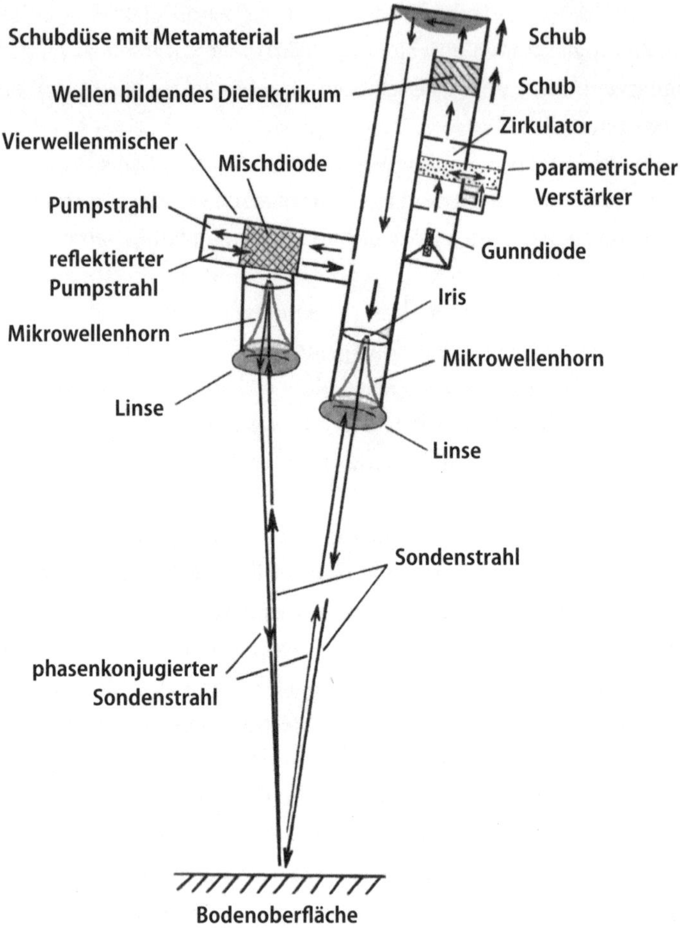

Abb. 8.4 *Antriebsvorrichtung in Form eines phasenkonjugierten Mikrowellenresonators, wie er beim* Skyvault-Projekt *verwendet wurde. (P. LaViolette © 2006)*

Außerdem wird ein Teil der Mikrowellenstrahlung vom Hohlraum der Gunndiode in den Hohlraum der Mischdiode abgeleitet, wo sie in die Mischdiode eintritt. Dieser Pumpstrahl geht durch die Mischdiode hindurch und wird am fernen Ende des Hohlraumresonators reflektiert. Der Hohlraum ist auf die Länge eines ganzzahligen Vielfachen der Wellenlänge der Diode abgestimmt, um zu gewährleisten, dass Resonanz erreicht wird. Dadurch werden innerhalb des Hohlraumresonators zwei sich gegenläufig ausbreitende, phasengekoppelte Pumpstrahlen erzeugt. Die elektrische Polarisationsachse der Mischdiode ist im passenden Winkel zu diesen Pumpstrahlen ausgerichtet.

Innerhalb des Materials der Mischdiode interagiert der Sondenstrahl mit jedem der beiden sich gegenläufig ausbreitenden Pumpstrahlen und erzeugt so ein holografisches, elektrostatisches Gittermuster. Das von einem beliebigen Pumpstrahl erzeugte Gittermuster interagiert wiederum mit dem gegenläufigen Pumpstrahl und erzeugt so einen austretenden Mikrowellenstrahl, der wiederum das Phasenkonjugat des Mikrowellen-Sondenstrahls darstellt, d. h. das Phasenkonjugat der Strahlen, die vom Zielpunkt am Boden zum Raumschiff zurückgestreut werden. Ebenso wie bei der Phasenkonjugation des Laserlichts werden die Wellenform, der Winkel und die Phase des phasenkonjugierten Mikrowellenstrahls so konfiguriert wie jene des eintretenden Sondenstrahls, außer dass die Wellen sich in die entgegengesetzte Richtung ausbreiten. Somit folgen diese phasenkonjugierten Strahlen genau dem Pfad der vom Boden reflektierten Strahlen und nähern sich letztlich wieder dem Ausgangspunkt des Sondenstrahls. Das bedeutet, dass sich dieser zeitlich umgekehrte Strahl an der Reflexionsstelle auf dem Boden sammelt und dann auf dem Weg des Sondenstrahls zurückgeht, bis er schließlich in den Hohlraumresonator des Gunndiodenoszillators eintritt, der sich im Raumschiff befindet.

Diese Anordnung von zwei sich gegenläufig ausbreitenden Pumpstrahlen – einem ankommenden Sondenstrahl und einem ausgehenden phasenkonjugierten Strahl –, die alle innerhalb der nichtlinearen Mischdiode des Raumschiffs agieren, stellt einen Vierwellenmischer dar. Da die Oszillationsphasen der Sonde und der phasenkonjugierten Strahlen präzise aufeinander abgestimmt sind, verstärken sich die ordentliche und die zeitverkehrte Welle gegenseitig. Dabei erzeugen sie ein durch Resonanz verstärktes stehendes Wellenmuster, auch als Soliton bezeichnet, das sich zwischen dem Hohlraumresonator des Mischers im Raumschiff und dem Boden bildet, aber auch zwischen dem Boden und dem Gunndioden-Hohlraumresonator des Raumschiffs. Folglich wird die elektromagnetische Energie, die vom Gunndioden-Hohlraumverstärker zum Boden gestrahlt wird, und auch die Energie, die als austretender phasenkonjugierter Strahl zurück zum Boden gestrahlt wird, effizient in diesem Solitonstrahl gespeichert. Aufgrund des großen Wissens, das wir über das Phänomen der Phasenkonjugation angesammelt haben, wissen wir, dass das Energiespeicher-Soliton-Phänomen eine Tatsache ist.

Diese stehende Welle verhält sich tatsächlich wie ein gigantischer Energiekondensator. Die Intensität des Solitons baut sich zunehmend auf einen sehr hohen Wert auf, der nur durch die Energieverluste begrenzt wird, wenn der Mikrowellenstrahl auf Oberflächen trifft, die die Mikrowellenstrahlung teilweise absorbieren. Der Solitonstrahl entwickelt sich speziell auf streuenden Flächen mit hohem Reflexionsvermögen. Stellen mit einer Grundstreuung, die von dem Strahl erfasst werden und Mikrowellenstrahlung stark absorbieren, werden nur wenig Strahlung an den Mischer zurückschicken, und deshalb werden diese Strahlenpfade nur einen unbedeutenden Teil zum gesamten Energiefluss des Solitons beitragen.

Passive phasenkonjugierte Resonatoren mit Bariumtitanat-Kristallen haben gegenüber ihrem Laser-Sondenstrahl sechzigfache Leistungszuwächse entwickelt. Im Anbetracht dieser Tatsache können wir nur spekulieren, dass beim *Skyvault-Projekt* Leistungszunahmen des Mikrowellenstrahls von mindestens zwei Größenordnungen (Zehnerpotenzen) oder mehr erzielt wurden. Falls man dort eine Gunndiode mit einer Leistung von 10 kW betrieben hat, könnte der Solitonstrahl 1 bis 10 Megawatt Leistung gespeichert haben. Falls man bei dem Raumschiff jedoch einen parametrischen Verstärker eingesetzt hat, um den Strahl der Gunndiode auf eine Leistung von mehreren Millionen Watt zu verstärken, dann könnte der Solitonstrahl mehrere Gigawatt gespeichert haben.

Wir können nur spekulieren, wie viel Strahlenenergie erforderlich war, um das *Skyvault*-Raumschiff abheben zu lassen. Don hat das nicht verraten, und er hat auch nichts über die Größe des Raumschiffs gesagt. Offensichtlich hängt die Energie für den Antrieb vom Gewicht des Raumschiffes ab und davon, wie viele Strahlen für das Abheben eingesetzt wurden. Mit dieser Methode dürfte es jedoch möglich sein, sogar ein Objekt von der Größe eines Flugzeugträgers abheben zu lassen.

Wie bereits erwähnt, erzeugen sägezahnförmige Wellen mit einem steilen Anstieg des negativen elektrischen Potenzials repulsive Kräfte auf Objekte, mit denen sie in Kontakt kommen. Auch künstliche Metamaterialien mit elektrischen oder magnetischen Resonanzen nahe der Mikrowellenstrahl-Frequenz können mit sehr großen Abstoßungskräften reagieren. Wie bereits in Kapitel 7 erwähnt, wurde bei dem *Skyvault*-Objekt höchstwahrscheinlich solch ein Material für die wellenformende Diode benutzt und auch in einem Strahlenrefraktor, der den Weg seines Hauptstrahls umkehrte, um durch eine Linse den Boden zu erreichen. Die Mischdiode könnte auch aus einem solchen Metamaterial hergestellt worden sein, sodass zusätzlich zum Erzeugen des ausgehenden phasenkonjugierten Strahls, der das Phasenkonjugat des eintretenden Strahls ist, die Diode durch den eintretenden Sondenstrahl und den nach unten refraktierten Pumpstrahl angeregt worden sein könnte.

Die sägezahnförmigen Wellen, die vom Hohlraumresonator mit der Gunndiode emittiert werden, werden also Aufwärtskräfte in der wellenformenden Diode, im Strahlenreflektor und in der Mischdiode erzeugen, die zusammen das

Raumschiff abheben lassen. Die Mikrowellenstrahlen, die auf den Boden treffen, üben eine Abwärtskraft auf den Boden aus. Aber diese Kraft ist nicht so stark wie diejenige, die die Dielektrika des Raumschiffes abheben lassen, denn es ist unwahrscheinlich, dass das Material des Bodens passende Resonanzfrequenzen hat, die der Frequenz des Mikrowellenstrahls des Raumschiffes entsprechen.

Aufgrund von Dons Aussage können wir davon ausgehen, dass dieser von Mikrowellen induzierte Schub wahrscheinlich nicht nur ein elektrostatischer Effekt ist, sondern auch ein Elektrogravitationseffekt, sofern er die Mischdiode durch einen Masseneffekt zurückstieße. In solch einem Fall könnte dieser phasengekoppelte Solitonstrahl auf das Raumschiff eine dem Abwärtssog der Erde entgegengesetzte Gravitationskraft ausüben, auf diese Weise das Gewicht des Raumschiffes reduzieren und es abheben lassen. Der Gedanke, dass ein Mikrowellenstrahl Anziehungseffekte hat, ist nicht vollkommen neu. Wie bereits gesagt, weisen die Forschungen von Brown und Podkletnow darauf hin, dass sägezahnförmige elektrische Potenzialwellen gravitationsartige Schubeffekte erzeugen. Das Phänomen der Elektrogravitationskopplung stellt ebenfalls eine wichtige Voraussage der Subquantenkinetik dar.

Ein *Skyvault*-Raumschiff könnte seine Neigungsstabilität durch drei Mikrowellenstrahlen-Generatoren aufrechterhalten, die so zueinander angeordnet sind, dass eine Strahlenanordnung entsteht, die einem dreibeinigen Stativ ähnelt (siehe **Abb. 8.5**). Ein weiterer Mischer könnte in der Mitte des unteren Raumschiffrumpfes positioniert werden, damit die drei Strahlen phasenkonjugiert werden. Alternativ dazu könnten drei Mischer eingesetzt werden, jeweils einer in der Nähe der Mikrowellenstrahlen-Generatoren des Raumschiffs.

Zusammengefasst kann man sagen, dass unter Verwendung der Phasenkonjugations-Technologie ein Raumschiff in der Lage sein sollte, einen resonanten Energiestrahl zwischen sich selbst und dem Boden aufzubauen, der eine kumulative Kraft ausübt, die weit über das hinausgeht, was das Raumschiff ihr zuführt. Sein Vorteil für den Antrieb wäre offensichtlich, wenn man ihn mit einem herkömmlichen Mikrowellensystem vergleicht, bei dem ein Bordmaser als Mikrowellentransmitter eingesetzt wird (»Maser« steht für *Microwave Amplification by Stimulated Emission of Radiation* = Mikrowellenverstärkung durch stimulierte Emission von Strahlung). Im Falle eines herkömmlichen Masersystems würde der emittierte Strahl lediglich das Raumschiff verlassen, auf den Boden treffen und sich in alle Richtungen verstreuen, wobei ein winziger Teil der ursprünglichen Strahlung zum Raumschiff zurückstreut. Um auf diese Weise einen reflektierten Strahl zu erhalten, der eine messbare Antriebskraft ausübt, müsste der Transmitter des Raumschiffes so stark und seine Energie-

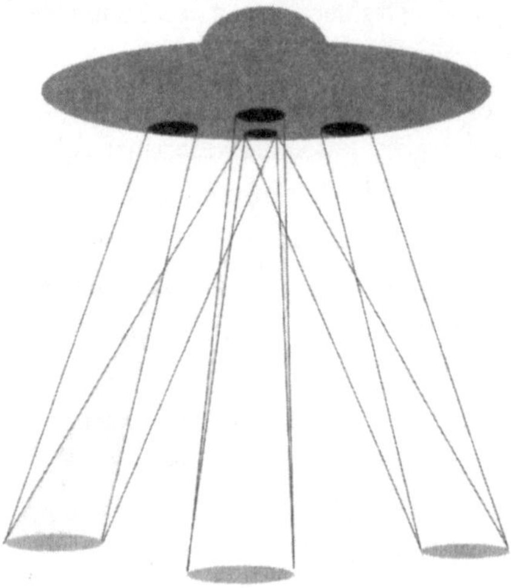

Abb. 8.5 *Eine mögliche Anordnung von Mikrowellen-Phasenkonjugations-Resonatoren bei einem* Skyvault-*Raumschiff.* *(P. LaViolette, © 2006)*

quelle so groß sein, dass diese Methode des Mikrowellenantriebs nicht mehr praktikabel wäre.

Jedoch im Fall eines Raumschiffes, bei dem eine Phasenkonjugations-Technologie zum Einsatz kommt, würde die zuerst winzige Menge an Mikrowellenstrahlung, die vom Boden zerstreut wieder auf das Raumschiff trifft, phasenkonjugiert und als zeitverkehrter Strahl zurück zum Boden geschickt. Dieser zeitverkehrte Strahl würde den Weg der zerstreuten Strahlen zurückverfolgen, wobei er nur auf jene Bodenstellen träfe, die Mikrowellen in Richtung auf das Raumschiff reflektieren, und von diesen Stellen aus zum Masertransmitter des Raumschiffs zurückkehren. Von all den Mikrowellen, die vom Boden aus zurückgestreut werden, würde sich der Phasenkonjugator also nur jene herauspicken, die auf das Raumschiff treffen, und seine Energie aussenden, um die Flugbahn dieser Strahlen zurück zu ihrer Ausgangsquelle zu verfolgen. Während die Mikrowellenenergie resonant zwischen dem Transmitter des Raumschiffs, dem Boden und dem Phasenkonjugator des Raumschiffes hin und her reflektiert wird, würde sich ein Solitonstrahl zwischen dem Raumschiff und dem Boden bilden und seine Intensität progressiv steigern. Die Wellen würden trotz wiederholter Reflexionen kohärent bleiben. Die Verluste wären also minimal. Und schließlich würde dieser Strahl eine Intensität aufbauen, die weit über der Energie läge, die vom Wechselstrom-Maser des Raumschiffes ausgesandt wurde, und möglicherweise würde er sogar Energie aus der Umgebung abziehen. Da dieser Solitonstrahl auf das Raumschiff eine repulsive Aufwärtskraft ausübt, würde er mit genügender resonanter Verstärkung eine Aufwärtskraft erzeugen, die ausreichend wäre, um das Raumschiff zu halten. Tatsächlich würde dieser Mikrowellen-Phasenkonjugations-Resonator als Gravitationswellenverstärker dienen und einen enormen Elektrogravitationsschub erzeugen, der das Raumschiff anheben würde. Ray, der Physiker, mit dem ich gesprochen hatte, sagte, dass der resonante Verstärkereffekt in der Welt der geheimen Forschung und Entwicklung als »feldinduziertes Solitonphänomen« bezeichnet wird.

8.2 Flugsteuerung des Raumschiffs

Ein weiterer Zweck der Projizierung von Strahlen vom Raumschiff auf den Boden wäre die Flugsteuerung. Wie bereits erwähnt, tritt der vom Boden reflektierte Sondenstrahl in die Mischdiode ein, wo er mit dem Strahl aus dem Gunnoszillator des Raumschiffs vermischt wird, um Summen- und Differenzfrequenzen zu erzeugen. Die Differenzfrequenz ist dabei das Doppler-Ausgangssignal, dessen Frequenz durch die Geschwindigkeit des Raumschiffs relativ zum Boden bestimmt wird. Don sagte, dass sowohl beim Homodyn- als auch beim Mikro-X-Gerät dieses Differenzsignal in einen »Verarbeitungskreislauf« eingespeist werde, wo es verstärkt und verarbeitet werde, »um das Raumschiff in Bewegung zu setzen«. Leider verriet er keine weiteren Informationen in Bezug auf die Art dieser Verarbeitung oder wie sie das Raumschiff in Bewegung bringt. Er sagte, dass die Frequenz des Doppler-Ausgangssignals nicht nur von der Geschwindigkeit des Raumschiffs abhängt, sondern auch dessen Geschwindigkeit kontrolliere (siehe Seite 471).

In seinem Brief schrieb Don, dass die Dopplerfrequenz φ, die von der Bewegung des Raumschiffes in einem Mikrowellenstrahlungsfeld von 100 Gigahertz (f_0) erzeugt wird, durch die Gleichung

$$\varphi = 2 f_0 \nu / c$$

ausgedrückt wird; hierbei ist φ die Frequenzdifferenz des austretenden Signals aufgrund der Dopplerverschiebung, f_0 die Frequenz des vom Raumschiff erzeugten austretenden Mikrowellensignals, ν die Geschwindigkeit des Raumschiffs in Zentimetern pro Sekunde und c die Lichtgeschwindigkeit (3×10^{10} Zentimeter pro Sekunde). Wenn Don hier nicht nur eine Analogie verwendete, schien er ausdrücken zu wollen, dass sie für den Antriebsstrahl einen Oszillator mit 100 Gigahertz benutzten, also einen, der im W-Mikrowellenband arbeitete. Das φ bei der obigen Gleichung repräsentiert die Differenzfrequenz Δf, die durch die

Mischdiode als Folge der Überlagerung des eintretenden Sondenstrahlsignals mit dem im Raumschiff vorhandenen Pumpstrahl erzeugt wird.

Steht das Raumschiff in Bezug auf die angepeilte Region still, dann haben die Wellen, die zum Raumschiff zurückgestreut werden, dieselbe Frequenz wie das ursprünglich austretende Mikrowellensignal. Don vermerkte, dass in diesem Fall das Ausgangssignal der Mischdiode relativ simpel wäre, dass also keine Differenzfrequenz erzeugt würde. Würde sich das Raumschiff jedoch relativ zum Boden bewegen, dann wäre das reflektierte Signal dopplerverschoben, wodurch sich seine Frequenz leicht von der im Raumschiff erzeugten Oszillatorfrequenz unterscheiden würde. In diesem Fall, so sagte er, wäre das vom Mischer austretende Signal komplexer, d.h., es gäbe ein Differenzsignal.

Wenn zum Beispiel das Raumschiff ein Signal von $f_0 = 100$ Gigahertz abwärts strahlt und mit einer Geschwindigkeit von 1,5 m pro Sekunde vom Boden abhebt, würde dieses 100 Gigahertz-Signal am Boden um 500 Hertz (10^{11} *Hz* $\times v/c$) rotverschoben ankommen, d.h. mit einer Frequenz $f_0 - 500$ Hertz. Wenn es vom Boden zurück zum abhebenden Raumschiff reflektiert wird, erscheint dieses rotverschobene Mikrowellensignal relativ zum Raumschiff mit zusätzlichen 500 Hertz rotverschoben. Dadurch würde das reflektierte Signal, im Vergleich zum ursprünglich vom Oszillator im Raumschiff erzeugten Signal, um 1.000 Hertz rotverschoben ankommen. Würde also im Mikrowellenmischer die rotverschobene Frequenz f mit der Pumpstrahlfrequenz f_0 aus dem lokalen Oszillator kombiniert werden, dann würde der Mischer ein Differenzsignal von 1.000 Hertz erzeugen, also die Doppler-Ausgangsfrequenz φ. Harmonische Vielfache dieser fundamentalen Doppler-Schwebungsfrequenz wären höchstwahrscheinlich ebenfalls vorhanden, wenn auch in geringerem Maße.

Es ist sehr wahrscheinlich, dass ein solches phasenkonjugiertes Antriebssystem Geräusche von sich gibt, denn die piezoelektrischen Medien bewegen sich und oszillieren, wenn sie durch elektromagnetische Wellen erregt werden. Solche Materialien werden für Telefonhörer und akustische Alarmanlagen verwendet. Auch das piezoelektrische Mischmedium im *Skyvault*-Raumschiff, das von dieser Differenzfrequenz erregt wird, würde eine akustische Schwingung emittieren. Würde ein solches Raumschiff auf seinem Mikrowellenstrahl von 100 Gigahertz bei nur 15 cm pro Sekunde auf- und abwärts schweben, dann hätte die Grundschwingung seiner Schwebungsfrequenz einen sehr niedrigen Wert von etwa 100 Hertz. Dies wäre am unteren Ende des hörbaren Spektrums. Wenn das Raumschiff bei zunehmender Geschwindigkeit aufsteigt, würde die Tonhöhe, die von der Mischerdiode erzeugt wird, entsprechend steigen und über den hörbaren Bereich in Ultraschallfrequenzen übergehen. Bei einer

Aufwärtsgeschwindigkeit von 30 m pro Sekunde (67 Meilen pro Stunde) würde das Raumschiff eine Schwebungsfrequenz von 20.000 Hertz (die im Ultraschallbereich liegt) erzeugen.

Es wurden jedoch unkonventionelle Flugobjekte gesichtet, die niedrigere Mikrowellenfrequenzen aussenden. Zum Beispiel konnten bei einer Begegnung mit einem Ufo in der Nähe von Meridian, Mississippi, im Juli 1957 die elektronischen Geräte an Bord eines RB-47-Flugzeugs die Mikrowellenfrequenz eines Ufos von 3 Gigahertz aufnehmen. Das Signal erschien mit Impulsen von jeweils 2 Mikrosekunden Dauer und wiederholte sich 600 Mal pro Sekunde.[6] Es wurde beobachtet, dass Ufos elektromagnetische Wellen im Bereich von 0,3 bis 3-Gigahertz ausstrahlen, also im UHF-Bereich.[7] Wenn ein Raumschiff ein Masersignal von 1 Gigahertz abstrahlte und mit einer Geschwindigkeit von 30 m pro Sekunde aufstiege, dann läge seine Schwebungsfrequenz im unteren Audiofrequenzbereich bei 200 Hertz.

Wir wollen nun versuchen, Dons lakonische Bemerkungen zu interpretieren, mit denen er beschrieb, wie der Mikrowellenempfänger des *Skyvault*-Raumschiffs funktioniert, wenn sich das Raumschiff in Bewegung befindet. Wie bereits erwähnt, wird sich der Boden beim Abheben des Raumschiffes zurückziehen. Deshalb wird durch die vom Boden reflektierte Welle die lokale Oszillatorfrequenz f_0 auf eine etwas niedrigere Frequenz um den Betrag $-\Delta f = -f_0(v/c)$ rotverschoben (Doppler-Effekt). Auch wird der vom Boden reflektierte Sondenstrahl beim Eintritt in die Mischdiode aufgrund der Aufwärtsbewegung des Raumschiffs eine zusätzliche Doppler-Rotverschiebung erfahren. Beim Eintritt in den Mischer wird also der Sondenstrahl im Verhältnis zur örtlichen Oszillatorfrequenz um insgesamt $-2\Delta f$ durch den Doppler-Effekt verschoben, das entspricht $-\varphi$.

Jedoch wird die Mischdiode diese Frequenzverschiebung ausgleichen. Das heißt, da der ankommende rotverschobene Sondenstrahl und die Pumpstrahlen sich in der Frequenz um $2\Delta f$ voneinander unterscheiden, werden sie innerhalb des Mediums der Vierwellen-Mischdiode ein sich bewegendes holografisches Gittermuster erzeugen. Dies ist bereits aus Versuchen mit optischer Phasenkonjugation bekannt. Bei der Interaktion mit diesen sich bewegenden Gittermustern erzeugen die Pumpstrahlen einen austretenden phasenkonjugierten Strahl, der im Vergleich zur örtlichen Oszillator-(Pumpstrahl)-Frequenz um einen Betrag frequenzverschoben ist, der der Frequenzverschiebung des ankommenden Sondenstrahls entspricht, *aber mit umgekehrtem Vorzeichen.*[8] Somit erzeugt der Vierwellenmischer automatisch einen phasenkonjugierten Strahl, der in der Frequenz um einen Betrag von $\varphi = +2\Delta f$ *blauverschoben* wird. Das bedeutet, dass der austretende Strahl umgekehrt dopplerverschoben sein wird. Der eintretende rotverschobene Sondenstrahl und der austretende blauverschobene phasenkonjugierte Strahl unterscheiden sich also im Bezugssystem der Mischdiode in der Frequenz um $4\Delta f$. Nachdem der blauverschobene phasenkonjugierte Strahl vom Boden reflektiert wurde und in den Hohlraumresonator der Gunndiode eingetreten ist, wird er um einen Betrag von $\varphi = -2\Delta f$ rotverschoben. Also wird sich die Frequenz des ankommenden Strahls beim Erreichen des aufsteigenden Raumschiffs genau der örtlichen Frequenz des Oszillators angepasst haben. Somit wird ein Resonanzzustand mit der austretenden örtlichen Oszillatorfrequenz erreicht worden sein.

Im Bezugssystem der Erde werden sich die Frequenzen des vom Boden reflektierten Sondenstrahls und des phasenkonjugierten Strahls um einen Betrag von $2\Delta f$ voneinander unterscheiden. Dies entspricht numerisch der Differenzfrequenz oder Schwebungsfrequenz, die der vom Boden reflektierte Sondenstrahl im Vierwellenmischer erzeugt. Dadurch werden diese beiden sich gegenläufig ausbreitenden Strahlen einen phasengekoppelten Solitonstrahl zwischen dem Raumschiff und dem Boden aufbauen, der im Bezugssystem des Bodens eine Schwebungsfrequenz $\varphi = 2\Delta f$ hat. Das entspricht der Frequenz, die Dons Formel als die Frequenz spezifiziert, »die von der Bewegung des Objekts verursacht wird«. Ihr Wert hängt von der Geschwindigkeit des Raumschiffs relativ zum Boden ab. Diese Schwebungsfrequenz wird wahrscheinlich ein hörbares Geräusch in jedem materiellen Körper auf dem Boden induzieren, auf den sie zufällig trifft. Dies könnte die Ufo-Sichtungen erklären, bei denen die Zeugen ein summendes Geräusch gehört haben.

Wenn wir Dons Brief richtig deuten, dann scheint er auszudrücken, dass das Doppler-Ausgangssignal des Mischers für die Geschwindigkeitssteuerung des Raumschiffs verwendet werden kann. Er spricht von einer Verstärkung und Verarbeitung dieses Signals. Vermutlich wird dieses verstärkte Dopplersignal wieder in den Mischer eingespeist. Das verstärkte Signal dürfte seine Energie wiederum dem ausgehenden phasenkonjugierten Strahl und letztendlich dem Solitonstrahl hinzufügen. Somit wäre ein Pilot in der Lage, die Intensität des Solitonstrahls und die vom Strahl erzeugte Schubmenge zu steuern, indem er den Umfang kontrolliert, mit dem das Dopplersignal verstärkt wird. Auf diese Weise könnte er die Geschwindigkeit des Raumschiffs kontrollieren. Mit einer größeren Verstärkung würde sich das Raumschiff schneller von der Erde fortbewegen, und mit weniger Verstärkung würde es sich verlangsamen oder sogar in einen Sinkflugmodus eintreten. Während sich das Raumschiff horizontal fortbewegt, würde sich seine Geschwindigkeit in Bezug zum jeweiligen

Bodenziel des Strahls ständig verändern, und dadurch würde sich die Frequenz des Dopplerausgangssignals der Mischdiode entsprechend verändern. Gleichgültig, welche Frequenz der Mischer gerade ausgibt – der Verstärker würde dieses Signal entsprechend dem vom Piloten eingestellten Wert verstärken.

Obwohl also auch der Leistungspegel des Gunndioden-Strahlengenerators verändert werden könnte, würde das Lenksystem bei feineren Einstellungen den Leistungspegel des Dopplersignals steuern, das eine viel niedrigere Frequenz hat. Das wäre naheliegend, denn Wellen mit niedrigerer Frequenz im Audio- oder Radiofrequenzbereich sind viel leichter zu steuern als Mikrowellenfrequenzen. Wenn das Raumschiff sich auf drei Mikrowellenstrahlen stützt, dann wäre eine sehr komplexe Computerhardware erforderlich, um den Leistungspegel der Dopplersignale bei allen drei Strahlen zu steuern.

Es ist vorstellbar, dass dieselbe Technik dazu verwendet werden kann, einen Traktorstrahl zu erzeugen, der Objekte in Richtung auf das Raumschiff ziehen könnte. Ein Mikrowellenstrahl könnte von einem Rückstoßstrahl in einen Traktorstrahl umgewandelt werden, indem man einfach seine Sägezahnwellenform umkehrt, sodass einem steilen Anstieg des positiven Potenzials eine allmähliche Abnahme folgt. Dies könnte erfolgen, indem man die Polarität der Vorspannung an der Gunndiode und dem Dielektrikum aus Bariumtitanat umkehrt, das dazu verwendet wird, die Welle zu formen. Wenn das Raumschiff über mehrere phasenkonjugierte Resonatoren verfügt (d. h. über mehr als einen lokalen Oszillator und über mehrere Mischdioden), dann könnten einige dazu verwendet werden, repulsive Strahlen zu erzeugen, um das Raumschiff zu stützen. Damit wäre ein anderer frei, um einen anziehenden Solitonstrahl durch Phasenkonjugation zu erzeugen, der dazu verwendet werden könnte, ein transportierbares Objekt anzupeilen. Durch Einstellung der Energie, die für seinen Traktor-Solitonstrahl eingesetzt wird, könnte das Raumschiff die Bewegung des angepeilten Objekts steuern, während es sich nähert. Eine ähnliche Technologie könnte Ufo-Sichtungen erklären, bei denen Autos oder Menschen durch ein Kraftfeld vom Boden zu dem schwebenden Raumschiff gezogen wurden.

Zusammenfassend kann man sagen, dass die Entwicklung der Mikrowellenfeld-Antriebstechnologie drei Forschungsbereiche vereint: (a) Forschung in Bezug auf die Herstellung hochwirksamer Mikrowellenstrahlen, (b) Erforschung von Metamaterialien, die einen negativen Brechungsindex oder starke elektrische oder magnetische Resonanzen bei Mikrowellenfrequenzen aufweisen, und (c) Erforschung der Mikrowellen-Phasenkonjugation. Bei entsprechender technischer Entwicklung dürfte es möglich sein, ein Objekt zu erschaffen, das in der Lage ist, frei zu schweben.

8.3 Beteiligung der Luft- und Raumfahrtindustrie

Gibt es Hinweise darauf, dass Unternehmen in den letzten Jahren Forschungsarbeiten auf dem Gebiet der Mikrowellen-Phasenkonjugation durchgeführt haben? Tatsächlich ergibt eine Durchsicht der einschlägigen veröffentlichten Literatur, dass *Rocketdyne* auf diesem Gebiet ziemlich aktiv gewesen ist. Zum Beispiel haben im Jahre 1990 Wissenschaftler, die für *Rocketdyne* und *Rockwell International* arbeiteten, gemeinsam eine Arbeit mit dem Titel »Mikrowellen-Phasenkonjugation in einer flüssigen Suspension mit verlängerten Mikropartikeln« verfasst.[9] Die in dem Artikel beschriebenen nichtlinearen elektrischen Eigenschaften der Teilchensuspension würden diese Vorrichtung zu einem idealen Medium machen, in dem eine Vierwellenmischung erfolgen könnte. Es ist auch kein Geheimnis, dass *Rocketdyne* an der Entwicklung hochwirksamer Mikrowellenstrahlen interessiert war. 1993 zum Beispiel berichteten Wissenschaftler der *Rocketdyne*-Abteilung von *Rockwell International* und der *Titan-Beta Corporation* über Versuche mit einem hochwirksamen Masersystem, das in der Lage war, einen pulsierenden Mikrowellenstrahl von 2,86 Gigahertz zu erzeugen, mit einer Spitzenleistung von 65 Megawatt![10] Bei dem System wurde die lineare Beschleunigungs-Klystronröhre SLAC 5045 eingesetzt, die als freier Elektronenlaser funktionierte und mit einer von *Titan-Beta* entwickelten Modulatoreinheit betrieben wurde. Die Einheit erzeugte Impulse von 3,5 Mikrosekunden Dauer bei einer Rate von 180 Impulsen / Sekunde. In der Arbeit wird nicht erwähnt, wofür dieser Strahl eingesetzt werden sollte, aber seine Kraft hat die der Magnetrone, die zu Beginn des *Skyvault-Projekts* eingesetzt wurden, wohl weit übertroffen.

Hughes Aircraft ist ein weiteres Unternehmen, das im Bereich der Mikrowellen-Phasenkonjugation aktiv war. Sie erinnern sich sicher an die Geschichte, die mir mein Freund Thomas erzählte, dessen Vater für *Rocketdyne* und wahrscheinlich auch für das *Skyvault-Projekt* arbeitete. Er fertigte für seinen Sohn eine Skizze von einem levitierenden Objekt an, das erfolgreich getestet worden war. Später arbeitete der Vater für *Hughes Aircraft*, ebenfalls an streng geheimen Projekten. Als Thomas seinen Vater einmal fragte, ob *Hughes* Forschungen im Bereich der Elektrogravitation durchführte, lautete die lakonische Antwort: »Sie sind führend auf der Welt.« Später, im Jahre 1992, hatte ich die Gelegenheit, einen leitenden Mitarbeiter von *Hughes* zu fragen, ob *Hughes Aircraft* immer noch ihre Forschungs- und Entwicklungsarbeiten auf dem Gebiet der Elektrogravitation durchführe. Seine Antwort war: »Ja, aber sie halten ihre Arbeit sehr geheim.«* Dasselbe kann man wahrscheinlich auch über die anderen Luft- und Raumfahrtfirmen sagen, die noch heute in diesem Bereich arbeiten.

Durch schriftliche, nichtgeheime Abhandlungen, in denen auch die Arbeitgeber der Autoren angegeben wurden, ist bekannt, dass *Hughes* auch eine sehr intensive Arbeit auf dem Gebiet der optischen Phasenkonjugation betrieb. Eine militärische Anwendungsmöglichkeit, die bereits in Kapitel 7 beschrieben wurde, ist die Erfassung und Zerstörung von Raketen durch einen Impuls aus einem hochwirksamen Laser. Wenn also *Hughes* Forschungen auf dem Gebiet der Elektrogravitation betrieb, dann wäre es wohl denkbar, dass die Firma auch ihr Wissen in Bezug auf Mikrowellen-Phasenkonjugations-Systeme bei Projekten angewendet hat, die mit der Entwicklung von Antriebssystemen zu tun haben. Tatsächlich ist *Hughes* schon sehr lange mit der Entwicklung von militärischen Radarsystemen beschäftigt. Das nach vorn ausgerichtete Radar beim *B*-2-Bomber wurde zum Beispiel von *Hughes* entwickelt. Wir können also davon ausgehen, dass *Hughes Aircraft* stark an den Forschungsarbeiten des *Skyvault-Projekts* beteiligt war.

Ein Hinweis darauf, dass *Hughes* Forschungen im Bereich der Mikrowellen-Phasenkonjugation betrieb, wurde im Jahre 1993 durch die Erteilung ihres Patents über eine Erhöhung des Radarquerschnitts unter Verwendung von phasenkonjugierten Impulssignalen (US-Patent Nr. 5.223.838) bekannt. Wissenschaftler haben dieses Prinzip auf die Radartechnologie übertragen, wegen der Erfassung von weit entfernten Zielen. Ein Echo, das normalerweise zu schwach ist, um entdeckt zu werden, wird in einer Mischdiode mit einem Pumpenmaserstrahl gemischt und bildet so ein holografisches Gitter. Das Gitter bildet mit einem Radarimpuls einen austretenden phasenkonjugierten Strahl. Alles zusammen bildet einen Solitonstrahl zwischen dem Radarempfänger und dem Ziel und verstärkt das ursprüngliche Radarecho resonant auf ein erfassbares Niveau. In dem Patent wird nicht erwähnt, dass eine ähnliche Technologie dazu verwendet werden könnte, einen Solitonstrahl unter einem Raumschiff zu

---

* Vor ihrer Auflösung durch Firmenfusion war die Firma *Hughes Aircraft* lange Zeit mit der Entwicklung einer sehr fortschrittlichen, überlegenen Technologie beschäftigt. Etwa 90 % ihrer Arbeiten wurden für die Rüstungsindustrie durchgeführt, und die meisten davon waren streng geheim. Anfang der achtziger Jahre, als das *U.S. Government Accounting Office* gegen Betrügereien bei Rüstungsverträgen vorging, wurden Beweise vorgelegt, dass für zwei Drittel der Kosten von *Hughes'* Verträgen keine Rechenschaft abgelegt werden konnte. Das war viel mehr als bei allen anderen Firmen, die man überprüft hatte. Während andere Auftragnehmer empfindliche Strafen erhielten, kam *Hughes* praktisch ungeschoren davon. Wäre es möglich, dass die US-Behörden wussten, dass diese Kosten nicht unterschlagen, sondern in bestimmte Geheimprojekte investiert worden waren, deren Existenz man nicht bekannt geben durfte?

erzeugen, um es aufsteigen zu lassen. Jedes Patent, das eine solche Anwendung erwähnt, würde Gefahr laufen, sofort unter Geheimhaltung gestellt zu werden. Wir können also nicht wissen, ob solch ein Patent wirklich existiert.

Wenn man all die erwähnten Hinweise zusammennimmt, dann ergibt sich ein Muster, das darauf hinweist, dass *Hughes* große Anstrengungen zur Entwicklung einer Antriebstechnologie auf der Basis eines phasenkonjugierten Mikrowellenfelds unternahm. *Hughes* wurde inzwischen aufgelöst und an eine Reihe anderer Unternehmen verkauft. *Ford* war eine der Firmen, die die Technologie von *Hughes* aufkaufte. Alles, was von *Hughes* übrig blieb, ist das *Howard Hughes Medical Institute.* Wir werden vielleicht nie erfahren, welche Firma die wichtigsten Technologien auf dem Gebiet der Elektrogravitation und der Strahlenantriebstechnologie übernommen hat.

Die Technologie der Mikrowellen-Phasenkonjugation wird auch im Bereich der Weltraumkommunikation angewendet. Ideen in dieser Richtung wurden

Abb. 8.6 *Der Wardenclyffe-Turm. (Foto mit freundlicher Genehmigung von C. Yost, aus »Tesla's Tower [Wardenclyffe]«,* Electric Spacecraft Journal *[Mai/Juni 1991])*

von den Forschern Leo DiDomenico und Gabriel Rebeiz von der *University of Michigan* in einer 1999 veröffentlichten Abhandlung erörtert.[11] Diese Technologie hat mehrere Vorteile. Zuerst einmal ist sie im Vergleich mit den üblichen Maserstrahltechnologien sehr energieeffizient, denn die übertragene Mikrowellenenergie ist auf einen engen Strahl zwischen der Bodenstation und dem Raumschiff beschränkt. Im Gegensatz zum üblichen Maserstrahl geht nur wenig Strahlung in den Raum verloren. Zweitens ist die Verbindung sehr sicher, denn im Gegensatz zur Funkübertragung ist es für Außenstehende schon sehr schwierig, bei dieser Technologie mitzuhören, es sei denn, dass man seinen Empfänger direkt auf dem Weg des Strahls positioniert. Und drittens heftet sich der phasenkonjugierte Strahl an das Raumschiff und kann es somit automatisch verfolgen, obwohl es sich bewegt. Die Abhandlung von DiDomenico und Rebeiz ist sehr interessant, denn sie behandelt die Phasenkonjugation als ein eintretendes Signal, das aufgrund der Bewegung des Ziels dopplerverschoben wurde. Viele der Überlegungen in Bezug auf ein Antriebssystem werden also bereits im Zusammenhang mit den Kommunikationssystemen erörtert. Die Mathematik ist auch irgendwie daran beteiligt, da die Anwendung von Heaviside-Funktionen oder Laplace-Transformationen erforderlich ist.*

8.4 Teslas Verstärkungstransmitter

Teslas Verstärkungstransmitter funktionieren auch als phasenkonjugierte Resonatoren, und das war ihm höchstwahrscheinlich bekannt, obwohl die Entwicklung der spezifischen Konzepte hinter dem Phänomen der Phasenkonjugation noch viele Jahrzehnte auf sich warten ließ. Es war bekannt, dass diese Vorrichtungen in der Lage sind, außerordentlich hohe Spannungen und gelegentlich auch extrem zerstörerische Kugelblitzfunken zu erzeugen. Der Wardenclyffe-Turm war der größte seiner Generatoren (siehe **Abb. 8.6**).[12] Tesla hatte ihn

* Diejenigen, die sich auf eine Karriere im Bereich der Feldantriebstechnologie vorbereiten wollen, sollten sich einen Abschluss in Physik besorgen. Dann sollten sie Elektrotechnologie studieren und sich dabei auf Mikrowellen- oder Radartechnologie spezialisieren. Sie sollten auch unbedingt Kurse in optischer und Mikrowellen-Phasenkonjugation, Fourier-Analyse und Laplace-Transformation belegen. Die besten Universitäten sind jene, in denen Professoren bereits auf dem Gebiet der Mikrowellen-Phasenkonjugation für Radar- oder Kommunikationssysteme arbeiten. Dazu gehören zum Beispiel die *University of Michigan* und die *University of California* in Los Angeles. Insbesondere die Professoren in Kalifornien haben in den letzten Jahren zusammen mit Wissenschaftlern von *Rocketdyne* Abhandlungen in diesem Bereich verfasst.

gebaut, um zu zeigen, dass es möglich war, Megawattleistungen über globale Entfernungen hinweg zu übertragen, um ganze Städte damit zu versorgen und auch Flugzeuge anzutreiben.[13] Der Bau des Turms begann 1901 auf Long Island in der Nähe der Ortschaft Shoreham. Der zentrale Teil des Resonators bestand aus einer großen, flachen Spiralspule, die horizontal montiert und von einer pilzförmigen Kuppelelektrode mit einem Durchmesser von 68 Fuß (21 m) abgeschirmt wurde. Die gesamte Konstruktion befand sich in einer Höhe von 187 Fuß (57 m) über dem Boden, an der Spitze eines hölzernen Turms. Die Mitte der Spule war elektrisch an die Elektrode der Kuppel angeschlossen und bildete einen Resonator. Die der Spule induktiv zugeführte Leistung sollte zwischen der Spule und der Kuppelelektrode zur Resonanz kommen, wodurch die Kuppel mit extrem hohen Spannungen pulsiert hätte. Die Kuppelelektrode bestand aus einer bienenwabenförmigen Struktur aus Parabolschalen mit einem Durchmesser von jeweils einem Fuß, deren kleine Kurvenradien die Ionisierung der umgebenden Atmosphäre erleichterten. Im elektrifizierten Zustand wäre die gesamte Kuppel in einen Ionenschleier eingehüllt worden. Die sich darin entwickelnden Stickoxidgase haben elektrische Eigenschaften, die ausgesprochen nichtlinear sind und als ein ideales phasenkonjugierendes Medium hätten dienen können.[14]

Wir können daraus schließen, dass diese Ionenschleier die resonanten Oszillationen des Turms phasenkonjugiert und aus ihm einen phasenkonjugierten Resonator gemacht hätten, der Feldkräfte erzeugte, die weit über die Energie hinausgingen, die für seinen Betrieb erforderlich gewesen wären. Durch die von der Kuppelelektrode in die Ionosphäre der Erde ausgestrahlten Längswellen hätte sich zwischen dem Schleier und der Ionosphäre ein immenser Soliton gebildet. Und da der Schleier die aus der Ionosphäre zurückkehrenden Wellen phasenkonjugiert hätte, wäre der Turm in der Lage gewesen, Energie aus einer riesigen Region des Weltraums zu beziehen.

Leider wurde diese wunderbare Konstruktion niemals vollendet, denn Teslas Geldgeber zog seine Unterstützung zurück. Aber Tesla hatte bereits früher kleinere Versionen dieses Turms gebaut und betrieben. Diese Verstärkungstransmitter emittierten aus ihren kuppelförmigen negativen Elektroden eine sich wiederholende Serie von Stoßfronten mit sehr hoher Spannung. Im Gegensatz zu Hertzwellen hatten diese Wellen eine geringe transversale Polarisierung. Das Profil ihres elektrischen Feldes war sägezahnförmig, mit einem sehr großen Spannungsanstieg und einem darauf folgenden allmählicheren Abfall. Die Feldgradienten waren longitudinal entlang der Wellenausbreitung ausgerichtet. Durch den kumulativen Effekt der sich wiederholenden Impulsperioden baute sein Transformator während des Betriebs allmählich immense Potenzialfelder von bis zu 100 Millionen Volt auf. Die progressive Verstärkung dieser phasenkonjugierten Wellen ist ein Beispiel für das, was wir bereits als das feldinduzierte Solitonphänomen bezeichnet haben. Die hohe Spannung, die sich aufgrund der wiederholenden Wellenzüge aufsummierte, machte sich als wachsende Lumineszenz bemerkbar. In seinem Buch *Secrets of Cold War Technology* schrieb Vassilatos:

> Er [Tesla] hatte bereits beobachtet, wie die Luft in der Nähe dieser Transformatoren in ein seltsames Eigenleuchten überging. Das war ein Licht, das keine Hochfrequenz-Spule jemals erzeugen konnte, eine Korona weißen Leuchtens, dessen Durchmesser sich immer mehr verbreitete. Das Licht von Teslas Transformatoren breitete sich ständig weiter aus. Tesla beschrieb die wachsende Lichtsäule, die jede erhöhte Leitung umgab, die an seine Transformatoren angeschlossen war. Im Gegensatz zu normalen hochfrequenten Halbwellen wachsen die strahlenden Energieeffekte Teslas mit der Zeit. Tesla erkannte den Grund für diesen zeitabhängigen Wachstumsprozess. Es gab keine Umkehrungen bei den Quellenentladungen. Deshalb konnte die Strahlungsenergie niemals die Arbeit reduzieren, die an irgendeinem derart exponierten Raum oder Material verrichtet wurde. Wie bei den unidirektionalen Impulsentladungen waren auch die elektrischen Strahlungseffekte additiv und akkumulativ. In dieser Hinsicht beobachtete Tesla Energieverstärkungen, die wirklich total außergewöhnlich waren.[15]

Weiter schrieb Vassilatos:

> Tesla führte nachts im nördlichen Manhattan unter freiem Himmel Versuche mit Rundfunkenergie durch. Er schickte Ballone aus Metall in die Luft und baute elektrisch leitfähige Leitungen auf. Diese waren an die Klemmen seiner Transformatoren angeschlossen und aktiviert. Wenn sie richtig eingestellt waren, begannen die weißen, leuchtenden Säulen, die vertikale Antennenleitung einzuhüllen und sich blitzschnell auszubreiten. Dieses seltsame weiße Leuchten, das Tesla, seine Assistenten und die Bäume ringsherum einhüllte, dehnte sich enorm aus und hüllte die ganze Landschaft ein. Tesla beschrieb dieses Phänomen in einigen seiner Patente für Stromübertragung als offensichtliches Artefakt einer nichtelektrischen Energie.[16]

Ebenso wie Tesla mit seinen Transformatoren hat man sich möglicherweise auch beim *Skyvault-Projekt* eines Schleiers aus Stickoxid bedient, um phasenkonjugierte Mikrowellenstrahlen zu erzeugen. Wenn ein Teil der Mikrowellen-Pumpstrahlen dazu verwendet wurde, die untere Fläche des Raumschiffs zu erregen, würde das daraus entstehende hochfrequente Hochspannungsfeld die Luft unmittelbar um das Raumschiff herum ionisiert und es in eine phasenkonjugierte Schicht aus Stickoxidgas eingehüllt haben. Dann würde die gesamte untere Oberfläche des Raumschiffes als sekundärer Mischer gedient haben, und die drei eintretenden, vom Boden reflektierten Sondenstrahlen wären auf dem Rumpf des Raumschiffes anstatt in seiner internen Mischdiode zeitverkehrt (phasenkonjugiert) gewesen. Dies könnte erklären, warum die Rümpfe von vielen Ufos leuchtend wahrgenommen werden und Mikrowellenstrahlen im 0,3 bis 3 Gigahertz-Frequenzbereich emittieren. Die Beobachtung, dass Ufos häufig sichtbar pulsieren, wenn sie schweben oder abheben, könnte erklärt werden, wenn sie eine Schwebungsfrequenz niedriger Dopplerverschiebung auf die Oberfläche pumpen, die die Helligkeit des Leuchtens moduliert.

Es ist auch möglich, dass der Rumpf eines solchen Raumschiffs selbst aus einem Metamaterial bestehen könnte, sodass Mikrowellen, die auf die untere Fläche stoßen, eine antreibende Kraft erzeugen. Das ungewöhnlich beschichtete Wismut- und Magnesiummetall, das als »Art's Parts« bekannt ist und angeblich vom Rumpf eines abgestürzten Ufos stammen soll, könnte ein Beispiel für ein solches Material sein (siehe Kapitel 9).

Ein solches Material könnte auch einen doppelten Zweck erfüllen, nämlich entweder Radarwellen absorbieren oder Radarwellen ablenken. Es könnte ankommende elektromagnetische Wellen um das Objekt herumlenken, sodass der Eindruck entsteht, dass sie vollkommen ungehindert durch das Material hindurchgegangen sind. Zum Beispiel kündigten die Physiker David Smith, John Pendry und David Schurig im Mai 2006 an, dass ihr Team innerhalb von fünf Jahren in der Lage sein werde, einen Tarnschirm aus einem Metamaterial herzustellen, der ein Objekt für elektromagnetische Wellen bei Mikrowellenfrequenz vollkommen unsichtbar macht.[17]

Rays Kommentar im Kapitel 4, dass die geheime Antigravitations-Antriebstechnologie zum Teil auf Teslas Arbeit beruht, bestätigt die Vermutung, dass phasenkonjugierte Mikrowellenresonatoren für den Antrieb von Raumschiffen entwickelt worden sind. Ray war mit der phasenkonjugierten Resonanztechnologie ziemlich vertraut, denn er sagte, dass eines der streng geheimen Forschungs- und Entwicklungsprojekte, für die er gearbeitet hatte, sich mit der Anwendung dieser Technologie auf dem Gebiet der Kryptografie beschäftigte.

Anscheinend hatte diese Gruppe eine Möglichkeit gefunden, elektronische Nachrichten zu verschlüsseln, indem sie sie zu einem nicht erkennbaren Rauschen umwandelten und dann später das Rauschen durch den Einsatz eines phasenkonjugierten Resonators wieder in die ursprünglichen Nachrichten zurückverwandelten. Er glaubte, dass dieselbe Technologie einige der Schlüsselkonzepte bot, die erklären könnten, wie dieses Raumschiff mit Antigravitationsantrieb eigentlich funktioniert. In Bezug auf einen bestimmten Teil dieser phasenkonjugierten Technologie erklärte er: »Ich war dabei, als dieses Zeug vorgeführt wurde, ich meine die Rohtechnologie. Eine Sache verstößt gegen das zweite Gesetz der Thermodynamik, das Gesetz der Entropie. Es ignoriert es ganz einfach!«[18] Aussagen, dass das erste oder zweite Gesetz der Thermodynamik verletzt werden könnte, ist für die meisten Physiker praktisch eine Blasphemie. In der Welt der Geheimforschungen ist dies jedoch eine ganz alltägliche Angelegenheit.

8.5 Browns phasenkonjugierte Mikrowellenscheibe

Browns schwebende Scheibe dürfte so funktioniert haben wie das Flugobjekt beim *Skyvault-Projekt*. Man kann man sich das etwa so vorstellen: Die am Boden des kegelförmigen Dielektrikums befestigte scheibenförmige Antenne (siehe **Abb. 3.2, 3.3** und **3.8**) strahlte Mikrowellen bei einer Frequenz von wenigen Gigahertz aus und funktionierte ziemlich ähnlich wie eine Gunndiode im *Skyvault*-Raumschiff. Die positive Elektrode, die entweder eine Parabol- oder Kegelform hatte, diente als Wellenverstärkerhohlraum, da ein Teil der Mikrowellenstrahlung, die durch die Elektrode nach unten reflektiert wurde, wieder zum Eingang des Hohlraums zurückreflektiert wurde. Dadurch wurde das Signal resonant verstärkt und zu einer sehr hohen Intensität aufgebaut, sodass es sich über das hochpermittive piezoelektrische Dielektrikum innerhalb des hornförmigen Hohlraums erstreckte. Dieser dielektrische Kegel, der mit DC-Hochspannung polarisiert wurde, hatte ausgesprochen nichtlineare elektrische Eigenschaften und funktionierte ähnlich wie die Mischdiode im *Skyvault*-Raumschiff. Der resonant verstärkte Mikrowellenstrahl wurde hin und her reflektiert und pumpte dabei das Dielektrikum energetisch auf. Mikrowellen, die vom Boden hochreflektiert wurden, dienten als Sondenstrahl und bildeten zusammen mit dem Pumpstrahl ein holografisches Gittermuster im Dielektrikum. Gleichzeitig erzeugte der Pumpstrahl einen phasenkonjugierten Strahl, der zum Boden ging und genau den Weg zurückverfolgte, den die vom Boden reflektierten Wellen genommen hatten. Der nach oben reflektierte ordentliche

Strahl und der sich nach unten ausbreitende phasenkonjugierte Strahl waren phasengekoppelt; das Ergebnis war eine Solitonwelle.

Ähnlich wie beim *Skyvault*-Raumschiff wurde die Solitonwelle, die sich zwischen dem Boden und dem Dielektrikum des Mischers in Browns fliegender Untertasse ausbreitete, resonant zu einer sehr hohen Intensität verstärkt. Das kann als Beispiel für das feldinduzierte Solitonphänomen dienen. Ein Großteil der Wellenstrahlung, die von der Elektrode der fliegenden Untertasse emittiert wurde, bündelte sich in diesem Strahl.

Es ist möglich, dass die um die positiv geladene Schirmelektrode befindliche Ionenentladung ebenfalls als phasenkonjugiertes Medium diente, zusätzlich zum Bariumtitanat-Dielektrikum. Wie bereits erwähnt, haben die eine Hochspannungselektrode umgebenden Stickoxidionen ausgesprochen nichtlineare elektrische Eigenschaften und könnten Wellen phasenkonjugieren, ähnlich wie die Glimmentladung, die die Kuppelelektrode von Teslas Verstärkertransmitter umgab.

Bei Browns fliegender Untertasse könnte es so ausgesehen haben: Die DC-Polarisierung entlang des Dielektrikums baute sich zunehmend auf eine hohe Spannung auf, und zwar aufgrund der Neigung des Dielektrikums, einige der Wechselstromsignale gleichzurichten. Dadurch bildete sich ein sehr steiler Potenzialgradient und bewirkte einen Aufwärtsschub. Diese Erhöhung des Potenzialgradienten des Dielektrikums wurde durch die Tendenz der Untertasse unterstützt, als phasenkonjugierter Resonator mit selbstverstärkenden Pumpstrahlen zu funktionieren. Wenn außerdem der Oszillator dazu gebracht werden konnte, sägezahnförmige Wellen zu emittieren, dann hätte die Untertasse aufgrund der Wirkung des Elektrogravitationsimpulses einen höheren Schub erfahren.

Brown hat in seinem Patent über Elektrokinetik, das er 1958 einreichte, nichts von einer Phasenkonjugation erwähnt. Zu jener Zeit war der Effekt der Phasenkonjugation bei den Ingenieuren und Technikern unbekannt, wenn sie nicht gerade an Geheimprojekten beteiligt waren. Der Maser wurde 1954 von Charles Townsend erfunden, und der optische Rubidiumlaser 1960 von Ted Maiman bei *Hughes Aircraft*. Die Entwicklung der Laserholografie begann kurz danach, Anfang der sechziger Jahre, und erst ab 1972 beschäftigte sich die wissenschaftliche Literatur mit der optischen Phasenkonjugation. Somit wusste Brown höchstwahrscheinlich nichts vom Prinzip der Phasenkonjugation hinter dem Levitationseffekt, den er durch seine Experimente entdeckt hatte. Bahnson kam dieser Idee sehr nahe, als er schlussfolgerte, dass die Energie aus den Wechselstromwellen resonant im Äther um die Elektroden seiner Untertasse herum gespeichert werde. Tatsächlich spielt der Äther höchstwahrscheinlich ebenfalls eine wichtige Rolle, aber der Effekt kann sehr leicht durch die phasenkonjugierenden Eigenschaften des Keramik-Dielektrikums der Untertasse und der Plasmaabschirmung ihrer Elektrode erklärt werden.

Im Jahre 1957, als Brown auf die Idee kam, Dielektrika mit Mikrowellenfrequenzen pulsieren zu lassen, um einen Elektrogravitationsschub zu erzeugen, entdeckte er offensichtlich noch einmal ein Phänomen des Mikrowellenantriebs, das den Wissenschaftlern bei *Skyvault* bereits seit einiger Zeit bekannt war und das sich zu jener Zeit bereits in einem so fortgeschrittenen Entwicklungsstadium befand, dass es unter Geheimhaltung gestellt worden war. Seine vertikale Schubvorrichtung funktionierte so ähnlich wie die Homodyne-Version des Objekts beim *Skyvault-Projekt.* Dabei handelt es sich um die Version mit dem Mikrowellentransmitter und dem Mischer in der Leitung. Da Brown mit seinen unabhängigen Forschungen relativ spät anfing und sich auch nicht an die üblichen Geheimhaltungsvorschriften hielt, wäre es möglich, dass man ihn als ein Sicherheitsrisiko für die geheimen Forschungs- und Entwicklungsarbeiten ansah. Dies könnte erklären, warum seine Versuche, vom Militär finanzielle Unterstützung zu erhalten, regelmäßig scheiterten und warum Admiral Rickover ihm geraten hatte, seine Arbeit am Elektrogravitationsantrieb aufzugeben.

8.6 Der Explosionsmodus

Die phasenkonjugierte Resonanz und das damit zusammenhängende feldinduzierte Solitonphänomen scheinen der Schlüssel zum Verständnis dieser futuristischen Weltraumtechnologie zu sein. Jedoch ist diese Technologie nicht ganz ohne Risiken. Ein wichtiges Problem, mit dem es die Ingenieure zu tun hatten, war, dafür zu sorgen, dass ihr von Mikrowellen angetriebenes Flugobjekt nicht außer Kontrolle geriet, indem die Energie aus dem Solitonfeld exponentiell anstieg und schließlich explodierte.

Guy Obolensky, einer der frühen Forscher auf dem Gebiet der Mikrowellen-Phasenkonjugation, hat dieses explosiv-resonante Verstärkerphänomen bei phasenkonjugierten Systemen, an denen er gearbeitet hat, direkt miterlebt. Er prägte den Ausdruck »Faserphänomen« für diesen exponentiellen Energieanstieg, wobei »Faser« ein Akronym ist für *force amplification by stimulated energy resonance* (Kraftverstärkung durch stimulierte Energieresonanz).[19] Mit seinem Ausdruck beschreibt er tatsächlich das Konzept des feldinduzierten Soliton-Phänomens.

Der phasenkonjugierte Resonator, den Obolensky 1958 in seinem Labor testete, war so hocheffizient, dass er in diesen energieerhöhten Explosionsmodus eintrat, was zu einer gewaltigen Detonation führte.[20,21] Der von ihm konstruierte phasenkonjugierte Resonator, den er als »Limit Cycle Faser« bezeichnete, bestand aus einem langen, mit Oberflächen-Wellenleitung versehenen Resonator, der so klein war, dass man ihn auf einen Schreibtisch legen konnte. Die Wellenleitung bestand aus einem Aluminiumblech von etwa 0,25 mm Dicke, das über eine Aluminiumplatte gelegt und durch einen isolierenden, beidseitig mit Schichten aus destilliertem Wasser hermetisch versiegelten Mylarfilm von ihr getrennt wurde. Die Trennung von den Wänden der Wellenleitung musste bis auf einige zehntausendstel Zoll genau sein. An einem Ende der Wellenleitung wurde eine Funkenentladung von 17 kV erzeugt und über eine Reihe von Funkenstrecken so verteilt und eingestellt, dass ihre Funken von selbst verlöschten. Die resultierenden Funkenschwingungen erzeugten längliche Mikrowellen, die an der Wellenleitung entlang wanderten und die Ober- und Unterseite der Metalloberflächen berührten. Normalerweise würden Wellen, die vom Ende der Wellenleitung zurückreflektiert werden, die Funkenentladung stören und für Rauschen und übermäßige Energieverluste sorgen. Doch indem Obolensky fünf Streifen Permalloyband in gleichmäßigen Abständen am äußeren Ende der Wellenleitung anbrachte, gelang es ihm, einen phasenkonjugierten Spiegel zu erzeugen. Die nichtlinearen elektrischen Eigenschaften dieser Streifen veränderten die Eigenschaften der Wellenleitung so, dass sie die Oberflächenwellen des Funkens phasenkonjugierten und sie als zeitverkehrte Wellen reflektierten. Dadurch wurden die Funkenoszillationen kohärent, d. h. vollkommen geordnet.* Somit hatte der Resonator eine phänomenal hohe Ausgangsleistung – weit »over unity«. Ein wirksamer Soliton, der aus neun Oberschwingungen der fundamentalen Submillimeter-Welle besteht, konnte sich innerhalb des Resonators aufbauen.

Anscheinend war Obolenskys Wellenleitung optimal eingestellt und ihr Permalloy-Magnetgitter optimal konfiguriert, denn die Energieresonanz hielt sich

* Das bedeutet, dass die Permalloy-Streifen eine Reihe von Übergangsstellen erzeugten, die einen Strom bildeten, der vom elektromagnetischen Gittermuster entlang der Wellenleitung abhängig war. Das Gitter modulierte die Oberflächenleitung der Wellen so, dass diese sie als phasenkonjugierte Wellen zurückreflektierte. Tesla hatte ebenfalls entdeckt, wie man kohärente Funkenentladungen erzeugt, die durch einen negativen Widerstand gekennzeichnet sind. Er sagte einmal, dass ein Bogen nicht richtig funktioniere, wenn er rauschbehaftet sei. Um effizient zu sein, müsse er »singen«, d. h. kohärent sein.

selbst aufrecht, sodass die gespeicherte Energie der Wellenleitung exponentiell anstieg. Die Stromverstärkung war so enorm, dass kugelblitzartige Funken aus der Wellenleitung ausbrachen und tatsächlich die Aluminiumwand durchbohrten. Schließlich entlud die gesamte Resonatoranlage ihre aufgestaute Energie in einem grellen Blitz und zerstörte sich selbst. An den Trümmern konnte man erkennen, dass die etwas unter einen Millimeter dicken Wände mit winzigen Löchern durchsetzt waren. Die Löcher hatten einen Abstand zueinander, der genau durch ein Mehrfaches der Dicke des ebenen Wellenleiters bestimmt war. Dadurch stellten sie ein periodisches Muster dar. Das verästelte Muster, das diese Löcher miteinander verband, zeichnete den Verzweigungsweg der immensen elektrischen Entladung nach, die vorher die gesamte Länge der Leitung heruntergegangen war. Aufgrund der Energiemenge, die erforderlich war, um die fehlende Menge von Aluminium verdampfen zu lassen, schloss Obolensky, dass es mehrere Hunderttausend Joule (≈ 100 Wattstunden) an Energie erfordert hätte. Das waren also etwa 100.000 Mal mehr als die 7 Joule (≈ 2 Kalorien) an coulombscher Energie von der elektrischen Ladung, die Obolenskys Stromanschluss in die Wellenleitung eingespeist hatte.[22] Bei späteren Versuchen fand Obolensky heraus, dass diese Feldverstärkungstechnik durch eine Rückkopplung kontrolliert werden konnte, die den Oszillator, der den Resonator antrieb, vorübergehend verstimmte, sobald sich eine übermäßige Energie im Resonator aufbaute. Er stellte fest, dass Stromkreise mit normalen Hertzsignalleitungen viel zu langsam waren, um den Resonator effektiv zu steuern, und dass nur die Stoßfronten von Längswellen schnell genug waren.

Bei einem anderen Versuch benutzte Obolensky selbstregulierende Faserkreise und erzielte damit eine 20 % stärkere Lichtleistung aus einer Natriumdampf-Entladungslampe mit 500 Watt. Gleichzeitig gelang es ihm, das Flackern auszuschalten.[23,24] Er führte die gestiegene Effizienz auf das nichtlineare Reaktanzelement zurück, das er in Serie mit der Lampe geschaltet hatte, die die Plasmaoszillationen seiner Entladung phasenkonjugiert hatte.

Obolensky stellte die Theorie auf, dass seine Resonatoren ihre Überschussenergie dadurch bezogen, dass sie die inkohärente Energie in ihrer Wellenform kohärent machten und möglicherweise sogar die Nullpunktenergie im umgebenden Äther mitführten.[25] Während ein normaler resonanter elektrischer Kreis nur die grundlegende Resonanzfrequenz verstärkt, tauschen diese phasenkonjugierten Resonatoren auch Energie untereinander aus und verstärken sich auf bis zu neun Oberschwingungen.[26,27] Da diese Oberschwingungen sich in den nichtlinearen Elementen des Resonators miteinander verbinden, wird Energie des Rauschens aus der Umgebung, das einige dieser Oberschwingungen zufällig erregt, mitgeführt und in diese Multimodus-Resonanz integriert. Das bedeutet, dass die nichtlinearen Elemente des Phasenkonjugators zeitverkehrte Wellen zurück zu jenen »Rausch«-Fluktuationen schicken und ein kohärentes Soliton erzeugen. Dieses bezieht inkohärente Energie in das sich selbst verstärkende Energieresonanzmuster mit ein und kehrt dadurch die Entropie dieses »Rauschens« um. Da das Soliton nicht nur innerhalb des Resonanzkreises verbleibt, sondern sich auch nach außen in den umgebenden Raum erstreckt, nimmt seine Resonanz die umgebende Energie auf und kühlt damit seine unmittelbare Umgebung ab.

Obolensky beobachtete einen Temperaturabfall in der Umgebung, wenn er den in Kapitel 6 beschriebenen Impulsentladungs-Verstärkungstransmitter mit 200 kV betrieb. Sobald er sein Gerät einschaltete, fiel die Temperatur im Raum unverzüglich ab. Er führte dies darauf zurück, dass das ionisierte Medium, das seine Kuppelelektrode umgab, in der Lage war, phasenkonjugierte Stoßfronten zu erzeugen, die aus der Umgebung zurückgestrahlt wurden und so ein Soliton-Wellenmuster bildeten, das die Rauschfluktuationen aus der Umgebung mitführte. Ebenso wie die Kuppel von Teslas Verstärkungstransmitter erzeugte auch Obolenskys kleinere Version eine leuchtende Aura, die für die Phasenkonjugation ideal war.

Im Gegensatz zu Obolenskys Faserversuch war die Energiemitnahmemenge bei seinem Verstärkungstransmitter recht gering, sodass keine Explosionsgefahr bestand. Oszillogramme zeigten, dass die akkumulierte Energie eine negative Vorspannung von 50 kV auf der Kuppel der Elektrode erzeugte, die andernfalls null gewesen wäre. Um den Energieaufbau zu kontrollieren, verwendete er eine Reihe von hochohmigen, in ein kühlendes Ölbad eingetauchten Widerständen, sodass ständig Strom von seiner Antennenkuppel zum Boden abgeleitet wurde. Er sagte, dass er damit Überstrom ableite, den sein Transmitter aus der Umgebung »kohärierte«: ein eklatantes Beispiel für die Umkehr von Entropie. Könnte man Teslas Technologie im großen Maßstab für die Energieerzeugung nutzen, wäre die Gefahr der globalen Erwärmung eine Sache der Vergangenheit.

Man könnte sich vorstellen, dass das Raumschiff beim *Skyvault-Projekt* in ähnlicher Weise Rauschenergie aus der Umgebung phasenkonjugierte und in ein Solitonmuster umwandelte. Falls dem so ist, könnte es auch sein, dass die Gunndiode anfangs mit voller Kraft betrieben wurde, um den Mikrowellenstrahl herzustellen und das Solitonfeld zu etablieren. Sobald der Solitonstrahl vorhanden war, konnte er als zusätzliche Stromquelle auf die Energie der Umgebung zurückgreifen.

Andere Forscher, die mit nichtlinearen Resonatoren experimentierten, haben ebenfalls eine Abkühlung der Umgebung beobachtet. Ende der achtziger Jahre testeten die russischen Physiker Wladimir Roschtschin und Sergej Godin eine Version des Searl-Effekt-Generators, den sie als magnetischen Energiekonverter (MEK, siehe Kapitel 10) bezeichneten. Sie berichteten über einen Temperaturabfall von 7° C im Raum, wenn der MEK in Betrieb war, wobei der Temperaturabfall auf eine Reihe von konzentrischen, schalenförmigen Zylindern beschränkt war, die den rotierenden Rotor umgaben und jeweils mit Abständen des Rotorradius voneinander getrennt waren. Das ist ein Hinweis darauf, dass der MEK ein radiales stationäres Wellenmuster aufbaute, d. h. ein Soliton. Ebenso wie Teslas Kuppelelektrode entwickelte ihre Scheibe während des Betriebs eine leuchtende Aura und bot damit eine ideale Bedingung für die Phasenkonjugation eintretender Wellen, die aus der Umgebung reflektiert wurden. Die Scheibe zog wahrscheinlich Energie aus der Umgebung ab, weil der Rotor sich ab einer bestimmten kritischen Drehzahl selbst beschleunigte und gewaltsam abgebremst werden musste.

Der Temperaturabfall in der Umgebung war wahrscheinlich eine Folge dieser Energieaufnahme.

Eines Tages erhielt ich einen Anruf von einem Physiker namens Greg, der mit mir über die Subquantenkinetik diskutieren wollte. Aber schon bald drehte sich das Gespräch um Elektrogravitation, und ich erfuhr, dass er ein erstaunliches Insiderwissen über die Antriebstechnologie von Ufos hatte. Er erzählte mir, dass er sich bereits als Junge für dieses Thema zu interessieren begann, weil sein Vater als Berater bei geheimen militärischen Projekten mitarbeitete, bei denen man versuchte, die Ufo-Technologie nachzubauen. Greg bestätigte, dass bei vielen der entwickelten Antigravitationsmaschinen Mikrowellen eingesetzt wurden, um die Antriebskräfte durch Interaktion mit bestimmten Arten nichtlinearer Materialien zu erzeugen. Er betonte jedoch, dass diese Art von Antigravitations-Antriebssystemen in sich sehr instabil ist. In Bezug auf die Phasenkonjugationstechnologie sagte er:

> Ich weiß, dass ein Teil von diesem Zeug ziemlich gefährlich ist, und ich finde es gut, dass es geheim gehalten wird. Es ist relativ leicht, Gegenstände zum Levitieren zu bringen, [...] aber es gibt zusätzlich zum Antriebsmodus noch einen energetischen Modus, und mit dem muss man einfach umgehen können. Das ganze Zeug könnte in die Luft fliegen und alles in der näheren und weiteren Umgebung auslöschen, bevor man sich überhaupt darüber klar wird, dass es eine potenzielle Gefahr

> darstellt. Mit allem, was innerhalb weniger Mikrosekunden exponentiell ansteigt, muss man äußerst vorsichtig umgehen.[28]

Greg sagte, man müsse über ein sehr hohes mathematisches Wissen verfügen, um ein solches System zu konstruieren und es sicher arbeiten zu lassen. Der Grund dafür ist, dass die lineare Mathematik – also die Art von Mathematik, die die meisten Physiker verwenden, um Funktionsgleichungen an der Tafel zu lösen –, das Verhalten nichtlinearer Interaktionen nur inadäquat wiedergibt. Doch gerade sie kennzeichnen, wie individuelle Teile eines solchen Systems miteinander agieren und wie sie durch das System insgesamt beeinflusst werden. Er sagte:

> Man muss mit den nichtlinearen partiellen Differenzialgleichungen vertraut sein, und man muss sehr gut in numerischer Analyse sein. Man kann nicht einfach irgendeinen vorgefertigten Algorithmus benutzen. Man muss alle Hilfsfunktionen parat haben und auch analoge Lösungen. Denn durch alles, was auch nur im Entferntesten nach Linearisierung aussieht, mit der man sich einer nichtlinearen Lösung annähert, würde wahrscheinlich die Explosion übersehen werden. Man kann das in den Veröffentlichungen der IEEE nachlesen. Bei ihren Mikrowellensimulationen sind sie darauf gestoßen. [...]
>
> Wenn man mit Hochfrequenz arbeitet [...], dann wird man feststellen, dass die üblichen linearen Differenzialgleichungen zweiter Ordnung die komplexen Vorgänge unmöglich erklären können. Man wird sofort erkennen, dass es Bedingungen gibt, unter denen das gesamte System mit sich selbst interagiert und die man bisher vernachlässigt hat. Es ist falsch, das »Feld« getrennt vom »Material« zu betrachten. Man muss das alles als implizites Funktionssystem sehen. [...] Nehmen wir einmal an, dass Z eine Funktion von X und Y und Z ist. Dann muss man wissen, was die Z-Funktion ist, bevor man die Lösung zu dem Problem findet. Es handelt sich ja um ein implizites System. [...] Bei jedem dieser nichtlinearen Systeme, besonders bei den interessanten, landet man schließlich bei einem impliziten Funktionssystem. Wenn man also eine Angleichung durchführt und das Verhalten der Funktion auf eine nichtrigorose Art und Weise annimmt und wenn man eine der Konvergenzkriterien außer Acht lässt, dann kommt man zu einer falschen Lösung. Man muss sich gründlich mit der Differenzialtopologie des Systems befassen. Hier hat man es mit Chaosmathematik und ähnlichen Sachen zu tun.[29]

Die Demonstration der Phasenkonjugation, die der Wissenschaftler Ray, der an geheimen Projekten mitarbeitete, gesehen hat, überzeugte ihn davon, dass es notwendig war, die Einzelheiten dieser Technologie geheim zu halten. Während eines Telefongesprächs mit mir im Jahre 1992 sagte er: »Als ich die Demonstration sah, da wurde mir schlagartig klar, dass das auf keinen Fall nach außen dringen durfte. Ich bin absolut für Geheimhaltung.«[30]

Ich sagte ihm, dass ich über die Anwendung der phasenkonjugierten Technologie in der Rüstung gelesen hätte und mich fragte, ob wir darauf soziologisch überhaupt vorbereitet wären.

Ray antwortete: »Das sind wir nicht. Auf keinen Fall! Ich will Ihnen auch sagen, warum. Die technische Anwendung dieser Sache ist extrem einfach, aber es gibt absolut keine Möglichkeit, sie zu kontrollieren. Es ist so, also ob wir in die nächste Apotheke gehen und dort das Rezept für eine Atombombe bekommen. Wir dürfen diese Sache einfach nicht bekannt machen. Zu diesem Zeitpunkt wäre das eine echte Katastrophe.«[31]

Ich hatte das Gefühl, dass Ray ein wenig übertrieb. Die Explosion, die Obolenskys Grenzzyklusfaser zerstörte, war sicher nicht stärker als die, die durch eine Cherry Bomb oder durch M-80-Pyrotechnik verursacht worden wäre. Die Sache war vielleicht für den Experimentator einigermaßen gefährlich, aber als Bombe für potenzielle Terroristen kam sie bestimmt nicht infrage. Mit Sicherheit ist sie nicht so gefährlich wie die Kernspaltung, die ja jetzt praktisch überall in der Welt durchgeführt wird. Andererseits könnte diese Technologie dazu beitragen, viele Probleme, mit denen wir uns gegenwärtig herumschlagen müssen, zu lösen, zum Beispiel als Alternative zu den fossilen Brennstoffen, mit der die Luftverschmutzung und damit letztlich auch die globale Erwärmung beendet werden könnte.

Ray antwortete, es gebe natürlich verschiedene ökonomische Argumente für einen solchen Riesensatz in der Energietechnologie. Allerdings gab er zu bedenken: »Es besteht nun mal das Problem, dass wir die Dinge nicht von heute auf morgen so ändern können, wie wir es gerne möchten, denn irgendwie hängt alles mit allem zusammen. Diese Entwicklung muss langsam vor sich gehen.«[32]

Als ich erwiderte, dass anscheinend auch von einer langsamen Entwicklung nicht die Rede sein könne, weil ja alles im Geheimen entwickelt werde, sagte Ray: »Das ist auf politische Überlegungen zurückzuführen. Sie werden feststellen, dass dies alles allmählich bekannt gegeben wird, zum Beispiel durch Artikel wie den in *Aviation Week & Space Technology* und andere Artikel, die es noch geben wird. Bis zum Jahr 1995 werden Sie noch sehr viel darüber hören. So lautet der

Plan, soweit ich darüber Bescheid weiß. Es wird also bekannt gegeben, aber langsam und allmählich.«[33]

Das Jahr 1995 ist jetzt aber schon lange vorüber, und die Existenz der Feldantriebstechnologie ist immer noch geheim.

9 Unkonventionelle Flugobjekte

9.1 Sichtungen

Informationen, die aus einer Reihe von Sichtungen gewonnen wurden, lassen darauf schließen, dass viele Ufos durch phasenkonjugierte Mikrowellenstrahlen angetrieben werden, ähnlich jenen, wie sie beim *Skyvault-Projekt* eingesetzt wurden. In seinem Buch *Unconventional Flying Objects* beschäftigt sich Paul Hill mit einer Reihe von Sichtungen, bei denen Ufos durch abwärts gerichtete Kraftfeldstrahlen angetrieben werden. Es gab da zum Beispiel einen Vorfall, der sich 1970 in Norwegen abgespielt hat. Damals schwebte ein Ufo mit einem Durchmesser von 10 m über einem Mann, der neben seinem Wagen stand.[1] Das Objekt hatte eine stahlblaue Farbe und schimmerte gelb an seiner Peripherie. Plötzlich hob es ab, und dabei stieß eine unsichtbare Kraft den Mann zu Boden und ließ die Windschutzscheibe seines Wagens implodieren und in kleine Splitter zerspringen. Der Mann empfand keinerlei Schmerzen durch den Aufprall des Kraftfelds. Anscheinend beeinflusste es jede einzelne Zelle seines Körpers gleichmäßig.

Auf ähnliche Art und Weise dürfte auch der phasenkonjugierte Mikrowellenstrahl, der von einem Objekt beim *Skyvault-Projekt* projiziert wurde, eine abstoßende Kraft auf den Boden sowie auf die Objekte und die Menschen auf dem Boden ausgeübt haben, während er das Objekt steigen ließ. Da der Mikrowellenstrahl auf eine breite Bodenfläche gerichtet war und in die Objekte, die er berührte, eindrang, dürfte seine Kraft gleichmäßig verteilt gewesen sein, wie das offenbar bei der Sichtung in Norwegen der Fall war.

Hill erwähnt noch einige weitere Sichtungen. Zum Beispiel versetzte das Kraftfeld eines in geringer Höhe fliegenden Ufos einem fahrenden Auto einen leichten Stoß. Bei einem anderen Fall schüttelte es ein Fahrzeug hin und her. Und bei einem dritten Vorfall ließ es einen parkenden Lastwagen umstürzen.[2]

Bei einer weiteren Begegnung in den griechischen Dörfern Digeliotika und Agio Apostolou im Jahre 1959 warf das Kraftfeld eines Ufos mehrere Dachziegel aus Keramik vom Dach eines Hauses, während es in geringer Höhe über das Haus hinwegflog. Der Dorfpriester, Pappa Costas, der sich zu diesem Zeitpunkt innerhalb des Hauses befand, berichtete, dass das gesamte Gebäude zu beben schien. Zuerst dachte er, es sei ein Erdbeben, aber das war nicht möglich, denn die Bewohner der anderen Häuser hatten überhaupt nichts bemerkt. Alle diese Kraftfeldeffekte wären zu erwarten gewesen, falls das Ufo einen Mikrowellenstrahl aussandte, mit der eine abstoßende Kraft auf feste Objekte ausgeübt wurde.

Nach unten gerichtete Kräfte wurden auch an Pflanzen beobachtet.[3] Ein Ufo, das die Form einer Gewehrkugel und einen Durchmesser von etwa 15 m hatte, wurde 1958 im US-Staat Maryland gesichtet. Während es sich in einer Höhe von 100 m bei einer Geschwindigkeit von etwa 50 km/h fortbewegte, ging ein ständiges Brummen von ihm aus, und es tauchte die gesamte Umgebung in einen grünlichen Schimmer. Die Zweige der Bäume unter ihm waren niedergedrückt, und einige von ihnen waren abgebrochen. Bei einer anderen Sichtung im Jahre 1974 wurden vier Ufos entdeckt, die sich in einer Höhe von nur 30 cm über einem Rapsfeld befanden. Ein Mann namens Edwin Fuhr, der sich einem der rotierenden Flugobjekte bis auf etwa 5 m genähert hatte, bemerkte, dass das Gras unter den Objekten niedergedrückt war. Die vier Objekte stiegen etwa fünfzehn Minuten später vertikal auf und entfernten sich. Fuhr sah, dass das Gras im Uhrzeigersinn in einer Art Wirbelmuster plattgewalzt worden war. Es hatte sich ein Ring gebildet, wobei das Gras in der Mitte weiterhin aufrecht stand.

Im Allgemeinen wird beobachtet, dass Ufos in einer ebenen Position schweben, wenn sie stillstehen, und dass sie kippen, wenn sie irgendwelche Manöver durchführen. Wenn sie zum Beispiel vorwärts fliegen, neigen sie sich nach vorn. Fliegen sie seitwärts, neigen sie sich zur Seite. Fliegen sie rückwärts, neigen sie sich nach hinten. All diese Kippmanöver werden auch von einem Flugobjekt durchgeführt, das durch einen Materie abstoßenden Mikrowellenstrahl betrieben wird.

Eine weitere gemeinsame Eigenschaft von Ufos sind die brummenden, summenden und heulenden Geräusche, die sie von sich geben. In seinem Buch beschrieb Hill einen Fall, bei dem ein Mann über ein Ufo berichtete, das ein grünliches Licht verbreitete und sein Haus mit einem pulsierenden Summen erfüllte.[4] In einem anderen Fall »spürten« die Anwesenden ein intensives hohes Geräusch, während ein Ufo mit einem Durchmesser von etwa 5 Metern vom

Boden abhob. Bei einer anderen Begegnung schwebte ein Ufo etwa 1,5 m über der Oberfläche eines Bergsees und wühlte das Wasser des Sees zu Tausenden von spitzen Wellen auf. Hill kommt zu dem Schluss, dass die Antriebsfelder, die Ufos nach unten projizieren, schwingen und dass ihre Energie, die auf den Boden und auf Gegenstände trifft, Schwingungen auf derselben Frequenz erzeugt sowie Geräusche, die von den Objekten selbst stammen. Ein Objekt, das von einem phasenkonjugierten Mikrowellen-Solitonstrahl gehoben wird, der eine Schwebungsfrequenz φ im Audiobereich besitzt, würde genau diese Effekte hervorbringen.

Es wurden auch Ufos beobachtet, die leuchtende Strahlen auf den Boden richteten. Hill überprüfte eine Sichtung, die 1958 in Bahia in Brasilien gemacht wurde. Dort wurde eine Ufo-Scheibe mit einem Durchmesser von ca. 20 m beobachtet, die silberblau leuchtete.[5] Während sie knapp 30 m über dem Boden schwebte, senkte sich das Leuchten wie ein Vorhang bis zur Erde herab und schuf so einen erleuchteten Bereich auf dem Boden, der etwa zweimal dem Durchmesser des Ufos entsprach. Nachdem es auf eine Höhe von knapp 200 m gestiegen war, beschrieb es einen engen Kreis am Himmel, und während es sich zur Seite neigte, um eine Drehung zu machen, zeichnete sein leuchtender Strahl einen viel größeren Kreis auf dem Boden. Hill kam zu dem Schluss, dass das Ufos umgebende Leuchten von deren Energiefeld stammen müsse, welches die Luft ionisiere und ein kühles, leuchtendes Plasma schaffe. Er sagte, das Plasma müsse kalt sein, denn in einem Fall war ein Ufo, das wie ein Feuerball aussah, sehr nahe an Laub vorbeigefahren, ohne es zu entzünden.

Hill sagte zwar, dass die Ionisierung möglicherweise auf Röntgenstrahlen zurückzuführen sei, aber derselbe Effekt könnte auch durch einen intensiven Mikrowellenstrahl bewirkt werden. Besonders ein phasenkonjugierter Solitonstrahl könnte eine enorme Energiemenge speichern und sehr hohe elektrische Potenziale aufbauen, die in der Lage wären, die Luft zu ionisieren und diese Ionen so zu erregen, dass sie leuchten, ebenso wie Gasmoleküle in einer Leuchtstoffröhre. Zur Erinnerung: Toms Chef hatte gesagt, das Flugobjekt des *Skyvault-Projekts* sei durch einen Mikrowellenstrahl getragen worden, der grünlich-blau glühte.

9.2 Die Cash-Landrum-Begegnung

Ein Hinweis darauf, dass die amerikanische Luftwaffe Flugzeuge mit Antigravitationsantrieb testete, ergab sich am 29. Dezember 1980, als die 51-jährige Betty Cash, ihre 57-jährige Freundin Vickie Landrum und Vickies sieben Jahre alter Enkel Colby durch das Gebiet Pinewoods in der Nähe von Houstons Vorort Huffman fuhren, etwa dreißig Kilometer nördlich vom *Johnson Space Center.*[6,7] Um etwa 21 Uhr entdeckten sie hoch am Himmel ein feuriges Objekt, das sehr schnell auf die Höhe der Baumwipfel herabsank. Schließlich schwebte es dicht über dem Boden. Sie fuhren etwa 40 m an das Objekt heran und verließen für einige Minuten den Wagen, um es zu beobachten. Das Objekt schwebte ca. 20 m über dem Boden. Es hatte die Form eines Rhombus, runde bis zugespitzte Öffnungen an der oberen und unteren Seite und etwa die Größe eines Wasserturms (6 m) im Durchmesser (siehe **Abb. 9.1**). In bestimmten Abständen kam ein rötlich-orangefarbener Flammenkegel aus der Unterseite, so wie aus einer riesigen Lötlampe oder Rakete. Dabei schoss das Objekt dann jedes Mal etwa 8 m in die Höhe, um dann langsam wieder abwärts zu schweben. Durch die Flammen wurde der umgebende Kiefernwald hell erleuchtet und in eine intensive Wärme gehüllt. Die Zweige der Bäume, die in der Nähe standen, wurden braun, und der Straßenbelag aus Teer schwer beschädigt.

Landrum und ihr Enkel, denen diese Szene einen gewaltigen Schrecken einjagte, stiegen zusammen mit Cash schnell wieder in ihren Wagen. Die Tür des Wagens wurde durch die Strahlung so heiß, dass Cash sie nicht mit bloßen Händen anfassen konnte. Sie benutzte stattdessen ihren Mantel, um den Türgriff anzufassen. Nach etwa zehn Minuten stieg das Objekt auf und schwebte noch einmal über den Bäumen. Dann sahen die drei Zeugen, dass sich etwa zwei Dutzend Militärhubschrauber, die später als CH-47 *Chinooks* identifiziert wurden, dem Objekt näherten. Einige wurden auch als *Bell-Hueys* identifiziert. Anscheinend eskortierten sie das Objekt. Die drei Zeugen kamen zu dem

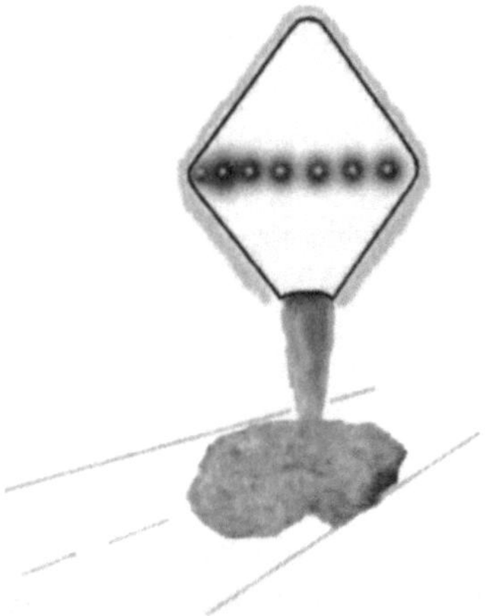

Abb. 9.1 *Zeichnung des Objekts bei der Begegnung von 1980 in Pinewoods.*

Schluss, dass sie irgendeinen Testflug von modernen militärischen Antigravitationsflugzeugen gesehen hätten. Ein Jahr später traf Cash einen der Piloten der Chinook-Hubschrauber, der ihr und einem anderen Zeugen gegenüber zugab, dass ihm am Abend der Begegnung befohlen worden war, in dieses Gebiet zu fliegen, um festzustellen, ob sich ein Ufo in der Nähe von Huffman in Schwierigkeiten befände.

Die von Cash und Landrum gelieferte Beschreibung lässt darauf schließen, dass sie den Testflug eines Prototyps eines Mikrowellenfluggeräts beobachtet hatten, das in gewisser Hinsicht dem Objekt des *Skyvault-Projekts* ähnelte. Bei den stark leuchtenden rötlich-orangefarbenen »Flammen« handelte es sich wahrscheinlich um die Abgase aus einem Stichflammen-Hochspannungsgenerator, der auf nicht vollständige Verbrennung eingestellt worden war. Wie bereits in Kapitel 2 gesagt wurde, hatte Brown im Rahmen des *Winterhaven-Projekts* die Möglichkeit der Konstruktion einer Untertasse mit einem Durchmesser von 10 Fuß (ca. 3 m) und mit einem abwärts gerichteten Stichflammengenerator vorgeschlagen. Diese *Winterhaven*-Konstruktion sah möglicherweise so aus, wie in der Skizze in Abb. 2.11 dargestellt.

Die Hochspannung aus dem Stichflammengenerator wurde möglicherweise dazu genutzt, um hochleistungsfähige Gunndioden-Oszillatoren zu erregen und um einen nach unten gerichteten Mikrowellenstrahl zu erzeugen, von einer ähnlichen Art wie der, der für das Flugobjekt des *Skyvault-Projekts* verwendet wurde. Nach ihrer Begegnung zeigten sich bei Cash, Landrum und Colby Symptome von Strahlungskrankheit, wie Haarausfall und entzündete Augen, die auf einen intensiven Kontakt mit Mikrowellenstrahlung hindeuteten. Innerhalb der folgenden Stunden wurden sie alle schwer krank. Cash hatte von den dreien die längste Zeit außerhalb des Wagens verbracht (etwa 10 Minuten), und erwartungsgemäß waren bei ihr die Symptome am schlimmsten. Ihr Kopf und ihr Hals waren mit Blasen bedeckt, und bald waren ihre Augen ganz zugeschwollen. Flüssigkeit trat aus Striemen auf ihre Kopfhaut, und sie litt unter schweren Kopfschmerzen, Übelkeit, Erbrechen, Durchfall und körperlichen Schmerzen. Nachdem sie einige Tage im Haus von Landrum gepflegt worden war, kam Cash in ein Krankenhaus. Dort blieb sie fünfzehn Tage. Sie verlor große Teile ihrer Gesichtshaut. Ihr Haar begann auszufallen, und ihre Augen waren so zugeschwollen, dass sie eine Woche lang nichts sehen konnte. Nach einem Monat im Krankenhaus zeigte sich immer noch keine Verbesserung. Dann bekam sie Brustkrebs, und sie musste sich einer Mastektomie unterziehen. Sie starb später im Alter von 69 Jahren. Landrum verlor ebenfalls ihr Haar, und ihre Kopfhaut schmerzte stark. Colby hatte Probleme mit seinen Augen. Alle drei wurden wegen Strahlenvergiftung behandelt, und die Ärzte betrachteten ihren Zustand als lebensbedrohlich.

Cash und Landrum verklagten die US-Regierung auf 20 Millionen Dollar Schmerzensgeld, aber nachdem sich der Prozess einige Jahre hingezogen hatte, wurde ihr Antrag endgültig abgelehnt, mit der Begründung, dass solch ein Flugobjekt weder von der Luftwaffe noch von der Armee, der Marine oder der NASA betrieben oder sich in deren Arsenal befinden würde. In der Sendereihe *Nightline* des Fernsehsenders ABC wurde 1987 die aufgezeichnete Aussage von Richard Doty, einem Beamten des *U.S. Air Force Office of Special Investigation,* ausgestrahlt, der sich damals »Falcon« nannte. Doty behauptete, dass es sich bei dem von Cash und Landrum beobachteten Objekt um ein erbeutetes außerirdisches Raumschiff handelte, das man damals einem Test unterzog und mit dem man beim Fliegen einige vorübergehende Probleme hatte. Höchstwahrscheinlich verbreitete Doty bewusst falsche Informationen. Eine plausiblere Erklärung wäre, dass Cash und Landrum den Prototyp eines unbemannten Elektrogravitations-Flugobjekts gesehen hatten, der von einem Raumfahrtunternehmen für das Militär gebaut worden war. Möglicherweise wurde das Objekt ferngesteuert, und die Hubschrauber waren dazu da, es zu beobachten und für Sicherheit zu sorgen, falls dies notwendig sein sollte. Hätte man Informationen über das *Skyvault-Projekt* und die Existenz geheimer Projekte auf dem Gebiet des phasenkonjugierten Mikrowellenantriebs an die Öffentlichkeit gebracht, dann hätten Cash und Landrum ihren Prozess möglicherweise gewonnen.

Die schweren Folgen, die Cash, Landrum und Colby nach ihrer Begegnung zu erleiden hatten, lassen darauf schließen, dass sie einem sehr intensiven Mikrowellenstrahl ausgesetzt waren. Dies wäre möglich, wenn der Mikrowellen-Antriebsstrahl des Objekts auf einen sehr engen Winkel begrenzt worden war und zufällig die Zeugen und ihren Wagen erfasst hatte. Dann wären sie seiner vollen Intensität ausgesetzt gewesen. Ein ähnlicher Vorfall ereignete sich Ende der achtziger Jahre in der Nähe von Fort Hood, etwa 90 Kilometer nördlich von Austin in Texas. Eine Frau und ihre Töchter, die ein leuchtendes, schwebendes Objekt beobachtet hatten, erlitten schwere Brandwunden. Die Opfer verklagten das Militär auf Schadensersatz.

Wäre der Antriebsstrahl dieses Objekts so eingestellt gewesen, dass er einen größeren Bereich des Bodens abdeckte, dann wäre seine Strahlung nicht so intensiv und auch nicht so gefährlich gewesen. Trotzdem sollte man mit einem Objekt mit Strahlenantrieb nicht über bewohnte Gebiete fliegen, um Unfälle dieser Art zu vermeiden. Die Menschen, die Opfer von Mikrowellenstrahlung geworden sind, sollten Hobby-Ufologen jedoch als Warnung dienen, dass sie sich einer gewaltigen Gefahr aussetzen, wenn sie mit hochintensiven Mikrowellenstrahlen im Kilowattbereich herumexperimentieren.

9.3 Dreieckige Flugobjekte

Ende der achtziger Jahre gab es zahlreiche Berichte über schwebende Objekte, die an das *B*-2-Flugzeug erinnerten. 1987 zum Beispiel, ein Jahr bevor die *B*-2 der Öffentlichkeit vorgestellt wurde, behaupteten Hunderte von Menschen aus Wythe Country in Virginia, dass sie mehrmals ein dreieckiges schwarzes Flugobjekt beobachtet hätten, das über den Nachthimmel flog, meist zwischen 8 und 10 Uhr abends. Viele, die das Objekt sahen, waren davon überzeugt, dass es irgendetwas mit dem Militär zu tun hatte. Einer der Leute sagte, dass die in niedriger Höhe fliegenden Düsenflugzeuge bis ca. 19 Uhr flogen und dass dann die »fliegenden Untertassen« kamen. Ein weiterer Zeuge hatte beobachtet, dass die Objekte bei Nacht ein bestimmtes Muster flogen und dass beim Morgengrauen die Hubschrauber dann genau dasselbe Muster flogen. Beobachter behaupteten, dass diese seltsamen flachen Objekte überhaupt keinen Lärm machten und in einigen Fällen praktisch lautlos in der Luft schwebten.

Danny Gordon, Nachrichtenchef der Radiostation WYVE in Wytheville, Virginia, war einer der Zeugen dieses Phänomens. Was die Ähnlichkeit mit der *B*-2 betrifft, so sagte er: »Es war ganz eindeutig dasselbe Flugzeug. Ich habe es gesehen, und eine Dame in Chiswell hat es auch gesehen ... dasselbe Flugzeug, V-förmig und mit flachen Flügeln. Das war kein Ufo, was wir hier gesehen haben. Es war ein Flugzeug.«[8]

Gordon sagte, einige Nächte zuvor habe er ein ähnliches Flugzeug eine ganze Weile verfolgt, als er mit einer Geschwindigkeit von 40 km/h (!) in seinem Wagen gefahren sei. Er konnte sich nicht erklären, dass etwas so Schweres so langsam fliegen konnte, ohne abzustürzen. Er vermutete, die Luftwaffe habe einen Tarnkappenbomber getestet und auch andere beobachtete Flugzeuge könnten Teil dieses Experiments gewesen sein. Nach offizieller Aussage der Luftwaffe soll die *B*-2 zwar ein relativ langsames Flugzeug sein, aber Beobachtungen wie die von Gordon könnten bedeuten, dass sie auch völlig reglos schweben kann. Falls das stimmt, dann könnte man dies auf die in Kapitel 5 beschriebene Art und Weise geschafft haben, das heißt durch AC-Hochspannung in den Keramik-Nichtleitern, die in regelmäßigen Abständen innerhalb des Flügels angeordnet sind. Die Antriebsmethode wäre somit dem von Brown verwendeten elektrokinetischen Senkrechtstarter ähnlich gewesen, und wie bereits erwähnt, würde diese Art von Wechselstrom-Feldantrieb Solitonstrahlen unter dem Objekt erzeugen.

Bei diesen Sichtungen handelte es sich möglicherweise nicht immer um *B*-2-Flugzeuge. Sprecher der US-Luftwaffe haben eingeräumt, dass rhombusförmige und dreieckige Objekte »gegenwärtig im Trend liegen«.[9] Nach einem Artikel der Zeitschrift *Aviation Week* hat man einer dieser Militärmaschinen den Namen »Pulser« gegeben, weil sie als einzelnes helles Licht wahrgenommen wird, das manchmal pulsiert. Das Objekt verursacht weder Motorenlärm noch einen Überschallknall. Dennoch hat man beobachtet, wie es unglaublich schnell über den Nachthimmel flog und dabei die Geschwindigkeit konventioneller Flugzeuge weit überschritt. In einem Artikel über geheime Entwicklungsprojekte der US-Luftwaffe berichtete die Zeitschrift im Jahre 1990:

> Außerdem gibt es hinreichende Beweise für die Existenz einer weiteren Art von Flugzeug, das über außergewöhnliche Antriebssysteme und aerodynamische Eigenschaften verfügt, die zu diesem Zeitpunkt noch nicht bekannt sind oder verstanden werden. [...] Während der letzten dreizehn Monate wurden in der Nähe des Luftwaffenstützpunktes *Edwards* mindestens elf Mal dreieckige flügelförmige Flugzeuge beobachtet, die über ein relativ leises Antriebssystem verfügten. Eines wurde auch in der Nähe von Fresno in Kalifornien gesichtet. Diese Beobachtungen werden von Berichten über ähnliche Flugobjekte bestätigt, die man in der Nähe abgelegener Ortschaften in Nevada gesehen und gehört hat, in der Nähe staatlicher Versuchsgelände, die vom Energieministerium und der Luftwaffe betrieben werden.
>
> Die ziemlich flachen, dreieckigen Flugobjekte, bei denen es sich möglicherweise um Prototypen der *B*-2 der Luftwaffe oder der *A*-12 der Marine handelt, haben eine abgerundete Vorderseite, abgerundete Flügelspitzen und wahrscheinlich keine vertikalen Heckflächen. Die Flügelhinterkanten der Nurflügler sind möglicherweise leicht abgerundet, aber den bisher erhaltenen Berichten zufolge mit Sicherheit nicht sägezahnförmig wie jene des *B*-2-Bombers der Luftwaffe. Ein Bewohner von Nevada sagte, das Objekt habe »die Form eines Mantarochens« gehabt.[10]

Sehr große Flugzeuge, deren Form zu dieser allgemeinen Beschreibung passt, wurden in der Gegend des Hudson Valley beobachtet, 50 bis 90 km nordöstlich von New York City.[11] Die Sache ging im Frühjahr 1983 los und dauerte mehre Jahre. Tausende von Menschen sahen bei mehreren Gelegenheiten ein immens großes Flugobjekt, das als bumerangförmiger Nurflügler mit abgerundetem Bug beschrieben wurde, der von Flügelspitze zu Flügelspitze etwa 100 m maß. Es wurde meist nachts beobachtet, und man konnte erkennen, dass es Lichter an der Flügelvorderkante und an verschiedenen Stellen unter dem Rumpf hatte. Diese gingen in regelmäßigen Abständen ein und aus oder veränderten die Farbe. Man beobachtete, dass das Objekt lautlos schwebte oder sich sehr langsam fortbewegte, mit etwa 30 bis 50 km/h. Dann beschleunigte es jedoch auf eine enorme Geschwindigkeit und war im Nu am Horizont verschwunden. Entweder handelte es sich hier um ein ganz neu entwickeltes Geheimobjekt der USA oder um ein außerirdisches Ufo. Jedenfalls ist klar, dass bei einem Objekt, das so lautlos schwebt und eine so enorme Geschwindigkeit entwickelt, keine herkömmliche Antriebstechnologie verwendet wurde.

Seit 1989 wurden dreieckig geformte Objekte häufig in verschiedenen Gegenden von Belgien beobachtet. Auch hier geht die Zahl der Zeugen in die Zehntausende. Augenzeugenberichte und Fotos weisen auf die in **Abb. 9.2** gezeigte Form hin. Oben am Objekt befindet sich eine Kuppel mit mehreren Fenstern. An der Unterseite sieht man in jeder Ecke leuchtend weiße, runde Stellen und ein einzelnes rotes Licht in der Mitte. Könnte es sich bei diesen Eck-»Lichtern« um leuchtende Emissionen aus Mikrowellentrichtern handeln, die Teil eines Mikrowellen-Phasenkonjugations-Resonatorsystems sind, das Strahlen nach unten projiziert, wodurch das Objekt gestützt und angetrieben wird?

Es wurde beobachtet, wie die Objekte schwebten und sich manchmal langsam horizontal bewegten. Dann beschleunigten sie wieder horizontal und vertikal auf unglaubliche Geschwindigkeiten. Einmal, nachdem ein Objekt vom Radar erfasst wurde, schickte die belgische Regierung zwei *F-16*-Kampfflugzeuge, aber diese waren nicht in der Lage, es einzuholen. Das Objekt konnte blitzschnell die Richtung wechseln und unglaublich beschleunigen. Einmal stieg ein Objekt in

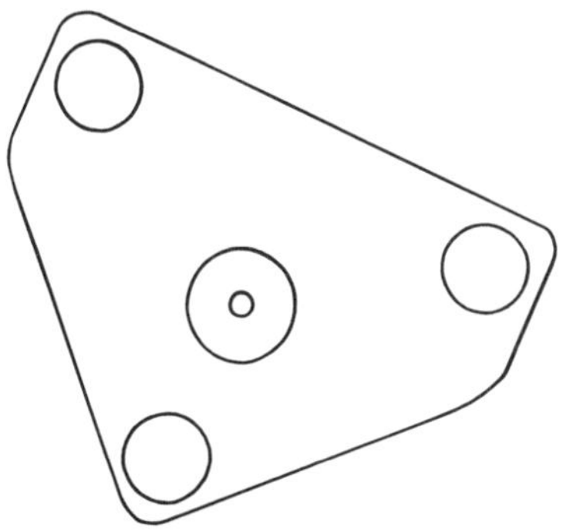

Abb. 9.2 *Skizze eines Raumschiffs, das über Belgien gesichtet wurde (von unten gesehen).*

nur fünf Sekunden mehr als 3.000 m in die Höhe, das ist eine Beschleunigung von über 24 g. Für jeden Piloten, der in einem herkömmlichen Flugzeug sitzt, das durch Düsen angetrieben wird, wäre das absolut tödlich gewesen. Obwohl das Objekt fast doppelte Schallgeschwindigkeit erreichte, konnte man keinen Überschallknall hören. Möglicherweise handelte es sich hier um einen militärischen Test mit einem Flugobjekt, das eine Art Strahlenantrieb hatte, wie er beim *Skyvault-Projekt* entwickelt wurde.

9.4 Rettungsmaßnahmen nach einem Absturz

Die ersten Forschungen, die zum *Skyvault-Projekt* führten, begannen kurz nach Juli 1947, als ein außerirdisches Raumschiff nahe Roswell in New Mexico abgestürzt sein soll. Kurz nach dem Absturz wurde das Gelände von einer streng geheimen Spezialeinheit gesichert. Die verstreuten Wrackteile und die aufgefundenen Leichen der Insassen des Raumschiffs wurden zur Analyse in Militärlabors geschafft. In den folgenden Jahren wurden ähnliche Operationen durchgeführt, um andere abgestürzte außerirdische Objekte zu bergen. Obwohl das Militär alles unternahm, um diese Vorfälle vor der Öffentlichkeit geheim zu halten, sind sie aufgrund der engagierten Arbeit privater Forscher bekannt geworden. Sie wurden in Büchern wie *Behind the Flying Saucers, The Roswell Incident, Ufo Crash at Aztec, Above Top Secret, Alien Contact* und *The Truth About the Ufo Crash at Roswell* beschrieben.[12-17] Diese Bergungsmaßnahmen sollen zu einem beschleunigten Programm zur Entwicklung einer Antigravitations-Antriebstechnologie im Rahmen von Projekten unter den Codenamen *Y* und *Redlight* geführt haben. Da das *Skyvault-Projekt* und andere Programme zur Entwicklung fortgeschrittener Antriebstechnologien etwa um diese Zeit eingeleitet wurden, scheint es lohnenswert, die Ufo-Abstürze etwas näher zu untersuchen.

Der erste Vorfall soll sich in der Nacht des 4. Juli 1947 zugetragen haben, als ein keilförmiges Raumschiff von etwa 5 × 8 m Größe ca. 50 km nördlich von Roswell in New Mexico abstürzte. Einige behaupten, dass damals zwei Abstürze gleichzeitig stattfanden, in einem Abstand von mehreren Hundert Kilometern. Ein paar Monate später soll ein kuppelförmiges Objekt mit einem Durchmesser von ca. 12 m in Paradise Valley, New Mexico abgestürzt sein. Im März 1948 soll eine Scheibe mit einem Durchmesser von ca. 30 m in Aztec, New Mexico abgestürzt sein. Und im Juli desselben Jahres soll eine Scheibe mit einem Durchmesser von ca. 30 m nahe dem Sabinas River in Mexiko abgestürzt sein, ca. 50 km südwestlich von Laredo, Texas. In *Ufo Crash at Aztec* schätzen die Ufo-Forscher William S. Steinman und Wendelle C. Stevens, dass zwischen

1947 und 1986 nicht weniger als sechzehn Ufos an verschiedenen Orten der Erde abgestürzt sind.[18]

Obwohl die US-Regierung offiziell erklärt hat, dass Ufos nicht existieren, weist ein geheimes Memorandum vom 23. September 1947 darauf hin, dass das Militär diese Sache sehr ernst nahm. Es wurde von General Nathan Twining abgefasst, dem Kommandanten des *Army Air Force's Air Materiel Command* in Wright Field, und an das *Air Technical Intelligence Command* in Dayton in Ohio gerichtet. Auszüge aus diesem Memorandum, die in der Zeitschrift *Aviation Week & Space Technology* abgedruckt wurden, lauten wie folgt:

> 1. Wie von AC/AS-2 angeordnet, gebe ich Ihnen im Folgenden die Stellungnahme dieses Kommandos in Bezug auf die sogenannten »fliegenden Scheiben« …
> 2. Es ist unsere Ansicht:
>   a) dass es sich bei dem beschriebenen Phänomen um eine Tatsache und nicht um eine Täuschung oder einen Betrug handelt;
>   b) dass es Objekte gibt, deren Form an eine Scheibe erinnert, und zwar von vergleichbarer Größe wie ein menschengemachtes Flugzeug;
>   c) dass es möglich ist, dass einige dieser Vorfälle durch natürliche Phänomene, z. B. Meteore, verursacht wurden;
>   d) dass die Betriebseigenschaften, über die berichtet wurde, um Beispiel die unglaubliche Geschwindigkeit beim Steigflug, die extreme Wendigkeit und besonders die Manöver, die man als Ausweichen oder Flucht ansehen kann, wenn sich Flugzeuge einem Objekt nähern oder es vom Radar erfasst wird, darauf schließen lassen, dass einige der Objekte manuell, automatisch oder ferngesteuert werden.[19]

In einem 26 Seiten umfassenden geheimen Bericht des *Air Technical Intelligence Command* aus dem Jahre 1948 steht:

> Es muss akzeptiert werden, dass einige dieser fliegenden Objekte beobachtet worden sind, obwohl ihr Ursprung nicht zu ermitteln war. Im Interesse der nationalen Sicherheit wäre es nicht ratsam, die Möglichkeit außer Acht zu lassen, das einige dieser Objekte möglicherweise außerirdischen Ursprungs sind. […] Es gibt konkrete Hinweise darauf, dass diese Objekte nicht von der Erde kommen. Sie stellen eine Bedrohung dar und erfordern größere Anstrengungen in Bezug auf ihre Identifizierung.[20]

Eine zusätzliche Bestätigung in Bezug auf die Ufo-Abstürze und die Beschäftigung der Regierung mit entsprechenden Forschungs- und Entwicklungsarbeiten ergab sich aus einem Gespräch, das Wilbert B. Smith im September 1950 mit dem Elektroingenieur Dr. Robert Sarbacher führte, der damals als Berater für die Forschungs- und Entwicklungsabteilung arbeitete, die von Dr. Vannevar Bush geleitet wurde. Smith war damals leitender Funkingenieur beim kanadischen Verkehrsministerium. Er hatte den Bericht über den Absturz des Ufos in der Nähe von Aztec in New Mexico über die geheimen staatlichen Bergungsmaßnahmen gelesen und wollte feststellen, ob an der Sache etwas dran war. Also setzte er sich über die kanadische Botschaft in Washington mit Sarbacher in Verbindung. Den handschriftlichen Aufzeichnungen von Smith zufolge lief das Gespräch wie folgt ab:

Smith: ... Ich habe das Buch von Scully über die fliegenden Untertassen gelesen und hätte gern gewusst, was daran wahr ist.

Sarbacher: Die in dem Buch beschriebenen Tatsachen sind grundsätzlich korrekt.

Smith: Dann existieren die fliegenden Untertassen also wirklich?

Sarbacher: Ja, sie existieren.

Smith: Funktionieren sie aufgrund magnetischer Prinzipien, wie Scully behauptet?

Sarbacher: Wir waren nicht in der Lage, das nachzuprüfen.

Smith: Kommen sie von irgendeinem anderen Planeten?

Sarbacher: Alles, was wir wissen, ist, dass wir diese Objekte nicht gebaut haben. Und es ist ziemlich offensichtlich, dass sie nicht von der Erde stammen.

Smith: Ich nehme an, dass die ganze Sache geheim ist ...

Sarbacher: Ja, sie ist geheim, und zwar noch um zwei Stufen geheimer als die H-Bombe. Eigentlich ist sie gegenwärtig die geheimste Sache überhaupt.

Smith: Darf ich nach dem Grund für diese Geheimhaltung fragen?

Sarbacher: Das dürfen Sie, aber ich kann nichts dazu sagen.[21]

Beachten Sie, dass Sarbachers Bemerkung über die Geheimhaltungsstufe zwei Jahre vor der Explosion der ersten H-Bombe erfolgte. Am 21. November 1950 schickte Smith ein abteilungsinternes Memorandum an den Leiter der Telekommunikationsabteilung des kanadischen Verkehrsministeriums, in dem er einige Punkte aufführte, die er von Sarbacher erfahren hatte. Das Memorandum, das in Anhang F abgebildet und übersetzt ist, wurde mit dem Vermerk TOP SECRET versehen, am 15. September 1969 jedoch auf »Confidential« (vertraulich) heruntergestuft. Es lautete:

> a) Diese Angelegenheit ist die mit der höchsten Geheimhaltung eingestufte Sache in den Vereinigten Staaten. Sie ist um zwei Stufen geheimer als die H-Bombe.
> b) Fliegende Untertassen existieren wirklich.
> c) Ihr Modus Operandi ist unbekannt, aber von einer kleinen Arbeitsgruppe Unter Leitung von Dr. Vannevar Bush werden große Anstrengungen unternommen, um dies herauszufinden.
> d) Die ganze Angelegenheit wird von den Behörden der Vereinigten Staaten als außerordentlich wichtig eingeschätzt.[22]

Als Reaktion einer vom Ufo-Forscher William Steinman 1983 gestellten Anfrage schrieb Sarbacher einen Brief, in dem er bestätigte, dass die US-Regierung abgestürzte fliegende Untertassen geborgen hatte, inklusive der Leichen ihrer Insassen.[23]

Die streng geheime Verwaltungsgruppe, die nach Angaben Sarbachers von Bush geleitet wurde, trug, wie man später herausfand, den Namen MJ-12 *(Majestic 12)*. Diese Gruppe, die aus zwölf Personen bestand, soll auf Veranlassung von Harry S. Truman am 24. September 1947 gegründet worden sein, um die Sache mit den Ufos zu untersuchen, die Ergebnisse dem Präsidenten mitzuteilen, aufgrund der Erkenntnisse eine Taktik auszuarbeiten und dann Maßnahmen zu ergreifen, die die Zustimmung des Präsidenten gefunden hatten. Eine Fotokopie des Memorandums, das Truman abfasste, um die Gründung der Gruppe zu genehmigen, und die Übersetzung finden Sie in Anhang F.

Mit der Analyse der abgestürzten Objekte und dem Versuch, deren Technologie zu kopieren, wurde das *Research and Development Board* (Forschungs- und Entwicklungsausschuss) betraut, das direkt MJ-12 unterstellt war. Das *Research and Development Board,* für das Sarbacher 1950 als Berater arbeitete, war 1947 von Bush eingerichtet worden, zur selben Zeit also, da auch MJ-12 gegründet wurde. Unter Bushs Direktive leitete dieser Ausschuss die Forschungs- und Entwicklungsabteilungen der drei Teilstreitkräfte des Militärs: Heer, Luftwaffe und Marine. Browns Elektrogravitationstechnologie, die 1952 vom *Office of Naval Research* ausgewertet wurde, wurde wahrscheinlich auch von dieser Organisation gründlich untersucht. Bush hatte früher das *Office of Scientific Research and Development* (Amt für wissenschaftliche Forschung und Entwicklung) geleitet, das für das *Manhattan-Projekt* und andere streng geheime Kriegsprojekte zuständig war, zum Beispiel für die Entwicklung des Radars und des Näherungszünders.

Am 18. November 1952, zwei Wochen nach seiner Wahl, soll der gewählte Präsident Dwight D. Eisenhower über MJ-12 und die Maßnahmen zur Bergung der abgestürzten Untertasse informiert worden sein. Im Jahre 1984 erhielten die Fernsehproduzenten Jaime Shandera und der Ufo-Forscher William Moore durch Kontaktpersonen beim Geheimdienst ein Dokument, bei dem es sich um das streng geheime Dokument gehandelt haben soll, das bei dieser Besprechung verwendet wurde. Es bestehen zwar einige Zweifel darüber, ob das Dokument wirklich echt ist,[24-26] aber ein Artikel in der *Washington Post* bestätigt, dass der gewählte Präsident Eisenhower am 18. November 1952 tatsächlich Informationen durch das Militär erhalten hatte, also an dem Tag, an dem er über MJ-12 informiert worden sein soll.[27] Außerdem wird die Tatsache einer Unterrichtung über MJ-12 durch ein Memorandum bestätigt, das sich Moore und der Ufo-Forscher und Physiker Dr. Stanton Friedman unter Berufung auf den *Freedom of Information Act* (Gesetz zur Offenlegung von Informationen) aus dem Nationalarchiv besorgten. Das Memorandum vom 14. Juli 1954 war von Robert Cutler, einem Sonderassistenten von Präsident Eisenhower, abgefasst und an General Nathan Twining geschickt worden, der ein Mitglied von MJ-12 gewesen sein soll. In dem Memorandum, in dem es um NSC/MJ-12 *Special Studies Project* ging, stand: »Der Präsident hat entschieden, dass die MJ-12/SSP-Besprechung zusammen mit dem bereits festgelegten Treffen im Weißen Haus am 16. Juli stattfinden wird, und nicht im Anschluss daran, wie es ursprünglich vorgesehen war.«[28] Die Abkürzung NSC bezieht sich auf den 1947 gegründeten *National Security Council* (Nationaler Sicherheitsrat). MJ-12 soll unter der Bezeichnung »Special Studies Group« als inoffizieller Unterausschuss für den NSC arbeiten. Die Gruppe hat gegenwärtig 33 Mitglieder.

9.5 Rekonstruktion von »Art's Parts«

Die Radio-Talkshow *Coast to Coast*, und insbesondere Art Bell, der viele Jahre lang der Moderator dieser Sendung war, sind in den Vereinigten Staaten sehr bekannt. Die Lieblingsthemen dieser Show sind Ufos und Begegnungen mit Außerirdischen. Im April 1996 schickte ein Zuhörer – ein Mann, der darum bat, anonym zu bleiben – Bell ein paar metallische Artefakte, die, wie er behauptete, von der Außenseite eines Ufos geborgen worden waren, das 1947 zwischen White Sands und Socorro in New Mexico abgestürzt sein soll.[29] Er sagte, sein

Großvater habe das Material gesammelt, als er Mitglied eines militärischen Teams gewesen sei, das mit den Bergungs- und Aufräumarbeiten beauftragt worden war. Er habe ihm die Artefakte übergeben, bevor er 1974 starb.

Die Teile, die als »Art's Parts« bekannt wurden, wurden in *Coast to Coast* ausgiebig behandelt, und Bilder von ihnen wurden eine Zeitlang auf Bells Website gezeigt. Eine der zwei gesandten Lieferungen von angeblich außerirdischen Artefakten bestand aus zwei unregelmäßig geformten Metallstücken mit Abmessungen von etwa 6 × 3 cm und 5 × 2 cm. Beide hatten eine Stärke von 3 bis 4 mm. Diese Stücke stammen angeblich von der äußeren Unterseite des Ufos und sollen zu einer Art Schutzschirm für den Rumpf des Flugobjekts gehört haben.

In den folgenden Monaten wurden die Artefakte mithilfe eines Rasterelektronenmikroskops untersucht, mit dem man auch eine Spektralanalyse der Energieverteilung durchführen konnte.[30] Die Resultate für die genannten beiden Bruchstücke waren sehr interessant. Die Analyse ergab, dass sie aus 25 deutlich voneinander unterscheidbaren Schichten bestanden, wobei sich jeweils eine dicke Schicht aus einer Magnesium-Zink-Legierung (97 bis 97,5 % Magnesium und 2 bis 3 % Zink) und eine dünne Schicht aus reinem Wismut abwechselten. Die Metalle waren von außergewöhnlicher Reinheit. Die Schichten aus Magnesium-Zink variierten in der Dicke von 100 bis 200 µm (0,1 bis 0,2 mm), und die Wismutschichten von 1 bis 4 µm. Bei einer Querschnittsuntersuchung stellte sich heraus, dass die Berührungsflächen der Schichten nicht ebenmäßig verliefen, sondern mikroskopisch kleine Wellen aufwiesen.

Einige Forscher fanden es seltsam, dass das Material herumsprang, wenn es dem Hochspannungsfeld eines Van-de-Graaff-Generators ausgesetzt war. Jedoch sagte der amerikanische Forschungstechniker Nicholas Reiter, der einen ähnlichen Test durchgeführt hatte, sagt, daran sei nichts Ungewöhnliches, denn jedes Metallfragment würde in einem Wechselspannungsfeld von 200 kV in ähnlicher Weise herumspringen.[31] Um das mögliche Vorhandensein irgendwelcher Elektrogravitationseffekte zu ermitteln, setzte er die Artefakte DC-Hochspannungen von 15 bis 50 kV aus, doch auch mit einer digitalen Milligrammwaage konnte er keine Gewichtsveränderung feststellen. Entgegen weit verbreiteten Meldungen gibt es also bisher keinen Beweis dafür, dass die Fragmente an Gewicht verlieren, wenn sie hohen Spannungspotenzialen ausgesetzt sind.

Die amerikanische Enthüllungsjournalistin und Dokumentarfilmerin Linda Moulton Howe befragte im Zuge ihrer Nachforschungen über diese Fragmente zahlreiche Metallurgie-Experten verschiedener Firmen und wissenschaftlicher

Institute, auch aus der Raumfahrt- und Rüstungsindustrie. Niemand hatte je von solch einem Material gehört, und sie verstanden auch seinen Zweck nicht. Howe schrieb auch an verschiedene Institutionen wie die *National Science Foundation,* um Informationen über das Material zu bekommen. Ein Wissenschaftler dieser Stiftung aus der Abteilung für Materialforschung sagte, er wisse von keiner Untersuchung, die sich mit einem solchen Material beschäftigt habe. Eine Durchforschung der stiftungseigenen Datenbank auf Materialien, die aus Wismut, Magnesium und Zink bestehen, brachte keine Ergebnisse.

Die Eigenart dieses von Wismutschichten durchsetzten Materials wird jedoch klarer, wenn man sich mit den jüngsten Forschungen über Materialien mit negativem Brechungsindex beschäftigt. Im Jahre 2005 verkündeten die Professoren Victor Podolski und Jewgeni Narimanow sowie der Doktorand Leonid Alexejew, die an der *Oregon State University* bzw. *Princeton University* arbeiteten, ihre Entdeckung, dass eine dünne Schicht von monokristallinem Wismut bei Mikrowellenfrequenzen einen negativen Brechungsindex aufwies. Damit ist dies die einzige natürlich vorkommende Substanz, die eine solche Eigenschaft aufweist.[32-34] Sie legten eine 4,5 µm dicke Schicht monokristallinen Wismuts zwischen zwei Metallplatten, wie in **Abb. 9.3** gezeigt. Bei dieser Anordnung diente das semimetallische Wismut als Dielektrikum und die angrenzenden Metallschichten als wellenleitende Wände. Als ein Mikrowellenstrahl von 5.000 Gigahertz (60 µm Wellenlänge) in die Wismutschicht eingeführt wurde, stellte man fest, dass der Strahl refraktierte. Das heißt, dass Wismut auf einem engen Wellenlängenband von etwa 53–63 µm einen negativen Brechungsindex aufweist.

Wismut erreicht seine negative Refraktion ganz anders als die in Kapitel 7 beschriebenen Metamaterialien. Wie bereits gesagt, haben Metamaterialien eine negative Refraktion, weil sie magnetische und elektrische Resonanzen derselben Frequenz aufweisen und damit einen Frequenzbereich erzeugen, bei der ihre Permittivität ε und ihre Permeabilität μ gleichzeitig negative Werte erreichen. Wenn ε und μ gleichzeitig negativ sind, dann ist auch der Refraktionsindex gleichzeitig negativ. Wismut hingegen ist unmagnetisch und hat daher keine negativen Resonanzen. Die Theorie zeigt jedoch, dass ein Dielektrikum einen negativen Brechungsindex aufweisen kann, falls das Material eine Permittivitäts-Anisotropie aufweist, d. h. unterschiedliche Permittivitätswerte bei unterschiedlichen Richtungen der Wellenausbreitung in Bezug zur Kristallachse des Dielektrikums, und falls die Permittivität in einer dieser Richtungen über einen bestimmten Frequenzbereich hinaus negativ wird, während die Permittivität in der anderen Richtung positiv bleibt. Wismut hat ebendiese Eigenschaft (siehe den folgenden grauen Textblock).

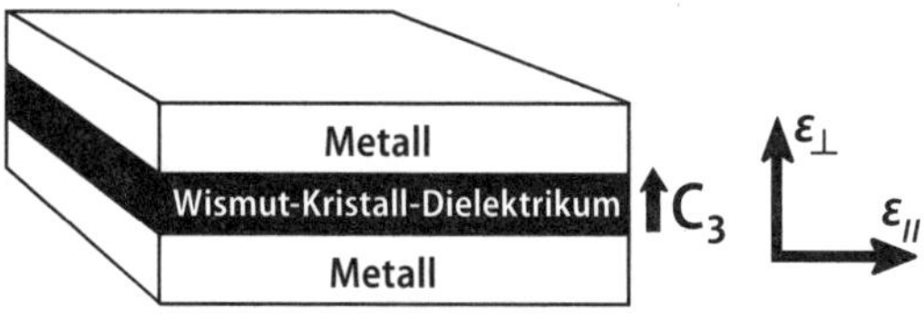

Abb. 9.3 *Wellenleiter aus monokristallinem Wismut zwischen zwei Metallschichten, verwendet zur Demonstration der negativen Refraktion eines Mikrowellenstrahls von 5.000 Gigahertz.*

Warum Wismut einen negativen Brechungsindex hat

Obwohl Wismut viel weniger freie Elektronen enthält als die meisten anderen Metalle, weist es eine sogenannte »Elektronen-Massen-Anisotropie« auf. Das heißt, dass die effektive Masse freier Elektronen parallel zu seiner dreizähligen Achse niedriger ist als zur senkrechten Achse. Da diese freien Elektronen sich wie ein Plasma verhalten, das eine spezifische Resonanzfrequenz aufweist, sorgt die Anisotropie dafür, dass die Plasmafrequenz in paralleler Richtung zur Wismutschicht geringer ist als die Plasmafrequenz für Schwingungen senkrecht zu dieser Schichtebene (parallel zur dreizähligen Achse, d. h. $f_{II} < f_{perp}$). Da die dielektrische Konstante für Wismut sowohl durch den Wert ihrer Elektronen-Plasmafrequenz als auch durch die Frequenz des anregenden Strahls festgelegt wird, sorgt diese unterschiedliche Plasmafrequenz dafür, dass die Permittivität parallel zur Wismutschicht (ε_{II}) negativer ist als die Permittivität senkrecht zur Wismutschicht (ε_{perp}). Wenn nun Wismut bei Frequenzen zwischen diesen beiden Plasmafrequenzen erregt wird, wird die Permittivität in der Richtung parallel zur Schicht negativ sein, während die Permittivität senkrecht zur Schicht immer noch positiv ist (d. h. $\varepsilon_{II} < 0$, $\varepsilon_{perp} > 0$), was die notwendige Bedingung dafür schafft, dass der Brechungsindex negativ ist (siehe **Abb. 9.4**).

Interessanterweise bestanden die »Rumpffragmente« von »Art's Parts« aus Wismutschichten von einer Stärke (1–4 µm), die nur unbedeutend dünner war als die, die vom *Oregon State/Princeton*-Team getestet wurde. Man kann also davon ausgehen, dass die Magnesium-Zink-Schichten bei den Art's-Parts-Fragmenten als Metallwände für Wellenleiter um die Wismutschichten herum

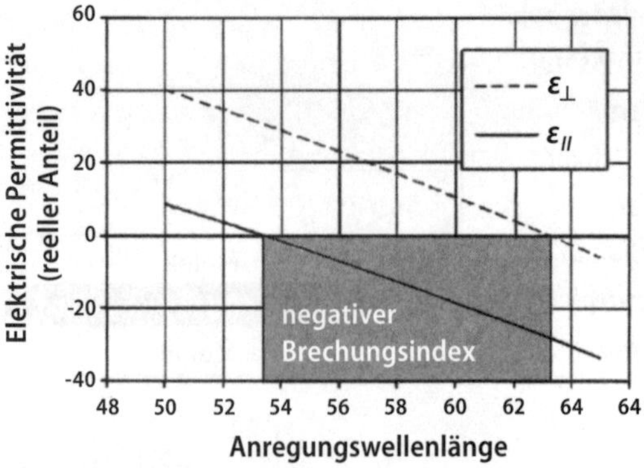

Abb. 9.4 *Reeller Anteil der elektrischen Permittivität, dargestellt als Funktion der Anregungswellenlänge. Die durchgezogene Linie steht für die Komponente parallel zur Wismutschicht, und die gestrichelte Linie steht für die Komponente senkrecht zur Schicht. Ein negativer Brechungsindex tritt im Bereich zwischen $\varepsilon_{//}<0$ und $\varepsilon_{perp}>0$ in Erscheinung.*

dienten. Dies würde dafür sorgen, dass die Mikrowellen, die sich innerhalb der Wismutschichten ausbreiteten, auf diese Schichten beschränkt blieben. Magnesium ist ein relativ guter elektrischer Leiter, also wäre er ein geeignetes Material für einen Wellenleiter. Es hat ebenfalls den Vorteil, dass es leichter und stärker ist als Aluminium. Eine negative Refraktion dürfte Wismutschichten kennzeichnen, die nur einen Mikrometer dick sind. Obwohl die Schichtdicke bei der Bestimmung des genauen Wertes der Permittivität ein wichtiger Faktor ist, betrifft sie nicht die Werte der Elektronen-Plasmafrequenzen entlang der beiden Wismut-Kristallachsen. Somit dürften die von Wismutschichten durchzogenen Proben in Art's Parts ebenfalls die negative Refraktion eines Strahls mit 5.000 Gigahertz aufweisen.

Wie bereits in Kapitel 7 erwähnt, sind Metamaterialien mit einem negativen Brechungsindex auch in der Lage, eine starke repulsive Kraft zu entwickeln, wenn sie einem Mikrowellenstrahl ausgesetzt werden. Dasselbe könnte für Wismutschichtungsbeläge gelten. Es ist also möglich, dass das geschichtete Material einen Schub entwickelt, wenn es mit einer Mikrowellenstrahlung von 5.000 Gigahertz erregt wird. Das könnte man in einem Labor sehr leicht nachprüfen. Ein Rumpffragment aus Art's Parts könnte an einem Pendel befestigt oder auf eine Torsionswaage gelegt und einem extrem starken Terahertz-Strahl ausgesetzt werden. Ein Freier-Elektronen-Laser von 100 Watt, auf eine Frequenz von 5.000 Gigahertz eingestellt, könnte dabei als angemessene Strahlenquelle dienen. Wenn ein Schubeffekt festgestellt werden würde, dann wäre es das erste Mal, dass solch ein Effekt entdeckt würde, denn bisher hat keine Forschergruppe versucht, nach einem solchen Strahlenschubeffekt in geschichtetem Wismut zu suchen. Ein positives Resultat könnte die Behauptung beweisen, dass die geschichteten Metallfragmente von Art's Parts Teil eines Schutzschirms waren, der einst die Unterseite eines Raumschiffes bedeckt hatte. Sie könnten möglicherweise auch ein Hubmaterial gewesen sein, das Teil des exotischen elektrogravitativen Antriebssystems des Raumschiffs war.*

Man dürfte eine Schubreaktion senkrecht zur dreizähligen Wismut-C3-Achse erwarten. Im Falle der vom *Oregon State/Princeton*-Team untersuchten Probe sollte ein solcher Schub parallel zur Schichtebene erfolgen. Wenn die Absicht stattdessen darin bestand, eine Kraft senkrecht zur Schichtebene zu erzeugen, d.h. senkrecht zum Rumpf des Raumschiffs, müsste die dreizählige Achse C3 entsprechend der Ebene der Wismutschicht ausgerichtet sein, statt senkrecht zu ihrer Ebene. Es wäre interessant herauszufinden, wie die dreizählige Kristallachse bei den Rumpfartefakten von Art's Parts ausgerichtet ist.

9.6 Das *Redlight-Projekt*

In den Jahren unmittelbar nach den ersten Bergungen außerirdischer Raumschiffe führte MJ-12 ein streng geheimes Untersuchungsprogramm durch, bei dem man sich in erster Linie auf die Analyse der Flugscheiben konzentrierte. Man hoffte, dadurch etwas über deren Energiequelle, Antriebssysteme, Instrumente und Bewaffnung zu erfahren. Gleichzeitig wurden Autopsien an den Insassen der Flugscheiben durchgeführt, um etwas über ihre Physiologie zu lernen. Aussagen von zuverlässigen Zeugen weisen darauf hin, dass die geborgenen Flugscheiben und deren Insassen in einer Reihe geheimer Anlagen gelagert und analysiert wurden, zum Beispiel auf dem Luftwaffenstützpunkt *Wright-Patterson* in Dayton, Ohio; dem Luftwaffenstützpunkt *Kirtland* und dem Laborkomplex *Sandia*

* Im August 2006 setzte ich mich mit Mitgliedern des *Oregon State/Princeton*-Teams in Verbindung, um herauszufinden, ob sie jemanden kannten, der ein Mikrowellenstrahl-Rückstoßphänomen in geschichtetem Wismut beobachtet hätte. Sie sagten mir, dass sie von niemandem wüssten, der das untersucht haben könnte. Sie zeigten aber Interesse für meine Theorie, dass solch ein Effekt vorhanden sein könnte. Sie baten mich, alles zu schicken, was ich darüber veröffentlich hatte. Als ich ihnen jedoch beschrieben hatte, wie sich dieses Experiment problemlos durchführen ließe, und ihnen eine Zusammenarbeit vorschlug, brachen sie seltsamerweise jeden Kontakt ab. Meine nachfolgenden E-Mails wurden nicht mehr beantwortet.

in Albuquerque, New Mexico; sowie in einem streng geheimen Bereich in der *Atomic Energy Commission Reservation* (AEC) im südlichen Nevada. Hier treffen wir schon wieder auf den Stützpunkt *Wright-Patterson,* obwohl Artefakte, die dort gelagert worden waren, zum *Kirtland-Sandia-Komplex* geschickt wurden, als das *Department of Special Studies* im *Wright Air Development Center* 1956 dorthin verlegt wurde.[35] Eine ganze Menge von Informationen über ein Programm zur Analyse und sogar für Testflüge von sichergestellten Flugscheiben finden sich im streng geheimen Bericht Nr. 13 des Projekts *Blue Book.* Bei *Blue Book* handelt es sich um ein Projekt der US-Luftwaffe, das eingeleitet wurde, um Ufo-Sichtungen zu dokumentieren und zu analysieren. Steinmann und Stevens, die diesen Bericht in *Ufo Crash at Aztec* zusammenfassten, erhielten diese Informationen von einem Zeugen, der das Dokument 1977 zufällig las, als er als Informationsanalytiker bei einer streng geheimen Funkspionageeinrichtung der englischen und amerikanischen Luftwaffe in Chicsands in England arbeitete.[36] Das Deckblatt dieses gebundenen Dokuments von 624 Seiten trug das Datum 1953 (in Klammern 1963 – ein Hinweis darauf, dass es später mit Bleistiftanmerkungen aktualisiert wurde). Quer über der Seite war ein rotes Band befestigt, ein Hinweis auf »Code Red«-Sicherheitsmaßnahmen, sowie in roter Farbe der Vermerk TOP SECRET – NEED TO KNOW ONLY – CRYPTO CLEARANCE 14 REQUIRED. Die Geheimhaltungsstufe dieses Berichts war also höher als die für das Personal von *Blue Book,* das nur die Geheimstufe »Secret« hatte. Das würde erklären, warum das Projekt *Blue Book* selbst keine Kopie vom Bericht Nr. 13 besitzt, obwohl in seinem Inventar Berichte mit den Nummern 12 und 14 vorhanden sind.

Nach Aussagen des Luftwaffenanalytikers werden im Bericht Nr. 13 die offiziellen Maßnahmen der US-Regierung in Bezug auf abgestürzte Ufos und nahe Begegnungen mit Ufos behandelt. Er fasst ebenfalls zusammen, was die Luftwaffe über abgestürzte Flugscheiben sowie deren Antriebssysteme und Bewaffnung wusste. Auch enthielt er Fotos von außerirdischen Flugobjekten, Absturztrümmern und Leichen einiger ihrer Insassen. Von Interesse ist auch, dass der Bericht ein Projekt mit der Bezeichnung *Redlight* beschreibt, dessen Zweck darin bestand, die Antriebs- und Waffensysteme geborgener Flugscheiben zu testen und verschiedene Teile des Materials dieser Scheiben zu überprüfen. Diese Operation wurde in der streng geheimen, 100 Quadratmeilen großen Ufo-Forschungseinrichtung im nördlichen Teil der 3.000 Quadratmeilen großen AEC-*Reservation* in Nevada durchgeführt. Auf dem Gelände sollen mindestens drei außerirdische Flugobjekte versteckt worden sein. Eines von ihnen sei demontiert worden; die anderen beiden befänden sich noch in betriebsfertigem

Zustand, sodass man sie testen konnte. Eines von den beiden soll jedoch später während eines Fluges mit zwei Piloten an Bord explodiert sein.

Aufgrund der Informationen aus dem Bericht Nr. 13 und der Aussagen von Augenzeugen ist Folgendes über die streng geheime Anlage in Nevada bekannt.[37] Sie wird als *Area 51* oder »Dreamland« bezeichnet und befindet sich in der Gegend des Groom Lake, nordwestlich von Las Vegas. Es ist die am strengsten bewachte Gegend der Vereinigten Staaten. Das Gelände befindet sich innerhalb einer bewachten Umfassung, die als Atomtestgelände der AEC *(Atomic Energy Commission)* und als Waffenübungsgelände der Luftwaffe dient. Es handelt sich um einen ausgetrockneten See, der zu allen Seiten von einer Bergkette umgeben ist. Diese ist mit elektronischen Überwachungsgeräten durchsetzt, einschließlich Infrarot-Bewegungsmeldern und Ammoniakmeldern, den sogenannten People Sniffers (Menschenschnüfflern). Das Gelände selbst ist von drei zusätzlichen Schutzzäunen umgeben. Sicherheitsteams in Hubschraubern und Flugzeugen bewachen es rund um die Uhr.

Das Gelände war ursprünglich ein Marineflugplatz, der als Lagerstätte für Kernwaffen benutzt wurde. Im Jahre 1951 wurde das Gelände in Alarmzustand versetzt, und sämtliche Mitarbeiter wurden evakuiert, mit Ausnahme des medizinischen Personals, das den Krankenhausbereich nicht verlassen durfte. Die Marine flog ein *SeaBee*-Baubataillon ein, das während eines Zeitraums von sechs bis acht Monaten die Basis vollkommen demontierte, unterirdische Arbeitseinrichtungen baute und die Anlage mit riesigen überirdischen Hangars versah. Ende 1951, als die Arbeit abgeschlossen war, wurden die SeaBees durch das Personal des *Redlight-Projekts* ersetzt. Die Anzahl der dort stationierten Mitarbeiter stieg auf 800 bis 1.000 Personen. Das gesamte Personal wohnte auf dem Gelände. Es wurde berichtet, dass eine große, jedoch unbekannte Anzahl von Wissenschaftlern mit hoher Sicherheitseinstufung ständig ein und aus ging. Einige von ihnen waren bereits am *Manhattan-Projekt* beteiligt gewesen.

Einwohner Nevadas, die in der Nähe von *Area 51* lebten, berichten immer wieder von scheibenförmigen Flugobjekten, die dort getestet werden – angefangen von den fünfziger Jahren bis heute. In ihrem Buch beschrieben Steinman und Stevens, dass man mehrmals Flugscheiben gesehen hat, die in der Umgebung von *Area 51* getestet wurden.[38] Einmal wanderte ein Navaho-Indianer in einem Canyon, der in das Gebiet der AEC-Reservation hinunterführte (das Datum ist unbekannt). Nachdem er die letzte Nacht in dem Canyon verbracht hatte, war er gerade damit beschäftigt, seinen Rucksack zu packen, als plötzlich ein Hubschrauber auftauchte. Durch einen Lautsprecher wurde die Warnung verkündet, dass jeder, der sich im Bereich des Canyons aufhielt, sich melden solle, sodass er unverzüglich in Sicherheit gebracht werden könne; es sei in Kürze ein sehr gefährlicher militärischer Test geplant. Der Hubschrauber kehrte fünfzehn Minuten später zurück und wiederholte die Botschaft. Der Indianer, der sich zwischen den Felsen eigentlich ganz sicher fühlte, hielt sich versteckt und wartete ab, was als Nächstes passieren würde. Etwa eine halbe Stunde später erschienen zwei Hubschrauber, die in einem Abstand von etwa 150 m zueinander über den Canyon flogen. Zwischen ihnen flog ein dunkelgraues, metallisch aussehendes, scheibenförmiges Gebilde mit einer Kuppel in der Mitte. Zehn Minuten später flogen die beiden Hubschrauber denselben Weg zurück, auf dem sie gekommen waren, jedoch ohne das dritte Objekt. Dieses erschien einige Zeit darauf. Es flog sehr schnell und lautlos mitten durch den Canyon, auf dem Weg, auf dem es gekommen war, zurück.

Bei einer anderen Geschichte ging es um einen Kampfpiloten der US-Luftwaffe, der zur *Tactical Air Command Combat Squadron* gehörte und am Manöver »Red Flag« teilgenommen hatte, das in einem Gebiet in der Nähe der AEC-Reservation durchgeführt worden war. Der Pilot flog zufällig mit seinem Jet über eine Ecke der Reservation und streifte dabei den nördlichen Teil der *Area 51*. Unter sich sah er ein rundes, scheibenförmiges fliegendes Objekt mit einem Durchmesser von 20 m. Kurz darauf forderte man ihn über Funk auf, seine Mission abzubrechen, direkt zum Luftwaffenstützpunkt *Nellis* zurückzufliegen und dort zu landen. Sobald er am Boden war, nahm man ihn in Gewahrsam und führte ihn zum Verhör in ein Büro. Zwei Tage später wurde er wieder freigelassen, nachdem man ihm eingeschärft hatte, dass es sich bei dem scheibenförmigen Objekt, das er gesehen hatte, lediglich um einen Wasserturm handelte.

In einer weiteren Geschichte geht es um einen Mann, der Anfang der sechziger Jahre streng geheime Kommunikationsaufgaben für die Luftwaffe in der *Area 51* durchführte. Er berichtete, dass er ein unkonventionelles Flugobjekt beobachtet habe, das dort im Rahmen des *Redlight-Projekts* getestet wurde. Das Objekt hatte einen Durchmesser von ca. 6–9 m und war anthrazitfarben. Er sah das Objekt nicht fliegen, weil er während solcher Manöver aus Sicherheitsgründen in geschlossene Räume gebracht wurde. Jedoch fiel ihm auf, dass das Objekt im Gegensatz zu konventionellen Maschinen überhaupt keine Antriebsgeräusche machte, wenn es abhob oder landete.

Flugzeuge mit einem ungewöhnlichen Design – wie der Tarnkappenbomber, der »Stealth Fighter« *(F-117 Nighthawk)* oder das Kampfflugzeug *A-12* der Marine – wurden alle in der *Area 51* getestet. Es gibt also möglicherweise einen engen Zusammenhang zwischen dem *Redlight-Projekt* und der Entwicklung solcher modernen Flugzeuge. Vielleicht diente dieses Gebiet auch als Testgelände für die beim *Skyvault-Projekt* entwickelten Flugscheiben.

Über eine weitere Sichtung eines sehr großen Flugobjekts mit einem Durchmesser von ca. 60 m wurde von Frank Batts aus Santa Monica in Kalifornien berichtet. Der Schriftsteller George Balanus fasste Batts' Geschichte wie folgt zusammen.[39] Am Abend des 30. April 1997 hatten sich Batts und sein Freund Joe auf den Weg zur *Aera 51* gemacht, in der Hoffnung, eines der ungewöhnlichen hypersonischen Flugobjekte zu sehen, die von Ufo-Beobachtern in der Gegend schon oft gesichtet worden waren. Etwa um 22.20 Uhr brachen sie auf, um den Orientierungspunkt »Black Mailbox« zu finden, nicht weit entfernt vom Highway 375, etwa 20 Meilen südwestlich von Rachel, Nevada. Das Gebiet, in dem die meisten Ufo-Beobachter kampierten, befand sich etwa acht Meilen von dort entfernt, abseits vom Highway, aber Batts und Joe verirrten sich und konnten die Black Mailbox nicht finden. Stattdessen gelangten sie an einen Ort nördlich der *Area 51*, gegenüber der Stelle, wo sich die Ufo-Enthusiasten normalerweise treffen. Diese nördliche Stelle ist als die »schwarze Tür« der Anlage bekannt und ist nur etwa sieben Meilen von der Grenze der *Area 51* entfernt. In der Vergangenheit waren in dieser Gegend Flugtests durchgeführt worden, aber nach Aussagen Einheimischer waren diese schon vor längerer Zeit eingestellt worden.

Batts und Joe hatten ihren Wagen am Rand der Straße abgestellt und begaben sich hinaus in die Wüste. Nach einiger Zeit sahen sie, wie auf einmal eine blaue Kugel hinter den Bergen auftauchte, dort in der Luft schwebte und etwa zwei Minuten lang hin und her flog, bevor sie wieder hinter den Bergen verschwand. Das klingt sehr nach einem Plasmakugel-Test, wie er 1993 in den Superstition Mountains 25 Meilen östlich von Phoenix beobachtet worden war.[40]

Als die Kugel verschwunden war, bemerkten die beiden, dass über der Wüste, etwa 160 bis 180 Meter von ihrem Standort entfernt, immer noch rote, gelbe, weiße und blaue Lichter glühten. Manchmal blitzten die roten Lichter auf, und manchmal blieben sie konstant wie die anderen Lichter. Die beiden Männer dachten zuerst, dass sie ein Gebäude sahen, aber nach etwa anderthalb Stunden hob das, was sie für ein Gebäude gehalten hatten, plötzlich vom Boden ab und schwebte in der Luft. Da wurde ihnen natürlich klar, dass sie kein Gebäude vor sich hatten. Ein grelles weißes Licht, das vom Wüstenboden reflektiert wurde, erhellte die Unterseite des Objekts, bei dem es sich um eine sehr große, silberne Scheibe handelte. Sie schätzten den Durchmesser dieser Scheibe auf etwa 60 m. Sie hatte oben und unten je eine gewölbte Kuppel und in der Mitte eine Reihe roter und orangefarbener Lichter. Etwa eine Stunde und fünfzehn Minuten beobachteten sie, wie das Objekt horizontal und vertikal manövrierte. Schließlich verschwand es über einer fernen Bergkette.

Batts versuchte, das Erlebnis mit seiner Kamera festzuhalten, aber sie funktionierte nicht. Die beiden versuchten auch, das Autoradio einzuschalten, aber alles, was sie bekamen, war ein durchdringendes Piepen. Vorher und nachher waren sie jedoch in der Lage, eine Radiostation einzustellen.

9.7 Das »Sportmodell«

Robert Lazar, ein ehemaliger Mitarbeiter beim *Los Alamos National Laboratory*, behauptet, das *Office of Naval Intelligence* (Geheimdienst der Marine) habe ihm eine Unbedenklichkeitsbescheinigung erteilt, die 34 Stufen über der streng geheimen »Q«-Zulassung lag, und ihn auf dem geheimen S-4-Testgelände etwa 15 Meilen südlich der *Area 51* eingesetzt. Er behauptet weiterhin, dass er die Aufgabe hatte, die Energieversorgung eines geborgenen außerirdischen Flugobjekts zu untersuchen, um herauszufinden, wie es funktioniert.[41,42] Vier Monate später war er von seiner Arbeit ziemlich frustriert. Er fand es einfach nicht richtig, dass so wichtige wissenschaftliche Entdeckungen der amerikanischen Öffentlichkeit vorenthalten wurden. Also verstieß er gegen seine Geheimhaltungsverpflichtung und begann, Freunden von der Sache zu erzählen. Bei nächtlichen Ausflügen führte er sie an abgelegene Orte in der Nähe der *Area 51*, um zu beobachten, wie einige der geborgenen Ufos testgeflogen wurden. Später trat er in einer Sendung des lokalen Fernsehnachrichtensenders in Las Vegas auf, um von seinen Erlebnissen zu erzählen und einige Erläuterungen über das Antriebssystem des Objekts zu geben, das er untersucht hatte. Danach hielt er Vorträge bei einer Reihe von Ufo-Konferenzen und richtete auch eine Website über dieses Thema ein. Seine Beschreibung des Antriebssystems ist besonders interessant, denn es erinnert in vielerlei Hinsicht an das Mikrowellen-Antriebssystem, das beim *Skyvault-Projekt* entwickelt wurde.

Gene Huff, der seit den späten achtziger Jahren mit Lazar befreundet ist und ihn schon während seiner Zeit beim »S-4«-Testgelände kennt, hat eine interessante Biografie geschrieben, in der viele Behauptungen von Lazar bestätigt werden.[43] Andere misstrauen jedoch Lazars Aussagen, weil es in seiner Geschichte zahlreiche Widersprüche gibt und weil viele seiner Aussagen von einem starken Mangel an physikalischem Wissen zeugen. Einige dieser Kritiker haben sich dazu auf der Webseite *http://www.dreamlandresort.com/area51* geäußert.[44] Trotzdem erinnert die Antriebsstrahltechnologie mit Gravitationswellen, auf

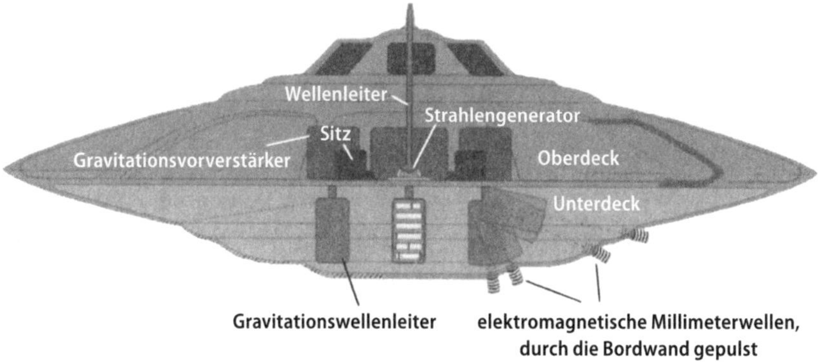

Abb. 9.5 *Querschnitt des »Sportmodells«, einer außerirdischen Flugscheibe; auf Robert Lazars Beschreibung beruhend. (Nach P. Potter)*

die sich Lazar bezog, recht deutlich an den Feldantrieb, der im Rahmen des *Skyvault-Projekts* entwickelt worden sein soll. Es lohnt sich also, seine Geschichte hier wiederzugeben, obwohl ich darauf hinweisen muss, dass es sich bei vielen seiner Aussagen möglicherweise um Desinformationen handelt, die verbreitet wurden, um das Geheimnis dieser Technologie zu bewahren.

Lazar berichtet Folgendes: Als er auf dem »S-4«-Testgelände in der Nähe des ausgetrockneten Papoose Lake arbeitete, zeigte man ihm ein Flugobjekt mit einem Durchmesser von 52 Fuß (ca. 16 m), dem er den Spitznamen »Sportmodell« gab (siehe **Abb. 9.5**). Man hatte ihm erzählt, das Objekt werde von einem »Antimaterie-Reaktor« angetrieben, der sich in seinem Zentrum befinde. Der Reaktor sei so konstruiert, dass er 7,46 Mal pro Sekunde einen Positronenschwall ausstoße. Dieser würde wiederum einen Schwall von »Gravitations«-Mikrowellen des Typs A erzeugen, die er als »Gravitations-A-Wellen« bezeichnete. Nach seiner Beschreibung steigen diese Gravitationswellen in einem vertikalen Rohr, das oben am Reaktor angebracht ist, nach oben, wo sich dann ihre Intensität verstärkt. Dieses Rohr, das einen Durchmesser von etwa 8 cm habe, könne als Mikrowellenleiter und als Mikrowellenverstärker dienen, vorausgesetzt, dass seine Länge genau der Wellenlänge der Mikrowellen angepasst ist. Aus Lazars Beschreibung geht jedoch nicht eindeutig hervor, ob er die Wellen für reine Gravitationswellen hielt oder für elektromagnetische Wellen, die einen Gravitationseffekt haben. Tatsächlich könnte ein Wellenleiter keine reinen Gravitationswellen von der Art enthalten, wie sie der heutigen Physik bekannt sind. Solche Wellen könnten ohne Weiteres durch Wellenleiterwände hindurchgehen, ohne von ihnen abzustrahlen, so wie Podkletnows Gravitations-Impulsstrahl.

Wenn die Mikrowellen aus dem Reaktor des Sportmodells von einem Wellenleiter gehalten werden können, dann kann man sie nicht ausschließlich als Gravitationswellen ansehen.

Tatsächlich äußerte Lazar bei einem Ufo-Seminar im Jahre 1993 seine Überzeugung, dass die Gravitation von Natur aus elektromagnetisch sei, dass es sich jedoch um eine elektromagnetische Welle von einer bestimmten Mikrowellenfrequenz handelte, die er zu jenem Zeitpunkt noch nicht verraten wolle. Aber meiner Meinung nach ist es ein großer Fehler, anzunehmen, dass Gravitation von Natur aus elektromagnetisch ist, oder anzudeuten, dass elektrische oder magnetische Felder selbst Gravitationseffekte erzeugen. Es wäre stattdessen vernünftiger zu postulieren, dass elektrische und gravitative Potenzialfelder miteinander verkoppelt sind und dass elektromagnetische Wellen und elektrische Stoßentladungen von einer ausgeprägten Gravitationswellen-Komponente begleitet sind. Die Mikrowellenemissionen des Objekts per se als Gravitationswellen zu bezeichnen und zu behaupten, dass solche Gravitationseffekte sich nur bei bestimmten Frequenzen äußern, ist meiner Ansicht nach sehr gewagt. Ich möchte in diesem Zusammenhang an etwas erinnern, was die Wissenschaftler vom *Skyvault-Projekt* herausfanden (siehe Kapitel 7): Wenn Mikrowellenstrahlen bestimmte Frequenzwerte annehmen, sind sie in der Lage, intensiv mit Materie zu interagieren und starke abstoßende Elektrogravitationskräfte zu entwickeln. Auch haben wir erfahren, dass Metamaterialien mit Resonanzfrequenzen im Mikrowellenbereich starke repulsive Kräfte aufweisen, wenn die Strahlen auf Frequenzen eingestellt werden, die leicht über jenen Resonanzfrequenzen liegen. Somit ist die Frequenz natürlich entscheidend, um aus einem Mikrowellenstrahl eine maximale abstoßende Kraft zu gewinnen, aber nicht so, wie es Lazar darzustellen scheint.*

Wenn wir also Lazars Behauptung, dass der sogenannte Reaktor Gravitationswellen (seine »Gravitations-A-Wellen«) erzeugt, unberücksichtigt lassen – und wie wir noch sehen werden, gibt es gute Gründe, diese zu ignorieren –, dann bleibt uns nur die Möglichkeit, dass es sich hier in Wahrheit um einen Mikrowellengenerator handelt, also das Äquivalent zum Hohlraum-Diodenoszillator vom *Skyvault-Projekt*. Lazar beschrieb nicht die Innenseite

---

* Lazar behauptete, aus den Abmessungen des Wellenleiterrohrs könne man auf die Mikrowellenfrequenz schließen. Wenn man davon ausgeht, dass der Innendurchmesser etwas geringer ist als die 8 cm des Außendurchmessers, z. B. 5 cm, und dass eine volle Wellenlänge innerhalb dieser Abmessung Platz findet, dann würde das bedeuten, dass eine Frequenz von ca. 6 Gigahertz (oder 3 Gigahertz für eine halbe Wellenlänge) möglich wäre.

der vertikalen Wellenleitung. Wenn aber diese auf ihrer gesamten Länge eine Reihe ringförmiger Hohlräume in entsprechenden Abständen hätte, dann könnte sie als Klystron fungieren, also als linearer Mikrowellengenerator. Während die geladenen Teilchen (Positronen oder Elektronen) die Wellenleitung entlang und über die Hohlräume hinaus schießen, würden sie in den Hohlräumen eine Mikrowellenschwingung erzeugen, die immer intensiver wird, je mehr sich die Teilchen dem Ende der Rohrs nähern.

Jedoch habe ich große Schwierigkeiten, Lazars Geschichte zu glauben, dass dieser Gravitationswellengenerator von einem Schwall von Positronen mit hoher Energie angetrieben wird, die aus dem radioaktiven Zerfall einer Platte aus einem exotischen Metall emittiert werden, die sich an der unteren Seite des Reaktors befindet. Bei dem Radiointerview sagte er zum Beispiel, dass er anwesend war, als der Reaktor ohne das Wellenleiterrohr getestet wurde. Er sagte, man hätte es ihm erlaubt, die Hand auf dessen Oberseite zu legen. Hätte es sich hier wirklich um einen hochenergetischen Positronenstrahl gehandelt, dann hätte kein vernünftiger Physiker oder Ingenieur es zugelassen, dass er seine Hand darauf gelegt hätte, um das Materie abstoßende Kraftfeld zu fühlen. Seine Hand hätte eine schwere Verbrennung erlitten und eine gefährliche Strahlungsdosis abbekommen. Wenn diese Geschichte also wahr wäre, dann wäre das Sicherheitspersonal im Labor sofort dazwischengefahren. Wenn Positronen vernichtet werden, erzeugen sie Gammastrahlen von 1 Million Elektronenvolt. Lazar erwähnte nicht ein einziges Mal solche Nebenprodukte bzw. die in diesem Zusammenhang getroffenen Schutzvorkehrungen. Es ist wahrscheinlicher, dass aus diesem Reaktor ein Mikrowellenstrahl herauskam, der von einem Kristalloszillator emittiert worden war, ohne einen Begleitstrahl aus hochenergetischen Teilchen. Aber selbst ein solcher Mikrowellenstrahl hätte recht schwach sein müssen, um ihm keinen Schaden zuzufügen.

Der andere Teil dieser Geschichte über den Reaktor, der einige Zweifel aufwirft, ist Lazars Behauptung, dass dieses Stück exotischen stabilen Metalls aus dem Element 115 bestand und dass es Materie abstoßende Wellen emittierte, sobald dieses Element mit Protonen bombardiert wurde. Dabei wandelte es sich angeblich zum Element 116 um, um unmittelbar danach unter Aussendung eines Positrons zu zerfallen. Er behauptet, dass es sich bei dem Element 115 um ein stabiles Element handelt, das nicht auf der Erde vorkommt, sondern in den Kernen massiver Sterne erzeugt wird, die sich viele Lichtjahre von der Erde entfernt befinden, und dass die einzige auf der Erde vorhandene Menge dieses Materials unter strengen Sicherheitsvorkehrungen in der supergeheimen Anlage *Area 51* aufbewahrt wird. Er behauptet, dass ausschließlich dieses normalerweise nicht verfügbare Material in der Lage sei, seine sogenannten Gravitations-A-Wellen zu erzeugen, die für den Antrieb der Flugscheibe verwendet worden seien.

Im Jahre 2004, also 15 Jahre nachdem Lazar anfing, Behauptungen über dieses seltene Element aufzustellen, gelang es jedoch russischen Wissenschaftlern, kleine Mengen der Elemente 113 und 115 künstlich herzustellen. Vier Jahre zuvor war es ihnen bereits gelungen, das Element 116 zu erzeugen. Das Problem war, dass beide Isotope des Elements 115, das sie herstellten, instabil waren. Sie überdauerten nur den Bruchteil einer Millisekunde und zerfielen dann nicht zum Element 116, wie Lazar behauptet hatte, sondern zum Element 113, unter Emission eines Alphateilchens. Auch stellte man fest, dass das Element 116, von dem Lazar behauptet hatte, dass man es vorübergehend erzeugen könnte, indem man das Element 115 mit einem Proton beschießt, zerfiel, aber nicht, indem es ein Positron emittierte. Es zerfiel ebenfalls, indem es ein Alphateilchen emittierte.[45] Es scheint also, dass Lazar mit seiner Vorstellung von einem Antimaterie-Reaktor schwer daneben liegt, ebenso wie mit seiner Vorstellung von der Existenz von Gravitations-B-Wellen, von denen er behauptete, dass sie nur durch diesen 115-zu-116-Zerfallsprozess hervorgerufen werden können.

Dieser Teil der Geschichte, nämlich der mit dem Antimaterie-Reaktor, war höchstwahrscheinlich eine Erfindung, die eingeschoben wurde, um die Feldantriebstechnologie des »Sportmodells« exotischer klingen zu lassen und den Eindruck zu erwecken, dass man sie in den meisten Labors nicht ohne Weiteres nachahmen könnte. Wenn wir bereit sind zu glauben, dass Lazar tatsächlich auf diesem geheimen Testgelände in Nevada gearbeitet hat, dann haben die Ingenieure ihn dort höchstwahrscheinlich absichtlich über die Funktionsweise dieses Mikrowellenoszillators getäuscht. Auf diese Weise wollten sie wohl die technischen Einzelheiten in Bezug auf den Betrieb der Scheibe geheim halten, falls er sich je entschließen sollte, mit der Sache an die Öffentlichkeit zu gehen, wie er es dann ja auch tat. Andere haben wiederum behauptet, er sei von Agenten einer Gehirnwäsche unterzogen worden.[46] Forschungseinrichtungen, die sich mit solchen streng geheimen Projektforschungen beschäftigen, verfügen mit Sicherheit über Technologien, mit denen man bestimmte Erinnerungen auslöschen und sie durch falsche ersetzen kann, so ähnlich wie es in Filmen wie *Total Recall – Die totale Erinnerung* und *Die Bourne-Identität* dargestellt wird. Das Sicherheitspersonal von *Area* 51 mag der Meinung gewesen sein, durch die Anwendung solcher Methoden nicht gegen das Gesetz zu verstoßen, denn Lazar sagte ja, dass er vor seiner Einstellung eine Geheimhaltungsverpflichtung unterschreiben musste und somit auf seine verfassungsmäßigen Rechte verzichtete.

Gespräche, die ich mit verschiedenen Leuten führte, haben mich zu der Überzeugung gebracht, dass solche schrecklichen Gehirnwäschetechniken tatsächlich eingesetzt werden. Einer dieser Fälle betraf einen Mann, der behauptet, an einem streng geheimen Zeitreiseprojekt mitgearbeitet zu haben, das angeblich auf Long Island, in der Nähe von Montauk, durchgeführt wurde. Es soll sich um eine Ergänzung zum streng geheimen *Philadelphia-Experiment* gehandelt haben. Ich hatte die Gelegenheit, mit diesem Mann zu sprechen, nachdem er einen Vortrag über seine ungewöhnliche Erfahrung gehalten hatte. Der Mann glaubte, früher Leiter dieses Zeitreiseprojekts gewesen zu sein und nach einigen Meinungsverschiedenheiten mit gewissen Leuten dort einer bewusstseinsverändernden Therapie unterworfen worden zu sein, mit der versucht worden sei, die Erinnerungen an seine Arbeit dort auszulöschen. Er behauptet, dass er sich später wieder an einige Dinge erinnern konnte, nachdem er zufällig jemandem auf der Straße begegnet sei, der unter ihm an dem Projekt mitgearbeitet habe. Er behauptet weiter, dass dadurch die verschütteten Erinnerungen wieder zutage gekommen seien.

Dieser Mann ist fest davon überzeugt, dass er die Wahrheit sagt, nämlich dass er dieses Projekt geleitet hatte, mit dem man vorübergehend Menschen in eine andere Zeit versetzen konnte. Für mich war es jedoch vollkommen offensichtlich, dass das, was er sagte, eine reine Erfindung war. Ich glaube, er hatte recht, wenn er sagte, dass er das unfreiwillige Opfer einer Gehirnwäsche war, aber ich bin auch davon überzeugt, dass ihm dabei falsche Erinnerungen an dieses angebliche Zeitreiseprojekt und seine führende Rolle dabei eingepflanzt worden sind. Während er sich in Hypnose befand, wurde ihm höchstwahrscheinlich suggeriert, diese Gehirnwäsche komplett zu vergessen, aber die Begegnung mit einer bestimmten Person auf der Straße sollte ihn dazu bringen, sich an die künstlich eingepflanzten Erinnerungen sowie an einen Teil der Hypnosesitzung zu erinnern. Jedoch sollte er sich an die eingepflanzten Suggestionen als Ereignisse erinnern, die tatsächlich stattgefunden hätten. Auch suggerierte man ihm zu glauben, der Zweck der Hypnosesitzung habe darin bestanden, seine Erinnerungen an jene angeblichen realen Ereignisse (die implantierten Erinnerungen) auszulöschen. Vielleicht hatte man ihm auch suggeriert, über diese implantierten Erinnerungen zu schreiben und darüber Vorträge zu halten. Eine Person, die total davon überzeugt ist, die Wahrheit zu sagen, wäre das ideale Mittel, um falsche Informationen zu verbreiten. Könnte Robert Lazar tatsächlich an dem Sportmodell mitgearbeitet haben und später einer ähnlichen Hypnosetechnik unterzogen worden sein, um dann verwirrende Informationen über die Technologie zu verbreiten?

Lazars Diagramm vom Reaktor zeigt eine kegelförmige Struktur an der Unterseite der Kammer, die er als »Energiequelle Element 115« bezeichnet und von der er behauptet, dass sie aus einem Stapel dünner Scheibchen besteht. Angesichts des Fiaskos mit Element 115 kann man einen großen Teil von dem, was er über den Reaktor berichtet hat, wieder vergessen. Falls es eine solche Mikrowellen emittierende Konstruktion in der Reaktorkammer gibt, dann dürfte es sich wohl eher um einen robusten Oszillator handeln, ähnlich einer IMPATT- oder Gunndiode. Ihre umschließende halbkugelförmige Kammer und das Wellenleiterrohr oben bilden das Rohr des Mikrowellenverstärkers.

Wir können vermuten, dass dieser Kristalloszillator aus einem Material bestand, das dicht genug war, um einer unvorbereiteten Person den Eindruck zu vermitteln, dass es tatsächlich aus einem Element mit einem Atomgewicht von 115 bestand. Sie erinnern sich wahrscheinlich noch an die Aussagen von Ingenieuren in Kapitel 4, die an einem geheimen Projekt beteiligt waren, bei dem sehr dichte, radarabsorbierende Materialien entwickelt wurden, die Uran enthielten. Lazar sagte, dass er nicht an den Messungen der Atommasse des Materials, mit dem er arbeitete, beteiligt war, sondern nur die Daten korrelierte, die von anderen Personen, die schon länger als er an dem Projekt arbeiteten, aufgenommen worden waren. Diese Daten hätte man manipulieren können, um Lazar den Eindruck zu vermitteln, dass er etwas mit einem Atomgewicht von 115 entdeckt hätte. Der Trick hat offensichtlich geklappt, denn er ist ja hundertprozentig davon überzeugt.

Wie Lazar erklärte, erlaubte man ihm, als der Reaktor ohne Wellenleiterrohr getestet wurde, seine Hand über den Ausgang zu halten; dann habe er den Felddruck spüren können, den er als ähnlich wie die Repulsion beschrieb, die man empfindet, wenn man zwei gleiche Pole eines Magneten zusammenführt. Er sagte, dass man auch mit dem Repulsionsfeld herumexperimentierte, indem man Golfbälle an ihm abprallen ließ. Die Kraft, auf die er sich bezieht, erinnert sehr an Teslas Strahlungsenergiestöße, die aus einem Verstärkertransmitter ausgestoßen wurden. Podkletnow behauptete ebenfalls, dass er das repulsive Feld spüren konnte, das durch die Entladungen seines Gravitationsimpulsstrahls erzeugt wurde. Jedoch fühlten sowohl Tesla als auch Podkletnow die repulsive Kraft von sägezahnförmigen Wellen, die durch Elektronenstoßentladungen verursacht wurden. Gemäß der Subquantenkinetik wäre, falls es sich hier um Positronenstoßentladungen handelt, stattdessen eine Anziehungskraft zu erwarten gewesen. Lazars Hand hätte also in den Reaktor hineingezogen werden müssen, falls dieser tatsächlich Positronenentladungen emittierte. Bei seinen Behauptungen in Bezug auf die Positronenimpulse handelt es sich meiner

Meinung nach um Fehlinformationen, die er möglicherweise unabsichtlich weiterverbreitet.

Lazar sagte weiter aus, dass die im Reaktor erzeugte Gravitationswelle (d. h. die Mikrowellenemission) in drei »Gravitationsverstärker« (d. h. Mikrowellenverstärker) geleitet wurde, die sich im unteren Teil dieses Objekts befanden. Jeder Verstärker soll einen Durchmesser von 2 Fuß (ca. 60 cm) und eine Länge von 4 Fuß (ca. 1,2 m) gehabt haben (**Abb. 9.6**). Diese waren in gleichmäßigem Abstand voneinander in einer Triade angeordnet und konnten in jede Richtung gedreht werden. Er sagte, die Gravitationswelle (elektromagnetische Mikrowelle) des Reaktors sei von zu geringer Amplitude, um einen effektiven Antrieb zu gewährleisten, und sei in den Gravitationsverstärkern in Wellen umgewandelt worden, die stark genug für den Antrieb gewesen seien. Jeder dieser Gravitationsverstärker soll einen Mikrowellenstrahl nach unten gerichtet haben, um das Objekt nach oben zu drücken. Das Objekt saß sozusagen auf diesen Strahlen und hüpfte in einem Flugmodus auf ihnen herum, den Lazar als »Omikron-Konfiguration« bezeichnete. Die Scheibe soll sich vorwärts bewegt haben, indem sie sich auf einen oder mehrere Strahlen hinter sich fokussierte, die dann die Scheibe nach vorn fallen ließen.

Genauer ausgedrückt sagte Lazar, die Gravitationsverstärker würden ihre Hubwirkung dadurch erreichen, dass sie einen Mikrowellenstrahl, die Gravitations-A-Welle, zur Erdoberfläche aussenden, und durch eine Phasenverschiebung dieser Welle relativ zu der von der Erde reflektierten Welle, die er als »Gravitations-B-Welle« bezeichnete. Wenngleich seine Beschreibung nicht gerade präzise zu nennen ist, erinnert sie doch stark an die eines phasenkonjugierten Mikrowellenresonators. Mit anderen Worten: Seine austretende Gravitations-A-Welle entspricht dem austretenden phasenkonjugierten Mikrowellenstrahl, und seine eintretende Gravitations-B-Welle entspricht dem vom Boden reflektierten

Abb. 9.6 *Einer der Gravitationsverstärker, basierend auf Robert Lazars Beschreibung. (Nach P. Potter)*

eintretenden Strahl, d. h. dem Sondenstrahl, welcher im Grunde aus Mikrowellen besteht, die ursprünglich aus dem Mikrowellengenerator (dem Reaktor) der Scheibe kamen. Die Energie der austretenden A-Welle soll phasengebunden mit der hereinkommenden, vom Boden reflektierten B-Welle sein, den zerstreuten Weg der B-Welle zurück zum Bodenzielpunkt zurückverfolgen und dann schließlich zurück zum zentralen Quellenoszillator der Scheibe kommen. Ähnlich wie bei der Scheibe des *Skyvault-Projekts* sollen diese ein- und austretenden Strahlen durch eine Art Mikrolinse gebündelt werden.

Wenn man den Wahrheitsgehalt der Aussagen von Lazar beurteilen will, dann ist es wirklich sehr schwer, Fakt und Fiktion zu unterscheiden. Wir können nur sagen, dass viele Dinge, die hier beschrieben wurden, stark an die Technologie des *Skyvault-Projekts* erinnern. Außerdem müssen wir davon ausgehen, dass das »Sportmodell« oder etwas Ähnliches tatsächlich existiert hat, denn viele Leute behaupten, aus großer Entfernung ein ungewöhnliches Flugobjekt beobachtet zu haben, das in der Nähe der *Area* 51 getestet wurde. Um also zu verstehen, wie dieses Objekt funktionieren könnte, wäre es sinnvoll, den Gravitationswellen-Hokuspokus mal beiseite lassen und Lazars Aussagen im Rahmen dessen zu bewerten, was über die Mikrowellen-Phasenkonjugation bereits bekannt ist.

Der Gravitationsverstärker ist das Äquivalent zum Hohlraum mit der Mischerdiode bei der *Skyvault*-Scheibe. Ebenso wie der *Skyvault*-Hohlraummischer soll jeder Verstärker durch Mikrowellen aus der zentralen Mikrowellenquelle des Objekts erregt werden, d. h. aus dem Reaktor und dem Wellenleiter-Resonator. Wenn jeder Gravitationsverstärker ein polarisiertes Dielektrikum enthält, würden die eingespeisten Mikrowellen als Pumpstrahlen dienen, die mit dem Sondenstrahl interagieren, der in den Verstärker eintritt (Lazars Gravitations-B-Welle), um ein holografisches Gittermuster im Dielektrikum zu erzeugen. Die Pumpstrahlen würden dann mit dem Gittermuster des Dielektrikums interagieren und einen ausgehenden Mikrowellenstrahl erzeugen, der das Phasenkonjugat des eintretenden Sondenstrahls wäre. Bei der Beschreibung der Verstärker erwähnt Lazar kein internes Dielektrikum, sagt jedoch, dass sie eine Reihe von Platten enthalten. Vielleicht bilden sie das Dielektrikum.

Lazars Gravitationsverstärker fungieren dann also sehr wahrscheinlich als phasenkonjugierte Resonatoren, die es den Mikrowellen aus der zentralen Mikrowellenquelle des Objekts erlauben, sich selbst zu verstärken und wirksame Soliton-Faserstrahlen zwischen den Mischdioden des Objekts und dem Boden zu erzeugen. Wenn die Mikrowellen aus sägezahnförmigen Stoßentladungswellen bestehen, wie man Lazars Beschreibung entnehmen kann, dann dürften die Solitonstrahlen eine repulsive Kraft sowohl auf ihr Ziel am Boden als auch auf das Objekt ausüben, wodurch dieses Objekt schließlich in die Höhe getrieben würde.

Lazar macht eine Reihe von Aussagen in Bezug auf das Wesen der Gravitation, die reiner Unsinn zu sein scheinen und an denen sich eine ganze Reihe von Leuten Anstoß genommen haben.[47] Zum Beispiel behauptet er, dass die gegenseitige Phasenlage der beiden Gravitationswellen mit dem Objekt den Antrieb erzeugen; somit seien also die Gravitations-A- und Gravitations-B-Wellen eigentlich das Resultat zweier unterschiedlicher Arten von Gravitation. Er identifiziert die Gravitations-A-Welle mit der starken nuklearen Kraft sehr kurzer Reichweite, die Protonen und Neutronen im Atomkern zusammenhält. Und er behauptet, dass es nur durch die Antimaterie-Reaktion von Element 115 zu Element 116 möglich wäre, diese in Form einer fortschreitenden Welle mit einer bestimmten Wellenlänge im Mikrowellen-Frequenzbereich freizusetzen. Er setzt die Gravitations-B-Welle mit der Gravitationskraft der Standardphysik gleich, d. h. mit der Kraft, die dafür sorgt, dass Himmelskörper sich gegenseitig anziehen.

Die Behauptung jedoch, dass es zwei Arten von Gravitation gibt, und eine von ihnen mit der starken Wechselwirkung gleichzusetzen, würde selbst dem aufgeschlossensten Physiker absurd erscheinen. Für diese Theorie gibt es weder eine Grundlage in der Physik, noch ist solch ein Konzept vereinbar mit der Subquantenphysik. In der Subquantenphysik entsteht die nukleare Bindung dadurch, dass Nukleonen in ihren Kernen wellenartige elektrostatische Potenzialfelder haben, die sich miteinander verbinden, wenn sie nahe genug aneinander sind, d. h. nahe genug, um einen Atomkern zu bilden. Das Modell der Subquantenkinetik für diese starke Bindekraft wurde durch Versuche mit Teilchenstreuung bestätigt.[48] Lazar bietet jedoch keinen experimentellen Beweis für seine seltsame Gravitationstheorie, außer vagen Hinweisen auf den Betrieb einer Flugscheibe auf dem supergeheimen Testgelände *S-4*.

Angesichts der Tatsache, dass ein wichtiger Aspekt seiner Theorie jetzt widerlegt ist, nämlich seine Behauptung, dass die Gravitations-A-Welle durch einen spontanen Positronenzerfall des Elements 116 erzeugt wird, können wir davon ausgehen, dass seine Theorie von der Gravitationswelle nicht besonders ernst genommen werden sollte. Oder zumindest sollten wir sie als bewusst irreführende Fehlinformation ansehen, die ihm durch das Personal eines Geheimprojekts suggeriert worden ist. In diesem Sinne können wir auch mit Lazars Aussage umgehen, dass die Gravitations-A-Welle, die in die Gravitationsverstärker des Objekts eindringt, den Raum um die Scheibe herum krümmt, während sie verstärkt wird.

Lazar behauptet auch, dass die in der Natur zu beobachtende Gravitation, die er als Gravitations-B-Feld bezeichnet, im Wesentlichen elektromagnetisch sei und dass dabei Oszillationen im Mikrowellenbereich eine Rolle spielten. Aber auch das ist Unsinn, der offensichtlich verbreitet wird, um Verwirrung zu stiften. Das Gravitationsfeld der Erde oszilliert nicht bei Mikrowellenfrequenzen. Falls dies so wäre, dann wäre es unter Physikern allgemein bekannt, da während der letzten 35 Jahre verschiedene Versuche mit Gravitationswellen-Antennen durchgeführt wurden, und wenn wir Browns gravitationselektrische Detektoren noch hinzunehmen, dann wurden schon vor 70 Jahren entsprechende Versuche durchgeführt. Lazars Behauptung, die Gravitations-B-Welle sei von elektromagnetischem Wesen und oszilliere bei Mikrowellenfrequenzen, würde einen Sinn ergeben, wenn sie nicht Teil des natürlichen Gravitationsfeldes der Erde wäre, sondern stattdessen aus Gravitations-Mikrowellen bestehen würde, die aus dem Objekt selbst stammen. In diesem Fall würden sie vom Zentralreaktor oder der Wellenverstärkereinheit des Objekts abgestrahlt, dann von der Erde reflektiert werden und schließlich zum Objekt zurückkehren. Lazar berichtet, dass er vor Beginn der Arbeit am Sportmodell an einer Startdemonstration teilnehmen durfte, wobei das Modell etwa 10 m in die Höhe stieg, sich nach rechts und links bewegte und dann wieder auf dem Boden landete. Er sagte, dass es kurz vor und während des Abhebens ein zischendes Geräusch von sich gab, ähnlich dem, das von einer Koronaentladung bei einer Hochspannungsleitung erzeugt wird. An seiner Unterseite sei ein blaues Glühen zu sehen gewesen, was, wie er sagte, darauf zurückzuführen war, dass Luftatome durch die elektromagnetischen Emissionen der Scheibe erregt wurden. Diese Phänomene scheinen wiederum auf eine Feldantriebstechnologie hinzuweisen, die derjenigen ähnelt, die beim *Skyvault-Projekt* eingesetzt wurde.

Lazar berichtete, dass die Gravitationswellen-Generatoren in zwei Betriebsarten operieren – der Omikron- und der Delta-Konfiguration. Bei der bereits erwähnten Omikron-Konfiguration werden ein oder mehrere Generatoren (Mikrowellenmischer) abwärts gerichtet, um einen Stützstrahl für das Objekt zu erzeugen (siehe **Abb. 9.7a**). Bei der Delta-Konfiguration (siehe **Abb. 9.7b**) werden alle drei Strahlen auf einen fernen Kristallisationspunkt gerichtet, um einen Antrieb relativ zu diesem Punkt zu erzeugen, der einen Durchmesser von etwa einem Meter hat. Die Strahlen sollen dann eine anziehende statt einer abstoßenden Kraft erzeugen, die das Objekt zu einem plötzlichen Sprung zu diesem Punkt veranlasst. Lazar behauptet, dass die Strahlen die Raum-Zeit an dem Kristallisationspunkt durch Gravitation krümmen und dass es die resultierende Krümmung ist, die das Objekt zu diesem Punkt zieht. Hier scheint er

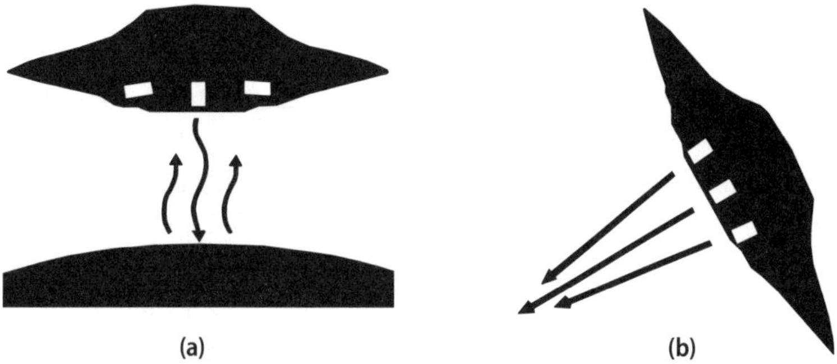

Abb. 9.7 *Die Strahlenkonfiguration beim Flug des Sportmodells, so wie es Robert Lazar beschreibt: (a) die Omikron-Konfiguration; (b) die Delta-Konfiguration.*

sich auf die üblichen Konzeptionen der allgemeinen Relativitätstheorie zu berufen, während er doch eine ungewöhnliche Theorie der Gravitation vertritt, die mit der allgemeinen Relativitätstheorie überhaupt nichts zu tun hat. Seine Kritiker weisen zu Recht auf folgende Problematik hin: Falls die Raum-Zeit bei dieser Entfernung tatsächlich in dem Ausmaß gekrümmt würde, wie Lazar behauptet, dann müsste auch jedes andere Objekt in der Umgebung dieses Kristallisationspunktes angesaugt werden, so wie bei einem kleinen schwarzen Loch, was zu einer größeren Kollisionskatastrophe führen würde. Hier haben wir es also mit einem weiteren Quatschfaktor zu tun, der einen Schatten auf die ganze Sache wirft. Beachten Sie außerdem, dass Lazar keine Konzepte der allgemeinen Relativitätstheorie heranzieht, um den Abstoßungseffekt des Strahls zu erklären, der in der Omikron-Konfiguration erzeugt wird, wahrscheinlich weil die allgemeine Relativitätstheorie keine Abstoßung durch Gravitation kennt.

Um sich ein eigenes Bild von der Delta-Konfiguration zu machen, könnte man sich vorstellen, dass die Mikrowellen-Soliton-Strahlen sich an einer bestimmten Stelle kreuzen, um ein Plasma zu schaffen, das als Ankerpunkt für die Wellenstreuung dient. Wenn die Polarität der sägezahnförmigen Wellen umgekehrt wird, sodass zu Beginn jeder Periode oder jedes Mikrowellenausbruchs eine steile negative Flanke des elektrischen Potenzials entsteht anstelle eines steilen Potenzialanstiegs, dann ist es möglich, dass der Strahl als Zugstrahl statt als Rückstoßstrahl funktionieren könnte, wie im Kapitel 6 bei der Diskussion über Podkletnows Experiment erörtert wurde. In dem Fall würde das vom Flugobjekt erzeugte Solitonfeld eine Anziehungskraft auf das Objekt bewirken, das auf die Zielregion gerichtet wäre und zu einem Antrieb des Objekts in diese Richtung führen würde.

Obwohl ein großer Teil der Geschichte Lazars wie Unsinn klingt, ist es doch schwierig, sie ganz von der Hand zu weisen, wenn doch so viele Merkmale des Sportmodells an die Technologie des *Skyvault-Projekts* erinnern. Das wirft eine Menge von Fragen auf. Wenn es sich beim Sportmodell wirklich um eine geborgene Flugscheibe der Außerirdischen gehandelt hat, hat man dann beim *Skyvault-Projekt* versucht, diese Technologie nachzubauen? Es gibt gute Argumente dafür, dass es sich bei der Mikrowellen-Phasenkonjugation um ein Nebenprodukt des Radargeräts handelt, das während des Zweiten Weltkriegs entwickelt wurde. Auch gibt es da ja noch die Arbeiten von Townsend Brown, der diesen Ideen auch sehr nahe gekommen ist, und zwar durch seine eigene Arbeit, ohne sich auf die technische Vorlage abgestürzter außerirdischer Flugscheiben stützen zu können. Wenn wir glauben sollen, dass uns dieses Objekt im Rahmen eines Technologieaustausch-Programms von den Zeta-Reticulanern überreicht wurde, wie Lazar behauptet, dann haben diese Wesen das möglicherweise deshalb getan, weil unsere eigene Technologie bereits so weit fortgeschritten war, dass sie wenig zu verlieren hätten, wenn sie uns an ihrer eigenen teilhaben ließen.

Dann wäre da noch das Thema der Desinformation, die Lazar während seiner Arbeit bei *S-4* anscheinend einsuggeriert wurde, und die Möglichkeit, dass er darüber hinaus einer Bewusstseinsmanipulation unterzogen wurde, wie einige behauptet haben. Wenn Lazar wirklich bei *S-4* arbeitete, war seine Anstellung dann möglicherweise schon lange geplant, um durch ihn falsche Informationen zu verbreiten und um Verwirrung darüber zu stiften, wie Feldantriebsmaschinen wirklich funktionieren?

10

Der Searl-Effekt

10.1 Der Searl-Effekt-Generator

Während eines Versuchs beobachtete der britische Erfinder John Searl, wie sein Permanent-Magnet-Generator vom Tisch abhob und bis an die Decke schwebte. Wie er es sich vorgestellt hatte, war sein Generator nicht nur in der Lage, sich mit einem Wirkungsgrad von mehr als 100 % selbst anzutreiben, er konnte auch der Gravitation trotzen. Bei einer ausgefeilteren Version bestand der Generator aus drei konzentrischen Ringmagneten, die durch drei Sätze von sich im Uhrzeigersinn um ihre Peripherie drehenden Rollmagneten flankiert wurden (siehe **Abb. 10.1**).[1] Der innerste Ring bestand aus einem stationären Statormagneten, den er als »Platte« bezeichnete, wobei sein magnetischer Nordpol nach unten senkrecht zur Fläche des Rings ausgerichtet war. Zwölf oder mehr Rollmagneten, genannt Läufer, wurden um die Peripherie der Platte angeordnet, die dann um diese Peripherie herumrollten (siehe **Abb. 10.2**). Die Läufer wurden so ausgerichtet, dass ihr magnetischer Nordpol nach oben zeigte, sodass sie von der Kante der Platte magnetisch angezogen wurden und um sie herumrollten. Jedoch wurden sie so angeordnet, dass sich zwischen ihnen und der Platte immer eine kleine Luftlücke befand. Der Durchmesser der Läufer war so bemessen, dass sie sich bei jeder Drehung um die Platte viele Male um ihre eigene Achse drehten. Dadurch konnten die sich drehenden Magneten einen Resonanzzustand erzeugen, der bei jeder Umdrehung weiter verstärkt wurde, sodass sich eine stehende Welle magnetischer Feldschwingung aufbaute.

Der innere Läuferring war wiederum von einer zweiten ringförmigen magnetischen Statorplatte mit einem Satz von mindestens 22 Läufermagneten umgeben. Dieser war von einem dritten ringförmigen magnetischen Stator und einem Satz von mindestens 32 Läufermagneten umgeben. Frühere Tests mit kleineren Einheiten hatten gezeigt, dass eine negative Spannung am Rand

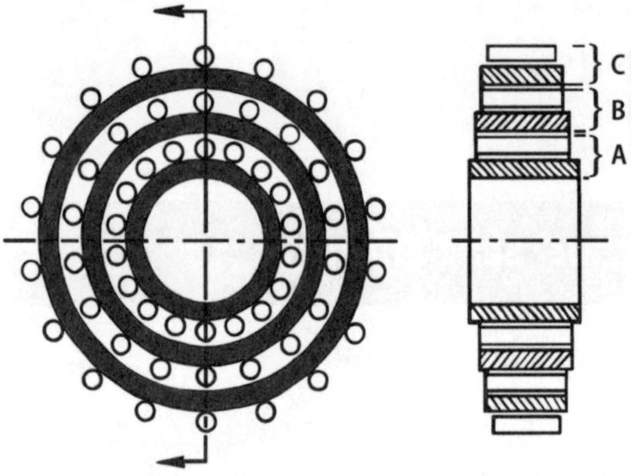

Abb. 10.1 *Der Searl-Effekt-Generator mit einer Anordnung konzentrischer Ring- und Laufmagneten. Idealerweise verfügt der mittlere Ring über 22 oder mehr Läufer, und der äußere Ring über 32 oder mehr Läufer. (Nach S. Sandberg)*

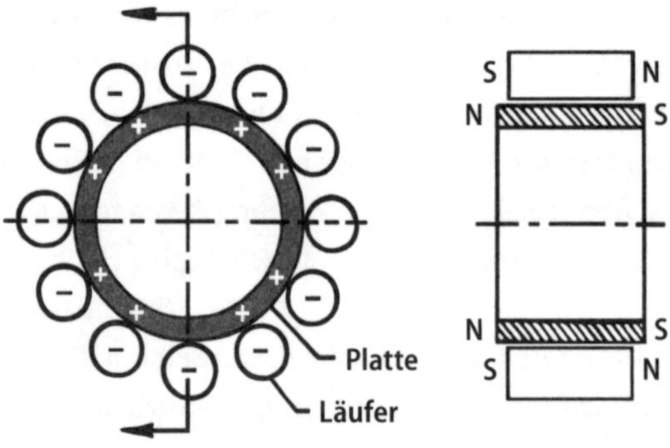

Abb. 10.2 *Schematische Darstellung des inneren Rings des Searl-Effekt-Generators und seiner Laufmagneten zur Veranschaulichung der magnetischen und der elektrischen Polarität, die sich während des Betriebs entwickelte. (Nach S. Sandberg)*

der Läufermagneten erzeugt wurde, wodurch der Strom von stationären Bürsten abgenommen wurde, die mit dem Rand des Läufers in Kontakt waren.

Im Jahre 1952 testeten Searl und einer seiner Freunde zum ersten Mal seine Multiring-Generatoren unter freiem Himmel.[2] Sie setzten den Rotor mit einem kleinen Motor in Bewegung, der durch einen Kupplungsmechanismus für ein Drehmoment sorgte. Obwohl das Gerät eine relativ niedrige Drehzahl hatte, erzeugte es an der Peripherie des Rotors eine unerwartet hohe Spannung von mehr als 100 Kilovolt. Die hohe Spannung wurde durch das charakteristische Knistern des Feldes angezeigt sowie durch einen Ozongeruch und die Wirkung, die sie auf die Objekte in der Umgebung ausübte.*

Nachdem der Rotor eine bestimmte Geschwindigkeitsschwelle überschritten hatte, begann sich seine Rotation zu beschleunigen. Er lief jetzt aus eigener Kraft und brach die Verbindung mit dem Startermotor ab. Er soll auf eine Höhe von etwa 15 m gestiegen sein, wo er für eine Weile schwebte und sich noch weiter beschleunigte. Er war von einem rosa-bläulichen Schimmer umgeben, der ähnlich war wie beim Phänomen der Glimmentladung, das man sehen kann, wenn die Luft in einem leichten Vakuum ionisiert wird. Durch sein pulsierendes Feld wurden die Radios in der Nähe eingeschaltet. Schließlich soll der gesamte Generator mit einer phantastischen Beschleunigung in die Höhe geschnellt sein. Wahrscheinlich ist er in den Weltraum entschwunden.

Searls ungewöhnliche Erfindung ist seitdem als »Searl-Effekt-Generator« (SEG) oder als »Searl Levity Disc« bekannt. In den folgenden Jahren haben er und sein Team mehr als ein Dutzend Generatoren gebaut und zum Fliegen gebracht. Einige von ihnen gingen beim Flug verloren, bis Searl einen Weg fand, die Drehzahl des Rotors zu steuern. Er baute auch einige Generatoren mit einem Durchmesser von 12 Fuß (knapp 4 m) und zwei mit je 30 Fuß (ca. 9 m) Durchmesser (siehe **Abb. 10.3**).

Anscheinend gab es beim Betrieb von Searls Generatoren eine positive Rückkopplungsschleife, denn wenn sie eine kritische Drehzahl überschritten, beschleunigten sie aus eigener Kraft, ohne mechanische Unterstützung durch den Antriebsmotor. Zu Beginn wusste Searl noch nicht, wie er den Effekt unter Kontrolle bekommen konnte. Später fand er heraus, dass es möglich war, die Drehzahl zu beschränken, indem er die Generatoren elektrisch auflud, sodass der Strom von ihnen abgesaugt wurde.

Searl stellte fest, dass es zu einem drastischen Temperaturabfall in der unmittelbaren Umgebung und auch im Innern des Generators kam, wenn dieser lief.[3] Auch war im Innern des Generators ein Druckluftabfall zu verzeichnen. Man stellte fest, dass die Luft aus dem Rand des Generators entwich. Der Luftausstoßeffekt wurde auf die Hochspannungs-Ionisierung zurückgeführt, die entlang des Generatorrands zu beobachten war. Dieser Effekt war besonders ausgeprägt, wenn die Spannung am Rand 30 Kilovolt überschritt. Man ging davon aus, dass die Hochspannungsemission dafür sorgte, dass der Generator

---

* Bisweilen wird behauptet, dass die Spannungen noch wesentlich höher waren – in der Größenordnung von 10 Millionen Megavolt!

Abb. 10.3 *John Searl (links) und Mitarbeiter beim Bau eines Searl-Effekt-Generators. (Foto mit freundlicher Genehmigung von John Thomas)*

von einem Vakuum umgeben wurde. Die Elektronen, die als negative Ionen vom Rand ausgestoßen wurden, bildeten einen Lichtbogen zur positiven Platte und verursachten eine Glimmentladung in der Niederdruckumgebung.

Die durch die Vorrichtung erzeugten elektrischen Felder waren anscheinend sehr stark, denn nachdem Searl einige Zeit in der Nähe der Generatoren gearbeitet hatte, spürte er eine statische Elektrizität auf seiner Haut. Er stellte weiterhin fest, dass die Kleidung eng an seiner Haut haftete. Die Felder waren offensichtlich stark genug, um eine elektrische Restspannung in seinem Körpergewebe zu hinterlassen. Als man den Generator für einen längeren Zeitraum dicht über dem Boden schweben ließ, stellte man fest, dass der Boden durch die dort induzierten elektrischen Ströme verbrannt war.

Außerdem zeigte sich, dass Objekte, die innerhalb des Generatorrings positioniert worden waren, an Gewicht verloren. Und eine angezündete Kerze, die man in die Mitte gestellt hatte, verlöschte. Es ist nicht sicher, ob dies auf einen Mangel an Sauerstoff wegen des niedrigeren Luftdrucks zurückzuführen war oder auf einen Konvektionsmangel durch das reduzierte Gravitationsfeld. Außerhalb des Generators war das Feld so beschaffen, dass sich nähernde Objekte abgelenkt wurden, bevor sie mit ihm zusammenstießen.

In seiner 1968 veröffentlichten Abhandlung über den Searl-Effekt präsentierte P. L. Barrett eine Skizze, in der die ungefähre Richtung des Gravitationsfeldes in der unmittelbaren Nähe eines in Betrieb befindlichen Searl-Generators aufgezeigt war (siehe **Abb. 10.4**).[4] Die schraffierten Regionen weisen auf gravitationsneutrale Zonen hin. Eine befindet sich unter dem Generator und eine ringförmige Region über ihm. Barrett schrieb, dass jedes Objekt, das in diese Regionen eintrat, dort festgehalten wurde. Außerdem stellte man fest, dass der Generator beim Abheben ein Stück Boden mit sich riss. Dadurch hinterließ er häufig ein großes Loch. Ein ähnliches Phänomen wurde bei Ufos beobachtet. Zahlreiche zuverlässige Zeugen, die beobachteten, wie Ufos über einem See schwebten, sagten, dass unterhalb des Objekts Wasser hochgehoben wurde (siehe **Abb. 10.5**).[5]

Die Wirkung beim Aufstieg einer Searl-Scheibe könnte erklären, wie es dazu kommen konnte, dass auf einer Farm im zentralen Norden des Staates Washington ein massiver Erdbrocken hochgehoben wurde und 22 m weiter weg wieder zu Boden fiel.[6] Zwei Söhne eines Farmers entdeckten den Brocken am 18. Oktober 1984, während sie das Vieh zusammentrieben. Als sie über ein Weizenfeld ritten, das etwa einen Monat zuvor abgeerntet worden war, entdeckten sie ein unregelmäßig geformtes Loch von etwa 3 m Länge und 2 m Breite. Es war 50 bis 60 cm tief. Bei dem Loch handelte es sich nicht um einen Meteorkrater, denn es hatte vertikale Wände und einen ziemlich flachen Boden. Es sah aus, als hätte man es mit einem riesigen Küchenmesser ausgehoben.

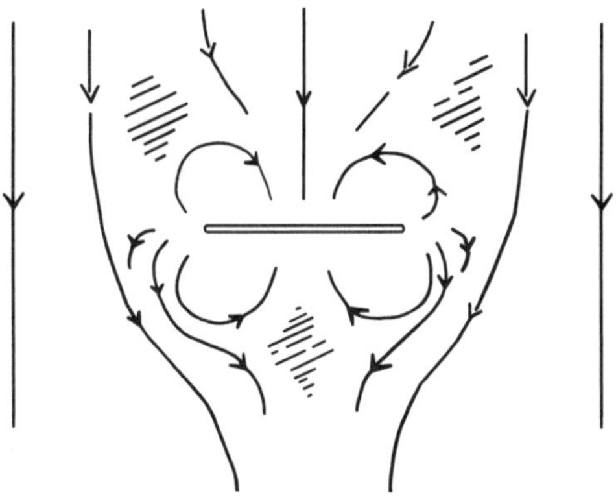

Abb. 10.4 *Eine Skizze, die zeigt, wie die Flussvektoren des Gravitationsfeldes (zum Beispiel G-Ätheronen-Flussvektoren) in der Nähe einer schwebenden Searl-Scheibe ausgerichtet sind. Die Abschnitte, die als Pfeile dargestellt wurden, stellen das Gravitationsfeld der Erde dar, kombiniert mit dem von der Scheibe induzierten Feld. Die schraffierten Bereiche sind neutrale Gravitationszonen. (Aus Barrett, Searl Effect, Abb. IV)*

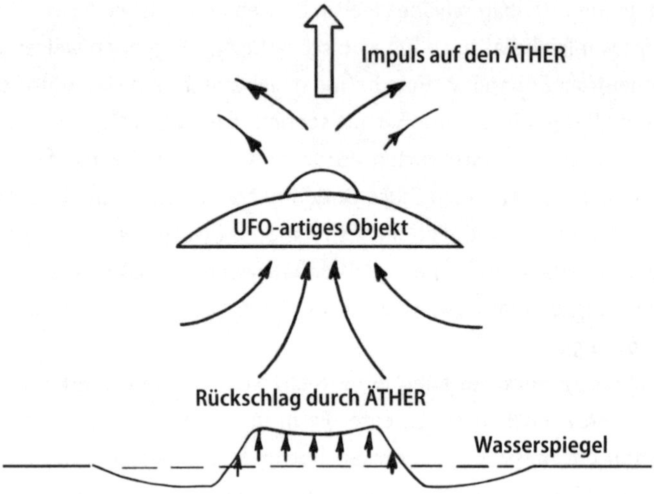

Abb. 10.5 *Wasser wird unter einem in niedriger Höhe fliegenden Ufo aufgewühlt, wie zahlreiche Zeugen berichteten. (Nach Rho Sigma,* Ether Technology, *S. 80)*

Das entfernte Bodenstück, das immer noch intakt war, wurde auch gefunden. Es lag auf der linken Seite und war gegenüber seiner ursprünglichen Position im Loch um etwa 20° gegen den Uhrzeigersinn verdreht. Eine bogenförmige Spur auf dem Boden kennzeichnete den Weg von dem Loch bis zu der Stelle, wo der Brocken gefunden wurde. Einer Schätzung zufolge muss dieser Brocken etwa 5 Tonnen gewogen haben. Die dichte Wurzelmasse im Boden hielt ihn offensichtlich zusammen, aber einige der Wurzeln sahen aus, als ob sie ausgerissen worden waren, da sie immer noch von den vertikalen Wänden des Loches heraushingen. Dies konnte unmöglich von irgendeinem Ausgrabungsgerät durchgeführt worden sein. Außerdem gab es keinen Hinweis darauf, dass dies von Menschen durchgeführt worden war, und man fand keinerlei Spuren von Maschinen.

Ein Geologe spekulierte, dass die Stoßwellen von einem örtlichen Erdbeben der Stärke 3 auf der Richterskala ihre Energie spontan auf diese Stelle konzentriert und so dafür gesorgt hätten, dass dieses massive Stück Erde herausgesprungen wäre, aber Seismologen hielten dies für äußerst unwahrscheinlich. Damit hätte die Natur nämlich sehr grob gegen das Gesetz der Entropie verstoßen. Um dieses Stück Boden, das ein Gewicht von vielen Tonnen hatte, zu bewegen, hätte es gleichmäßig mit seiner gesamten Masse nach oben gezogen werden müssen, und das trotz der nach unten ziehenden Schwerkraft von mindestens 90 Gramm pro Quadratzentimeter. Diese wäre etwa 200 Mal größer als die Hubkraft unter Browns elektrokinetischem AC-Testgerät von 6 Zoll (15 cm) Durchmesser.

Da sich dieses Ereignis auf einem abgelegenen Feld abgespielt hatte, wo keine Zuschauer anwesend waren, wurde keine Ufo-Sichtung gemeldet. Trotzdem stimmten die Hinweise mit dem Ufo-Szenario überein, über das Schaffranke sieben Jahre zuvor berichtet hatte (auch damals war ein großer Klumpen Erde von einem Ort zum anderen bewegt worden). Das Objekt muss nahe über dem Boden geschwebt sein, wo sein Elektrogravitationsfeld den Boden darunter durchdrang. Und dann, als das Objekt in die Höhe stieg, muss sich dieser ausgedehnte Feldgradient ebenfalls nach oben bewegt und dabei den Erdklumpen mitgezogen haben. Als das Objekt über dem Feld in eine bogenförmige Flugbahn einschwenkte, rieselten Sand und kleinere Erdbröckchen herab. Und schließlich muss das Objekt beschleunigt haben. Nun löste sich der große Brocken vom Objekt und schlug an der Fundstelle auf den Boden auf. Was sonst ein Geheimnis bleiben würde, wird leicht erklärbar, wenn man mit den Gravitationsfeld-Antriebstechnologien vertraut ist. Trotzdem ist es erstaunlich, welch enorme Kraft ein solches Antigravitationsfeld entwickeln kann – eine Kraft, die in der Lage ist, die natürliche Schwerkraft zu überwinden und Tonnen von Erde und ein gewaltiges Raumschiff schweben zu lassen. Ob es irdischen oder außerirdischen Ursprungs war, werden wir wohl nie erfahren.

10.2 Der magnetische Energiekonverter

Die russischen Physiker Wladimir Roschtschin und Sergej Godin bauten und testeten Mitte der neunziger Jahre eine Version des SEG, die sie »magnetischen Energiekonverter« (MEK) nannten. Er erinnerte an einen von Searls früheren Generatoren, die aus einem einzelnen magnetisierten Statorring bestanden, der einen Durchmesser von 1 m hatte und von 23 Läufermagneten flankiert war, die jeweils einen Durchmesser von 7,4 cm hatten (siehe **Abb. 10.6**).[7,8]

Der Generator Roschtschins und Godins unterschied sich in mehrfacher Hinsicht von Searls Generator. Der wichtigste Unterschied bestand in der Konstruktion des Läufermagneten. Sie bezeichnen die Läufer als Rollen, also werde ich diesen Ausdruck ebenfalls benutzen. Searl verwendete eine spezielle Magnetisierungstechnik, um magnetische Speichen an den zylindrischen Seiten der Läufermagneten zu schaffen, die im rechten Winkel zur Rotationsachse der Läufer angeordnet sind. Der MEK vollbringt dasselbe mit Dipolmagneten, die senkrecht zur Oberfläche jedes Rollmagneten angeordnet sind, sodass der Nordpol jedes

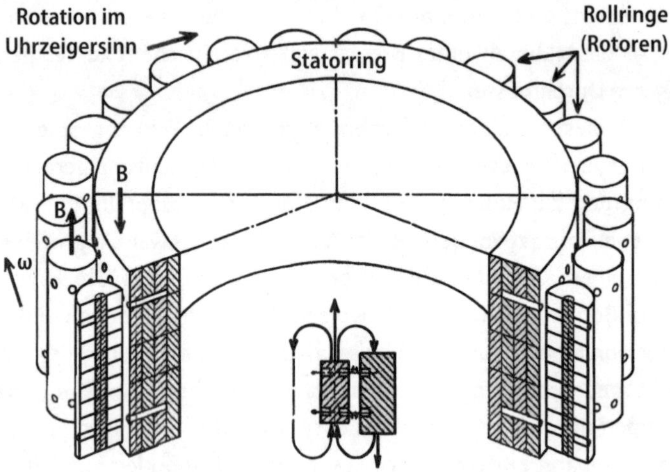

Abb. 10.6 *Der magnetische Energiekonverter. (Nach einer Zeichnung von W. Roschtschin und S. Godin, 2000)*

Magneten senkrecht zur Statorplatte ausgerichtet ist. Der Stator hatte einen ergänzenden Satz von Dipolspeichen, bei denen der Nordpol in Richtung auf die Rollen ausgerichtet ist. Wie beim Searl-Effekt-Generator trugen diese sich gegenseitig abstoßenden magnetischen Domänen dazu bei, die Rollen auszurichten, während sie sich um die Peripherie der Statorplatte drehten und dafür sorgten, dass die Rollen nicht mit der Platte in Kontakt kamen.

Die Achsen der Rollmagneten wurden durch Lager in einem gemeinsamen Rotorrahmen gesichert, die jede Rolle auf ihrem relativen Abstand hielten, während sie um den Statorring rotierten. Der Rotor verfügte über eine Welle, die über einen Kupplungsmechanismus an einen Elektromotor angeschlossen war. Wie bei Searls Experimenten wurde der Motor dazu eingesetzt, um den Generator in Schwung zu bringen. Roschtschin und Godin stellten fest, dass der MEK sich bei einer bestimmten Drehzahl teilweise selbst antrieb, wodurch der Antriebsmotor entsprechend weniger Energie verbrauchte. Dies trat ein, wenn die Rotordrehzahl etwa 200 Umdrehungen pro Minute (3,3 Hertz) überschritt. Nach etwa anderthalb Minuten hatte sich der Rotor auf 550 Umdrehungen pro Minute beschleunigt. An diesem Punkt lag der Stromverbrauch des Motors bei null und fing an, einen negativen Wert anzunehmen. Das Kupplungssystem trennte dann den Motor von der Rotorwelle und kuppelte stattdessen einen Generator an. Während der Rotor weiter beschleunigte, wurde der Generator zunehmend belastet. Als der Rotor eine Drehzahl von 595 Umdrehungen pro

Minute erreichte, gab der Generator eine Leistung von 7 kW ab. Größere Lasten sorgten dafür, dass die Drehzahl des Rotors sank. Bei einer Drehzahl von über 590 Umdrehungen pro Minute machte der MEK »ein unangenehmes hohes Pfeifgeräusch«, das sofort nachließ, wenn der Generator mit einer höheren elektrischen Last beschaltet wurde.

Roschtschin und Godin stellten ebenfalls fest, dass das Gewicht des Generatorsystems sank, wenn der Rotor beschleunigte. Der Gewichtsverlust machte sich zuerst bemerkbar, als die Rotordrehzahl den kritischen Wert von 200 Umdrehungen pro Minute erreichte. Als die Drehzahl 450 Umdrehungen pro Minute erreichte, erhöhte sich der Gewichtsverlust exponentiell (siehe **Abb. 10.7**). Bei 550 Umdrehungen pro Minute gab es eine Inflektionspause in der Gewichtsverlustkurve und nach 590 Umdrehungen pro Minute wieder einen extrem steilen Anstieg des Gewichtsverlusts bei zunehmender Rotordrehzahl. Bis zu dem Zeitpunkt, da die Rotordrehzahl 595 Umdrehungen pro Minute erreichte, war das Gerät insgesamt 35 % leichter, wobei das Gewicht des Generators allein um 50 % abfiel. Es gab eine substanzielle Hysterese bei dieser Gewichtsverlust-Drehzahl-Kurve. Während die Rotordrehzahl von 595 auf 400 Umdrehungen pro Minute sank, blieb der Gewichtsverlust konstant bei einem Reduktionslevel von 35 %. Es wurden keine Messungen bei Drehzahlen von über 600 Umdrehungen pro Minute durchgeführt, weil man befürchtete, dass der MEK in einen unkontrollierbaren superkritischen Zustand eintreten könnte, in dem eine positive Rückkopplung einen exponentiellen Anstieg der Rotordrehzahl verursachen würde. Ein ähnlicher positiver Rückkopplungsmodus

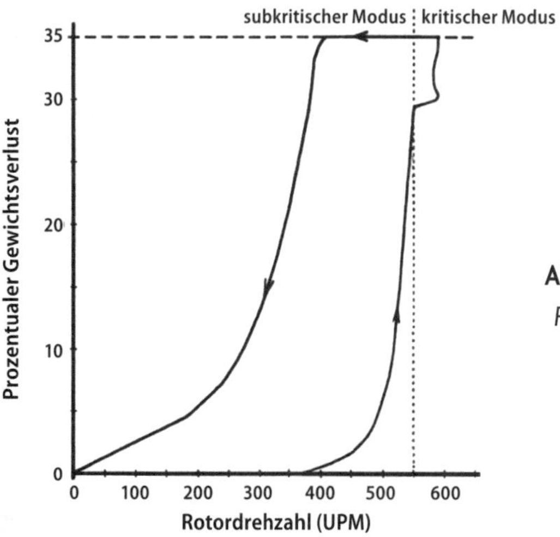

Abb. 10.7 *Gewichtsverlust als Funktion der Rotordrehzahl; es wurde eine Spannung von 20 Kilovolt zwischen der Platte und den Rollen eines MEK angelegt. (Nach Roschtschin und Godin, 2000)*

hatte bewirkt, dass Searl mehrere Geräte durch eine unkontrollierte Levitation verlor.

Man stellte fest, dass der MEK diesen Gewichtsverlust nur bei einer Rotation im Uhrzeigersinn bewirkte (bei Rollen, deren Nordpol nach oben gerichtet war). Eine Rotation gegen den Uhrzeigersinn erzeugte einen Gewichtszunahme-Effekt, wobei die Gewichtszunahme proportional zur Rotordrehzahl erfolgte. Roschtschin und Godin stellten fest, dass eine Vorspannung von 20.000 Volt zwischen der Platte und den Rollmagneten die Leistung des MEK verbesserte und die Gewichtsreduktion bereits bei einer geringeren Rotordrehzahl einsetzte. Dieses Potenzial ionisierte die Luft um den MEK und sorgte dafür, dass der Elektronenstrom leichter durch die 1 cm breite Lücke zwischen dem Stator und den Rollen strömte.

Wie der SEG erzeugte auch der MEK ein Leuchten, wenn er im Dunkeln operierte. Die rosa-bläuliche Ionisierungswolke bedeckte sowohl den Statorring als auch den Ring der Rollmagneten. Als Roschtschin und Godin die Kante des rotierenden Rollmagnetenrings betrachteten, sahen sie über dieser Emission eine Reihe von horizontalen, gelblich-weiß leuchtenden Bändern (vier oder fünf), die entlang der Höhe der zylindrischen Oberfläche der Rollmagneten aufgereiht waren. Dieses Leuchten weist auf eine mögliche Hochspannungs-Elektronenentladung von der Oberfläche der Rollmagneten hin, obwohl es nicht von den Geräuschen begleitet wurde, die für eine Bogenentladung charakteristisch sind. Diese lautlose Emission konnte auftreten, weil die Emissionen von einer großen Oberfläche kamen und nicht von einer Punktquelle. Die beiden Wissenschaftler verglichen es mit einem von Mikrowellen induzierten Hochspannungsleuchten, das vor einem elektrischen Zusammenbruch beobachtet wird.

Roschtschin und Godin stellten ebenfalls fest, dass der MEK sich während des Betriebs mit einem feststehenden Magnetwellenmuster umgab, das aus einer geschachtelten Reihe zylindrischer »Magnetwände« bestand (siehe **Abb. 10.8** und **10.9**).[9] Messungen mit dem Magnetometer ergaben, dass eine magnetische Flussdichte von 0,05 Tesla innerhalb der Wände vorhanden war, wobei die Feldausrichtung dieselbe war wie bei den Rollmagneten und bei etwa 6 % ihrer magnetischen Flussdichte von 0,85 Tesla lag. Außerhalb der Wände war keine Magnetströmung feststellbar. Es gibt keinen Hinweis darauf, dass das Magnetwandmuster in irgendeiner Art und Weise gefährlich ist. Roschtschin und Godin stellten keine schädlichen Wirkungen fest. Im Gegenteil: Searl berichtete, dass die Feldemissionen seines SEG sogar heilende Wirkungen hatten.

Das Magnetwandmuster ragte bis zu 15 m über den Statorring des MEK hinaus. Ferner verlor der magnetische Fluss innerhalb der folgenden Wände

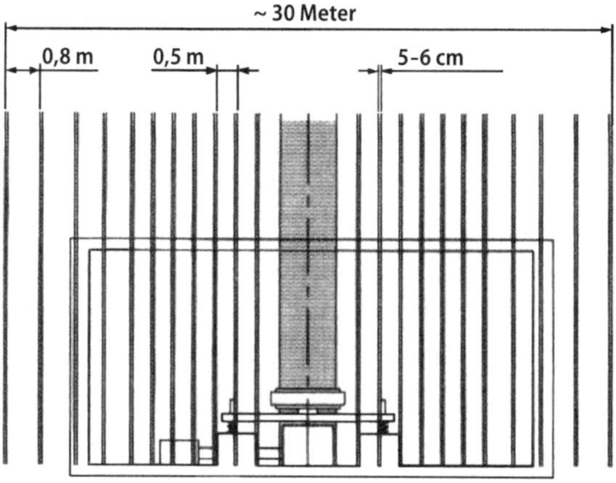

Abb. 10.8 *Seitenansicht eines MEK und des Forschungslabors zur Veranschaulichung der Position der ineinander verschachtelten Magnetwände. (Nach Roschtschin und Godin, 2000)*

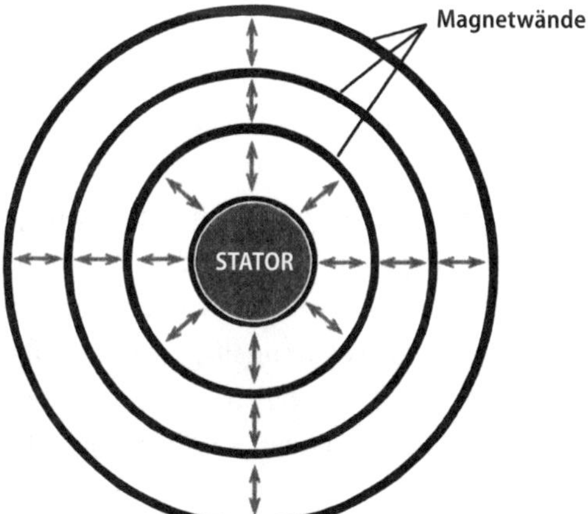

Abb. 10.9 *Eine Draufsicht auf die Anordnung der zylindrischen Magnetwände, die zusammen ein stationäres Wellenmuster um den Statorring des MEK bildeten. (P. LaViolette © 2006)*

schnell an Intensität. Das Feldmuster war noch im zweiten Stock des Labors fühlbar, ein Hinweis darauf, dass sich die Wände auf eine Höhe von mindestens 6 m erstreckten und möglicherweise auch auf eine ähnliche Tiefe in den Boden. Die innersten Wände wurden in einem Abstand von 0,5 m (der Radius eines Stators) voneinander angeordnet, und dieser Abstand erhöhte sich auf 0,8 m, während der Abstand vom MEK größer wurde. Auch hatten die Wände eine Dicke von etwa 5 bis 6 cm, was etwa dem Durchmesser der Rollmagneten (7,4 cm) entsprach.

Die Ähnlichkeit dieser Abmessungen zu dem des Rings der Rollmagneten führte Roschtschin und Godin zu dem Schluss, dass es einen direkten Zusammenhang zwischen diesem stationären Feldmuster und der Peripheriebewegung der magnetischen Rollen geben musste. Diese Schlussfolgerung wurde auch durch ihre Beobachtung unterstützt, dass es einen starken Abfall der Lufttemperatur innerhalb der magnetischen Wände gab, den man unmittelbar spüren konnte, wenn man die Hand in eine Wand schob. Außerdem stellten sie fest, dass die Temperatur im Verhältnis zur Drehzahl der Rollringe abfiel. Dieser Abfall wurde bei einer Rotordrehzahl von über 200 Umdrehungen pro Minute bemerkbar und erreichte -7,5° C, sobald die Rotordrehzahl 500 Umdrehungen pro Minute erreicht hatte. Daher kamen sie zu dem Schluss, dass die Energie aus der Umwelt irgendwie dem Ring der Rollmagneten zugeführt wurde, um ihre Rotation zu unterstützen.

Im Folgenden werde ich versuchen, das Funktionsprinzip des MEK zu erklären, wobei die gleiche Erklärung auch für den SEG gelten dürfte. Diese Ideen wurden zum ersten Mal im Juni 2001 bei der »Conference on New Hydrogen Technologies and Space Drives« vorgestellt.[10] Kurz ausgedrückt: Eine Rotation der Rollen im Uhrzeigersinn bewirkt, dass aufgrund des Faradayschen Scheibendynamo-Effekts ein Stromfluss radial aus der Platte des MEK zu seinen Rollen fließt. Als Ergebnis dieses »Kugellagermotor-Effekts« erzeugt dieser Strom dann ein Drehmoment, welches bewirkt, dass die Rollen weiterhin im Uhrzeigersinn rotieren. Die rotierenden Rollen erzeugen Resonanzschwingungen extrem niedriger Frequenz (ELF-Schwingungen), welche phasenkonjugieren und so ein ausgedehntes Muster aus Solitonwellen bilden. Die aus diesem Soliton erzeugte Energie trägt zum Antrieb der Rollen bei. Beginnen wir mit der Untersuchung des Faradayschen Effekts.

10.3 Der Faradaysche Scheibendynamo-Effekt

Der Faradaysche Scheibengenerator, auch als Unipolargenerator bekannt, wurde gegen Ende des neunzehnten Jahrhunderts von dem Physiker Michael Faraday gebaut. Faraday legte eine Kupferscheibe zwischen die Pole von zwei zylindrischen Magneten, sodass das Magnetfeld senkrecht zur Ebene der Scheibe verlief. Er machte folgende Beobachtung: Wenn er die Scheibe rotieren ließ wurde ein Strom induziert, wobei die Elektronen sich vom Zentrum der Scheibe zur ihrer Peripherie bewegten. Dies war auf die $\vec{v} \times \vec{B}$-Regel zurückzuführen, wobei v für den Drehzahlvektor eines Leiters steht und B für den Vektor der magnetischen Flussdichte und die beiden durch das Vektorprodukt miteinander verknüpft werden.

Faraday entdeckte ebenfalls: Wenn die Kupferscheibe an die Magneten geklebt wurde und die Scheiben zusammen als eine Einheit rotierten, strömten die Elektronen immer noch zur Peripherie der Scheibe (**Abb. 10.10**).[11] Dies führte ihn zu der Schlussfolgerung, dass das von den Magneten erzeugte Magnetfeld nicht mit den Magneten rotierte, sondern im Raum verankert war (d. h. im örtlichen Bezugssystem des ruhenden Äthers). Forscher wie Bruce DePalma, Adam Trombley und Paramahamsa Tewari bauten verschiedene Versionen dieses Unipolargenerators mit festgeklebter Kupferscheibe, in der Hoffnung, einen Motorgenerator mit Over-Unity-Effizienz zu schaffen.

Wie beim klassischen Faradayschen Scheibengenerator werden Stärke und Richtung der Elektronenströmung bei dieser Version durch die $\vec{v} \times \vec{B}$-Regel bestimmt. Denken Sie daran, die Linke-Hand-Regel anzuwenden statt der Rechten-Hand-Regel, wenn Sie es mit Elektronenströmungen zu tun haben. Das funktioniert so: Wenn Sie mit dem Zeigefinger Ihrer linken Hand in Richtung auf den magnetischen Fluss (von Süden nach Norden) zeigen und Ihr Daumen in die Richtung der rotierenden Bewegung zeigt, dann zeigt Ihr Mittelfinger in die Richtung der Elektronenströmung.

Die Läufer im SEG und die Rollen im MEK sind eigentlich kleine Faradaysche Scheibengeneratoren. Sie haben keine festgeklebte Kupferscheibe, aber die Magneten selbst sind leitfähig – nicht so leitfähig wie Kupfer, aber sie leiten Strom. Somit dürften sie, ebenso wie der Faradaysche Scheibengenerator, eine radiale Strömung erzeugen. Wenn wir uns einen einzelnen Rollmagneten vorstellen, der im Uhrzeigersinn rotiert – wobei der Nordpol nach oben gerichtet ist, wie in **Abb. 10.6** gezeigt –, weist die Linke-Hand-Regel darauf hin, dass die Rolle einen Elektronenstrom von der Rolle in die Platte des Statorrings erzeugen

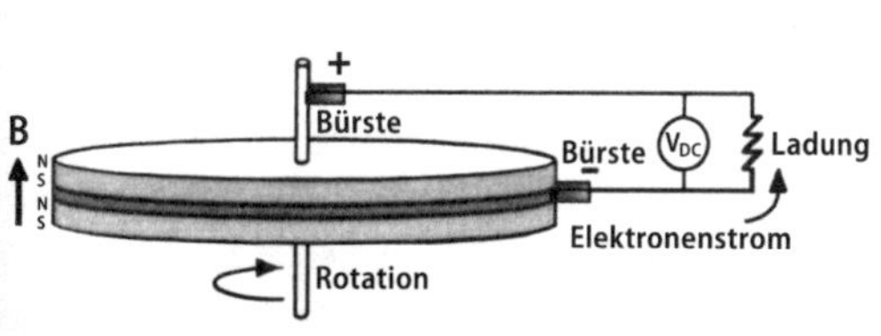

Abb. 10.10 *Faradayscher Scheibengenerator mit einer Kupferscheibe, die an den magnetischen Polstücken befestigt ist. (Nach Archer Energy Systems)*

müsste. Die Searl-Scheibe und der MEK erzeugen beim Betrieb jedoch einen Elektronenstrom, der von der Platte nach außen zu den Rollen fließt, und nicht nach innen.

Diese Diskrepanz ergibt sich daraus, dass wir nicht den Effekt berücksichtigt haben, den das gesamte System ausübt, wenn es in Bewegung ist. Zusätzlich zu dem Faradayschen Effekt aufgrund der Rotationen der einzelnen Rollmagneten müssen wir auch den Faradayschen Effekt berücksichtigen, der durch die gesamte Übertragungsbewegung jener Magneten erzeugt wird, die sich an der Peripherie der Statorplatte befinden, das heißt über der Mittelachse des Stators. Bei der Berücksichtigung dieses Effekts müssen wir die Rollmagneten kollektiv als einen einzelnen Ringmagneten betrachten, dessen radiale Dicke dem Durchmesser der Rollen entspricht und dessen Magnetfeld in dieselbe Richtung weist wie das der einzelnen Rollmagneten.* Wenn wir noch einmal die Linke-Hand-Regel anwenden, sehen wir, dass eine Rotation dieses Rings im Uhrzeigersinn einen Elektronenstrom nach außen, von der Statorplatte zu den Rollmagneten, erzeugt, entgegen den Strömen, die einzeln aus dem Faradayschen Effekt jeder Rolle entsteht. Wie sich herausstellte, ist die durch diese kollektive Übertragung induzierte Faradaysche Effektivspannung viel größer als die entgegengesetzte Spannungspolarität, die aus den einzelnen Magnetrotationen entsteht. Im Endresultat sollte der Elektronenstrom aus der Platte heraus zu den Rollmagneten strömen, so wie es auch beobachtet wurde. Zur Illustration habe ich den relativen Betrag dieser beiden gegensätzlichen Faradayscheiben-Effekte im folgenden grauen Textblock berechnet.

Durch Rotation der Rollringe induzierter Faradayscher Effekt

Befassen wir uns zuerst einmal mit der Spannung, die durch die Rotation jeder einzelnen Rolle verursacht wurde. Die induzierte Spannung kann unter Verwendung der Gleichung berechnet werden, die für einen Faradayschen Scheibendynamo anwendbar ist:[12]

$$U = \tfrac{1}{2}\omega B (b^2 - a^2) \qquad (9)$$

---

* Hier gehen wir davon aus, dass der größte Teil der zurückkehrenden Magnetströmung aus den einzelnen Rollmagneten (die zum Südpol strebende Strömung) zurückkehrt, entweder außerhalb oder innerhalb des Rings der Rollmagneten und in geringerem Maße im Raum zwischen den Rollmagneten.

Hierbei ist ω die Winkelgeschwindigkeit des Magneten, b und a sind sein äußerer und innerer Radius. Im Falle des Prototyps des MEK ist b = 0,037 Meter (der Durchmesser der Rolle) und a = 0,005 Meter (der Durchmesser des zentralen Wellenlochs der Rolle). Wenn sich der Ring der Rollen mit 550 Umdrehungen pro Minute um den Umfang der Statorplatte dreht, werden die einzelnen Rollen 23 Mal schneller rotieren, also $\omega = 23 \times 550/60 \times 2\pi = 1325$ *rad/s*. Angenommen, B = 0,85 Tesla, dann sagt Gleichung 9 eine Spannung von U = 0,76 Volt voraus, wobei das Zentrum der Rolle positiv und sein Umfang negativ ist.

Berechnen wir jetzt die Spannung, die durch die Verschiebung des gesamten Rollrings erzeugt wird. Der äußere und innere Radius des Rings sollen b = 0,574 m bzw. a = 0,5 m sein. Das sind die Abstände von der Zentralachse des MEK zur äußeren und inneren Peripherie, von welchen der Rollring umgeben ist. Wenn sich dieser Rollring bei 550 Umdrehungen pro Minute um die Zentralachse des MEK dreht oder bei einer Winkelgeschwindigkeit von ω = 57,6 *rad/s*, dann sagt Gleichung 9 voraus, dass er eine Spannung von U = 1,95 Volt erzeugen würde, wobei das Potenzial an der Kante, die am weitesten von der Statorplatte entfernt ist, negativ ist. Obwohl also der Rollring viel langsamer rotiert als die einzelnen Rollen, erzeugt er eine viel größere Spannung.

Auf der Seite der Rolle, die direkt neben der Statorplatte ist, wird die Spannung, die durch die Verschiebung des Rollrings im Uhrzeigersinn erzeugt wird, den anderen Spannungen, die von den einzelnen Rollen erzeugt werden, entgegenwirken. Aber auf der anderen Seite der Rolle – auf der Seite, die von der Statorplatte am weitesten entfernt ist – wird der Faradaysche Effekt in der Rolle eine Polarität in derselben Richtung erzeugen, wie die, die durch die Verschiebung des Rollrings erzeugt wird; somit werden sich beide Spannungen gegenseitig ergänzen. Das Resultat ist, dass der Faradaysche Effekt, der durch die Rotation jeder Rolle entsteht, sich auslöscht und nur jenen Anteil übrig lässt, der aus der Verschiebung des Rollrings im Uhrzeigersinn entsteht. Bei dem im grauen Texblock präsentierten Beispiel würde eine resultierende Spannung von 1,95 Volt übrig bleiben, die einen elektrischen Strom in Richtung auf die Peripherie des MEK fließen lässt.

Roschtschin und Godin verwendeten bei ihrem MEK Magneten aus Neodym-Eisen-Bor (normalerweise 58 % Eisen, 37 % Neodym, 4 % Eisensulfat und 1 %

Bor). Diese Legierung hat einen elektrischen Widerstand von etwa 144 µΩ/cm. Eine Rolle mit einem Durchmesser von 7,4 cm würde also einen Widerstand von 1066 µΩ bieten. Roschtschin und Godin haben nicht angegeben, wie viel Strom bei einer bestimmten Drehzahl in jede Rolle floss, aber gehen wir einmal davon aus, dass es bei einer Betriebsdrehzahl von 550 Umdrehungen pro Minute etwa 800 Ampere für jede Rolle waren.

Während dieser Elektronenstrom radial nach außen in die Rollen fließt, erzeugt er eine Antriebskraft an den Rollen, die ihre Rotation unterstützt. Diese Erzeugung eines Umfangdrehmoments durch einen radialen Strom ist bekannt als Kugellagermotor-Effekt.

10.4 Der Kugellagermotor-Effekt

Im Frühjahr 1999 habe ich den Kugellagermotor-Effekt zum ersten Mal in Aktion erlebt. An der Western Mall in Washington D.C. fand eine politische Demonstration für alternative Energie statt. Viele der Teilnehmer bereiteten sich auf den vorhergesagten Zusammenbruch der Gesellschaft vor, der für das folgende

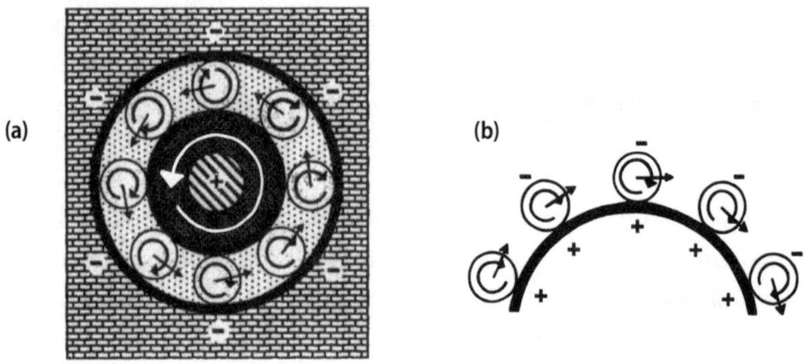

Abb. 10.11 *Vergleich zwischen dem Kugellagermotor und dem Stator- und Rollring des MEK. (a) Der Kugellagermotor (nach M. Gubrud, in T. Valone,* Homopolar Handbook, *S. 54–55). Die zentrale Achse rotiert relativ zu einem stationären Zylinder. (b) Der innere Teil des oberen Diagramms zeigt einen Teilausschnitt, um die Entsprechung mit der Geometrie der Rollmagneten zu zeigen, die sich um den Stator des MEK herum bewegen. In jedem Fall bewegt sich der Elektronenstrom vom Stator in Richtung auf das Kugellager (oder den Rollmagneten). Die Polarität der Ladung in (b) ist umgekehrt, weil der MEK stattdessen als Generator arbeitet, wobei der Elektronenstrom den Aufbau der Ladungen hervorruft, während im Fall (a) eine aufgebrachte Ladung stattdessen einen Elektronenstrom induziert.*

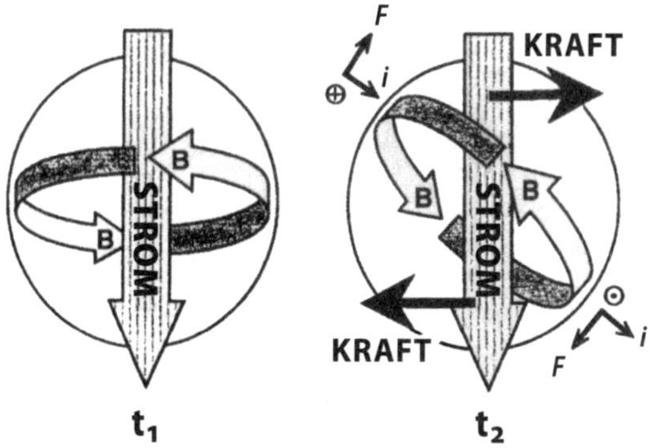

Abb. 10.12 *Ein Kugellager, magnetisiert zum Zeitpunkt t1, das ein Restfeld in derselben Richtung zum Zeitpunkt t2 behält, obwohl es im Uhrzeigersinn rotiert hat. Die Vektoren zeigen die rechtsläufigen Drehmomente, die sich durch den applizierten Strom entwickeln. (Nach M. Gubruds Diagramm in T. Valone,* Homopolar Handbook, *S. 54–55)*

Jahr mit dem sogenannten Millennium-Virus erwartet wurde. Unter den Teilnehmern, die auf dem Rasen herumsaßen, war Mark Gubrud, ein Physikstudent von der *University of Maryland*. Er führte einen interessanten Motor vor, der aus einer Welle bestand, die in einem Kugellagerring montiert war (**Abb. 10.11**). Er legte Gleichspannung von einer Batterie zwischen die Welle und das äußere Gehäuse des Kugellagerrings an. Als er der Welle dann ein Startdrehmoment verabreichte, rotierte sie in derselben Richtung weiter, und sie drehte sich so lange weiter, wie die Spannung angelegt war. Gab man der Welle ein Startdrehmoment in die entgegengesetzte Richtung, drehte sie sich weiterhin, aber dann in der neuen Richtung. Gubrud hatte eine Dokumentation über das Funktionsprinzip dieses Motors dabei, die er mir aushändigte. Eine Kopie davon gab ich Tom Valone, und er veröffentlichte sie später in seinem *Homopolar Handbook*.[13]

Nachdem ich von diesem Phänomen erfahren hatte, wurde mir klar, dass derselbe Effekt auch die rotierende Bewegung bei den Läufern des SEG und den Rollen des MEK antrieb. Lassen Sie uns nun unter Verwendung von Gubruds Erklärungen überlegen, wie eine angewandte Radialströmung, die durch ein Kugellager fließt, Drehmomentkräfte auf das Lager überträgt und es um seinen Lagerring rotieren lässt (siehe **Abb. 10.12**). Ein Strom, der zum Zeitpunkt t_1 durch das Kugellager vom Lagergehäuse zur zentralen Antriebswelle fließt, wird das Lager magnetisieren. Das Lager wird jedoch zum Zeitpunkt t_2 ein Restfeld in derselben Magnetisierungsrichtung beibehalten, obwohl sich die Richtung dieses Restfelds aufgrund der Rotation des Lagers geändert hat.

Zum Zeitpunkt t_2 wird dieses magnetische Restfeld mit einem Winkel α zur Richtung des elektrischen Stromes verschoben sein, was immer durch die Stellen erfolgt, wo das Kugellager mit der Achse und dem Lagerring in Kontakt kommt. Die Stromkomponente *i*, die senkrecht zu diesem Restfeld liegt, wird dann eine Kraft ($i \times B$) induzieren, die Drehmomente auf jeder Seite des Lagers erzeugt, welches es weiter in seiner ersten Rotationsrichtung hält.*

Dasselbe Prinzip gilt für die Rollen eines MEK oder die Läufer eines SEG. Betrachten Sie den Kugellagermotor in **Abb. 10.11a**. Der äußere Kugellagerring bleibt stationär, während sich die Achse dreht. Wenn wir nun die Peripherie dieses äußeren Rings nehmen und sie umdrehen, sodass die Innenseite nach außen zeigt, bekommen wir die Geometrie in **Abb. 10.11b**. Stellen Sie sich vor, dass die Kugeln im Lager Rollmagneten sind, die um die Statorplatte rotieren. Die beiden Mechanismen werden dann als gleichwertig angesehen. Die elektrischen Polaritäten werden in jedem Fall umgekehrt, weil der Motor in **Abb. 10.11a** durch Verluststrom betrieben wird (Elektronen, die von minus nach plus fließen) und der Motor in **Abb. 10.11b** durch erzeugten Strom (Elektronen, die von plus nach minus fließen). Wie bei dem Kugellagermotor wird dieser Strom, falls ein Elektronenstrom von der Platte nach außen durch jede Rolle fließt, an jeder Rolle ein Drehmoment erzeugen, das sie in die Richtung ihrer festgelegten Rotation unterstützend antreibt.

Diese beiden Prozesse zusammen, der Faradaysche Scheibendynamo-Effekt und der Kugellagermotor-Effekt, bilden eine positive Rückkopplungsschleife, bei der eine Verschiebung des Rollringrotors einen elektrischen Radialstrom erzeugt, der eine Rollenrotation und eine größere Drehung des Rotors im Uhrzeigersinn induziert (siehe **Abb. 10.13**, oben links).

Die Hochspannung, die der MEK an seiner Peripherie induziert, könnte auf eine plötzliche Veränderung im elektrischen Widerstand zurückzuführen sein, auf den die Elektronen im Laufe ihrer radialen Bewegung nach außen treffen. Wenn sie die Umgebung mit geringem Widerstand in den Magneten verlassen und ihren Weg durch die umgebende Luft fortsetzen, die einen hohen Widerstand bietet, wird die Spannung, die über das Ohmsche Gesetz mit dem Strom verknüpft ist, gemäß der Formel $U = iR$ in die Höhe schnellen. Das bedeutet,

---

* Beachten Sie, dass der in **Abb. 10.12** illustrierte Stromfluss dem Prinzip folgt, dass Stromflüsse in die entgegengesetzte Richtung wie Elektronenströme fließen. Ein Elektronenstrom würde in die entgegengesetzte Richtung fließen, und man würde dann die Linke-Hand-Regel statt der Rechten-Hand-Regel benutzen, um die Richtung der Drehmomente zu bestimmen. Das Ergebnis ist jedoch gleich.

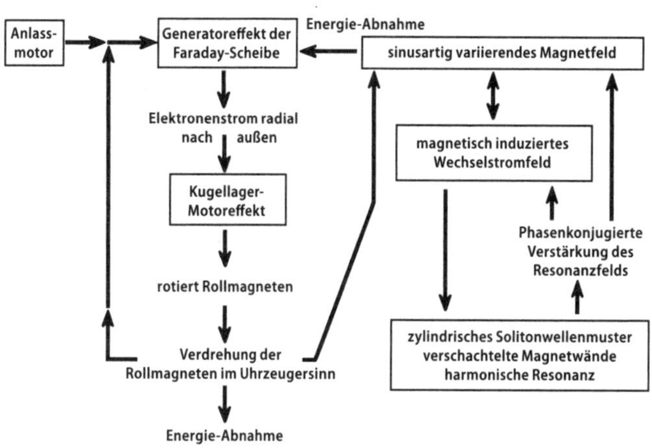

Abb. 10.13 *Energieströmungs-Analysediagramm des MEK. (P. LaViolette, © 2006)*

dass für denselben Stromwert die Spannung in direktem Verhältnis zum Widerstand ansteigen wird.

Roschtschin und Godin sahen, dass es notwendig war, durch einen externen Motor ein mechanisches Drehmoment am MEK auszuüben, um ihn zu starten und bei einer geringen Drehzahl laufen zu lassen. Jedoch stellten sie fest, dass sich der Rollring, wie bei Searls früheren Generatoren, spontan beschleunigte, sobald er eine kritische Schwellendrehzahl überschritten hatte. Beim MEK lag diese kritische Drehzahl bei etwa 200 Umdrehungen pro Minute, obwohl es Searl gelang, Generatoren zu konstruieren, die selbst aus dem Ruhezustand spontan beschleunigten. Dieses Beschleunigungsphänomen lässt darauf schließen, dass der MEK, ebenso wie der SEG, aus irgendeiner unbekannten Quelle einen zusätzlichen Energieschub erhalten haben muss. Lassen Sie uns als Nächstes überlegen, woher diese Energie gekommen sein kann.

10.5 Das zylindrische Soliton

Diese zusätzliche, unerklärbare Energiezufuhr, die die Bewegung des Rollrings um die Statorplatte unterstützte, kam höchstwahrscheinlich aus der unmittelbaren Umgebung des MEK. Diese Hypothese wird durch die Beobachtung gestützt, dass der MEK während des Betriebs innerhalb einer Reihe miteinander verschachtelter zylindrischer Zonen, die in seiner unmittelbaren Nähe aufgebaut wurden, einen Abfall der Lufttemperatur bewirkte (siehe **Abb. 10.8** und **10.9**). Wir werden nun versuchen zu verstehen, wie dieses Muster an den magnetischen Wänden erzeugt wird, und später werden wir untersuchen, wie aus diesem Feldmuster Energie erzeugt werden könnte, um die Rotoren des Rollmagneten anzutreiben.

Da die Rollmagneten sich im Uhrzeigersinn um die Statorplatte bewegen, erzeugen sie ein oszillierendes Magnetfeld im Bezugssystem des Stators. Das bedeutet: Wenn ein Rollmagnet mit einem gegebenen Bezugspunkt auf der Peripherie der Platte übereinstimmt, dann würde im Bezugssystem des Stators die magnetische Feldstärke an diesem Punkt bis zu einem Maximum ansteigen, da die magnetischen Flusslinien zwischen den gegensätzlich ausgerichteten Rollmagneten und Statormagneten sich gegenseitig anziehen und ergänzen. Wenn die Rolle jedoch eine halbe Drehung im Uhrzeigersinn macht, würde ihr abwärts gerichtetes Feld, das südpolsuchend ist, jetzt den Platz einnehmen, der vorher von dem nordpolsuchenden Feld eingenommen wurde. Derselbe Platz

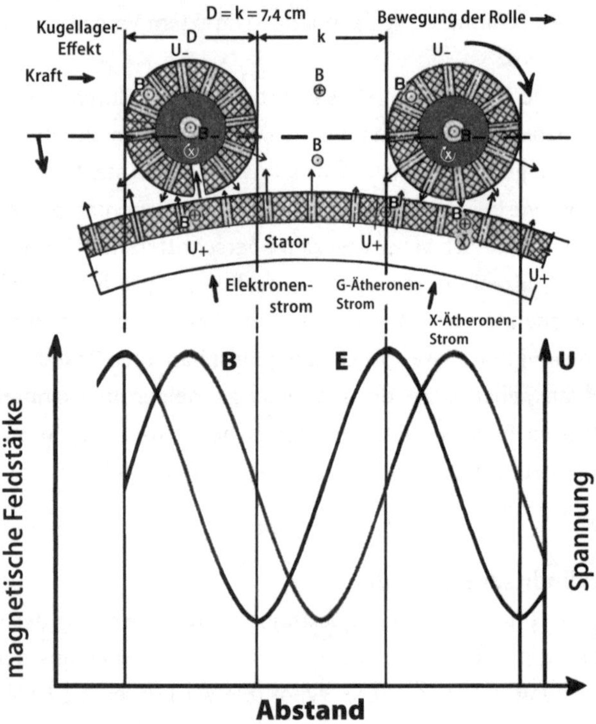

Abb. 10.14 *Die Resonanzveränderung der magnetischen Feldstärke (B) und der elektrischen Feldstärke (E) im Bezugssystem des Stators, angeregt durch die Drehung des Rollrings des MEK. (P. LaViolette, © 2006)*

würde mit dem nach oben gerichteten, südpolsuchenden Feld des Stators gefüllt werden. Da diese beiden Felder im Gegensatz zueinander stehen, würde sich die resultierende magnetische Feldstärke dann zu einem Mindestwert summieren. Durch die Bewegung des Rollmagneten im Uhrzeigersinn würde der Betrag des Magnetfelds im Bezugssystem des Stators sinusförmig variieren, ohne seine magnetische Polarität umzukehren (siehe **Abb. 10.14**).

Da der Durchmesser der Rollmagneten *(D)* und der Abstand zwischen den Rollmagneten *(k)* in **Abb. 10.14** in etwa gleich ist, ist zu erwarten, dass die Rotationsverschiebung dieser Reihe gleichmäßig angeordneter Rollmagneten eine Resonanzschwingung im Bezugssystem des Stators erzeugt. Wenn sich zum Beispiel ein Ring von 23 Rollmagneten mit 550 Umdrehungen pro Minute dreht, läge die erzeugte Frequenz bei 211 Hertz. Dieses zeitvariierende Feld *(B)* würde wiederum eine sinusförmige elektrische Spannung induzieren, und zwar mit derselben Frequenz, die vom Zentrum des MEK im nicht rotierenden Bezugssystem des Stators radial nach innen und außen gerichtet ist. Im Vergleich zu den Maxima des magnetischen Feldes würden jedoch die Maxima der elektrischen Spannung um 90° phasenverschoben sein, d. h. um einen Rollenradius im Uhrzeigersinn (siehe den unteren Linienzug in **Abb. 10.14**).

Auch kann man von Folgendem ausgehen: Der Faradaysche Scheibendynamo-Effekt erzeugt, wie bereits erörtert, einen radialen elektrischen Feldgradienten über dem Durchmesser der Rollmagneten, wobei das Potenzial an der äußeren Peripherie jedes Magneten negativ ist. Dadurch wird ein elektrischer Strom induziert, der radial vom Stator durch die Rollmagneten fließt. Folglich moduliert das von den Rollmagneten erzeugte sinusförmige Wechselspannungsfeld diese negative Gleichspannung in der Nähe des Rollrings und sorgt dafür, dass seine Amplitude zeitlich sinusförmig variiert. Dies ist analog zu dem, was in Browns elektrokinetischem Apparat geschah, als das DC-Hochspannungsfeld im Dielektrikum des Kondensators mit einem Wechselstromfeld aus der negativen Antennenelektrode des Apparats moduliert wurde. Aber im Falle des MEK wäre die Feldgeometrie radial, nicht axial.

Das Resultat sähe aus wie folgt: Die Elektronenströmung vom Stator des MEK pulsiert in Richtung auf seinen Rotor bei einer Frequenz, die von den bewegten Rollmagneten induziert wird. Wenn sich ein Rollmagnet tangential zu einer bestimmten Position zum Stator befindet, das heißt dieser Position am nächsten ist, hat das elektrische Potenzial, das Strom radial nach außen zur Rolle fließen lässt, in diesem Moment nur einen mittleren Wert. Das Potenzial an dieser bestimmten Stelle erreicht sein Maximum erst, nachdem der Rollmagnet vorbeigegangen ist und um den Abstand des Radius eines Rollmagneten verschoben wurde. Es gäbe also eine Tendenz zum Überschlag an der hinteren Seite jeder Rolle. Das wäre besonders dann offensichtlich, wenn ein Hochspannungsgradient in der Nähe der Rollen des MEK vorhanden wäre, sodass es zu Entladungen negativer Ionen vom Stator aus über große Luftstrecken käme.

Dieses wiederkehrende Nach-außen-Pulsieren negativer Ladungen hat eine gewisse Ähnlichkeit mit den asymmetrischen Längswellen, die von den Transformatoren Teslas ausgestrahlt wurden. Gemäß meiner Modellvorstellung von der Funktion des MEK wird durch das oszillierende, nicht reversierende Magnetfeld und das oszillierende, nicht reversierende elektrische Feld, das um die Peripherie des Rollmagnetrings erzeugt wird, eine longitudinale elektromagnetische ELF-Welle hervorgerufen, die sich in der Statorringebene radial vom Statorring nach außen ausbreitet. Diese Welle hat eine zylinderförmige Wellenausbreitungs-Geometrie, wobei ihr magnetisches Feld entsprechend der zylindrischen Wand ausgerichtet ist, die parallel zum Rollmagnetfeld steht; ihre elektrische Feldkomponente ist senkrecht zu dieser zylindrischen Wand ausgerichtet. Die Welle oszilliert radial nach außen und innen, relativ zum Zentrum des MEK. Roschtschin und Godin haben jedoch nicht darüber berichtet, dass sie in diesen Wänden solche radialen Schwingungen eines elektrischen Feldes beobachtet hätten.

Ferner ist zu erwarten, dass diese ELF-Welle eine periphere Wellenkomponente hat. Da die vom rotierenden Rollring erzeugte stationäre Welle insgesamt 23 Wellenlängen enthält, die in ganzzahligen Vielfachen um die Peripherie des Rollrings herum hineinpassen, wäre ein ähnliches ganzzahliges Vielfaches von Wellenlängen erforderlich, um in den Umfang der Feldschwingungen zu passen, die außerhalb des Rollrings erscheinen. Diese könnten sich nur als Vielfache des 0,5 m messenden Statorradius manifestieren. Bei einem Radius von 1 m (also zwei Statorradien) würden 46 Wellenlängen um den zylindrischen Umfang der Welle passen. Bei 1,5 m (also drei Statorradien) würden 69 Wellenlängen um den zylindrischen Umfang passen, usw. Bei nichtganzzahligen Vielfachen des Radius zeigen sich keine Schwingungen, denn ein ganzes Vielfaches von Wellenlängen würde bei diesen anderen Radialentfernungen nicht in den Zylinderumfang passen. Deshalb verwendeten Roschtschin und Godin bei ihrem Rollring 23 Magneten. Die Zahl 23 ist eine Primzahl. Somit können Schwingungspotenziale nachweisbare Werte nur bei Radien aufbauen, die ganzzahlige Vielfache des Statorradius sind. Bei jeder dazwischenliegenden Radialentfernung würden die Schwingungen destruktiv interferieren und verhindern, dass sich dort Resonanzschwingungen aufbauen.

Die radialen ELF-Schwingungen dürften sich als ein Solitonmuster manifestieren, das aus einer Reihe konzentrischer zylindrischer Wandknoten besteht, ähnlich jenen, die in **Abb. 10.8** und **10.9** aufgezeigt sind. Dabei hat jede Wand eine Tiefe von etwa einem Rollenradius und ist von der nächsten Wand durch einen Abstand von etwa einem Statorradius getrennt. Die Symmetrieachse dieses zylindrischen Solitonmusters ist in der Rotationsachse des MEK zentriert. Analysiert man die Feldmuster des MEK auf diese Art, wird verständlich, warum Roschtschin und Godin beobachteten, dass ihr MEK von einem zylindrischen, schalenförmigen Feldmuster umgeben war. Obwohl feststehende Wellenmuster, die in der Art glatter Sinuskurven variieren, häufiger beobachtet werden, kommen auch Muster mit scharfen Übergängen vor. Diese wurden zum Beispiel bei feststehenden Wellen beobachtet, die mit Schwingungen, wie sie Tesla verwendete, in Labors erzeugt wurden.[14]

Die Wellen innerhalb jeder Solitonwand drehen sich um die Peripherie ihrer Wände synchron mit der Rotation des Rollmagnetrings. Sie bleiben aber stationär in Bezug auf das Rotationssystem und die Randschwingungen, die in den anderen wandartigen Knoten auftreten. Somit kreisen die Wellen in den Zylinderschalen bei zunehmend größeren Radien entlang des Umfangs ihrer Wände mit zunehmend höheren Geschwindigkeiten. Die Wellen, die im Knoten von einem Meter Radius kreisen, dessen Umfang dem doppelten Radius des Rollrings entspricht, schwingen bei der doppelten Grundfrequenz des Rollrings (d. h. bei $2f_0$). Weiter entfernte Wände, die in Intervallen von einem Statorradius angeordnet sind, ermöglichen Schwingungen, die bei zunehmend höheren Frequenzen kreisen, bei Frequenzen von $3f_0$, $4f_0$ usw. Wenn man also durch dieses Soliton-Wellenmuster nach außen fortschreitet, wobei man sich radial vom Zentrum des MEK nach außen bewegt, trifft man auf zunehmend höhere harmonische Modi, d. h. ganzzahlige Vielfache der Grundfrequenz f_0 des Rollmagneten. Wir könnten auch mutmaßen, dass eine ganze Reihe harmonischer Modi innerhalb jeder dieser Wände koexistieren könnte, aber bei Intensitäten, die unter der des harmonischen Hauptmodus liegen, die in dieser Wand zirkulieren.

Da 23 eine Primzahl ist, würden sich subharmonische Modi niedrigerer Frequenz, z. B. $f_0/2$ und $f_0/3$, die einen Radius haben, der kleiner ist als der Radius des Rollrings, nicht bilden. Der Rollring selbst wäre die Resonanz der niedrigsten Frequenz in diesem feststehenden zylindrischen Wellenmuster. Roschtschins und Godins Beobachtung, dass die Wände sich etwa 15 m über den Generator hinaus erstreckten, lässt darauf schließen, dass die äußere Wand eine Frequenz von etwa $30f_0$ hatte. Diese dürfte eine Frequenz von etwa 6.300 Hertz erzeugt haben, bei einer Ringrotation von 550 Umdrehungen pro Minute.

Es ist bemerkenswert, dass das Solitonmuster stabil genug war, um solch eine hohe Oberschwingung zu erzeugen. Dieses Solitonmuster von 15 m kann sich jedoch als Einschränkung dafür erweisen, wie eng mehrere MEK zueinander platziert werden können. Wenn ein Flugzeug zum Beispiel mehr als ein MEK oder SEG zum Abheben einsetzen soll, dann müsste bei den Geräten ein Abstand von mindestens 50 m eingehalten werden.

Hätte Searl 22 Magneten für seinen inneren Magnetring verwendet, dann hätte er auch beobachtet, wie sich ein zylindrisches Wellenmuster um seine Scheiben bildete, aber mit doppelt so vielen Knoten, denn 22 ist keine Primzahl. Aber wenn 22 durch zwei geteilt wird, erhält man die Primzahl 11. Solch eine Scheibe hätte also bei halben Vielfachen der Grundfrequenz Knoten erzeugt, mit einem Knoten niedrigster Frequenz bei $f_0/2$, der bei einem halben Statorradius positioniert gewesen wäre, und mit Knoten, die sich in Abständen von einem halben Statorradius wiederholt hätten.

10.6 Energie-Mitführung

Die Wechselstromschwingungen durch die elektrischen und magnetischen Felder des MEK werden in ein nichtlineares Medium induziert. Das heißt, das ferromagnetische Material, aus dem der Stator und die Rollmagneten bestehen, hat nichtlineare elektrische und magnetische Eigenschaften. Außerdem erzeugt die Hochspannungsentladung, die die Statorplatte und den Rollring umgibt, wenn der MEK bei hohen Drehzahlen betrieben wird, Stickoxide, welche ebenfalls nichtlineare dielektrische Eigenschaften besitzen. Wie bereits in Kapitel 7 erläutert wurde, machen die nichtlinearen dielektrischen Eigenschaften solcher Plasmen diese zu guten phasenkonjugierenden Medien. Zum Beispiel könnten die phasenkonjugierenden Eigenschaften des Plasmas, das die Kuppel von Teslas Verstärkungstransmitter umgab, erklären, wie dieser Turm Radiofrequenzenergie ohne nennenswerte Einbußen an weit entfernte Orte »beamen« konnte. Wie bereits erwähnt, waren Obolensky phasenkonjugierte Lichtbogenschwankungen in einer Lichtbogenlampe gelungen, indem er ein nichtlineares Reaktanzelement mit der Lampe in Serie schaltete.[15] Das beweist, dass eine Phasenkonjugation selbst im ELF-Frequenzbereich stattfinden kann. Die Vorstellung, dass der MEK die von ihm erzeugten ELF-Wellen phasenkonjugieren kann, scheint also plausibel zu sein.

Wir können davon ausgehen, dass ein Teil der vom MEK ausgehenden ELF-Strahlung von Oberflächen in seiner Umgebung reflektiert wurde und dass diese reflektierten Wellen dann von den nichtlinearen Medien des MEK phasenkonjugiert wurden. Die phasenkonjugierte Welle dürfte den Weg der ordentlichen Welle zurück zur entfernten Reflexionsstelle und dann zurück zum Schwingungsfeld des MEK genommen haben. Die ordentlichen oder phasenkonjugierten ELF-Wellen dürften sich einander überlagert und gegenseitig verstärkt haben, um phasengekoppelte Feldpotenziale zu erzeugen, die sich an jedem Knoten des zylindrischen Solitonmusters manifestieren.

Eine interessante Eigenschaft eines phasenkonjugierten Resonators ist seine Fähigkeit, Entropieeffekte zu verringern. Zum Beispiel wird im Fall einer optischen und Mikrowellen-Phasenkonjugation, wie sie in Kapitel 8 behandelt wurde, die Entropie eines austretenden Laser- (oder Maser-)Strahls, der sich in der Umgebung zerstreut, erhöht – er wird also desorganisiert. Der Messstrahl, der zum phasenkonjugierten Spiegel zurückgestreut wird, ist deshalb ungeordneter als der ursprünglich austretende Strahl. Dieser Zustand der Ungeordnetheit kann jedoch durch die Emission des Phasenkonjugats des Messstrahls umgekehrt werden. Das heißt, dass die emittierten phasenkonjugierten Wellen genau den Weg der gestreuten ordentlichen Welle zurückgehen und damit die Entropie des Wellensystems reduzieren, während die Welle ihren ursprünglichen geordneten Zustand wiedergewinnt. Als Resultat sammelt sich die Energie, die durch die Zerstreuung in die Umgebung normalerweise verloren gegangen wäre, im Soliton-Wellenmuster.

Wie in dem Fall, in dem die Mikrowellen-Phasenkonjugation dazu benutzt wird, um intensive Strahlen für den Antrieb von Raumschiffen zu nutzen, gehe ich davon aus, dass die phasenkonjugierte Resonanz, die in der Umgebung des MEK-Generators auftritt, zurückgestreute ELF-Wellen sammelt und ihre Energie im Soliton-Wellenmuster speichert. Die sich wiederholenden Wechselstromschwingungen, die die Rollmagneten im Bezugssystem der Statorplatte erzeugen, ergänzen sich dann gegenseitig und sorgen dafür, dass die ELF-Feld-Schwingungen des Solitons allmählich an Größe zunehmen. Experimente haben gezeigt, dass ein phasenkonjugierter optischer Resonator ein Ausgangsignal von sechzigfacher Stärke des Eingangssignalstrahls hervorbringen kann, und das ohne jede zusätzliche Energiezufuhr. Es wird vermutet, dass noch höhere Verstärkungsfaktoren möglich sind.[16,17] Wir können uns vorstellen, dass beim MEK noch größere Signalverstärkungen auftreten.

Der durch die Phasenkonjugation der ELF-Wellen bewirkte Fasereffekt dürfte nicht nur das Pulsieren des elektrischen Feldes des MEK im Bezugssystem des Stators verstärken, sondern auch das damit zusammenhängende Solitonmuster des Magnetfelds, das mit dem Rollmagnetring rotiert. Da die Richtung des B-Feldes des Solitons mit der der Rollmagneten übereinstimmt, dürfte das

Magnetfeld des Solitons die Rollmagnetfelder verstärken und dafür sorgen, dass das umgebende Magnetfeld in der Nähe der Rollmagneten sich allmählich verstärkt und die von den Rollmagneten allein erzeugte Flussdichte von 0,85 Tesla weit überschreiten. Die maximale Menge dieser induzierten Steigerung hängt von der Drehzahl des Rollrings ab, wobei höhere Umgebungsfeldstärken bei höheren Drehzahlen erzielt werden.

Wie bereits erläutert, hängen das von der Umfangsverdrehung der Rollmagneten induzierte radiale elektrische Feld und der Strom nicht nur von der Drehzahl des Rollrings ab, sondern auch von der Feldstärke der Magneten. Da die phasenkonjugierte Resonanz diese Feldstärke erhöhen würde, könnte man erwarten, dass das bei irgendeiner Drehzahl entwickelte Potenzial die Spannung, die wir früher auf der Basis des Faradayschen Scheibeneffekts berechnet haben, weit überschreiten würde. Außerdem würde sich die Komponente des radialen elektrischen Feldes der ELF-Wellen des Solitons durch phasenkonjugierte Resonanz verstärken, und in der nichtlinearen Umgebung des MEK würde ein Teil dieses verstärkten AC-Potenzials wahrscheinlich auf die Komponente des elektrischen Gleichstromfelds des MEK übertragen werden und dieses verstärken. Deshalb kann man sich vorstellen, dass diese Effekte gemeinsam einen Abfall der Gleichspannung um mehrere Zehntausend Volt oder mehr in der Umgebung des MEK verursachen könnten, anstatt nur einige wenige Volt. Dies würde die Ursache für die Hochspannungs-Glimmentladung erklären, die Roschtschin und Godin beobachteten, selbst wenn ihre externe Vorspannung von 20 Kilovolt abgeschaltet war. Es würde ebenfalls die rosafarbene Hochspannungs-Glimmentladung erklären, die Searl bei seinen Scheiben beobachtete. Dies erinnert uns ein wenig an die Tesla-Türme, die ähnliche Spannungen entwickelten, sodass Objekte in der Umgebung anfingen zu leuchten.

Wir sind bereits zu dem Schluss gekommen, dass die Umfangsverdrehung der B-Felder der Rollmagneten eine radiale Elektronenströmung von der Statorplatte zu den Rollen induziert, welche wiederum ein Drehmoment des Kugellagermotors erzeugt, das die Rotation der Rollen im Uhrzeigersinn unterstützt. Folglich dürfte die Erhöhung des radialen elektrischen Potenzialgradienten aufgrund dieser verschiedenen Fasereffekte die induzierte Strömung proportional vergrößern und dadurch die Rotation des Rollrings unterstützen. Auf diese Weise würde die Energie aus dem Soliton-Feldmuster kontinuierlich in mechanische Energie umgewandelt, was den Rollring trotz der Widerstandverluste beschleunigt.

Diese zusätzliche Energiezufuhr in den MEK wird durch die Rückkopplungsschleife auf der rechten Seite von **Abb. 10.13** veranschaulicht.

Da die Magnetwand-Solitonen Teil eines umfassenden Resonanzphänomens sind, dürften die einzelnen Resonanzknoten untereinander Energie austauschen. Somit könnte die Ansammlung potenzieller Energie im Bereich der Rollringe (der zylindrischen Wand im Innern des Solitons, die den Antrieb der Rollen unterstützte) leicht von den anderen Knoten der zylindrischen Wand übertragen werden, deren Frequenzen harmonisch mit dieser Grundfrequenz in Resonanz stehen.

Der an den magnetischen Wänden beobachtete Temperaturabfall könnte ein direktes Resultat thermaler Energie sein, die aus der Luft extrahiert und durch seinen gesamten harmonischen Bereich in das Soliton eingespeist wird. Wenn dem so ist, muss das Solitonfeld physisch irgendwie mit den Luftmolekülen in den Magnetwänden interagieren und wird möglicherweise Energie aus ihrer Brownschen Wärmebewegung ziehen. Zum Beispiel könnte das Magnetfeld, das in den zylindrischen Wellen oszilliert, die Luft oder feste Objekte, die eine Wand zufällig auffängt, leicht magnetisieren. Magnetisierte Moleküle, deren Brownsche Bewegungsoszillation zufällig zu einer der ELF-Oberschwingungen der Wand passt, würden dann ihre Energie in das Soliton einspeisen. Nehmen wir zum Beispiel eine innere Wand, die einen Meter von der Achse des MEK entfernt ist. Sie würde eine ELF-Frequenz von $2f_0$ aufweisen, also die doppelte Grundfrequenz. Jedoch könnte diese bestimmte Oberschwingung durch ein ganzes Spektrum von Oberschwingungen erregt werden, die in der Bewegung der Moleküle in der Umgebung existieren: f_0, $2f_0$, $3f_0$, $4f_0$, $5f_0$ usw., bis zur neunten Oberschwingung. Denken Sie an die Thematik in Kapitel 8. Somit gäbe es reichliche Chancen für die Entwicklung von Frequenzübereinstimmungen.

Anhand der Wärmekapazität von Luft haben Roschtschin und Godin geschätzt, dass Wärme von 1.700 Kalorien pro Sekunde aus den acht innersten Magnetwänden verloren geht, die sich im Umkreis von 4 Metern vom Zentrum des MEK befinden.* Diese Verlustrate entspricht 7 kW, liegt also leicht über den 6 kW Strom, die der MEK seltsamerweise ohne jede mechanische Eingabe erzeugte. Berücksichtigt man den Wärmeverlust des gesamten Solitonmusters bis zu einem Radius von 15 m, dann ist der Energieverlust groß genug, um zu erklären, woher der MEK seine Energie bezieht. Somit dürfte der MEK eine eindeutig identifizierbare Energiequelle in seiner unmittelbaren Umgebung haben; er scheint nämlich teilweise durch Wärme angetrieben zu werden, die aus der

* Roschtschin und Godin schätzten, dass die Wände 12 m Höhe × 5 cm Breite hatten, und berechneten, dass die Luft, die durch dieses Volumen hindurchgeht, einen Temperatursturz von 6° C durchmachte, wenn der MEK bei 550 Umdrehungen pro Minute arbeitete.

Umgebungsluft und der Einrichtung des Labors in die Magnetwände strömt, wobei die Energie danach in das Solitonmuster hereingezogen wird. Solch ein Generator, der seine Umgebung abkühlt, während er Energie erzeugt, scheint die endgültige Lösung für die globale Klimaerwärmung zu sein.

Es ist auch möglich, dass der MEK elektromagnetische Hintergrundenergie anzieht. Das Universum ist durchdrungen von Energie, die eine breite Palette von Frequenzen umfasst, zum Beispiel Frequenzen im ELF-Bereich. Auch gibt es die berühmte ionosphärische Schumann-Resonanz, die durch Solarpartikel, die die Ionosphäre bombardieren, bei etwa 8 Hertz erregt wird. Höhere Oberschwingungen könnten einige der Soliton-Oberschwingungen ergänzen.

Der MEK könnte auch Nullpunktenergie aus der Hintergrundstrahlung beziehen, die sich durch den gesamten Kosmos erstreckt. Wie bereits in Kapitel 4 erwähnt, geht man davon aus, dass der reaktive Äther der Subquantenkinetik reaktante X-, Y- und G-Konzentrationen aufweist, deren Größe sich auf anscheinend zufällige Art und Weise ständig verändert. Die X- und Y-Ätherschwankungen entsprechen den spontanen Pulsationen des Gravitationspotenzialfeldes in der Umgebung. Zusammen bilden sie das Nullpunktenergie-Kontinuum. Es scheint plausibel, dass der Nullpunktenergie-Hintergrund örtlich einen Teil seiner Energie auf die von ihm umgebenen materiellen Objekte überträgt, sodass man im Falle eines Energiedichteabfalls des Nullpunktenergie-Hintergrunds eine örtliche Senkung der Lufttemperatur feststellen könnte. Wenn der MEK also Energie aus dem Nullpunktenergie-Hintergrund bezieht, könnte es sich bei dem beobachteten Abfall der Lufttemperatur um einen kollateralen Effekt handeln, und nicht um die eigentliche Energiequelle des MEK. Wäre der MEK in der Lage, Energie direkt aus dem Nullpunktenergie-Hintergrund zu beziehen, dann könnte er auch sich selbst im leeren Raum weiter antreiben.

Das Nullpunktenergie-Spektrum der Subquantenkinetik unterscheidet sich insofern von dem der konventionellen Physik, als es alle Frequenzen umfasst, auch die ELF-Frequenzen. Das Nullpunktenergie-Konzept der Quantenmechanik und der Quantenfeldtheorie zum Beispiel sagt voraus, dass solche Fluktuationen stattdessen in erster Linie bei hohen Energien auftreten, da solche Fluktuationen theoretisch mit dem gleichzeitigen Auftreten eines virtuellen subatomaren Partikels und seines virtuellen Antipartikels stattfinden. Der größte Teil der Energie beim herkömmlichen Nullpunktenergie-Spektrum würde demnach bei Frequenzen von über 10^{20} Hertz auftreten (MeV-Bereich) und sich bis zur Planckgrenze von 10^{43} Hertz erstrecken (10^{28} Elektronenvolt). Bei der Darlegung einer Frequenzentsprechung für die Energiegewinnung des MEK hätte sich die konventionelle Physik also um mindestens 18 Zehnerpotenzen vertan. Die

Subquantenkinetik hingegen geht davon aus, dass Energie aus dem fluktuierenden Äther bei Frequenzen in diesem ELF-Bereich und sogar darunter gewonnen wird. Tatsächlich steigt bei der Subquantenkinetik die Wahrscheinlichkeit einer Fluktuation, während die Frequenz sinkt. Hochenergetische Fluktuationen im MeV-Bereich und darüber, die potenziell groß genug wären, um die Materialisation eines subatomaren Teilchens zu ermöglichen, dürften äußerst seltene Ereignisse sein.

Wenn wir die Grenze unseres Systems festlegen, sodass sie sowohl den MEK als auch das Magnetwand-Solitonmuster umfasst, das es in seiner unmittelbaren Umgebung erzeugt, stellen wir fest, dass der Searl-Effekt zwar nicht gegen das erste Gesetz der Thermodynamik verstößt, aber gegen das zweite Gesetz der Thermodynamik. Jedoch ist ein Verstoß gegen das zweite Gesetz die zu erwartende Norm, wann immer eine phasenkonjugierte Resonanz auftritt.

10.7 Wie der Effekt des Gewichtsverlusts zu erklären ist

Der Gewichtsverlust beim MEK lässt sich durch die üblichen physikalischen Theorien nicht leicht erklären, aber im Rahmen der Subquantenkinetik wird er verständlich.[18,19] Der MEK entwickelt an der Peripherie seines Rollrings ein negatives elektrisches Potenzial und ein positives Potenzial in der Nähe seiner Mittelachse. Die resonanten Oszillationen lassen dieses Feld an seiner negativ vorgespannten Peripherie stark fluktuieren. Vom elektrodynamischen Standpunkt entspricht das oszillierende Feld der Searl-Scheibe dem nicht reversierenden Wechselstromfeld, das Brown entlang des Dielektrikums seines elektrokinetischen Wechselstromapparats erregte. Somit dürfte die in **Abb. 4.5** dargestellte Analyse von Browns Apparat ebenfalls für die Searl-Scheibe gelten. Diese Analyse wurde unter der Prämisse erstellt, dass als Folge der Erzeugung eines virtuellen Lastgradienten über das Dielektrikum des Kondensators ein Gravitationsschub erzeugt wird. Außerdem können wir aufgrund der Vorhersage der Elekrogravitationskupplung (Gleichung 7 aus Kapitel 4) erwarten, dass dieser virtuelle Lastgradient ein entsprechendes Gravitationspotenzialfeld induziert. Wie in **Abb. 4.5c** gezeigt wird, induziert das resultierende oszillierende Gravitationspotenzialfeld einen Gravitationsschub von der negativen zur positiven elektrischen Polrichtung. Einen ähnlichen Schub kann man für den MEK vorhersagen, der von der Peripherie des MEK auf sein Zentrum gerichtet ist.

Beim Ätherkonzept der Subquantenkinetik stellt man sich diesen radialen Gravitationspotenzialgradienten als einen G-Ätheronen-Konzentrationsgradienten vor, der sich zum Zentrum des MEK neigt und dessen Neigung im Laufe der Zeit zyklisch variiert. Dieser Konzentrationsgradient bringt G-Ätheronen dazu, radial nach innen zu diffundieren, bei einer Rate, die gerade so eben die Rate kompensiert, mit der G-Ätheronen zur Peripherie des MEK hinzugefügt werden, als Resultat der Elektronen und negativen virtuellen Ladedichten, die dort hineingepumpt werden, und dies wirkt als G-Ätheronen-Quelle. Somit dient der Drehring von Rollmagneten als eine Ätherpumpe, die G-Ätheronen-Quellen (Elektronen und negative virtuelle Ladedichten) zur Peripherie des MEK pumpen und damit die G-Ätheronen-Konzentration im Zentrum des MEK reduzieren.* Diese nach außen gehende G-Ätheronen-Strömung hat wahrscheinlich eine rotierende Komponente, die im Uhrzeigersinn zur magnetischen Ringrotation ausgerichtet ist. In diesem Fall würde ein Ätherwirbel im Uhrzeigersinn erzeugt werden.

Die obige Analyse lässt darauf schließen, dass der MEK oder auch die Searl-Scheibe während des Betriebs ein Gravitationsfeld im Innern des Generators schafft, wo »nach oben« in Richtung auf die Peripherie bedeuten würde und »nach unten« in Richtung auf das Zentrum. Somit wirkt der interne Gravitationsgradient als eine Zentripetalkraft, die der Zentrifugalkraft der Rotation entgegenwirkt. Dies stimmt nicht mit Barretts Schlussfolgerung überein, dass das Gravitationsfeld im Searl-Generator mit dem Zentrum nach oben und der Peripherie nach unten gerichtet sei.[20] In demselben Abschnitt kommentierte Barrett, dass »nebenwirkende elektromagnetische Kräfte dabei helfen, den Searl-Generator zusammenzuhalten«, d. h. der Zentrifugalkraft der Rotation entgegenwirken. Hier hat er zum Teil recht. Der Searl-Generator induziert als »Nebenwirkung« eine Kraft, die dazu beiträgt, dass er nicht auseinanderfliegt, aber bei dieser Kraft handelt es sich um Elektrogravitation, nicht um Elektromagnetismus, wie Barrett vermutet. Würde andererseits der Searl-Generator gegen den Uhrzeigersinn rotieren, dann wären die Gravitations- und Elektrofeldgradienten genau umgekehrt, und in diesem Fall würde das Elektrogravitationsfeld nach außen ziehen, in dieselbe Richtung wie die mechanische Zentrifugalkraft.

---

* Zusätzlich zu diesen G-Ätheronen-Strömen werden durch die radialen X-Ätheronen- und Y-Ätheronen-Konzentrationsgradienten, die in der konventionellen Physik das Pendant des elektrischen Feldes sind, X-Ätheronen- und Y-Ätheronen-Ströme induziert. Dadurch wird die X-Ätheronen-Konzentration am negativ geladenen Rand des MEK erhöht und die Y-Ätheronen-Konzentration heruntergedrückt, während im Zentrum des MEK die X-Ätheronen-Konzentration heruntergedrückt und die Y-Ätheronen-Konzentration erhöht wird. Dementsprechend würde eine zentripetale Strömung von X-Ätheronen und eine zentrifugale Strömung von Y-Ätheronen die zentripetale Strömung von G-Ätheronen begleiten.

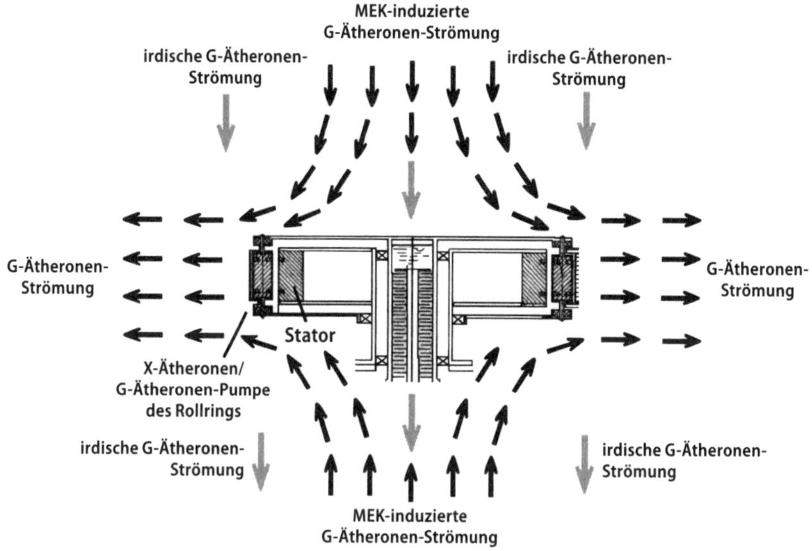

Abb. 10.15 *Vertikaler Querschnitt des MEK, aus dem zu ersehen ist, wie er beim Betrieb die G-Ätheronen-Strömung in seiner Nähe ändert. (P. LaViolette, © 2006)*

Überlegen wir einmal, welche Wirkung diese radiale G-Ätheronen-Strömung auf das Gravitationsfeld der Erde in der Umgebung des MEK hätte. Der Subquantenkinetik zufolge ist die Erde ein Konsument von G-Ätheronen. Somit bildet sie einen radialen Konzentrationsgradienten im G-Äther, der sich bis in den Weltraum erstreckt, wobei die G-Ätheronen-Konzentration mit zunehmender Entfernung von der Erdoberfläche immer mehr steigt. Genauer gesagt verringert sich dieser Äthergradient, der dem Gravitationspotenzialgradienten der Erde entspricht, umgekehrt proportional zur zunehmenden radialen Entfernung, während der Gradient der G-Ätheronen-Konzentration mit zunehmender Entfernung allmählich abnimmt. Dieser Gradient bringt die G-Ätheronen im Weltraum dazu, allmählich zur Erde zu diffundieren, wo sie mit hoher Geschwindigkeit reaktiv konsumiert werden. Diese Abwärtsströmung wird durch die großen grauen Pfeile in **Abb. 10.15** illustriert. Dieser Umwelt-Gravitationsgradient erstreckt sich vertikal durch den MEK und übt eine nach unten ziehende Kraft auf ihn aus. Eine Erklärung, wie Ätheronengradienten Bewegung induzieren, finden Sie in meinem Buch *Subquantum Kinetics.*

Abb. 10.15, die eine Seitenansicht des MEK-Stators und des Rollrings darstellt, zeigt ebenfalls die Richtungen, in die der MEK die G-Ätheronen-Bewegung induziert. Wenn der MEK in Betrieb ist, werden G-Ätheronen, die normalerweise in Richtung Erde diffundieren und den Gravitationsfeldgradienten der Erde bilden, stattdessen dazu gebracht, sich in einer senkrechten Position zu bewegen, parallel zur Rotationsfläche des MEK. G-Ätheronen über und unter dem MEK werden angezogen. G-Ätheronen unter dem MEK, die normalerweise vom MEK weg zur Erde fließen würden, diffundieren jetzt nach oben, in Richtung auf die Mitte des MEK, welche eine niedrige G-Ätheronen-Konzentration (ein G-Tal) bildet, wenn der MEK in Betrieb ist. Beachten Sie, dass das hier dargestellte Ätherströmungsmuster ähnlich dem ist, das Barrett dargestellt hat (**Abb. 10.4**). Dieses entstand aus Versuchen mit der Searl-Scheibe.

Der Wechsel der Flugbahnen der G-Ätheronen verändert entsprechend den Gravitationsfeldgradienten, der vertikal durch den MEK geht. **Abb. 10.16** zeigt, wie der Gravitationspotenzialgradient der Erde über die vertikalen Abschnitte in der Nähe des Rollrings am Rand des MEK (rechtes Profil) und in der Nähe des Zentrums (linkes Profil) geändert würde. Die gestrichelte Linie weist auf den Gravitationspotenzialgradienten hin, den die Erde normalerweise erzeugt. Diese Abbildung zeigt, dass das Gravitationspotenzial in der Nähe des Rollrings verstärkt wird, weil die Elektronenströmung nach außen (die negative Gravitationsmasse) die G-Ätheronen-Konzentration in der Nähe der Peripherie des MEK verstärkt und sie in der Nähe seines Zentrums vermindert. Objekte, die sich der Peripherie nähern, werden abgestoßen. Die gegenteilige Situation erfolgt

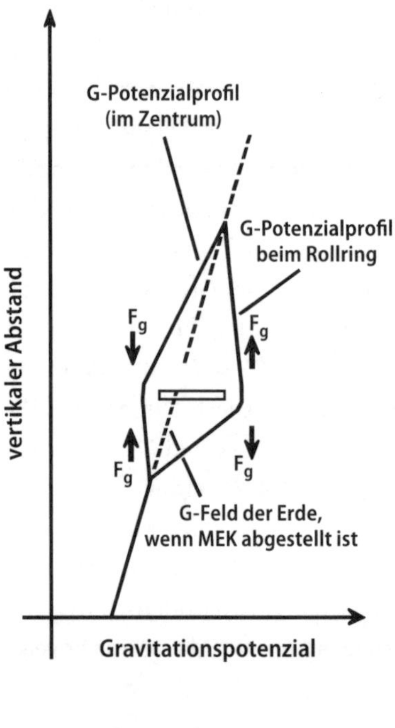

Abb. 10.16 *Wie das Gravitationspotenzialfeld der Erde verändert wird, wenn der MEK in Betrieb ist. Die Pfeile weisen in Richtung der Gravitationskraft außerhalb des MEK. Entlang der Scheibe, wo das G-Profil vertikal wird, besteht kein Gravitationsgradient. Daher ist ein Zustand der Schwerelosigkeit vorhanden.*

in der Nähe des Zentrums des MEK. Das Gravitationspotenzial im Zentrum des MEK vermindert sich im Verhältnis zu den Werten in der Umgebung. Somit werden Objekte, die sich dem MEK nahe seinem Zentrum nähern, nach innen gezogen.

Entlang der mittleren Ebene des MEK – sowohl im Zentrum als auch an der Peripherie – dürfte der Gravitationsgradient den Zustand des Nullgradienten erreichen, womit der MEK in einen Zustand der Schwerelosigkeit versetzt wird, bei einer ausreichend hohen Rotationsgeschwindigkeit. Trotzdem würde der MEK eine Nettoenergie erfahren, die ihn von der Erde abstößt, ebenso wie Searls SEG, der nach einer kurzen Zeit des Schwebens urplötzlich in die Höhe schnellte. Der Grund dafür ist, dass der MEK sich mit einem Gravitationspotenzialberg umgibt, der das Gravitationspotenzialtal, das an seiner Nabe erzeugt wird, abschirmt. Dieser lentikulare Gravitationspotenzialberg dürfte sich ebenso verhalten wie ein Körper mit negativer Polarität seiner schweren Masse. Das heißt, unter dem Einfluss des Gravitationspotenzialgradienten der Erde brächte er diesen Gradienten spontan von einem niedrigeren auf ein höheres Potenzial. Dementsprechend würde das Gravitationspotenzialbergfeld des MEK sich von der Oberfläche der Erde entfernen und den MEK mit sich nehmen.* Dieses Szenario, welches aus der Subquantenkinetik folgt, stimmt mit Barretts Analogie überein, die besagt: Wenn sich der SEG im Antriebszustand befindet, ist das umgebende Feld so beschaffen, dass »das Objekt aus dem Erdfeld geschleudert wird, gerade so wie ein schlüpfriger Orangenkern zwischen zwei Fingern gepresst davonschnellt«.[21]

Falls die Ringe der Rollmagneten stattdessen gegen den Uhrzeigersinn rotieren, werden die G-Ätheronen (und Elektronen) radial nach innen geschleudert, auf das Zentrum des Stators zu. In diesem Fall würde sich dieser zusätzliche Wirbeleffekt mit einem Gravitationspotenzialtal umgeben, der den Gravitationspotenzialberg, der sich im Kern des MEK aufgebaut hat, abschirmen würde. Somit würde sich das äußere Feldmuster des MEK verhalten, als ob es von einer Masse positiver Gravitationspolarität erzeugt würde. Sein Feld würde also von der Erde angezogen, den MEK nach unten ziehen und dadurch sein Gesamt-

* Würde ein Raumschiff mit einem MEK oder Searl-Generator als zentralem Antrieb gebaut werden, wäre es vorteilthaft, die Elektronen, die vom Rand des Generators emittiert werden, auf den Rumpf des Raumschiffs zu übertragen, der von der positiven Platte des Generators elektrisch isoliert wäre. Dadurch würde das gesamte Raumschiff von einem negativen Hochspannungspotenzial und einem Materie abstoßenden Gravitationspotenzialberg umgeben werden.

gewicht erhöhen. Das stimmt mit den Beobachtungen von Roschtschin und Godin überein.

Für die Hysterese der Gewichtsreduktion des MEK gibt es eine logische Erklärung, beruhend auf folgender Beobachtung: Wenn die Drehzahl des MEK eine kritische Schwelle überschreitet, nimmt sein Gewicht mit zunehmender Drehzahl ab. Wird die Rotordrehzahl reduziert, behält der MEK sein niedrigstes erworbenes Gewicht bei, auch wenn die Rotordrehzahl drastisch reduziert würde. Dies könnte ein Hinweis darauf sein, dass ein großer Teil der G-Ätheronen-Pumpaktivität des MEK von den Feldschwingungen kommt, die sein Solitonmuster bilden. Obwohl die Rotorgeschwindigkeit abfällt, würde dieses Muster immer noch Energie an diese schwingenden Felder liefern und weiterhin Ätheronen pumpen.

Eine weitere Voraussage, die sich aus der Subquantenkinetik ergibt, ist, dass die träge Masse des MEK oder SEG reduziert würde, wenn er im Leerlauf läuft (Rotation im Uhrzeigersinn). Das bedeutet, dass in der Subquantenkinetik ein Anstieg der G-Ätheronen-Konzentration (höheres Gravitationspotenzial) die Ätherreaktionen des Modells G so beeinflussen würde, dass dadurch eine Verlängerung aller Photonen- und Teilchen-Wellenlängen bewirkt wird. Das bedeutet, dass ein Anstieg des Gravitationspotenzials die Compton-Wellenlänge λ_0 des Wellenmusters des elektrischen Potenzials, das das Feldmuster des Partikels kennzeichnet, erhöhen würde.[22] Diese Wellenlänge hängt zusammen mit der trägen Masse des Partikels durch die Formel $\lambda_0 = h/m_0c$, wobei h die Plancksche Konstante ist und m_0 die träge Masse des Teilchens. Dies stützt Searls Behauptung, dass sein SEG während des Betriebs trägheitsfrei wird.[23,24]

Diese miteinander zusammenhängenden Effekte der durch die Gravitation induzierten Veränderung der Wellenlänge und der trägen Masse, die als notwendiges Ergebnis der Subquantenkinetik erfolgt, ermöglicht es der Subquantenkinetik, bekannte astronomische Phänomene zu erklären, wie z. B. den Gravitationslinseneffekt des Sternenlichts durch massive Himmelskörper oder orbitale Präzessionen. Der Gravitationslinseneffekt entsteht aus einem Veränderungseffekt der Wellenlänge und die orbitale Präzession aus einer Veränderung der trägen Masse. Früher hat man mit der allgemeinen Relativitätstheorie versucht, beide Phänomene als ein Ergebnis der angeblichen Krümmung der Raum-Zeit durch massive Himmelskörper zu erklären. Im 21. Jahrhundert wird die überkommene allgemeine Relativitätstheorie ihren Platz der Subquantenkinetik räumen müssen.

Dieser Veränderungseffekt der trägen Masse wurde im Labor nachgewiesen. Der Physiker Valeri Michailow aus Kasachstan führte zwei Versuche durch, bei denen er die Schwingungsfrequenz eines Elektrons beobachtete, das sich innerhalb einer geladenen Kugel befand. Bei einem dieser Versuche variierte das Potenzial der Kugel zwischen -3000 Volt und +3000 Volt, und bei einem anderen zwischen -125 Kilovolt und +125 Kilovolt.[25,26] Er stellte fest, dass sich die effektive träge Masse des Elektrons in direktem Verhältnis zum eingesetzten Spannungspotenzial veränderte – sie sank bei erhöhtem negativen Potenzial und stieg bei erhöhtem positiven Potenzial. Das stimmt mit den Voraussagen der Subquantenkinetik überein. Das bedeutet, dass das Gravitationspotenzial im Innern der Kugel sich durch negative Ladung der Kugel erhöhen müsste. Somit müsste die träge Masse der Teilchen im Innern der Kugel sinken, so wie es auch beobachtet wurde.

Michailow, der über die Subquantenkinetik anscheinend nicht informiert ist, sah seine Ergebnisse als Bestätigung einer anderen theoretischen Voraussage an, die vom brasilianischen Physiker André Assis auf der Grundlage der Kraftfeldinteraktionen angestellt wurde, die wiederum durch den elektrodynamischen Ansatz des deutschen Physikers Wilhelm Weber (1804-1891) vorausgesagt wurde.[27] Assis' Deutung der elektrodynamischen Theorie Webers macht jedoch die abweichende Voraussage, dass das Auftreten dieses Trägheitseffekts von der elektrischen Ladung des Teilchens abhängt. Somit dürfte die träge Masse eines Protons steigen, wenn die Kugel negativ geladen ist. Die Subquantenkinetik hingegen sagt voraus, dass die träge Masse des Protons, so wie die der Elektronen, bei einer erhöhten negativen Ladung sinken müsste. Es sollten weitere Versuche mit der Schwingungsfrequenz eines positiv geladenen Ions durchgeführt werden, um festzustellen, welche dieser beiden Theorien korrekt ist. Bisher verfügen wir bestenfalls über anekdotische Berichte über das Verhalten des SEG, die vermuten lassen, dass die Subquantenkinetik möglicherweise recht hat.

Eine weitere Voraussage vonseiten der Subquantenkinetik betrifft das Phänomen der Entmaterialisierung. Sie besagt Folgendes: Falls das Gravitationspotenzial eines Raumschiffes sehr weit ansteigt, könnte das Raumschiff unsichtbar werden oder sich unter Umständen sogar ganz auflösen. In solch einem Fall würde ein Anstieg des Gravitationspotenzials über eine bestimmte kritische Schwelle g_c hinaus subkritische Bedingungen im Reaktionssystem des Äthers herbeiführen, die im Extremfall dazu führen könnten, dass die Energiewellen und die Materie sich letztlich zerstreuen und nur einheitliche Konzentrationen hinter sich lassen (d. h. den Vakuumzustand). Es sind weitere Versuche erforderlich, um festzustellen, ob dieses Phänomen die Fälle von bezeugter Unsichtbarkeit von Raumschiffen erklären könnte.

Abb. 10.17 *Der zweite Prototyp des Magnetenergiekonverters während der Montage durch Roschtschin und Godin in Moskau.*

Die oben dargelegte Analyse für den MEK gilt gleichermaßen auch für die Multiring-SEGs von Searl. Da ein zweiter hinzugefügter Ring in dieselbe Richtung rotieren würde wie der erste, jedoch doppelt so schnell und relativ zum innersten Laufring im Uhrzeigersinn, würden sich die Gravitationseffekte der beiden Ringe ergänzen, also den Gewichtsverlust des Geräts bei einer bestimmten Drehzahl effektiv verdoppeln. Dies kann man mit dem Betrieb von zwei Wasserpumpen vergleichen. Der innere Ring des Rollmagneten pumpt G-Ätheronen nach außen, und der äußere Ring des Rollmagneten unterstützt den Pumpvorgang zusätzlich. Wenn man einen dritten Ring hinzufügt, dann wird dieser Effekt noch weiter verstärkt.

Verglichen mit der in Kapitel 7 und 8 behandelten Strahlenantriebstechnologie scheinen der SEG und der MEK einen einfacheren Ansatz der Gravitationslevitation zu bieten. Jedoch wäre es vom Standpunkt der Rüstung nicht unbedingt von Vorteil, da ein Flugobjekt, das eine solche Levitationsmethode einsetzt, nicht in der Lage wäre, seine Flugrichtung abrupt zu ändern. Das könnte erklären, warum das Militär der Strahlenantriebstechnologie den Vorzug gibt, denn eine sehr schnelle Manövrierbarkeit würde dem Flugobjekt im Kampfeinsatz einen eindeutigen Vorteil verschaffen. Für den zivilen Einsatz, zum Beispiel für den Personentransport kreuz und quer über den Globus oder zu anderen Planeten, scheint die Technologie von SEG und MEK die bessere Alternative zu sein. Sie hat auch den Vorteil einer schier unerschöpflichen Energieversorgung, mit der das Problem der globalen Erwärmung letztlich gelöst werden könnte. Die Energieversorgungsunternehmen müssen jedoch in Bezug auf Physik und Technik sehr schnell umdenken, damit sie nicht die Polizeistaat-Taktiken ihrer Vorgänger übernehmen. Zum Beispiel brachen im Mai 1982 Agenten der Regierung in Searls Haus ein, beschlagnahmten ein SEG-Gerät, das sein Haus mit elektrischem Strom versorgte, und rissen sämtliche elektrischen Anschlüsse aus den Wänden. Das »Southern Electricity Board« klagte ihn aufgrund einer Reihe ungewöhnlich niedriger Stromrechnungen an, »Elektrizität mit einem neuartigen Gerät zu stehlen«. Er wurde mit einer hohen Geldstrafe belegt. Die Folge war, dass seine Familie zerstört wurde und er in tiefe Depressionen fiel. Das Gericht schickte ihn für ein Jahr ins Gefängnis. Während seiner Haftstrafe brannte man sein Haus ab, wodurch die meisten seiner Unterlagen und Geräte zerstört wurden.[28]

Roschtschin und Godin haben zurzeit keinen Zugang zu ihrem früheren Generator. Sie berichteten, dass ihr erster Prototyp aus ihrem Labor gestohlen wurde, was ein wenig an Searls Schicksal erinnert. Jedoch sind sie gegenwärtig dabei, einen zweiten Prototyp bei der *Gluschko-Forschungs- und Produktionsvereinigung NPO Energomasch* in Moskau zu bauen, mit der Absicht, ihre früheren Resultate nachzuvollziehen (**Abb. 10.17**). Gruppen, die von Searl in England und vom amerikanischen Forscher John Thomas in den Vereinigten Staaten geleitet werden, führen ebenfalls Projekte durch, mit denen Searls frühere Arbeit wiederhergestellt werden soll.

11

Versuche mit Elektrogravitationswellen

11.1 Dimitrious Gravitationsabschirmung

Stavros Dimitriou, Professor für Elektrotechnik, hat einen Versuch durchgeführt, mit dem er in gewissem Maße die Gravitationsabschirmung nachweisen konnte. Wie beim SEG scheint der durch den Dimitriouschen Apparat bewirkte Gewichtsverlusteffekt dadurch zu entstehen, dass Elektronen induziert werden, die sich radial zu einem zentralen Punkt in einer Platte hin- und von ihm wegbewegen, wobei die Platte senkrecht zum Gravitationsfeld der Erde ausgerichtet ist. Dimitriou ordnete einen Satz von acht Drahtschleifen in einem radialen Muster an, wobei die Schleifenenden an Verbindungspunkten an der oberen und unteren Nabe zusammengeführt wurden (siehe **Abb. 11.1**).[1] Die gesamte »Antenne«, die einen Durchmesser von etwa 90 cm hatte, wurde mit einer Schnur an die Decke gehängt.

Eine rechteckförmige Spannung von 15 Volt mit einer Frequenz von etwa 75 Megahertz wurde auf die obere und untere Nabe der Antenne angelegt, um Ströme in der Drahtschleife anzuregen, die hin und her oszillierten. Diese Ströme flossen radial relativ zu den Naben und zum größten Teil parallel zur Oberfläche der Erde. Dimitriou speiste nur 2,5 Watt Radiofrequenzstrom in seine Antenne ein. Um die Ströme in den Schleifen zu maximieren, wurde die Erregungsfrequenz an die Resonanzfrequenz der Antenne angepasst, bei der eine Viertel Wellenlänge über den etwa 1 m langen Radius der Schleifen passte. Bei Resonanz wären die in den Schleifen zirkulierenden Ströme viel höher als der Erregungs-Wechselstrom, mit maximalen Werten an der Peripherie der Antenne. Wenn zum Beispiel sein Schleifensystem einen Gütefaktor von 90 hätte, würde das Wechselstromsignal von 100 Milliampere Ströme induzieren, die bis zu 9 Ampere erreichen.

Dimitriou maß die Fähigkeit der Antenne, die Gravitation zu verändern,

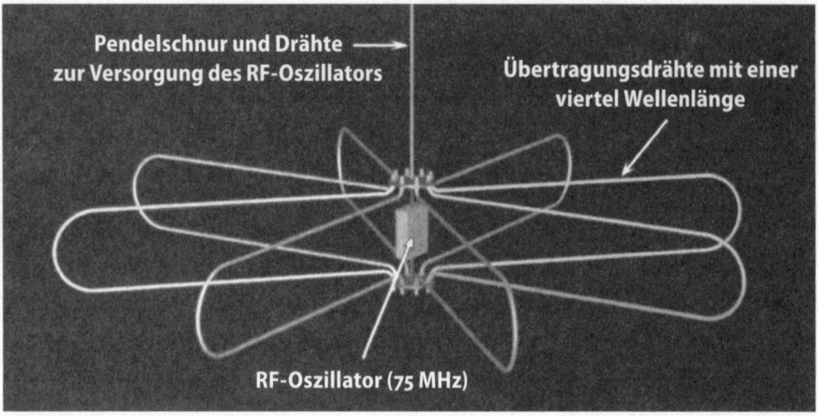

Abb. 11.1 *Die von Stavros Dimitriou getestete gravitationsabschirmende Radiofrequenzantenne. (Auf der Grundlage einer Zeichnung von Jean-Louis Naudins Website: http://jnaudin.free.fr/)*

indem er sie an ihrer Schnur hin und her schwingen ließ und ihre Schwingungsperiode maß, wobei er den Wechselstrom ein und ausschaltete. Indem er die Perioden verglich, stellte er fest, dass die Schwingungsperiode der Antenne etwas größer war, wenn der Wechselstrom eingeschaltet war. Da die Länge der Pendelschnur der Antenne sich nicht veränderte, kam er zu dem Schluss, dass die Antenne die Beschleunigungskraft der Gravitation örtlich um 1,3 % reduzieren konnte, wobei die Periode jede Schwingung des Pendels von seiner Länge und der Gravitationskraft, die auf seine Masse einwirkte, abhängt.* Er führte diese Reduktion darauf zurück, dass die in den Schleifen induzierten Ströme irgendwie einen lokalen Gravitations-Abschirmeffekt erzeugten. Er ließ auch ein kleines Pendelgewicht in der Nähe der Radiofrequenzantenne schwingen, und indem er die Periodendauer der Schwingung maß, stellte er fest, dass diese sich ebenfalls erhöhte, wenn die Antenne erregt war.[2] Daraus schloss er, dass Objekte in der unmittelbaren Umgebung der Antenne in ähnlicher Weise durch die Reduktion der Gravitation beeinflusst werden.

Die Frage, die sich nun ergibt, ist jedoch, ob der beobachtete Prozentsatz der Reduktion der Schwerebeschleunigung, *g*, ein realer Effekt ist oder nur ein statistisches Artefakt. Es gibt eine beträchtliche Fehlerquote bei der Messung

* Periode $T = 2\pi\sqrt{L/g}$, wobei L die Länge der Pendelschnur ist und g die Gravitationsbeschleunigung.

der Schwingungsperiode eines Pendels. Selbst wenn es keine Abweichung der Gravitationskraft oder der Pendellänge gibt, kann die gemessene Periode der Schwingung des Pendelgewichts von einer gemessenen Periode zur nächsten aufgrund von Reibung der Pendelschnur, Luftströmungen im Raum und Ungenauigkeiten bei der Zeitnahme variieren. Daher hat eine solche Zeitmessung der Pendelschwingung nur dann einen Sinn, wenn viele Messungen durchgeführt werden, wobei das Wechselstromsignal ein- bzw. ausgeschaltet wird und Durchschnittswerte und Standardabweichungen der Zeit berechnet werden. Ist der Unterschied zwischen der Durchschnittsdauer bei eingeschaltetem bzw. abgeschaltetem Wechselstrom deutlich größer als die Standardabweichung, dann kann man davon ausgehen, dass eine reale Wirkung auf die Gravitation vorhanden ist. Bei den Berichten über das Vorhandensein eines Reduktionseffektes g könnte es sich allerdings um fehlgedeutete statistische Artefakte des Messverfahrens handeln, die als realer Effekt missverstanden wurden.

Der französische Forscher Jean-Louis Naudin versuchte, Dimitrious Versuch mit der Pendelantenne zu wiederholen.[3] Er baute ein ähnliches Drahtschleifensystem und erregte es mit einer Resonanzfrequenz von 83 Megahertz. Während Dimitriou eine Stoppuhr verwendete, um die Schwingperioden der Antenne zu messen, ließ Naudin das Antennenpendel durch den Pfad eines Laserstrahls schwingen und speicherte die Schwingungsintervalle elektronisch. Anhand der Messung der Erhöhung der Pendelschwungperiode berechnete er eine viel größere, 7 %ige Reduktion der Schwerebeschleunigung, als der Oszillator eingeschaltet wurde. Bei einer anderen Version des Versuchs testete Naudin die Schwingungsperiode einer Drahtschleifenantenne, die an ihren äußeren Bereichen jeweils eine zusätzliche Windung hatte, wobei die zusätzlichen Schleifen auf die horizontale Ebene ausgerichtet waren. Bei dieser Anordnung maß Naudin eine 11 %ige Reduktion der Gravitationskraft bei einem Stromverbrauch von etwa 3,5 Watt. Beide Testaufbauten hatten einen Q-Wert von etwa 10.*

Doch wie schon Dimitriou legte auch Naudin nur einen geschätzten Prozentsatz der Schwerkraftreduktion vor, ohne die üblichen Abweichungen anzugeben, die zur Beurteilung der Messgenauigkeit nötig sind. Solange also nicht ein

* Naudins Q-Wert war wahrscheinlich niedriger als der von Dimitrious Antenne, denn Naudin stellte seine Schleifen aus unbeschichtetem Draht her, der für Oberflächenoxidation anfällig war und somit einen größeren Oberflächenwiderstand aufwies. Bei Megahertzfrequenzen, wie sie bei diesem Versuch eingesetzt wurden, fließt der Strom hauptsächlich auf der Drahtoberfläche. Somit kann eine Oxidierung der Oberfläche den Q-Wert der Antenne beeinträchtigen.

ordnungsgemäßer Test der Radiofrequenz (RF) der Pendelantenne durchgeführt wurde, kann man nicht mit Sicherheit behaupten, dass der Effekt echt ist. Bei diesem Test muss aber die RF-induzierte Periodenveränderung zusammen mit der Abweichung der Periodenmessung angegeben werden. Alles, was man bisher sagen kann, ist, dass es sich um einen sehr interessanten Untersuchungsgegenstand handelt.

Dimitriou schlug auch eine weitere Version seines RF-Pendelantennen-Versuchs vor, bei der die Drahtschleifen der Antenne durch eine scheibenförmige Platine mit kupferverkleideten Ober- und Unterflächen ersetzt werden, die an ihrem Rand miteinander verbunden sind (**Abb. 11.2**).[4] Auf diese Weise sollen die beiden Flächen einen pfannkuchenförmigen RF-Hohlraum mit hohem Q-Wert bilden. Er meinte, dass man den Hubeffekt leichter erkennen könne, wenn man ein Kreissegment der Scheibe mit einem Winkel von 30 Grad testet und seine Neigung beobachtet, wenn es mit Radiofrequenzstrom erregt wird, weil am Rand des Sektors ein größerer Gewichtsverlust erreicht würde als im Zentrum.

Naudin hat versucht, Dimitrious Experiment mit dem RF-Kreissegment nachzumachen. Das in **Abb. 11.3** gezeigte Segment wurde um sein Gravitationszentrum herum ausgewuchtet und auf eventuelle Neigungsänderungen untersucht, wenn es mit einem Radiofrequenz-Erregerkreis, der an seiner Spitze befestigt wurde, erregt wurde. Naudin berichtete von leichten Aufwärtsbewegungen des Segmentrands, die jedoch nicht leicht reproduziert werden könnten.

Im Jahre 2007 war ich bei mehreren Tests anwesend, bei denen die Scheibenversion von Dimitrious RF-Pendelantenne resonant mit Impulsen von 20 Volt erregt wurde. Meiner Meinung nach gab es jedoch keine Veränderungen der Pendelperiode, die über die Messfehlergrenze hinausgingen, also auch keinen eindeutigen Hinweis darauf, dass die Gravitation reduziert wurde, wenn man die Scheibe erregte. Wenn es einen Effekt gab, dann war er zu gering, um ausgemacht

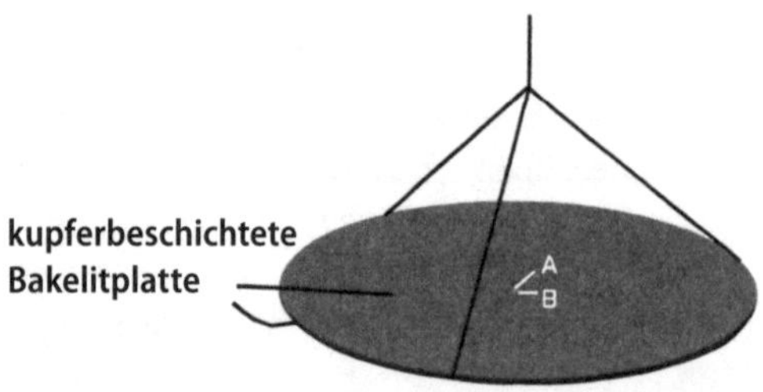

Abb. 11.2 *Die von Dimitriou im Jahre 2001 präsentierte scheibenförmige RF-Antenne. Unter- und Oberfläche der Scheibe wurden mit einer Radiofrequenzenergie in der Nähe der Punkte A und B erregt.*

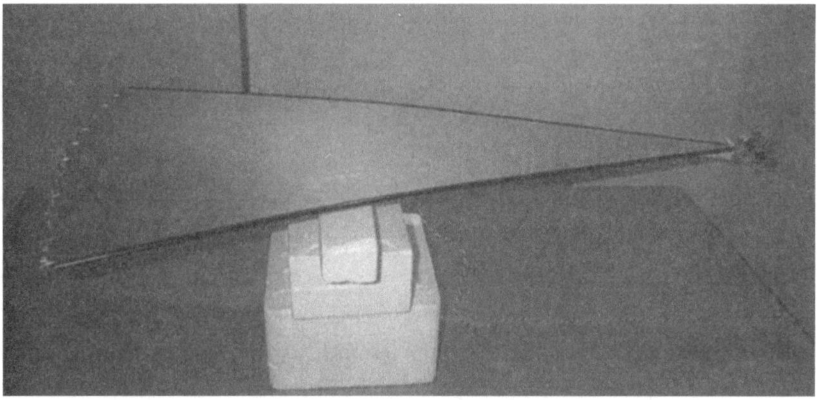

Abb. 11.3 *Eine keilförmige Leiterplatte, die von Naudin gebaut wurde, um Dimitrious Experiment auszuprobieren. (Mit freundlicher Genehmigung von J.-L. Naudin, von seiner Website http://jnaudin.free.fr/)*

werden zu können. Durch die akkurate Protokollierung einer großen Anzahl von Pendelschwingperioden dürfte es möglich sein, die Abweichungen bei den Daten der Periodenmessung wesentlich zu reduzieren. So könnte die Testgenauigkeit bei der Entdeckung kleiner Veränderungen der Gravitation verbessert werden. Falls zukünftige Tests tatsächlich einen Gravitationsabschirmeffekt demonstrieren, dann wäre dies eine der vielversprechendsten Elektrogravitationstechniken, nicht nur wegen ihrer Einfachheit, sondern auch wegen der hohen Energieeffizienz.

Obwohl es wohl noch zu früh ist, um zu sagen, ob Dimitrious Draht- und Scheibenantenne einen Gravitationsabschirmeffekt erzeugen kann, möchte ich mich schon jetzt an eine hypothethische Erklärung heranwagen, ähnlich der für den Betrieb der Searl-Scheibe. Sie lautet wie folgt: Es ist möglich, dass ein Gravitationsabschirmeffekt wirksam wird, weil G-Ätheronen in eine horizontale Richtung gebracht werden (d.h. senkrecht zum Gravitationsfeldgradienten der Erde). Der Wechselstrom baut resonant in der Antenne oszillierende und elektrische Potenzialfeldgradienten auf, die entlang der oberen oder unteren Stromleiter radial nach innen und außen gerichtet sind. Alternativ dazu könnten sie im Falle der RF-Scheibe direkt radial zum und vom Zentrum der unteren oder oberen Scheibenoberfläche gerichtet sein. Diese oszillierenden Feldgradienten sind in der Nähe der Peripherie der Drahtschleifen (oder Scheibenoberflächen), wo die induzierten Ströme maximal sind, am steilsten. Gemäß der Subquantenkinetik werden diese oszillierenden elektrischen Felder von oszillierenden Gravitationspotenzialfeldern begleitet, deren Feldgradienten an der Schleife oder Scheibenperipherie am stärksten sind. Daher wird die radiale Vor- und Rückwärtsbewegung der Elektronen von einer horizontalen radialen Auf- und Abwärtsbewegung der G-Ätheronen begleitet. Das oszillierende Gravitationsfeld, das diese G-Ätheronen auf der horizontalen Ebene antreibt, führt auch G-Ätheronen mit sich, die mit der vertikalen Strömung der G-Ätheronen zusammenhängen, die als Reaktion auf den Gravitationsfeldgradienten der Erde ganz natürlich auf die Erde zufließt. Deshalb werden die umgebende G-Ätheronen-Strömung und ihr zugehöriger G-Ätheronen-Konzentrationsgradient in der Nähe dieser oszillierenden Elektrode von ihrer normalen vertikalen Ausrichtung in die Horizontale abgelenkt. Als Ergebnis wird auf Objekte in der Umgebung dieser Scheibe nicht länger der volle Abwärtssog der Erdgravitation wirken, da sie durch den Störeffekt dieses Wechselstromresonators effektiv von diesem Feld abgetrennt sind.

Bei der Searl-Scheibe waren die pulsierenden Felder nichtreversierend und veranlassten die G-Ätheronen (und Elektronen), sich immer radial nach außen, in Richtung der Scheibe, zu bewegen. In diesem Fall würde der Insasse eines solchen Objekts eine zentripetale, also nach innen ziehende Gravitationskraft empfinden. Hingegen würde sich in einem Gravitationsschild, der durch die Radiofrequenz in einer Dimitriou-Antenne erzeugt wird, die Richtung dieser radialen G-Ätheronen etwa 100 Millionen Mal pro Sekunde umkehren. Als Ergebnis wäre die resultierende horizontale Komponente des Gravitationsfeldes gleich null.

Brown hat in seinem elektrokinetischen Vertikalhubgerät vielleicht unbeabsichtigt einen solchen Gravitationsabschirmeffekt erzeugt. In seinem elektrokinetischen Patent wird Wechselstrom an der negativ geladenen Scheibenelektrode eines »λ/2-Radiators« angelegt, die an der Spitze eines kegelförmigen Dielektrikums positioniert wurde (siehe **Abb. 3.8**). Ähnlich wie bei Dimitrious Scheibe stelle ich mir vor, dass auf diese Weise die G-Ätheronen auf der Scheibe radial nach innen und außen getrieben wurden und in unmittelbarer Nähe der Elektrode ein Gravitationsabschirmfeld erzeugt haben. Die induzierte G-Ätheronen-Strömung hat dann die G-Ätheronen-Strömung, die sich normalerweise nach unten auf die Erde zubewegt, lokal umgeleitet, sodass sie in horizontaler Richtung weiterfloss. So hat sie den Gravitationsfeldgradienten der Untertasse verringert und den *g*-Wert, der die Masse der Untertasse beeinflusst, örtlich reduziert. Die in der positiv geladenen Kuppelelektrode induzierten Wechselstromschwingungen haben auch zu dem Gravitationsabschirmeffekt beigetragen. Somit dürfte wohl ein Teil der von Brown erzielten Hubwirkung auf einen induzierten Gravitationsabschirmeffekt zurückzuführen sein.

11.2 Experimente mit Sägezahnwellen niedriger Spannung

Mitte der neunziger Jahre führte Dimitriou einen Versuch durch, bei dem er Sägezahnwellen vom Ende einer speziell konfigurierten Dipolantenne bestrahlte.[5] Die in **Abb. 11.4** dargestellte Antenne hatte eine Größe von 18,5 × 12,5 cm. Eine detaillierte Erklärung, warum sie auf diese Weise konstruiert wurde, ist wahrscheinlich in seiner Diplomarbeit zu finden. Er erregte diese Antenne mit einem RC-Norton-Signal von 1,1 Megahertz und 15,5 Volt Spitzenspannung (von der Art wie in **Abb. 7.6b**). Der oszillierende Strom erreichte seinen Maximalwert entlang seiner zentralen Drahtachse und niedrigere Werte in den beiden umliegenden Drähten, von denen jeder mit einem Kondensator von insgesamt 53 Picofarad belastet wurde.

Dimitriou entdeckte, dass die Antenne eine Gravitationskraft vertikal zu ihrer Zentralachse erzeugte, wenn sie mit dieser Sägezahnwelle erregt wurde. Er hängte eine Glaskugel von 4,1 g Gewicht und einem Durchmesser von 1,5 cm ans Ende eines 2 m langen Baumwollfadens an die Decke, wobei er die Kugel in die Nähe eines Endes des zentralen Antennendrahtes positionierte. Eine geerdete Kupferplatte wurde zwischen der Antenne und dem Pendel positioniert, um eventuelle elektromagnetische Effekte abzuschirmen. Er beobachtete, dass eine Längskraft auf das nahe Testpendel einwirkte, wenn die Antenne erregt wurde. Wenn das Pendelgewicht in der Nähe des negativen Endes des zentralen Antennendrahtes positioniert wurde, wurde es mit einer Kraft von

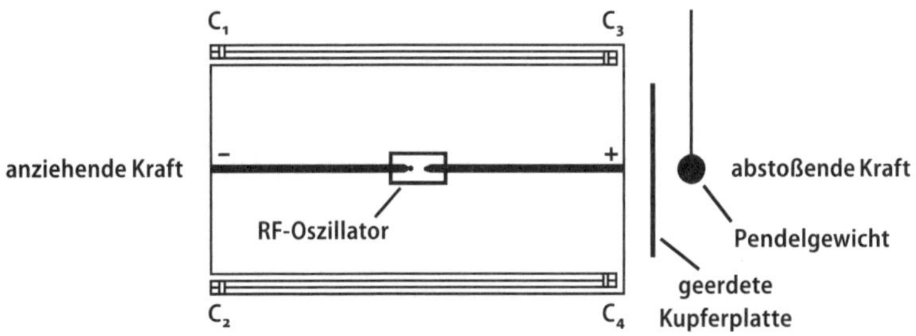

Abb. 11.4 *Eine von Stavros Dimitriou gebaute Antenne, die Gravitations-Längswellen von jedem Ende ihres zentralen Leiters ausstrahlt. C_1, C_2, C_3 und C_4 sind Lastkondensatoren. Das Pendelgewicht wurde 3 cm von der Antenne entfernt vertikal zum zentralen Leiter aufgehängt.*

4 Dyn angezogen. Das ist ein Hinweis darauf, dass es einer Anziehungskraft von 0,1 % g ausgesetzt war. Wurde es in der Nähe des positiven Endes des zentralen Drahtes positioniert, so wurde es mit einer Kraft von 3 Dyn abgestoßen, also mit einer Gravitationskraft von 0,08 % g. Dimitriou ging davon aus, dass diese Gravitationskraft durch einen Strahl von Gravitationswellen, ausgesandt vom Ende des zentralen Drahtes, auf die Testmasse ausgeübt wurde.

Bei einem weiteren Versuch demonstrierte Dimitriou, dass Sägezahn-Wellenformen Frequenzverschiebungen bei einem Licht erzeugen, das von der Sperrschicht einer Leuchtdiode ausgesandt wurde. Er ging davon aus, dass diese Sperrschicht als Miniaturkondensator fungierte und dass die Sägezahnwelle eine Gravitationskraft erzeugte, die die Sperrschicht in Bewegung versetzte, wobei die Bewegung eine Dopplerverschiebung der Frequenz der Leuchtdiode bewirkte. Er maß den sich daraus ergebenen Geschwindigkeitswechsel der Sperrschicht, indem er den Betrag und das Vorzeichen der Dopplerverschiebung beobachtete, die diese Bewegung im Licht der Leuchtdiode induziert hatte. Eine Blauverschiebung (d. h. ein Frequenzanstieg) wies auf einen Vorwärtsschub der Licht emittierenden Sperrschicht der Leuchtdiode hin, eine Rotverschiebung (d. h. eine Frequenzminderung) auf einen Umkehrschub der Sperrschicht.

Dimitriou erregte die Leuchtdiode mit einer Sägezahnwelle von 1,85 Megahertz und einer Amplitude von etwa 2 Volt Spitzenspannung. Die Spannung wurde so eingestellt, dass die Leuchtdiode anfing, ihr Licht auszusenden, wenn die Spannung ihren Spitzenwert erreichte. Dies geschah deshalb, weil die Leuchtdiode ihre kapazitiven Eigenschaften verliert, wenn ihre Sperrschicht die volle Leuchtdichte erreicht und deshalb keine Elektrogravitation mehr ausübt.

Er untersuchte die Wirkung von zwei Arten von Wellenformen. Eine war eine RC-RC-Wellenform von der Art, wie sie in **Abb. 7.5b** dargestellt ist, mit einem exponentiellen Spannungsanstieg, der ein Drittel Mal so lange dauerte wie ihr exponentieller Spannungsabfall. Bei der anderen Sägezahnwelle handelte es sich um eine rampenartige Welle mit einem linearen Anstieg und einem linearen Abfall, ebenfalls im Zeitverhältnis eins zu drei. Die ansteigende Flanke der exponentiellen Wellenform erzeugte eine Frequenz-Blauverschiebung von 8,16 mm pro Sekunde und ihre abfallende Flanke eine Frequenz-Rotverschiebung von 2,85 mm pro Sekunde, also 2,86 Mal weniger. Die rampenförmige Sägezahn-Wellenform erzeugte überraschenderweise ebenfalls Frequenzverschiebungen, wobei die Geschwindigkeitsverschiebung der ansteigenden Flanke 2,57 Mal den Wert der Geschwindigkeitsverschiebung der abfallenden Flanke betrug. Auch erzeugte die Rampe Geschwindigkeitsverschiebungen, die etwa 2,7 Mal geringer waren als jene, die durch die exponentielle Wellenform erzeugt worden waren.

Die Geschwindigkeitsverschiebung kann nicht allein auf die Elektrogravitationseffekte der virtuellen Ladungen zurückgeführt werden, denn wenn das der Fall wäre, hätte die Rampenwellenform, deren Potenzial mit dem Abstand linear variierte, bei der Sperrschicht der Leuchtdiode keine Geschwindigkeitsveränderung induzieren dürfen. Alternativ dazu wäre es möglich, dass die Frequenzverschiebung der Sperrschicht der Leuchtdiode erfolgte, weil die Sägezahnwellen aufgrund irgendeines unbekannten Effekts Veränderungen in den elektrischen Eigenschaften der Sperrschicht herbeiführten.

Dimitriou führte auch eine Reihe von Versuchen durch, bei denen er einen Kondensator mit parallelen Platten wiederholt mit einer RC-Norton-Sägezahnwelle ähnlich der in **Abb. 11.5** lud und entlud und darauf achtete, ob der Kondensator einen Gravitationsschub erfuhr.[6-8] Er experimentierte mit Sägezahnwellen-Frequenzen von einigen Hundert Kilohertz bis etwas über einem Megahertz, wobei er eine vergleichbar niedrige Spitzenspannung von bis zu 12,4 Volt verwendete. Er erzeugte diese Wellenform mit dem in **Abb. 11.6** gezeigten Stromkreis, der aus einem 7555-IC, zwei Kondensatoren und einem Ladewiderstand R_1 mit in Reihe geschaltetem Testkondensator bestand. Der Wert dieses Widerstands wurde auf 2,367 Ohm, $2\pi Z_0$ eingestellt, wobei Z_0 die freie Raumimpedanz von 376,7 Ohm ist.

Dimitriou applizierte diese Wellenform bei zwei Kondensatoren, die an jedem Ende eines 38 cm langen Stabs befestigt wurden, und lud und entlud sie wiederholt bei einer Frequenz von 238 Kilohertz (siehe **Abb. 11.7**). Jeder Kondensator maß 8 cm und bestand aus einer 1 cm dicken Kupferplatte, die von zwei dünnen Folien des Dielektrikums flankiert wurde, die wiederum von zwei 0,5 mm dicken Endplatten aus Bronze flankiert wurden. Die äußeren Bronzeplatten dienten als positive und negative Elektrode des Kondensators.

Abb. 11.5 *Eine RC-Norton-Sägezahnwelle mit einem graduellen, exponentiellen Spannungsanstieg und einem schnellen, linearen Spannungsabfall. Der Abfall der Rampenspannung wurde so eingestellt, dass er etwa 3 % der Zeit der Anstiegsphase der Spannung dauerte.*

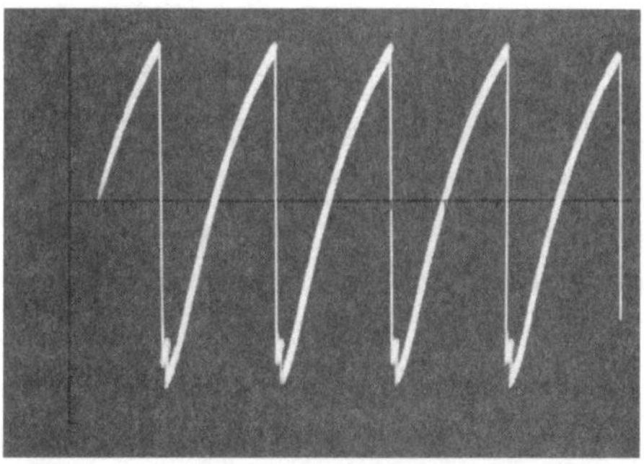

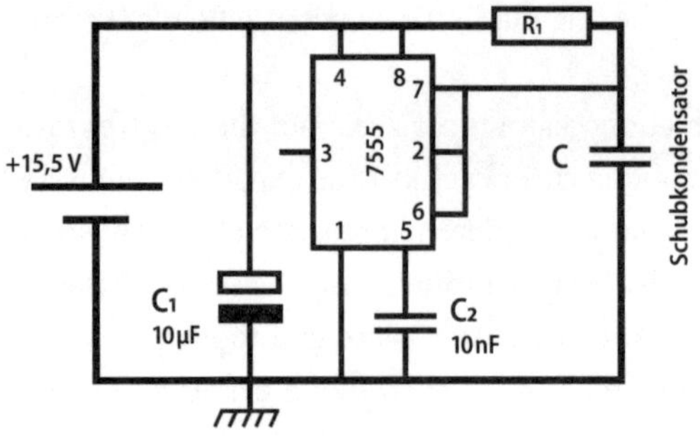

Abb. 11.6 *Schaltplan für die Herstellung der RC-Norton-Sägezahnwelle.*

Dimitriou berichtete, dass die Kondensatoren, als er sie mit dieser Sägezahnwelle erregte, einen Schub vom Negativen zum Positiven entwickelte, wodurch sich die Richtung des Rotorarms um etwa 5 mm drehte, was einer Rotation von 1 Grad entsprach. Er führte auch einen ähnlichen Test mit einem Luftspalt statt einem Dielektrikum zwischen den Platten des Kondensators durch und berichtete, dass er ebenfalls einen Schub erzeugte. Er kam zu dem Schluss, dass der Effekt nicht von dem Vorhandensein eines Dielektrikums abhing.

Im März 2007 führte ich meine eigenen Tests in Bezug auf Dimitrious Schubkondensator-Effekt durch. Ich konstruierte einige Kondensatoren von 3,5 × 5 cm mit einer Kapazität von etwa 41 Picofarad. Ein Stück Aluminiumfolie bildete die eine Platte und eine kupferbeschichtete Platine die andere. Beide wurden durch eine Schicht doppelseitigen Klebebands voneinander getrennt. Ich baute ebenfalls einen RC-Norton-Oszillator auf der Grundlage des in **Abb. 11.6** gezeigten Schaltbildes und verwendete ihn zur Erregung des Kondensators mit Sägezahnwellen von 15 Volt und einer Frequenz von etwa 1 Megahertz. Ich hängte ein 80 cm langes Pendel in die Nähe einer Seite des Kondensators, beobachtete jedoch keine Abweichung, als der Kondensator erregt wurde (d. h. $\Delta x < 1$ mm). Dies war ein Hinweis darauf, dass jede seitliche Gravitationsbeschleunigung, die in unmittelbarer Nähe des Kondensators erzeugt wurde, kleiner sein müsse als 0,1 % *g*. Ich benutzte auch einen von Dimitriou gebauten Wellenformgenerator und erhielt dasselbe negative Ergebnis.

Für einen anderen Test konstruierte ich einen Kondensator von 10 × 13,5 cm und positionierte ihn horizontal auf einer Milligrammwaage, die Gewichtsveränderungen von 1 Milligramm anzeigen konnte. Wenn der Kondensator mit der RC-Norton-Sägezahnwellenform erregt wurde, war keine Gewichtsveränderung zu verzeichnen. Da der Kondensator selbst 85 Gramm wog, war dies ein Zeichen dafür, dass es keine Veränderung der Gravitationsbeschleunigung gab, die größer als 0,001 % *g* war.

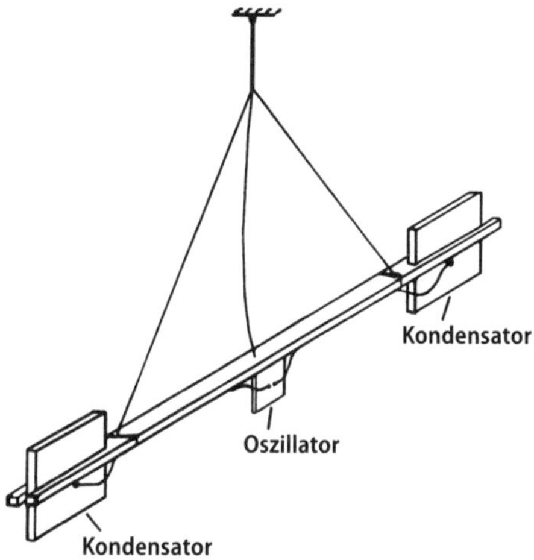

Abb. 11.7 *Der Kondensatoraufbau beim Versuch mit der Sägezahnwelle von Dimitriou.*

Um das Experiment von Dimitriou mit dem Kondensatorrotor zu überprüfen, baute ich ein Rotorsystem, das dem in **Abb. 11.7** ähnelte. Die Kondensatoren wurden aus zwei rechteckigen Kupferplatten von 30 Tausendstel Zoll konstruiert, mit einer Abmessung von 10,5 × 14 cm, und durch eine dünne Filmschicht aus Polyäthylen voneinander getrennt. Die Kondensatoren wogen jeweils etwa 200 g und hatten eine Kapazität von 655 Pikofarad. Sie wurden an den entgegengesetzten Enden eines 90 cm langen Stabs montiert, der an seinem Mittelpunkt an die Decke gehängt wurde (siehe **Abb. 11.8**). Der Sägezahn-Wellengenerator und seine Batterien wurden an dem Stock befestigt. Ich führte mit Professor Panagiotis Pappas und seinen Assistenten in dessen Labor in Athen Versuche mit diesem Apparat durch. Wir erregten beide Kondensatoren mit der RC-Nortonwelle, konnten jedoch keine beständige Rotation des Apparats feststellen.

Als wir die Sägezahnwelle mit einem Oszilloskop überprüften, stellten wir fest, dass eine unerwünschte, hochfrequente Oszillation in der Wellenform vorhanden war, die auf eine Induktivität durch einen langen Bleidraht zurückzuführen war, der den Wellengenerator mit beiden Kondensatoren verband. Um diese Oszillation zu beseitigen, stellten wir den Wellengenerator so nahe wie möglich an einen der Kondensatoren und beseitigten den Draht, der dem anderen Kondensator Hochfrequenz zuführte. Der zweite Kondensator wurde dann als träges Gegengewicht an der entgegengesetzten Seite des Rotorarms benutzt.

Bevor ein zweiter Test durchgeführt wurde, konstruierten wir eine Lichtrelaisschaltung, mit der wir die Polarität der Sägezahnwelle zum Kondensator umkehrten. Indem wir einen Schalter im Beobachtungsraum betätigten,

Abb. 11.8 *Vom Autor konstruierter Kondensatorrotor. (P. LaViolette, © 2007)*

konnten wir eine Zimmerlampe einschalten und die Fotorelaisschaltung aktivieren, um die Kondensatorpolarität umzukehren, ohne dass wir den Apparat berührten. Pappas befestigte auch eine Videokamera an der Decke, die nach unten auf den Kondensator gerichtet war, sodass wir jede einzelne Bewegung des Apparats vom Beobachtungsraum aus sehen konnten. Dies taten wir, um Störeinflüsse zu reduzieren, die durch Luftströme von Personen im Raum hätten verursacht werden können und dadurch den Apparat gestört hätten. Wir stellten fest, dass es fast eine Stunde dauerte, bis das Schwingen des Apparats nachließ. Und selbst dann gab es noch kleine Schwingungen aufgrund von geringen Luftströmungen im Raum.

Wir erregten den Kondensator mit einer RC-Nortonwelle von 1,5 Megahertz und kehrten die Polarität der Wellenform am Kondensator um, aber wir stellten keine vergleichbare Umkehr oder Veränderung im Schwingen des Apparats fest. Wir kamen zu dem Schluss, dass am Rotor kein Gravitationsschubeffekt zu beobachten war außer den ständigen langsamen Rotorschwingungen aufgrund von Zugluft. Unter Verwendung eines behelfsmäßigen Torsionsmessers stellte ich fest: Falls der Kondensator in der Lage war, eine Gravitationskraft von mindestens 0,04 % *g* zu erzeugen, hätte eine fortdauernde Bewegung des Apparats beobachtet werden müssen. Unser Nullresultat stellte also die Behauptungen infrage, dass Wellenformen mit niedriger Spannung in der Lage sind, auf Kondensatoren einen Gravitationsschub auszuüben.

Später modifizierte Pappas den Rotoraufbau so, dass der Sägezahn-Wellengenerator über feine Drähte, die mit der Drahtaufhängung des Rotors verbunden waren, mit 16 V Gleichspannung versorgt wurde, wobei sich der Netzschalter im Beobachtungsraum befand. Auf diese Weise konnten wir von unserem entfernten Standort den Wellengenerator ein- und ausschalten. Wir deaktivierten auch das Polaritätsumkehrrelais, um alle Vibrationen auszuschalten, die durch die Erregung des Relais hätten entstehen können. Nachdem wir mehrere Stunden abgewartet hatten, bis der Apparat sich ausbalancierte, wurde der Strom eingeschaltet und später wieder ausgeschaltet. Jedoch konnten ausschließlich Schwingungen beobachtet werden, die durch Luftzug verursacht wurden.

Naudin berichtete, dass er den Versuch von Dimitriou mit dem Kondensatorrotor wiederholt und dabei eine Rotation des Apparats von einem Grad beobachtet hatte. Unser Rotor wurde auf eine ähnliche Art und Weise hergestellt wie der von Naudin, außer dass unsere Kondensatorplatten aus Kupferblech statt Aluminiumblech bestanden und wir nur einen der beiden Rotoren aktivierten. Aufgrund unserer Resultate müssen wir uns fragen, ob die Rotation von einem Grad, über die Naudin berichtete, in Wahrheit auf Luftströme zurückzuführen war anstatt auf einen echten Gravitationsschub. Bei seiner Beschreibung des Experiments gab Naudin zu, dass Luftströme für die Stabilität des Rotorarms des Kondensators ein echtes Problem darstellten.

Bei seinem ursprünglichen Rotorversuch hatte Dimitriou Kondensatoren verwendet, die viel massiver waren als jene, die wir bei unserem Versuch einsetzten, denn jeder von ihnen hatte eine 1 cm dicke Kupferplatte. Also sollte der Versuch mit Kupferplatten von ähnlicher Dicke wiederholt werden, um zu sehen, ob ein positives Ergebnis erzielt wird. Ein weiterer Versuch, der wiederholt werden sollte, ist ein Versuch mit einem Rotor, den Dimitriou einer Gruppe von Professoren der *University of Manchester* vorführte. Bei diesem Versuch wurden Mica-Kondensatoren mit einem Durchmesser von 1,5 cm an den entgegengesetzten Enden eines 25 cm langen Stabes positioniert, der an seiner Mitte aufgehängt worden war. Wenn der Stab mit einer RC-Norton-Wellenform erregt wurde, rotierte er angeblich um 20 Grad.

Dimitriou hatte eine Arbeitstheorie entwickelt, durch die er sich bei seinen experimentellen Arbeiten leiten ließ. Einzelheiten darüber stehen in seiner Diplomarbeit. Er zog eine Reihe von Schlussfolgerungen aus den konventionellen Theorien der Elektrostatik und Gravitation, die ihn zur Annahme brachten, dass eine Entsprechung zwischen dem Tempo der Veränderung des Ladestroms des Kondensators und einer Gravitationsbeschleunigung besteht, die auf den Kondensator einwirkt. Alternativ dazu formulierte er dies als ein Verhältnis zwischen einem beschleunigten Tempo der Veränderung der elektrischen Feldintensität eines Kondensators und einer sich daraus ergebenden Gravitationsbeschleunigung, die auf den Kondensator einwirkt. Wie in dem folgenden Textkasten gezeigt wird, stimmt sein Verhältnis der Elektrogravitationsbeschleunigung (13) mit der Voraussage der Subquantenkinetik überein, wie eine virtuelle Ladung eine Gravitationskraft erzeugt, die in der Gleichung 8 in Kapitel 4 dargestellt wird.

Äquivalenz der Elektrogravitationstheorie Dimitrious mit der der Subquantenkinetik

Dimitriou geht davon aus, dass ein Konstantstrom *i*, der eine konstante Veränderung der Ladung dQ/dt in einem Kondensator erzeugt, einen äquivalenten proportionalen Bewegungszustand im Kondensator erzeugt, und das bei einer konstanten Geschwindigkeit v relativ zum Bezugssystem der Ladung, was mathematisch ausgedrückt wird als:

$$i = \frac{dQ}{dt} \propto -v \qquad (10)$$

Alternativ kann man sagen: Da ein konstant ladender Strom eine konstante Zunahme in der Veränderung der elektrischen Feldstärke gemäß dE/dt erzeugt, stellt er fest, dass diese Veränderung der Zunahme äquivalent sein sollte zu einem proportionalen Bewegungszustand mit der Geschwindigkeit v, was wie folgt ausgedrückt wird:

$$i = \varepsilon S \frac{dE}{dt} \propto -v \qquad (11)$$

Hierbei ist ε die dielektrische Konstante des Kondensators und S die Oberfläche des Kondensators. Beachten Sie, dass die Intensität der elektrischen Feldstärke dieselbe ist wie der negative Gradient des Potenzials am Kondensator (d.h. $\boldsymbol{E} = -\nabla\varphi_E$). Damit postuliert er, dass ein linearer Anstieg der Ladung auf einer Kondensatorplatte oder ein linearer Anstieg des Spannungsgradienten an den Kondensatorplatten einem virtuellen Geschwindigkeitsvektor entspricht, der in Richtung auf den positiven Pol eines Kondensators gerichtet ist, aber dass dies nicht zu einer Beschleunigungs- und Bewegungsverschiebung des Kondensators führt.

Außerdem leitet Dimitriou daraus ab, dass die Veränderungsrate des Stroms di/dt, die eine beschleunigte Veränderung der Ladungsmenge auf dem Kondensator d^2Q/dt^2 oder eine beschleunigte Veränderung der Intensität des elektrischen Feldes zwischen den Kondensatorplatten $d^2\boldsymbol{E}/dt^2$ bewirkt, einen Zustand herbeiführt, in dem der Kondensator sich verhält, als ob er einer Gravitationsbeschleunigung $\boldsymbol{a}_g$ unterworfen wäre, die wie folgt ausgedrückt wird:

$$\frac{di}{dt} = \frac{d^2Q}{dt^2} = \varepsilon S \frac{d^2\boldsymbol{E}}{dt^2} \propto -\boldsymbol{a}_g \tag{12}$$

Somit geht er davon aus, dass eine erhöhte Zunahme der Ladung auf einer Kondensatorplatte oder eine erhöhte Zunahme des Spannungsgradienten zwischen den Kondensatorplatten gleichbedeutend mit einer Beschleunigung des Kondensators in Richtung auf seinen positiven Pol sei. Er nimmt an, dass eine Gravitationskraft und eine Verschiebung eines Kondensators nur in Situationen der zweiten Art, wie in Gleichung 12, erfolgen, in denen die Intensität des elektrischen Feldes eines Kondensators nichtlinear mit der Zeit steigt oder sinkt.

Unter der Annahme, dass die Intensität des elektrischen Feldes als Welle aufgefasst wird, die sich mit Lichtgeschwindigkeit bewegt, und dass ihre Amplitude sich mit der Entfernung auf dieselbe Art und Weise verändert, wie sie sich mit der Zeit verändert, könnte die Gleichung 12 als die Veränderung des elektrischen Potenzials abgeleitet nach der Entfernung r ausgedrückt werden, statt der Ableitung nach der Zeit t, wie in der folgenden Gleichung:

$$\varepsilon \frac{d^2\boldsymbol{E}}{dr^2} = \varepsilon \frac{d^2}{dr^2}\left(\nabla\varphi_E(r)\right) = \varepsilon\nabla\left(\nabla^2\varphi_E(r)\right) \propto \boldsymbol{a}_g \tag{13}$$

wobei $\boldsymbol{E} = -\nabla\varphi_E$. Da $\boldsymbol{a}_g = \boldsymbol{F}_g/m$, könnte dies als identisch mit Gleichung 8 angesehen werden, der subquantenkinetischen Kopplungsrelation, die in Kapitel 4 abgeleitet wurde und die Elektrogravitationseffekte der virtuellen Ladungsdichten ausdrückt.

Dimitrious Theorie bezieht die Elektrogravitationsbeschleunigung auf den Ladestrom, was vom Standpunkt der Elektrotechnik von Vorteil wäre, denn die Leistung eines Wellengenerators wird häufig anhand des von ihm erzeugten Stroms bewertet. Die Subquantenkinetik hat jedoch den Vorteil, ein Begriffsmodell anzubieten, das es einem erlaubt zu sehen, was diesen Zusammenhang mit der Elektrogravitation herstellt. Es erlaubt einem, den Zusammenhang zwischen dem Potenzial des elektrischen Feldes, der Dichte der virtuellen elektrischen Ladung, des Potenzials des Gravitationsfeldes und der Schwerebeschleunigung zu sehen. Die Subquantenkinetik zeigt ebenfalls, dass eine erste Ableitung der elektrischen Feldstärke auch beim Hochfrequenzregime wichtig sein könnte. Es ist interessant, dass Dimitriou unabhängig und nur auf der Basis von Experimenten auf eine Formel kam, die der Elektrogravitationsformel der Subquantenkinetik entspricht.

Zusammenfassend kann man sagen, dass weitere Forschungen erforderlich sind, um Dimitrious Ergebnisse zu überprüfen. Ich glaube, dass ein Elektrogravitations-Schubeffekt existiert, aber bei AC-Spannungen, die viel höher liegen als die, die Dimitriou und Naudin eingesetzt haben. Weitere Versuche mit Sägezahnwellen im Kilovoltbereich bringen dieses Elektrogravitations-Schubphänomen hoffentlich auf eine nachprüfbare Ebene. Ebenso sollten zusätzliche Versuche durchgeführt werden, um Dimitrious Scheibenantenne mit RF im Kilovoltbereich zu erregen, um genauer festzustellen, ob eine Gravitationsabschirmung erzeugt wird.

12

Elektrogravitationsversuche mit Hochspannung

Forschungen im Bereich der Elektrogravitation werden außerhalb der geheimen Labors von interessierten Amateuren, die sich von Browns Arbeit inspirieren ließen, emsig betrieben. In diesem Kapitel werde ich auf die Versuche einiger dieser Forscher eingehen. Der Leser sollte sich darüber klar sein, dass die Arbeit mit Hochspannung sehr gefährlich sein kann, denn Hochspannung kann tödliche Schläge versetzen. Somit ist es nicht empfehlenswert, sich mit solchen Experimenten zu beschäftigen, ohne bestens mit den Gefahren vertraut zu sein und ohne die entsprechenden Sicherheitsvorkehrungen getroffen zu haben.

12.1 Die elektrokinetischen Versuche Tom Turmans

Der Elektroingenieur Tom Turman kam zum ersten Mal auf die Idee, sich mit dem Thema Elektrogravitation zu beschäftigen, nachdem er 1958 einen Artikel von Gaston Burridge über Browns Arbeit gelesen hatte. Bei seinen Versuchen, einige von Browns Versuchen mit Flugscheiben nachzuvollziehen, betrieb Turman zwischen 1965 und 1972 private Forschungen auf dem Gebiet der Elektrogravitation, während er an der *Texas Tech University* Elektrotechnik studierte. 1968 setzte er sich brieflich und telefonisch mit Brown in Verbindung. Er erzählte ihm über die Versuche, die er durchführte, und bat ihn, ihm einige Aspekte seiner Experimente mit den Flugscheiben genauer zu erklären. Brown war von Turmans unabhängiger Arbeit ziemlich beeindruckt und dachte sogar ernsthaft darüber nach, ihn als seinen Assistenten einzustellen. Leider erlaubten ihm das die Umstände nicht.

Turman musste seine Arbeiten ohne die Unterstützung irgendwelcher Universitäten durchführen. Die meisten Geräte, die er für seine Versuche benötigte, wurden ihm entweder geschenkt, oder er musste sie sich billig aus zweiter Hand besorgen. Er verfügte über eine selbst gemachte Stromversorgung, die 300 kV Gleichspannung bei bis zu 100 Milliampere lieferte, einen Oszillografen mit acht Kanälen zur Messung von Spannung, Strom und Kraft, und ein Messgerät, das kleine Veränderungen beim Gewicht einer aufgehängten Elektrogravitations-Testvorrichtung messen konnte.

Turman baute mehrere leichte, asymmetrische Kondensatoren. Eine zylindrische Vorrichtung, die er baute, wog zwischen 3 und 6 Gramm und erzielte Maximalschübe, die der Hälfte ihres Gewichtes entsprachen.[1] Für diese Konstruktion verwendete er einen dünnen Isolierfilm aus Plastik von wenigen Tausendstel Zoll, den er um einen Zylinder mit einem Durchmesser von 4,75 Zoll und einer Länge von 4,4 Zoll wickelte (**Abb. 12.1**). Eine Aluminiumfolie von 2,4 Zoll Breite wickelte er um das untere Ende des Zylinders, mit einer Überlappung von 0,5 Zoll über dem Plastikfilm; dies diente als negative Elektrode. Die positive Elektrode war ein Rohr aus Aluminiumfolie von 0,25 Zoll Durchmesser und 3,6 Zoll Länge, die am entgegengesetzten Ende des Zylinders und parallel zur Achse des Zylinders positioniert wurde, so dass sich die Hälfte des Rohrs ins Innere des Zylinders erstreckte.

Turman stellte fest, dass sich der Hub mit zunehmender Spannung *U* exponentiell steigerte, auf etwa U^2 bis U^3, was ähnliche Resultate von Browns früheren Arbeiten bestätigte. Turmans Zylinder entwickelten Schübe zwischen 0,3 und 3,5 Gramm, wenn sie mit Spannungen zwischen 35 und 135 Kilovolt betrieben wurden, es wurde ein Strom von wenigen Milliampere gezogen. Er stellte fest, dass der Schub von der Art des Isolierfilms abhing, der für den Zylinder verwendet wurde. Er erzielte größere Schübe bei Materialien mit größerer dielektrischer Konstante, wobei er Schübe beobachtete, die mit K^2 bis $K^{2,3}$ anstiegen (**Abb. 12.2**). Er stellte ebenfalls fest, dass der Schub von den Abmessungen der Vorrichtung abhing, z. B. der Länge der positiven Elektrode und der Tiefe des Eindringens

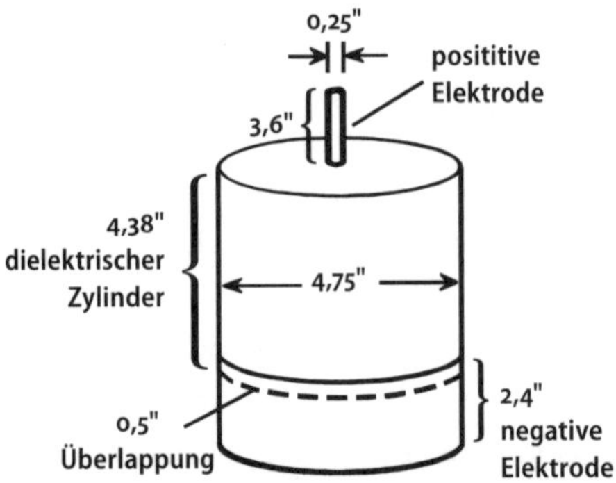

Abb. 12.1 *Eine von Tom Turman gebaute und getestete zylinderförmige, Ionen erzeugende Vorrichtung. Ihre Konstruktion basierte auf Berichten von Tests mit »Liftern«, die von Thomas Townsend Brown durchgeführt worden waren. (Nach einer Skizze von Turman)*

in den Zylinder, der Länge des Zylinders und in gewissem Maß der Breite der Aluminiumfolie. Die Ergebnisse der Schubtests, die er an einem Zylinder von 13,75 Zoll Durchmesser durchführte, ersehen Sie aus **Tabelle 1** auf der folgenden Seite oben.

Turman erhielt den größten Schub, wenn er DC-Hochspannungsimpulse anwandte, ein Effekt, den auch Brown registriert hatte. Wenn Turmans Vorrichtung mit Impulsen erregt wurde, erzielte er Schübe, die fast ausreichend waren, um sie schweben zu lassen. Er stellte fest, dass sein Zylinder ebenfalls einen Schub entwickelte, wenn er mit Wechselstrom betrieben wurde, aber nicht so viel wie bei Gleichstrom. Der in Kapitel 3 beschriebene unausgeglichene Effekt der elektrostatischen Kraft ist verantwortlich für den Schub, der entwickelt wurde, wenn eine umgekehrte Spannungspolarität beim Zylinder angelegt wurde. Gleichgültig ob die kleinere obere Elektrode eine positive oder negative Polarität hatte, wurden mehr Ionen in der Umgebung der kleinen oberen Elektrode emittiert, wo die Dichte des elektrischen Feldes größer war, und dies übte eine starke repulsive Aufwärtskraft aus. Diese Kraft war auch

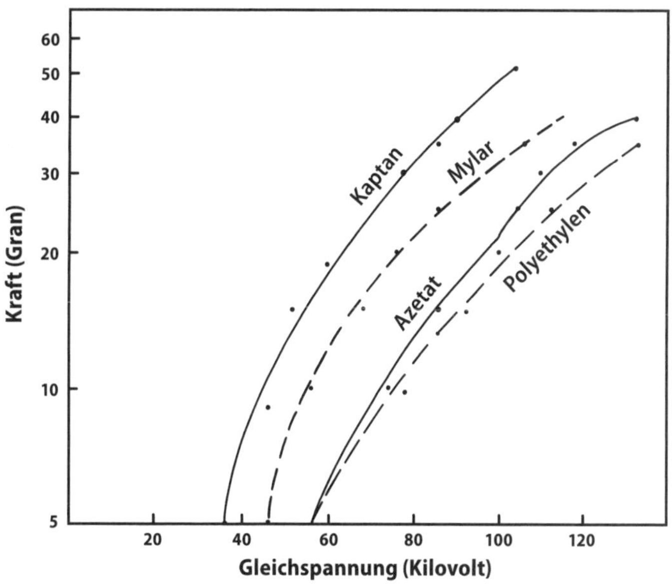

Abb. 12.2 *Diagramm des Hubs durch zylindrische Testvorrichtungen (Durchmesser 4,75 Zoll) aus verschiedenen Arten Plastikfolie mit unterschiedlicher dielektrischer Konstante (K). Die Kurven stehen für Kaptan (K = 3,7), Mylar (K = 3,1), Azetatfilm (K = 2,9) und Polyethylen hoher Dichte (K = 2,3). (Nach T. Turman)*

Tabelle 1 *Schubabweichung bei unterschiedlicher Zylinderlänge und Tiefe der positiven Elektrode (getestet bei 250 Kilovolt)*

Länge (Zoll)	*Tiefe (Zoll)*	*Hub (Gramm)*
10,9	*2,5*	*22*
11,4	*2,3*	*20*
11,6	*1,1*	*20*
12,1	*2,4*	*16*

größer gewesen als die repulsive Abwärtskraft, die in der Umgebung der unteren zylindrischen Elektrode erzeugt wurde, wo weniger gegensätzlich geladene Ionen erzeugt wurden und wo die resultierende repulsive Kraft in erster Linie radial nach außen gerichtet war, weg von der Mittelachse des Zylinders. Dementsprechend scheinen die elektrostatischen Ionenabstoßeffekte in leichten Geräten, die ein nichtlineares Feld erzeugen, über die Elektrogravitationseffekte zu dominieren. Dasselbe gilt für die Hubexperimente, die von späteren Forschern durchgeführt wurden.

Turman bemerkte, dass seine zylindrische Schubdüse eine große Menge Ionenwind erzeugte. Somit konnte er nicht ausschließen, dass Ionenwind die wichtigste Antriebsquelle war. Da er jedoch beobachtete, dass das elektrische Feld zwischen den beiden Elektroden stark nichtlinear war, prognostizierte er, dass die Vorrichtung einen deutlichen Biefeld-Brown-Effekt aufweisen würde, wenn man sie in einem Vakuum testete. Er war mit dem Bau seines Vakuumgeräts, das er für diese Tests benötigte, schon fast fertig, als er alles wieder auseinanderbauen musste, weil er wegen eines Arbeitsplatzwechsels umziehen musste. Danach baute er seine Geräte nie wieder zusammen.

Turmans zylindrische Vorrichtung erreichte nicht annähernd den vertikalen Hub, den Brown mit seiner triarkuatförmigen, 100 Gramm schweren Scheibe erreicht hatte (**Abb. 3.2**). Trotzdem hatte Brown ein großes Interesse an der Konstruktion. Bei einem ihrer Telefongespräche, bei dem Turman ihm mitteilte, dass er mit seinen Zylindervorrichtungen richtig starke Schübe erzielte, befragte Brown ihn ausführlich über diese Scheibe und bat ihn, Zeichnungen davon anzufertigen und sie ihm zu schicken, weil er an diesen Zylindern sehr interessiert sei. Turman schickte ihm die gewünschten Zeichnungen mit den dazugehörigen Daten. Am 1. November 1971 schrieb Brown zurück: »Ihre Skizze zeigt eine Punkt- und Ringkonfiguration von Elektroden mit einem dielektrischen Rohr dazwischen. Ich nehme an, dass die Enden dieses Rohrs offen sind und die Luft in die Richtung des divergenten Feldes strömt. Dies dürfte eine Bewegung des Rohrsystems in die entgegengesetzte Richtung bewirken, also auf die kleine positive Elektrode zu, habe ich recht? [...] Haben Sie beim positiven Ende des geschlossenen Rohrs irgendeinen Schub beobachtet?«[2]

Eine weitere von Turman getestete asymmetrische Kondensatorkonstruktion bestand aus einer flachen Scheibe aus Polyethylenfilm von 8 Zoll Durchmesser, an deren oberer und unterer Fläche Elektroden befestigt waren.[3] Die obere (positive) und untere (negative) Elektrode bestande je aus einer Folienscheibe von 1 Zoll Durchmesser und einem Folienring mit einem Durchmesser von 7 Zoll (siehe **Abb. 12.3**). Die Scheibe wurde durch eine Konstruktion aus Balsaholz gestützt, die durch Monofil-Leiter zum Wiegen an eine Waage mit zwei gleichen Armen gehängt war. Diese Vorrichtung entwickelte im erregten Zustand einen Hub von bis zu 30 % ihres Gewichts. Ebenso wie die zylindrische Vorrichtung entwickelte auch diese flache Scheibe einen Hub, wenn Wechselstrom angelegt wurde, aber weniger als bei Gleichspannung. Auch zeigte sich, dass die Vorrichtung mit Gleichspannungsimpulsen besser funktionierte als mit ständiger Gleichspannung.

Turman versuchte auch, Browns fliegende Scheibe zu kopieren. Er fabrizierte eine Scheibe aus Pappe mit einem Durchmesser von 28 Zoll und bedeckte sie mit Aluminiumfolie (**Abb. 12.4**).[4] Die Scheibe hatte im Zentrum eine Dicke von 2,5 Zoll und verjüngte sich zur Peripherie hin zu stumpfen Kanten von 0,12 Zoll Durchmesser. Er bog einen Messingstab von 125 Tausendstel Zoll Durchmesser so um die Scheibe, dass er ein Segment von 70° umspannte. Der gebogene

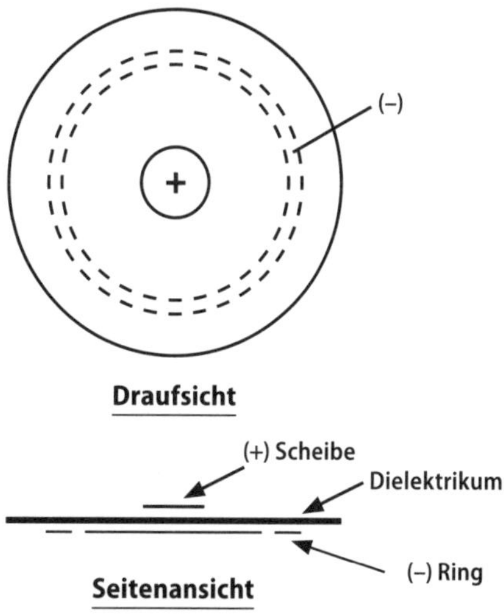

Abb. 12.3 *Eine von Tom Turman konstruierte und getestete elektrische Scheibe mit flachem Profil. (Nach einer Skizze von Turman)*

Messingstab diente als positiv geladene Außenbordelektrode und wurde 4,75 Zoll von der negativ geladenen Scheibe enfernt mit einer Reihe von Isolatoren aus Plexiglas befestigt. Bei einem statischen Test entwickelte diese Vorrichtung einen Schub von nur 4,5 Gramm, wenn sie auf 80 Kilovolt erregt wurde. Das ergab ein Schub-Gewichts-Verhältnis von nur 1%. Das war viel niedriger als selbst die Schübe, die Browns Scheiben 1952 bei den Tests für das *Office of Naval Research* erreicht hatten. Diese entwickelten Schübe von 18 Gramm unter einer Ladung von 47 Kilovolt. Aufgrund dieser enttäuschenden Leistung schrieb Turman an Brown und fragte ihn, was an seiner Grundkonstruktion falsch sein könnte.

In seinem Brief vom 1. November 1971 (siehe Anhang A) antwortete Brown, indem er ein Bild von seiner elektrischen Scheibe zeichnete (siehe **Abb. 2.6**). Aus ihr ging hervor, dass Brown als Elektrode einen Draht mit viel geringerer Dicke benutzt hatte, nämlich mit einem Durchmesser von einem Tausendstel Zoll. In seinem »Patent für einen elektrokinetischen Apparat« hatte Brown angegeben, dass für Scheiben, die mit Spannungen von weniger als 125 Kilovolt erregt werden, Drähte mit geringem Durchmesser verwendet werden sollten. Für Scheiben, die mit höheren Spannungen erregt werden, empfahl er, dass die positive Elektrode aus einer hohlen Röhre oder Stange mit einem Durchmesser von 0,25 bis 0,50 Zoll bestehen sollte. Turman testete seine Scheiben jedoch im unteren Spannungsbereich mit einem Draht von 100 Mal größerem Durchmesser als der, den Brown benutzt hatte. Das könnte erklären, warum Turman mit seiner Scheibe einen geringeren Schub erzielte. Auch war der Kantenrundungsradius der triarkuaten Scheibe in Browns Zeichnung acht Mal größer als bei Toms Konstruktion (0,50 Zoll statt 0,06 Zoll). Bei der Konstruktion seiner Scheibe hatte sich Turman ursprünglich von dem Diagramm leiten lassen, das Brown in einem Patent für den elektrokinetischen Apparat von 1960 abgebildet hatte.

Bei einem späteren Telefongespräch erfuhr Turman von Brown, dass im Patent keine Beschreibung einer optimalen Konstruktion vorhanden war und dass die Konstruktion mit den stumpfen Kanten besser funktionierte, weil dabei eine eher

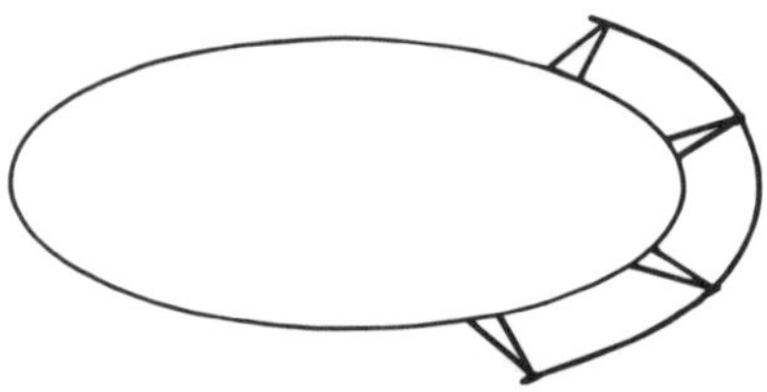

Abb. 12.4 *Eine von Tom Turman gebaute und getestete Vorrichtung, die der elektrischen Scheibe von Thomas Townsend Brown ähnelt. (Nach einer Skizze von T. Turman)*

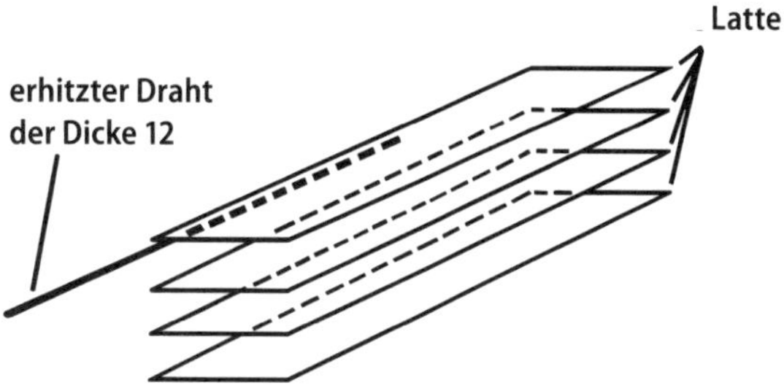

Abb. 12.5 *Ein von Tom Turman konstruierter asymmetrischer lattenförmiger Kondensator mit einer erhitzten positiven Elektrode. (Nach einer Zeichnung von T. Turman)*

nichtlineare Feldkonfiguration zwischen den Elektroden erzeugt wurde. Brown betonte, dass es wichtig sei, ein nichtlineares E-Feld zu erzeugen, um den Schub zu maximieren. Obwohl in Browns Patenten Nichtlinearität erwähnt wird, stellte Turman fest, dass Brown auf diesen Punkt in seinen privaten Gesprächen viel mehr Wert legte. Hätte Turman den Durchmesser des Drahts der positiven Elektrode an der Vorderkante um einen Faktor von 120 reduziert und die Kante der negativ geladenen Scheibe mit einer allmählichen Rundung versehen, hätte sich die Nichtlinearität des elektrischen Feldes der Scheibe beträchtlich erhöht. Dies hätte eine bedeutend höhere Ionenemission aus der Umgebung der positiven Elektrode erzeugt, deren nach vorn drückende repulsive Kräfte einen bedeutend höheren Schub auf die Scheibe ausgeübt hätten.

Turman stellte Brown noch viele andere Fragen: Wird die Antriebseffizienz der Vorrichtung erhöht – verglichen mit den Resultaten eines statischen Tests –, wenn man sie auf einem kreisenden Kurs laufen lässt? Erhöht sich das Verhältnis von Schub zu Gewicht, wenn man die Scheibe vergrößert? Wie groß war die größte Scheibe, die Sie je gebaut haben, und welche Probleme mussten Sie dabei bewältigen? Bei diesem Thema war Brown sehr zurückhaltend.

Turman baute auch einen asymmetrischen Kondensator, um die Leistung einer lattenähnlichen Vorrichtung zu testen, die Brown in seinem Patent des elektrokinetischen Apparats von 1960 beschrieben hatte (siehe **Abb. 12.5**).[5] Er hatte große Ähnlichkeit mit den Hubvorrichtungen, die später bei Elektrogravitations-Hobbytechnikern so populär wurden, aber er war bedeutend massiver konstruiert. Turman verwendete als Elektrode einen Stapel von vier Messinglatten mit einer Abmessung von jeweils 1 × 12 Zoll und einem Kupferdraht von 110 Tausendstel Zoll Durchmesser als positive Außenbordelektrode.* Turman sagte, dass seine Vorrichtung einen gewaltigen Ionenwind erzeugte, wenn sie mit 30

* Turman hat die Dicke seiner Latten nicht angegeben.

Kilovolt erregt wurde. Er legte an die Elektroden nicht nur DC-Hochspannung an, sondern erhitzte die positive Elektrode auch elektrisch unter Verwendung eines modifizierten Transformators mit einem Röntgenstab-Glühfaden von 12 Volt. Er stellte fest, dass er durch Erhitzen der positiven Elektrode einen bedeutend größeren Schub erzielen konnte. Weiterhin stellte er fest, dass entlang des Drahts in regelmäßigen Abständen leuchtende Ionisationsperlen entstanden und Stellen bildeten, wo Ionen mit einer höheren Geschwindigkeit entladen wurden. Wurde der Draht stärker erhitzt, bildete sich entlang des Drahts eine größere Anzahl von Perlen. In seinem Patent von 1928 empfahl Brown ebenfalls das Erhitzen der Elektrode als Möglichkeit zur Verbesserung des Elektrogravitationsschubs der Gravitatorzellen seiner Vakuumröhre (siehe **Abb. 1.6**).

Turman bemerkte, dass er immer noch starke Schübe erreichen konnte, nachdem sich auf dem Draht eine schwarze Oxidschicht gebildet hatte, selbst wenn er den Draht nicht mehr erhitzte. Der oxidbeschichtete Draht erzeugte offenbar deutlich mehr Schub als ein sauberer Kupferdraht. Turman glaubte, dass bei Browns fliegenden Scheiben möglicherweise ein Draht als positive Elektrode verwendet wurde, der mit irgendeinem seltsamen Material beschichtet gewesen war, das die Emission von Ionen verstärkte. Solch eine Schicht könnte sich als Resultat von Erhitzung und Oxidation auf dem Draht gebildet haben. Zum Beispiel werden Seltenerd-Oxide bei Radioröhren verwendet, um die Emission von Elektroden von ihren Glühfäden zu verstärken. Dieselbe Art von Beschichtung könnte auch die Bildung positiver Ionen auf der Oberfläche einer positiv geladenen Elektrode verstärken. Brown hat nicht erwähnt, dass er bei seinen Versuchen mit den Flugscheiben erhitzte oder beschichtete Drähte verwendete, und Turman brachte dieses Thema nie zur Sprache, da er seine Tests mit erhitzten Drähten erst Jahre nach seinen Gesprächen mit Brown durchführte.

Nachdem Turman vor nicht langer Zeit meine Abhandlung über den *B*-2-Bomber gelesen hatte, kam er auf die Idee, dass die Vorderkante des Flügels der *B*-2 möglicherweise mit einer Oxidschicht oder einer chemischen Schicht versehen sei, um die Ionisierung zu fördern. Eine weitere Methode, eine Ionisierung zu bewirken, wäre eventuell RF-Erregung. Einer Quelle zufolge hatte sich ein großes Raumfahrtunternehmen Ende der fünfziger Jahre eine Methode patentieren lassen, bei der auf der Außenhaut von Flugzeugen eine Hochfrequenzspannung angelegt wurde, um den Luftwiderstand zu reduzieren. Eine ähnliche Technik könnte auch bei der Erregung der *B*-2 verwendet worden sein.

12.2 Larry Deavenports Versuche mit elektrokinetischen Scheiben

Im Jahre 1995 führte der unabhängige Forscher Larry Deavenport Hochspannungstests durch, um Browns Versuche elektrischen Scheiben nachzuprüfen. Er konstruierte eine 16 Zoll lange Armatur aus Balsaholz mit Schellackbeschichtung und hängte zwei Aluminiumscheiben 5,5 Zoll unterhalb jedes Armendes auf (**Abb. 12.6**).[6] Jede Scheibe hatte einen Durchmesser von etwa 2,6 Zoll, war in der Mitte ein Achtel Zoll dick und verjüngte sich an den Kanten auf 0,02 Zoll. Ein gekrümmtes Stück Messingdraht von etwa 0,05 Zoll Durchmesser, das durch mit Schellack beschichtete Finger aus Balsaholz 1,8 Zoll von der Scheibe entfernt gehalten wurde, diente als positive Elektrode der Vorderkante. Jede Scheibe wog etwa 33,5 Gramm. Der gesamte Aufbau ruhte an seinem Schwerpunkt auf einem Nadellager.

Wurden die Scheiben mit 0,8 Milliampere bei 30 Kilovolt Gleichspannung erregt, drehte sich die Vorrichtung mit einer Geschwindigkeit von durchschnittlich einer Dreiviertelumdrehung pro Sekunde und erreichte eine Spitzengeschwindigkeit von einer Umdrehung pro Sekunde (1,3 m pro Sekunde). Durch

Abb. 12.6 *Von Larry Deavenport konstruiertes, kleines elektrisches Drehscheibensystem, mit dem er Thomas Townsend Browns Experiment mit der elektrokinetischen Scheibe reproduzierte. (Foto mit freundlicher Genehmigung von L. Deavenport)*

ballistische Pendelmessungen wurde ermittelt, dass die Scheiben einen Schub von 0,58 Gramm erzeugten, wenn sie bei 25 Kilovolt erregt wurden, und einen Schub von 1,7 Gramm bei 50 Kilovolt.

Deavenport hatte einen Draht von 0,05 Zoll Durchmesser benutzt, also einen viel feineren als den von Turman verwendeten. Allerdings war Deavenports Draht immer noch 50 Mal dicker als der Draht, den Brown in seinem Brief an Turman empfohlen hatte. Brown zufolge erhöht die Verwendung eines Drahtes von geringerem Durchmesser die Nichtlinearität des Feldes um die führende Elektrode herum, was wiederum den von den Scheiben entwickelten Druck wesentlich erhöht.

Deavenport hatte auch Karusselltests mit einer zylindrischen elektrokinetischen Vorrichtung durchgeführt, die aus Aluminiumflaschen bestand.[7] Es gelang ihm, den Apparat auf eine Umdrehung pro Sekunde zu bringen, indem er Hochspannung zwischen den gekrümmten Emitterdrähten von 0,05 Zoll Durchmesser anlegte, die vorn und hinten mit einem Abstand von etwa 2 Zoll vom Zylinder befestigt waren. Der hintere Draht war an den Zylinder angeschlossen. Er stellte fest, dass sich der Apparat etwas schneller drehte, wenn am Führungsdraht ein negatives Potenzial angelegt war. Das war ein Hinweis darauf, dass der Antrieb primär elektrostatisch und nicht gravitativ war. Deavenports Scheibenelektroden funktionierten indessen besser, wenn ihr Führungsdraht positiv war, wie bei Browns Experimenten. Trotzdem kann man daraus schließen, dass Browns elektrokinetische Scheiben sich höchstwahrscheinlich auch dann gedreht hätten, wenn sie mit umgekehrter Polarität geladen worden wären, und dass ein großer Teil ihres Schubs auf elektrostatische Krafteffekte zurückzuführen sein könnte.

12.3 Robert Talleys Test mit dem Elektrogravitationsrotor

Zwischen 1988 und 1991 führte Robert Talley bei der *Veritay Technology Inc.* Forschungen durch, um Browns Experimente mit dem Elektrogravitationsrotor nachzuprüfen. Das Projekt wurde durch eine Stiftung für Innovationsforschung durch kleine Unternehmen unter der Schirmherrschaft des *Phillips Laboratory* auf der *Edwards Air Force Base* finanziert. Talleys Versuch ähnelte dem Versuch mit der Vakuumkammer, den Brown in Paris durchgeführt hatte (**Abb. 3.1**), jedoch mit zwei Ausnahmen. Talley verwendete Gleichspannungen bis zu 19 kV statt der 200 kV, die Brown eingesetzt hatte. Eine Funkenbildung zwischen Talleys Elektroden verhinderte eine genaue Messung bei höheren Spannungen. Und im Gegensatz zu Browns Rotor, der sich frei drehen konnte, war Talleys Rotor durch Befestigungsfasern eingeschränkt, die es ermöglichen sollten, das Drehmoment des Rotors durch den Winkel der von ihm erzeugten Verdrehungen einzuschätzen. Diese Anordnung reagierte auf Schübe von nur 0,2 Mikrogramm.

Talleys Rotor bestand aus zwei Kondensatoren, die wie Windrädchen montiert waren (siehe **Abb. 12.7**). Jeder bestand aus einer Messingscheibe mit einem Durchmesser von 8 cm und einer im Abstand von 4 cm entfernten Aluminiumkugel-Elektrode mit 1 cm Durchmesser. In einigen Fällen wurde ein Stab aus einem Dielektrikum mit hoher Permittivität, z. B. Titanblei-Zirkonat (Permittivität = 1.750), von einem viertel Zoll Durchmesser zwischen den Elektroden positioniert. Der Rotor wurde innerhalb einer Kammer montiert, die auf einen Druck von 10^{-6} Torr (10^{-6} Millimeter Quecksilber oder etwa ein Milliardstel einer Atmosphäre) luftleer gepumpt worden war.

Talley fand keinen Hinweis auf Schub, wenn sein Rotor mit ständigem Potenzial von bis zu 19 kV bestromt wurde. Jedoch stellte er fest, dass der Rotor sehr große Rotationsschübe entwickelte, wenn zwischen seinen Elektroden Funken sprangen. Da dieser funkeninduzierte Schub nur dann auftrat, wenn er ein Dielektrikum mit hoher Permittivität zwischen den Kondensatorplatten des Rotors hatte, schlussfolgerte er, dass das dielektrische Material irgendwie direkt beteiligt sein musste und dass dieses Schubphänomen nicht ohne Weiteres auf Ionenantrieb oder andere bekannte elektrodynamische Effekte zurückgeführt werden konnte. Talleys Versuch bestätigt den Schubeffekt, den Brown beobachtete, wenn sein Elektrogravitationsrotor während der Tests in einem hohen Vakuum Funken erzeugte.

Im Jahre 2003 wiederholte der amerikanische Erfinder Hector Serrano den Versuch Talleys mit einem Rotor in der Vakuumkammer.[9] Im Gegensatz zu Talley war Serrano in der Lage, ohne Funkenbildung in einem Vakuum von 10^{-7} Torr eine

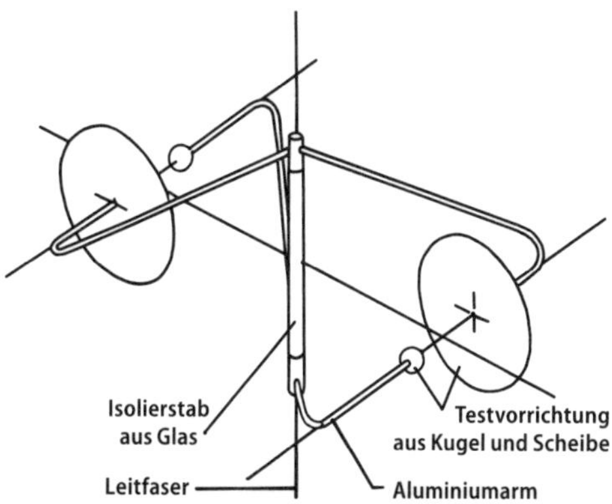

Abb. 12.7 *Schematik des Testrotors von Robert Talley, der ihn für seine Versuche mit der Vakuumkammer verwendete.*

Rotationsabweichung des Rotorelements von 70 Grad zu erreichen. Serranos Erfolg mag darauf zurückzuführen sein, dass er ein größeres Spannungspotenzial benutzte, 41 kV statt 19 kV. Seine Tests scheinen also Browns Feststellung zu bestätigen, dass eine Elektrogravitationskraft den Rotor antreibt, ohne irgendeine ionische Entladung. Talleys Feststellung, dass sein Rotor bei 19 kV kein Drehmoment entwickelte, stimmt mit Browns Erkenntnis überein, dass eine bestimmte Spannungsschwelle überschritten werden muss, damit ein Schubeffekt beobachtet werden kann. Zum Beispiel beobachtete Brown beim Testen seiner hocheffizienten elektrokinetischen Hubvorrichtung, dass er mehr als 10 kV anlegen musste, bevor irgendein merkbarer Schubeffekt zu beobachten war. Und wenn wir die Trendlinie der Spannungsdrehzahl von Browns elektrokinetischer Scheibe extrapolieren (**Abb. 2.4**), so stellen wir fest, dass die Geschwindigkeit der Scheibe steil absinkt, auf nur 9 cm pro Sekunde bei 30 kV und 1 cm pro Sekunde bei 20 kV. Brown hat keine Datenpunkte bei so niedrigen Spannungen, wahrscheinlich weil er feststellte, dass der Schub so gering war, dass er nicht in der Lage war, den Lagerwiderstand seines Karussells zu überwinden.

Talleys Beobachtungen, dass der funkeninduzierte Schub größer war, wenn ein Dielektrikum mit hoher Permittivität zwischen den Elektroden des Rotors positioniert wurde, bestätigt Browns Aussage, dass sich der Schub bei seinem elektrokinetischen Apparat proportional zur dielektrischen Konstante des Abstandshalters zwischen den Elektroden verhielt. Bei einer bestimmten Spannungsdifferenz entlang des Rotorelements sammelte ein Material mit einer höheren dielektrischen Kontante mehr negative Ladungen auf der negativen Elektrode an. Somit stieß die negative Ionenwolke, die sich bei der Funkenentladung bildete, diese angesammelten Ladungen mit größerer Kraft zurück und erzeugte einen größeren Schub in Richtung auf die positive Elektrode.

12.4 Die Pendelversuche von Cornille und Naudin

Im Jahre 1996 konstruierte der Physiker Patrick Cornille ein Pendel mit zwei Kugeln, ähnlich dem, das Brown bei seinen Versuchen in den zwanziger Jahren getestet hatte.[10-12] Er hängte ein Paar Aluminiumkugeln von jeweils 500 Gramm Gewicht an zwei Nylonschnüren auf und lud sie über zwei Drähte, die er an diesen Schnüren befestigte, mit 30 bis 50 kV Gleichsspannung auf (siehe **Abb. 12.8**). Jeder Hochspannungsdraht hatte einen Durchmesser von einem halben Millimeter. Jedes Mal, wenn er die Stromzufuhr einschaltete, schwang das Pendel in die Richtung seiner positiv geladenen Kugel, unter offensichtlichem Verstoßen gegen Newtons drittes Gesetz der Bewegung. Das heißt, dass Browns klassischer Pendelversuch offensichtlich das Gesetz der Erhaltung des Drehimpulses verletzte. Bei 50 kV wurde das Pendel mit einer Kraft von 3,5 Gramm bewegt. Seltsamerweise stellte Cornille fest, dass der Effekt nur dann auftrat, wenn er blanke Zuleitungsdrähte verwendete und keine isolierten. Er stellte fest, dass die blanken Zuleitungsdrähte in der Lage waren, einen Ionen-Leckstrom von 1,5 Milliampere durch die Luft zu schicken. Das zeigt, dass die Emission von Ladungen in die Atmosphäre eine wichtige Rolle spielt. Cornille wies nach, dass die herkömmliche Theorie vom Ionenwind nicht die Pendelbewegung erklären konnte, weil Ionen, die zur entgegengesetzten Elektrode gezogen werden, mit einer Kraft zusammenprallen würden, die zwei Größenordnungen zu klein wäre. Auch würde ein solcher Mechanismus nicht seinen Befund erklären, dass sich die entwickelte Kraft in Abhängigkeit von der Pendelmasse ($\sim m^{0,5}$) erhöhte.

Cornille vermutete, dass der Leckstrom irgendwie mit dem Schubeffekt zusammenhing, bot jedoch keine eindeutige Erklärung an. Wie wir noch sehen werden, ist der beobachtete Schubeffekt höchstwahrscheinlich elektrogravitativ und entsteht aus einer Ionenraumladung in der Luft. Cornille schätzt zum Beispiel, dass seine Zuführungsdrähte 10^{16} Ionen pro Sekunde emittieren, da ihr Ionen-Leckstrom 1,5 Milliampere betrug.[13] Dementsprechend würden sie etwa 5×10^{13} Ionen pro Sekunde pro Zentimeter Drahtlänge erzeugen. Nehmen

Abb. 12.8 *Der von Patrick Cornille im Juli 1996 durchgeführte Elektrogravitationspendel-Versuch. DC-Hochspannung wird über die Tragdrähte in die Kugeln eingespeist. (Foto mit freundlicher Genehmigung von P. Cornille)*

wir einmal an, dass dadurch entlang der Drähte Raumladungen von 10^{13} Ionen pro Quadratzentimeter aufgebaut wurden. Hier stellen wir eine sehr grobe Schätzung an, wobei wir von einem Wert ausgehen, der ähnlich dem ist, der im Anhang B des Berichts »Elektrohydrodynamik« von 1960 für die Ionenraumladung angegeben wurde, die sich um Browns elektrokinetischen Vertikalschubapparat entwickelt hatte.[14] Bei Cornilles Versuch dürfte das Luftvolumen im Bereich von 5 cm um jeden Draht 10^{17} Ionen enthalten haben. Dies entspräche mehr als der 10.000-fachen Oberflächenladung, die sich auf der Oberfläche von Zuleitungsdrähten und den Pendelkugeln ansammelte und die entsprechend der Schätzung von Cornille etwa $3{,}5 \times 10^{12}$ Ionen betrug.[15] Wir sehen also, dass die Elektrogravitationskraft bedeutend verstärkt wird, wenn man es zulässt, dass ein Leckstrom Ionen in der Umgebung von Zuführungsdrähten erzeugt.

Wurden die Drähte isoliert, befand sich ein kleiner Leckstrom zwischen den Kugeln des Pendels; allerdings hätte gemäß der Subquantenkinetik der zwischen der resultierenden positiven und negativen Ionenraumladung erzeugte Gravitationsgradient zwischen den Kugeln zwar existiert, hätte aber nicht die Kugeln selbst betroffen (siehe **Abb. 12.9**). Nur die leichten Abstandshalter aus Plastik zwischen den Kugeln wären durch dieses Feld betroffen gewesen, also wäre

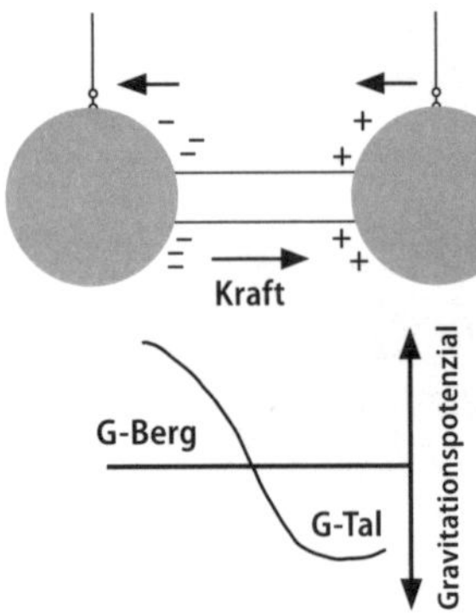

Abb. 12.9 *Darstellung des Gravitationsgradienten bei Patrick Cornilles Pendelversuch, wobei die Hochspannungs-Zufuhrdrähte isoliert sind. (P. LaViolette, © 2006)*

der Elektrogravitationsschub des Pendels nur sehr leicht gewesen. Und da die Kugeln, die den Großteil der Pendelmasse ausmachen, sich auf den Außenseiten der Ionenwolken befanden, dürften sie einen Schub in die entgegengesetzte Richtung zum zentralen Schubvektor erfahren haben, der auf die isolierenden Abstandshalter einwirkte. Da außerdem der Ionenleckstrom zwischen den Kugeln mit 3 Mikroampere (500 Mal weniger als das Ionenleck, das erzeugt wurde, als man das Pendel mit blanken Zufuhrdrähten testete) relativ niedrig war, dürften die Kugeln nur eine geringe Zahl von Ionen ausgestoßen haben. Somit

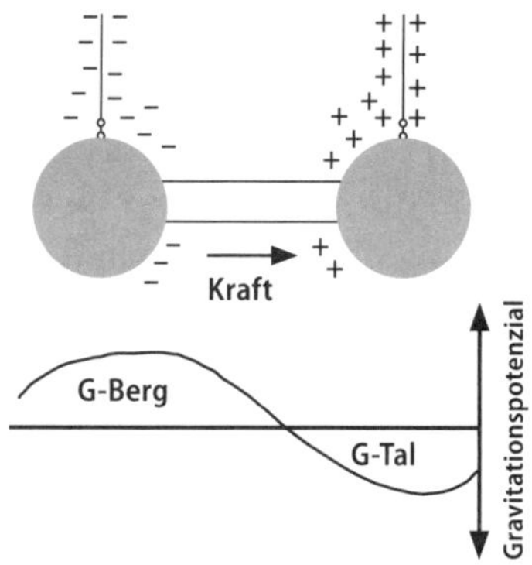

Abb. 12.10 *Darstellung des Gravitationsgradienten von Patrick Cornilles Pendelversuch, wobei die Hochspannungs-Zufuhrdrähte blank sind. (P. LaViolette, © 2006)*

wären die induzierten Gravitationsgradienten minimal gewesen. Insgesamt ist es nicht überraschend, das Cornille keine Pendelbewegung beobachtete.

Wurde jedoch das Pendel mit blanken Zufuhrdrähten getestet, dann wurde der Großteil der Ionen in beträchtlichem Abstand zur Pendelmasse entlang der Drähte freigesetzt. Die Ionen, die vom untersten Teil der Zufuhrdrähte freigesetzt wurden – dort, wo sie mit den Kugeln verbunden sind –, hatten auf das Pendel den größten Einfluss. Ihre Ionenwolke wurde durch einen ausreichenden Abstand getrennt, sodass ihr induzierter Gravitationsfeldgradient einen Teil der Pendelmasse beeinflusste (siehe **Abb. 12.10**). Die G-Ätheronen-Strömungen aus den entfernteren Ionenraumladungen weiter oben am Zufuhrdraht könnten aufgrund einer Vergrößerung des Betrages der in der Umgebung des Pendels erzeugten Gravitationspotenzialberges und -tales auch einen gewissen Einfluss gehabt haben.

Ich möchte noch einmal betonen, dass das elektrostatisch geladene Pendel ohne die sogenannte Raum-Zeit-Krümmung einen Gravitationsschub erfährt. Die in der allgemeinen Relativitätstheorie enthaltene Vorstellung von der Raum-Zeit-Krümmung durch Gravitation ist eine Fiktion. Um die Elektrogravitation zu verstehen, müssen wir uns von solchen überkommenen Vorstellungen verabschieden und uns neuen Konzepten zuwenden, zum Beispiel jenen der Subquantenkinetik. Dort versteht man unter Gravitationspotenzialgradienten Konzentrationen von Gradienten im Äther, die einen euklidischen Raum einnehmen. Solche Gradienten verursachen Bewegung, indem sie die ätherischen Reaktionen verändern, die die Felder der konstituierenden subatomaren Teilchen der angetriebenen Objekte kontinuierlich regenerieren.

Der französische Forscher Jean-Louis Naudin wiederholte Cornilles Pendelversuch und stellte fest, dass das Pendel sich selbst dann bewegte, wenn die vertikalen, Ionen ausstoßenden Zufuhrdrähte von den Metallkugeln getrennt und durch isolierende Blöcke aus Polystyren an den distalen Enden der Kugeln gestützt wurden.[16] Er bewies somit, dass eine Ladung auf den Kugeln für den Effekt nicht notwendig war. Ebenso wie Cornille stellte er fest, dass die Beträge der Kräfte mit der Masse der Kugeln zunahm, was ein Hinweis auf das Vorhandensein unkonventioneller Gravitationseffekte ist.

Diese Ergebnisse stützen die Elektrogravitationstheorie, die für Cornilles Pendelversuch und auch schon früher bei der Analyse von Browns elektrischen Scheiben als Interpretation vorgeschlagen wurden. Naudin erzeugte positive und negative Ionenwolken auf jeder Seite der Masse der Testkugeln, und entsprechend der Theorie der Subquantenkinetik hätte zwischen diesen geladenen Ionenpolen ein Gravitationspotenzialgradient erzeugt werden müssen. Die Testmassen, die sich inmitten dieses elektrischen und gravitativen Potenzial-Feldgradienten befanden, bewegten sich dann in Richtung auf das äußere gravitative Potenzialtal zu, d. h. auf die äußere positive Ionenwolke (siehe **Abb. 12.11**).

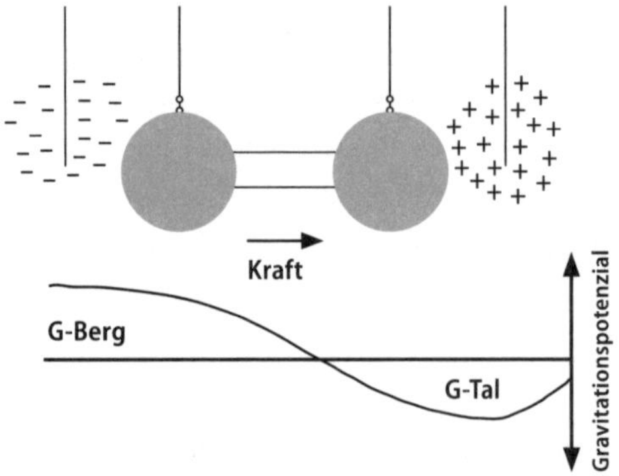

Abb. 12.11 *Darstellung des Gravitationsgradienten in Jean Louis Naudins Abwandlung von Patrick Cornells Pendelversuch. (P. LaViolette, © 2006)*

Naudin testete das Pendel auch durch Erregung mit isolierten Zufuhrdrähten, durch die ein Ionisierungsstrom von 0,5 Milliampere zwischen zwei Kugeln strömte. Wie bei Cornilles Versuch mit isolierten Zufuhrdrähten gab es auch bei Naudins Experiment keine erkennbare Pendelbewegung. Das beantwortete Naudins Frage, ob der Stromfluss eine entscheidende Rolle spielen könnte. Es bewies, dass nicht der Stromfluss selbst von Bedeutung war, sondern die Position der Ionenentladung im Verhältnis zu den Kugelmassen.

12.5 Lifter-Forschung

In den siebziger Jahren erforschte Jeff Cameron, ein Ingenieur, der in Huntsville, Alabama arbeitete, einen Laser-Vorionisator, einen dreieckigen Hochspannungsglühfaden, der dazu verwendet wird, das zu lasernde Medium in einem Gaslaser zu ionisieren, als er ungewöhnlich starke Kräfte beobachtete, die das Vorionisierungs-Element verformten. Dies führte ihn später dazu, eine Nachbildung in großem Maßstab zu konstruieren und zu testen. Sie ähnelte der parallelen Stabschubdüse, die Brown in seinem Patent des elektrokinetischen Apparats von 1960 beschrieb, und der von Turman konstruierten Schubdüse. Allerdings war sie bedeutend leichter, und ihre Stäbe waren in Form eines Dreiecks angeordnet. Diese elektrostatische Schubvorrichtung, die inzwischen unter dem Namen Lifter bekannt ist, bestand aus drei vertikalen Flügeln aus Aluminiumfolie, die zusammen eine größere dreieckige Struktur bilden, bei der ein dünner Draht horizontal über den Flügeln angebracht ist. Die obere Kante jedes Flügels gegenüber dem Draht hat eine abgerundete Kontur. Wenn die Vorrichtung mit 30 kV erregt wurde, schwebte sie.

Nachdem Cameron seine Ergebnisse im Internet veröffentlicht hatte, testete Naudin eine abgeänderte Version von Camerons Lifter mit einem Emitterdraht von 0,05 mm und einer zentralen Umlenkwand zur Leitung der Luftströmung (siehe **Abb. 12.12**).[17] Interessanterweise kommt der Drahtdurchmesser dem Durchmesser von 0,025 mm des Drahts nahe, den Brown bei seinen Versuchen mit den elektrokinetischen Scheiben verwendet hatte. Die Elektroden der unteren Flügel bei Naudins Vorrichtung waren 1,5 cm breit und 30 cm lang und hatten eine abgerundete obere Kante. Der Draht wurde 7 cm über dem Flügel aufgehängt. Diese Vorrichtung konnte ihr eigenes Gewicht von 4 Gramm tragen, sowie ein zusätzliches Gewicht von 2 Gramm, wenn es mit 37 kV erregt wurde.

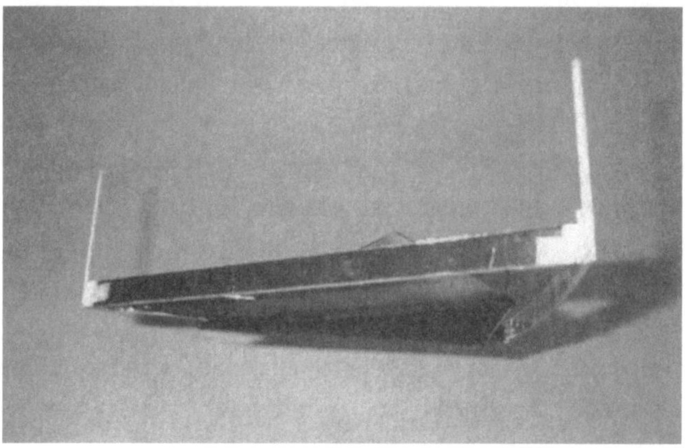

Abb. 12.12 *Von Jean-Louis Naudin konstruierter und getesteter Lifter. (Mit freundlicher Genehmigung von J.-L. Naudin, von seiner Website* http://jnaudin.free.fr/)

Abb. 12.13 *Ein Multielement-Lifter während des Flugs. (Foto mit freundlicher Genehmigung von Tim Ventura)*

Nachdem Naudin seine Konstruktionspläne für den Bau eines Lifters im Internet veröffentlicht hatte, begannen Hunderte von Hobbyforschern damit, das Experiment selbst durchzuführen und ihre eigenen Versionen zu testen. Der Wirbel, der um diese Sache gemacht wurde, zog sogar die Aufmerksamkeit der Medien hinzu. Tim Ventura, der den Lifter erforschte, spielte eine zentrale Rolle bei der Anregung dieser intensiven Aktivität, die sogar zu einem regelrechten Wettbewerb auswuchs: Wer kann den schwersten Lifter bauen und zum Schweben bringen? Venturas Website *(http://www.americanantigravity.com)* ist eine lohnende Quelle für alle, die an dieser Forschung interessiert sind. Bei Experimenten wurde festgestellt, dass man noch spektakulärere Resultate erzielen konnte, wenn man viele dreieckige Lifter zu einer einzigen Struktur vereinte. Es wurden sogar welche hergestellt, die 250 Gramm wogen, einschließlich einer Nutzlast von 60 Gramm. In **Abb. 12.13** sehen Sie einen solchen Lifter, der aus mehreren Elementen zusammengesetzt ist.

Der französische Forscher Saviour stellte fest, dass man den Schub des Lifters verbessern kann, wenn man einen Emitterdraht aus Nichrom verwendet, der mit Strom aus einem 12-Volt-Netzgerät erhitzt wird. Damit entdeckte er erneut das Phänomen, das Turman Anfang der siebziger Jahre entdeckt hatte, als er seine Versuche mit dem Lifter aus Messingstäben durchgeführt hatte.

Der erhitzte Draht konnte bei einem bestimmten Spannungspotenzial mehr Ionen emittieren. Diese Ergebnisse bestätigen wiederum Aussagen in Browns Unterlagen, denen zufolge Methoden zur Förderung der Ionenemission aus der Drahtelektrode den resultierenden Schub erhöhen. Obwohl die Ionen bei der Schuberzeugung des Lifters eine wichtige Rolle spielen, ist der Schub nicht auf Ionenwind-Effekte zurückzuführen, d. h. auf Kräfte, die aus dem Rückstoß oder Aufprall von Ionen auf die Elektroden entstehen. Wie sich gezeigt hat, reichen solche mechanischen Kräfte bei Weitem nicht aus, um den beobachteten Hub zu erklären.

Was Turman bei seinen Versuchen mit zylindrischen, asymmetrischen Kondensatoren festgestellt hatte, fanden jetzt auch die Forscher heraus, die sich mit dem Lifter beschäftigten, nämlich dass die Lifter funktionierten, wenn der Draht entweder mit einem positiven oder negativen Potenzial geladen wird. Da die Lifter aus extrem leichten Materialien bestehen, z. B. Aluminiumfolie und Plastikstrohhalmen, spielen die Elektrogravitationskräfte keine wichtige Rolle bei der Erzeugung des Schubs. Dieser ist höchstwahrscheinlich auf unausgeglichene elektrostatische Kräfte zurückzuführen (siehe folgender Textkasten). Andere, wie z. B. Naudin, haben ähnliche Erklärungen geliefert.[18]

Wirkung von unausgeglichenen elektrostatischen Ionenkräften auf einen Lifter

Angenommen, der Emitter des Lifters ist positiv geladen. Dazu sage ich Folgendes voraus: Die um den Draht herum erzeugte Wolke aus positiven Ionen wird unter dem Draht verschoben, denn das Feld auf der unteren Seite des Drahtes, die gegenüber der negativen Elektrode liegt, ist stärker. Die nach unten verdrängte Wolke erzeugt eine nach oben gehende elektrostatische repulsive Kraft auf den Draht daneben. Da das Feld nahe dem Draht sehr nichtlinear und konzentriert ist, ist diese aufwärts gerichtete repulsive Kraft vergleichsweise stark. Auch erfährt die obere Kante der negativen Elektrode eine aufwärts gerichtete Kraft, weil sie elektrostatisch zur Wolke der positiven Ionen gezogen wird.

Die untere Wolke aus negativen Ionen ist aus einer Reihe von Gründen nicht so ausgedehnt wie die obere. Zuerst einmal wird die negative Elektrode aufgrund ihres geringeren elektrischen Feldgradienten weniger negative Ionen emittieren. Und zweitens werden vom Ionenwind nach unten gedrückte positive Ionen viele der negativen Ionen in der Luft neutralisieren und auch die negative Elektrode so beeinflussen, dass sie negative Ladungen auf der Elektrode neutralisiert. Außerdem wird die Mischung aus positiven und negativen Ionen in der Nähe der negativen Elektrode dazu neigen, die Raumladung aus negativen Ionen abzuschirmen. Eine resultierende Ladung aus negativen Ionen in der Nähe der negativen Elektrode wird ihre Kraft nahezu horizontal zum Elektrodenflügel ausrichten und von beiden Seiten auf den Flügel drücken. Außerdem wird die nach unten drückende Strömung des Ionenwinds dafür sorgen, dass sich unter der negativen Elektrode eine gemäßigte Raumladung aus negativen Ionen aufbaut, und dies wird auf die Elektrode eine nach oben gerichtete repulsive Kraft ausüben. All diese Kräfte zusammengenommen dürften die gesamte Lifterstruktur zum Schweben bringen. Wäre der Draht stattdessen negativ und die Flügel positiv geladen, würden unausgeglichene elektrostatische Kräfte wiederum einen Hub erzeugen.

Obwohl ein Ionenwind ständig nach unten drängt, d. h. in die Richtung der niedrigeren elektrischen Feldintensität, werden diese Ionen ständig durch neu emittierte Ionen ausgetauscht. Somit werden diese ionischen Raumladungen immer vorhanden sein, um ihre Aufwärtskraft auf den Draht und den Flügel auszuüben. Jede Maßnahme für eine stärkere Emission von Ionen aus der oberen Elektrode würde die ionische Raumladung in der Nähe des Drahtes sowie die nach oben gerichteten repulsiven elektrostatischen Kräfte erhöhen und somit den Hub verstärken.

Solche elektrostatischen Kräfte würden ungeachtet der angewandten Feldpolarität einen Aufwärtsschub erzeugen. Ähnliche unausgeglichene elektrostatische Kräfte würden den durch Turmans Zylinder entwickelten Schub erklären. Elektrogravitationskräfte kommen stärker ins Spiel bei den Versuchen Browns und Cornilles mit elektrokinetischen Pendeln, bei denen eine schwere Masse bewegt wurde. Dementsprechend stellen wir fest, dass sich in solchen Fällen der Apparat immer in Richtung auf seinen positiven Pol zubewegt.

Allerdings ist die Tatsache, dass elektrostatische Kräfte durch Ionenraumladungen erzeugt werden, keine hinreichende Erklärung dafür, was in dem Lifter passiert. Zum Beispiel führte der Forscher William Stein von der Universität Purdue einen Liftertest durch, bei dem ein 12 cm langer Lifter in einem Hochvakuum mit 17 kV erregt wurde.[19] Obwohl der Lifter nicht in der

Lage war, sein eigenes Gewicht zu tragen, soll er einen Schwebeschub von 0,3 Millinewton erzeugt haben. Steins Test hat ergeben, dass ein Lifter selbst ohne Ionenemission immer noch in der Lage ist, einen messbaren Schub zu erzeugen, das wäre etwa 12 % von dem, was er erzeugen würde, wenn er an der Luft operieren könnte.*

Der ungarische Forscher Zoltan Losonc führte eine Computeranalyse der elektrostatischen Kräfte durch, die die geladenen Elektroden eines Lifters erzeugen, wenn sie in einem Vakuum erregt werden. Er kam zu dem Schluss, dass keine Hubkraft erzeugt werden dürfte und daher irgendein exotisches Prinzip am Werk sein müsse, um die Resultate des Vakuumtests von Purdue erklären zu können.[20] Es bleibt die Frage, ob Steins Messungen möglicherweise durch elektrostatische Kräfte beeinflusst wurden, die sich zwischen dem Lifterelement und den Wänden der Vakuumkammer entwickelten. Sein 12 cm langer Lifter dürfte weniger als 2 Gramm gewogen haben – im Vergleich dazu waren die arkuaten Scheiben, die Brown im Vakuum testete, zwischen 17 und 125 Gramm schwer.

Naudin hat ebenfalls Tests durchgeführt, die, wie die von Stein, darauf schließen ließen, dass der Lifter in Ermangelung elektrostatischer Ionenkräfte möglicherweise eine Kraft in Richtung auf seine kleinere Elektrode erzeugt. Er legte Strohhalme über die Emitterdrähte eines Lifters, um die Emission von Ionen zu verhindern, und stellte fest, dass der Lifter immer noch eine messbare Hubkraft erzeugte.[21] Er stellte ebenfalls fest, dass sein Lifter einen messbaren Schub erzeugte, wenn dieser in einem Plastikbeutel eingeschlossen war, wodurch der Ionenwind eingeschränkt war. Naudin gab darüber im Internet nur allgemeine Auskünfte. Er ließ einige Fragen unbeantwortet, z. B. ob die Kraft, die er gemessen hat, auf eine elektrostatische Anziehung zwischen seinem Lifter und der Balkenwaage, auf der dieser stand, zurückzuführen war. Ebenso wie bei Steins Resultaten wäre es auch hier verfrüht, irgendwelche Schlussfolgerungen zu ziehen. Tritt der Schub in einem Vakuum nur dann auf, wenn der Draht positiv geladen ist, dann könnte die Kraft vielleicht als Manifestation des Biefeld-Brown-Effekts erklärt werden, d. h. als eine Elektrogravitationskraft, die auf die Masse des Lifters einwirkt. Da es jedoch kein massives dielektrisches

* Um dies mit Naudins Liftermodell zu vergleichen, dessen drei Flügel zusammen eine Länge von 90 cm hatten und der mit einer etwa doppelt so hohen Spannung erregt wurde, müssen wir diesen Druck um den Faktor 16 erhöhen, also auf 5 Millinewton (0,5 Gramm). Zum Vergleich: Naudins Lifter, der an der Luft getestet wurde, erzielte einen Schub von 4 Gramm, also acht Mal mehr.

Element zwischen den Elektroden des Lifters gibt, ist es unwahrscheinlich, dass ein spürbarer Elektrogravitationseffekt vorhanden ist.

Die nicht geheime Erforschung der Elektrogravitation wird zum großen Teil von unabhängigen Forschern durchgeführt, von denen einige bereits erwähnt wurden. Bis auf wenige Ausnahme wird keine ähnliche Forschung an Universitäten oder staatlichen Forschungseinrichtungen durchgeführt.

Offensichtlich ist das wissenschaftliche und technische Establishment noch nicht ernsthaft an der Durchführung zusätzlicher Elektrogravitationsforschung interessiert. Es kann noch längere Zeit dauern, bis die Geheimnisse des Antriebs durch Feldeffekt, die gegenwärtig in geheimen Archiven weggeschlossen sind, öffentlich bekannt werden, um den Traum der Menschheit von der Antigravitation Wirklichkeit werden zu lassen.

12.6 Die Lafforguesche Schubdüse

Der französische Forscher Jean-Claude Lafforgue hat sich eine asymmetrische Kondensatorfeld-Antriebsschubdüse patentieren lassen, die eine ähnliche Form hat wie in **Abb. 12.14** dargestellt.[22] Ebenso wie Browns asymmetrischer Kondensator entwickelt Lafforgues Gerät einen resultierenden Schub durch unausgeglichene elektrostatische Kräfte, wobei der Schub in dieselbe Richtung geht, ungeachtet der Polarität der Platte.

Um den Schub zu ermitteln, der auf seinen Kondensator einwirkte, berechnete Lafforgue den Betrag und die Richtung der Kraft pro Oberflächeneinheit, die auf die Platten des Kondensators bei unterschiedlichen Plattenpositionen einwirkte, wobei diese Menge abwechselnd als Kraftdichte oder elektrostatischer Druck, P, bezeichnet wird. Mathematisch wird dies wie folgt ausgedrückt: $P = F/A = E \bullet q/A = E \bullet \sigma$, wobei F die elektrostatische Kraft ist, A die Oberfläche, E die elektrische Feldstärke, q die Ladung und σ die Dichte der Oberflächenladung. Lafforgue stützt sich also auf die konventionelle Praxis bei der Berechnung der elektrostatischen Kraft durch das Produkt aus der elektrischen Feldstärke und der elektrischen Ladung.

Die Subquantenkinetik erzielt dasselbe Ergebnis, außer dass sie mit dem negativen Gradienten des elektrischen Potenzials $-\nabla\varphi$ arbeitet, statt mit der Intensität des elektrischen Kraftfeldes, wobei die beiden gleichwertig sind (d. h. $E = -\nabla\varphi$). Wie bereits erwähnt, zieht es die Subquantenkinetik vor, statt mit der Intensität des Kraftfeldes lieber mit dem Energiepotenzial zu arbeiten (Ätherkonzentration), da sie Letzteres als real existent ansieht. Lafforgues Ansatz der Zusammenrechnung der elektrostatischen Drücke, die auf eine bestimmte Plattenfläche einwirken,

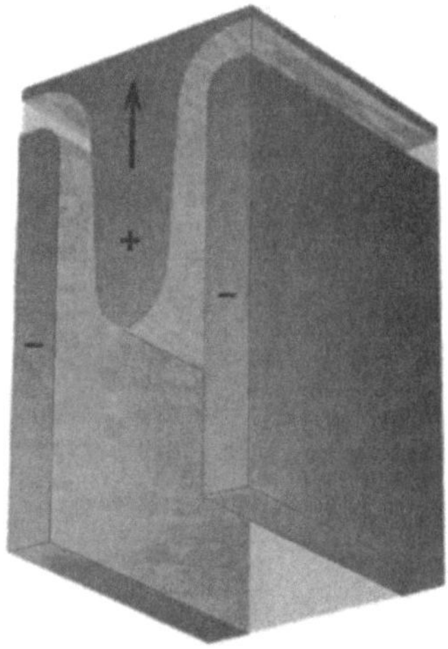

Abb. 12.14 *Die Feldantriebs-Schubdüse von Jean-Claude Lafforgue. (Auf der Grundlage von Lafforgues Patent von 1991)*

um so den resultierenden Kraftvektor zu erhalten, stimmt mit dem Ansatz der Subquantenkinetik überein. Denn hierbei wird der Gradient des Feldpotenzials, der in einem bestimmten Sektor der Elektrode vorhanden ist, mit der Dichte der Oberflächenladung, die in diesem Sektor vorhanden ist, multipliziert, und die resultierenden Kraftvektoren werden zusammengezählt. Dieser Ansatz wurde bereits bei der Analyse der elektrostatischen Kräfte beschrieben, die auf Browns elektrokinetischen Apparat einwirken (siehe Kapitel 3.3).

Lafforgue schlug ebenfalls vor, dass die Intensität des elektrischen Feldes sich im örtlichen Raum-Zeit-Kontinuum befindet und daher ihre Kraft auf die Ladungen an den Plattenoberflächen gemäß einem Bezugssystems ausübt, das nicht mit dem Kondensator verbunden ist. Somit wäre das resultierende Kraftungleichgewicht in der Lage, den Kondensator als Ganzes zu verschieben. Lafforgues Ansatz, zu dem er wahrscheinlich durch eigene Beobachtungen kam, steht in Übereinstimmung mit dem theoretischen Ansatz der Subquantenkinetik, die das Potenzial des elektrischen Feldes als im Äther befindlich ansieht und davon ausgeht, dass es unabhängig vom Bezugssystem eines Kondensators auf ihn einwirken und ihn dadurch verschieben kann. Allerdings geht die Subquantenkinetik bei der Erklärung, wie das elektrostatische Potenzialfeld erzeugt wird und wie es seine Kräfte auf eine Ladung ausübt, ohne auf irgendeine Reaktion zu treffen, viel mehr ins Detail. Da die Ansätze von Lafforgue und der Subquantenkinetik unabhängig voneinander entwickelt wurden und zu ähnlichen Schlussfolgerungen kamen, können wir davon ausgehen, dass sie recht haben, wenn sie postulieren, dass unausgeglichene elektrostatische Kräfte einen asymmetrischen Kondensator antreiben können, wenn er entsprechend konstruiert ist. Eine Analyse darüber, wie unausgeglichene Kräfte sich auf dem Kondensator von Lafforgue bilden, finden Sie im folgenden Textkasten.

Analyse der auf den Lafforgueschen Kondensator einwirkenden elektrostatischen Kräfte

Die Ursache des unausgeglichenen Schubs, der auf den asymmetrischen Kondensator von Lafforgue einwirkt, kann man sich wie folgt vorstellen: Wie aus **Abb. 12.14** ersichtlich, divergieren die aus den oberen Enden der vertikalen, negativ geladenen äußeren Platten kommenden Feldlinien, während sie sich der zentralen, positiv geladenen Platte nähern, die sich zu einer horizontalen T-Form am oberen Ende des Kondensators krümmt. Als Resultat sind die Feldlinien und die Oberflächenladung auf der negativen Elektrode stärker konzentriert als auf der positiven, weshalb die Anziehungskraft oder der elektrostatische Druck, der von der negativen Elektrode zur positiven geht, größer ist als die Anziehungskraft, die von der positiven Elektrode zur negativen geht.

Die gegensätzlichen horizontalen Komponenten, die auf die positive Elektrode gerichtet sind, schalten einander aus, aber die nach oben gerichtete Komponente trifft auf keinen Widerstand. Daraus resultiert ein Aufwärtsschub. Außerdem divergieren die Feldlinien, die von der unteren Spitze der zentralen, positiv geladenen Elektrode nach unten gehen, in Richtung auf die horizontale, während sie sich den beiden flankierenden, negativ geladenen Elektroden nähern, was zu einer nach unten gerichteten Kraft (Druck) führt, weg von der positiven Elektrode. Die Kräfte oder Drücke, die die beiden negativen Elektroden zur zentralen positiven Elektrode ziehen und die zum großen Teil horizontal sind und sich gegenüberstehen, werden sich gegenseitig aufheben, und die nach unten wirkende restliche Kraft auf der positiven Elektrode wird allein wirken.

Da der Feldgradient am oberen Ende der negativen Elektrode jedoch viel größer ist als der, der sich um den unteren Teil dieser zentralen Elektrode gebildet hat, wird der Aufwärtsschub der negativen Elektrode zwischen 3 und 18 % größer sein als der Abwärtsschub, der am unteren Ende der positiven Elektrode erzeugt wird. Dadurch wird der resultierende Aufwärtsschub auf den Kondensator als Ganzes einwirken. Das Resultat wird dasselbe sein, selbst wenn die Polarität der positiven und negativen Platte umgekehrt wird.

Naudin bietet auf seiner Webseite eine beträchtliche Menge an Informationen über die Lafforguesche Schubdüse. Er hat die Kraftgleichungen aus Lafforgues Patent übernommen, ein paar kleinere Korrekturen vorgenommen und diese zur Erstellung eines Rechners verwendet, um den Schub eines Kondensators zu berechnen.[23] Besucher können Werte für die Abmessungen, die Spannung und die dielektrische Konstante eines Kondensators eingeben und dann berechnen lassen, welcher Schub zu erwarten ist. Zum Beispiel wird ein Kondensator mit einem Gewicht von 50 kg, einer Höhe von 38,5 cm, einer Breite von 8,3 cm und einer Länge von 33 cm, einem Dielektrikum von 4.000 K und einer Spannung von 100 kV einen phänomenal hohen Schub von 0,68 Tonnen entwickeln, also eine Kraft, die fast 14 Mal dem normalen Gewicht des Kondensators entspricht! Dreißig dieser Schubdüsen wären in der Lage, ein Fahrzeug mit einem Gewicht von 20 Tonnen zu heben. Die Vorwärtsbewegung könnte einfach dadurch bewirkt werden, dass man die Richtung einer der Schubdüsen verstellt. Jedoch stehen zurzeit noch keine experimentellen Daten in Bezug auf eine Lafforguesche Schubdüse mit hoher Permittivität zur Verfügung, um diese Berechnungen zu bestätigen.

Da Bariumtitanat einen Volumenwiderstand von etwa 10^{11} Ohmmeter hat, hätte ein Kondensator dieser Größe einen Gesamtwiderstand von etwa 10^{10} Ohm, vorausgesetzt, dass seine Elektroden gegen die Außenluft entsprechend isoliert sind. Dies würde einen Reststrom von 10 Mikroampere ergeben oder eine Verlustleistung von 1 Watt. Theoretisch würden also alle dreißig Schubdüsen durch eine 100-Watt-Energieversorgung angetrieben. Eine Antriebsvorrichtung, die 20 Tonnen Kraft erzeugt bei einer Verlustleistung von 100 Watt, hätte ein Schub-Leistungs-Verhältnis von 2 Millionen Newton pro Kilowatt, etwa das 130.000-fache eines Düsenantriebs.

In seinem Patent erwähnt Lafforgue, dass seine Schubdüse nicht nur für den Lufttransport eingesetzt werden könnte, sondern auch zur Stromerzeugung, indem eine Reihe von Schubdüsen um die Peripherie einer Achse angeordnet und die Achse an einen Generator angeschlossen wird. Zum Beispiel würden vier Schubdüsen von der oben angegebenen Größe, die jeweils 68 kg Kraft erzeugen und jeweils am Ende eines Rotorarms montiert sind, der etwa 60 cm aus der Achse ragt, gemeinsam ein Drehmoment von 12.000 Foot-Pounds erzeugen. Dieser elektrostatische Motor, der bei 5.250 Umdrehungen pro Minute rotiert, sollte in der Lage sein, 12.000 PS oder 8,7 Megawatt Leistung zu erzeugen. Wenn man die Leistungsverluste im Elektrogenerator und aufgrund des Lagerwiderstands berücksichtigt, dürfte eine Kombination aus Motor und Generator 5 Megawatt Leistung erbringen, wobei die Schubdüsen nur etwa

40 Kilowatt Leistung benötigen würden, wenn die Kondensatoren ein Mal pro Sekunde geladen und entladen werden. Somit würde die Ausgangsleistung die Eingangsleistung um das 125-fache übersteigen.

Lafforgues Patent wurde 1991 erteilt. Wenn wir mit unseren Schubberechnungen auch nur annähernd richtig liegen, dann ergibt sich die Frage: Worauf warten wir eigentlich? Warum werden diese Geräte nicht zum Kauf angeboten, um unsere Häuser zu heizen und unsere Elektroautos anzutreiben? Könnte es sein, dass die Leute einfach nicht glauben wollen, dass eine Sache, die so einfach ist, unsere Energieprobleme lösen könnte? Tatsächlich ist der Glaube an und die Unterwerfung unter das Gesetz der Energieerhaltung (und Newtons drittes Gesetz der Bewegung) bei einigen Leuten so stark verwurzelt, dass sie es vorziehen, Kohle, Öl und Gas zu verbrennen und letztlich eine ökologische Katastrophe auf unserem Planeten anzurichten, anstatt ihre lieb gewordenen falschen Glaubenssätze aufzugeben.

Naudin hat einige kleine Lafforguesche Schubdüsen mit einer Dicke von nur 0,5 mm gebaut und getestet. Dabei demonstrierte er, dass sie einen resultierenden Schub erzeugen, so wie Lafforgue es behauptet hatte. Naudin verwendete ein Dielektrikum aus Epoxid mit geringer Permittivität (3,7) und betrieb diese Schubdüse bei einer viel geringeren Spannung von 9.500 Volt. Er benutzte dabei den in **Abb. 12.15** gezeigten Testaufbau.[24] Wenn seine Lafforgue-Schubdüse

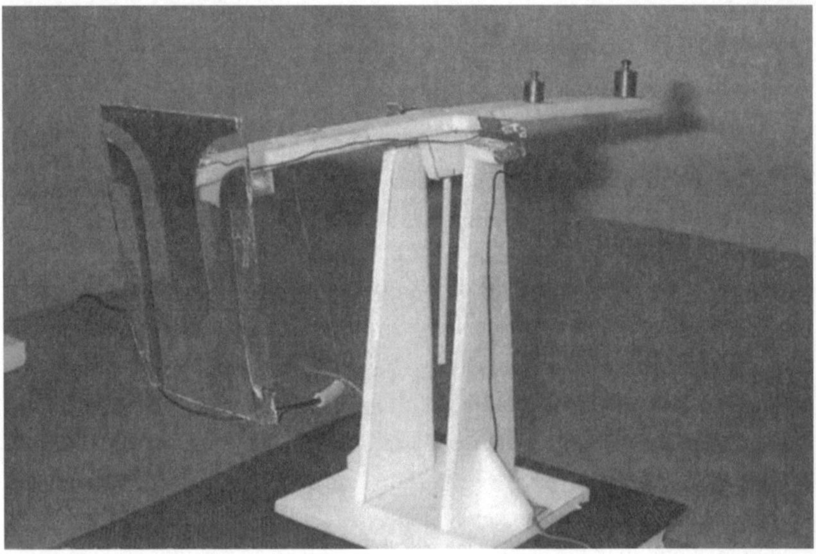

Abb. 12.15 *Test an der Lafforgueschen Schubdüse, ausgeführt von Jean-Louis Naudin. (Foto mit freundlicher Genehmigung von J.-L. Naudin:* http://jnaudin.free.fr/)

erregt wurde, erzeugte sie etwa 0,03 g Kraft, wie durch die Anzeige auf der Armatur angezeigt wurde. Naudin bemerkte, dass er in der Lage war, den Reststrom »auf nahezu Null« zu reduzieren, indem er seinen Kondensator entsprechend isolierte, sodass die Elektroden keinen Kontakt mehr mit der Außenluft hatten. Damit meinte er, dass der Strom »nicht im Mikroampere-Bereich messbar« sei. Wenn wir davon ausgehen, dass diese Schubdüse weniger als 1 Mikroampere bei 10 Kilovolt bezog, dann wäre das ein Leistungsverbrauch von weniger als 120 Milliwatt, was auf ein Schub-Leistungs-Verhältnis von etwa 30 Newton pro Kilowatt hinausläuft.

In der folgenden **Tabelle 2** wird das Schub-Leistungs-Verhältnis mehrerer Feldantriebstechnologien mit den konventionellen Düsen- und Raketenantriebstechniken verglichen.

Tabelle 2 *Vergleich der Schub-Leistungs-Verhältnisse: Feldantrieb gegenüber konventionellen Technologien*

Antriebstechnologie	*Newton/kW*
T. T. Browns elektrokinetischer Apparat (Bariumtitanat)	70.000
T. T. Browns elektrokinetischer Apparat (Dielektrikum: Pyrex)	2.200
T. T. Browns Gravitator	2.000
*Lafforguesche Schubdüse (Dielektrikum: Bariumtitanat)**	*etwa* 700
Lafforguesche Schubdüse (Dielektrikum: Epoxid; Naudin)	*etwa* 30
Düsenantrieb	15
Podkletnows Gravitationsimpulsstrahl (verbesserte Version)	0,5
Hauptantrieb der Raumfähre (NASA)	0,22
Ionenantrieb des Lewis Research Centers der NASA	0,23
Nuklearantrieb Phoebus	0,20
Quecksilberantrieb-Ionenantrieb bei SERT II der NASA	0,03
Mikropulsierte Plasma-Schubdüse (Air Force)	0,01

Lafforgues Gleichung weist darauf hin, dass der Schub direkt proportional zur dielektrischen Konstante des Kondensators, direkt proportional zur Länge des Kondensators (d. h. des Plattenbereiches) und proportional zur zweiten Potenz der angelegten Spannung ist. Diese K- und V-Abhängigkeit ist im

* Auf der Grundlage von Naudins theoretischer Schubprojektion.

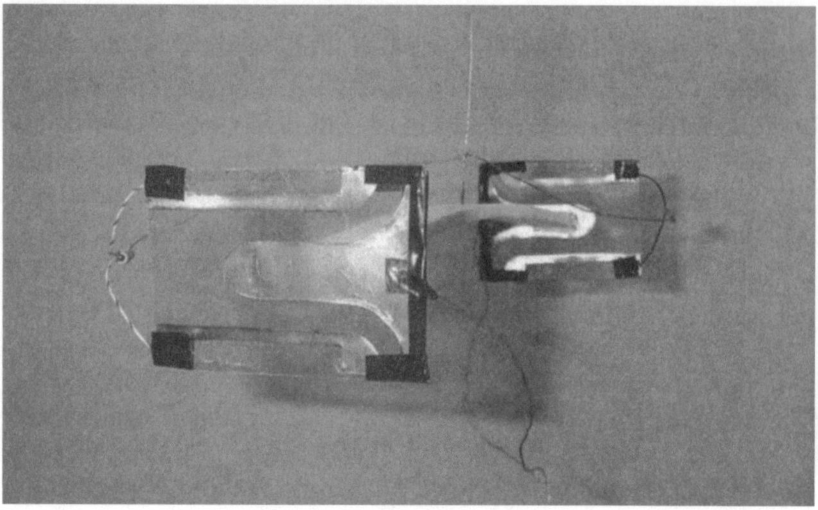

Abb. 12.16 *Ein Test an der rotierenden Lafforgueschen Schubdüse, ausgeführt von Jean-Louis Naudin. (Foto mit freundlicher Genehmigung von J.-L. Naudin:* http://www.jnaudin.free.fr/)

Wesentlichen dieselbe wie die, die Brown bei den Tests der Leistung seines asymmetrischen Kondensators festgestellt und im »Electrohydrodynamics Report« festgehalten hat, auf den wir bereits in Kapitel 3 eingingen. Wenn wir Naudins Experiment auf einen Kondensator mit einer Permittivität von 6.000 und einer Länge von 33 cm mit leicht veränderten Elektrodenkrümmungen und auf 100 Kilovolt skalieren, stellen wir fest, dass der Schub um einen Faktor von mehr als 100 Millionen steigt, also auf etwa 3 Tonnen!

Bei einem anderen Versuch positionierte Naudin zwei Lafforguesche Schubdüsen von 0,5 mm Dicke und ein Dielektrikum aus Epoxid an den entgegengesetzten Enden eines Rotorstabs, wie in **Abb. 12.16** dargestellt.[25] Wenn der Apparat mit 15 kV betrieben wurde, begann er zu rotieren und erreichte eine Spitzendrehzahl von 40 Umdrehungen pro Minute. Er drehte sich so lange weiter, wie er eine Leistung von 0,18 Watt geliefert bekam, um die Ladung des Kondensators aufrechtzuerhalten. Der Schub war nicht auf die Wirkung von Ionenwinden zurückzuführen, denn die Elektroden waren abgeschirmt, um jede Emission von Ionen auf ein Mindestmaß zu beschränken. Naudins Experiment bestätigt, dass die Rotation durch die Erzeugung von Aktion ohne Reaktion entsteht und somit einen klaren Verstoß gegen Newtons drittes Gesetz der Bewegung darstellt.

Es gibt keinen Hinweis darauf, dass irgendjemand Hochspannungstests an einer Lafforgueschen Schubdüse mit einem Dielektrikum hoher Permittivität, wie Bariumtitanat, durchgeführt hat. Ein Elektrogravitationsforscher namens Anthony Colacchio berichtete, dass er eine Lafforguesche Schubdüse mit einem Dielektrikum von geringer bis mittlerer Permittivität konstruiert habe, bestehend aus Bariumtitanatpulver, das in eine Epoxidmatrix gemischt wurde.[26] Solch eine Mischung hätte normalerweise eine Permittivität von etwa 30. Er testete diese Schubdüse mit einer Spannung von 100 kV, stellte jedoch fest, dass kein Schub erzeugt wurde. Da seine Schubdüse 40 Mal dicker war als die von Naudin, ein Dielektrikum mit einer 8 Mal höheren Permittivität verwendet wurde und da bei einer Spannung getestet wurde, die 10 Mal höher war als bei Naudin, hätte man einen 35.000 Mal höheren Schub erwarten können. Somit hätte dieser Versuch eine Kraft von etwa 1 kg erzeugen müssen, falls die Skalierungsverhältnisse korrekt sind.

Vielleicht hat Colacchio deshalb keine Kraft beobachtet, weil er bei seinem Kondensator Gleichspannung verwendete. Die Neigung des Dielektrikums, ein elektrisches Dipolmoment zu erzeugen, das in Opposition zum angelegten elektrischen Feld verläuft, hat den Schubeffekt dann wohl verhindert. Wir erinnern uns, dass dies auch bei Browns Versuch mit dem Gravitator der Fall war. Somit hätten vielleicht bessere Resultate erzielt werden können, wenn die Spannung für den Kondensator als Impulsfolge angelegt worden wäre und nicht als ständige Gleichspannung. Naudin zum Beispiel pulsierte seine Lafforguesche Schubdüse aus Epoxid-Dielektrikum mit einem 5%igen Impulsleistungsverhältnis.

Es sind natürlich noch weitere Forschungen erforderlich, bevor man sagen kann, ob diese Konstruktion für die kommerzielle Anwendung infrage kommt. Aber Vorsicht: Versuche mit Hochspannungs-Kondensatoren können tödlich enden!

13

Ein schwarzes Loch in der NASA

13.1 Das Weltraumforschungsprogramm »Outreach«

Am 20. Juli 1989 schlug Präsident George H. W. Bush ein ehrgeiziges Weltraumprogramm vor, mit dem die Vereinigten Staaten ab dem Jahr 2014 bemannte Raketen ins Weltall schicken, permanente Basen auf dem Mond errichten und Menschen auf den Mars bringen wollten. Dieses Programm wurde als *Space Exploration Initiative* bekannt. Kurz danach forderte Vizepräsident Dan Quayle, der auch Vorsitzender des *National Space Council* (Nationaler Weltraumrat) war, die NASA dazu auf, »ein Netz auszuwerfen, um die besten und innovativsten Ideen des Landes einzuholen, mit denen dieses Projekt durchgeführt werden kann«. Das war die Geburt des *Space Exploration Outreach Program* (SEOP).

Um das Programm auf den Weg zu bringen, erließ der Vorsitzende der NASA, Richard Truly, einen Aufruf an alle Interessierten, neue technologische Ideen zu unterbreiten, die für die von der NASA geplante Forschungsmission nützlich sein könnten. Ich war eine von etwa 45.300 Personen, die Anfang 1990 einen Prospekt erhielten, in dem die SEOP beschrieben wurde und die Interessenten dazu aufgefordert wurden, Ideen beizusteuern. Alle Vorschläge sollten an die RAND *Corporation* geschickt werden, die für ihre Überprüfung verantwortlich sein sollte. Es wurden Vorschläge für die folgenden Bereiche eingeholt:

1. Konzepte und Aufbau der Mission
2. Systemdesign und Analyse
3. Weltraumtransport, Startvorrichtungen und Antriebssysteme
4. Energieversorgung im Weltraum und auf der Erde
5. Lebensrettungssysteme, Raumfahrtmedizin und -biologie sowie menschliche Faktoren
6. Verarbeitung, Produktion und Konstruktion im Weltraum

7. Strukturen, Materialien und Mechanismen
8. Kommunikation, Telemetrie und Sensoren
9. Automation, Robotertechnik und Teleoperator
10. Informationssysteme
11. Bodenkontrolle, Simulation und Tests
12. Keines von alledem (Kategorie spezifizieren)

Ich hielt dies für eine gute Gelegenheit, um die NASA von den Vorteilen der Technologie des Elektrogravitationsantriebs zu überzeugen, und beschloss, ein Konzept unter der Kategorie 3 – »Weltraumtransport, Startvorrichtungen und Antriebssysteme« – zu unterbreiten. Eine Methode, Menschen in fünf Tagen zum Mars zu bringen anstatt in 224 Tagen, müsste die NASA doch eigentlich interessieren, so glaubte ich.

13.2 Ideenzensur

Der Vorschlag, den ich im Rahmen des SEOP unterbreitete, wurde von der NASA als Idee Nummer 100159 katalogisiert und ist im Anhang G aufgeführt.[1] In meinem Angebot wies ich darauf hin, dass die Elektrogravitation einen wichtigen Beitrag zum Weltraumforschungsprogramm der NASA leisten könnte. Ich erklärte, dass gegenwärtig große Raumfahrtunternehmen an der Entwicklung von Elektrogravitationsantrieben arbeiten würden, diese Arbeit jedoch durch das Militär geheim gehalten würde. Außerdem schrieb ich, dass die Verdrängung der altmodischen Raketenantriebstechnologie durch die Elektrogravitationstechnologie bei der NASA nur einen minimalen Forschungs- und Entwicklungsaufwand bedeuten würde, wenn die Flugzeugkonstruktionen, die auf dem militärischen Weltraumsektor bereits perfektioniert worden seien, für die kommerzielle Anwendung freigegeben würden. Somit wäre das Problem also nicht die technische Durchführbarkeit, sondern die politische Entscheidung – die Entscheidung, eine fortgeschrittene Technologie freizugeben, die bereits existiert. Ich schlug der NASA vor, Anstrengungen zu unternehmen, um das Militär davon zu überzeugen, die Technologie für die Nutzung bei der Erforschung des Weltraums freizugeben. Außerdem beschrieb ich die Arbeit Browns mit der Elektrogravitation und führte verschiedene Stellen aus dem Bericht der *Aviation Studies* vom Februar 1956 an.

Auf die Ausschreibung der NASA reagierten insgesamt 1697 Personen (ungefähr 4 % der ursprünglich Angesprochenen). Die eingehenden Ideen wurden von der Firma *Peat Marwick Main & Co.* vorweg ausgewertet, um Angebote auszusieben, von denen man glaubte, dass sie geheime Informationen enthielten oder Urheberrechte verletzten. Etwa 149 Ideen wurden so ausgesondert. Die übrigen 1.548 Ideen wurden an die RAND weitergeschickt, die die Arbeit auf fünf Prüfungsgremien verteilte. Jedes Gremium überprüfte die Ideen in Bezug auf einen bestimmen Aspekt der Arbeit der NASA, und jedes schrieb seinen eigenen zusammenfassenden Bericht. Die Gremien führten eine zusätzliche Überprüfung der Ideen durch, mit dem Ergebnis, dass nur 215 Ideen (13 % der Gesamtzahl an Vorschläge, die der RAND unterbreitet wurden) zur endgültigen Synthese weitergegeben wurden. Eine Synthesegruppe fasste die Berichte der RAND-Gremien gemeinsam mit den Ideen, die sie aus anderen Quellen erhalten hatte, zusammen. Zu diesen anderen Quellen gehörten zum Beispiel das *American Institute of Aeronautics and Astronautics,* das Verteidigungsministerium, die *Aerospace Industries Association,* mehrere Unterauftragnehmer von Raumfahrtunternehmen und die NASA. Die gesamte Organisation dieses Überprüfungsverfahrens ersehen Sie aus **Abb. 13.1** (Seite 399).

Die Synthesegruppe fasste diese Informationen in einem Dokument mit dem Titel *America at the Threshold* (Amerika an der Schwelle) zusammen, das im Herbst 1991 in der Öffentlichkeit verbreitet wurde.[2] Dabei schien es sich eher um ein Dokument auf dem Niveau einer Werbeunterlage der NASA zu handeln als um einen Bericht technischen Inhalts. Es war voller Bilder von Planeten und Astronauten, die Raumstationen bauten, sowie ansprechenden Illustrationen von Raumschiffen. Auch der Text war technisch sehr oberflächlich. Er richtete sich offensichtlich an ein breites Laienpublikum.

Als ich den Bericht der Synthesegruppe erhielt, sah ich, dass nirgendwo die Rede von Elektrogravitation war. Da ich über die Zurückhaltung in Bezug auf dieses Thema sehr erstaunt war, rief ich das Büro der SEOP-Synthesegruppe an, musste aber zu meiner Bestürzung feststellen, dass das Projekt aufgegeben worden war. Ende 1990, nachdem das Prüfungsverfahren abgeschlossen war, wurde die *Space Exploration Initiative* einer drastischen Umstrukturierung unterworfen. Der Weltraumingenieur Dr. Michael Griffin übernahm die Funktion des Direktors und tauschte fast das gesamte Personal aus. Nur eine einzige Person blieb übrig, die von den vorangegangenen Aktivitäten eine gewisse Kenntnis hatte. Ich setzte mich Ende Juni 1991 mit der Organisation in Verbindung, aber Generalleutnant Thomas Stafford (US-Luftwaffe, im Ruhestand), der dem Projekt als Vorsitzender gedient hatte, war nicht mehr da, und George Abbey, der die Synthesegruppe koordiniert hatte, war jetzt im Weißen Haus, wo er an einem anderen Projekt arbeitete. Die Mitarbeiter der NASA, die am SEOP mitgearbeitet hatten, wurden später auf zwei Geschäftsstellen der NASA verteilt – das *Office of Exploration* in Washington D. C. und das *Exploration Program Office* am

Johnson Space Center in der Nähe von Houston, Texas. Keine der beiden Stellen war bereit oder in der Lage, mir mitzuteilen, warum die Elektrogravitation von der Synthesegruppe als Möglichkeit ausgeschlossen worden war. Man schlug mir vor, mit den Leuten von RAND zu sprechen, die das Projekt verwaltet hatten.

Die Mitarbeiter von RAND waren jedoch wenig hilfreich. Sie standen auf dem Standpunkt, dass ihr Vertrag beendet und die Sache damit für sie erledigt war. Jede telefonische Anfrage wurde an einen Vertreter der Organisation weitergeleitet, der mir nicht erlaubte, direkt mit Mitarbeitern von RAND zu sprechen, die an dem Projekt beteiligt gewesen waren. Jedoch schickte man mir eine Kopie ihres technischen Berichts, in dem die Ergebnisse des Gremiums zusammengefasst worden waren, das die Ideen der Kategorie 3 überprüft hatte.[3] Dieser enthielt bedeutend mehr Informationen über die Angebote und Ideen in dieser speziellen Kategorie und hatte einen Anhang, in dem die Titel von 348 Angeboten aufgeführt waren, die man in dieser Kategorie überprüft hatte. Jedoch fand sich im Hauptteil des Berichts absolut nichts über das Thema Elektrogravitation.

Eine Überprüfung der Titel im Anhang des Berichts ergab, dass es außer meiner eigenen noch einige weitere Vorschläge an die NASA gegeben hatte, sich mit unkonventionellen Antriebstechnologien zu beschäftigen. Die Titel einiger dieser Vorschläge finden Sie in **Tabelle 3**.

Ich wollte Kopien über diese Vorschläge, zusammen mit den Namen und Adressen der Autoren, um mich mit ihnen schriftlich in Verbindung zu setzen, aber das wurde total abgeblockt. Der Vertreter von RAND teilte mir mit, dass das gesamte für das SEOP verarbeitete Material der NASA übergeben worden sei.

Tabelle 3 *Beispiele für dem SEOP unterbreitete Vorschläge bezüglich unkonventioneller Antriebstechnologien*

ID Nr.	*Name*	*Titel*
100105	*William D. Taylor*	*Whirley-go*
100136	*(unbekannt)*	*Inertial drive unit*
100153	*Joe Hughes*	*Beyond electric propulsion*
100159	*Paul LaViolette*	*Electrogravitics: An energy-efficient means of spacecraft propulsion*
100174	*Fred R. Nehen*	*Gyro propulsion*
101456	*William W. Few*	*The Searl levity disc*
101570	*Roger Fritz*	*Inertial engine*
200453	*Gordon C. Campbell*	*How to build a flying saucer*

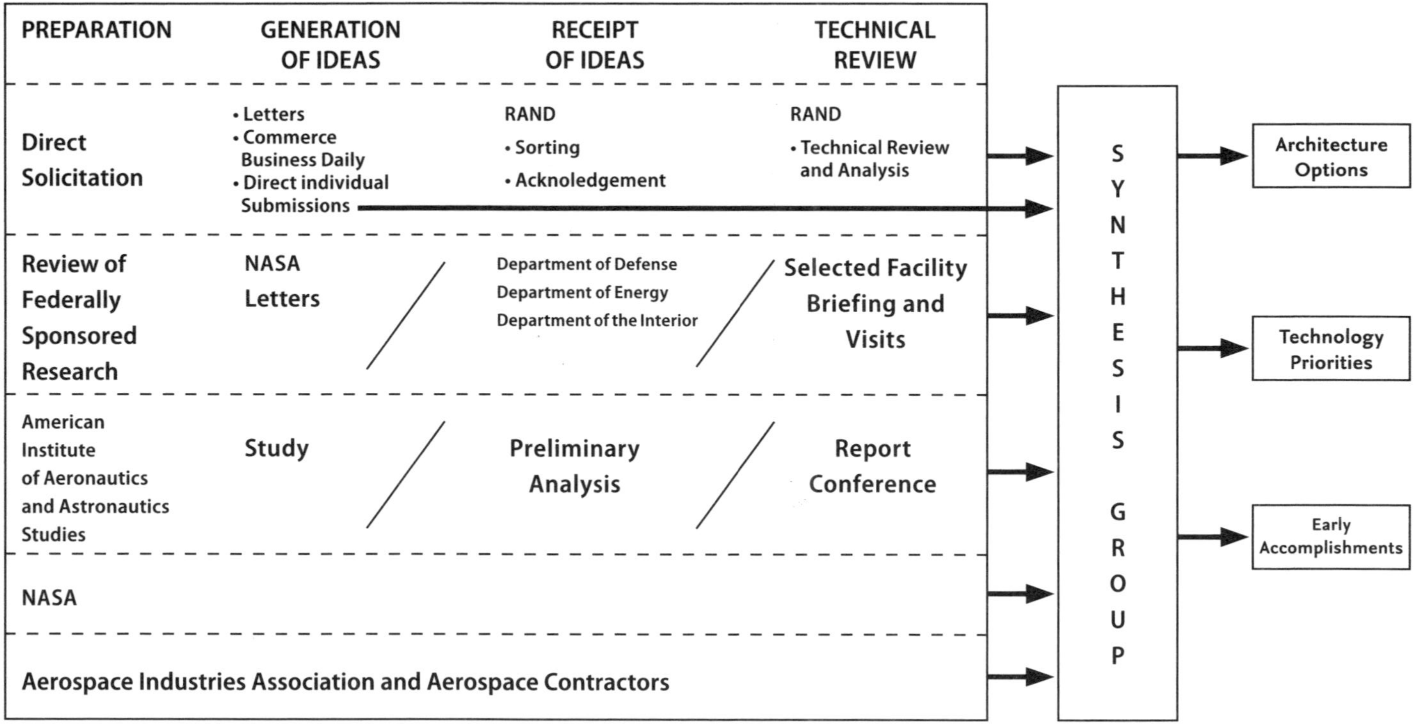

Abb. 13.1 *Dieses Schema zeigt einen Überblick über das Sammel- und Auswertungsverfahren beim* Space Exploration Outreach Project *der* NASA. *(Aus:* America at the Threshold, *A-49)*

Aber auch die Leute vom *Office of Exploration* und *Explorations Programs Office* der NASA waren keine große Hilfe. Einer von ihnen glaubte, die Angebote seien vorübergehend in irgendeinem Büro irgendeines Mitarbeiters gelagert worden, er wisse aber nicht, in welchem. Ein Mitarbeiter beim *Office of Exploration* schien nervös zu werden, als ich ihn fragte, wo sich die Angebote befänden. Ich hatte allerdings den Eindruck, dass er es sehr wohl wusste, es mir aber auf keinen Fall sagen wollte. Er leitete meine Anfrage stattdessen an das *Johnson Space Center* weiter. Die Leute dort verwiesen mich an die Niederlassung in Washington. So bekam ich sehr bald den Eindruck, dass man mich von Pontius zu Pilatus schickte. Es handelte sich hier doch um eine öffentliche Ausschreibung! Warum also sollte man versuchen, öffentliche Anfragen in Bezug auf die eingereichten Beiträge abzuschmettern? War da irgendetwas an dem Projekt, was man lieber nicht verraten wollte?

Nach etwa vier Monaten, während deren ich eine Stelle nach der anderen anrief, ohne auch nur einen Schritt weiterzukommen, stellte ich schließlich im Mai 1992 eine Anfrage an die NASA, wobei ich mich auf den *Freedom of Information Act,* das Gesetz zu Freigabe von Informationen, berief. Nach einigen Schwierigkeiten fand man schließlich die archivierten Dokumente, und im September schickte man mir Kopien der meisten von mir erbetenen Unterlagen. Die NASA wollte jedoch nicht die Adressen der Leute preisgeben, die diese Ideen eingereicht hatten, sondern lediglich ihre Namen. Eine Überprüfung dieser SEOP-Vorschläge bestätigte meinen Verdacht, dass es noch andere Personen gab, die ebenfalls versucht hatten, die NASA auf unkonventionelle Antriebstechnologien aufmerksam zu machen, und dass auch ihre Ideen beim Abschlussbericht nicht berücksichtigt worden waren.

Die NASA war durch zwei Vorschläge über den Elektrogravitationsantrieb informiert worden – meinen eigenen (Nr. 100159) und den von Joe Hughes (Nr. 100153), der in Anhang H abgedruckt ist. Hughes bezog sich auf Browns Versuche mit fliegenden Scheiben und auf dessen Konstruktionsvorschlag für ein durch eine Plasmadüse und einen Hochspannungs-Ionengenerator angetriebenes Raumschiffs. Er hatte auch eine Kopie von Browns Patent des elektrokinetischen Generators beigelegt. Hughes zitierte ebenfalls Dr. George McDonough, den wissenschaftlichen und technischen Leiter beim *Marshall Space Flight Center* der NASA in Alabama. McDonough, so schrieb er, habe gesagt, der Elektroantrieb sei »eine interessante Alternative zum Atomantrieb und der einzige Antrieb, der von der Behörde in Betracht gezogen wurde«, und auch die Sowjets hätten ihn »für eine geeignete Methode auf diesem Gebiet« gehalten.

Was den Vorschlag mit dem Titel »The Searl levity disc« (Die Flugscheibe von Searl) betraf, konnte man nur noch die Kurzbeschreibung finden. Die Beilage, die eine Erläuterung zur Funktion der Flugscheibe enthalten sollte, war seltsamerweise verschollen. Wie in Kapitel 10 beschrieben, handelt es sich hier um eine von dem britischen Ingenieur John Searl entwickelte Vorrichtung, die durch die Rotation eines Satzes von Rollmagneten die Gravitation außer Kraft setzt. Es war dumm von der NASA, sich nicht ernsthaft mit diesem Konzept auseinandergesetzt zu haben, denn einige Jahre nachdem der SEOP-Bericht herauskam, gelang es Roschtschin und Godin, die in Russland mit einem erbärmlich kleinen Budget auskommen mussten, eine Abwandlung von Searls Scheibe zu bauen und erfolgreich zu testen, bei der beobachtet wurde, dass der Rotor und die Testplattform 35 % ihres Gewichts verlieren, wenn der Rotor bei einer mäßigen Drehzahl von 600 Umdrehungen pro Minute rotiert.[4]

Mehrere Personen hatten ebenfalls Vorschläge eingereicht, nach denen die NASA den gyroskopischen Trägheitsantrieb als praktische Methode zum Antrieb von Raumschiffen in Betracht ziehen sollte (Vorschlag Nr. 100105, 100136, 100174 und 101570). Der Trägheitsantrieb ist rein mechanischer Natur. Es geht dabei um verschiedene Methoden der Rotation und ein ständiges ruckartiges Hin- und Herbewegen der Stützlager von massiven, sich drehenden gyroskopischen Rädern, um einen reaktionslosen gerichteten Schub des gesamten Apparats zu bewirken. Dazu fallen mir spontan mehrere Geräte ein. Der Prototyp eines Trägheitsantriebs, der von dem amerikanischen Erfinder Robert Cook gebaut wurde (US-Patent 4.238.968) entwickelte einen Schub von 1 Pfund.[5] Eine weitere Vorrichtung, die der amerikanische Erfinder Roy Thornson baute, erreichte einen Schub von 8 Pfund. Und ein weiterer Prototyp, entwickelt von der schottischen Ingenieurin Sandy Kidd, produzierte einen Schub von 0,5 Pfund.[6] Mit finanzieller Unterstützung einer australischen Firma, die Ölbohrgeräte herstellt, begann Kidd danach ihre Arbeit an einem viel größeren Prototypen, der Passagiere aufnehmen konnte. All diese Vorrichtungen verstoßen gegen das Newtonsche dritte Gesetz der Bewegung, welches besagt, dass jede Aktion eine gleichstarke, gegensätzliche Kraft hervorrufen muss. Das bedeutet, dass ein Trägheitsantrieb im Gegensatz zu einer Rakete sich vorwärts bewegen kann, ohne Masse in die entgegengesetzte Richtung ausstoßen zu müssen. Wie es auch bei der Elektrogravitation der Fall ist, werden solche Vorrichtungen bereits seit langer Zeit entwickelt und haben sich gut bewährt.

Die Vorschläge in Bezug auf den Trägheitsantrieb, die der NASA unterbreitet wurden, waren allgemein recht gut geschrieben, und besonders die Autoren von zwei dieser Vorschläge (Nr. 100105 und 100136) wiesen darauf hin, dass sie mit solchen Vorrichtungen bereits praktische Erfahrungen hatten bzw. Computersimulationen durchgeführt hatten, mit denen nachgewiesen werden konnte, dass das Konzept funktionierte. Dennoch gab es weder im Bericht des Gremiums für Transport/Antrieb von RAND noch im Bericht der Synthesegruppe auch nur den geringsten Hinweis auf das Konzept des Trägheitsantriebs. Es wäre doch wohl angebracht gewesen, dass die NASA sich mit diesen Ideen ernsthaft auseinandersetzt, aber ebenso wie die anderen unkonventionellen Antriebskonzepte wurden sie von der RAND und der Synthesegruppe völlig ignoriert. Wenn die NASA gebeten wurde, »die Netze weit auszuwerfen, um die innovativsten Ideen des Landes einzuholen«, warum sind diese Ideen dann nicht berücksichtigt worden? Hatte RAND nur beschränkte, inkompetente Wissenschaftler ausgewählt, die alles verwarfen, was nicht in ihre Lehrbuchtheorien passte, oder gab es eine systematische Anstrengung, solche Ideen im Interesse der »nationalen Sicherheit« auszusondern? Letzteres ist wahrscheinlicher, denn die RAND *Corporation,* die an Geheimprojekten und Rüstungsentwicklungen mitgearbeitet hat, soll eine Tarnorganisation der *Central Intelligence Agency* sein.

Es ist zweifelhaft, dass diese Prüfungsorganisation eingerichtet wurde, um Kritik vonseiten akademischer Skeptiker und Vertreter unkonventioneller Ideen zu unterdrücken. Eher vorfolgte man wohl die Absicht, die NASA davon abzubringen, Technologien zu überprüfen, an denen man schon bei geheimen Projekten arbeitete. Die Aussonderung von Ideen, die der RAND präsentiert wurden, kann direkt auf das von ihr praktizierte Auswahlverfahren zurückgeführt werden. Einige aufschlussreiche Informationen in diesem Zusammenhang finden sich im technischen Bericht des Gremiums, wo gesagt wird, dass von den 350 überprüften Vorschlägen »etwa 30 % als technisch undurchführbar beurteilt wurden«, entweder weil sie »allen physikalischen Gesetzen widersprechen oder weil die angegebene Leistung unmöglich zu erreichen ist«.[7] Tatsächlich lag der Anteil der abgelehnten Vorschläge näher bei 39 %, denn am Ende der Vorauswahl wurden nur 213 Vorschläge zu einer eingehenderen Überprüfung zugelassen.

Im Bericht steht, dass von den Vorschlägen, die diese Vorauswahl passierten, kein einziger »irgendwelche neuen wissenschaftlichen Erkenntnisse oder Prinzipien oder einen völlig neuen wissenschaftlichen Ansatz enthielten. [...] Es wurde nichts wirklich Neues oder Revolutionäres vorgelegt.« Weiterhin wurde behauptet, dass die meisten Vorschläge »Konzepte betrafen, die gegenwärtig [von der NASA] überprüft werden oder in der Vergangenheit überprüft worden sind.«[8] Diese Beobachtungen in Bezug auf das Ergebnis des SEOP-Projekts sind nicht überraschend. Es ist offensichtlich, dass die Vorauswahl durchgeführt wurde, um Ideen, die wirklich neu und revolutionär waren, von vornherein auszusondern. Damit hat Quayles Team sozusagen das Kind mit dem Bad ausgeschüttet. Es ist ganz offensichtlich, dass hier nicht nur einmal Murphys Gesetz zum Tragen kam, nach dem alles schiefgeht, was nur schiefgehen kann. Diese Leute wussten ganz genau, was sie taten, wie eines der Gremienmitglieder mir vertraulich mitteilte. Das SEOP hatte eine ganze Menge brauchbarer Vorschläge erhalten, von denen es aber keiner ins endgültige Auswahlverfahren schaffte.[9]

Die negative Einstellung gegenüber den innovativen Ideen geht schon aus dem Verfahren hervor, das angewandt wurde, um die Vorschläge einzustufen. Jeder Vorschlag wurde in jeweils fünf Kategorien (Nützlichkeit, Durchführbarkeit, Sicherheit, Innovation und Kosten) auf einer Skala von 1 bis 5 bewertet (wobei 5 die beste Bewertung darstellte). Jedoch wurde diesen fünf Bereichen aus nicht genannten Gründen nicht die gleiche Bedeutung zugemessen. Zum Beispiel bewertete das Gremium für Transport, Startvorrichtungen und Antrieb diese fünf Bereiche mit 25 %, 25 %, 25 %, 5 % und 15 %. Somit wurde die Durchführbarkeit als fünf Mal wichtiger angesehen als die Innovation, wobei die Durchführbarkeit danach beurteilt wurde, ob die Ideen den »bekannten« physikalischen Gesetzen entsprachen oder zuwiderliefen. So gesehen ist es eigentlich kein Wunder, dass das Gremium, deren Aufgabenstellung darin bestanden hatte, »die Netze weit nach neuen Technologien auszuwerfen«, am Schluss mit leeren Händen dastand. Natürlich musste der amerikanische Steuerzahler die Zeche bezahlen ...

Noch schockierender ist, dass das Gremium die unterbreiteten Vorschläge meist nur nach den ersten beiden Attributen beurteilte – Nützlichkeit und Durchführbarkeit. Sicherheit, Innovation und Kosten schienen bei der endgültigen Entscheidung keine große Rolle zu spielen. Das erklärt, warum im Bericht über Transport, Startvorrichtungen und Antrieb ernsthaft Konzepte wie durch Explosion angetriebene Raumschiffe und Antriebe durch Antimaterie behandelt wurden, die in Bezug auf Sicherheit und Kosten mehr als schlecht abschnitten. Beim Explosionsantrieb wird zum Beispiel hinter einem Raumschiff eine Atombombe gezündet, und die Schockwelle wirkt dann auf eine Druckplatte ein, die das Raumschiff vorwärts treibt. Nirgendwo im Bericht finden sich irgendwelche Bedenken in Bezug auf die Sicherheit der Passagiere oder die Gefahren, die mit dem Einsatz von Atomwaffen im Raum verbunden sind. Der in dem Bericht behandelte Antrieb durch die Vernichtung von Antimaterie ist ein weiterer aufschlussreicher Punkt. Es würde ein Million Jahre Betriebszeit der Multimilliardenprojekte CERN und *Fermilab* erfordern, um auch nur 1 Milligramm Antiprotonen zu erzeugen, die notwendig wären, um 1 Tonne Nutzlast aus der Erdanziehungskraft zu katapultieren. Die Ansammlung und Speicherung so großer Mengen von Antimaterie wäre ein noch größeres Problem, sowohl was die Technik als auch was die Kosten betrifft. Wenn die Kosten wirklich ein Faktor gewesen wären, dann hätte sich dieser Bericht mit dem Thema Antimaterie erst gar nicht befasst. Vielleicht hatte man ja auch nur versucht, die Anhänger von *Star Trek* zufriedenzustellen.

Angesichts dieser Tatsachen ist es schon eine ziemliche Enttäuschung, dass Antriebstechnologien wie die Elektrogravitation, der magnetische Antrieb und der Trägheitsantrieb, die nicht nur technisch durchführbar sind, sondern auch sicher und kosteneffektiv, überhaupt nicht berücksichtigt wurden. Man fragt sich wirklich, ob das *Space Exploration Outreach Project* wirklich die Millionen wert war, die der Steuerzahler dafür hinblättern musste.

Anscheinend hatte ich da ein riesiges schwarzes Loch aufgespürt, eines, das sich mitten in der NASA befand und eine Unmenge an Geld und guten Ideen verschlang. Wie wir alle wissen, soll eines der Eigenschaften eines schwarzen Loches darin bestehen, dass alles, was von ihm verschlungen wird, niemals wieder auftaucht. Und diese Definition trifft ganz eindeutig auf das *Space Exploration Outreach Program* der NASA zu, denn im Jahre 1991, als der Bericht der Synthesegruppe fertig war, stellten die Teilnehmer, die ihre Vorschläge eingeschickt hatten, fest, dass es praktisch unmöglich war, irgendetwas über das Schicksal ihrer eigenen Ideen oder der der anderen Teilnehmer in Erfahrung zu bringen. Sobald der Bericht fertig war, wurde der Arm dieses »Outreach«-Programms unverzüglich zurückgezogen, und es bestehen keine Pläne zu einem Folgeprogramm. Anscheinend war das von den Organisatoren von vornherein so geplant. Bis Ende 1991 hatte die NASA das Projekt vollkommen aufgelöst und die Mitarbeiter auf andere Stellen verteilt. Die eingereichten Vorschläge verschwanden in den Schränken irgendwelcher Büros oder in obskuren Archiven. Die Schnelligkeit, mit der das SEOP aufgelöst und das Personal und die Rohdaten überall verstreut wurden, erinnert ein wenig an die plötzliche Auflösung einer Tarnorganisation des FBI, sobald die Verbrecher gefasst worden sind. Es ist offensichtlich, dass das SEOP als einseitige Sammelstelle für Informationen geplant war.

13.3 Die verschwundene Datenbank

Dem Bericht des für Transport, Startvorrichtungen und Antriebssysteme zuständigen Gremiums zufolge wurden die Informationen über die Auswertung jedes einzelnen Vorschlags in einer Macintosh-Datenbank gespeichert (»Fourth Dimension« von ACIUS). Zu den Einträgen gehörten »die Identifizierungsnummer des Vorschlags, der Name des Prüfers, das Datum der Prüfung, der Name des Gremiums, das die Prüfung vornahm, und der Titel oder das Thema der Überprüfung«.[10] In der Datenbank wurde auch die zugewiesene Bewertung des Vorschlags gespeichert (auf einer Skala von 1 bis 5) sowie eine schriftliche Begründung für die Bewertung. Im Bericht steht: »Jeder Prüfer wurde aufgefordert, seine Bewertung kurz zu begründen.«[11]

Die in der Datenbank gespeicherten Informationen hätten jedem zur Verfügung gestellt werden sollen, der wissen wollte, was aus seinem Vorschlag geworden ist, aber als man versuchte, die Datenträger zu orten, konnte man sie nirgendwo finden. Weder bei RAND noch bei der NASA konnte mir jemand über den Verbleib der Datenträger Auskunft geben. Ein NASA-Mitarbeiter ging sogar so weit zu behaupten, es habe überhaupt keine derartige Datenbank gegeben. Allderdings hatte mir eines der Mitglieder des für Transport, Startvorrichtungen und Antriebssysteme zuständigen Gremiums vorher mitgeteilt, dass er die Datenbank für seine Bewertung der Vorschläge benutzt hatte. Somit hatte die Datenbank zu diesem Zeitpunkt mit Sicherheit existiert. Unter Berufung auf den *Freedom of Information Act* verlangte ich von der NASA eine Kopie der auf dem Datenträger enthaltenen Informationen, aber die Sachbearbeiter konnten diese Information nirgendwo finden, weder im Archiv für magnetische Datenträger noch in den Archivkisten mit den schriftlich eingereichten Vorschlägen. Eine formelle Beschwerde half mir da auch nicht weiter. Später kam ich in Kontakt mit Debra Ladwig, einer Mitarbeiterin der NASA, die bei der Synthesegruppe von SEOP als Computerspezialistin mitgearbeitet hatte. Sie erzählte mir, dass sie von RAND eine Kopie der Diskette erhalten und diese gegen Ende des Projekts Dr. Brenda Ward vom *Johnson Space Center* übergeben habe. Im Mai 1992 fragte ich Dr. Ward, ob es einen Datenträger mit den Bewertungen der eingereichten Vorschläge gegeben habe, und sie teilte mir mit, dass sie nichts darüber wisse. Bis heute ist unklar, was aus diesen magnetischen Datenträgern geworden ist. War ihr Verschwinden nur ein Versehen, oder wollte jemand nicht, dass die Öffentlichkeit erfuhr, warum bestimmte Vorschläge nicht in den endgültigen Bericht von RAND aufgenommen worden waren?

Das Verschwinden der Datenbank mit den eingereichten Vorschlägen ist besonders beunruhigend. Die ganze Geheimnistuerei um das Auswertungsverfahren klingt mehr nach einem Forschungs- und Entwicklungsprojekt irgendeines Geheimdienstes als nach einem Projekt der NASA. Es erinnert an die Ufo-Untersuchung, die von Luftwaffe im Rahmen des *Projekts Blue Book* durchgeführt wurde. Nach Aussagen von Informanten, die mit diesem Projekt zu tun hatten, wurden die unterbreiteten ungewöhnlicheren Berichte über Ufos einer streng geheimen Gruppe übergeben und sind nie wieder aufgetaucht. Die Berichte fehlen nicht nur in der Datenbank des *Projekts Blue Book*, sondern auch im Abschlussbericht. Es ist nicht überraschend, dass dasselbe Verfahren von der NASA angewandt wurde, als sie Informationen in Bezug auf Antigravitations- und Feldantriebs-Technologien aussonderte und verschwinden ließ.

13.4 Das nationale Raumflugzeug

Zum Zeitpunkt, da der SEOP-Bericht veröffentlicht wurde, verfolgte die NASA Pläne zur Entwicklung des *National Aero-Space Plane X-30*, auch »Raumflugzeug« genannt. Es handelt sich dabei um eine Maschine, die das *Space Shuttle*, die Raumfähre, ersetzen soll. Bei dem Flugzeug sollen drei unterschiedliche Antriebssysteme zum Einsatz kommen. Das Antriebssystem mit »niedriger Geschwindigkeit«, dessen Technologie damals noch geheim war, wurde konstruiert, um die Maschine auf eine Geschwindigkeit von etwa Mach 3 und auf eine Höhe von über 50.000 Fuß zu bringen. Bei Mach 3 übernimmt ein sogenannter »Ramjet« (deutsch: Staustrahltriebwerk), in dem flüssiger Wasserstoff verbrannt wird. Im Gegensatz zum *Space Shuttle*, bei dem ein Oxidationsmittel aus flüssigem Sauerstoff verwendet wird, sollte der *X-30-Ramjet* durch Luft angetrieben werden. Beim Ramjet handelt es sich um einen Düsenantrieb ohne bewegliche Teile, der die vor seiner Vorderseite erzeugten Drücke dazu benutzt, Luft durch die Verbrennungskammer zu drücken. Da bei einer herkömmlichen Flüssig-Sauerstoff/Flüssig-Wasserstoff-Rakete der flüssige Sauerstoff 89 % des Treibstoffgewichts ausmacht, lässt dieses Ramjet-System eine wesentliche Reduktion des Gesamtgewichts der Rakete zu. Bei Mach 6 verwandelt sich der Ramjet in einen Scramjet – einen Überschall-Ramjet – da die Luftströmung in seiner Verbrennungskammer von Unterschall- in Überschallströmung übergeht. Der Scramjet sollte die X-30 dann auf Geschwindigkeiten von Mach 12 oder mehr bringen. Bei Bodentests wurden Geschwindigkeiten von Mach 12 erreicht. Weit größere Mach-Zahlen wurden erwartet, sobald die eigentlichen Flugtests durchgeführt würden. Zum Vergleich: Bei Mach 12 würde eine Reise von New York nach Tokio gerade mal eine Stunde dauern. Während das Raumflugzeug auf immer größere Höhen steigt, ist es zunehmend auf die Zugabe von flüssigem Sauerstoff angewiesen, um die Verbrennung in seinem Scramjet zu sichern. Außerhalb der Atmosphäre hängt es ausschließlich von der Verbrennung von flüssigem Sauerstoff und flüssigem Wasserstoff ab.

Ein Problem, das die NASA bei dem Raumflugzeug erwartete, war, dass die Vorderkanten der Flügel während des extrem schnellen Fluges durch die

Atmosphäre (bei Mach 3 und darüber) eine übermäßige Reibungshitze erfahren würden. Und genau in diesem Bereich hätte das Projekt von der Arbeit Browns mit der Elektrogravitation sehr stark profitieren können. Dieser Aspekt wurde in zwei der Vorschläge behandelt, die dem SEOP unterbreitet worden waren, doch diese Vorschläge wurden im Abschlussbericht des SEOP nicht einmal erwähnt. Eine Bestromung der Vorderkante des Flugzeugrumpfes mit Hochspannung, wie Brown sie vorgeschlagen hatte, hätte dazu beitragen können, die entgegenkommende Luftströmung abzulenken, sodass sie nicht direkt mit der Oberfläche des Flugzeuges in Berührung käme. Das wiederum hätte die Reibungshitze der Luft reduzieren und den Durchgang der Maschine durch die Schallmauer erleichtern können. Jedoch sagten die Mitarbeiter, die am Projekt des Raumflugzeugs beteiligt waren, dass sie niemals von Elektrogravitation gehört hätten oder davon, dass es möglich sei, durch eine Hochspannungsladung die Luftströmung – eines der dringlichsten technischen Probleme bei dem Projekt – abzumildern.

Ich war entschlossen, mir die Ideenzensur des SEOP nicht gefallen zu lassen. Also schickte ich im Mai 1992 Kopien des von mir eingesandten Vorschlags für einen Elektrogravitationsantrieb sowie eine Kopie des Artikels »Electrogravitics Systems«, der 1956 in der Zeitschrift *Aviation Studies* erschienen war, an Charles Morris, den Direktor des Raumflugzeugprojekts. Er teilte mir mit, dass er dieses Material an die Ingenieure des Projekts ausgeben werde. Einen Monat später schrieb er mir, das Konzept sei »für eine Berücksichtigung beim Projekt *National Aero-Space Plane* (NASP) nicht geeignet« (siehe Abhang I). Ein Jahr später überzeugte ich ihn davon, sich noch einmal mit dieser Idee zu befassen. Da er das Material, das ich ihm geschickt hatte, nicht aufbewahrt hatte, schickte ich ihm im September 1993 ein neues Informationspaket (siehe Anhang J). Etwas später, als ich nachfragte, ob er glaube, dass das Weltraumflugzeug durch den Einsatz einer Hochspannungsladung profitieren könnte, sagte er mir, er halte die Ideen für sehr interessant, könne sich aber kaum vorstellen, dass die NASA eine solche Technologie in naher Zukunft einsetzen werde.

Später teilte mir ein Wissenschaftler vom *Marshall Space Flight Center* der NASA mit:

> Es würde sich mit Sicherheit lohnen, sich mit der Elektrogravitation zu beschäftigen, denn wir stoßen allmählich an unsere Grenzen, und einen Nuklearantrieb wird es in unserer Zeit wohl nicht mehr geben, soweit ich das beurteilen kann. [...] Wir haben einfach kein Programm. Das ist das Problem. Wir sehen zurzeit nichts Vielversprechendes. Es gibt keine

> Visionen, die in der Zentrale auf Zustimmung stoßen. [...] Dabei gäbe es eine ganze Reihe interessanter Ansätze, die draußen zirkulieren. Die NASA war früher viel visionärer und vorausschauender, als sie es heute ist. Wenn wir eine Zukunft haben wollen, müssen wir von der alltäglichen Routine wegkommen und uns mit einigen dieser Ansätze befassen.[12]

Die Arbeit am Weltraumflugzeug wurde noch einige Jahre weitergeführt, 1994 jedoch aufgrund von Etatkürzungen eingestellt. Das Programm war einfach nicht in der Lage, die Resultate zu liefern, die der Kongress von ihm erwartete. 2003 bemühte man sich intensiv, das Projekt wiederzubeleben, aber bei keiner der vorgebrachten Konzepte wurde die Idee der elektrostatischen Ladung für die Vorderkante der Flügel zur Lösung der Überhitzung des Rumpfes erwähnt.

13.5 Die *Columbia*-Katastrophe

Am 1. Februar 2003 stürzte die Raumfähre *Columbia* ab. Sie war aufgrund eines Schadens am Flügel und daraus resultierender Überhitzung auseinandergebrochen. Während des Starts war ein koffergroßes Stück Isolierschaum aus ihrem Haupttreibstofftank herausgebrochen und gegen die Vorderkante des linken Flügels gestoßen, was einen Schaden am Hitzeschild des Flügels verursachte. Der Schaden blieb unentdeckt und verursachte später ein schwerwiegendes Problem, als die Fähre dabei war, für den Landeanflug wieder in die Atmosphäre einzutreten. Die Reibung der Luft erhitzt die Flügelflächen während des Wiedereintritts in die Atmosphäre normalerweise auf extrem hohe Temperaturen. Durch den bereits angerichteten Schaden konnten stark erhitzte Gase durch die Lücke im Hitzeschild des Flügels eindringen und Schäden an der inneren Flügelstruktur der Fähre verursachen. Unter dem Einfluss dieser heißen Gase erweichte die Flügelstruktur und gab schließlich nach. Die Fähre ließ sich nicht mehr lenken und wurde durch die extreme Hitze beim Wiedereintritt in die Erdatmosphäre zerstört. Sieben Insassen kamen dabei ums Leben.

Hätte man die Weltraumtechnologie von Brown in die Fähre eingebaut, wäre es niemals zu dieser Katastrophe gekommen. Dreizehn Jahre zuvor hatte man bei der SEOP-Ausschreibung in zwei Angeboten auf die Vorteile der Elektrogravitation hingewiesen. Jedoch hatte der Prüfungsausschuss diese Ideen nicht in seinem Abschlussbericht für die NASA berücksichtigt. Wie bereits erwähnt, hatte ich mich 1992 mit dem Projektleiter für das Weltraumflugzeug, Charles Morris von der NASA, in Verbindung gesetzt, um eine Lösung für das Problem der Erhitzung des Rumpfes vorzuschlagen. Ich hatte ihn darauf hingewiesen,

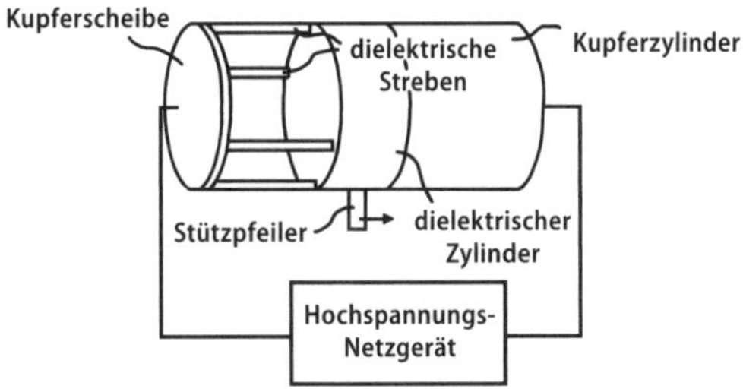

Abb. 13.2 *Symmetrischer Kondensator zur Schuberzeugung. Ein DC-Hochspannungspotenzial treibt Luft vom Kupferzylinder zur Kupferscheibe. (Campbell, 2001)*

dass die Erhitzung der Vorderkante des Flügels durch die Luftreibung dadurch behoben werden könnte, dass man einfach den Flügel des Flugzeugs mit einer Hochspannungsladung versah. In meinem Brief von 1993 (siehe Anhang J) schrieb ich noch einmal: »Eine elektrostatische Ladung an der Vorderkante des Flugzeugs hätte den zusätzlichen Vorteil, die Erhitzung des Rumpfes durch Luftreibung zu reduzieren.« Jedoch wollte das Personal der NASA davon nichts wissen.

Einige Zeit später sprach ich mit Jonathan Campbell, einem Ingenieur, der beim *Marshall Space Flight Center* der NASA an elektrischen Antriebssystemen arbeitet. Ich erfuhr, dass er bereits seit Jahren versucht hatte, die NASA davon zu überzeugen, sich mit Elektrokinese als Antriebsmöglichkeit für Raumschiffe zu beschäftigen, aber seine Bitte um finanzielle Unterstützung wurde von der Geschäftsleitung regelmäßig abgelehnt. Er ließ sich zwei Schub erzeugende Apparate patentieren (siehe **Abb. 13.2**), die sehr ähnlich sind wie die elektrohydrodynamischen Vorrichtungen von Brown. Obwohl er zugab, dass Browns Arbeit ihn zur Entwicklung seiner zylindrischen Druckdüsen angeregt hat, wird in Campbells Patent die frühere Arbeit von Brown überhaupt nicht erwähnt.[13]* Campbell hat viel konventionellere Ansichten in Bezug auf den Betrieb der asymmetrischen Kondensatoren als Brown und andere. Er bestreitet, dass irgendein exotisches Prinzip wie die Elektrogravitation funktioniert. In seinen Patenten wird die Idee, die Vorderkante des Flügels eines Raumfahrzeugs zu laden, überhaupt nicht behandelt. Also selbst wenn die NASA Campbells Forschungen unterstützen würde, gäbe es noch lange keine Garantie, dass Browns Idee von der Elektrifizierung des Flugwerks aufgegriffen würde.

---

* Interessanterweise hat der Versuch von Turman mit der zylindrischen Druckdüse (siehe Kapitel 12) eine ziemlich starke Ähnlichkeit mit Campbells asymmetrischem Kondensator (vergleichen Sie dazu **Abb. 13.2** mit **Abb. 12.1**). Turman führte seine Forschungen mindestens 26 Jahre vor Campbells Patentantrag durch.

Im März 2003 unterbreitete ich der Untersuchungsbehörde, die sich mit der *Columbia*-Katastrophe beschäftigte, einen Vorschlag (siehe Anhang J). Ich wies darin noch einmal auf die Vorteile der Elektrifizierung der Vorderkante des Flügels hin und schrieb: »Eine Technologie, die eine weitere Katastrophe verhindern könnte, wäre, den Rumpf der Raumfähre, insbesondere die Vorderkanten der Flügel, während des Wiedereintritts in die Atmosphäre mit einer Hochspannungsladung zu versehen. Der sich so bildende Schutzschirm aus Ionen würde einen Puffer um das Objekt bilden, die herankommenden Luftmoleküle ionisieren, zurückstoßen und ablenken und so verhindern, dass sie direkt mit dem Rumpf in Berührung kommen und diesen erhitzen.« Ich erwähnte ebenfalls, dass *Northrop* diese Technik bereits 35 Jahre zuvor überprüft hatte, und gab hierzu einige Quellen an, die sie konsultieren könnten. Ich fasste Browns Arbeit zusammen und wies auf den Einsatz der Elektrogravitation beim *B*-2-Bomber hin. Ich schrieb, dass ich bereits früher versucht hätte, die NASA auf diese Technologie aufmerksam zu machen, sowie durch meine Vorschläge im Zusammenhang mit dem SEOP als auch durch meine Kontakte mit Morris. Ich nannte Campbell als Kontaktperson und bot auch meine eigene Hilfe an. Aber nichts kam dabei heraus. Sie schickten mir lediglich einen formellen Brief, in dem sie mir für meinen Einsatz dankten. Bei den Bemühungen, das Raumflugzeug als künftigen Ersatz für die Raumfähre wiederzubeleben, wurde mein Vorschlag in Bezug auf die Elektrifizierung der Flügel nicht einmal erwähnt.

Die Raumfahrtindustrie zeigte in diesem Zusammenhang nicht dieselbe Beschränktheit wie die NASA. Im Jahre 1994, ein Jahr nachdem die NASA diese Idee für ihr Weltraumflugzeug abgelehnt hatte, begann die BAE *Corporation* (ehemals *British Aerospace*), sich ernsthaft für die russischen Forschungen in Bezug auf die Reduzierung der Luftströmung durch Plasma zu interessieren. Zusammen mit der *Defence Evaluation and Research Agency* (DERA), einer englischen Forschungsorganisation, die dem Militär untersteht, begann sie damit, die Idee der Erzeugung von Plasma vor einer fliegenden Maschine als Mittel zur Reduzierung der Luftströmung zu untersuchen.[14]

Im Jahre 1996 reiste Terry Cain, ein Forschungsingenieur bei der DERA, nach Russland, um sich dort mit Anatoli Klimow und dessen Kollegen zu treffen und noch einmal den von ihnen bereits durchgeführten Versuch zur Reduzierung der Luftströmung durch Plasma zu wiederholen. Am *Zentralen Aerohydrodynamischen Institut* in der Nähe von Moskau führten sie im Windkanal Tests an 10 cm großen, kegelförmigen Rümpfen durch, bei denen Plasmageneratoren eingesetzt wurden. Eine Methode, die sie anwandten, um das Plasma zu erzeugen, bestand darin, die Kegel mit einer Teslaspule zu erregen, die Spannungen erzeugte, die groß genug waren, um die Luft dazu zu bringen, sich über große Entfernungen zu ionisieren. Die Hochspannungsfelder erzeugten »kleine Blitzfäden«, die sich in der Luftströmung vor dem Testmodell ausbreiteten.[15] Sie stellten eine Reduktion der Strömung von 10 % fest.

In den Vereinigten Staaten hat das Arnold *Engineering Development Center* von der *Air Force Base Arnold* in Tennessee ihre Windkanäle abgeändert, um Luftströmungstests an von Plasma unterstützten Modellen durchzuführen. Zu der großen Zahl von Weltraumflugzeugen, die dort auf ihre Aerodynamik getestet wurden, gehören der *B*-2-Tarnkappenbomber und das *X*-30 *National Aero-Space Plane.* Im Jahre 2000 soll der Vorsitzende des Direktoriums für angewandte Technologie gesagt haben, dass eine Reihe von Unternehmen und Organisationen Interesse an der Reduzierung der Luftströmung durch Plasma bekundet hätte. Ihre Namen wollte er jedoch nicht verraten. Möglicherweise befindet sich ja die NASA unter diesen Interessenten.

13.6 Die NASA: Eine militärische Tarnorganisation?

Donna Hare, eine ehemalige Mitarbeiterin einer Zulieferfirma der NASA, hat Beweise vorgelegt, dass die NASA die Existenz technisch weit fortgeschrittener Raumschiffe verheimlicht. In den siebziger Jahren hatte Hare im Fotolabor von Philco Ford, einem Zulieferer der NASA auf dem *Johnson Space Center*, gearbeitet. Da sie eine hohe Zugangsberechtigung hatte, konnte sie eines Tages ein Fotolabor der NASA betreten, in dem ein Freund von ihr arbeitete. Das Labor arbeitete an der Entwicklung von Satellitenfotos und Bildern, die die NASA während ihrer verschiedenen Missionen aufgenommen hatte. Ihr Freund machte sie auf ein Fotomosaik aufmerksam, an dem er gerade arbeitete. Dann forderte er sie lächelnd dazu auf, sich darin einen bestimmten Bereich anzuschauen. Sie sah einen runden weißen Punkt mit einem sehr rauen Rand. Sie fragte, ob es sich um einen Punkt auf der Emulsion handelte. Er sagte darauf: »Punkte auf der Emulsion bilden keinen Schatten auf dem Boden.« Und tatsächlich gab es einen Schatten im korrekten Winkel zur Sonne. Sie fragte: »Ist das ein Ufo?« Er antwortete: »Das kann ich nicht sagen.« Das bedeutete, dass es ein Ufo war, dass er es aber nicht sagen durfte. Er fügte hinzu: »Wir müssen sie immer wegretuschieren, bevor wir sie an die Öffentlichkeit verkaufen.« Hares erstaunliche Aussage können Sie in Stephen Greers Buch *Disclosure* nachlesen.[17]

Hare erzählte auch von Geschichten, die sie von Mitarbeitern der NASA erfahren hatte – von Astronauten, die außerirdische Flugobjekte gesehen haben. Ein Bekannter von ihr sagte, dass so ziemlich jeder Astronaut, der zum

Mond geflogen ist, schon einmal solche Objekte gesehen habe. Einer von ihnen habe behauptet, dass sich zum Zeitpunkt der Mondlandung von Apollo 11 drei außerirdische Objekte auf dem Mond befunden hätten. Er sagte, dass dies der Grund dafür sei, warum die Astronauten nach ihrer Heimkehr für einige Zeit in Quarantäne gesteckt wurden, und dass man einige Astronauten davor gewarnt habe, irgendetwas darüber an die Öffentlichkeit zu bringen.

Hare erzählte auch eine Geschichte, die ihr jemand erzählt hatte, der beim Sicherheitspersonal im *Johnson Space Center* arbeitete.[18] Dieser hatte ihr gesagt, dass eines Tages Soldaten in Arbeitsanzügen hereinkamen und ihn aufforderten, Fotos zu verbrennen. In einem Augenblick, als er sich unbeobachtet wähnte, warf er einen kurzen Blick auf eines der Fotos. Er sah, dass dort ein Ufo abgebildet war, das auf dem Boden stand. Doch eine der Wachen hatte ihn offenbar beobachtet und schlug ihm mit einem Gewehrkolben an den Kopf. Hare sagte, er sei sehr verängstigt gewesen, als er ihr diese Geschichte erzählte.

Wir sehen also, dass die NASA und ihre Mitarbeiter durch Manipulation und Drohungen zum Schweigen verurteilt werden, um die Existenz außerirdischer Flugobjekte und fortgeschrittener Antriebsenergien geheim zu halten. Wenn man sieht, wie vehement die NASA die Elektrogravitationstechnologie ablehnt, und das trotz wiederholter Versuche verschiedener Personen, sie von ihrem Nutzen zu überzeugen, dann kann man Tom verstehen, meine Kontaktperson beim *Skyvault-Projekt,* der mir bei einer Tesla-Konferenz 1994 eine Notiz zuschob, in der stand, die NASA sei kaum mehr als eine Werbeorganisation oder eine Tarnfirma, deren Zweck darin bestehe, die Weltraumforschung der Luftwaffe geheim zu halten.

Tom sagte mir später am Telefon, wie groß die Beteiligung der Luftwaffe an der Raumfahrt sei. Wie er mir erzählte, war er in der *Civil Air Patrol* gewesen, wo man ihm den Mitchelson Award verlieh, die höchste Auszeichnung, die man dort bekommen konnte. Daher wurde er 1963 ausgewählt, zusammen mit Vertretern der *Civil Air Patrol* aus den anderen 49 Staaten zur *Air Force Base Chanute* zu fahren und dort den Staat Idaho zu repräsentieren. Eines Tages waren sie alle in einem Auditorium versammelt, und auf der Bühne saßen acht Generäle, denen man »offene« Fragen stellen sollte. Jemand stand auf und fragte sie nach dem Luftwaffenmajor Donald E. Keyhoe, der zu jener Zeit über Ufos schrieb und streng verwarnt worden war. Einer der Generäle antwortete, dass sie über Methoden verfügen würden, mit Leuten zu verfahren, die etwas zu viel ausplauderten. Er sagte, dass sie körperliche Gewalt anwenden würden und alles, was sonst notwendig wäre, um diese Leute zum Schweigen zu bringen. Er sagte sogar, dass man sie im äußersten Fall umbringen würde.

Jemand anders stellte weitere Fragen über Ufos, und einer der Generäle sagte, die Vereinigten Staaten verfügten über ein Verteidigungssystem, das aus einer Reihe von Satelliten bestehe, die nicht nur um die Erde kreisten, sondern auch um den Merkur, die Venus, den Mars und einige andere, entferntere Planeten, über die sie jedoch nicht sprechen dürften. Er sagte, dass die Satelliten als ein Frühwarnsystem funktionieren würden, und dass man »vor denen da draußen« Angst habe, weil man sie ja nicht kenne. Das Verteidigungssystem aus Satelliten sei aufgebaut worden, um drei potenzielle Gefahren rechtzeitig zu erkennen: angreifende Raketen aus der Sowjetunion, Raketen aus Rotchina und aus dem Weltall eindringende Außerirdische. Einer fragte, warum die Generäle ihnen gegenüber so aufrichtig seien. Gemäß Toms Aussage antwortete einer von ihnen: »Wenn Sie wollen, dann können Sie mal versuchen, den Leuten das zu erzählen, was wir Ihnen soeben verraten haben. Keiner würde Ihnen glauben. Und wenn Sie jemanden dazu bringen, Ihnen zu glauben, dann werden wir alles abstreiten. Wir haben also überhaupt nichts zu verlieren.«[19]

Im Jahre 1957 brachten die Russen ihren *Sputnik* auf die Erdumlaufbahn. Im Jahr darauf folgten ihnen die Amerikaner und schickten ihren *Explorer* auf die Umlaufbahn. 1959 fotografierten die Russen mit ihrer *Luna* 3 die erdabgewandte Seite des Mondes. 1962 schickte die Sonde *Mariner* 2 Nahaufnahmen von der Venus zur Erde, und im selben Jahr schickten die Russen ihre erste Sonde zum Mars, verloren dann jedoch den Kontakt zu ihr. 1963 erzählte man also Tom und seinen Kollegen, dass die Vereinigten Staaten zu jener Zeit über ein Netz hochentwickelter Warnsatelliten verfügten, die im ganzen Sonnensystem verteilt waren und Planeten umkreisten, die weiter entfernt waren als der Mars! Das gut ausgerüstete militärische Raumfahrtprogramm war also offensichtlich um einige Jahrzehnte weiter, als man vor der Öffentlichkeit zugab! Tom sagte, er habe Gerüchte gehört, nach denen der allererste Satellit 1948 von den Vereinigten Staaten ins All geschickt worden sei, wobei man eine Abwandlung der V-2-Rakete eingesetzt habe. Er sagte, dass die Sowjets den USA beim Wettlauf ins All niemals voraus gewesen seien. Vielmehr hätte das Militär die angebliche Überlegenheit der Russen nur vorgeschoben, um beim Kongress mehr Unterstützung zu fordern.

Die Firma *North American Rockwell* lieferte der NASA ihre erste Raumfähre im Jahre 1979. Das war die *Columbia*, die ihre Jungfernfahrt zwei Jahre später, im Jahre 1981, durchführte. Aber Tom behauptete, dass *Rockwell* der US-Luftwaffe bereits 1976 Raumfähren geliefert haben soll. Er sagte auch, die Luftwaffe verfüge über ihr eigenes Shuttle-System, dessen Fähren von einer streng gesicherten Insel im Pazifik namens Johnston Island aus starteten. Er behauptete, zwischen 1976 und 1978 für die Luftwaffe gearbeitet zu haben. Während dieser Zeit habe er einen Hauptmann getroffen, der als Ingenieur für die Luftwaffe arbeitete und gerade von Johnston Island zurückgekehrt war, nachdem er dort für zwei Jahre stationiert gewesen sei. Er sagte, dieser Hauptmann habe ihm verraten, dass er Gerüchte gehört hätte, nach denen die USA über eine Basis auf dem Mond verfügen würden. Er sagte weiter, er habe anhand einer Ladeliste erfahren, dass regelmäßig Vorräte zum Monde geschickt würden. Das war einige Jahre nachdem das *Apollo*-Programm eingestellt worden war. Die letzte *Apollo*-Mission zum Mond wurde im Dezember 1972 abgeschlossen.

Somit ist es offensichtlich, dass das Engagement des Militärs im Weltall systematisch geheim gehalten wurde. Während die NASA die Öffentlichkeit mit ihren spektakulären Raummissionen blendete, führten Luft- und Raumfahrtunternehmen insgeheim Forschungen auf dem Gebiet der Elektrogravitation- und Mikrowellenstrahlantriebe durch. Vermutlich wäre die Behauptung nicht zu weit hergeholt, das US-Militär verfüge gegenwärtig über große Raumflotten, die mit Hyperschallgeschwindigkeit fliegen können und mit unkonventionellen Antriebssystemen ausgerüstet sind.

Dies könnte durchaus der Fall sein, denn im Jahre 2002 gelang es einem vierzig Jahre alten britischen Computerfreak namens Gary McKinnon, mit seinem Heimcomputer in die Netze verschiedener amerikanischer Militärbehörden einzudringen. Obwohl er keiner Terroristenorganisation angehört und nur seine eigene Neugier befriedigen wollte, drohen ihm jetzt 70 Jahre Haft in einem amerikanischen Gefängnis. Er hatte eines Tages in einer Datenbank des *US Space Command* eine Namensliste von Offizieren aufgespürt, die die Überschrift »Außerirdische Offiziere« trug. Außerdem fand er eine Liste mit dem Titel »Versetzungen von Flotte zu Flotte« sowie eine Liste mit Namen von Schiffen. Er versuchte herauszufinden, um was es sich dabei handelte, und stellte fest, dass es keine Namen von Marineschiffen waren. Er kam zu dem Schluss, dass es sich um außerirdische Raumschiffe handelte.

Das Hauptquartier des *US Space Command* befindet sich auf der *Air Force Base Peterson* in Colorado Springs. Auf der Website dieses Luftwaffenstützpunkts ist zu lesen, seine Aufgabe besteht darin, »in Übereinstimmung mit den dem *Unified Command Plan* zugewiesenen Missionen gemeinsame Weltraumoperationen durchzuführen«. Dazu gehörten »Unterstützung der Space Force, Verstärkung der Space Force, Einsatz der Space Force und Kontrolle der Space Force«.[20] Da es Unterlagen über außerirdische Offiziere gibt, die »Versetzungen von Flotte zu Flotte« durchführen, scheint die Mission dieser Air Force Base viel außergewöhnlicher zu sein, als sich der durchschnittliche Amerikaner vor-

Abb. 13.3 SpaceShipOne *landet am 4. Oktober 2004 in der Mohave-Wüste. Es war das erste Flugzeug im Privatbesitz, das einen suborbitalen Flug durchführte. (Foto mit freundlicher Genehmigung von Mike Massee)*

stellen kann. Anscheinend führen die Vereinigten Staaten ständig bemannte Weltraumoperationen durch, die wir uns in unseren kühnsten Träumen nicht vorstellen können – alles unter dem Deckmantel der Geheimhaltung. Und dies alles wurde durch die moderne Antriebstechnologie ermöglicht, die Mitte des zwanzigsten Jahrhunderts entwickelt wurde.

Auch die Russen sind im All möglicherweise sehr präsent. In seinem Buch *The Awakening of the Red Bear* schrieb Dimosthenis Liakopoulos, dass die Russen über große Flugzeuge mit Elektrogravitationsantrieb verfügen, Kosmosphären genannt, die mit Partikelstrahlwaffen ausgerüstet seien.[21] Er behauptete, dass diese dazu benutzt werden, um Vorräte an zehn Basen auf dem Monde zu liefern.

Was die Anwendung der Feldantriebstechnologie beim zivilen Weltraumflug betrifft, so ist es offensichtlich, dass die NASA mit ihrer beschränkten Konzentration auf Raketenantriebe bestimmt nicht die Initiative übernehmen wird. Das dürfte wohl eher von weitsichtigeren Raumfahrtunternehmen zu erwarten sein, wie zum Beispiel *The Spaceship Company* und *Virgin Galactic*. Die Wettbewerbsfähigkeit nichtmilitärischer Privatunternehmen im Bereich des Weltraums wurde am 4. Oktober 2004 offensichtlich, als Brian Binnie die *SpaceShipOne* auf eine Höhe von 114 km flog, um den mit 10 Millionen US-$ dotierten X-Preis zu gewinnen. Dieser Preis, der von der *X-Prize-Foundation* gestiftet wurde, wurde jedem verliehen, dem es gelang, innerhalb von zwei Wochen zweimal eine Höhe von mindestens 100 km zu erreichen. Dies war die zweite Reise von *SpaceShipOne.* Ihre Jungfernfahrt hatte sie gerade mal fünf Tage zuvor absolviert. Das Gewinnerteam, das vom Weltraumingenieur Burt Rutan geführt wurde, zeigte der Welt, dass mit ein wenig Einfallsreichtum Weltraumflüge auch mit einem geringen Budget möglich sind.

Im Juli 2005 unterzeichnete Rutans Firma, *Scaled Composites,* einen Vertrag mit *Virgin Galactic,* einer Tochterfirma des von Sir Richard Branson gegründeten *Virgin-Konzerns* über die Gründung eines neuen Weltraum-Produktionsunternehmens, den beide Firmen gemeinsam verwalten sollten. Dieses neue Unternehmen, die *Spaceship Company,* plant den Bau einer Flotte kommerzieller suborbitaler Raumschiffe und Startvorrichtungen zum Verkauf an Raumfahrt-Tourismus-Unternehmen, von denen eines *Virgin Galactic* sein wird. Rutan, der künftige Leiter des technischen Entwicklungsteams der Firma, sagte: »Dies wird ein neues Zeitalter der Raumfahrt einleiten, das zuerst von den visionären Science-Fiction-Autoren in den fünfziger und sechziger Jahren beschrieben wurde. Richard Branson und ich teilen eine Vision, die kommerziell durchführbar ist. Der Raumfahrttourismus wird das Fundament der Besiedlung des Weltraums durch den Menschen einläuten.«[21] Es ist durchaus möglich, dass Leute wie er, die es gewohnt sind, innovativ zu denken, diejenigen sein werden, die den Feldantrieb in der Raumfahrt letztendlich durchsetzen werden.

14

Eine Technologie, die die Welt verändern könnte

Die Beherrschung der Gravitation wäre ganz eindeutig ein Segen für die Menschheit. Warum also wird die Arbeit an dieser wichtigen Technologie so streng geheim gehalten? Ein naheliegender Grund wäre, dass das Militär sicherstellen will, dass es mit seiner Technologie dem Gegner immer einen Schritt voraus ist. Einer Schätzung zufolge sind die geheimen Technologien der offiziell bekannten Technik etwa um 100 Jahre voraus. Ein zweiter Grund für die Geheimhaltung wäre möglicherweise die Sorge, dass die Menschheit mit diesen neuen Technologien nicht vernünftig umgehen könnte. Ein gutes Beispiel dafür wäre die Atomenergie, die etwa Mitte des zwanzigsten Jahrhunderts aufkam. Im Laufe der Zeit wurden zwar Möglichkeiten gefunden, diese Technologie für friedliche Zwecke zu nutzen, aber zuerst wurde sie als Waffe eingesetzt, um ganze Städte zu zerstören. Dies brachte die ständige Gefahr eines nuklearen Holocaust mit sich, eine Gefahr, die auch heute noch nicht überwunden ist, denn es besteht auch heute noch, nach Beendigung des Kalten Krieges, die Möglichkeit, dass Terroristen eine schmutzige Bombe zünden. In ähnlicher Weise hat uns dieselbe Physik mit einem Wissen über die Kontrolle der Gravitation ausgerüstet, das wir für friedliche Zwecke nutzen könnten, aber auch für den Bau schrecklicher Waffen.

Nach Aussage von Ray, der als Wissenschaftler an geheimen Projekten mitgearbeitet hat und mit dem ich mich unterhalten habe, sind die Hüter dieser Technologie nicht der Meinung, dass die Menschheit sich inzwischen so weit entwickelt hätte, dass sie mit diesem Wissen vernünftig umgehen könnte. Offensichtlich verfolgen die Männer hinter den Kulissen, die die geheime Forschung kontrollieren und darüber entscheiden, ob sie geheim bleibt oder nicht, ein Programm der »kontrollierten Evolution«. Falls »die da oben« entscheiden, dass die Menschheit sich so weit entwickelt hat, dass sie mit der Technologie vernünftig umgehen kann, dann werden sie es auch zulassen, dass diese bekannt wird. Es stellt sich hier aber die Frage, ob diese selbst ernannte Elite eigentlich selbst ausreichend qualifiziert ist, um solche Entscheidungen zu treffen. Bei den heutigen Problemen wie der globalen Erwärmung, der globalen Entwaldung, saurem Regen, der Verschmutzung der Ozeane, radioaktivem Müll, Überbevölkerung, Hunger und der sich immer weiter ausbreitenden AIDS-Epidemie sollte vielleicht zumindest ein Teil dieses Wissens endlich freigegeben werden. Einige Leute, die an diesen geheimen Programmen mitarbeiten, sind genau dieser Meinung und unternehmen Schritte, um die Dinge in eine liberalere Richtung zu lenken.

Als Anfang des zwanzigsten Jahrhunderts der Verbrennungsmotor entwickelt wurde, hätte er eigentlich auch geheim gehalten werden müssen, weil die Gefahr bestand, dass man mit ihm Panzer und andere Kriegsfahrzeuge antreiben könnte. Aber dann würden wir heute noch mit Pferd und Wagen fahren und würden in einer Welt leben, deren Lebensstandard weit unter dem läge, was wir heutzutage gewohnt sind. Und heute sieht es so aus, als sei unsere Regierung entschlossen, den gegenwärtigen technischen Status Quo beizubehalten. Am 15. Januar 2008 schickten vier Direktoren, die das amerikanische Patentamt *US Patent and Trademark Office* (USPTO) leiten, ein Memorandum an alle Patentprüfer, dessen Inhalt so reaktionär war, als ob man damit das Automobil verboten hätte. In dem Memorandum wurden die Prüfer an das *Sensitive Application Warning System* (SAWS) [etwa: Warnsystem in Bezug auf bedenkliche technische Erfindungen] erinnert und dazu aufgefordert, alle Patentanträge zu melden, die »spezielle Interessen« berühren, die also zum Beispiel in die folgenden Bereiche fallen: »(1) Perpetuum Mobile (Over-Unity-Energiegeneratoren); (2) Antigravitationsgeräte; (3) Raumtemperatur-Supraleitfähigkeit; (4) freie Energie, Tachyonen usw.; (5) Ausbreitung des Lichts mit Überlichtgeschwindigkeit; (6) andere Technologien, die gegen die allgemein bekannten Gesetze der Physik verstoßen.«

Außerdem wurde in der Direktive von den Prüfern unter anderem verlangt, Anträge zu melden, welche »Piониercharakter« hätten, sowie Anträge, »die Erfindungen betreffen, die die Aufmerksamkeit der Öffentlichkeit erregen könnten«. Weiterhin wurde gesagt, mit dem SAWS-Programm solle »garantiert werden, dass die Prüfungsnormen und Richtlinien [des US-Patentamtes] bei solchen Anträgen ordnungsgemäß eingehalten werden«. Mit diesen Richtlinien werden die Prüfer angewiesen, alle Anträge abzulehnen, die den »bekannten Gesetzen der Physik« widersprechen. Bei den Gesetzen, auf die das Patentamt sich beruft, handelt es sich offensichtlich um den Katechismus, der in den Physikkursen der Universitäten im ganzen Land gelehrt wird. Entsprechend diesen Gesetzen werden Patentanträge für Erfindungen wie Over-Unity-Energiegeneratoren, elektrokinetische Technologie oder Generatoren für Strahlen mit Überlichtgeschwindigkeit (wie z. B. von Podkletnow entwickelt) prompt abgelehnt.

Stellen wir uns einmal für einen Augenblick vor, welche neuen Möglichkeiten sich uns eröffnen würden, wenn diese Unterdrückung durch eine beschränkte Bürokratie wegfallen würde. Wenn erst einmal die Feldeffekt-Antriebstechnologie und die Energiegeneratoren auf den Markt kämen, würden sie das Leben der Menschen drastisch verbessern. Die Verkehrs- und Transportmöglichkeiten würden revolutioniert werden. Pendler wären in der Lage, horizontal und vertikal zu reisen. Straßen und Brücken wären nicht länger erforderlich, und Stoßzeiten und Verkehrsstaus wären eine Sache der zweidimensionalen Vergangenheit (natürlich würde man in stark bevölkerten Gebieten spezielle Navigationscomputer benötigen, um Zusammenstöße in der Luft zu vermeiden). Die Transportgeschwindigkeiten würden sich unglaublich erhöhen, und es gäbe kaum noch einen Ort, den diese Fahrzeuge nicht erreichen könnten. Antigravitationsfahrzeuge würden die Landwirtschaft, den Bergbau, den Wohnungsbau und die Schifffahrt revolutionieren und die Weltwirtschaft über unsere kühnsten Träume hinaus stimulieren.

Die Raumfahrt würde ungemein vereinfacht. Der Flug von einer Station auf der Erde zu einer Raumstation wäre etwa so einfach wie der Flug von einer Stadt zur anderen. Der Flug von der Erde zu Basen auf dem Mond oder Mars und die Reisen zu weit entfernten Planeten des Sonnensystems wären so problemlos wie heutige Interkontinentalflüge. Und diese Reisen könnte man mit einem Minimum an Energieaufwand durchführen. Denken Sie nur an die Milliarden Dollar, die man einsparen könnte, wenn die Nationen für ihre Raumfahrten den Antigravitationsantrieb einsetzten anstatt den Raketenantrieb. Raumschiffe mit Elektrogravitationsantrieb könnten theoretisch Überlichtgeschwindigkeit erreichen. Damit wären Reisen zu benachbarten Sternsystemen kein Problem mehr.

Der Weltfrieden würde gefördert werden. Verkehr und Transport mit Antigravitation würden die Entfernungen zwischen den Nationen der Welt bedeutungslos machen. Stellen Sie sich einmal vor, dass Sie innerhalb einer Stunde jeden Ort auf der Erde erreichen könnten. Der internationale Luftverkehr würde in jeder Beziehung in die Höhe schießen. Die geografischen Entfernungen würden schrumpfen, was die Menschen aus verschiedenen Teilen der Welt einander näherbringen würde. Die Menschen würden internationaler orientiert sein und sich gegenseitig als Nachbarn ansehen. Während die Menschen anderen Kulturen gegenüber mehr Toleranz lernten und die Armut allmählich abnähme, würde sich eine völlig neue planetarische Weltordnung entwickeln. Mit ein wenig Glück würden Kriege endgültig der Vergangenheit angehören.

Es stünden uns ökologisch sichere Methoden der Energieversorgung zur Verfügung. Die Elektrogravitation würde zur Erzeugung einer umweltfreundlichen elektrischen Energie eingesetzt werden. Man könnte zum Beispiel Permanentmagnetgeneratoren wie den Searl-Effekt-Generator einsetzen, den ich in Kapitel 10 erwähnt habe. Eine weitere Methode wären die phasenkonjugierenden parametrischen Verstärker mit Over-Unity-Leistungen. Und es gibt noch andere Möglichkeiten wie Rotationsgeneratoren, z. B. die von Lafforgue (siehe Kapitel 12) und Brown (siehe **Abb. 1.10**) vorgeschlagenen elektrostatischen Motoren.

Elektrogravitationsmaschinen mit freier Energie und andere Arten technisch fortgeschrittener Energiegeneratoren würden eine Zivilisation mit sauberer Energie ermöglichen. Abgesehen davon, dass eine solche Technologie bezahlbare Energie erzeugt, wäre sie umweltschonend und sicher für die Menschen, denn sie würde keine gefährlichen, gesundheitsschädlichen Abfallprodukte erzeugen. Auch würden kein Kohlendioxid und keine Abwärme in die Atmosphäre geblasen werden, die zur globalen Erwärmung beitragen. Der Energieausstoß würde fast ausschließlich in Form von mechanischer Bewegung erfolgen. Bei der Energieerzeugung durch den Searl-Generator könnte es sogar sein, dass die Umgebung abgekühlt wird. Zwar kommt bei Elektrogravitationsgeräten Hochspannung zum Einsatz, aber man kann sie sichern, indem man sie entsprechend umschließt oder einkapselt. Außerdem würde die Stromerzeugung dezentralisiert. Jedes Haus, jede Fabrik und jedes Fahrzeug hätte seine eigene Energieversorgung. Wenn jede Person ihr eigener Energieversorger wird, dann würden die hässlichen Stromleitungen, die gegenwärtig unsere Landschaft verunstalten, sehr schnell verschwinden.

Von der allgemeinen Verbreitung der Ätherphysik würde unsere Gesellschaft auch in intellektueller Beziehung sehr stark profitieren. Sie würde unser Wissen in Bezug auf die fundamentale Physiktheorie, die gegenwärtig aufgrund des starren Festhaltens an überkommenden Ideen ziemlich stagniert, unglaublich erweitern. Auch vom humanistischen Standpunkt würde die Menschheit ungemein profitieren. Man kann nämlich davon ausgehen, dass die geistige und spirituelle Leere und die Überbetonung des Materialismus, die die moderne Gesellschaft kennzeichnen, zum Teil auf die positivistische Wissenschaft zurückgeführt werden kann, die nur das anerkennt, was man sehen oder messen kann. Die neue Ätherphysik andererseits erkennt, dass die physische Welt nur eine Manifestation eines viel subtileren, fundamentalen Bereiches ist, zu dem wir mit unseren physischen Sinnen keinen unmittelbaren Zugang haben, dessen Wirken jedoch mithilfe der reaktionskinetischen Modelle erklärbar wird. Sie würde zu einer Weltsicht führen, in der sich die Wissenschaft mit den mystischen Lehren vereinigt, anstatt sich von ihnen zu distanzieren. Ein weit verbreitetes Wissen dieses neuen konzeptionellen Paradigmas könnte die Menschheit wieder auf einen ethischen Weg bringen, zu einer globalen Sichtweise, die uns besser darauf vorbereitet, die fortgeschrittenen Technologien zu empfangen, die uns gegenwärtig vorenthalten werden.

ANHANG

A

Briefe von T. Townsend Brown an Thomas Turman

THE TOWNSEND BROWN FOUNDATION
LIMITED
SASSOON BLDG. (P.O.BOX 272)
NASSAU, BAHAMAS

Cables:
TOBROFO, NASSAU

Kindly Address Reply to:

1001 Third Street
Santa Monica, Calif. 90403

January 23, 1968

Mr. Thomas M. Turman
1506-A Ave. T.
Lubbock, Texas 79401

Dear Mr. Turman:

Again I must apologize for my delay in responding to your requests. Yesterday I came home after a stay in the hospital which included an operation. I am not feeling very well and I am not able to think too clearly. The company to which I serve as consultant has not released some of the information you have requested and I am very much at a loss to know what to say.

The Patent No. 3,187,206 contains the essential teaching in electrogravitics. A definition of the electrogravitic force might be " the ponderomotive force developed within a high-K dielectric under electrical strain". The patent teaches the use of non-linear electric fields such as those internally developed in truncated cones of dielectric material.

In short, at voltages from 75 KV to 125 KV or more, this thrust appears pronounced in vacuum. It persists as long as the voltage is maintained and is independent of the orientation with respect to the Earth's gravity vector.

In short, at voltages from 75 KV to 125 KV or more, this thrust appears pronounced in vacuum. It persists as long as the voltage is maintained and is independent of the orientation with respect to the Earth's gravity vector.

There are a number of mysteries concerning the nature of the force, largely the variations which it undergoes. There appear to be at least three semi-diurnal cycles:

1) relating to mean solar time (with maxima at 4 AM and 4 PM)
2) relating to lunar hour angle with maxima approximately 2 hours after the upper and lower meridian transit of the moon, and
3) relating to sidereal time with a sharp peak at 16^h S.T. and a minor maximum at 4^h S.T.

The reasons for these variations as well as for the reasons for the almost continuous secular variations is completely unknown.

The belief that the phenomenon is gravitic in nature is based almost entirely upon the appearance of the effects of mass (in the dielectric material) on the force exhibited.

Mr. Thomas M. Turman — 2 — Jan. 23, 1968

Your best bet in undertaking experimentation in this field would be to make up conical sections of hi-K, hi-density dielectric (barium titanate and lead monoxide) and suspend the same with thrust sensors in high vacuum. For the gravitic effects every effort must be made to eliminate thrust contamination by ambient ions or electrostatic fields.

You ask if I have ever been able to get an anti-gravitic device to lift from the ground, its weight being entirely removed. The answer is no. The relatively small forces are detectable, usually only in vacuum and then only at exceedingly high electric gradients. Contamination of the forces make it necessary to be extremely careful in the design of the apparatus and this, needless to say is expensive. For example the equipment used to observe the cyclic effects cost us over $25,000.

I am sorry that I am unable at this time to give you more detailed information for the reasons I have explained above, maybe by next summer these problems will be sufficiently resolved so that we can go further.

Sincerely yours,

T. Townsend Brown

T. Townsend Brown

THE TOWNSEND BROWN FOUNDATION

LIMITED

SASSOON BLDG. (P.O. BOX 272)

NASSAU, BAHAMAS

Telegramm:
TOBOFRO, NASSAU

Antwort bitte weiterleiten an:
1001 Third Street
Santa Monica, Calif. 90403
23. Januar 1968

Herrn Thomas M. Turman
1506-A Ave. T.
Lubbock, Texas 79401

Sehr geehrter Herr Turman,

ich möchte mich noch einmal für meine verspätete Antwort auf Ihre Anfrage entschuldigen. Gestern bin ich aus der Klinik zurückgekehrt, wo ich mich einer Operation unterziehen musste. Ich fühle mich zurzeit nicht besonders wohl und kann auch nicht besonders klar denken. Die Firma, für die ich als Berater arbeite, hat die Informationen, um die Sie gebeten haben, nicht freigegeben, und ich weiß eigentlich gar nicht, was ich sagen soll.

Das Patent Nr. 3.187.206 enthält die wichtigsten Informationen zur Elektrogravitation. Eine Definition für die Elektrogravitationskraft könnte wie folgt lauten: »die ponderomotorische Kraft, die sich innerhalb eines Dielektrikums mit hoher Permittivität unter elektrischer Belastung entwickelt«. Im Patent wird beschrieben, wie nichtlineare elektrische Felder – z. B. jene, die sich in stumpfen Kegeln von dielektrischem Material entwickeln – benutzt werden.

Kurz ausgedrückt: Bei Spannungen von 75 bis 125 kV oder mehr erscheint dieser Schub im Vakuum sehr ausgeprägt zu sein. Er dauert so lange, wie die Spannung aufrechterhalten wird, und ist unabhängig von der Ausrichtung des Erdgravitationsvektors.

Es gibt eine ganze Reihe von Unklarheiten in Bezug auf das Wesen dieser Kraft, z. B. die Abweichungen, denen sie unterworfen ist. Es scheint mindestens drei halbtägige Zyklen zu geben:

(1) in Bezug auf die mittlere Sonnenzeit (mit einem Maximum um 4 Uhr und 16 Uhr);
(2) in Bezug auf den Stundenwinkel des Mondes mit einem Maximum von etwa 2 Stunden nach dem Durchgang des Mondes durch den oberen und unteren Meridian;
(3) in Bezug auf die siderische Zeit mit einem Spitzenwert um 16 Uhr und einem niedrigsten Wert um 4 Uhr morgens.

Die Gründe für diese Abweichungen und für die fast ständigen langfristigen Abweichungen sind vollkommen unbekannt.

Die Vorstellung, dass das Phänomen von Natur aus gravitisch ist, basiert fast vollständig auf dem Erscheinungsbild, wie eine Kraft auf Massen (im dielektrischen Material) wirkt.

Herrn Thomas M. Turman - 2 - 23. Januar 1968

Die beste Methode, auf diesem Gebiet Versuche durchzuführen, wäre, konische Abschnitte als Dielektrikum (Bariumtitanat und Bleimonixid) mit hoher Permittivität und sehr hoher Dichte herzustellen und diese mit Schubsensoren in einem Hochvakuum aufzuhängen. Wegen der Gravitationseffekte muss alles unternommen werden, um die Schubkontamination durch Ionen oder elektrostatische Felder in der Umgebung zu eliminieren.

Sie haben gefragt, ob es mir jemals gelungen ist, eine Antigravitationsvorrichtung vom Boden abheben zu lassen, also das Gewicht vollkommen auszuschalten. Die Antwort ist nein. Die relativ geringen Kräfte sind normalerweise nur im Vakuum aufzuspüren, und auch dort nur bei außerordentlich hohen elektrischen Gradienten. Wegen der Kontamination der Kräfte muss man extrem sorgfältig bei der Konstruktion des Apparats sein, und das ist selbstverständlich ziemlich teuer. Zum Beispiel kostete uns die Ausrüstung zur Beobachtung der periodischen Effekte über 25.000 Dollar.

Es tut mir leid, dass ich Ihnen aus den oben erwähnten Gründen keine genaueren Informationen geben kann. Vielleicht sind die Probleme im nächsten Sommer soweit gelöst, dass wir weitersehen können.

Mit freundlichen Grüßen
T. Townsend Brown

P. O. Box 1321
Avalon, California 90704
1. November 1971

Herrn Thomas M. Turman
1611 16th Street
Lubbock, Texas 79401

Sehr geehrter Herr Turman,

ich habe Ihren Brief gelesen und auch versucht, mich daran zu erinnern, worüber wir bei unserem letzten Telefongespräch gesprochen haben. Ich werde wahrscheinlich nicht alle Ihre Fragen beantworten können. Einiges werde ich dann in unserer zukünftigen Korrespondenz behandeln.

Es war mir ein Vergnügen, mir Ihre Fotos von der Ausrüstung anzuschauen, die Sie konstruiert haben, denn sie zeugen von einer sehr sorgfältigen Planung Ihrerseits. Es muss einiges an Geld gekostet haben. Anscheinend haben Sie die wichtigsten Teile des Apparats zusammengebaut, mit dem eine gründliche experimentelle Arbeit ermöglicht wird, zu der ich Ihnen recht viel Erfolg wünsche.

Ich hätte gern, dass Sie mir eines Tages detailliertere Informationen und einen Schaltplan Ihrer Hochspannungsvorrichtung schicken. So wie ich es verstanden habe, handelt es sich um einen Spannungsverdoppler, aber ich würde gern mehr über die Kondensatoren und die Gleichrichter erfahren, die Sie benutzen. Das ist schon ziemlich wichtig, besonders in Bezug auf die Welligkeit im Gleichstromausgang.

Ihre Skizze zeigt eine Elektrodenkonfiguration mit Punkten und Ringen und mit einem unmittelbaren dielektrischen Rohr. Ich nehme an, dass die Enden dieses Rohrs offen sind und die Luftströmung in Richtung auf das divergierende Feld geht. Das würde dafür sorgen, dass das Röhrensystem in die entgegengesetzte Richtung geht, d. h. in Richtung auf die kleine positive Elektrode. Ist das korrekt?

Ich wäre auch daran interessiert zu erfahren, wie Sie die Kräfte messen. Sie haben einen Kondensator für die Aufnahme erwähnt, der über Verstärker in den Rekorder einspeist. Haben Sie einen Schub beobachtet, wenn das positive Ende der Röhre geschlossen ist?

In Bezug auf die Scheiben fragen Sie, welche Abstandshalter zwischen den Elektroden und dem Scheibenrumpf installiert wurden. Ich war damals nicht am Abheben interessiert, sondern nur am Schub und der Spitzengeschwindigkeit um ein Drehkreuz von 50‘. Das beigefügte Diagramm wird Ihnen einen gewissen Eindruck von der Konstruktion vermitteln.

Die Hubversuche waren von einer anderen Art. Wir verwendeten eine triarkuate ballistische Elektrode als Anode und eine kleine Elektrode darunter als Kathode. Das sah ungefähr so aus.

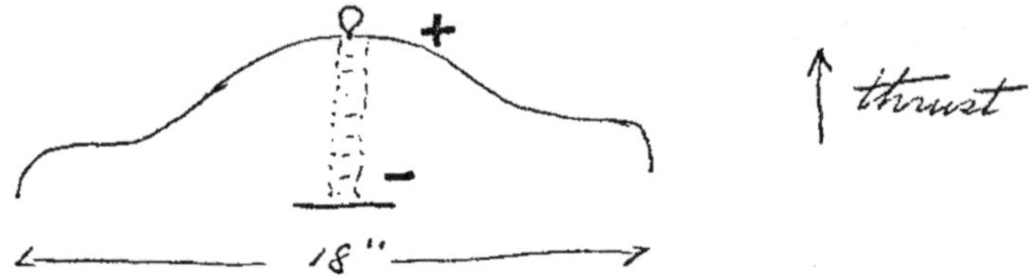

Die große Elektrode bestand aus einem schirmartigen Rahmen aus Balsaholz mit einer Abdeckung aus Aluminiumfolie. An einem dünnen Abstandsisolator aus Glas war die Kathode wie in der Zeichnung dargestellt befestigt. Der Hub dieses Geräts bei 170 kV lag bei etwa 125 Gramm. Die Elektrodenkonstruktion selbst wog nur etwa 100 g, also levitierte sie praktisch von allein.

In meinem nächsten Brief werde ich Ihnen einige Druckprofile über die ballistische Elektrode schicken, wo wir versucht haben, diesen Hub zu analysieren, aber das wird der Gegenstand eines weiteren Briefes sein.

Ich werde Ihnen in ein paar Tagen wieder schreiben.

Mit freundlichen Grüßen
T. Townsend Brown

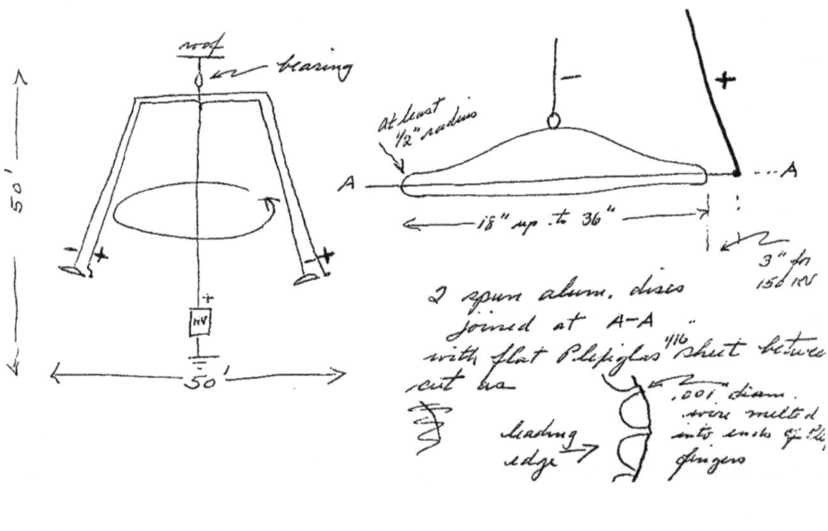

P. O. Box 1321
Avalon, California 90704
12. November 1971

Mr. Thomas M. Turman
1611 16th Street
Lubbock, Texas 79401

Sehr geehrter Herr Turman,

es tut mir leid, dass ich mir mit dem Schreiben so lange Zeit gelassen habe, aber während meiner Genesung ging ich selten ins Büro.

In meinem Brief vom 1. November habe ich versprochen, Ihnen einige Druckprofile zukommen zu lassen, so wie ich mich an sie erinnere, welche die Bewegung der triarkuaten ballistischen Elektrode bewirkten. Die Skizze der Elektrode und des ungefähren Druckprofils sieht wie folgt aus:

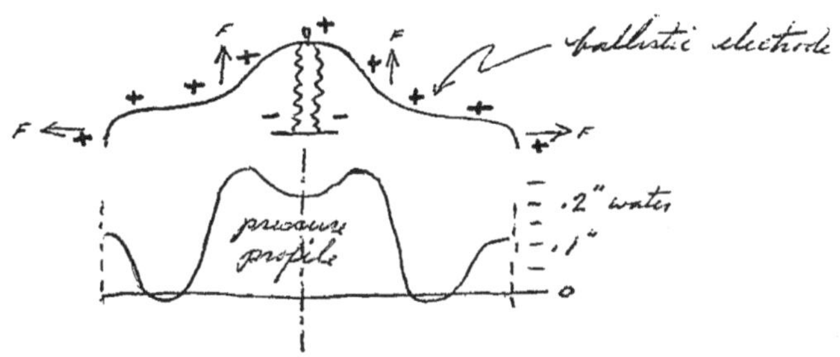

Wir stellten fest, dass wir durch Abschrägen der mittleren Elektrode die Drücke aus dem Gleichgewicht bringen konnten, sodass die eine oder andere Seite erhöht werden konnte. Dies sorgte für eine horizontale Stabilität bei einem großen Prototyp. Eine alternative Methode wäre, statt einer Elektrode in der Mitte drei voneinander unabhängige Elektroden in einem Dreieck anzuordnen. Diese Elektroden können unterschiedlich geladen werden, um die Konfiguration des elektrischen Feldes unter der ballistischen Kanzel zu ändern, und damit entfiel die Notwendigkeit eines mechanisch beweglichen Teils. Die horizontale Stabilität könnte ausschließlich elektrisch aufrechterhalten werden. Die Konstruktion sieht im Wesentlichen wie folgt aus:

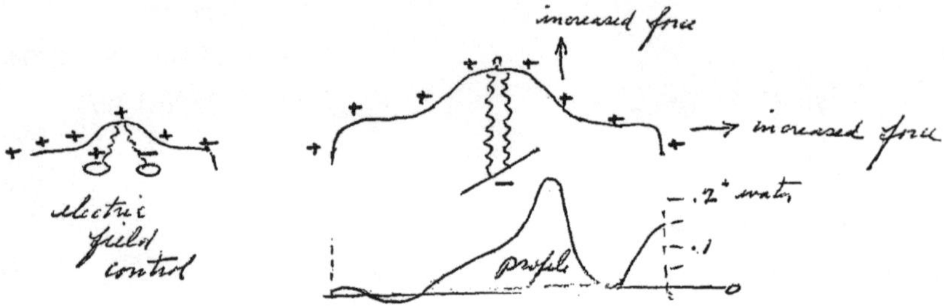

Thomas M. Turman – 2 – 12. Nov. 1971

Wenn Sie in der Lage sind, einen dieser Versuche durchzuführen, dann würde ich mich freuen, von Ihnen zu hören.

Mit freundlichen Grüßen
T. Townsend Brown

ANHANG

B

AVIATION STUDIES INTERNATIONAL LTD. PUBLICATIONS

Publications Printed in 1960

AVIATION STUDIES (INTERNATIONAL) LIMITED

Aviation House 66 Sloane St. London S W 1 Tel. SLO 0657/8. Cables AVIAREP LONDON

A MAINLY CIVIL SERVICES (fee quoted is annual rate)

1 The Aviation Reports that appear on Tuesdays $88 or £30 Including airmail
2 Finances of Increased Airline Profitability 3-part treatise on airline finance policy. $27 or £9
3 Financial Discipline for cost computation for major turbine aircraft $20
4 Airline Fleet Record: Quarterly statistical survey of the industry Price $18 or £6
5 Civil Transport Data Sheets: quarterly weight and performance figures Price $9 or £3 inc. airmail
6 About half the Aviation Report Supplements are purely civil Price each $3 or £1
or No 79 & 84 onwards $6 or £2

B MAINLY MILITARY SERVICES

1 Aviation Reports issued on Fridays Price $88 or £30 Including airmail
2 Military Record of Atomic Happenings' Quarterly $75 or £25 (1956 7 8 and 9 available.
3 Armament Data Sheets: Quarterly Price $30 or £10
4 Army Airforce and Naval Air Statistical Record - a quarterly military user survey $18 or £6
5 Army Vehicle and Military Aircraft Data Sheets: quarterly, performance summary $12 or £4
6 About half the Aviation Report Supplements are military Price the same as A 6
7 Weapons Compendium: a combination of No 3 4 5 and the Engine Data Sheets Price $60 or £20

C CIVIL AND MILITARY INTEREST

1 Aviation Reports (New Dimensions) issued on Wednesdays Price $105 or £35, including airmail
2 Engine Data Sheets: 400 Variants of engines listed quarterly. Price $12 or £4
3 Official Price List: 600 current quotations Quarterly $12 or £4

AVIATION REPORT SUPPLEMENTS

1957

17. Jan. An Appraisal of the Wright Brothers Lecture
18. Jan. The Turboprop and Propeller
19. Feb. Statistics and Records
20. Feb. Comparison of World Air and Surface Fares
21. Mar. Missiles
22. Mar. 1950 56 Cost Rise Examination
23. Apr. Diversification Analysis
24. Apr. Scheduled Airlines Freight Traffic Growth
25. May. Survival in the Sixties
26. May. North Atlantic Traffic Analysis
27. Jun. World Production Survey
28. Jun. Airmail Analysis
29. Jul. Costs and Prices
30. Jul. Accident Trends of Individual Airlines
31. Aug. Manufacturing Financial Analysis 1956
32 Aug. Traffic Directional Trends
33. Sep. Abbreviations
34. Sep. Workforce and Plant Size (Revised)
35. Oct. Production and Price Statistics
36. Oct. Helicopter Market (Revised)
37. Nov. Fuel Capacity (Revised)
38. Nov. Traffic Growth
39. Dec. Manufacturing Ownership
40. Dec. Airline Ownership

1958

41. Jan. Quarterly Production & Price Statistics
42. Jan. Capital Gains Case
43. Feb. Military Air Transport
44. Feb. New Propulsion Sources
45. Mar. Airline Statistics Survey
46. Mar. Accident Analysis
47. Apr. Industrial Statistics Survey
48. Apr. Quarterly Production & Price Statistics
49. May. Military Statistics Survey
50. May. Electronics Statistics Survey
51. Jun. Accident Trends of Individual Airlines
52. Jun. Scheduled Airlines Freight Traffic Growth
53. Jul. Manufacturing Ownership
54. Jul. U.K. Civil/Military Policy Portfolio.
55. Aug Comparison of World Air and Surface Fares
56. Aug. Air Mail Statistics
57. Sep. Wrecks - 1
58. Sep. All-Cargo Freight Finances
59 Oct U.S. Policy Portfolio
60 Oct Airline Financial Appreciation
61. Nov Costs Statistics
62. Nov. Spares Statistics and Policies
63 Dec Nuclear Propulsion 1950-1960
64 Dec Airlines Ownership

1959

65 Jan Civil/Military Airfields & Runways
66 Jan Subsidy Statistics
67 Feb Research & Development Cost Statistics
68. Feb Accident Chronology 1958
69. Mar Transport Aircraft Prices & Related Costs
70. Mar Traffic Statistics
71. Apr Civil/Military Procurement Practices
72 Apr Operations/Maintenance Statistics
73 May Price Statistics
74. May Electronics Statistics
75. Jun World Distribution of Military Aircraft
76 Jun Aircraft Production & Procurement
77. Jul Engine Production & Procurement
78. Jul. Helicopter Statistical Analysis
79 Aug Bilateral/Multilateral Agreements (2nd edition)
80. Aug Civil/Military Transport Fleets
81. Sep Dimensions of World Traffic-Mail
82. Sep Civil/Military Transport Specifications
83. Oct. Civil/Military Aviation Manpower
84. Nov. Dimensions of World Air Traffic - 2 /Passengers
85. Dec. Company ownership

1960

86. Jan. Horizons in New Propulsion
87. Feb. Dimensions of World Air Traffic - 3 Freight
88. Mar. Aircraft & Missile Production.
89. Apr. Operating cost comparison I - Helicopters.
90. May Operating cost comparison II - fixed wing

To: Aviation Studies (International) Ltd
Aviation House, 66 Sloane Street,
LONDON. S.W.1. England

Please send us [illegible] ones required: A. 1, 2, 3, 4, 5, 6 B. 1, 2, 3, 4, 5, 6, 7. C 1 2 3.

Send us Supplement No. 17 18, 19, 20, 21, 22, 23, 24, 25, 26 27 28, 29, 30, 31 32 33 34 35, 36 37, 38 39 40 41, 42, 43, 44, 45 46 47 48 49, 50, 51, 52, 53, 54 55, 56 57 58 59, 60, 61 62 63 64 65 66, 67 68 69 70, 71 72 73, 74 75, 76, 77, 78, 79 80 81 82, 83, 84, 85, 86 87 88, 89 90

Publikationen von 1993

AVIATION STUDIES

43rd YEAR - 1993

TITLES FOR 1992/1993

Rates annually including sourcebook, updates, binder, index, titles, taxes & postage.

SUSSEX HOUSE PARKSIDE LONDON S.W.19 ENGLAND TEL 081-946 5082

* Update services also available on preformatted 5.25" DEC Computer diskettes at 50% surcharge.
* AVAILABLE IN U.S. $ OR ANY CONVERTIBLE CURRENCY. ALL SERVICES IN 1992 OFFERED FOR 1993.

1. Aviation Report Aerospace policy containing equipment and intelligence data, economic/technical acquisition needs, government news, analysis and trends. Weekly $1,100 per year.
2. Aircraft Industry Record Indispensable planning historical record of thousands of first flight/delivery dates, selected chronologies, milestones, production runs. Periodic amendments $245 per year.
3. Official Price List More than 1,000 prices of aircraft, ships, avionics, radio, weapons, missiles, helicopters, engines, ACVs, new and historical prices/costs/comparisons. Quarterly $395 per year.
4. Engine Data Sheets Design features/quantities of 200 piston, 1,000 turbojet/fan, liquid rocket and 450 turboprop, rocket, hybrid and freefans, engine designs/versions. Three updates $245 per year.
5. Military Record of CBR/Atomic Happenings - 1993 Theme: "Post Soviet Challenge" - Analyses of CW, BW and nuclear infrastructure, costs, plans. Quarterly $540, with Armament Data Sheets $735 per year.
6. Airline Fleet Record Lists by continent of the fleets of 1,500 airlines.Three updates $245 per year.
7. Nuclear Weapon Data File Lists features of 50,000 weapons of more than 100 designs - weights, dimensions, physics, PALs, manpower, infrastructure, quantities, costs, updated quarterly $726.
8. Civil Transport Data Sheets Payload, fuel, weight, dimensions, English/metric characteristics of 500 passenger and cargo aircraft current/projected designs and derivatives. Three updates $245 per year.
9. Armament Data Sheets Rockets, missiles, mines, LGBs, guns, gas-fills, clusters, depth charges, comparisons, fire bombs, warheads, ECM, torpedoes, RPVs, readiness, sonobuoys. Quarterly $320 per year.
10. Missile and Military Aircraft Data Sheets 2,500 designs of fighters, bombers, transports, helos, trainers: dimensions, engines, weights, fuel, speed, quantities. Quarterly updates $245 per year.
11. Army, AF & Naval Air Statistical Record Aircraft, helos, AFVs, nuclears, missiles, guns, ships, personnel, funds: AF, Navy, Army, Marine, Coast Guard, Customs, Police, DOT, CRAF/airline assets, for 200 territories, six updates $675 per year or with weekly Report $1,400 or with Weekly Profile $1,200.
12. Weapons Compendium Nos. 9, 10, 11 with amendments $830 or with weekly Military Profile $1,080.
13. Civil Compendium Combined items 2, 3, 4, 6 & 8 listed above with amendments, $1,200 per year.
14. Forecast Cumulative Sheets Civil/Military aircraft, helos and general aviation forecasts listed individually by type in 200 territories, 4 actual (1975/80/85/90) and 9-10 forecast years. Six updates. Aircraft $910 per year, with Weekly Profile $1,250 and/or missiles, vehicles and weapons $495 per year.
15. Directed Energy/Avionics Data Sheets Thermal weapon types, prospects, roles, R&D, also avionics suites for tactical, strategic, patrol, support aircraft/helos: periodic updates $495 per year.
16. Air Cyclopaedia Unduplicated copy of all listed services including 150 updatings per year $6,635.
17. Military Intelligence Critical Attributes AF Leadership/Intelligence Advisories, Chiefs, organization, roles, missions, costs, manpower, NIE planning, kinds of intel., periodic updatings $665 per year.
18. Nos. 5, 7 and 17 listed above combined: 3 for less than the price of 2, special rate of $1,200.
19. Nos. 1 and 14 listed above combined special rate $1,400 per year.

			(1992/93)	
To: Aviation Studies Atlantic,				
Sussex House, Parkside,	We wish to:	1	7	13
LONDON, SW19 5NB. England.	* Procure (ring items)	2	8	14
	* See free sample sheets (arrow items)	3	9	15
Name/address to be sent:		4	10	16
		5	11	17
	We enclose U.S. $	6	12	18
	Invoice us later			19

ANHANG C

Elektrogravitationssysteme

Eine Untersuchung der elektrostatischen Bewegung, des dynamischen Counterbary und der baryzentrischen Steuerung

Der folgende Text ist ein Auszug aus dem Bericht der *Aviation Studies (International) Ltd. 1956 Gravity Research Group* mit dem Titel »Elektrogravitationssysteme: Eine Untersuchung der elektrostatischen Bewegung, des dynamischen Counterbary und der baryzentrischen Steuerung«, auch bekannt als »Bericht GRG-013/56 – Elektrogravitationssysteme«.

[redacted]

ELECTROGRAVITICS SYSTEMS

An examination of electrostatic motion,
dynamic counterbary and barycentric control.

Prepared by:
Gravity Research Group
Aviation Studies (International) Limited, London.
29-31 Cheval Place, Knightsbridge
LONDON. S. W. 7. England.

Report GRG-013/56 February 1956.

INHALT

Einleitende Bemerkungen

Es wird als axiomatisch akzeptiert, dass die Methode, die Wirkung der Gravitation aufzuheben, darin besteht, eine Startfläche und eine beträchtliche Menge molekularer Energie einzusetzen, um eine ständig wirkende Kraft zu erzeugen, die für einen begrenzten Zeitraum größer ist als die Erdanziehungskraft. Die ursprüngliche Erfindung des Gleiters und die Entwicklung des sich selbst tragenden Gleiters um die Wende vom 19. zum 20. Jahrhundert führten zu ständigen Fortschritten in Bezug auf Energie und Wissen. Dies hat zu einer Verbesserung des klassischen Ansatzes der Gebrüder Wright geführt. Die Konstruktion der Flugzeuge sieht heute im Wesentlichen noch so aus, wie sie von den Gebrüdern Wright konzipiert wurde: mit Flügeln, Rumpf, Heck, Klappen, Landegestell usw. Der Zweidecker der Wrights war ein Gleiter mit Motor, und alle nachfolgenden Flugzeuge, einschließlich der Überschalldüsenflugzeuge der fünfziger Jahre des zwanzigsten Jahrhunderts, sind ebenfalls nichts anderes als angetriebene Gleiter. Bisher wurde nur ein einziges fundamental anderes Flugprinzip mit wechselndem Erfolg eingesetzt. Es handelt sich um das Drehflügelflugzeug, das wiederum zu den Jetliftern und Senkrechtstartern, Coleopter (Ringflügelflugzeuge) und den Hubinduktions-Turbinenantriebssystemen führte.

Aber während dieser Jahrzehnte gab es immer die Möglichkeit, das Wesen der Gravitation aus der kosmischen oder Quantentheorie heraus zu erklären und die physikalischen Eigenschaften des natürlichen Feindes der Luftfahrt (der Gravitation) zu verstehen.

Aviation Studies hat den Eindruck gewonnen, als ob man dieser Art von Forschung eine ganze Zeitlang nur ungenügend Aufmerksamkeit geschenkt hat. Wenn sie erfolgreich ist, dann wird sie das Konzept der Sustentation verändern und einem Raumschiff oder Flugzeug Eigenschaften verleihen, die gegenwärtig als das Nonplusultra der Luftfahrt angesehen werden.

Der Bericht fasst in einfacher Form die Arbeit zusammen, die im Bereich der Elektrogravitation durchgeführt wurde und gegenwärtig durchgeführt wird. Er steckt auch die verschiedenen möglichen Bereiche der Erforschung des Wesens und der vielschichtigen Aspekte der Gravitation ab und beschreibt den Wandel der Wahrnehmung der Gravitation: von Newton über Einstein bis hin zu modernen Konzepten wie demjenigen Hlavatýs, der sie als elektromagnetische Kraft definiert, die ebenso wie eine Lichtwelle kontrolliert werden könne.

Der Bericht enthält ebenfalls verschiedene Meinungen in Bezug auf die Durchführbarkeit verschiedener Elektrogravitationssysteme, und es wird auf einige der baryzentrischen Steuervorrichtungen und elektrostatischen Geräte hingewiesen, die gegenwärtig in Betrieb sind.

Ebenfalls eingeschlossen ist eine Liste von Hinweisen auf die Elektrogravitation in aufeinanderfolgenden Ausgaben des *Aviation Report,* seit vor achtzehn Monaten von *Aviation Studies* eine Aktion gestartet wurde, um die Luftfahrtindustrie darauf aufmerksam zu machen, dass die Aussichten im Falle eines Erfolges zu weitreichend seien, um einfach übersehen zu werden, besonders im Hinblick auf die positive Bewertung durch einige der angesehensten Vertreter in der Mikrophysik. Ebenfalls sind einige entsprechende Patente für Elektrostatik und elektrostatische Generatoren in den Vereinigten Staaten, Großbritannien und Frankreich aufgeführt.

Gravitations-Forschungsgruppe
25. Februar 1956

Vertiefung des Themas

Die Elektrogravitation kann als eine Synthese der elektrostatischen Energie, die für den Antrieb – entweder den vertikalen oder horizontalen Antrieb – eingesetzt wird, und der Gravitation des dynamischen Counterbary angesehen werden, bei der die Energie auch dazu benutzt wird, eine örtliche, von der Erde unabhängige Gravitation aufzubauen.

Elektrostatische Energie wurde als mögliche Antriebsquelle im Weltraum vorgeschlagen, wo der Schub eines Neutronen- oder Ionenmotors in einer luftlosen Umgebung ausreichend wäre, um astronomische Geschwindigkeiten zu erreichen. Aber der Ionenmotor ist streng genommen kein Teil der Wissenschaft der Elektrogravitation, da die baryzentrische Steuerung in einem Elektrogravitationsantrieb für ein Fahrzeug vorgesehen ist, das auf der Erde betrieben wird und nicht für Weltraumfahrten bestimmt ist. Bei Weltraumoperationen im großen Umfang werden wir wahrscheinlich noch die vollständige Entwicklung der Elektrogravitation abwarten müssen, damit große Ausrüstungen aus dem Bereich der starken Anziehungskraft der Erde herausgebracht werden können. Obwohl man bereits im Jahre 1925 an elektrostatische Motoren dachte, begann man erst nach dem Krieg mit der Elektrogravitation, als Townsend Brown versuchte, die verschiedenen Ansätze, die bereits bei elektrostatischen Motoren existierten, so zu verbessern, dass eine sichtbare, fortlaufende Bewegung erzielt werden konnte. Während es sich bei den früheren elektrostatischen Tests im Wesentlichen um reine Forschung gehandelt hatte, war Brown mit seiner Arbeit von vornherein darauf aus, ein fliegendes Objekt herzustellen. Aus eigener Initiative erzeugte er eine Bewegung unter Verwendung von Kondensatoren in einigen Flugscheiben, die er aufgehängt hatte und die um einen zentralen Support rotierten, wobei die Stromzufuhr über die Aufhängungen erreicht wurde. Über die große Permittivität wurde 1952 in einem Bericht, dem *Projekt Winterhaven,* zusammenfassend berichtet. Unter Verwendung der Daten kam man zu einigen Schlussfolgerungen, von denen man erwartet hätte, dass man sie man aus zehn oder mehr Jahren der intensiven Entwicklung gewonnen hätte – zum Beispiel ähnlich wie die, die man für den Turbinenmotor aufgewendet hat. Unter einer Reihe von Annahmen in Bezug auf das Wesen der Gravitation postulierte der Bericht eine Untertasse als Grundlage eines möglichen Abfangjägers mit einer Geschwindigkeit von Mach 3. Die Produktion eines lokalen Gravitationssystems würde dieses Jagdflugzeug mit der Fähigkeit ausstatten, abrupte Richtungsänderungen durchzuführen, wie sie für die Bewegung im Raum typisch sind.

Die Grundlage des Elektrogravitationsantriebs ist der Einsatz einer sehr starken positiven Ladung auf einer Seite des Flugzeugs und einer negativen Ladung auf der anderen Seite. Der Kern des Motors ist ein Kondensator, und die Fähigkeit dieses Kondensators, seine Ladung (den K-Wert) zu halten, ist der Maßstab seiner Leistung. Wenn der Wert 1 für die Luft steht, dann kann dielektrisches Material den Faktor 6 erzielen und Bariumaluminat noch bedeutend mehr. Bariumtitanoxid (eine gebrannte Keramik) kann 6.000 erreichen, und es besteht die Möglichkeit, den Wert auf 30.000 zu erhöhen, was ausreichend für Überschallgeschwindigkeit wäre.

Der ursprüngliche Aufbau von Brown erzeugte 30 fps bei einer Spannung von etwa 50.000 Volt und einem kleinen Strom im Milliampere-Bereich. Es gab keine detaillierte Erklärung für Gravitation beim *Projekt Winterhaven,* aber man ging davon aus, dass der Teilchendualismus in der subatomaren Struktur der Gravitation in seiner Wirkung mit der austretenden Elektronenströmung aus der elektrostatischen Energiequelle zusammenfallen und so Counterbary erzeugen würde. Die Arbeit von Brown bleibt wahrscheinlich ein realistischer Ansatz für die praktische Durchführung eines elektrostatischen Antriebs. Was auch immer von der *Gravity Research Foundation* in New Boston entdeckt werden mag – ein vollständiges Verständnis und eine künstliche Nachbildung der Gravitation sind nicht wichtig für einen begrenzten Erfolg. Die Elektrogravitationsscheibe kann die Funktion einer klassischen Huboberfläche erfüllen – sie erzeugt eine Schubwirkung auf die untere und eine Saugwirkung auf die obere Fläche, aber im Gegensatz zur Tragfläche ist keine Luftströmung erforderlich, um die Wirkung zu erzielen.

Erste Versuche mit der Elektrogravitation werden wahrscheinlich noch keinen Counterbary erzeugen, aber möglicherweise zur Entwicklung eines elektrostatischen VTOL-Fahrzeugs beitragen. Selbst in seiner entwickelten Form wäre dies ein Fortschritt im Vergleich zum molekularen Wärmeantrieb, was seine Möglichkeiten betrifft. Aber die Hoffnungen, die auf diese neue Wissenschaft gesetzt werden, hängen vom Verständnis der engen Identität der elektrostatischen Antriebskräfte mit der Quelle und der Materie der Gravitation ab. Es ist ein Zufall, dass der Hub auf traditionelle Art und Weise erzeugt werden kann, und falls ein Verständnis der Gravitation außerhalb unserer praktischen Möglichkeiten bleiben sollte, könnte der elektrostatische Hub ein Nebeneffekt von einiger Bedeutung für die modernen Schuberzeuger werden. Die Erforschung der Elektrostatik könnte sich als vorteilhaft für die Entwicklung von Turbinen und Wärmeantrieb im Allgemeinen erweisen, angesichts des nützlichen Elektronenpotenzials, das sich an der Peripherie jeder Flamme befindet. Die Erschließung von Materialien für die Elektrogravitation und besonders die Entwicklung kommerziell verwertbarer Mengen an Materialien mit hoher Permittivität sind weitere nützliche Effekte der elektrostatischen Forschung, selbst wenn kein Counterbary dabei herauskommt. Das ist ein weiteres Ziel, das die Gravitationsforschungsgruppe von *Aviation Studies* im Auge hat.

Ein interessanter Aspekt der Elektrogravitation ist auch, dass ein Durchbruch an irgendeiner Stelle der Erforschung der internuklearen Prozesse in einen wichtigen Fortschritt in Richtung auf die praktische Umsetzung der Elektrogravitationssysteme umgesetzt werden kann. Dies erfordert eine ständige Beobachtung in den vielversprechenden Bereichen der Physik der hochenergetischen subnuklearen Teilchen. Man kann gar optimistisch genug sein in Bezug auf die Möglichkeiten, die ein umfassendes Verständnis der Gravitation mit sich bringt, während die Physiker der Welt immer noch mit der Erforschung der fundamentalen Teilchen beschäftigt sind – also jener Teilchen, die nicht weiter aufgespaltet werden können. Es werden immer noch mehr fundamentale Teilchen entdeckt. Das jüngste Beispiel war die Isolierung des fehlenden Antiprotons mit dem Bevatron durch Segre, Chamberlain und Wiegand. Nach Diracs Theorie vom Elektron muss das Antiproton existieren. Ein Großteil der anerkannten Teilchenmathematik würde sich als falsch herausstellen, wenn man beweisen könnte, dass das Antiproton nicht existiert. Eddington hatte bereits früher die fundamentalen Teilchen wie folgt aufgelistet:

e	Die Ladung eines Elektrons.
m	Die Masse eines Elektrons.
M	Die Masse eines Protons.
h	Die Plancksche Konstante.
c	Die Lichtgeschwindigkeit.
G	Die Gravitationskonstante.
λ	Die kosmische Konstante.

Es wird allgemein angenommen, dass sich keine dieser Größen aus den anderen ergibt. Aber Elektronen könnten ohne Weiteres unter den fundamentalen Teilchen verschwinden, obwohl es nach Russell wahrscheinlich ist, dass e und m überleben werden. Die Konstanten sind sehr viel solider als die Deutung von ihnen, und sie gehören zu den größten Errungenschaften in der modernen Physik.

Die Gravitation kann als ein kleines Abrücken vom euklidischen Weltverständnis in der allgemeinen Relativitätstheorie angesehen werden. Die Gravitationskonstante ist eine der vier dimensionslosen Konstanten: (1) das Masseverhältnis von Nukleon und Elektron; (2) e^2/hc; (3) die Compton-Wellenlänge des Protons; und (4) die Gravitationskonstante, also das Verhältnis der elektrostatischen zur gravitativen Anziehung zwischen dem Elektron und dem Proton.

Einer der Stolpersteine in der Elektrogravitation ist das Fehlen einer zufriedenstellenden Theorie, die diese vier dimensionslosen Größen miteinander verbindet. Von den vieren ist überdies die Gravitation eindeutig die komplexeste, denn jede Erklärung müsste sowohl die kosmischen als auch die Quantenverhältnisse zufriedenstellender und verständlicher erklären, auch zufriedenstellender und verständlicher als in der einheitlichen Feldtheorie. Eine Gravitationskonstante von etwa 10^{-39} ist aus der Quantenforschung entstanden, und diese wurde als ein Mittel benutzt, um Theorien zu finden, die die beiden Verhältnisse miteinander verbinden könnten. Die Arbeit ist jetzt in vollem Gang, und man muss die Entwicklungen abwarten, die sich daraus für die Luftfahrt ergeben. Bisher haben Dirac, Eddington, Jordan und andere Theorien entwickelt, die zu unterschiedlich sind, um ohne Weiteres akzeptiert zu werden. Das bedeutet also, dass es angesichts (I) einer fehlenden kosmischen Grundlage,

(ii) einer ungenauen Quantenbasis und (iii) einer vagen Hypothese in Bezug auf die Interaktion noch sehr viel zu entdecken gibt. Einige behaupten sogar, eine interagierende Theorie, die die dimensionslosen Konstanten miteinander in Einklang bringe, sei eines der drei großen ungelösten Rätsel der Physik. Die anderen beiden Hauptprobleme sind die Erweiterung der Quantentheorie und eine detaillierte Kenntnis der fundamentalen Teilchen.

All dies ist weit entfernt von Newton, der die Gravitation als eine Kraft ansah, die aus einer bestimmten Entfernung auf ein Objekt einwirkt und die Objekte dazu veranlasst, sich mit wachsender Geschwindigkeit aufeinander zuzubewegen. Er verband diese Annahme mit der euklidischen Geometrie und nahm an, die Zeit sei ein gleichmäßig fließendes Kontinuum unabhängig vom Raum. Objekte und Teilchen im Raum bewegten sich Newtons Ansicht nach normalerweise gleichförmig in direkten Linien, und um zu erklären, warum sie es manchmal doch nicht tun, vertrat er die Theorie von einer Kraft, die aus der Ferne wirkt, wobei Materieteilchen bei anderen Teilchen eine Beschleunigung proportional zu ihrer Masse und umgekehrt proportional zum Quadrat der Entfernung zwischen ihnen bewirken.

Einstein jedoch zeigte, dass das Prinzip der kleinsten Wirkung oder die sogenannte kosmische Faulheit bedeutet, dass Teilchen im Gegenteil immer dem leichtesten Weg entlang geodätischer Linien folgen und dadurch leicht von der Raum-Zeit absorbiert werden. Das war die Geburtsstunde der nichtlinearen Physik. Das klassische Beispiel für die nichtlineare Physik ist der Versuch, ein Netz mit zwei Spalten zu bombardieren. Wenn beide Spalten offen sind, sind die Teilchen, die dort hindurchgehen, nicht die Summe der beiden einzelnen, sondern folgen einer nichtlinearen Gleichung. Dies führt weiter zu einem Welle-Teilchen-Dualismus und der wiederum zur Heisenbergschen Unschärferelation, bei der eine Steigerung der Messgenauigkeit einer physikalischen Größe zu einer abnehmenden Messgenauigkeit der anderen führt. Falls also die Zeit akkurat gemessen wird, wird die Berechnung der Energie fehlerhaft. Je genauer die Position der Teilchen bestimmt wird, desto weniger genau wird die Geschwindigkeit berechnet, usw. Dieses Grundprinzip der Akausalität der Mikrophysik betrifft die Erforschung der Gravitation in der speziellen und allgemeinen Relativitätstheorie. Da es keine bildliche Darstellung dieser gegenseitigen Abhängigkeit in der Quantenphysik gibt, ist es für einige Leute ein wenig schwierig, von ihrem euklidischen Weltbild abzurücken.

Bei der speziellen Relativitätstheorie wird die Raumzeit nur als undefiniertes Intervall angesehen, das so definiert werden kann, wie es gerade passt, und die Erklärung der Gravitation durch die Newtonsche Idee von festen Teilchen, die sich bewegen, kann nicht akzeptiert werden. Sie muss eher als eine Synthese von Kräften in einem vierdimensionalen Kontinuum betrachtet werden – drei, die die Position festlegen, und eine für die Zeit. Bei der allgemeinen Relativitätstheorie, die ein Jahrzehnt später folgte, handelte es sich um eine geometrische Erklärung der Gravitation, bei der die Objekte einen geodätischen Weg durch die Raumzeit nehmen. Dies bedeutet wiederum, dass man, statt von einer Kraft auszugehen, die aus der Ferne wirkt, die Idee vertritt, dass Raum, Zeit, Strahlung und Teilchen miteinander verbunden sind und dass Abweichungen von der Gravitation eher auf das Wesen des Raums zurückzuführen sind.

Somit zieht die Gravitation Objekte, wie die Erde, nicht auf sich zu, wie Newton behauptete, sondern sie passt die Eigenschaften des Raums an und folglich die Quantenmechanik des Raums in der Reichweite der Gravitationskraft. Die Elektrogravitation zielt darauf ab, diese Anpassung zu korrigieren, um die Materie sozusagen »zur Ruhe« zu bringen.

Eine der Schwierigkeiten von 1954 und 1955 war, die Luftfahrtindustrie dazu zu bewegen, die Elektrogravitation ernst zu nehmen. Der Begriff allein reichte schon aus, um die Leute abzuschrecken. Jedoch wurden inzwischen einige große Fortschritte erzielt, und jetzt sind die meisten größeren Firmen in den USA durchaus an Counterbary interessiert. Es werden Gruppen organisiert, die sich mit der Erforschung der elektrostatischen und elektromagnetischen Phänomene beschäftigen. Die meisten Industrieführer haben sich zu diesem Thema geäußert. So teilte die Firma *Douglas* unlängst mit, dass sie sich mit Counterbary befasse, vorerst jedoch keine größeren Ergebnisse erwarte. *Hiller* hat auf neue Formen fliegender Plattformen hingewiesen. *Glenn Martin* ließ verlautbaren, dass die Beherrschung der Gravitation in etwa sechs Jahren möglich wäre, fügte aber auch hinzu, dass dazu Anstrengungen erforderlich wären, die denen beim *Manhattan-Projekt* gleichkämen. *Sikorsky*, einer der Pioniere beim Bau von Hubschraubern, stellte sich weitgehend hinter das Urteil von *Douglas* und erklärte ferner, dass die Gravitation unendliche Möglichkeiten biete, dass es aber auch einen physischen Träger für diese immense raumdurchdringende Kraft geben müsste. Mit anderen Worten: Wo eine physische Manifestation existiert, da kann auch eine physische Vorrichtung entwickelt werden, um eine ähnliche Kraft zu schaffen, die sich in die entgegengesetzte Richtung bewegt, um erstere zu neutralisieren. *Clarke Electronics* behauptet, über eine Vorrichtung zu verfügen, und erklärt darüber hinaus, dass das Phänomen der Gravitation schon eher verstanden werden wird, als so mancher glaubt. *General Electric* arbeitet gegenwärtig an Geräten, mit denen Veränderungen an der Gravitation bewirkt werden können – dieser Ansatz hat den Vorteil, dass Vorrichtungen eingesetzt werden können, die bereits existieren und für andere Verteidigungsprojekte verwendet werden. *Bell* verfügt auch über eine experimentelle Vorrichtung, mit der, wie es die Firma ausdrückt, die Gravitation neutralisiert werden soll, und Lawrence Bell hat gesagt, er sei davon überzeugt, dass die notwendige Technologie sich aus den laufenden Programmen ergeben werde. Grover Loening ist davon überzeugt, dass das, was er als elektromagnetischen Antigravitationsmechanismus bezeichnet, für die praktische Verwendung entwickelt werden wird. *Convair* ist intensiv mit der Arbeit an den entsprechenden Geräten beschäftigt. Die *Lear Inc.* verfügt inzwischen über eine Abteilung, die sich mit der Gravitationsforschung beschäftigt, ebenso wie *Sperry-Rand.* In dieser Liste sind die meisten amerikanischen Luftfahrtunternehmen vertreten. Die übrigen, wie *Curtis-Wright, Lockheed, Boeing* und *North American,* haben ihr Interesse noch nicht offiziell erklärt, aber alle vier sind dabei, diesen neuen Bereich zu überprüfen.

Außerdem arbeitet das *Massachusetts Institute of Technology* (MIT) an der Erforschung der Gravitation ebenso wie die *Gravity Research Foundation* in New Boston, das *Institute for Advanced Study* in Princeton, das *CalTech Radiation Laboratory,* die *Princeton University* und die *University of North Carolina.* Sie alle beschäftigen sich mit der Gravitation. Glenn L. Martin baut gerade eine Forschungseinrichtung auf, das *Institute for Advanced Study,* das mit einem kleinen Stab von Mitarbeitern an der einheitlichen Feldtheorie und der Erforschung der Gravitation arbeitet. Diese Gruppe arbeitet an einem umfassenden Programm der angewandten Forschung. Viele andere beschäftigen sich ebenfalls mit der Erforschung der Gravitation. Einige von ihnen planen eine allgemeine Ausweitung dieses Gebiets, z. B. am *Institute for Pure Physics* an der *University of North Carolina.*

Auch in Europa ist man nicht untätig. Eine der staatlichen französischen Konstruktionsfirmen und ein privates Unternehmen haben bereits Voruntersuchungen durchgeführt, und eine kleinere Firma hat für diesen Zweck einen Fond eingerichtet. Auch in Großbritannien werden Projekte durchgeführt, für die bereits die entsprechenden Vorrichtungen vorhanden sind. Die meisten dieser Arbeiten erfolgen aufgrund privater Initiativen, z. B. durch Ed Hull, einen Kollegen von Townsend Brown, der in Europa mehr für die Elektrogravitation getan hat als jeder andere. Die Forschungsgruppe für Gravitation von *Aviation Studies* führt einige Forschungsarbeiten durch, insbesondere auf dem Gebiet der Permittivität, und sie unterstützt Forschungen auf dem Gebiet der Dielektrik.

Ein schwedisches Unternehmen und zwei kanadische Firmen haben Untersuchungen auf diesem Gebiet angestellt, und kürzlich sind auch die Deutschen auf diese Möglichkeiten aufmerksam geworden. Einige dieser Firmen haben verschiedene ältere deutsche Arbeiten über die Wellenphysik wiederentdeckt. Es ist fast sicher, dass sie ein Gravitationsprogramm planen. Seltsamerweise haben die Deutschen während des Zweiten Weltkriegs der Elektrogravitation überhaupt keine Aufmerksamkeit geschenkt. Dies ist eine Forschungsrichtung, an der sie überhaupt nicht interessiert waren und die eine Leistung amerikanischer Wissenschaftler ist. Townsend Brown ist für die Elektrogravitation das, was Frank Whittle für die Gasturbinen ist. Dass die Deutschen die Elektrostatik vollkommen übersehen haben, ist umso überraschender, da sie doch so erstaunlich fortgeschritten, ja geradezu visionär in der Nuklearforschung waren. Die moderne Theorie für die Herstellung thermonuklearer Waffen ohne Plutoniumzünder geht ursprünglich auf eine deutsche Idee zurück, die zuerst als Unsinn abgetan und lächerlich gemacht wurde. Die Deutschen kamen mit der Kernspaltung nie sehr weit. Eigentlich zweifelten sie daran, dass die Kettenreaktion jemals funktionieren würde. Die deutsche Flugzeugindustrie, die noch in den Kinderschuhen steckt, hat die Elektrogravitation zu einem ihrer künftigen Forschungsgebiete erklärt und will damit anfangen, sobald ihre Strategie für die individuellen Unternehmen nach dem gegenwärtigen Stadium ausländischer Lizenznahmen aufgegangen ist und die Industrie in die Lage versetzt hat, die anderen Länder auf dem Gebiet der Flugzeugentwicklung zu überrunden.

Wenn man die allgemeinen Anstrengungen beobachtet, die unternommen werden, um das Wesen der Gravitation zu verstehen, dann ist es unmöglich, nicht auch die Hoffnung zu teilen, die viele dieser Gruppen jetzt hegen, dass es bald zu theoretischen Durchbrüchen auf diesem Gebiet kommen wird. Die Erfahrungen mit der Nukleonik haben gezeigt, dass man sehr schnell Fortschritte erzielt, wenn derartige Anstrengungen unternommen werden. Es gibt eine Reihe von Personen in führenden Positionen der Industrie, die die Gravitation als ein Problem ansehen, mit denen sich spätere Generation herumschlagen sollen. Viele sehen darin überhaupt keinen Sinn, und vielleicht haben sie ja recht. Aber wie schon gesagt, wenn Dr. Václav Hlavatý glaubt, dass die Gravitation möglicherweise kontrolliert werden kann, dann sollte das für die Physiker als Grund ausreichen, um sich mit dieser Sache intensiv zu beschäftigen, und für die Industrieführer, ein Risiko einzugehen. Hlavatý ist der einzige, der glaubt, dass er die mathematische Grundlage für den Beweis von Einsteins einheitlicher Feldtheorie liefern kann – etwas, was Einstein nach eigener Aussage nicht vermochte. Die Relativitätstheorie und die einheitliche Feldtheorie gehen an die Wurzel der Elektrogravitation, und das Umdenken, die Hoffnungen und Befürchtungen und ein gewisses Maß an Fortschritt kann letztlich nur von Männern vom Format eines Wissenschaftlers wie Hlavatý kommen.

Große theoretische Durchbrüche bei der Entdeckung der Ursprünge der Gravitation werden von hochintelligenten Menschen erzielt werden, die die fortschrittlichsten Forschungsmethoden anwenden. Die Aufgabe von *Aviation* besteht also darin, Physiker von diesem Kaliber von der Dringlichkeit dieser Aufgabe zu überzeugen und sie mit statistischen Forschungen zu unterstützen, mit denen sie die zentralen mathematischen und physikalischen Geheimnisse enträtseln können. *Aviation* könnte auch dabei helfen, einige dieser Leute als Berater zu gewinnen. *Convair* hat hier mit ihrem jüngst gegründeten Gremium von Beratern für nukleare Projekte, zu dem auch Dr. Edward Teller von der *University of California* gehört, die Initiative übernommen. Gleichzeitig kann viel zur Entwicklung von Laborausrüstungen sowie auf den Gebieten der Kondensatorforschung und der dielektrischen Entwicklung beigetragen werden, wo keine so große intellektuelle Kapazität erforderlich ist, um einen praktischen Beitrag zu leisten.

Da die Gravitation höchstwahrscheinlich mit den neuen Teilchen in Verbindung gebracht wird, kommen nur die stärksten Teilchenbeschleuniger für die weitere Grundlagenforschung in Betracht. Die Länder mit den wirksamsten Geräten sind in der besten Position, um die Eigenschaften der Teilchen zu erforschen, und von diesen Ländern sind die größten Fortschritte zu erwarten.

Zwar besitzen die Vereinigten Staaten das größte Bevatron, das Berkeley-Bevatron mit 6,2 GeV. Aber die Russen bauen gegenwärtig ein Bevatron mit 10 GeV, das nach seiner Fertigstellung das größte der Welt sein wird. In Brookhaven jedoch wird ein Gerät von 25 GeV entwickelt, das dann wiederum das größte der Welt sein wird. Andere Länder, die nicht über vergleichbare Einrichtungen verfügen, sind bei dem Wettbewerb zur Entdeckung der Ursprünge der Gravitation natürlich von Anfang an im Nachteil. Außerdem konkurriert die Elektrogravitation leider mit der Kernenergie. Die besten Wissenschaftler werden natürlich von Ländern angezogen, in denen ihnen die besten Bedingungen geboten werden. Also werden die größten Erfolge wohl von den größeren Ländern zu erwarten sein, in denen die größten Anstrengungen unternommen werden können. Somit haben die Atomkraftwerke einen direkten Einfluss auf den Umfang der Arbeit mit der Elektrogravitation.

Im OEEC-Bericht wurden im vergangenen Januar die folgenden Feststellungen gemacht:

Die USA betreiben sechs bis acht vollkommen unterschiedliche Reaktoren. Viele andere befinden sich im Bau. In Europa sind zurzeit zwei unterschiedliche Reaktoren in Betrieb.

Die USA unterhalten etwa 30 Forschungsreaktoren. Weitere vier befinden sich in Großbritannien, zwei in Frankreich.

Die USA verfügen über zwei nuklear betriebene Schiffsantriebe. Europa hat bisher noch keine, aber Großbritannien ist dabei, einen zu bauen. Die amerikanischen Isotopentrennanlagen für die Anreicherung von Uran sind etwa 11 Mal so groß wie die europäische Anlage in Großbritannien.

Europas einzige Anlage für schweres Wasser (in Norwegen) erzeugt etwa ein Zwanzigstel von dem, was in den USA erzeugt wird.

Im Jahre 1955 lag die Anzahl der Techniker, die in amerikanischen Kernkraftwerken arbeitet, bei etwa 15.000. In Großbritannien sind es 5.000 Techniker; 1.800 arbeiten in Frankreich und weitere 1.000 im übrigen Europa. Aber aus diesen Vergleichen sollte man nicht zu pessimistischen Schlussfolgerungen kommen. Die europäischen Anstrengungen in Bezug auf Kernenergie sind im Moment ungleichmäßig verteilt, wenngleich einige Länder bemerkenswerte Erfolge verbuchen konnten und bedeutende Entwicklungen zu erwarten sind. Der wichtigste Grund für den Optimismus ist, dass im Großen und Ganzen »Europas gegenwärtige Anstrengungen in Bezug auf die Kernenergie weit hinter seinem industriellen Potenzial zurückbleiben.«

Obwohl Forschungsergebnisse über die Gravitation inzwischen freigegeben worden sind, ist zu erwarten, dass neue Ergebnisse und Informationen, die sich aus der Kernforschung ergeben haben und die für die praktische Anwendung bei Fahrzeugen in Frage kommen, geheim gehalten werden.

Das eigentliche Problem bei dem Verständnis der Gravitation wird wahrscheinlich sein, herauszufinden, auf welche Weise hochenergetische subnukleare Teilchen irgendetwas, was immer es auch sein mag, kontinuierlich und automatisch in gewaltige nukleare und elektromagnetische Kräfte umwandeln. Sobald dieses Phänomen verstanden worden ist, kann man sich damit beschäftigen, die technischen Mittel zu finden, um den Prozess nachzuvollziehen und die Energien zu sich selbst zurückzuführen, um Counterbary zu erzeugen. Wenn man weiter in die Zukunft blickt, dann erscheint es möglich, dass die Gravitation eines Tages zu einem Teil des universellen elektromagnetischen Prozesses wird und auf dieselbe Art und Weise gesteuert werden kann wie eine Licht- oder Radiowelle. Das wäre eine Synthese der Konzepte von Einstein und Hlavatý.

Daraus ergibt sich folgende Schlussfolgerung: Obwohl die ersten mechanischen Prozesse der Erforschung und Nutzung der Gravitation aufgrund der massiven Kräfte, die damit verbunden sind, eine schier überwältigende Aufgabe darstellen, könnte diese Energie eines Tages zu einem wichtigen Bestandteil unserer technischen Umwelt werden. Die baryzentrische Energie könnte in Form von Radiowellen verschickt werden. Die primäre Energiequelle zur Erregung der Wellen müsste natürlich nuklearen Ursprungs sein.

Es ist schwer zu sagen, welche dieser Energiequellen in naher Zukunft signifikante Resultate erzielen wird. Vielleicht sind dies die drei vielversprechendsten: zum Ersten der neue Versuch durch das Team von Chamberlain, das in Berkeley mit dem Bevatron arbeitet, um das Antineutron zu finden und mehr über die Eigenschaften des Antiprotons* und jedes der hochenergetischen Teilchen herauszufinden, die während der jüngsten Operation bei 6,3 GeV entdeckt worden sind.

Ein zweiter Ansatz wäre das Programm des *United States National Bureau of Standards*, die Beschleunigungswerte der Gravitation mit größerer Genauigkeit festzulegen. Die gegenwärtig akzeptierte Zahl von 32.174 Fuß pro Sekunde ist nicht umfassend, obwohl sie für die bescheidenen Bedürfnisse der Industrie bisher ausreichend war. Das NBS-Programm zielt darauf ab, die Stärke der Gravitation auf ein Millionstel Teil genau neu festzulegen. Die gegenwärtige Methode besteht darin, einen Ball aus einer Höhe von etwa 5 m fallenzulassen und dann mit einem elektronischen Messgerät die Zeit zu messen, die er benötigt, um den Boden zu erreichen. Das neue Programm basiert auf dem alten, aber bei diesem außergewöhnlichen Grad an Genauigkeit ist es natürlich sehr viel schwieriger, und man erwartet, dass es 3 Jahre dauern wird.

Ein dritter vielversprechender Ansatz ist die neue Technik, hochenergetische Teilchen während der Bewegung zu messen, die im letzten Jahr von der *University of Californa* gestartet wurde. Dabei werden kosmische Strahlen durch eine Kammer geschickt, die eine Mischung aus Gas, Alkohol und Wasserdampf enthält. Das erzeugt geladene Atome oder positive Ionen, weil die Elektronen aus den Gasmolekülen herausgestoßen werden. Eine plötzliche Erweiterung der

---

* Die Reaktion ist wie folgt: Protonen werden auf 6,2 GeV beschleunigt und auf ein Ziel aus Kupfer gerichtet. Wenn das Protonenprojektil ein Neutron in einem der Kupferatome trifft, erscheint folgendes: die beiden ursprünglichen Teilchen (das Projektil und das getroffene Neutron) und ein neues Paar Teilchen, ein Proton und ein Antiproton. Das Antiproton existiert noch kurz weiter, bis es auf ein Proton trifft. Dann verschwinden beide und zerfallen zu Mesonen.

Kammer führt zu einer Kondensation der Wassertröpfchen entlang des Wegs, der auf einer Fotoplatte aufgezeichnet werden kann. Diese Methode macht es leichter, die Energie der Teilchen zu bewerten und sie voneinander zu unterscheiden. Sie hilft auch dabei, die Eigenschaften der unterschiedlichen Arten von Teilchen festzulegen. Das Verhältnis zwischen diesen hochenergetischen Teilchen, ihrem Ursprung und ihren Eigenschaften hat einen Einfluss auf die Elektrogravitation allgemein.

Ein großer Teil von dem, was als notwendige Voraussetzung für die Gravitation entdeckt werden muss, hat für sich allein genommen keinen praktischen Wert. Zum Beispiel gibt es keine vorstellbare praktische Einsatzmöglichkeit für das Antiproton, aber seine Entdeckung ist, selbst bei Kosten von 9 Millionen Dollar, wichtig, um die Mathematik der fundamentalen Bestandteile der Materie zu überprüfen. Ebenso ist es notwendig zu überprüfen, ob all die theoretisch postulierten Teilchen tatsächlich existieren. Außerdem ist es nicht mehr ausreichend, die Teilchen durch Strahlungszähler zu beobachten, wie das in der Vergangenheit praktiziert wurde. In jedem Augenblick muss ein mechanisches Labyrinth konstruiert und an einen Teilchenbeschleuniger angeschlossen werden, um nur das erwünschte Teilchen einzufangen. Jede Entdeckung ist eine weitere Etappe für ein weiteres Verständnis des Nukleus. Viele der Teilchen mit sehr hoher Energie sind nur von flüchtiger Existenz, und eine Kollision durch eine Bombardierung durch das Bevatron, durch die sie entstehen, ist eine notwendige Voraussetzung für ein Verständnis der Gravitation. Bei diesem Verfahren gibt es keine Abkürzungen.

Die meisten größeren Programme zur Erweiterung des Wissens über die Gravitation werden mit Mitteln durchgeführt, die bereits in der Kernforschung angewandt werden, und in dieser Hinsicht bewegen sich die Kosten für die Arbeit ausschließlich im Bereich der Erforschung der Gravitation durchaus noch im Rahmen. Dies hat es der Flugzeugindustrie ein wenig erschwert, den Umfang der Arbeit einzuschätzen, die gegenwärtig im Bereich der Gravitationsforschung durchgeführt wird.

Schlussfolgerungen

1. Bisher waren Versuche, die Größe oder Richtung der Gravitation der Erde zu kontrollieren, wenig erfolgreich. Aber wenn die Erklärung für die Gravitation in den bisher noch nicht eindeutig bestimmten Eigenschaften der Teilchen mit sehr hoher Energie liegen sollte, wäre es mit dem Bevatron möglich, mit der konstituierenden Materie der Gravita-

tion zu arbeiten. Es ist deshalb zu erwarten, dass das neue Bevatron in absehbarer Zeit dazu eingesetzt werden kann, eine begrenzte Kontrolle der Gravitation zu demonstrieren.

2. Ein Verständnis und eine Identifizierung dieser Teilchen liegen im Grenzbereich des menschlichen Wissens, und ihre vollständige Bewertung ist eines der größten ungelösten Rätsel des Nukleus. Ein damit zusammenhängendes Problem besteht darin, eine Theorie aufzustellen, mit der die Beziehungen der Gravitation zum Kosmos und zur Quantenmechanik erklärt werden können, sowie eine Theorie, mit der die Gravitationskonstante mit den anderen drei dimensionslosen Konstanten verbunden werden kann.
3. Die Hindernisse für ein adäquates Verständnis der Mikrophysik scheinen so gut wie unüberwindbar zu sein, aber der Nutzen, der sich aus der Elektrogravitation ergeben könnte, ist schier unvorstellbar. In einer schwerelosen Umgebung könnte die Möglichkeit der Bewegung mit blitzschnellen Richtungsänderungen eine einzigartige Manövrierfähigkeit bieten.
4. Die Erforschung der Umgebung des Antiprotons, die Entdeckung des Antiprotons und eine genauere Untersuchung der anderen hochenergetischen Teilchen sind Voraussetzungen für die Hypothese, dass die Gravitation einer der Aspekte des Elektromagnetismus ist, der letztendlich wie eine Welle kontrolliert werden kann. Wenn die Struktur des Nukleus klarer wird, wird der Einfluss der Gravitation auf den Nukleus und ihr Verhalten im Raum verständlicher. Das wäre ein großer Fortschritt im Vergleich zum Newtonschen Konzept der Wirkung der Gravitation aus der Entfernung.
5. Die Aufgabe von *Aviation* wird wohl darin bestehen, viele der peripheren und statistischen Untersuchungen anzustellen, um das Hintergrundwissen über die Elektrostatik zu vervollständigen.
6. Man muss zwischen elektrostatischer Antriebsenergie und Counterbary unterscheiden. Durch Counterbary werden die Kraftlinien der Gravitation manipuliert; baryzentrische Steuerung ist die Lenkung dieses manipulativen Eingriffs zur Erzeugung eines stabilen, für den Transport geeigneten Bewegungsmodus.
7. Dass elektrostatische Energie ausreichend ist, um niedrige Geschwindigkeiten zu erzeugen (ein paar Tausend Dyn), wurde bereits demonstriert. Die Erzeugung einer Region mit positiver elektrostatischer Energie auf einer Seite einer Platte und negativer Energie auf der anderen Seite

erzeugt die gleichen Hub- oder Antriebseffekte wie der Druck und das Ansaugen unter bzw. über einem Flügel, mit dem Unterschied, dass im Fall der elektrostatischen Anwendung keine Luftströmung erforderlich ist.

8. Eine elektrostatische Energie, die ausreicht, um bei einem Kampfflugzeug eine Geschwindigkeit von Mach 3 zu erzeugen, ist möglich mit Megavoltenergien und einem K-Wert von über 10.000.
9. K-Werte von 6.000 wurden durch die Verwendung einiger Keramikmaterialien erzielt, und es besteht die Aussicht, Werte von 30.000 zu erreichen.
10. Abgesehen von der Elektrogravitation gibt es noch andere gute Gründe, in die Entwicklung elektrostatischer Geräte zu investieren. Bei der Automation, der Autonetik und sogar der Entwicklung von Turbinen werden ähnliche Laborvorrichtungen benutzt.
11. Der Fortschritt in der Elektrogravitation wartet wahrscheinlich auf ein neues Physikgenie, das eine einfache Gleichung finden kann, um all die widersprüchlichen Beobachtungen und Theorien über die Struktur und die Anordnung der Kräfte und die Rolle, die die hochenergetischen Teilchen im Nukleus spielen, miteinander in Einklang zu bringen. Dies kann jederzeit passieren, und die Chancen haben sich sehr verbessert, jetzt, wo die Bevatron-Energien unter kontrollierten Laborbedingungen erzielt werden.

Anlage I

Auszüge aus dem Aviation Report

Antrigravitationsforschung

Die Forschung und Technologie auf dem Gebiet der Elektro-Antigravitation steckt noch so sehr in den Kinderschuhen, dass wir es hier vielleicht mit einem Entwicklungsbereich zu tun haben, bei dem nicht nur die Methoden, sondern auch die Ideen geheim sind. Deshalb kann über nichts offen geredet werden. Bisher wurden nur sehr wenige Arbeiten über dieses Thema veröffentlicht, und die einzigen Pläne, die bisher an die Öffentlichkeit gelangt sind, betreffen Experimente, bei denen man versuchte, Objekte frei in einem Raum schweben zu lassen. Es gibt mehrere Anwendungsmöglichkeiten im Radio- und Funkbereich, und die Medizin der Luftfahrt sucht nach etwas, das sie in die Lage versetzt, die physiologischen Wirkungen einer Umwelt ohne Gravitation auf die Verdauung und die Organe des Menschen zu untersuchen. Es gibt jedoch auch langfristige Ziele, die viel revolutionärer sind und die mit einer Technik verbunden sind, die der Gravitation trotzen kann.

Aviation Report, 20. August 1954

Anwendungsstrategien für die Antigravitation

Die Aussicht, dass Ingenieure eine Technik entwickeln, die der Gravitation trotzt – oder vielleicht sollte man besser von der Schaffung einer Umgebung ohne Schwerkraft sprechen –, lässt darauf schließen, dass Flugzeugkonstrukteure langfristig gezwungen sein werden, noch stärker auf elektromechanische Industriebetriebe zu setzen, als es zurzeit für den Übergang von bemannten zu unbemannten Waffensystemen erforderlich ist. Die Arbeit mit der Antigravitation wird deshalb wahrscheinlich von Firmen mit den größten elektrischen Labors und Einrichtungen übernommen werden. Es ist ebenfalls offensichtlich, dass die Antigravitation, wie jede andere moderne Wissenschaft, zuerst von der Waffenindustrie betrieben und gefördert werden wird. Es gibt wohl zwei grundlegende Bereiche, diese Wissenschaft zu nutzen – eine besteht darin, moderne Projektile und Raketen mit größtmöglicher Effizienz zu konstruieren. Dabei könnten die kritischen Parameter (die gegenwärtig die Konstruktionsmöglichkeiten einschränken) durch die Antigravitation eliminiert werden. Die andere Anwendungsmöglichkeit aber – und hierbei handelt es sich um einen längerfristigen Plan – besteht darin, eine völlig neue technische Umwelt zu schaffen, in der Geräte und Maschinen ausschließlich mit Antigravitation arbeiten.

Aviation Report, 24. August 1954

Je größer, desto leichter

Die Antigravitation und die Atomkraft sind sich in einer Beziehung sehr ähnlich: Je unglaublicher die langfristigen Möglichkeiten sind, desto leichter sind sie am Ende zu erreichen. Es ist seltsam, dass die größten Geheimnisse der Natur mit abnehmender industrieller, dafür aber mit umso größerer geistiger Anstrengung enthüllt werden können. Die Amerikaner unternahmen allergrößte industrielle Anstrengungen, um Tritium für das erste thermonukleare Experiment zu erzeugen, aber später gelang es sowohl ihnen als auch den Russen, mithilfe von Lithium-6-Hydrid viel bessere Ergebnisse zu erzielen. Dasselbe geschieht jetzt mit der Antriebstechnologie in der Luftfahrt: Die nuklearen

Brennstoffe scheinen in ihrer Wirkung sehr vielversprechend zu sein, jedoch auch ausgesprochen kompliziert in der praktischen Anwendung, falls es kein Mittel zur direkten Umwandlung gibt, wie in der Strontium-90-Zelle. Aber jenseits der nuklearen Brennstoffe besteht die Möglichkeit, die Elektrizität mit der Gravitation zu verbinden, was eine unvergleichlich wirksamere Methode zur Bändigung der Energie darstellt als die einzigen Methoden, die uns gegenwärtig zur Verfügung stehen – Elektrizität und Magnetismus. Vielleicht wird Barium-aluminiumoxid in der Antriebstechnologie das gleiche Wunder bewirken wie Lithium-6-Hydrid bei den Fusionswaffen. Natürlich handelt es sich dabei um ein unter den Dielektrika sehr bekanntes Material, aber wenn wir über massive Permittivität sprechen, dann meinen wir natürlich den fünfstelligen Bereich. In diesem frühen Stadium ist es noch schwierig, Permittivität mit bestimmten Machzahlen in Verbindung zu bringen, aber mit ein wenig Arithmetik sollten sich mit umsetzbarer Permittivität erstaunliche Geschwindigkeiten erreichen lassen. Und das wird mit zunehmender Leichtigkeit geschehen. Oft sind gerade die unglaublichsten Dinge technisch sehr leicht zu verwirklichen, aber extrem schwierig, was die Theorie betrifft. Einsteins allgemeine Relativitätstheorie ist natürlich ein wichtiger Faktor, aber einige seiner Postulierungen scheinen von der einheitlichen Feldtheorie abzuhängen, die physikalisch bisher noch nicht überprüft werden kann, weil niemand weiß wie. Einstein hofft, einen Weg zu finden, bevor er stirbt.

Aviation Report, 31. August 1954

Die Aufgabe der Gravitationsforschung

Alles weist darauf hin, dass die Erkenntnisse über die potenziellen Möglichkeiten des elektrostatischen Antriebs bislang sehr begrenzt sind, und es wird einige Anstrengungen erfordern, um die Flugzeugfabriken so umzuorganisieren, dass sie in der Lage sind, im großen Maßstab Forschungs- und Entwicklungsarbeiten in Bezug auf neuartige Formen von Dielektrika durchzuführen, die Effizienz der Kondensatoren zu verbessern und die neuen Materialien zu entwickeln, die für die Herstellung der primären Struktur erforderlich sind. Es wurden einige äußerst ehrgeizige theoretische Programme unterbreitet, und die Arbeit an einem bemannten Fahrzeug ist bereits im Gang. Es gibt viel konkretere Hinweise dafür, dass die unglaublichen Behauptungen auf dem Gebiet der Gravitation realisierbar sind, als es sie zum Beispiel bei der Annahme gab, dass Uranspaltung zu einer Bombe führen würde. Zumindest wissen wir mit absoluter Sicherheit, dass Bewegung unter Verwendung einer überraschend geringen Permittivität möglich ist. Eine Nutzung auf weit höherer Ebene scheint durchaus plausibel, konnte allerdings bisher noch nicht praktisch demonstriert werden. Aber es gibt keinen Grund anzunehmen, dass die zugrunde liegende Arithmetik fehlerhaft ist, besonders da sie ja bereits zu einem recht flotten Beispiel realen Antriebs geführt hat. Dies war in der Tat ein historisches Ereignis, das an jenen denkwürdigen Tag in Chicago erinnerte, an dem der erste Reaktor in die kritische Phase eintrat, und das Phänomen war ja nun wirklich nicht weniger seltsam. Es ist schwierig sich vorzustellen, was uns eine systematische Erforschung der Gravitation letztlich bescheren wird. Obwohl eine kreisförmige Plattform elektrostatisch vorteilhaft wäre, folgt daraus nicht notwendigerweise, dass die Anforderungen der Steuerung durch unterschiedliche Ladungen dieselben wären. Der seltsamste Aspekt an dieser ganzen Sache ist vielleicht, wie die Öffentlichkeit dieses Konzept voraussehen konnte, aber natürlich nicht die theoretischen Prinzipien, durch die es entstand, bevor physikalische Tests bestätigten, dass die Mathematik korrekt war. Es ist auch interessant, dass es keinerlei Berührungspunkte zwischen der alten und der neuen Wissenschaft gibt. Es handelt sich ganz einfach um einen radikal neuen Ansatz, der mit dem alten keine gemeinsamen Prinzipien aufweist. Die Aerodynamik, die Konstruktion der Antriebe, die Steuerung der Flugklappen und alles Übrige am Flugzeug gehören irgendwie noch der Ära der Gebrüder Wright an. Selbst Maschinen, die die Schallmauer durchbrechen und Geschwindigkeiten von Mach 2,5 erreichen, beruhen noch immer auf den Konstruktionsprinzipien der Gebrüder Wright, in dem Sinne, dass sie nach einiger Zeit kein Benzin mehr haben und die Anziehungskraft der Erde nur für eine gewisse Zeit überwinden können. Somit wird dieses Jahrhundert – fast genau in der Mitte – in zwei Zeitalter unterteilt. Das erste gehört den Gebrüdern Wright, die fast alle technischen Aspekte berücksichtigten, bei denen die Gravitation der natürliche Feind der Luftfahrt war. In der zweiten Hälfte des Jahrhunderts wird die Gravitation die notwendige Energie liefern. Die elektrische Energie, die während der ersten Jahrhunderthälfte kaum eine Rolle für den Antrieb spielte, wird für ihn in der zweiten Hälfte des Jahrhunderts zu einer Art Katalysator.

Aviation Report, 7. September 1954

Das Paradox der Elektrogravitation

Die Verwirklichung des elektrostatischen Antriebs scheint von zwei theoretischen und zwei praktischen Widersprüchen abzuhängen. Die zwei theoretischen Rätsel sind: Wie macht man einen Kondensator zum Mittelpunkt eines

Antriebssystems, und wie verbindet man das Kondensatorsystem mit dem Gravitationsfeld? Es gibt noch ein drittes Problem, das aber im Augenblick noch nicht so aktuell ist, nämlich wie man die κVA zur Steuerung in allen drei Achsen sowie für den Antrieb und den Hub einsetzt. Die zwei praktischen Probleme sind zuerst einmal, wie man zum Beispiel bei einer Waffe mit einer Geschwindigkeit von Mach 3 die 50.000 κVA innerhalb einer flachen Scheibe von 12 m Durchmesser einsetzt und wie man von so einem kleinen Raum aus eine solche Kraft entfaltet. Der Bedarf an elektrischem Strom in einem kleinen Flugzeug ist größer als der einer kleineren Gemeinde, und eine einzelne Raketendüse kann so viel Strom erzeugen wie der Hoover-Staudamm. Es wird natürlich genauso lange dauern, einen Elektrogravitationsantrieb zu entwickeln, wie es gedauert hat, aus Wärmemotoren diese enormen Energiemengen herauszuholen. Natürlich gibt es möglicherweise auch eine Flamme im Elektrogravitations-Antriebssystem, aber es wäre damit noch kein Wärmemotor – die Temperatur der Flamme wäre ein Nebenprodukt des chemischen Verbrennungsprozesses.

Das Seltsame ist, dass einerseits der elektrostatische Antrieb die Antithese zum Magnetismus ist,* Einsteins einheitliche Feldtheorie jedoch zum anderen einen Versuch darstellte, die Gravitation mit dem Elektromagnetismus in Einklang zu bringen. Diese allumfassende Theorie geht logisch von der allgemeinen Relativitätstheorie aus, die eine originelle geometrische Interpretation des Konzeptes der Kraft anbietet, die mathematisch mit der Gravitation vereinbart ist, aber im Fall des Elektromagnetismus versagt, während die spezielle Relativitätstheorie sich mit dem Verhältnis zwischen Masse und Energie befasst. Die allgemeine Relativitätstheorie erklärt nicht den Elektromagnetismus, denn die Kräfte sind proportional zur Ladung und nicht zur Masse. Die einheitliche Feldtheorie gehört zu den vielen Ansätzen, mit denen man versucht hat, diese Lücke zu füllen, aber es ist verwirrend, sich vorzustellen, wie man sie jemals direkt beobachten kann. Einstein selbst hält das für praktisch unmöglich. Hlavatý behauptet jedoch, dass er die Gleichungen gelöst hat, indem er davon ausgeht, dass die Gravitation eine Manifestation des Elektromagnetismus ist.

In Anbetracht dessen ist es umso unglaublicher, dass der elektrostatische Antrieb (wobei die κVA aus praktischen Gründen ins System eingespeist werden, anstatt sie durch das System selbst erzeugen zu lassen) tatsächlich praktisch demonstriert wurde. Um diese gesamte abstruse Physik auf die Luftfahrt zu übertragen, ist es vielleicht notwendig, zu akzeptieren, dass die Theorie wich-

* Das stimmt zwar in gewissem Sinne, doch der Bericht selbst schildert den Zusammenhang besser als dieser Artikel von 1954.

tiger ist als diese oder jene Interpretation von ihr. Auf diese Weise wurden die physikalischen Konstanten, die jetzt als die solidesten Errungenschaften der modernen Physik gelten, als gültig akzeptiert. Natürlich würde man rein instinktiv die Reihe von Postulaten, die Einstein aufgestellt hat, akzeptieren, und falls dem so ist, wäre es eine reine Spekulation, wo sie die Wissenschaft der Elektrogravitation langfristig hinführen wird.

Aviation Report, 10. September 1954

Der Status quo des Elektrogravitationsantriebs

Unter den Bedingungen von *Projekt Winterhaven* waren die Vorschläge zur Entwicklung der Elektrogravitation bis zur Realisierung einer Kampfflugscheibe mit einer Geschwindigkeit von Mach 3 nicht weit entfernt von den unglaublichen Anstrengungen, die man für das *Manhattan-Projekt* aufbrachte.* Tatsächlich war der Wunsch, diesen neuen Antrieb zu entwickeln, ebenso stark wie der, die Atombombe zu bauen. Beide Projekte erforderten eine geradezu fantastische mathematische Kapazität, und beide Wissenschaften waren so neu, dass andere Wissenschaften nicht viel helfen konnten. In den zwei Jahren seit das Prinzip der Bewegung durch Dielektrika mit hoher Permittivität zum ersten Mal auf einem Testgelände demonstriert wurde, hat man nur wenige Fortschritte gemacht. Aber alles weist jetzt darauf hin, dass das Pentagon bereit ist, eine Reihe von Projekten zu unterstützen, um die Entwicklung zu fördern. Tatsächlich haben die neuen Maschinen denselben gewaltigen Umfang wie die *X-1, 2, 3, 4* und *5* sowie die *D-558*, die alle für den Zweck gebaut wurden, die Schallmauer zu durchbrechen – was sie auch tatsächlich schafften, aber es ist ein Prozess, der zehn Jahre harter Arbeit erfordert. (Jetzt, nach sieben Jahren, hat die *X-2* ihre Tests noch vor sich, und die *X-3* ist immer noch im Stadium der Leistungstests). Nach vorsichtigen Schätzungen soll die Scheibe noch vor 1960 fertig sein, und dann mag es noch die ganzen »Sechziger« hindurch dauern, bis sie ausgereift ist, wenngleich bereits in zehn Jahren die ersten Kampfflugscheiben verfügbar sein könnten.

Eine Sache scheint jedoch jetzt schon sicher zu sein, nämlich dass die Firmen, die über die größten Computer verfügen, um die komplizierte Grundlagentheorie zu errechnen, in dieser Wissenschaft führend sein werden. *Douglas* steht in der Computertechnologie an vorderster Stelle, gefolgt von *Lockheed* und *Convair*. Der Rahmen ist übrigens untrennbar vom »Antrieb«. Wenn es eine

* Die Angebote wurden übrigens nicht akzeptiert.

Aufteilung von Verantwortung gibt, dann würde sie so aussehen, dass die Firma, die für den Antrieb zuständig ist, auch für die Lieferung der elektrostatischen Energie (eine Art Stichflamme) zuständig wäre und der Rahmenhersteller für das Kondensatorsystem, den Kern der Hauptkonstruktion.

Aviation Report, 12. Oktober 1954

Ausweitung der Gravitationsforschung

Die Franzosen sollen gegenwärtig darüber nachdenken, wie sie am effektivsten in den Bereich der Elektrogravitations-Antriebssysteme vordringen können. Aber eines der schwierigsten Probleme ist, dass man nicht weiß, wo man eigentlich anfangen soll. Es gibt bisher praktisch noch keine Patente, die einem über das Verhältnis zwischen Elektrizität und Gravitation Auskunft geben. Es gibt natürlich eine Menge von Patenten über das allgemeine Thema »Kraft und Bewegung«, und einige von ihnen könnten sich als sehr nützlich erweisen. Es gibt zwar eine Reihe von Arbeitshypothesen aus dem früheren *Projekt Winterhaven,* aber bisher wurden noch keine detaillierten Abhandlungen über die Technologie geschrieben. Alles, was man bis vor einem Jahr erreicht hat, war eine Reihe ziemlich genauer Hochrechnungen aus den dürftigen Daten, die man bisher ermittelt hat. Die Schätzung von 50 bis 1.800 Meilen pro Stunde (die man bislang erwartet bzw. anstrebt) dürfte jedoch sehr vage sein. Dies erklärt die allgemeine Einstellung in den USA, dass von dieser Wissenschaft in nächster Zukunft nicht allzu viel zu erwarten ist. Inzwischen ist die NACA aktiv geworden, und nahezu alle Universitäten führen Arbeiten durch, die irgendwie mit dieser Materie zu tun haben. Früher oder später dürfte also wohl etwas Nützliches dabei herauskommen.

Aviation Report, 19. Oktober 1954

Schritte zur Entwicklung eines Gravitationsantriebs

Fachautoren scheinen immer noch nicht genau zu wissen, wonach sie in einer so verschwommenen Wissenschaft wie der des Elektrogravitationsantriebs eigentlich fragen sollen. Das Gebiet ist so neu, dass es noch an den wichtigsten Grundlagen mangelt. Zunächst einmal braucht man einen vernünftigen Prüfstand und dann ein Testfahrzeug. Dies dürfte dann zur Förderung der Entwicklung einer Kampfscheibe führen. Bei den ersten Versuchsaufbauten war der Schub recht gering, was inzwischen etwas verbessert wurde. Aber die bisher erreichten Geschwindigkeiten erinnern eher an den Straßenverkehr als an die Luftfahrt. Aber man weiß jetzt, dass dieser Antrieb möglich ist. Es geht nur darum, ausreichend kVA (Kilovoltampere) in Kondensatoren mit höherer Permittivität einzuspeisen. 50.000 ist eine magische Zahl für die Kampfscheibe – es ist diese Menge von kVA und diese Menge von Permittivität, die in Geschwindigkeiten von Mach 3 umgewandelt werden kann.

Mittlerweile ist *Glenn Martin* nun bereit, öffentlich zuzugeben, dass sie die einheitliche Feldtheorie prüfen, um weiterzukommen. Es wäre wahrscheinlich richtiger zu sagen, dass *Martin* und andere Unternehmen jetzt nach Leuten suchen, die sich [angesichts der Elektrogravitation] Einsteins Gleichungen überhaupt irgendwie zusammenreimen können. Es gibt gegenwärtig niemanden in der Luftfahrtindustrie, der diese Zusammenhänge auch nur ansatzweise versteht. Auch ist es notwendig, dass die Industrie über Administratoren verfügt, die genug von Mathematik verstehen, um beurteilen zu können, welche Investitionen voraussichtlich erforderlich sein werden, damit sich das Unternehmen die besten Aufträge in dieser neuen Wissenschaft sichern kann. Das ist wiederum nicht so einfach, denn ein großer Teil dieser Mathematik lässt sich nicht in Worte fassen. Entweder versteht man die Zahlen oder nicht. Niemand kann sie einem erklären. Das ist ein ziemlich neues Phänomen, denn selbst Dinge wie die Heisenbergsche Unschärferelation in der Quantenmechanik kann mehr oder weniger in Worten ausgedrückt werden.

Wenn man geeignete Mitarbeiter sucht, dann sollte man daran denken, dass die Elektrogravitation prinzipiell ein Zweig der Wellentechnologie ist und ein Großteil davon mit den Planckschen Dimensionen von Handlung, Energie und Zeit beginnt, wovon wiederum einiges zu den unumstrittensten Aspekten der modernen Atomphysik gehört.

Aviation Report, 19. November 1954

Das Rätsel der Elektrogravitation

In den Jahren 1948 und 1949 hatte die Öffentlichkeit in den USA eine überraschend klare Vorstellung davon, was eine fliegende Untertasse tun sollte oder könnte. Es gab niemals eine realistische Erklärung dafür, was für ein Antriebssystem sie solche Manöver durchführen lassen könnte, aber aufgrund ihrer Manövrierfähigkeit ging man davon aus, dass sie sich innerhalb ihres eigenen Gravitationsfeldes bewegte. Aber das war mindestens zwei Jahre bevor man nachweisen konnte, dass die elektrostatische Energie Antrieb erzeugen kann. Es ist seltsam, dass die amerikanische Öffentlichkeit den Empirikern in dieser Beziehung so weit voraus war. Es gibt zwei mögliche Erklärungen dafür. Die eine ist, dass durch optische Täuschungen oder atmosphärische Phänomene eine vorgefasste Meinung darüber erzeugt wurde, wie die Flugobjekte funktionierten. Die andere mögliche Erklärung ist die Jungsche Theorie des Universellen Geistes, der sich im Verhältnis zu den Fähigkeiten des höchsten Intellekts auf und ab bewegt und dadurch einen sehr hohen Gipfel der Wahrnehmung erreicht.

Aber ein Flugzeug mit Elektrogravitationsantrieb zu schaffen bedeutet für die Flugzeugindustrie eine Rückkehr zu den Grundprinzipien der Nuklearphysik und eine Neubewertung eines großen Teils der Technologie, die bisher als gegeben hingenommen wurde. Alles, was in die Richtung geht, die einheitliche Feldtheorie zu beweisen, wird einen großen Einfluss auf die Elektrogravitationsforschung und die Kernforschung allgemein haben. Aber die Luftfahrtindustrie wird sich möglicherweise mit der Tatsache konfrontiert sehen, dass die Prioritäten letztendlich mit der bestehenden Nuklearwissenschaft konkurrieren. Die Tatsache, dass die Elektrogravitation wichtige Anwendungsmöglichkeiten nicht nur im Rüstungsbereich hat, wäre ein Grund für die Regierungen, sich an den laufenden Arbeiten zu beteiligen.

Aviation Report, 28. Januar 1955

Geschäftliche Mitteilung zur Elektrogravitation

Der Gasturbinenantrieb hat in den USA zwei neue Unternehmen im Bereich der Antriebstechnologie entstehen lassen, die in starker Konkurrenz zueinander stehen. In den Augen vieler steht *General Electric* jetzt nur an zweiter Stelle. In Großbritannien hat es keine neue Firma geschafft, auf diesem Gebiet Fuß zu fassen, aber einem Unternehmen, *Metro-Vick,* hätte es gelingen können, wenn es seine gesamte Energie in diese Sache gesteckt hätte. Es ist tragisch für Großbritannien, dass keine einzige Firma in diesem Bereich Erfolg hatte, so wie *English Electric* im Bereich der Flugzeugzelle.

Im Gegensatz zum Turbinenantrieb handelt es sich bei der Elektrogravitation nicht nur um ein neues Antriebssystem. Es ist ein vollkommen neuer Ansatz in der Luftfahrt und Kommunikation, und es ist etwas, was die Technologie der Zukunft total bestimmen könnte. Aber dazu müssen die theoretischen Studien der Wissenschaft bis in die Mathematik der Mesonen hinein ausgeweitet werden. Daran führt kein Weg vorbei. Aber die relevanten Fakten, die man der Kernstruktur abgerungen hat, werden ihren Einfluss auf das Antriebssystem, die Flugzeugzelle und auch auf das Leitsystem geltend machen. Möglicherweise wird die Flugzeugzelle als solche schon bald nicht mehr existieren, und was gegenwärtig noch eine komplizierte, anfällige Struktur ist, wird zu einer zweckdienlichen, robusten Hülle. Neue Unternehmen, die in zehn oder fünfzehn Jahren gern größere Rüstungsaufträge an Land ziehen würden, sind die Firmen, die wohl am meisten zum Fortschritt dieser Entwicklung beitragen werden. Einige Firmen in Großbritannien und den USA kommen da zuerst in den Sinn – Firmen wie *AiResearch, Raytheon, Plessey* in England, *Rotax* und andere. Aber diese Firmen müssten mindestens ein Jahrzehnt lang in teure Forschung auf dem Gebiet der theoretischen Physik investieren, und das setzt einen enormen Optimismus voraus. Die Firmen sind zum großen Teil bereits überlastet, und eigentlich können sie sich das gar nicht leisten. Aber wenn man ernsthaft darüber nachdenkt, kommt man wohl zwangsläufig zu dem Schluss, dass man es sich erst recht nicht leisten kann, *nicht* von Anfang an dabei gewesen zu sein.

Aviation Report, 8. Februar 1955

Durchbrüche bei der Elektrogravitation

Lawrence Bell sagte letzte Woche, er sei davon überzeugt, dass das Tempo der Entwicklung, die zum Einsatz von Fahrzeugen mit Nuklearbrennstoff- und Antigravitationsantrieb führt (er meinte damit wahrscheinlich Antriebe, die ihr eigenes Gravitationsfeld, unabhängig von dem der Erde, erzeugen), sich immer mehr beschleunigen wird. Er fügte hinzu, dass die jetzt möglichen Durchbrüche ihre Einführung schneller herbeiführen werden, als es bei der Entwicklung des Turbojets zu seiner gegenwärtigen Leistungsfähigkeit der Fall war. Jenseits der Wärmegrenze gibt es eine Strahlungsgrenze – er hätte die Gefahren durch Ozonvergiftung und Meteoriten hinzufügen können – und jenseits davon wiederum eine Zeitgrenze. Die Zeit ist jedoch keine einzelne berechenbare Einheit, und Einstein hat uns gelehrt, dass eine absolute Grenze für die Luftfahrt die Beschränkung durch die Umwelt ist, in der es physische Grenzen für jede Art von Bewegung von einem Punkt im Raum-Zeit-Kontinuum zum anderen gibt. *Bell* (die Firma, nicht der Erfinder) hat den Ruf, experimentierfreudig zu sein und nicht so erdgebunden wie viele andere. So ist diese erste Einschätzung des Fortschritts der Elektrogravitation zwar interessant, aber es bleibt noch abzuwarten, was andere wichtige Vertreter der Luftfahrtindustrie dazu sagen. Die meisten Unternehmen beschäftigen sich gegenwärtig mit verschiedenen Antriebsformen ohne Wärmemotoren. Aber es ist noch zu früh, um zu sagen, welche Methode sich zuerst durchsetzen wird. Jedenfalls sind die Möglichkeiten der Elektrogravitation ungleich größer als die bisher bekannter Antriebsformen.

Aviation Report, 15. Juli 1955

Zusammenspiel von thermonuklearem Antrieb und elektrogravitativem Antrieb

Es wurde das Argument angeführt, dass die beste Möglichkeit, die verhältnismäßig niedrige erforderliche Fusionshitze zu erreichen – 1.000.000°, vorausgesetzt, dass sie aufrechterhalten werden kann (was bei der Kernspaltung nicht länger als ein oder zwei Mikrosekunden möglich ist) –, in der Verwendung eines linearen Beschleunigers besteht. Die Energiekonzentration, die man erreichen kann, wenn Beschleuniger entsprechend ausgestattet sind, macht die Erzeugung sehr hoher Temperaturen möglich, aber ob sie genügend gebündelt werden kann, dass ein thermales Hitzeproblem vermieden wird, bleibt abzuwarten. Es wurde auch vorgebracht, dass lineare Beschleuniger eine Möglichkeit seien, um die hohen elektrischen Energien zu erzeugen, die für die Herstellung örtlicher Gravitationssysteme erforderlich sind. Man könnte sich deshalb als zentralen Kern eines zukünftigen Flugzeugs einen linearen Beschleuniger vorstellen, der durch elektrostatische Prozesse einen örtlichen schwerelosen Zustand erzeugen und Wärme ohne chemische Prozesse für den Antrieb in Energie umwandeln könnte. Und schließlich mag – etwa Ende dieses Jahrhunderts – der lineare Beschleuniger selbst nicht mehr erforderlich sein, und ein Kraftwerk auf dem Boden könnte die erforderliche Energie für beide Zwecke durch Wellenausbreitung übertragen.

Aviation Report, 30. August 1955

Über Reaktoren mit thermonuklearer Reaktion

Die von der AEC letzte Woche bekannt gegebene Schätzung von 20 Jahren, die zwischen dem gegenwärtigen Forschungsstand und dem Fusionsreaktor liegen soll, bezieht sich wahrscheinlich auf die Zeit, die noch vergehen wird, bis es möglich ist, Fusionshitze zu gewinnen. Aber es gibt auch das Argument, dass es – statt die molekularen und chemischen Prozesse zu nutzen, um Wärme in Schub zu verwandeln – besser wäre, die neue Wärmequelle zusammen mit einer Form von elektrostatischer Energie zu nutzen. Die ersten beiden Nuklearjet-Prototypen von *Boeing* sind so ausgelegt, dass sie entweder mit Molekulardüsen oder mit Nukleardüsen ausgerüstet werden können (falls sich die Entwicklung letzterer aus irgendeinem Grund verzögern sollte). Aber der Wechsel von einer molekularen zu einer direkten nuklearen Schuberzeugung im Zusammenhang mit dem Thermonuklearreaktor macht das Flugzeug, das im Sinne der zweiten Antriebsform konstruiert wird, zu etwas vollkommen Neuen. Es wird allerdings erwartet, dass bis zur Fertigstellung mehr als zwei

Jahrzehnte vergehen, wenngleich die jüngeren Führungskräfte einen Prototypen wahrscheinlich noch erleben werden.

Aviation Report, 14. Oktober 1955

Die Realisierbarkeit der Elektrogravitation

Die Frage in Bezug auf die Aussichten, die elektrostatische Energie für Antriebszwecke und schließlich auch für die Schaffung eines örtlichen Gravitationsfeldes zu nutzen, das von dem der Erde isoliert ist, hat zwei gegensätzliche, geradezu extreme Lager geschaffen. Da gibt es jene, die die ganze Sache von A bis Z für Unsinn halten, und jene, die sich durch die bereits erbrachten konkreten Leistungen davon überzeugen ließen, dass die Chancen realistisch sind, Flugzeuge ohne bewegliche Teile und mit bisher unvorstellbaren Leistungen zu bauen. Die Möglichkeit, ein Kampfflugzeug mit einer Geschwindigkeit von Mach 3 herzustellen (was das gegenwärtige Ziel der Studien ist) hängt von einer ziemlich großen K-Extrapolation ab, wenn man bedenkt, dass das Paar von Scheiben, die das Prinzip bisher demonstriert haben, nur eine Geschwindigkeit von ca. 30 Fuß pro Sekunde erreichten. Aber, und das ist sehr wichtig: Sie haben eine Betriebsgeschwindigkeit erreicht, indem sie eine entsprechend dem heutigen Wissensstand ziemlich ineffiziente Form von Kondensatorkomplex verwendet haben. Diese bescheidenen Anfänge sind mit Sicherheit ebenso vielversprechend wie die früheren Postulate von Whittle.

Es ist übrigens zum großen Teil auf die frühen Hinweise in *Aviation Report* zurückzuführen, dass die Arbeit in den USA so gut vorangeht. Ähnliche Berichte werden jetzt auch in England und Frankreich erstellt. Einige der damit beauftragten Leute sind ausschließlich damit beschäftigt.

Aviation Report, 15. November 1955

Erforschung der Elektrogravitation nimmt Fahrt auf

Zu den Firmen, die sich mit den Möglichkeiten der Gravitation beschäftigen, gehören *Glenn Martin, Convair, Sperry-Rand, Sikorsky, Bell*, die *Lear Inc.* und *Clarke Electronics*. Weitere Firmen, die schon früher ihr Interesse bekundet hatten, sind zum Beispiel *Lockheed, Douglas* und *Hiller*. Die anderen Firmen sind nicht grundsätzlich desinteressiert, aber sie haben bisher noch keine öffentliche Unterstützung für diese neue Wissenschaft an den Tag gelegt – die sich immer schneller entwickelt. Die Reaktion in den Vereinigten Staaten ist in gewisser Weise positiver, als man hätte erwarten können. Der logische Ansatz, so wie er von *Aviation Studies* vorgebracht wurde, besteht darin, sich auf die Verbesserung der Leistung von bestehenden elektrostatischen Anlagen zu konzentrieren, von denen man weiß, dass sie einen Schub erzeugen können. Das Ziel würde darin bestehen, sich beim Antrieb zuerst auf die Elektrostatik zu konzentrieren und dann die praktische Technologie auszuweiten, sodass sie die Schaffung örtlicher Gravitationskraftlinien einschließt, die unabhängig von denen der Erde sind, um eine ungehinderte vertikale Bewegung zu gewährleisten, sobald die entsprechende Mathematik Gestalt annimmt.

Der Ansatz der USA hingegen besteht eher darin, Geld in die grundlegende theoretische Physik der Gravitation zu stecken, um zuerst einmal das örtliche Gravitationsfeld zu schaffen. Funktionierende Testvorrichtungen sollen im Zuge der grundlegenden Entdeckungen dann folgen. Wahrscheinlich wäre es besser, beide Ansätze zu fördern, und es ist nun wirklich an der Zeit, dass das Militär großzügig in die Sache einsteigt. Das Dumme an dem idealistischen Ansatz bei der Gravitation ist, dass die Luftfahrtunternehmen nicht über die geeigneten Mitarbeiter verfügen, die eine solche Arbeit durchführen können. Es steht zu erwarten, dass die Firmen, die höchstwahrscheinlich die Antwort finden werden, nicht unbedingt im Bereich der Luftfahrt angesiedelt sind. Diese werden dann im wahrsten Sinne des Wortes zu Meistern der Luftfahrt werden.

Voraussichtlich wird eine Firma wie A.T. & T. die erste sein, die sich auf diesem Gebiet hervortun wird. Dieses gigantische Unternehmen (das mit den Bereichen Luftfahrt und Rüstung gar nichts zu tun hat), hat mit der Entwicklung des Flächentransistors bereits die moderne Kriegsführung revolutioniert und wird wohl auch die Lösung für die Levitation von Objekten finden. Daher sollte der größte Teil des Geldes hier investiert werden.

Aviation Report, 9. Dezember 1955

Anlage II

Elektrostratische Patente

Elektrostatische Motoren

(a) Noch gültige amerikanische Patente:

2.413.391 *Radio Corp. of America* 20.6.42/31.12.46 Stromnetz
2.417.452 *Raytheon Mfg. Co.* 17.1.44/18.3.47 Elektrosystem
2.506.472 W. B. Smits 3-7-46Holl/ 2.5.50 Elektrische Zündvorrichtung
2.545.354 GEC 16-3-50/13.3.51 Generator (= Engl. Patent 676.953)

2.567.373 *Radio Corp. of America* 10.6.49/11.9.51 Elektrostatischer Generator
2.577.446 *Chatham Electronics* 5.8.50/4.12.51 Elektrostatischer Spannungsgenerator
2.578.908 *US-Atomic Energy C.* 26.5.47/18.12.51 Elektrostatischer Spannungsgenerator
2.588.513 *Radio Corp of America* 10.6.49/11.3.52 Elektrostatischer Hochspannungsgenerator
2.610.994 *Chatham Electronics* 1.9.50/16.9.52 Elektrostatischer Spannungsgenerator
2.662.191 P. Okey 31.7.52/8.12.53 Elektrostatische Maschine
2.667.615 R. G. Brown 30.1.52/26.1.54 Elektrostatischer Generator
2.671.177 *Consolidated Eng. Corp* 4.9.51/2.3.54 Elektrostatisches Ladegerät
2.671.844 H. R. Wasson 8.12.50/8.2.55 Elektrostatischer Stromgenerator
2.702.353 *US-Navy* 17.7.52/15.2.55 Miniatur-Schaltbild Elektrostatischer Generator

(b) Noch gültige britische Patente:
651.153 *Metr.-Vickers Electr. Co* 20.5.48/14.3.51 Spannungstransformation elektrischer Energie
651.296 Ch. F. Warthen Sr (USA) 6.8.48/14.3.51 Elektrostatischer Wechselstromgenerator
731.774 »Licentia« 19.9.52 & 21.11.53Gy/15.6.55 Elektrostatischer Hochspannungsgenerator

(c) Noch gültige französische Patente:
753.363 H. Chaumat 19.7.32/13.10.33 Moteur electrostatique utilisant l'energie cinetique d'ions gazeux
749.832 H. Chaumat 24.1.33/29.7.33 Machine electrostatique a excitation independante

Die Patente mit dem Kennzeichen »A« auf der folgenden Seite stammen von P. Jolivet (Algier) und von M. J. Felici, E. Gartner (*Centre National des Recherches Scientifique* [CRNS]) und später von R. Morel und M. Point (*S.A. des Machines Electrostatiques* [SAMES] und der *Société d'Appareils de Controle et d'Equipment des Moteurs* [SACEM]), mit dem Kennzeichen »G« (weil die Versuche zum großen Teil an der Universität von Grenoble durchgeführt wurden).

PATENTE

Kennzeichen d. Antragst.	Datum d. Antr.	England	USA	Frankreich	Deutschland	Titel
G	8.11.44	637.434	2.486.140	993.017	860.649	Elektrostatische Influenzmaschine
	14.8.45			56.027		
G	17.11.44	639.653	2.523.688	993.052	815.667	Elektrostatische Influenzmaschine
A	28.2.45			912.444		Inducteurs de Machines el'static
G	3.5.45	643.660	2.519.554	915.442	852.586	Elektrostatische Generatoren
A	8.6.45			915.929		Machineselectrostatiquesaflasques
A	16.8.45			918.547		Generatrice el'statique
G	20.9.45			998.397	837.267	Elektrostatische Generatoren
	21.9.45			56.356		
A	4.2.46			923.593		Generatrice el'statique
G	17.7.46	643.579	2.530.193	1.02.031	811.595	Generatoren
G	20.2.47	671.033	2.590.168			Zündvorrichtung
G	21.3.47	655.474	2.542.494 Re-23.560	944.574	860.650	Elektrostatische Generatoren
G	6.6.47	645.916	2.522.106	948.409	810.042	Elektrostatische Generatoren
A	16.6.47			947.921		Generatrice el'statique
G	16.1.48	669.645	2.540.327	961.210	810.043	Elektrostatische Generatoren
G	21.1.49	669.454	2.617.976	997.991	815.666	Elektrostatische Generatoren
G	7.2.49	675.649	2.649.566	1.010.924	870.575	Elektrostatische Generatoren
G	15.4.49	693.914	2.604.502	1.011.902	832.634	Kommutatoren für elektrostatische Generatoren
G	9.11.49 20.2.50	680.178	2.565.502	1.004950	850.485	Elektrostatischer Generator
G	29.11.50 29.2.51	702.421		1.028.596		Elektrostatischer Generator
G	21.11.51	719.687		1.051.430	F10421	Elektrostatische Geräte
G	20.8.52	731.773		2.702.869	938.198	Elektrostatische Geräte
G	6.11.52	745.489				Elektrostatischer Generator
G	12.2.53	745.783				Rotierende elektrostatische Geräte
G	8.1.52	715.010	2.685.654	1.047.591		Rotierende elektrostatische Geräte, die periodische Entladungen erzeugen
			Antragsnummer			
G	27.2.54	5726/55				Elektrostatische Geräte
G	8.3.54	6790/55				Elektrostatische Geräte
G	28.1.55	2748/56				Elektrostatische Geräte

ANHANG

D

T. Townsend Browns Beschreibung seiner in Paris durchgeführten Versuche

Townsend Brown
Kurze Beschreibung der in Paris durchgeführten Versuche
(1955–1956)

Diese Versuche wurden mit einem Apparat in einem Vakuum von 10^{-6} mmHg durchgeführt. Der wichtigste Teil des Apparats bestand aus zwei Kondensatoren, die an den Enden eines horizontalen Stabes montiert wurden (siehe Abb. 1). Dieser horizontale Stab wurde an seiner mittleren Stelle aufgehängt, auf Lager montiert und für eine durchgehende Rotation ausgelegt. Die Platten wurden auf eine Potenzialdifferenz von bis zu 150 kV geladen. Die Polarität war wie in Abb. 1 angegeben.

Die Spannung wurde durch einen Apparat bereitgestellt, der einen Strom von 1 mA liefern konnte. Von Zeit zu Zeit kam es zu Entladungen zwischen den Platten, die sich durch helle Flecken auf der negativen Platte und Lumineszenzbereiche auf der positiven Platte äußerten. Das Auftreten dieser Entladung war erratisch, und die Dauer jeder Entladung, wie sie mit dem Oszilloskop geschätzt wurde, lag bei etwa 1–3 Millisekunden.

Bei jeder Entladung wurde ein beträchtliches Drehmoment auf den rotierenden Teil des Apparats ausgeübt, wie durch den plötzlichen Anstieg der Rotation des aufgehängten Systems um den Drehpunkt herum zu erkennen ist. Die Tatsache, dass dieses Drehmoment beträchtlich war, wurde dadurch offensichtlich, dass die Rotation nach vier bis fünf Entladungen so stark war, dass man die Spannung nicht mehr abschalten konnte, weil der Apparat sonst durch die Zentrifugalkraft zerstört worden wäre.

Bei den verschiedenen Versuchen wurden die Platten aus unterschiedlichen Materialien hergestellt, z. B. Aluminium, Messing und Blei. Die Dicke der Platten (Scheiben) betrug ¼ Zoll, und der Durchmesser lag bei 3 Zoll. Die Kanten waren abgerundet und glatt. Die Rotation ging bei jedem Kondensator stets von der negativen zur positiven Richtung. Eine Umkehr der Polarität verursachte eine Umkehr der Rotation.

Es wurde festgestellt, dass sich das Drehmoment sehr schnell mit der auf die Platten aufgebrachte Spannung erhöhte. Diese Erhöhung war mehr als linear und schien einem exponentiellen Gesetz zu folgen, während die Spannung anstieg.

Es schien schwierig oder unmöglich zu sein, diese Kraft durch die üblichen Gesetze in Bezug auf Elektrizität, Magnetismus, Elektronen, Ionen usw. zu erklären. Da man annahm, dass diese Kraft möglicherweise mit dem Ausstoß von Elektronen bzw. positiven Ionen aus den Platten zusammenhing, wurden die Elektroden von der in Abb. 1 gezeigten Form in die in den Abbildungen 2 und 3 gezeigten Formen umgewandelt, wobei man davon ausging, dass die Fluchtwege in diesen beiden Fällen anders wären als in die in Abb. 1 gezeigten. Es wurde jedoch festgestellt, dass keine dieser beiden Formveränderungen einen fühlbaren Unterschied beim Drehmoment aufgrund einer einzelnen Entladung ausmachte.

Und schließlich zeigt die Abb. 4 eine radikale Veränderung des Designs. Hier wurde jeder Kondensator mit einer Umfassung aus Plexiglas versehen. Wenn der beim aufgehängten System angewandte Impuls auf Strahlen aus Elektronen oder positiven Ionen zurückzuführen war, die aus den Platten kamen, dürften diese durch das Plexiglas aufgehalten werden. Da das Plexiglas Teil des rotierenden Systems war, dürften diese Strahlen aus positiven Ionen oder Elektronen kein resultierendes Drehmoment auf das aufgehängte System ausüben.

Nichtsdestoweniger wurde festgestellt, dass selbst im Fall von Abb. 4 das Drehmoment, das durch eine einzelne Entladung verursacht wurde, etwa das gleiche war wie in Abb. 1, 2 und 3.

Es ergibt sich nun die Frage: Können diese Ergebnisse durch die Gesetze der klassischen Physik erklärt werden, oder handelt es sich hier um ein ganz neues Phänomen?

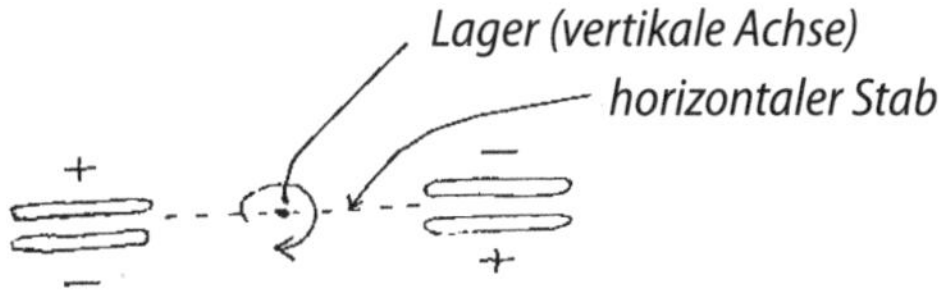

Abb. 1

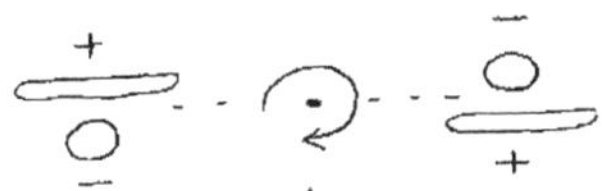

Abb. 2

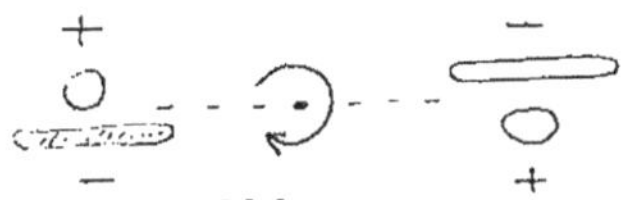

Abb. 3

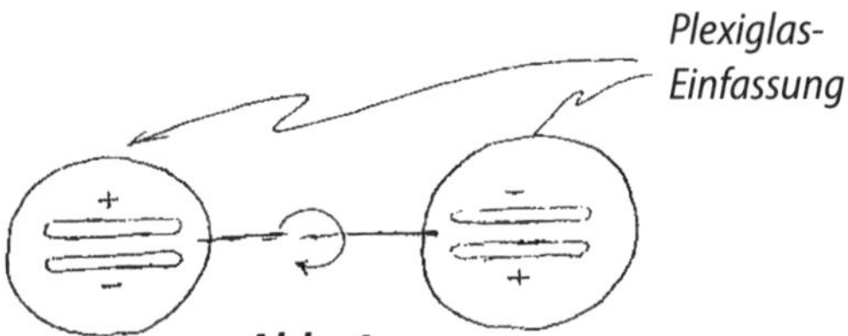

Abb. 4

Anmerkungen zum Antigravitationsprojekt von *Skyvault*

Bei den folgenden Abschnitten handelt es sich um Kopien von Notizen meines Informanten »Tom« von zwei Gesprächen mit seinem Vorgesetzten (siehe Kapitel 7).

2. August 1974, Gesprächsnotizen

Das Projekt wurde Mitte bis Ende der fünfziger Jahre von der Regierung durch *Rocketdyne* initiiert. Extrem hohe Frequenzen ab 1000 Gigahertz wurden mit einer dreieckigen [d. h. sägezahnförmigen] Spannungswellenform verwendet (es wurden auch andere Formen versucht, aber diese erwies sich als die beste), bei 100 kV und sehr kleinen Strömen im Milliampere-Bereich. Die niedrigste Frequenz lag zwischen 7,2 und 8,7 Gigahertz.

Mithilfe der Wellenleiter wurde ein kegelförmiger Strahl vom Boden nach oben zu einem Flugobjekt projiziert. Das Objekt hatte eine konkave Unterseite, und der Kegel des Strahls war im Vergleich zum Objekt sehr breit – die konkave Unterseite nahm den Strahl auf und das Objekt wurde von ihm gestützt. [Tom sagte später, dass er das obige Antriebsschema missdeutet hatte; siehe Notizen seines Gespräches mit seinem Vorgesetzten vom 2. Oktober 1974.]

Eine mathematische Analyse und andere entsprechende Untersuchungen der konischen Form bewiesen, dass Einstein in Bezug auf die Gravitationswellen recht hatte und dass die hohe Frequenz die Gravitationseffekte ausschaltete. Für eine Ausschaltung der Gravitation erstrecken sich die Frequenzen nach oben in das untere Lichtspektrum. Das Objekt, in dem sich ein Passagier befand, wurde von einem Transmitter gesteuert, der sich auf einem Berg befand (es gibt keine Informationen über diesen Transmitter). Der höchste Flug, an den ich mich erinnern kann (obwohl es wahrscheinlich noch höher fliegen konnte) waren 50.000 Fuß und ein Radius von fast 300 Meilen über Wüstengebieten, und es erreichte extrem hohe Geschwindigkeiten.

Mikrowellen üben einen Druck aus, und Aluminium bewegt sich oder löst sich auf, wenn es unter starken Druck gerät. Andere Materialien mögen auf dieselbe Art und Weise betroffen werden oder auch nicht. Mit Papier funktioniert es nicht, mit einigen Holzarten und Seide auch nicht. Die besten Resultate erzielt man mit einem Material mit einer besonderen magnetischen Eigenschaft (meinte er damit paramagnetische Eigenschaften?) Der konkave Teil des Objekts erinnerte irgendwie an Keramik. Es wurden gründliche Tests mit Materialien und Wellenformen durchgeführt und Daten in Bezug auf Zerstörungs-, Verbrennungs- und Schockwellentests gesammelt, die an den Materialien durchgeführt wurden, die darauf reagierten. Die eingesetzten Mikrowellen konnten Ziegelwände und Beton durchdringen, ohne sie zu beeinträchtigen und ohne negative Wirkung auf die Mikrowellen. Die geschätzte Effizienz des Antriebssystems lag bei 60 %, wobei sie diesmal wahrscheinlich sehr viel höher lag. Das Diodenmaterial für die Gleichrichter (möglicherweise Gunndioden) wurde von der Firma *International Rectifier* geliefert. Die Reaktionen einiger Materialien auf den Strahl waren heftig und nicht vorauszusagen. Wir benutzten während der Untersuchungen verschiedene Formen von Wellenleitern.

2. Oktober 1974, Gesprächsnotizen

Ich fragte, ob der mechanische Impulsgeber eine sehr kleine Elektrode für den Überschlag hätte, und ob er zwischen 60 bis 100 Umdrehungen pro Minute arbeiten würde – beides wurde bestätigt. Ich fragte, ob man Probleme mit der Temperatur und dem Durchbrennen von Elektroden hätte. Man sagte mir nein. Das hätte man durch die Verwendung von Platin ausgeschaltet, und durch das extrem hohe Vakuum gäbe es auch nur sehr wenige Überschläge.

Sie versuchten es zuerst mit einem mechanischen Impulsgeber bei atmosphärischem Druck, aber man gab das sehr schnell wieder auf wegen der Pumpen und der Impulsgeräusche.

Ich hatte da etwas falsch verstanden. Die Antriebsvorrichtung wurde im Raumschiff eingebaut, und ein Transmitter auf dem Boden wurde für die Richtungssteuerung benutzt. Es handelte sich also nicht um einen Leitstrahl. Der Antriebsstrahl vom Raumschiff wurde durch eine irisartige konvexe Linse auf die Erde gerichtet. Er hatte eine grünlich-blaue Farbe.

Ein Brief, den Tom vom Freund seines Vorgesetzten erhielt (Oktober/November 1974)

Bereits vor 25 Jahren machte man Versuche mit Radiofrequenzen bei Flugobjekten mit Antigravitationsantrieb. Die Detektoren arbeiteten bei Frequenzen von 1000 Gigahertz und waren in erster Linie dazu da, die Techniker in Trab zu halten. Tatsächlich ging die Legende, dass die Transzendentale Meditation durch Soldaten in den Westen gebracht wurde, die in Trance fielen, während sie Obszönitäten ausstießen wegen eines schlecht funktionierenden Detektors.

Das größte Problem bei der Systemfunktion im UHF-Band war, dass der Schutzbereich nicht effektiv eingedämmt werden konnte. Bei den verwendeten relativ niedrigen Frequenzen drangen die Radiowellen durch Wände und verursachten Bewegung außerhalb des gewünschten Bereiches. Dadurch wurden die Detektoren unzuverlässig. Diese frühen Geräte, die im UHF-Bereich arbeiteten, wurden häufig irrtümlich als »Radar«-Detektoren bezeichnet.

Vor etwa 15 Jahren wurden die ersten Mikrowellendetektoren mit Klystronen und Megastronen entwickelt. Jedoch fehlte diesen frühen Geräten die Stabilität, Zuverlässigkeit und Lebensdauer, die für ein Gravitationsobjekt erforderlich sind. Auch verbrauchten sie mehr Energie, als für die Versorgung der Objekte mit einer Reservebatterie wirtschaftlich zulässig war. Mit der Einführung der stabilen Gunndiode gab es neue Möglichkeiten der Nutzung von Mikrowellen. Diese kleinen Geräte, die für den Betrieb weniger als ein Watt benötigten, wurden bald in Geräte eingebaut, die alle Voraussetzungen für ein kompaktes und zuverlässiges Flugobjekt boten. Die Zuverlässigkeit kam, als die Hersteller und die Leute im Labor die Einsatzmöglichkeiten und Grenzen der Mikrowellengravitationsgeräte gemeinsam austesteten.

Ein Mikrowellendetektor ist im Wesentlichen ein »Kasten«, der in ein Fluggerät eingebaut und allgemein dorthin gerichtet wird, wo eine Gravitation erforderlich ist. Zu verstehen, was innerhalb dieses »Kastens« geschieht, wird den Elektroingenieuren enorm weiterhelfen. (Der Rest ist immer noch geheim.)

Mikrowellen verfügen über einige Eigenschaften des Lichts. Ebenso wie Lichtstrahlen bewegen sich Mikrowellen in geraden Linien und können von Objekten reflektiert werden. Mikrowellen werden, ebenso wie Licht, von einigen Materialien absorbiert und verstreut. Die Ausbreitung von Mikrowellen kann man sich deshalb ähnlich vorstellen wie die Ausbreitung von Licht.

Die elektromagnetische Strahlung in Mikrowellen besteht aus einer Welle, in der es zwei Komponenten (Vektoren) gibt. Sie werden E-Vektor und H-Vektor genannt und verlaufen senkrecht zueinander in Richtung der Ausbreitung.

Die Bedeutung des E- und des H-Vektors besteht darin, dass sie die

Abdeckung auf der horizontalen (H) und vertikalen (E) Ebene bestimmen, sobald sie von einem Wellenleiter gestartet worden sind.

Gunndioden für die Erzeugung schwacher Mikrowellenstrahlung. Üblicherweise bleibt die Strahlung unter 10 kV. Es müsste also ein Verstärker eingesetzt werden, um das Raumschiff zu starten.

Gunndioden strahlen bei ihrer charakteristischen Frequenz, wenn sie auf den entsprechenden Wert vorgespannt werden. Das Vorspannen ist extrem einfach. Normalerweise werden eine Gunndiode und eine Reihe von Widerständen über eine stabilisierte Spannungsquelle betrieben. Es müssen bestimmte Bedingungen erfüllt werden, um die gewünschte Frequenz und Stabilität zu erzielen. Um diese Bedingungen zu erfüllen, wird die Diode in einem »Hohlraum« positioniert, einem kleinen, täuschend einfachen Kasten, der an einem Ende offen ist. Die Abmessungen des Kastens sind sehr wichtig und müssen genau den Eigenschaften der Gunndiode entsprechen. Eine typische Frequenz, die bei Mikrowellengeräten angewandt wird, liegt im Bereich von 100,5 bis 500 GHz.

Die erzeugte Mikrowellenenergie ist ziemlich nutzlos, wenn sie nicht kontrolliert auf den Zielbereich gerichtet wird. Um das zu erreichen, wird eine Wellenführung in Form eines »Horns« benutzt, die zwei Hauptzwecken dient:

1. Den Hohlraum an die Luft anzupassen. Der Kegel im Horn sorgt dafür, dass es einen sanften Übergang vom Hohlraum zur freien Luft gibt. Die Abmessung des Horns beträgt ein Vielfaches der Wellenlänge.
2. Um das Strahlungsmuster oder die Form zu kontrollieren, muss der volutierte Bereich … (unter Geheimhaltung gestellt)

Um noch einmal auf die E- und H-Vektoren zurückzukommen: Denken Sie daran, dass diese Ebenen senkrecht zueinander stehen. Die Geometrie des Horns kontrolliert das Strahlungsmuster bei jeder der Ebenen. Je breiter der Kegel, desto breiter der Strahl. Je enger der Kegel, desto enger der Strahl.

Wir haben bisher allgemein darüber gesprochen, wie Mikrowellen erzeugt und in die Maschine gepumpt werden. Wir werden jetzt sehen, wie Mikrowellen dazu benutzt werden, das Raumschiff in Bewegung zu setzen.

In einer Nachbildung des Transmissions-Hohlraums und des Hornsystem befindet sich eine Vorrichtung, die als Mischdiode bekannt ist.

Hoppla, jetzt klingelt es.

Ach so, wir hatten ja gerade über den Transmissions-Hohlraum gesprochen, nicht wahr …?

Der Zweck dieser Diode besteht darin, durch die Mischung von zwei Frequenzen ein Ausgangssignal zu erzeugen. Das wird erreicht, indem man örtlich einen Teil des Mikrowellensignals von der Sendeantenne in die Empfangsantenne ableitet. Hier wird das Signal mit der Mikrowellenstrahlung gemischt, die nach der Ableitung vom Bereich empfangen wird. Falls es keine Änderung beim empfangenen Signal gibt, ist der Ausgang in der Mischdiode sehr einfach, so wie bei der Gunndiode. Die Vorspannung des Mischers wird angelegt. Jetzt besteht die übliche Form der Vorspannung darin, die Diode mit einem großen Widerstand über eine stabilisierte Spannungsquelle zu schalten. Der Vorstrom liegt gewöhnlich im Bereich von zehnten Milliampere.

Sobald der Mixer eingeschaltet und auf die Iris ausgerichtet wird, erfolgt ein reflektiertes Signal. Diese Signalveränderung wird mit einigen der örtlich abgelenkten Mikrowellensignale vermischt, sodass ein moduliertes Signal entsteht. Die Mischdiode demoduliert das Signal, sodass es eine Ausgangsleistung erzeugt, die dann in den Betriebskreislauf eingespeist wird.

Der Abstand der Iris vom Ausgangsverstärker hängt von den folgenden Faktoren ab: (1) Abstand der Iris vom Detektor; (2) Größe der Iris; (3) Stärke der Mikrowellenenergie in dem Bereich. Je näher die Iris beim Detektor ist, desto mehr Mikrowellenenergie wird sie natürlich bewegen. Und je größer die Iris ist, desto mehr Mikrowellenenergie wird sie abfangen, wodurch ein stärkeres Signal entsteht. Klingt verrückt, nicht wahr ... oder etwa nicht?

Wir haben uns bisher mit den Veränderungen der Amplitude im Signal beschäftigt. Es gibt noch eine weitere Veränderung im Signal, nämlich die Frequenz. Die Frequenz des Signals, das vom Gerät erzeugt wird, kontrolliert die Geschwindigkeit des Fluggeräts. Eine ungefähre Annäherung an die Frequenz f_i, die von der Bewegung in einem 100-GHz-Feld verursacht wird, wäre:

$$f_i = \frac{S_o f_m}{1500}$$

Hierbei ist: f_i = die von der Bewegung des Fahrzeugs verursachte Frequenz
S_0 = Geschwindigkeit des Objektes in cm/Sek.
f_m = Mikrowellenfrequenz in Megahertz

Jetzt kommen wir zum Betrieb im X-Band innerhalb von Leistungsbereichen, die gegenwärtig in einer akzeptablen Höhe zur Verfügung stehen. Höhere Frequenzen, die den Anforderungen entsprechen, stehen gegenwärtig nicht zur Verfügung. Wie gesagt: Je höher die Frequenz, desto geringer die Wahrscheinlichkeit, dass Energie durch feste Objekte dringt. Aus diesem

Grund ist die Sicherheitsindustrie von Frequenzen abgekommen, die unter 1.000 GHz liegen.

Es gibt zwei grundsätzliche Konfigurationen von Mikrowellendioden. Bei der einfachsten Form wird für das Senden und Empfangen dieselbe Antenne benutzt. Sie verfügt über einen einzelnen Hohlraum. Diese vereinfachte Konfiguration eines Homodyn-Kreises hat jedoch nur eine geringe Reichweite, üblicherweise nicht mehr als etwa 30 Meilen. Die Homodyn-Kreiskonfiguration hängt von den nichtlinearen Eigenschaften der oszillierenden Dioden mit Volumeneffekt ab. Der Dopplerausgang wird dann verstärkt und erzeugt die Bewegung.

Bei der zweiten Konfigurationsart, z. B. beim Mikro-X-Gerät, wird jeweils eine Antenne zum Senden und zum Empfang verwendet. Die Gunndiode wird an die für die Oszillation optimale Vorspannung gehalten. Der Vorstrom für die Diode in der Empfangsantenne wird ebenfalls durch eine stabilisierte Spannungsquelle genau kontrolliert.

Unter normalen Bedingungen (keine Bewegung) gibt es keine Veränderung der Ausgangsleistung von der Diode zum Vorverstärker. Ein Notchfilter weist effektiv Signale zurück, die durch Restwelligkeit verursacht werden, und der Ausgang des Filterkreises ist mit dem Potenziometer der Bereichssteuerung verbunden. Die nächste Stufe ist ein Verstärker, der mit einem Auslöser verbunden ist. Der Ausgang des Auslöserkreises wird verwendet, um einen Kondensator zu laden, der wiederum den Ausschalter betätigt, wenn die Spannung eine vorher eingestellte Höhe erreicht habt.

Das Merkmal eines Gerätes wie der Micro-X ist der eingestellte Bereich und das Integrationspotenziometer. Diese Steuerung ist verkoppelt, sodass während der Erhöhung des Sensitivitätsbereichs dieselbe Zahl von Schritten erforderlich ist, um das Objekt nach oben zu drücken. Die Sensitivität des Systems ist unabhängig von der Bereichseinstellung.

Eine Analogie zwischen Mikrowellen und Licht wurde bereits hergestellt. Glas überträgt Mikrowellen. Holz schwächt Mikrowellen ab, je nachdem wie dick es ist. Das kann man mit der Minderung von Licht durch lichtdurchlässiges Glas vergleichen.

Baumaterial wie z. B. Ziegel und Zementblöcke lassen keine Mikrowellen durch. Metallobjekte reflektieren elektromagnetische Strahlung, so ähnlich wie ein Spiegel Licht reflektiert. Der Bereich hinter einem Metallobjekt wird im Schatten der ausgestrahlten Mikrowellen liegen.

Viel Spaß also! Das ist alles, was ich Ihnen im Augenblick sagen kann. Nicht gerade viel, aber ich habe alles gesagt, was ich kann. Viel Spaß!

ANHANG

F

Geheime Regierungsunterlagen zur Operation Majestic Twelve

Das Folgende ist die Kopie eines Memorandums des kanadischen Verkehrsministeriums, in dem die Bemühungen der USA zum Nachbau von Ufo-Technologie beschrieben werden.

~~TOP SECRET~~ CONFIDENTIAL

DEPARTMENT OF TRANSPORT

INTRA-DEPARTMENTAL CORRESPONDENCE

"Smith" memo.

OTTAWA, Ontario, November 21, 1950. (1)

PLACE DATE

SUBJECT: Geo-Magnetics

OUR FILE (R.ST.)

Downgraded to CONFIDENTIAL SAE memo 15/9/64 CF

MEMORANDUM TO THE CONTROLLER OF TELECOMMUNICATIONS:

For the past several years we have been engaged in the study of various aspects of radio wave propagation. The vagaries of this phenomenon have led us into the fields of aurora, cosmic radiation, atmospheric radio-activity and geo-magnetism. In the case of geo-magnetics our investigations have contributed little to our knowledge of radio wave propagation as yet, but nevertheless have indicated several avenues of investigation which may well be explored with profit. For example, we are on the track of a means whereby the potential energy of the earth's magnetic field may be abstracted and used.

On the basis of theoretical considerations a small and very crude experimental unit was constructed approximately a year ago and tested in our Standards Laboratory. The tests were essentially successful in that sufficient energy was abstracted from the earth's field to operate a voltmeter, approximately 50 milliwatts. Although this unit was far from being self-sustaining, it nevertheless demonstrated the soundness of the basic principles in a qualitative manner and provided useful data for the design of a better unit.

The design has now been completed for a unit which should be self-sustaining and in addition provide a small surplus of power. Such a unit, in addition to functioning as a 'pilot power plant' should be large enough to permit the study of the various reaction forces which are expected to develop.

We believe that we are on the track of something which may well prove to be the introduction to a new technology. The existence of a different technology is borne out by the investigations which are being carried on at the present time in relation to flying saucers.

While in Washington attending the NARB Conference, two books were released, one titled "Behind the Flying Saucer" by Frank Scully, and the other "The Flying Saucers are Real" by Donald Keyhoe. Both books dealt mostly with the sightings of unidentified objects and both books claim that flying objects were of extra-terrestrial origin and might well be space ships

25

from another planet. Scully claimed that the preliminary studies of one saucer which fell into the hands of the United States Government indicated that they operated on some hitherto unknown magnetic principles. It appeared to me that our own work in geo-magnetics might well be the linkage between our technology and the technology by which the saucers are designed and operated. If it is assumed that our geo-magnetic investigations are in the right direction, the theory of operation of the saucers becomes quite straightforward, with all observed features explained qualitatively and quantitatively.

I made discreet enquiries through the Canadian Embassy staff in Washington who were able to obtain for me the following information:

a. The matter is the most highly classified subject in the United States Government, rating higher even than the H-bomb.

b. Flying saucers exist.

c. Their modus operandi is unknown but concentrated effort is being made by a small group headed by Doctor Vannevar Bush.

d. The entire matter is considered by the United States authorities to be of tremendous significance.

I was further informed that the United States authorities are investigating along quite a number of lines which might possibly be related to the saucers such as mental phenomena and I gather that they are not doing too well since they indicated that if Canada is doing anything at all in geo-magnetics they would welcome a discussion with suitably accredited Canadians.

While I am not yet in a position to say that we have solved even the first problems in geo-magnetic energy release, I feel that the correlation between our basic theory and the available information on saucers checks too closely to be mere coincidence. It is my honest opinion that we are on the right track and are fairly close to at least some of the answers.

Mr. Wright, Defence Research Board liaison officer at the Canadian Embassy in Washington, was extremely anxious for me to get in touch with Doctor Solandt, Chairman of the Defence Research Board, to discuss with him future investigations along the line of geo-magnetic energy release.

.... 3

VERKEHRSMINISTERIUM
Interne Korrespondenz

Vertraulich
Ottawa, Ontario, 21. November 1950

Während der letzten Jahre waren wir mit der Erforschung verschiedener Aspekte der Ausbreitung von Radiowellen beschäftigt. Die Ungewöhnlichkeit dieses Phänomens hat uns in den Bereich von kosmischer Strahlung, Radioaktivität und Geomagnetismus geführt. Im Bereich des Geomagnetismus haben unsere Forschungen bislang sehr wenig zu unserem Wissen über die Verbreitung von Radiowellen beigetragen. Sie haben uns jedoch auf einige Bereiche aufmerksam gemacht, deren Erforschung sich durchaus lohnen könnte. Zum Beispiel sind wir dabei, einen Weg zu finden, die potenzielle Energie des irdischen Magnetfelds zu erforschen und zu nutzen.

Auf der Grundlage theoretischer Forschungen konnte vor ca. einem Jahr ein kleines und noch sehr grobes Versuchsfahrzeug entwickelt und in unserem Labor getestet werden. Die Tests waren im Großen und Ganzen erfolgreich.

Die Konstruktion wurde jetzt für ein Gerät perfektioniert, das sich selbst antreibt und sogar einen Energieüberschuss liefert. Solch ein Gerät dürfte, abgesehen davon, dass es praktisch als Energielieferant funktioniert, groß genug sein, um die unterschiedlichen Reaktionskräfte zu untersuchen, deren Entwicklung zu erwarten ist.

Wir glauben, dass wir dabei sind, etwas zu entwickeln, was man als Einführung einer ganz neuen Technologie ansehen kann. Die Entwicklung einer alternativen Technologie wird durch die Forschungen unterstützt, die gegenwärtig an den fliegenden außerirdischen Untertassen durchgeführt werden. Scully hat behauptet, die ersten Untersuchungen einer Untertasse, die den Vereinigten Staaten in die Hände fiel, hätten ergeben, dass diese aufgrund bisher unbekannter magnetischer Prinzipien funktioniert. Mir scheint, dass unsere eigene Arbeit auf dem Gebiet des Geomagnetismus möglicherweise das Bindeglied zwischen unserer Technologie und jener Technologie sein könnte, durch die die Untertassen angetrieben werden. Wir nehmen an, dass wir mit unseren geomagnetischen Forschungen in die richtige Richtung gehen und der Antrieb der Untertassen allmählich verständlich wird, wobei alle beobachteten Merkmale quantitativ und qualitativ erklärt werden können.

Ich habe diskrete Erkundigungen bei Mitarbeitern der kanadischen Botschaft in Washington angestellt, die mir die folgenden Informationen übermitteln konnten.

26

- 3 -

I do not feel that we have as yet sufficient data to place before Defence Research Board which would enable a program to be initiated within that organization, but I do feel that further research is necessary and I would prefer to see it done within the frame work of our own organization with, of course, full co-operation and exchange of information with other interested bodies.

I discussed this matter fully with Doctor Solandt, Chairman of Defence Research Board, on November 20th and placed before him as much information as I have been able to gather to date. Doctor Solandt agreed that work on geo-magnetic energy should go forward as rapidly as possible and offered full co-operation of his Board in providing laboratory faciliti acquisition of necessary items of equipment, and specialized personnel for incidental work in the project. I indicated to Doctor Solandt that we woul prefer to keep the project within the Department of Transport for the time being until we have obtained sufficient information to permit a complete assessment of the value of the work.

It is therefore recommended that a PROJECT be set up within the frame work of this Section to study this problem and that the work be carried on a part time basis until such time as sufficient tangible result: can be seen to warrant more definitive action. Cost of the program in its initial stages are expected to be less than a few hundred dollars and can be carried by our Radio Standards Lab appropriation.

Attached hereto is a draft of terms of reference for such a project which, if authorized, will enable us to proceed with this research work within our own organization.

(W.B. Smith)
Senior Radio Engineer

WBS/CC

a. Die Angelegenheit ist streng geheim. Die Geheimhaltung wird noch strenger gehandhabt als bei der H-Bombe.
b. Fliegende Untertassen existieren wirklich.
c. Ihre Funktionsweise ist unbekannt, aber eine kleine Gruppe unter der Leitung von Vannevar Bush betreibt intensive Forschungsarbeit.
d. Der gesamten Angelegenheit wird von der Regierung der Vereinigten Staaten eine enorme Bedeutung beigemessen.

Mir wurde weiterhin mitgeteilt, dass die Behörden der Vereinigten Staaten praktisch in allen Richtungen forschen, und ich habe gehört, dass sie nicht sehr erfolgreich dabei sind, denn sie haben angedeutet, dass sie, falls Kanada Forschungen im Bereich des Geomagnetismus betreibt, eine Zusammenarbeit mit entsprechenden kanadischen Stellen durchaus begrüßen würden.

Mr. Wright, Verbindungsoffizier des Forschungsrates für Verteidigung an der kanadischen Botschaft in Washington, drängte darauf, dass ich mich mit Dr. Solandt, dem Vorsitzenden des Forschungsrates, in Verbindung setzen solle, um mit ihm über künftige Forschungen in Bezug auf geomagnetische Energiegewinnung zu sprechen.

Ich glaube, dass wir im Augenblick noch nicht über genügend Informationen verfügen, die wir dem Forschungsrat vorlegen können, um ein konkretes Programm auf die Beine zu stellen, aber ich bin davon überzeugt, dass weitere Forschungen notwendig sind, und ich würde es vorziehen, wenn dies innerhalb unserer eigenen Organisation geschieht, wobei natürlich ein Austausch von Informationen mit anderen interessierten Stellen stattfinden sollte.

Ich habe diese Angelegenheit mit Dr. Solandt, dem Vorsitzenden des Forschungsrates, am 20. November ausgiebig erörtert, und ihm alle Informationen unterbreitet, die uns bislang zur Verfügung stehen. Dr. Solandt stimmte mit mir überein, dass die Forschungsarbeiten in Bezug auf geomagnetische Energie so schnell wie möglich fortgesetzt werden sollten, und bot die volle Unterstützung seines Rates sowie die Bereitstellung von Laborvorrichtungen, notwendigen Geräten und Spezialisten an, die an dem Projekt mitarbeiten sollen. Ich wies Dr. Solandt darauf hin, dass wir es im Augenblick vorziehen würden, die Sache auf das Verkehrsministerium zu beschränken, bis wir über genügend Informationen verfügen, um einen kompletten Bericht über den Wert der Arbeit vorlegen zu können.

Es wird deshalb empfohlen, dass ein Projekt gestartet wird, um dieses Problem zu untersuchen, und dass die Arbeit auf Teilzeitbasis durchgeführt wird, bis genügend konkrete Ergebnisse vorliegen, die weitere Maßnahmen rechtfertigen. Die Kosten für dieses Programm dürften in der Anfangsphase weniger als einige hundert Dollar betragen und können durch eine entsprechende Mittelbewirtschaftung zugeteilt werden.

(W. B. Smith)
Leitender Radiotechniker

Im Folgenden sehen Sie eine Kopie des von Präsident Harry Truman geschriebenen Memorandums zur Gründung der MJ-12-Gruppe.

TOP SECRET
EYES ONLY

THE WHITE HOUSE
WASHINGTON

September 24, 1947.

MEMORANDUM FOR THE SECRETARY OF DEFENSE

Dear Secretary Forrestal:

As per our recent conversation on this matter, you are hereby authorized to proceed with all due speed and caution upon your undertaking. Hereafter this matter shall be referred to only as Operation Majestic Twelve.

It continues to be my feeling that any future considerations relative to the ultimate disposition of this matter should rest solely with the Office of the President following appropriate discussions with yourself, Dr. Bush and the Director of Central Intelligence.

STRENG GEHEIM
Weißes Haus
Washington

24. September 1947

MEMORANDUM AN DAS VERTEIDIGUNGSMINISTERIUM

Sehr geehrter Herr Minister Forrestal,

aufgrund unseres kürzlichen Gesprächs über diese Angelegenheit ermächtige ich Sie hiermit, dieses Unternehmen mit aller erforderlichen Eile und Diskretion durchzuführen. In Zukunft wird dieses Unternehmen ausschließlich den Namen Operation Majestic Twelve tragen.

Ich erkläre hiermit, dass alle zukünftigen Entscheidungen in Bezug auf diese Angelegenheit nach Absprache mit Ihnen, Dr. Bush und dem Direktor der Central Intelligence Agency ausschließlich vom Präsidenten der Vereinigten Staaten getroffen werden.

Harry Truman

ANHANG

G

Elektrogravitation: Eine energieeffiziente Methode zum Antrieb von Raumschiffen

NASA-SEOP-*Vorschlag Nr. 100159*

»Elektrogravitation: Eine energieeffiziente Methode zum Antrieb von Raumschiffen« ist der Entwurf, den ich der NASA *unterbreitete (unter der Schirmherrschaft der* Starburst Foundation, *eines gemeinnützigen Forschungsinstituts, das ich 1984 gegründet hatte, um unsere Sicht von Natur und Wissenschaft der Welt vorzustellen).*

ELEKTROGRAVITATION: EINE ENERGIEEFFIZIENTE
METHODE ZUM ANTRIEB VON RAUMSCHIFFEN
von Paul LaViolette, Ph.D.
The Starburst Foundation

Beschreibung: Die hier vorgestellte Antriebstechnik könnte die gegenwärtig für den Antrieb von Raumschiffen verwendete energieintensive Raketentechnik ersetzen. Diese Technik, Elektrogravitation genannt, wurde bereits im Rahmen geheimer Rüstungsforschungsprogramme entwickelt – Programme, die so geheim sind, dass ihre Existenz öffentlich nicht einmal zugegeben wird. Die Elektrogravitation könnte den Eindruck erwecken, gegen gewisse Anschauungen hinsichtlich der Gravitation zu verstoßen, die von Physikern und Luftfahrtforschern allgemein akzeptiert werden. Der Leser ist also wohlberaten, eine unvoreingenommene Haltung einzunehmen. Diese Technologie existiert. Sie ist in den vergangenen vierzig Jahren entwickelt worden, und sie hat sich bei sorgfältig kontrollierten Laborversuchen und bei Testflügen als durchführbar erwiesen.

Grundsätzlich handelt es sich bei der Elektrogravitation um eine Technologie, die es einem Raumschiff ermöglicht, künstlich sein eigenes Gravitationsfeld zu verändern, und zwar so, dass es in der Lage ist zu levitieren. Dies erfolgt durch die Anwendung eines megavoltpulsierten Gleichstrompotenzials über die äußere Hülle und die Flügel des Raumschiffs. Das Raumschiff wird mit einer relativ großen Rumpfoberfläche ausgelegt, ähnlich dem Prinzip des Nurflüglers, das beim *B*-2-Bomber angewandt wurde. Alternativ dazu könnte es scheibenförmig sein, mit einem linsenförmigen Querprofil. Der Schub geht immer in Richtung der positiv geladenen Oberfläche des Raumschiffs. Einem Geheimdienstbericht der Luftwaffe von 1956 zufolge (der jetzt öffentlich zugänglich ist) kann solch ein Raumschiff »die Funktion einer klassischen Hubfläche erfüllen – es erzeugt eine Schubwirkung auf die untere Oberfläche und einen Saugeffekt auf die obere Fläche, aber im Gegensatz zur Tragfläche benötigt es keine Luftströmung, um diesen Effekt zu bewirken.«*

Nutzen: Der Wert dieser Technologie besteht darin, dass das Raumschiff Erdumrundungen bei viel höherer Geschwindigkeit und ohne den riesigen Treibstoffverbrauch konventioneller Raumschiffe durchführen könnte. Sie würde die Gefahren der Verschmutzung der Stratosphäre und des Weltraums mit Aluminiumoxid-Kügelchen eliminieren, die durch die gegenwärtig verwendeten Feststofftreibstoffe verursacht werden. Der Energiebedarf beim Elektrogravitationsantrieb beträgt weniger als 1 % jener Antriebe, die gegenwärtig eingesetzt werden, um das *Space Shuttle* in die Umlaufbahn zu bringen. Probleme, die man üblicherweise mit der Raketenantriebstechnologie des *Space Shuttles* hat (z. B. Austritt von flüssigem Wasserstoff, Abgaslecks bei O-Ringen im Feststoffbooster), würden bei dieser Technologie nicht auftreten. Aufgrund ihres viel geringeren Treibstoffbedarfs ist die Elektrogravitation sehr viel sicherer und wirtschaftlicher.

Leistungsmerkmale: Bereits im Jahre 1956 schätzte man in einer Untersuchung der Luftwaffe, dass ein bemanntes Elektrogravitations-Raumschiff mit einer Energie von 50.000 kW eine Fluggeschwindigkeit von Mach 3 erreichen könnte. Eine solche Energieerzeugung während des Fluges ist mit der vor-

---

* *Electrogravitics Systems: An Examination of electrostatic motion, dynamic counterbary and barycentric control*. Bericht Nr. GRG 013-56. *Aviation Studies (International) Ltd., Special Weapons Study Unit*, London, Februar 1956, S. 3–4. (Library of Congress Nr. 3.1401.00034.5879, call no. TL565.A9.).

handenen Technologie möglich. Sie würde zwei Supraleiter-Generatoren von *General Electric* erfordern, angetrieben durch zwei Raketenturbinen-Antriebe mit 50.000 PS. Die hier erwähnten supraleitfähigen Generatoren wurden Ende der siebziger Jahre für die Luftwaffe für Flüge in sehr großer Höhe entwickelt. Übrigens wird im Weltraum aufgrund des geringeren Ionenaustritts aus der geladenen Oberfläche des Rumpfs eine höhere Effizienz erzielt.

Weitere Hilfstechnologien: Alle Hilfstechnologien sind bereits entwickelt worden. Bereits 1958 war ein Kleinmodell eines Elektrogravitations-Fluggeräts in der Lage, 110 % seines Eigengewichts zu heben. Seit jener Zeit wurden insgeheim Maschinen für den bemannten Flug entwickelt und werden gegenwärtig getestet.

Beziehung zu wichtigen Missionsprojekten: Die Elektrogravitation würde es der NASA ermöglichen, häufige Weltraumflüge durchzuführen, ohne dass es, wie im Augenblick, zu zahlreichen Verzögerungen kommt, wie bei den Starts der *Space Shuttles*. (Die gegenwärtige dreijährige Verschiebung wegen Reparaturarbeiten am Hubble-Teleskop könnte auf 3 Wochen reduziert werden.) Sie würde es erlauben, von der Erde direkt zum Mars zu fliegen, ohne dass erst umständlich ein Marsraumschiff in der Erdumlaufbahn gebaut werden müsste. Solch ein Flug würde nicht länger von einer Raumstation abhängen. Außerdem würden die hohen Geschwindigkeiten, die mit der Elektrogravitation eventuell erreichbar sind, die Reise zum Mars in weniger als einem Monat ermöglichen.

ANHANG

H

Über den Raketenantrieb hinaus

NASA-SEOP-Vorschlag Nr. 100153

Der folgende Text ist eine von Joe Hughes der NASA präsentierte Abhandlung.

Über den Raketenantrieb hinaus

In dem Bestreben, bei künftigen Raumfahrtmissionen Geld zu sparen, werden fortgeschrittene Antriebsarten in Betracht gezogen. Der elektrische Antrieb ist eine der vorgeschlagenen Möglichkeiten. Nach John Barnett, Chefingenieur für elektrische Antriebe bei der Firma *Jet Propulsion Laboratories*, könnte innerhalb von 15 Jahren ein für bemannte Raumfahrtmissionen geeignetes System zur Verfügung stehen. George McDonough, Direktor für Wissenschaft und Technologie beim *Marshall Center*, meint, der elektrische Antrieb sei »eine interessante Alternative zum nuklearen Antrieb, der einzigen Methode, die gegenwärtig von der NASA in Betracht gezogen wird. [...] Sie [die Sowjets] halten ihn für eine praktikable Lösung. Wir sollten ihn gründlich untersuchen, bevor wir eine endgültige Entscheidung treffen.« Dieser Vorschlags will zeigen, dass ein elektrischer Antrieb bereits erfolgreich getestet wurde, konstruiert von Thomas Townsend Brown, ehemaliger Physiker der US-Marine. Das entsprechende Patent wurde am 20. Februar 1962 unter der Nummer 3.022.430 erteilt. Es ist jedoch inzwischen abgelaufen, sodass kein Urheberrecht mehr besteht. Es kann also für das *Space Exploration Outreach Programm* genutzt werden.

Der elektrische Antrieb bietet viele erhebliche Verbesserungen im Vergleich zu Raketen mit chemischem und nuklearem Antrieb. Da er die Energie des elektrischen Potenzials direkt in mechanische Kraft umwandeln kann, die für den

Antrieb geeignet ist, ohne dass bewegliche Teile dazu erforderlich sind, kann die Effizienz und Zuverlässigkeit enorm gesteigert werden. Ein weiterer Vorteil wäre, dass der Antrieb effektiv mit Kohlenmonoxid betrieben werden kann. Da die Atmosphäre des Mars zum großen Teil aus CO_2 besteht, müsste eine Raumfähre oder ein Raumschiff mit dieser Ausstattung keinen Treibstoff zum Mars schleppen, um seine Oberfläche zu erforschen und zur Erde zurückzukehren. Und schließlich würde kein atomarer Müll und keine Strahlung erzeugt werden.

Im Gegensatz zu den herkömmlichen elektrischen Antrieben, die nur durch beschleunigendes Gas einen Schub erzeugen, ionisiert der Antrieb von Brown das austretende Gas und erzeugt so ein elektrisches Potenzial zwischen dem Gas und dem Antrieb selbst, sodass sie sich gegenseitig abstoßen, mit dem Ergebnis, dass der »Gasschub, verglichen mit dem erzeugten elektrokinetischen Schub, relativ klein ist«. Tatsächlich wird hier ein neues Prinzip angewandt. Im Grunde hat Brown entdeckt, dass ein ausreichend geladener Kondensator einen Schub entwickelt, der ausschließlich in die Richtung der positiven Platte geht. Um zu beweisen, dass seine Kondensatoren mehr aufweisen als nur einen Ionenantrieb, hat er sie in Öl getaucht, ein Medium, das nicht leicht ionisiert werden kann, und dabei beobachtet, dass der Schub derselbe war wie an der Luft.

Bei frühen atmosphärischen Tests verwendete er eine Stromzufuhr von 5 Watt, um ein elektrisches Potenzial von 50.000 Volt zu erzeugen, das seine scheibenförmigen Tragflächen 12 Meilen pro Stunde fliegen ließ. Um seine Behauptung, dass hier mehr im Spiel war als nur ein Ionenantrieb, noch weiter zu untermauern, testete er seine Scheiben in den fünfziger Jahren unter der Schirmherrschaft einer französischen Firma, der *Societé Nationale de Construction Aeronautiqaue Sud Ouest* (SNASCO) im Vakuum. Er hatte die Theorie aufgestellt, dass die Geschwindigkeit seiner Scheiben sich mit der aufgebrachten Spannung exponentiell erhöhen würde, und mit einem Potenzial von 200.000 V gelang es ihm, einige seiner Scheiben (1 m ø) in einem Vakuum mit einer Geschwindigkeit von mehreren Hundert Meilen pro Stunde fliegen zu lassen. Dann fusionierte die Firma mit einem anderen französischen Unternehmen, *Sud Est,* und die Arbeit wurde aus unbekannten Gründen nicht fortgesetzt. Man konzentrierte sich nun auf die Herstellung und Konstruktion von Flugzeugrümpfen.

Anfang der sechziger Jahre gründete Townsend Brown sein eigenes Unternehmen unter dem Namen *Rand International Limited.* Trotz zahlreicher Patente (eines davon finden Sie in der Anlage) und vieler Demonstrationen hatte er keinen Erfolg. Die Zeit war wohl noch nicht reif. Man richtete sich zu sehr nach der Machart des *Apollo*-Projekts. Jetzt ist wieder alles im Fluss. Für die Marsmission hat man sich noch nicht auf bestimmte Konstruktionen festgelegt.

ANHANG

I

Korrespondenz mit Charles Morris

Im Folgenden sehen Sie eine Kopie meiner Korrespondenz mit Charles Morris, dem stellvertretenden Direktor des National Aero-Space Plane Project *(NASP), gefolgt von der Übersetzung beider Briefe.*

NASA

National Aeronautics and
Space Administration

Washington, D.C.
20546

Reply to Attn of: RN

JUN 17 199?

Mr. LaViolette
1176 Hedgewood Lane
Schenectady, NY 12309

Dear Mr. LaViolette:

Thank you for your information on electrogravities for propulsion. Review to date has determined that the concept is not appropriate for consideration within the National Aero-Space Plane (NASP) program. As opportunities arise, I will continue to seek interest in the concept and cite you as a point of contact.

Thank you for your interest in NASP.

Sincerely,

Charles E. K. Morris, Jr.
Charles E. K. Morris, Jr.
Assistant Director for NASP

The Starburst Foundation
1176 Hedgewood Lane
Schenectady, NY 12309

September 27, 1993

Mr. Charles E. K. Morris, Jr.
Assistant Director for NASP
NASA/RN
Washington, D.C. 20546

Dear Mr. Morris:

Enclosed is another copy of my submission to NASA's Space Exploration Outreach Program which describes the benefits of electrogravitic propulsion. Also I have enclosed several papers I have written on the subject, a copy of a 1956 article in Interavia Magazine, and a copy of the February 1956 Aviation Studies report on electrogravitics. Please return the Aviation Studies report when you are through; the other literature you may keep.

I urge you to pass this material on to other people in your group so that hopefully some discussion can get started on applying this technology to the Aero-Space Plane. Besides the benefits of gravity propulsion, electrostatic charging of the plane's leading edge would also have the added benefit of reducing air friction heating of the hull surface.

Clearly those who are hearing about electrogravitics for the first time are presented with the hurdle of believing that it is true and not some wild fabrication. I hope that I have provided a sufficient number of credible references in the enclosed material to allay such skepticism. I have also enclosed some sample lists of studies which Aviation Studies has put out to give an idea of their line of activity.

If, after reading through this material and discussing it among yourselves, you have any questions feel free to contact me. My number is (518)   . If you want further validation about the capabilities of this technology, I could attempt to put you in touch with people who have been quietly doing work in this area.

Sincerely yours,

Paul Alex LaViolette

Paul A. LaViolette

NASA
National Aeronautics and
Space Administration
Washington, D.C.
20546

Mr. LaViolette
1176 Hedgewood Lane
Schenectady, NY 12309

RN 17. Juni 1992

Sehr geehrter Herr LaViolette,

vielen Dank für Ihre Informationen über den Elektrogravitationsantrieb. Eine Überprüfung hat bislang ergeben, dass dieses Konzept nicht für das Programm der National Aero-Space Plane-Programm (NASP) infrage kommt. Wenn sich die Möglichkeit ergibt, werde ich weiterhin versuchen, Interesse für das Konzept zu erwecken, und Sie als Kontaktperson angeben.

Vielen Dank für Ihr Interesse am NASP.

Mit freundlichen Grüßen,

Charles E. K. Morris Jr.
Stellv. Direktor des NASP

The Starburst Foundation
1176 Hedgewood Lane
Schenectady, NY 12309

27. September 1993

Charles E. K. Morris, Jr.
Assistant Director for NASP
NASA/RN
Washington, D. C. 20546

Sehr geehrter Herr Morris,

anbei schicke ich Ihnen eine weitere Kopie meines Angebots an das *Space Exploration Outreach Program* der NASA, in dem ich die Vorteile des Elektrogravitationsantriebs anführe. Außerdem habe ich mehrere Abhandlungen beigefügt, die ich über das Thema verfasst habe, sowie die Kopie eines Artikels in der

Zeitschrift *Interavia* und die Kopie eines Artikels über Elektrogravitation, der im Bericht der *Aviation Studies* vom Februar 1956 erschienen ist. Bitte schicken Sie den Bericht der *Aviation Studies* zurück, sobald Sie ihn gelesen haben. Die anderen Unterlagen können Sie behalten.

Ich möchte Sie bitten, dieses Material auch an andere Leute in Ihrer Gruppe weiterzugeben, damit hoffentlich eine Diskussion über die Anwendung dieser Technologie beim *Aero-Space Plane* angeregt wird. Abgesehen von den Vorteilen des Gravitationsantriebs hätte die elektrostatische Ladung an der vorderen Kante des Flugzeugs noch den zusätzlichen Vorteil, die Belastung des Rumpfes durch die Reibungshitze zu reduzieren.

Natürlich muss jeder, der zum ersten Mal von der Elektrogravitation hört, erst einmal davon überzeugt werden, dass sie wirklich existiert, und es sich dabei nicht um irgendeine Spinnerei handelt. Ich hoffe, dass ich Ihnen mit dem beigefügten Material ausreichende Unterlagen geschickt habe, um solche Bedenken zu zerstreuen. Ich habe ebenfalls eine Liste von Studien beigefügt, die von *Aviation Studies* veröffentlicht wurden, um Ihnen einen Eindruck von deren Arbeit zu vermitteln.

Wenn Sie noch Fragen zu diesem Material haben, können Sie mich jederzeit unter folgender Nummer erreichen: (518) . Wenn Sie noch eine weitere Bestätigung in Bezug auf den Wert dieser Technologie wünschen, dann kann ich Sie mit Leuten in Kontakt bringen, die auf diesem Gebiet gearbeitet haben.

Mit freundlichen Grüßen,
Paul A. LaViolette

ANHANG

J

Verhinderung einer weiteren Columbia-Katastrophe

Bei dem folgenden Schreiben handelt es sich um einen Vorschlag, den ich dem Untersuchungsausschuss für die Columbia-*Katastrophe unterbreitet habe. Bisher habe ich noch keine Antwort von diesem Ausschuss erhalten.*

Betreff: Eine Technologie, die dazu beitragen könnte, eine weitere Columbia-Katastrophe zu verhindern

Paul A. LaViolette, Ph.D.
The Starburst Foundation
starcode@aol.com Tel./Fax: 703-256-4887
März 2002

Eine mögliche Technik, um eine neue *Columbia*-Katastrophe zu verhindern, besteht darin, den Rumpf der Raumfähre, insbesondere die Vorderkante ihres Flügels, während des Wiedereintritts in die Erdatmosphäre mit einer Hochspannungsladung zu versehen. Die so gebildete Ionenhülle würde den Rumpf mit einer Pufferzone schützen, die herankommende Luftmoleküle zurückstößt und ablenkt, und somit verhindern, dass sie direkt auf den Rumpf stoßen und diesen erhitzen. Diese Technik ist nicht neu. Sie wurde bereits vor Jahrzehnten erforscht, wie weiter unten beschrieben wird. Die Elektrifizierungstechnologie würde neben dem Hitzeschild, das gegenwärtig benutzt wird, einen zusätzlichen Schutz vor der Überhitzung bieten.

Bisherige Entwicklungsgeschichte der Elektrifizierung der Flugzeugzelle
Die Elektrifizierung der Flugzeugzelle wurde zuerst von Thomas Townsend Brown vorgeschlagen, der während der vierziger und fünfziger Jahre intensive Forschung in dieser Richtung betrieb. Dr. Mason Rose, der sich auf Browns Methode bezog, die Vorderkante der Flugzeugzelle mit einer Hochspannungsladung zu versehen, schrieb 1952, dass das positive Feld, das sich vor der Maschine befindet, »als Pufferflügel dient, der die Luft aus dem Weg räumt [...] und als Eintrittskeil, der die Überschallgrenze aufweicht und es der materiellen Vorderkante der Maschine so ermöglicht, in einen aufgeweichten Druckbereich einzudringen.«

Browns Arbeit wurde in einem Bericht des Geheimdienstes der Luftwaffe von 1956 behandelt, der unter dem Titel »Elektrogravitationssysteme« von der *Aviation Studies Intl.*, einer in Großbritannien ansässigen Denkfabrik der Luftwaffe, herausgegeben wurde. Ich erhielt ein Exemplar dieses Berichts von der Technischen Bibliothek der *Wright Patterson Air Force Base.* Der Bericht und eine Reihe von Auszügen über diese Technologie, die in einigen früheren Ausgaben des Mitteilungsblattes von *Aviation Studies* erschienen sind, wurde in einem Buch mit dem Titel *Electrogravitics Systems* veröffentlicht.[1] In dem Bericht wurden die Namen vieler Luft- und Raumfahrt-Unternehmen aufgeführt, die sich in den frühen fünfziger Jahren aktiv mit der Technik der Elektrifizierung der Flugzeugzelle befassten.

Die *Northrop Corporation* war eines dieser Unternehmen. Bei einer Konferenz für Luft- und Raumfahrttechnik im Januar 1968 in New York berichteten Wissenschaftler der *Norair Division* von *Northrop*, dass sie mit Windkanaltests begonnen hatten, um die aerodynamischen Effekte bei der Anwendung von Hochspannungsladungen auf die Vorderkante von Hochgeschwindigkeitsflugzeugen zu erforschen.[2,3] Sie erklärten das Gleiche, was Mason Rose über ein Jahrzehnt zuvor gesagt hatte, nämlich dass sie erwarteten, dass das elektrische Potenzial ein Koronaleuchten erzeugen würde, das sich von den Vorderkanten des Flugzeuges nach vorn ausbreiten und so die Luftmoleküle vor dem Flugzeug ionisieren und abstoßen würde. Die daraus resultierenden abstoßenden elektrischen Kräfte, so meinten sie, würden den Luftstrom so beeinflussen, dass sie den Strömungswiderstand und die Hitze reduzieren und den Überschallknall entweder abschwächen oder ganz unterbinden. Den Aussagen des Autors William Moore zufolge wären die Ergebnisse bedeutsam, denn wenn DC-Hochspannung auf eine flügelförmige Struktur angelegt werde, die einer Überschallströmung unterworfen ist, träten anscheinend neue »elektroaerodynamische« Eigenschaften auf, die zu einer erheblichen Reduzierung des

Strömungswiderstands auf die Struktur und eine praktische Eliminierung der durch Reibung verursachten aerodynamischen Hitze führten.

Es wird behauptet, dass beim *B*-2-Bomber die Vorderkante des Flügels elektrifiziert wird, um seinen Antrieb zu unterstützen.[4] Das scheint eine Erweiterung der Forschung zu sein, die *Northrop* in den sechziger Jahren durchgeführt hat. *Northrop* war damals der wichtigste Auftragnehmer für die Planung und die Konstruktion der Flugzeugzelle des *B*-2-Bombers. Ich habe die Anwendung dieser Technologie bei der *B*-2 in einem Konferenzpapier von 1993 behandelt, das später in *Eletrogravitics Systems* nachgedruckt wurde.

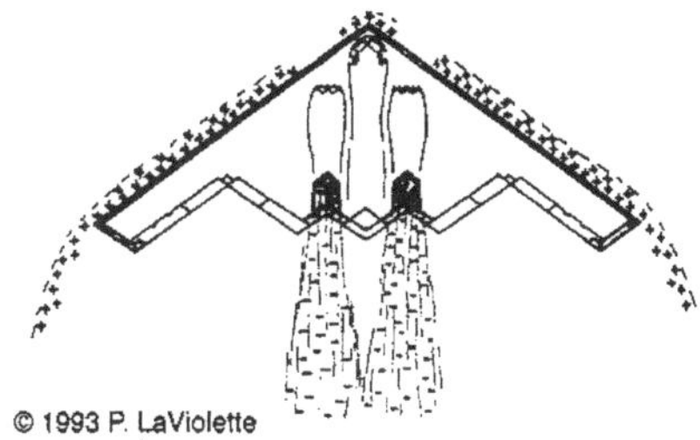

Elektrifizierung der Flugzeugzelle beim B-2-*Bomber zur Reduzierung des Strömungswiderstands und der Rumpfreibung. (Foto mit freundlicher Genehmigung von Bobbi Garcia)*

Stromerzeugung

Die auf die Vorderkante des Flügels aufgebrachte elektrostatische Ladung wird entweder durch einen Stichflammengenerator aus dem Hauptantrieb des Flugzeugs selbst erzeugt oder durch Windpods, die auf den Flügelflächen montiert sind. Die zweite Alternative hätte den Vorteil, dass sie keinen Treibstoff verbrauchen würde. Das bedeutet, dass die Energie durch einen Plasmawind geliefert würde, der beim Wiedereintritt auf die Raumfähre trifft. Der »Windjet«-Generator würde wie ein Ladungsgenerator funktionieren, wobei die Luftströmung analog zum Ladungsaufnahmeband im Bandgenerator ist. Die Luftströmung würde an der Aufwindseite in den Windpod eintreten und an der Abwindseite austreten. Am Eingang des Windpods werden negative Ionen in die Luftströmung eingespeist, und während diese ins hintere Ende des Pods strömt, bringt er diese Ionen auf eine zunehmend höhere Potenzialdifferenz, wo ein Teil der Ionen durch ein Leitgitter aufgefangen wird und der Rest weiter zum hinteren Teil des Flugzeuges strömt. Das Gitter würde diese Strömung umwälzen und eine anfängliche Spannung von 50.000 Volt in eine

Multimegavolt-Spannung umwandeln. Da die negativen Ionen durch den Wind beim Wiedereintritt gewaltsam von der Fähre weggetrieben werden, würde die Fähre eine sehr hohe positive Ladung aufnehmen und sich auf über 10 Millionen Volt aufladen, wobei ein Maximum an der Vorderkante des Flügels erreicht wird, der mit dem positiven Anschlussblock des Generators verbunden ist.

Diese Plasmadüse würde ähnlich wie der Stichflammengenerator funktionieren, den Townsend Brown 1962 in seinem Patent (Nr. 3.022.430) vom elektrokinetischen Generator beschrieben hatte, wobei die heißen Verbrennungsgase hier durch die Luftströmung ersetzt werden, die beim Wiedereintritt durch die Windpods eingefangen werden. Tatsächlich hat Brown in seinem Patent angegeben, dass jede Art von strömendem, nichtleitendem Gas als Ersatz für Verbrennungsgase dienen könnte.

Effekte beim Wiedereintritt

Ein Effekt der Elektrifizierung des Rumpfes wäre eine Beschleunigung der Raumfähre. Das bedeutet, dass die Elektrifizierung des Rumpfes nicht nur die Erhitzung des Rumpfes reduzieren würde, sondern auch die Luftströmung vor der Fähre. Deshalb würde die Fähre länger brauchen, um beim Wiedereintritt in die Atmosphäre die Geschwindigkeit zu reduzieren. Dieses Problem könnte gelöst werden, wenn man für die Fähre eine längere Flugbahn vorsieht, z. B. indem sie in einem etwas niedrigeren Winkel durch die Atmosphäre hindurch fliegt. Wenn irgendwann während des Wiedereintritts eine stärkere Abbremsung erforderlich ist, kann die Elektrifizierung des Flügels reduziert oder ganz abgestellt werden, wodurch die Oberfläche durch die Luftreibung wieder stärker erhitzt wird. Indem man die Elektrifizierung abwechselnd ein- oder abschaltet, können die Oberflächentemperaturen auf ein Minimum reduziert werden. Diese leichte Steuerung durch einfache Betätigung eines Schalters ist viel vorteilhafter als die Kontrolle des Eintauchwinkels der Fähre in die Atmosphäre, wie dies gegenwärtig gehandhabt wird.

Frühere Kontakte mit der NASA, bei denen ich die diese Technik vorschlug

Im Jahre 1990 hatte ich am *Space Exploration Outreach Project* der NASA teilgenommen und eine Idee mit dem folgenden Titel eingereicht: »Elektrogravitation: Eine energieeffiziente Methode zum Antrieb von Raumschiffen« (Kategorie: Weltraumtransport, Startvorrichtungen und Antriebssysteme). Mit meiner Vorlage informierte ich die NASA über die Arbeit von T. T. Brown und über den oben erwähnten Bericht von *Aviation Studies Intl.* Ich schlug der NASA vor, sich intensiv mit der Elektrogravitation als Antriebstechnologie zu beschäftigen. Leider wurde mein Vorschlag nicht in den endgültigen Bericht aufgenommen, der der NASA vorgelegt wurde. Er wurde von den Mitarbeitern der *Rand Corporation* abgelehnt, die der Meinung waren, dass er für die Ziele der NASA irrelevant wäre. Ein weiterer Teilnehmer hatte ebenfalls den Vorschlag eingebracht, die NASA solle die Anwendungsmöglichkeiten von Browns Elektrogravitationstechnologie überprüfen. Aber auch dieser Vorschlag fiel unter den Tisch. Ich versuchte, Computerunterlagen von diesem Projekt zu erhalten, um die Gründe dafür zu erfahren, warum man diese Technik für ungeeignet hielt. Aber man teilte mir mit, dass diese Unterlagen »verloren gegangen« seien.

In den Jahren 1992 und 1993 setzte ich mich mit Charles Morris in Verbindung, der zu jener Zeit Leiter des Programms *National Aero-Space Plane* (NASP) war, und bat ihn, die NASA dazu zu veranlassen, sich mit der Elektrogravitation zu beschäftigen. Ich schickte ihm umfassendes Material über Townsend Browns Forschungen, zum Beispiel den Bericht der *Aviation Studies*. Bei unseren Telefongesprächen besprachen wir das Thema der Hitzeeinwirkung auf den Rumpf während des Wiedereintritts, was für das NASP offensichtlich ein ernstes Problem darstellte. In meinem Brief vom 27. September 1993 hatte ich Morris ausdrücklich darauf hingewiesen, dass »eine elektrostatische Ladung auf der Vorderkante des Raumschiffes den zusätzlichen Vorteil hätte, die Erhitzung der Rumpfoberfläche durch Luftreibung zu reduzieren«. Aber bei all dem kam nichts heraus. Morris teilte mir später mit, es sei ihm nicht gelungen, die NASA dazu zu veranlassen, sich weiter mit dieser Sache zu beschäftigen.

Die NASA war dreizehn Jahre im Voraus gewarnt worden. Hätte sie bei ihren Forschungsprogrammen diese Technologie weiterverfolgt und sie bei der Raumfähre angewandt, dann hätte das Leben der gesamten Mannschaft gerettet werden können, und zusätzlich noch Hunderte Millionen Dollar, die in die Bergung der Wrackteile investiert und dafür ausgegeben werden mussten, das Raumfahrtprogramm auf Eis zu legen.

Trotzdem ist es meine Hoffnung für die Zukunft, dass die NASA irgendwann die Herausforderung annehmen und sich ernsthaft mit den Einsatzmöglichkeiten dieser Technologie beschäftigen wird. Jonathan Campbell vom *Marshall Space Flight Center* der NASA wäre ein guter Kontakt, um solch ein Projekt in die Wege zu leiten. Er hat viele Jahre damit verbracht, die Anwendungsmöglichkeiten von Hochspannungsladungen für den Antrieb von Raumschiffen zu untersuchen. Obwohl seine Anträge auf eine Finanzierung dieser Forschungssparte durch die NASA in der Vergangenheit stets abgelehnt wurden, wird die NASA im Zuge der *Columbia*-Katastrophe dieser Arbeit in Zukunft hoffentlich eine höhere Priorität einräumen. Zu Beginn sollten Windkanalexperimente durchgeführt werden, ähnlich jenen, die *Northrop* vor 35 Jahren durchgeführt hat, und man sollte Anstrengungen unternehmen, um einen Hochspannungs-Winddüsengenerator für die Raumfähre zu entwickeln. Ich würde mich freuen, die NASA bei ihren Bemühungen zu unterstützen.

Quellennachweis

1. T. Valone (Herausgeber) *Electrogravitics Systems: Reports on a New Propulsion Methodology*, Washington D. C.: Integrity Research Institute, 1994.
2. »Northrop studying sonic boom remedy«, *Aviation Week & Space Technology*, 22. Januar 1968, S. 21.
3. »Sonic boom experiments«, *Product Engineering*, 39, 11. März 1968, S. 35–36.
4. W. B. Scott, »Black world engineers, scientists encourage using highly classified technology for civil applications«, *Aviation Week & Space Technology*, 9. März 1992, S. 66–67.

CHAIRMAN
COLUMBIA ACCIDENT INVESTIGATION BOARD
16850 SATURN LANE, HOUSTON, TX 77058

Ser CAIB/150
25 Mar 03

Dear Dr. LaViolette,

Thank you for your letter of 17 March.

I appreciate the analysis you provided. Your letter has been provided to our independent technical group, and they will be in touch with you if further information is needed.

Once again thank you for your input.

Sincerely,

H. W. Gehman

H. W. GEHMAN
Admiral, U.S. Navy (Retired)
Chairman
Columbia Accident Investigation Board

Dr. Paul A. LaViolette, Ph.D.
The Starburst Foundation
6369 Beryl Road
Suite 104
Alexandria, VA 22312

CHAIRMAN
COLUMBIA ACCIDENT INVESTIGATION BOARD
16850 SATURN LANE, HOUSTON, TX 77058

Ser CAIB/150
25. März 2003

Sehr geehrter Herr Dr. LaViolette,

herzlichen Dank für Ihren Brief vom 17. März.

Ich weiß die Analyse, die Sie uns geschickt haben, sehr zu schätzen. Ihr Schreiben wurde unserer unabhängigen technischen Gruppe unterbreitet, die sich mit Ihnen in Verbindung setzen wird, falls weitere Informationen erforderlich sein sollten.

Nochmals vielen Dank für Ihren Beitrag.

Mit freundlichen Grüßen

H. W. GEHMAN
Admiral, U. S. Navy (a. D.)
Vorsitzender des
Columbia Accident Investigation Board

Dr. Paul A. LaViolette, Ph. D.
The Starburst Foundation
6369 Beryl Road
Suite 104
Alexandria, VA 22312

ANMERKUNGEN

Kapitel 1 Antigravitation: vom Traum zur Wirklichkeit

1 Berlitz / Moore: *The Philadelphia-Experiment: Project Invisibility*, Fawcett Crest, NY 1979.

2 G. Burridge: »Another Step Toward Anti-Gravity«, *The American Mercury* 86(6) (1958): S. 77–82. Im Internet unter: *http://qualight.com/stress/mercury.htm*

3 G. Burridge: »Townsend Brown and His Anti-gravity Discs«, Fate (November 1956): S. 40–48. Im Internet unter: *http://qualight.com/stress/fate.htm*

4 A. L. Kitselman, »Hello Stupid« (unveröffentlichte Abhandlung, September 1962). Im Internet unter: *http://qualight.com/stress/hello.htm*

5 Ebd.

6 Brief von T. T. Brown und Rolf Schaffranke vom 14. Februar 1973.

7 T. T. Brown: »How I Control Gravity«, *Science and Invention Magazine*, August 1929. Nachgedruckt im *Psychic Observer* 37(1) (1976). S. 14–18. Im Internet unter: *http://qualight.com/stress/control.htm*

8 T. T. Brown: »A Method of and an apparatus or machine for producing force or motion«, Britisches Patent Nr. 300.311, erteilt am 15. November 1928, S. 1.

9 T. T. Brown: »How I Control Gravity«.

10 Brief von J. H. H. (Name vorenthalten) an Oberst Edward Deeds vom 13. März 1930.

11 P. A. LaViolette: »An Introduction to Subquantum Kinetics: II. An Open Systems Description of Particles and Fields«, in *Systems Thinking in Physics*, Sonderausgabe des *International Journal of General Systems*, 11 (1985): S. 295–328.

12 P. A. LaViolette: *Subquantum Kinetics: A Systems Approach to Physics and Cosmology*, Schenectady, Starlane Publications, NY 1994, 2003.

13 P. A. LaViolette: *Genesis of the Cosmos: The Ancient Science of Continuous Creation*, Bear & Co., Rochester, Vermont 1995, 2004.

14 Brown, Britisches Patent Nr. 300.311, S. 3.

15 Rho Sigma (Rolf Schaffranke): *Ether Technology: A Rational Approach to Gravity Control*, CSA Printing & Bindery, Lakemont, Georgia 1977.

16 Brief von T.T. Brown an Thomas Turman vom 23. Januar 1968.

17 T.T. Brown: »Electrical Self-Potential in Rocks«, *Psychic Observer* 37(1) (1976). Im Internet unter: *http://qualight.com/petro/selfpot.htm.*

18 T.T. Brown: »Phenomenal Variations in the Self-Potential of Rocks« (unveröffentlichter Laborbericht vom 15. April 1985). Im Internet unter: *http://qualight.com/petro/petrol.htm*

19 C. Brush: »Retardation of Gravitational Acceleration and the Spontaneous Evolution of Heat in Complex Silicates, Lavas, and Clays«, *Physical Review* 31 (1921): S. 1113.

20 E.A. Harrington: »Further Experiments on the Continuous Generation of Heat in Certain Silicates«, *Proceedings of the American Philosophical Society* 72(5) (1933): S. 333–349.

21 T.T. Brown: »Test No. 1 – Koolau Time Series at Constant Temperature« (unveröffentlichter Laborbericht vom 30. Juni 1977). Im Internet unter: *http://qualight.com/petro/test110.htm.*

22 T.T. Brown: »Phenomenal Variations of Resistivity and the Petrovoltaic Effect« (unveröffentlichter Laborbericht, 15. April 1985). Im Internet unter: *http://qualight.com/petro/petro2.htm*

23 T.T. Brown: »A Short Autobiography« (undatiert). Im Internet unter: *http://qualight.com/personal/auto.htm.*

24 P. Schatzkin: *Defying Gravity* (Tanglewood Books, 2007), Kapitel 47. Im Internet unter: *http://ttbrown.com/defying_gravity/47_HeyWoodwardl.html*

25 Ebd. Kapitel 48.

26 W. Moore: »The Wizard of Electrogravity«, *Saga Ufo Report* (Mai 1978). Im Internet unter: *http://qualight.com/stress/wizard1.htm*

27 T.T. Brown: »Early Laboratory Reports and Memorabilia: Biography Menu« (undatiert). Im Internet unter: *http://qualight.com/personal/early.htm*

28 *A Short Biography from Who's Who in American Science*, Oktober 1985. Im Internet unter: *http://qualight.com/personal/bioshort.htm*

29 Moore: »Wizard of Electrogravity«.

30 J. Reynolds: »Thomas Townsend Brown's Final Electrogravitic Research«. Vortrag vor einem Symposium über elektrischen Antrieb und die Technologie der Elektrogravitation, Philadelphia, 15.–16. April 1994.

31 Berlitz/Moore: *The Philadelphia-Experiment: Project Invisibility*. Fawcett Crest, NY 1977.

32 K. L. Corum / J. F. Corum / J. F. X. Daum: »Tesla's Egg of Columbus, Radar Stealth, the Torsion Tensor and the Philadelphia Experiment«, in: *Proceedings of the International Tesla Symposium.* (Hrsg.): S. Elswick, *International Tesla Society,* Denver 1994.

33 G. Vassilatos: *Lost Science,* Adventures Unlimited, Kempton, Illinois 1999, Kapitel 7. Im Internet unter: *http://.hbci.com/-wenonah/history/brown.htm*

34 Moore: »Wizard of Electrogravity«.

35 »Short Biography from *Who's Who*«.

36 Kitselman: »Hello, Stupid«.

37 Schatzkin, *Defying Gravity,* Kapitel 43.

38 Ebd.

39 T. T. Brown: „Anomalous Diurnal and Secular Variations in the Self-Potential of Certain Rocks«, 22. März 1975. Im Internet unter: *http://qualight.com/petro/secular.htm*

40 Schatzkin: *Defying Gravity,* Kapitel 50.

41 Ebd.

42 Pers. Mitteilung des Zeugen, eines emeritierten Universitätsprofessors, Nov. 2007.

Kapitel 2 Was kommt nach dem Raketenantrieb?

1 T. T. Brown: »Project Winterhaven: A Proposal for Joint Services Research and Development Contract«, Townsend Brown Foundation, 20. Oktober 1952, überarbeitet am 1. Januar 1953, S. 9. Im Internet unter: *http://qualight.com/kinetics/winter.htm*

2 Ebd.

3 T. T. Brown: »Electrokinetic apparatus«, US-Patent 2.949.550, eingereicht im Juli 1957, erteilt am 16. August 1960.

4 M. Rose: »The Flying Saucer: The Application of the Biefeld-Brown-Effect to the Solution of Problems of Space Navigation«, University for Social Research, 8. April 1952. Im Internet unter: *http://qualight.com/stress/rose.htm*

5 W. S. Steinman / W. C. Stevens: *Ufo Crash at Aztec: A Well Kept Secret* (Tucson: Ufo-Photo Archives, 1986), 376.

6 »Flying Saucers ›Explained‹ by Men of New Research University Here«, *Los Angeles Times,* 3. April 1952, Abschnitt B, S. 1. Im Internet unter: *http://ttbrown.com/images/LATimes_520804.jpg*

7 W. M. Cady: »An Investigation Relative to Thomas Townsend Brown«, *Office of Naval Research,* Pasadena, California, Juni 1952. Im Internet unter: *http://qualight.com/stress/egdont.htm*

8 P. Schatzkin: *Defying Gravity,* Kapitel 63 (2007). Im Internet unter: *http://ttbrown.com*

9 LaViolette: *Subquantum Kinetics,* S. 172.

10 Rose: »Flying Saucers«, S. 1.

11 Burridge: »Townsend Brown and His Anti-Gravity Discs«, S. 41–42.

12 Intel: »Towards Flights without Stress or Strain … or Strain«, *Interavia* 11(5), Schweiz 1956, S. 373–374.

13 Burridge: »Another Step«, S. 80.

14 Moore: Brief vom 5. Juli 1983.

15 Reynolds: »Brown's Final Gravito-Electric Research«.

16 Brown: »Project Winterhaven«.

17 T.T. Brown: Elektrokinetischer Generator, US-Patent 3.022.430, eingereicht am 3. Juli 1957, erteilt am 20. Februar 1962.

18 Rose: »The Flying Saucer«.

19 *Whitehall-Rand, Inc.:* »Electrohydrodynamics«, Bala Cynwyd, Pennsylvania, 4. März 1960. Im Internet unter: *http://qualight.com/hydro/hydro.htm*

20 Cady: »Investigation Relative to Brown«, S. 3.

21 T.T. Brown: »Elektrogravitational Communication System«, Patentschrift, September 1953. Im Internet unter: *http://qualight.com/ecomm/ecomm.htm*

22 LaViolette: *Subquantum Kinetics,* Kapitel 6.

23 P.A. LaViolette: »A Tesla Wave Physics for a Free Energy Universe«, in: *Proceedings of the 1990 International Tesla Symposium,* 5.1–5.21. (Hrsg.): S. Elswick, International Tesla Society, Colorado Springs 1991.

24 *Aviation Studies:* »Electrogravitics Systems: An Examination of Electrostatic Motion, Dynamic Counterbary und Barycentric Control«, Bericht Nr. GRG 013/56, *Aviation Studies,* London, Februar 1956.

25 M. Perl: »The Gravitics Situation«, *Aviation Studies/Gravity Rand Ltd.,* London, Dez. 1956). Auch in: *Interavia* XI(5) (1956): S. 373–374; *http://rexresearch.com/perl/perl.htm*

26 *Aviation Studies:* »Electrogravitics Systems«, S. 3–4.

27 Ebd., S. 21–23.

28 Ebd., S. 25–26.

29 Ebd., S. 26–27.

30 T. Valone: »T.T. Brown's Electrogravitics Research in the 1950's«, in: *Proceedings of the International Tesla Symposium.* (Hrsg.): S. Elswick, *Int. Tesla Society,* Denver 1994.

31 D.E. Keyhoe: *The Flying Saucer Conspiracy,* Henry Holt & Co., NY 1955, S. 251–252.

32 *Aviation Studies:* »Electrogravitics Systems«, S. 28–29.

33 Ebd.

34 *Department of Defense:* »Air Force Releases Study on Unidentified Aerial Objects«, *Office of Public Information,* 25. Oktober 1955.

35 *Aviation Studies:* »Electrogravitics Systems«, S. 31.

36 A. E. Talbert: »Conquest of Gravity Aim of Top Scientists in U.S.«, *New York Herald Tribune,* 20. November 1955, S. 1, 36.

37 Ebd.

38 Ebd.

39 A. E. Talbert: »Space Ship Marvel Seen If Gravity Is Outwitted«, *New York Herald Tribune,* 21. November 1955, S. 1, 6.

40 A. E. Talbert: »New Air Dream-Planes Flying Outside Gravity«, *New York Herald Tribune,* 22. November 1955, S. 6, 10.

41 Ebd.

42 L. A. Gerardin: »Electro-Gravitic Propulsion«, *Interavia* (Schweiz) 11/12) (1956): S. 992.

43 Talbert: »New Air Dream-Planes«.

44 Ebd.

45 *Aviation Studies:* »Electrogravitics Systems«, S. 32.

46 Ebd., S. 9–10.

47 Intel: »Towards Flight«, S. 373–374.

48 *Aviation Studies:* »Gravitics Situation«, S. 3–4.

49 Ebd.

50 Ebd.

51 »Role of Gravitation in Physics«, *Science* 125 (1957): S. 998.

52 F. Edwards: *Flying Saucer – Serious Business,* Bantam, New York 1966, S. 127.

53 A. V. Cleaver: »›Electro-Gravitics‹ – What It Is – Or Might Be«, *Journal of the British Interplanetary Society* 16(2) (1957): S. 84–94.

Kapitel 3 Vorwärts und aufwärts

1 Rho Sigma (R. Schaffranke): *Ether Technology: A Rational Approach to Gravity Control,* CSA Printing & Bindery, Lakemont, Georgia 1977, S. 44–45, Zitat aus einem Brief von T. Brown vom 14. Februar 1973.

2 Intel: »Towards Flight«, S. 373–374.

3 C. Carew: »The Key to Travel in Space«, *Canadian Aviation* 32 (Juli 1959), S. 27–32.

4 T.T.Brown: »A Brief Description of Experiments Made in Paris (1955–1956)«, unveröffentlichter Bericht.

5 Rho Sigma: *Ether Technology*, S. 44.

6 Reynolds: »Brown's Final Gravito-Electric Research«.

7 C.A. Yost, »T.T. Brown and the Bahnson Lab Experiments«, *Electric Spacecraft Journal* 2 (1991), S. 6–12.

8 Kitselman: »Hello Stupid«.

9 Rho Sigma: *Ether Technology*, S. 46–49, Zitat aus einem Brief von T. Brown vom 5. April 1973.

10 T.T. Brown an T. Turman: Brief vom 1. November 1971.

11 »Electrohydrodynamics«; Bala Cynwyd, Pa.: Electrokinetics, Inc., 23. März 1960. Im Internet unter: *http://qualight.com/hydro/hydro.htm*

12 T.T. Brown an T. Turman: Brief vom 12. November 1971.

13 Ebd.

14 »Electrohydrodynamics«, Whitehall-Rand, Inc., zitiert in einem Brief von A. Wagner an T. Turman.

15 »Electrohydrodynamics«, Electrokinetics, Inc.

16 Ebd.

17 T.T. Brown: »Electrokinetic apparatus«, US-Patent 3.187.206, eingereicht am 9. Mai 1958, erteilt am 1. Juni 1965.

18 Ebd.

19 T.T. Brown an T. Turman: Brief vom 23. Januar 1968.

20 Brown, US-Patent 3.187.206.

21 Cleaver: »Elektro-Gravitics«, S. 84–94.

22 »Electrogravitics: Science or Daydream?«, *Product Engineering* (30. Dez. 1957), S. 12.

23 »How to ›Fall‹ Into Space«, *Business Week*, 8. Februar 1958, S. 51–53.

24 Edwards: *Flying Saucers*, S. 127.

25 Carew: »The Key to Travel in Space«, S. 27–32.

26 Ebd.

27 Berlitz/Moore: *The Philadelphia Experiment*, S. 223.

28 Yost: »T.T. Brown and the Bahnson Lab Experiments«, S. 8.

29 A. H. Bahnson: »Electrical Thrust Producing Device«, 1964, US-Patent 3.223.038, eingereicht am 10. September 1964, ausgestellt am 14. Dezember 1965.

30 Berlitz/Moore: *The Philadelphia Experiment*, S. 223.

31 Schatzkin: *Defying Gravity*, Kap. 57.

32 T. T. Brown an T. Turman: Brief vom 23. Januar 1968.

33 T. T. Brown: Brief an einen Herrn in Illinois, 9. Februar 1982.

Kapitel 4 Eine ätherische Erklärung

1 *Aviation Studies:* »Electrogravitics Systems«, S. 27.

2 Ray: persönliches Gespräch mit dem Autor, 1997.

3 L. Smolin: *The Trouble with Physics: The Rise of the String Theory, the Fall of Science, and What Comes Next*, Houghton Mifflin, NY 2006.

4 P. Woit: *Not Even Wrong: The Failure of String Theory and the Search for Unity in Physical Law*, Basic Books, NY 2006.

5 LaViolette: *Subquantum Kinetics.*

6 LaViolette: »An Introduction to Subquantum Kinetics: II«, S. 295–328.

7 LaViolette: »A Tesla-Wave Physics«, 5.1–5.21.

8 P. A. LaViolette: »The Planetary-Stellar Mass-Luminosity Relation: Possible Evidence of Energy Nonconversation?« *Physics Essays* 5(4) (1992): S. 536–542.

9 P. A. LaViolette: »The Pioneer Maser Signal Anomaly: Possible Confirmation of Spontaneous Photon Blueshifting«, *Physics Essays* 18(2) (2005): S. 150–163. Im Internet unter: *http://arxiv.org/abs/physics/0603191.html*

10 P. A. LaViolette: »The Electric Charge and Magnetization Distribution of the Nucleon: Evidence of a Subatomic Turing Wave Pattern«, *International Journal of General Systems* (2008). Im Internet: *http://.starburstfound.org/downloads/physics/nucleon.pdf*

11 LaViolette: *Genesis of the Cosmos.*

12 LaViolette: »The Electric Charge and Magnetization Distribution«.

13 Ebd.

14 R. P. Feynmann / R. Leighton / M. Sands: *The Feynman Lectures on Physics*, Band 2, Addison-Wesley, Reading, Massachusetts 1964, 12.6–12.7.

15 J.-C. Lafforgue: »Isolated systems self-propelled by electrostatic forces«, Französisches Patent Nr. 2651388, erteilt am 1. März 1991, S. 30.

16 G. Sagnac: »Der lichterzeugende Äther, demonstriert durch den Effekt der relativen Bewegung des Äthers in einem Interferometer bei gleichmäßiger Rotation«

(in französischer Sprache), *Comptes Rendus de l'academie des Sciences*, Paris 1913, S. 708–710, S. 1410–1413.

17 E. W. Silvertooth: »Experimental Detection of the Ether«, *Speculations in Science and Technology* 10 (1987): S. 3–7; »Motion through the Ether«, *Elektronics and Wireless World*, Mai 1989: S. 437–438.

18 LaViolette: *Genesis of the Cosmos*, Kapitel 11.

19 B. Overbye: »Einstein: Warped Minds, Bent Truths, Part I. Anaesthetized by the Ether«. Im Internet unter: *http://blog.hasslberger.com/2007/06einstein_warped_minds_bent_tru.html*

20 B. Overbye: »Einstein: Warped Minds, Bent Truths, Part III. Mystic Aftermath.« Im Internet: *http://blog.hasslberger.com/2007/06einstein_warped_minds_bent_tru.html*

21 B. Overbye: »Einstein: Warped Minds, Bent Truths, Part III. Gravity Taken Lightly«. Im Internet: *http://blog.hasslberger.com/2007/06einstein_warped_minds_bent_tru.html*

22 Overbye: »Einstein: Warped Minds, Part III«.

23 E. Lerner: *The Big Bang Never Happened*, Simon & Schuster, London 1992.

24 LaViolette: *Subquantum Kinetics*, 2003.

25 LaViolette, *Genesis of the Cosmos*.

26 Schatzkin: *Defying Gravity*, Kap. 50.

Kapitel 5 Das amerikanische Antigravitationsgeschwader

1 W. B. Scott: »Black World Engineers, Scientists Encourage Using Highly Classified Technology for Civil Applications«, *Aviation Week & Space Technology* (9.3.92), S. 66–67.

2 »Northrop Studying Sonic Boom Remedy«, *Aviation Week & Space Technology* (22. Januar 1968), S. 21.

3 »Sonic Boom Experiments«, *Product Engineering* (11. März 1968), S. 35–36.

4 Moore: »The Search for Anti-Gravity«, Teil 1, S. 9.

5 Rose: »The Flying Saucer«.

6 Brown: US-Patent Nr. 2.949.550.

7 J. Mullins: »Plasma Magic«, *New Scientist*, 28. Oktober 2000. Im Internet unter: *http://www.newscientist.com/article/mg16822624.000-plasma-magic.html*

8 Scott: »Black World Engineers«, S. 66–67.

9 A. Basiago: »Dreamland and the CIA«, MUFON *Ufo Journal* (Juli 1992), S. 10–12.

10 T. Good: *Alien Contact: Top-Secret Ufo Files Revealed*, William Morrow & Co., NY 1991, S. 208.

11 Scott: »Black World Engineers«.

12 Mullins: »Plasma Magic«.

13 Ebd.

14 T. T. Brown: US-Patent Nr. 3.022.430.

15 W. B. Scott: *Inside the Stealth Bomber*, Tab/Aero Books, NY 1991, S. 165.

16 J.-P. Petit: »Les Mystéres du B2« (17. Januar 2003). URL: *http://www.ip-petit.org/nouv_f/B2/B2_7.htm*

17 Scott: »Black World Engineers«.

18 R. Boylan: »B-2 Stealth Bomber as Antigravity Craft«. URL: *http://www.trboylan.com/waregrv2.html*

19 P. A. LaViolette: »The U.S. Antigravity Squadron«, Tagungsprotokoll des Internationalen Symposiums über Neue Energie, Denver, IANS, 1993. Nachgedruckt in T. Valone (Hrsg.): *Electrogravitics Systems: Reports on a New Propulsion Methodology*, Integrity Research Institute, Washington, D. C. 1994.

Kapitel 6 Antrieb durch Gravitationsstrahl

1 G. Vassilatos: *Secrets of Cold War Technology: Project HAARP and Beyond*, Borderland Sciences, Bayside, California 1996, S. 26.

2 Ebd. S. 33.

3 Ebd. S. 55.

4 Ebd. S. 31.

5 E. Podkletnow/G. Modanese: »Impulse Gravity Generator Based on Charged YBa2Cu3O7-y Superconductor with Composite Crystal Structure«, August 2001. URL: *http://arXiv.org/abs/physics/0108005*

6 Ebd.

7 E. Podkletnow/G. Modanese: »Investigation of High Voltage Discharges in Low Pressure Gases through Large Ceramic Superconducting Electrodes«, *Journal of Low Temperature Physics* 132 (2003), S. 239–259. URL: *http:/atXiv.org/abs/physics/0209051*

8 N. Cook: »Antigravity Propulsion Comes out of the Closet«, *Jane's Defense Weekly* 38 (29. Juli 2002).

9 Podkletnow/Modanese, 2001; Podkletnow/Modanese, 2003.

10 O. Jedimenko: *Causality, Electromagnetic Induction and Gravitation*, Electret Scientific Co., Star City, W. Va, S. 29.

11 Cook: »Antigravity Propulsion«.

12 N. Cook: »Airpoer Electric«, in: *Jane's Defense Weekly* 38 (24. Juli 2002), S. 56–63.

13 N. Cook: *The Hunt for Zero-Point*, Random House, New York 2003.

14 N. Cook: »Antigravity Propulsion«.

15 P.A. LaViolette an E. Podkletnow: E-Mail vom 11. Juni 2003.

16 E. Podkletnow an P.A. LaViolette: E-Mail vom 11. Juni 2003.

17 E. Podkletnow: »Short Review of the Book *Subquantum Kinetics* by Paul LaViolette«, *Infinite Energy* 54(9) (2004), S. 42.

18 LaViolette: »Introduction to Subquantum Kinetics: II«, S. 295–328.

19 LaViolette: *Subquantum Kinetics*, S. 121–122.

20 E. Podkletnow, persönliches Gespräch mit dem Autor, Juli 2003.

21 P.A. LaViolette an E. Podkletnow, E-Mail vom 22. Dezember 2007.

22 E. Podkletnow an P.A. LaViolette, E-Mail vom 25. Dezember 2007.

23 E. Podkletnow an P.A. LaViolette, E-Mail vom 11. Juni 2003.

24 E. Podkletnow an P.A. LaViolette, E-Mail vom 29. Dezember 2007.

25 A.G. Obolensky: »The Mechanics of Time«, in: *Proceedings of the 1988 International Tesla Symposium*, S. Elswick (Hrsg.): International Tesla Society, Colorado Springs 1988, 4.25–4.40.

26 P.A. LaViolette: »Galactic Explosions, Cosmic Dust Invasions, and Climatic Change«, in: Ph.D.-Dissertation, *Portland State University*, 1983, Anhang D.

27 A.G. Obolensky/P.A. LaViolette, Abhandlung in Vorbereitung.

Kapitel 7 Das *Skyvault-Projekt*

1 J.B. Pendry/D.R. Smith: »Reversing Light with Negative Refraction«, *Physics Today*, 57(6) (2004): S. 37–43. Im Internet: *http://www.physicstoday.org/vol-57/iss-6/p37.html*

2 Ebd., »The Quest for the Superlens«, *Scientific American* (Juli 2006), S. 61–67.

3 T. Kasagi/T. Tsutaoka/K. Hatakeyama: »Negative Permeability, Spectra in Permalloy Grannular Composite Materials«, in: *American Institute of Physics*, 25. April 2006. Im Internet unter der URL: *http://link.aip.org/link/?APPLAB/88/172502/1*

4 J.B. Pendry: E-Mail an den Autor vom 9. Juli 2006.

5 V.G. Veselago: »The Electrodynamics of Substances with Simultaneously Negative Values of ε and μ«, in: *Soviet Physics Uspekhi* 10 (1968), S. 509–514. Ursprünglich in russischer Sprache in *Успехи Физических Наук* 92 (1967), S. 517–526.

6 Shelby/Smith/Schultz: Experimental Verification of a Negative Index of Refraction«, *Science* 292 (2001), S. 77–79. URL: *http://.sciencemag.org/cgi/content/abstract/292/5514/77*

7 Pendry/Smith: »Reversing Light«, S. 37–43.

8 Pendry/Smith: »Quest for the Superlens«, S. 61–67.

9 R. Shelby et al.: »Microwave Transmission through a Two-Dimensional Left-Handed Metamaterial«, in: *Applied Physics Letters*, 78(4) (2001), S. 489–491, Abb. 1.

10 S. T. Chui: »Negative Refraction in Anisotropic Composites«, *Bulletin of the American Physical Society*, Konferenz vom März 2004. Zusammenfassung zu finden unter der URL: *http://flux.aps.org/meetings/YR04/MAR04/baps/abs/S6590001.html*

11 Brown, US-Patent Nr. 3.187.206.

12 Y. Zhang et al.: »Total Negative Refraction in Real Crystals for Ballistic Electrons and Light«, *Physical Review Letters* 91 (2003), Nr. 157404;
URL: *http://flux.aps.org/meetings/YR04/MAR04/baps/abs/S6590001.html*

13 Defense Sciences Office, Defense Advanced Research Projects Agency, Thrust Area, Materials, Novel Materials and Material Processes, Negative Index Materials Program. Im Internet unter: *http://www.darpa.mil/dso/thrusts/materials/novelmat/nim/index.htm*. Zugriff 11. Januar 2008. Zitatauszug aus einem früheren DSO-Internetposting, das nicht mehr zugänglich ist.

14 S. G. Dimitriou: »Propulsive Effect on a Massive Plane Capacitor Driven by Slope-Assymmetric Pulses« (unveröffentlichte Abhandlung).
Im Internet unter der URL: *http://jnaudin.free.fr/stydmdoc/stvcap.htm*

15 S. G. Dimitriou: »Efforts in Developing Upward and Directional Thrust« (Vortrag bei der *Propelantless Propulsion Conference* an der *University of Sussex*, Januar 2001).
Im Internet unter der URL: *http://jnaudin.free.fr/styexp/html/stvrpla.htm*

16 Ebd., »Propulsive Effect on Two Capacitors Driven by Slope-Asymmetrical Pulses Experiment« (unveröffentlichte Abhandlung, März 2001).
Im Internet unter der URL: *http://jnaudin.free.fr/stvexp/html/stv2caps/htm*

17 Ebd., »Radiation Phenomena of Specially Shaped Current Pulses« (Diplomarbeit, Fakultät für Elektrotechnik, *University of Manchester*, 1994).

18 Vassilatos: *Secrets of Cold War Technology*, S. 208.

19 E. C. Okress, et al.: »Design and Performance of a High Power Pulsed Magnetron«, 1956 International Electron Devices, Konferenz 2, S. 8.

20 K. Harkay: »Simulation Investigations of the Longitudinal Sawtooth Instability at SURF«, in: *Proceedings of the 2001 Particle Accelerator Conference* (2001): 1918–1920. Im Internet unter: *http://accelconf.web.cern.ch/accelconf/p01/PAPERS/TPPH106.pdf*

21 National Materials Advisory Board: *Materials for High-Temperature Semiconductor Devices* (1995), National Academy of Sciences, Washington, D. C. 2006, S. 93.

22 L. Yuan, et al.: »IMPATT Diode: Microwave Oscillators in Silicon Carbide«, *Purdue University School of Engineering Annual Research Summary*: 1. Juli 1999–30. Juni 2000.

Im Internet unter der URL: *http://engineering.purdue.educ/ECE/Research/ARS/ARS2001/PART_I/Section7/7_12.whtml*

23 D.M. Goebel u.a.: »High-Power Microwave Source Based on an Unmagnetized Backward-Wave Oscillator«, IEEE *Transactions on Plasma Science* 22/5 (Okt. 1994), S. 547–553.

24 J. McClain/N. Wootan: »An Introduction to the Magnetic Resonance Amplifier«. Im Internet unter der URL: *http://www.rexresearch.com/mra//1mra.htm*

25 J. McClain: »The Magnetic Resonance Amplifier: Descripton of Operation«. Im Internet unter der URL: *http://www.rexresearch.com/mra/1mra.htm*

26 J. McClain/N. Wootan: »New ZPE Breakthru – Magnetic Resonance Amplifier«. Im Internet unter der URL: *http://www.rexresearch.com/mra/1mra.htm*

27 T. Bearden: »Ferroelectric Capacitors and the Magnetic Resonance Amplifier«. Im Internet unter der URL: *http://www.rexresearh.com/mra/1mra.htm*

28 J. McClain/N. Wootan: »Magnetic Resonance Amplifier: Keely-Net Message Collection No. 2«. Im Internet unter der URL: *http://www.rexresearch.com/mra/2mra.htm*

29 McClain/Wootan: »An Introduction to the Magnetic Resonance Amplifier«.

30 A.G. Obolensky: persönliches Gespräch mit dem Autor, Juni 2006.

Kapitel 8 Mikrowellen-Phasenkonjugation

1 V.V. Schkunow/B.Y. Seldowitsch, »Optical Phase Conjugation«, *Scientific American* 253 (Dezember 1985), S. 54–59.

2 D.M. Pepper: »Applications of Optical Phase Conjugation«, *Scientific American* 254 (Januar 1986): S. 74–83.

3 J.O. White/M. Cronin-Golomb/B. Fischer/A. Yariv: »Coherent Oscillation by Self-Induced Gratings in the Photorefractive Crystal BaTio3«, *Applied Physics Letters* 40 (1982), S. 450–452.

4 M. Cronin-Golomb/B. Fischer/J.O. White/A. Yariv: »Passive (Self-Pumped) Phase Conjugate Mirror: Theoretical and Experimental Investigation«, *Applied Physics Letters* 41 (1982), S. 689–691.

5 Ray: persönliches Gespräch mit dem Autor.

6 Ufo Subcommittee der AIAA, »Ufo Encounter 1«, *Astronautics and Aeronautics*, Juli 1971, S. 66–70.

7 J.M. McCampbell: *Ufology: Insights from Science and Common Sense*, Jaymac Co., Belmont, Calif. 1973, Kap. 7.

8 Pepper: »Applications of Optical Phase Conjugations«, S. 81–82.

9 R. Schih, et al.: »Microwave Phase Conjugation in a Liquid Suspension of Elongated Microparticles," Physical Review Letters 65 (5) (1990): S. 579–582.

10 M. Curtin, et al.: »Acceptance Test Performance of the Rocketdyne Radio Frequency Power System«, IEEE *Proceedings* 2 (1993), S. 1244–1246.

11 L. D. DiDomenico / G. M. Rebeiz: »Frequency Stability in Adaptive Retrodirective Arrays«, IEEE *Transactions on Aerospace and Electronic Systems* (Oktober 2000): S. 1219–1231. URL: *http://www.batse.msfc.nasa.gov/colloquia/abstracts_spring04/yuri.html*

12 Redaktion des *Electric Spacecraft Journal*: »Tesla's Tower (Wardenclyffe)«, *Electric Spacecraft Journal* (April / Juni 1991), S. 13–24.

13 N. Tesla: »The Transmission of Electrical Energy without Wires«, *Electrical World and Engineer*, 5. März 1904.

14 A. G. Obolensky: persönliches Gespräch mit dem Autor, 1996.

15 Vassilatos: *Secrets of Cold War Technology*, S. 44.

16 Ebd., S. 46.

17 »Theoretical Blueprint for Invisibility Cloak Reported«. *Pratt School of Engineering at Duke University*, 25. Mai 2006.
URL: *http://www.pratt.duke.educ/news/releases/index.php?story=276*

18 Ray: persönliches Gespräch mit dem Autor, 1992.

19 A. G. Obolensky: »Mechanics of Time«, 4.25–4.40.

20 Obolensky: »The Force Is Faster than Its Radiations«, *Proceedings of the Second International Symposium on Nonconventional Energy Technology*, Atlanta, 9.–11. Sept. 1983.

21 A. G. Obolensky: »The Magnetic Force is Faster than Light«, *Proceedings of the 1986 Intern. Tesla Symposium*, 5.29–5.40, S. Elswick (Hrsg.): *Intern. Tesla Soc.*, C. Springs 1986.

22 Ebd.

23 T. Lemons / G. Obolensky: »Improved Operation of HID Lamps«, in: *Lighting Design & Application* (Januar 1979), S. 55–58.

24 A. G. Obolensky: »The Force Is Faster than Its Radiations«.

25 Ebd.

26 A. G. Obolensky: »The Magnetic Force Is Faster than Light«, 5.29–5.40.

27 A. G. Obolensky: persönliches Gespräch mit dem Autor, 1996.

28 Greg: persönliches Gespräch mit dem Autor, 3. November 1995.

29 Ebd.

30 Ray: persönliches Gespräch mit dem Autor, 1992.

31 Ebd.

32 Ebd.

33. Ebd.

Kapitel 9 Unkonventionelle Flugobjekte

1 P. Hill: *Unconventional Flying Objects: A Scientific Analysis*, Hampton Roads Publishing Company, Charlottesville, Va. 1995, S. 98.

2 Ebd., S. 101-106.

3 Ebd., S. 99, 138–139.

4 Ebd., S. 121–123.

5 Ebd., S. 135–136, 143.

6 T. Curtis: »Court Enters Twilight Zone as 3 Claim Attack by Ufo«, *The Oregonian*, 17. September 1985, A12.

7 T. Good: *Above Top Secret*, William Morrow & Co., New York 1988, S. 303–305.

8 D. B. Gordon / P. Dellinger: *Don't Look Up!*, Empire Publishing, Madison, N. C. 1988.

9 »Secret Advanced Vehicles Demonstrate Technologies for Future Military Use«, *Aviation Week & Space Technology* (1. Oktober 1990), S. 20–23.

10 Ebd.

11 J. A. Hynek / P. J. Imbrogno / Night Siege: *The Hudson Valley Ufo Sightings* (New York: Ballantine Books, 1987).

12 F. Scully: *Behind the Flying Saucers*, Henry Holt, New York 1950.

13 C. Berlitz / W. L. Moore: *The Roswell Incident:* Grosset & Dunlap, New York 1980.

14 Steinman und Stevens: *Ufo Crash at Aztec: A Well Kept Secret*, Tucson: Ufo Photo Archives, 1986, S. 376.

15 Good: *Above Top Secret.*

16 Good: *Alien Contact.*

17 K. D. Randle / D. R. Schmitt: *The Truth About the Ufo Crash at Roswell*, Avon Books, New York 1994.

18 Steinman und Stevens: *Ufo Crash at Aztec*, S. 428.

19 *Aviation Week & Space Technology:* »Secret Advanced Vehicles«.

20 U.S. Air Force: »Analysis of Flying Object Incidents in the U.S.« *Air Force Intelligence Report* no. 100-203-79; zitiert in H. Blum: *Out There*, Simon & Schuster, New York 1990, S. 64.

21 Steinman und Stevens: *Ufo Crash at Aztec*, S. 306.

22 Ebd., S. 310.

23 Ebd., S. 323–325.

24 Randle und Schmitt: *The Truth About the Ufo Crash at Roswell.*

25 Good: *Alien Contact,* S. 123–124.

26 Blum: *Out There,* S. 211–267.

27 Ebd.

28 Ebd.

29 Anonyme Briefe über die Trümmer in Roswell an Art Bell und Linda Howe. URL: *http://www.geocities.com/Area51/shadowlands/6583/roswell039.html*

30 E-Mail-Korrespondenz über Art's Parts, veröffentlicht unter der folgenden URL: *http://beyond-the-illusion.com/files/New-Files/96093/artspart.txt*

31 N.A. Reiter: »A Summary of Our Analysis of the Claimed Roswell Crash Artifact as Discussed on ›The Art Bell Show – 1996‹, 30. November 2001. Im Internet unter der URL: http:*//www.theavalonfoundation.org/docs/artsparts.html*

32 V.A. Podolski / E.E. Narimanow: »Strongly Anisotropic Waveguide as a Nonmagnetic Left-Handed System«, *Physical Review* B 71 (2005): 201101. Im Internet unter der URL: *http://www.physics.oregonstate.edu/-vpodolsk/rIm Internet unters.prb.pdf*

33 V.A. Podolski / L. Aleksejew / E.E. Narimanow: »Strongly Anisotropic Media: The THz Perspectives of Left-Handed Materials«, *Journal of Modern Optics* 52 (2005), 2443. Im Internet unter der URL: *http://www.atXiv.org/abs/physics/0505024*

34 V.A. Podolski / E.E. Narimanow: »Nanostructured Non-magnetic Left-Handed Composites« in: *Antennas and Propagation Society International Symposium 2005 IEEE Proceedings* 1A, Washington, D.C.: IEEE, 3. Juli 2005, S. 43–46. Im Internet unter: *http://physics.oregonstate.edu/-vpodolsk/reprints.pdf/2005IEEF.AP-S.podolskiy.lhm.pdf*

35 Steinman und Stevens: *Ufo Crash at Aztec,* S. 280.

36 Ebd., S. 462–479.

37 Ebd., S. 426–431.

38 Ebd., S. 383–385, 430.

39 G. Belanus: »Project Silverbug – Human Engineered UFOs?«, 28. Dezember 1998. Im Internet unter der URL: *http://www.sightings.com/ufo2/humanufo.htm*

40 P.A. LaViolette: *Decoding the Message of the Pulsars,* Bear & Co., Rochester, Vt. 2006, S. 144–145.

41 T. Mahood, unter der URL: *http://www.dreamlandresort.com/area51/lazar/index.htm*

42 Good: *Alien Contact,* S. 169–189.

43 G. Huff: »The Lazar Synopsis«, veröffentlicht im Internet am 12. März 1995 auf *alt.conspiracy.area51*. Momentan auffindbar unter der folgenden URL: *http://www.dreamlandresort.com/area51/lazar/synopsis.htm*

44 T. Mahood, unter der URL: *http://www.dreamlandresort.com/area51/lazar/fl-thery.htm*

45 Amatine: »Why Element 115 Cannot Be Used for Antigravity«, 15. Februar 2004, veröffentlicht unter der URL: *http://www.abovetopsecret.com/forum/thread33267/pg1*

46 T. Mahood, unter der URL: *http://www.dreamlandresort.com/area51/lazar/fl-thery.htm*

47 D. Morgan: »Lazar Critique«: *http://www.dreamlandresort.com/area51/lazar/critiq.htm*

48 P.A. LaViolette: »The Electric Charge and Magnetization Distribution«.

Kapitel 10 Der Searl-Effekt

1 S.G. Sandberg: »Searl-Effect Generator: Design and Manufacturing Procedure«, Juni 1985. Im Internet unter: *http://www.rexresearch.com/research/Searl*

2 P.L. Barrett: »The Searl Effect«, Newsletter Nr. NSCR-RM/BR-1, Band 1, Abschnitt 4, *Searl National Space Research Consortium*, 1. Juni 1968.

3 S.G. Sandberg: »The Searl-Effect and Searl-Effect Generator«, 17. Juni 1987. Im Internet unter der URL: *http://www.rexresearch.com/research/Searl*

4 Barrett: »The Searl Effect«, Abb. IV.

5 Rho Sigma, *Ether Technology*, S. 80.

6 »Movement of Massive Chunk of Earth a Mystery to Scientists in Washington«, *The Oregonian*, 24. November 1984.

7 V.V. Roschtschin / S.M. Godin: »Experimental Research of Magnetic-Gravity Effects: Full Size SEG Tests«, 2000.
Unter der URL: *http://searleffect.com/free/russianseg/images/russianseg.pdf*

8 V.V. Roschtschin / S.M. Godin: »An Experimental Investigation of the Physical Effects in a Dynamic Magnetic System«, in: *Technical Physics Letters* 26 (2000): S. 1105–1007. Unter der URL: *http://users.erols.com/iri/ Roshchin_Godin.PDF*

9 V.V. Roschtschin / S.M. Godin: »Experimental Research of Magnetic-Gravity Effects«.

10 P.A. LaViolette: »How the Searl Effect Works: An Analysis of the Magnetic Energy Converter«, in: *Proceedings of the Conference on New Hydrogen Technologies and Space Drives*, Adolf und Inge Schneider (Hrsg.): Jupiter-Verlag, Weinfelden 2001.

11 *Archer Energy Systems:* »The Faraday Disk Dynamo As The Original Over-Unity Device«. Im Internet unter der URL: *http://www.stardrivedevice.com/over-unity.html*

12 T. Valone: *The Homopolar Handbook*, Integrity Research Inst., Washington 1998, S. 6.

13 Ebd., S. 54–55.

14 A.G. Obolensky: persönliches Gespräch mit dem Autor.

15 Lemons / Obolensky: »Improved Operation of HID Lamps«, S. 55–58.

16 White / Cronin-Golomb / Fischer / Yariv: »Coherent Oscillation«, S. 450–452.

17 M. Cronin-Colomb / B. Fischer / J. O. White / A. Yariv: »Passive (Self-Pumped) Phase Conjugate Mirror«, S. 689–691.

18 P. A. LaViolette: »Introduction to Subquantum Kinetics«, Teil 1, 2 und 3, *International Journal of General Systems* 11 (1985): S. 281–294, 295–328, 329–346.

19 LaViolette: *Subquantum Kinetics.*

20 Barrett: »The Searl Effect«, S. 12.

21 Ebd.

22 LaViolette: *Subquantum Kinetics,* S. 117.

23 D. Lewis: »Is Antigravity in Your Future?«

24 Barrett: »The Searl Effect«, S. 3.

25 V. F. Michailow: »The Action of an Electrostatic Potential on the Electron Mass«, *Annales Fondation Louis de Broglie* 24 (1999): S. 161–169. Im Internet unter der URL: *www.ifi.unicamp.br/~assis/IEEE-Trans-Circuits-Systems-II-V52-p289-292(2005).pdf*

26 V. F. Michailow: »Influence of an Electrostatic Potential on the Inertial Electron Mass«, *Annales Fondation Louis de Broglie* 26 (2001): S. 633–638. Im Internet unter der URL: *http://www.ensmp.fr/aflb/AFLB-264/aflb264p633.pdf*

27 A. K. T. Assis: »Changing the Inertial Mass of a Charged Particle«, *Journal of the Physical Society of Japan* 62 (Mai 1993), S. 1418–1422.

28 Rho Sigma: *Ether Technology: A Rational Approach to Gravity Control,* CSA Printing & Bindery, Lakemont, Ga. 1977, 1996, S. 108; basierend auf einem Brief von einem von Searls engen Mitarbeitern, 11. Dezember 1984.

Kapitel 11 Versuche mit Elektrogravitationswellen

1 S. G. Dimitriou: »On the Pendulum Oscillations of a Suspended RF Resonant Circuit«. Im Internet unter der URL: *http://www.electrogravity.com/STAVROS/index.html*

2 S. G. Dimitriou: September 2006, persönliches Gespräch mit dem Autor.

3 J.-L. Naudin: »The Stavros RF Pendulum Experiment: An Electromagnetic Interaction with the Gravity Field« (unveröffentlichte Forschungsarbeit, 2001). Im Internet unter der URL: *http://jnaudin.free.fr/html/stvrfpnd2.htm*

4 S. G. Dimitriou: »Efforts in Developing Upward and Directional Thrust«.

5 S. G. Dimitriou: »Radiation Phenomena«, Kap. 3, 9.

6 S. G. Dimitriou: »Propulsive Effect on a Massive Plane Capacitor«.

7 S. G. Dimitriou: »Efforts in Developing Upward and Directional Thrust«.

8 S. G. Dimitriou: »Propulsive Effect on Two Capacitors«.

Kapitel 12 Elektrogravitationsversuche mit Hochspannung

1 Brief von T. Turman an den Autor, 15. August 1994.

2 Brief von T. T. Brown an T. Turman, 1. November 1971.

3 Brief von T. Turman an den Autor, 15. August 1994.

4 Brief von T. Turman an T. T. Brown, Herbst 1971.

5 Brief von T. Turman an den Autor, 15. August 1994.

6 Brief von L. Deavenport an den Autor, November 1995; »T. T. Brown Experiment Replicated«, *Electric Spacecraft Journal* 16 (1995), S. 34–36.

7 Brief von L. Deavenport an den Autor, November 1995.

8 R. L. Talley: »Twenty First Century Propulsion Concept«, Bericht der US-Luftwaffe Nr. PL.-TR-91-3009, Mai 1991, zu beziehen beim *National Technical Information Service.*

9 H. Serrano: »Re: Thomas Townsend Brown Effect in Vacuum«, 7. Juli 2003, Blog-posting bei: *http://www.fusor.net/board/view.php?site=fusor&bn=fusor_announced&key=1057576903*

10 P. Cornille: »Newton's Third Principle in Post-Newtonian Physics«, *Galilean Electrodynamics* 10(3) (1999), S. 33–34.

11 P. Cornille: »Electrostatic Pendulum Experiment Which Pumps Energy from the Ether«, (unveröffentlichte Forschungsarbeit, 1999), zu finden unter der URL: *http://members.aol.com/overunity/elecpexp/elecpexp.html*

12 P. Cornille: »Review of the Application of Newton's Third Law in Physics«, *Progress in Energy and Combustion Sciences* 25 (1999): S. 161–210. Im Internet unter der URL: *http://jnaudin.free.fr/elecpexp/elecpexp.html*

13 Ebd., S. 200.

14 R. Seaman: »Theory of an Ion Wind Device«, *Electrohydrodynamics* (Bala Cynwyd, Pa.: Electrokinetics, Inc., 23. März 1960), suppl. B. Im Internet unter der URL: *http://qualight.com/hydro/hydro.htm*

15 P. Cornille: »Review of the Application of Newton's Third Law«, S. 199.

16 J.-L. Naudin: »Cornille's Electrostatic Pendulum« (unveröffentlichte Forschungsarbeit, April 2002). Unter der URL: *http://members.aol.com/ekpland/html/pcespend.htm*

17 J.-L. Naudin: »The Lifter Experiments« (unveröffentlichte Forschungsarbeit, 2001). Im Internet unter der URL: *http//jnaudin.free.fr/html/ftcraft1.htm und http://jnaudin.free.fr/html/liftrs.htm*

18 J.-L. Naudin: »The Electrokinetic Model of the Lifter« (unveröffentlichte Forschungsarbeit, 2002). Im Internet unter der URL: *http://jnaudin.free.fr/html/index2.htm*

19 W. B. Stein: »Eletrokinetic Propulsion: The Ionic Wind Argument«, *Purdue University*, Energy Conversion Lab, 5. September 2000.

20 Z. Losonc: »The Charge and Force Distribution Analysis of the Lifters in Vacuum«. Im Internet unter der URL: *http://lifters.online.fr/lifters/liftvacuum/index.htm*

21 J.-L. Naudin: »The Ion Wind Tests on Transdimensional's Lifter« (unveröffentlichte Forschungsarbeit, 2001). Im Internet unter: *http://jnaudin.free.fr/html/lifteriw.htm*

22 J.-C. Lafforgue: »Isolated Systems Self-Propelled by Electrostatic Forces«, Französisches Patent Nr. 2651388, erteilt am 1. März 1991, Abb. 6.

23 J.-L. Naudin: »The Lafforgue's Field Propulsion Thruster Solver«. Im Internet unter: *http://jnaudin.free.fr/lfpt/html/lfptslv2.htm*

24 J.-L. Naudin: »The Lafforgue Field Propulsion Thruster LFPT v.1.0«, 27. Januar 2002. Im Internet unter der URL: *http://jnaudin.free.fr/lfpt/html/lfptv1a.htm*

25 J.-L. Naudin: »The Rotating Lafforgue Field Propulsion Thruster: The Twin-LFPTExperiment«, 6. Februar 2002. Im Internet unter der URL: *http://jnaudin.free.fr/lfpt/html/twinlfpt.htm*

26 A. Colacchio: »Lafforgue's Field Propulsion Thruster-Barium Titanat«, 28. März 2002. Im Internet unter: *http://www.imagineanything.com/energy/lfpt_bt.htm*

Kapitel 13 Ein schwarzes Loch in der NASA

1 P.A. LaViolette: »Electrogravitics: An Energy-Efficient Means of Spacecraft Propulsion«, SEOP-Vorschlag Nr. 100159 an das NASA *Space Exploration Outreach Program* von 1990. Nachgedruckt in: Explore 3(1) (1991): S. 76–79.

2 »America at the Threshold: Report of the Synthesis Group on America's Space Exploration Initiative« U.S. Government Printing Office, Washington, D.C. 1991.

3 T. Garber, et al.: »Space Transportation Systems, Launch Systems and Propulsion for the Space Exploration Initiative: Results from Project Outreach«, RAND-Bericht N-3283-AF/NASA, 1991, S. 127.

4 V.V. Roschtschin / S.M. Godin: »An Experimental Investigation of the Physical Effects«, S. 1105–1107.

5 T. Valone: »Significant Non-conventional Energy and Propulsion Methods for the 21st Century, in: *Proceedings of the 1990 International Tesla Symposium*, 5.73–5.84, S. Elswick (Hrsg.): *International Tesla Society*, Denver 1991.

6 R. Thompson: »Yesterday the Garden Shed, Tomorrow Mars«, *Sydney Morning Herald*, 18. März 1989, Abschnitt 8-9.

7 Garber: »Space Transportation Systems«, S. 2,6.

8 Ebd.

9 Gespräch mit dem Autor, Februar 1992.

10. Garber: »Space Transportation Systems«, S. 5.

11 Ebd.

12 Anonymer Mitarbeiter der NASA, Gespräch mit dem Autor, Mai 1994.

13 J. Campbell: »Apparatus for generating thrust using a two dimensional, asymmetrical capacitor module«, US-Patent Nr. 6.317.310, eingereicht am 8. März 2000, ausgestellt am 13. November 2001; US-Patent Nr. 6.411.493, eingereicht am 20. September 2001, ausgestellt am 25. Juni 2002.

14 Mullins: »Plasma Magic«.

15 Ebd.

16 Ebd.

17 S. Greer: *Disclosure: Military and Government Witnesses Reveal the Greatest Secrets in Modern History*, Crossing Point, Crozet, Va. 2001, S. 419–421.

18 Ebd., S. 421.

19 Tom, Gespräch mit dem Autor, September 1994.

20 National Security Space Road Map.
URL: *http://www.fas.org/spp/military/program/nssrm/initiatives/usspace.htm*

21 D. Kiakopoulos: *Das Erwachen des Roten Bären*, Thessaloniki, Griechenland: Liakopoulos Publications, 2005, S. 203–204, Text in Griechisch.

22 *Scaled Composites Company:* »Branson and Rutan Form ›The Spaceship Company‹«, 27. Juli 2005. Im Internet unter der URL:
http://www.scaled.com/news/2005-07-27_branson_rutan_spaceship_company.htm

Kapitel 14 Eine Technologie, die die Welt verändern könnte

1 J. Falcone/S. Gibson/R. Oberleitner/S. Seidel: »Reminder on TC2800 guidelines for Sensitive Application Warning System (SAWS) program«, Memo vom *U.S. Patent and Trademark Office* vom 15. Januar 2008.

LITERATURVERZEICHNIS

Air Force Intelligence: »Analysis of Flying Object Incidents in the U.S.«, Bericht Nr. 100-203-79.

»America at the Threshold: Report of the Synthesis Group on America's Space Exploration Initiative«, U.S. Government Printing Office, Washington, D.C. 1991.

Assis, A. K. T.: »Changing the Inertial Mass of a Charged Particle«, *Journal of the Physical Society of Japan* 62 (Mai 1993): S. 1418–1422.

Aviation Studies: »Electrogravitics Systems: An Examination of Electrostatic Motion, Dynamic Counterbary and Barycentric Control«, Bericht Nr. GRG 013/56, *Aviation Studies,* London, Februar 1956.

_______ The Gravitics Situation. London: Gravity Rand Ltd., Dezember 1956.

Bahnson, A. H.: »Electrical Thrust Producing Device«. US-Patent 3.223.038, eingereicht am 10. September 1064, ausgestellt am 14. Dezember 1965.

Barrett, P. L.: »The Searl Effect«, Newsletter Nr. NSRC-RM/BR-1, Band 1, Abschnitt 4, Searl National Space Research Consortium, 1. Juni 1968.

Basiago, A.: »Dreamland and the CIA«, MUFON *Ufo Journal* 291 (1992).

Berlitz, C./W. L. Moore: *The Roswell Incident,* Grosset & Dunlap, New York 1980.

Blum, H.: *Out There,* Simon & Schuster, New York 1990, S. 211–267.

Brown, T. T.: »A method of and an apparatus or machine for producing force or motion«, Britisches Patent Nr. 300.311, eingereicht am 15. August 1927, erteilt am 15. November 1928.

_______ »How I Control Gravity«, *Science and Invention Magazine,* August 1929. Nachdruck im *Psychic Observer* 37(1) (1976): S. 14–18.

_______ »A Brief Description of Experiments Made in Paris (1955–1956)«, unveröffentlichter Bericht.

_______ »Electrokinetic Apparatus«, US-Patent Nr. 3.187.206, eingereicht am 9. Mai 1956, erteilt am 1. Juni 1965.

_______ »Electrokinetic Apparatus«, US-Patent Nr. 2.949.550, eingereicht am 16. August 1960.

_______ »Electrokinetic Generator«, US-Patent Nr. 3.022.430, ausgestellt am 20. Februar 1962.

_______ »Electric Self-Potential in Rocks«, *Psychic Observer* 37(1) (1976).

_______ »On the Possibilities of Optical-Frequency Gravitational Radiation«, unveröffentlichte Abhandlung, 30. August 1976.

Brush, C.: »Retardation of Gravitational Acceleration and the Spontaneous Evolution of Heat in Complex Silicates, Lavas, and Clays«, *Physical Review* 31 (1921): S. 1113.

Burridge, G.: »Townsend Brown and his Anti-gravity Discs«. *Fate* (November 1956): S. 40–48.

_______ »Another Step toward Anti-gravity«, *The American Mercury* 86(6) (1958):S. 77–82.

Cady, W. M.: »An Investigation Relative to Thomas Townsend Brown«, Office of Naval Research, Pasadena (Calif.), Juni 1952.

Campbell, J.: »Apparatus for generating thrust using a two dimensional, asymmetrical capacitor module«, US-Patent Nr. 6.317.310B1, eingereicht am 13. November 2001, ausgestellt am 25. Juni 2002.

Carew, C.: »The Key to Travel in Space«, *Canadian Aviation* 32 (Juli 1959): S. 27–32.

Chui, S. T.: »Negative Refraction in Anisotropic Composites«, *Bulletin of the American Physical Society*, Konferenz im März 2004, Auszug unter der folgenden URL: *http://flux.aps.org/meetings/YR04/MAR04/baps/abs/S6590001.html*

Cleaver, A. V.: »Electro-Gravitics: What It Is – or Might Be«, *Journal of the British Interplanetary Society* 16(2) (1957): S. 84–94.

Cook, N.: »Airpower Electric«, *Jane's Defense Weekly* 38 (2002): S. 56–63.

_______ »Antigravity Propulsion Comes out of the Closet«, *Jane's Defense Weekly* (2002).

_______ *The Hunt for Zero-Point*, Random House, New York 2003.

Cornille, P.: »Newton's Third Principle in Post-Newtonian Physics«, *Galilean Electrodynamics* 10(3) (1999).

_______ »Review of the Application of Newton's Third Law in Physics«, *Progress in Energy and Combustion Sciences* 25 (1999): S. 161–210.

Corum, K. L. / J. F. Corum / J. F. X. Daum: »Tesla's Egg of Columbus, Radar Stealth, the Torsion Tensor, and the Philadelphia Experiment«, in: *Proceedings of the 1994 International Tesla Symposium*, S. Elswick, (Hrsg.), *International Tesla Society*, Denver 1994.

Cronin-Colomb, M./B. Fischer/J.O. White/A. Yariv: »Passive (Self-Pumped) Phase Conjugate Mirror: Theoretical and Experimental Investigation«, *Applied Physics Letters* 41 (1982): S. 689–691.

Curtin, M., et al.: »Acceptance Test Performance of the Rocketdyne Radio Frequency Power System«, IEEE Proceedings (1993): S. 1244–1246.

Curtis, T.: »Court Enters Twilight Zone as 3 Claim Attack by Ufo«, *The Oregonian*, 17. September 1985, A12.

Department of Defense: »Air Force Releases Study on Unidentified Aerial Objects«, Office of Public Information, 25. Oktober 1955.

DiDomenico, L.D./G.M. Rebeiz: »Frequency Stability in Adaptive Retrodirective Arrays«, *IEEE Transactions on Aerospace and Electronic Systems* (Oktober 2000), S. 1219–1231.

Dimitriou, S.G.: »Radiation Phenomena of Specially Shaped Current Pulses«, Diplomarbeit, Fakultät für Elektrotechnologie, *University of Manchester*, 1994.

_______ »Efforts in Developing Upward and Directional Thrust«, Vortrag an der Propelantles Propulsion Conference, *University of Sussex*, Januar 2001, unter der URL: *http://jnaudin.free.fr/stvexp/html/stvrxpla.htm*

Edwards, F.: *Flying Saucers – Serious Business*, Bantam, New York 1966, S. 127.

»Electrogravitics: Science or Daydream?«, *Product Engineering* (1957): S. 12.

»Electrohydrodynamics«, Whitehall-Rand, Meadville (Pennsylvania), 4. März 1960.

»Electrohydrodynamics«, *Electrokinetics, Inc.*, Bala Cynwyd (Pa.), 23. März 1960.

Feyman, R.P./R. Leighton/M. Sands: *The Feyman Lectures on Physics*, Band II. Addison-Wesley, Reading (Massachusetts) 1964, 12.6–12.7.

»Flying Saucers ›Explained‹ by Men of New Research University Here«, *Los Angeles Times*, 3. April 1952, Abschnitt B, S. 1.

Garber, T., et al.: »Space Transportation Systems, Launch Systems and Propulsion for the Space Exploration Initiative: Results from Project Outreach«, RAND-Bericht N-3283-AF/NASA, 1991.

Gerardin, L.A.: »Electro-Gravitic Propulsion«, *Interavia* (Schweiz) 11(12) (1956): S. 992.

Goebel, D.M., et al.: »High-Power Microwave Source Based on an Unmagnetized Backward-Wave Oscillator«, *IEEE Transactions on Plasma Science* 22(5) (Oktober 1994), S. 547–553.

Good, T.: *Above Top Secret*, William Morrow & Co., New York 1988; dt.: *Jenseits von Top Secret*, Verlag Zweitausendeins.

_______ *Alien Contact: Top-Secret Ufo Files Revealed*. William Morrow & Co., New York 1991.

Gordon, D. B./P. Dellinger: *Don't Look Up!*, Empire Publishing, Madison (North Carolina) 1988.

Greer, S.: *Disclosure: Military and Government Witnesses Reveal the Greatest Secrets in Modern History*, Crossing Point, Crozet (Virginia) 2001.

Harkay, K.: »Simulation Investigations of the Longitudinal Sawtooth Instability at SURF«, in: *Proceedings of the 2001 Particle Accelerator Conference* (2001): S. 1918–1920.

Harrington, E. A.: »Further Experiments on the Continuous Generation of Heat in Certain Silicates«, *Proceedings of the American Philosophical Society* 72(5) (1933): S. 333–349.

»How to ›Fall‹ into Space«, *Business Week*, 8. Februar 1958, S. 51–53.

Hill, P.: *Unconventional Flying Objects: A Scientific Analysis*, Hampton Road Publishing, Charlottesville (Virginia) 1995.

Hynek, J. A./P. J. Imbrogno: *Night Siege: The Hudson Valley Ufo Sightings*, Ballantine Books, New York 1987.

Intel: »Towards Flight without Stress or Strain ... or Weight«, *Interavia* (Schweiz) 11(5) (1956). S. 373–374.

Jefimenko, O: *Causality, Electromagnetic Induction and Gravitation*, Electret Scientific Co., (Star City, West Virginia).

Keyhoe, D. E.: *The Flying Saucer Conspiracy*. Henry Holt & Co., New York 1955.

LaViolette, P. A.: »Galactic Explosion, Cosmic Dust Invasions, and Climatic Change«, Doktorarbeit, *Portland State University*, 1983.

_______ »An Introduction to Subquantum Kinetics: II. An Open Systems Description of Particles and Fields«, in: »Systems Thinking in Physics« Sonderausgabe des *International Journal of General Systems* 11 (1985): S. 295–328.

_______ »A Tesla Wave Physics for a Free Energy Universe«; Vortrag an der Internationalen Konferenz der Teslagesellschaft, Colorado Springs (1990).

_______ »Electrogravitics: An Energy-Efficient Means of Spacecraft Propulsion«, SEOP-Angebot Nr. 100159 im Rahmen des NASA *Space Exploration Outreach Program*, nachgedruckt in *Explorer* 3(1) (1991): S. 76–79.

_______ »The Planetary-Stella Mass-Luminosity Relation: Possible Evidence of Energy Nonconservation?«, in: *Physics Essays* 5(4) (1992): S. 536–542.

_______ »How the Searl Effect Works: An Analysis of the Magnetic Energy Converter«, in: *Proceedings of the Conference on New Hydrogen Technologies and Space Drives*, Weinfelden, Schweiz, 23. Juni 2001, Adolf und Inge Schneider, (Hrsg.): Jupiter-Verlag, Weinfelden 2001.

_______ *Subquantum Kinetics: A Systems Approach to Physics and Cosmology*, Starlane Publications, Schenectady (N.Y.) 1994, 2002.

_______ *Genesis of the Cosmos: The Ancient Science of Continuous Creation,* Bear & Co., Rochester (Vermont) 1995, 2004.

_______ »The Pioneer Maser Signal Anomaly: Possible Confirmation of Spontaneous Photon Blueshifting«, in: *Physics Essays* 18(2) (2005), S. 150–163.

_______ »The Electric Charge and Magnetization Distribution of the Nucleon: Evidence of a Subatomic Turing Wave Pattern«, *International Journal of General Systems* (2008).

Lemons, T./A. G. Obolensky: »Improved Operation of HID Lamps«, Lighting Design & Application (1978): S. 55–58.

Lewis, D: »Is Antigravity in Your Future?«, *Atlantis Rising* 1 (1994).

Liakopoulos, D.: *Das Erwachen des Roten Bären,* Liakopoulos Publications, Thessaloniki 2005, S. 203–204, in Griechisch.

McCampbell, J. M.: *Ufology: Insights from Science and Common Sense,* Jaymac Co., Belmont (California) 1973.

Michailow, V. F.: »The Action of an Electrostatic Potential on the Electron Mass«. *Annales Fondation Louis de Broglie* 24 (1999): S. 161–169.

_______ »Influence of an Electrostatic Potential on the Inertial Electron Mass«, *Annales Fondation Louis de Broglie* 26 (2001): S. 633–638.

»Movement of Massive Chunk of Earth a Mystery to Scientists in Washington«, *The Oregonian,* 24. November 1984.

Moore, W. L./Ch. Berlitz: *The Philadelphia Experiment: Project Invisible,* Fawcett Crest, New York 1979; dt.: *Das Philadelphia Experiment* (Weltbild Verlag, Augsburg, 1994).

Mullins, J.: »Plasma Magic«, *New Scientist,* 28. Oktober 2000.

National Materials Advisory Board. Materials for High-Temperature Semiconductor Devices (1995); Washington, D.C., *National Academy of Sciences,* 2006, S. 93.

Neswizhewsky, V. V., et al.: »Quantum States of Neutrons in the Earth's Gravitational Field«, *Nature* 415 (2002): S. 297–299.

»Northrop Studying Sonic Boom Remedy«, *Aviation Week & Space Technology* (22. Januar 1968), S. 21.

Obolensky, A. G.: »The Force Is Faster than Its Radiations«, in: *Proceedings of the Second International Symposium on Nonconventional Energy Technology,* Atlanta, 9.–11. September 1983.

_______ »The Magnetic Force Is Faster than Light«, in: *Proceedings of the 1986 International Tesla Symposium,* 5.29–5.40, S. Elswick (Hrsg.): *International Tesla Society,* Colorado Springs 1986.

_______ »The Mechanics of Time«, in: *Proceedings of the 1988 International Tesla*

Symposium, 4.25-4.40, S. Elswick (Hrsg.): *International Tesla Society*, Colorado Springs 1988.

Okress, E.C., et al.: »Design and Performance of a High Power Pulsed Magnetron«, 1956 *International Electron Devices*, zweite Konferenz (1956): S. 8.

Pendry, J.B./D.R. Smith: »Reversing Light with Negative 'Refraction." Physics Today 57(6) (2004): S. 37-43.

_______ »The Quest for the Superlens«, *Scientific American* (2006): S. 61-67.

Pepper, D.M.: »Applications of Optical Phase Conjugation«, *Scientific American* 254 (1986): S. 74-83.

Podolski, V.A./E.E. Narimanow: »Nanostructured Non-magnetic Left-Handed Composites«, in: *AP-S/URSI 2005 Proceedings*, Washington, D.C. IEEE, 2005.

_______ »Strongly Anisotropic Waveguide as a Nonmagnetic Left-Handed System«, *Physical Review* B 71 (2005): 201101.

»Project Winterhaven: A Proposal for Joint Services Research and Development Contract«, *Townsend Brown Foundation*, Washington D.C., 1. Januar 1953.

Randle, K.D./D.R. Schmitt: *The Truth About the Ufo Crash at Roswell*, Avon Books, New York 1994.

Reynolds, J.: »Thomas Townsend Brown's Final Gravito-Electric Research«, Vortrag, gehalten anlässlich des Symposiums über elektrische Antriebe und die Technologie der Elektrogravitation (15.-16. April 1994).

Rho Sigma (R. Schaffranke): *Ether Technology: A Rational Approach to Gravity Control*, CSA Printing & Bindery, Lakemont (Georgia) 1977.

»Role of Gravitation in Physics«, *Science* 125 (1957): S. 998.

Rose, M.: »The Flying Saucer: The Application of the Biefeld-Brown Effect to the Solution of the Problems of Space Navigation«, *University for Social Research*, 8. April 1952.

Roschtschin, V.V./S.M. Godin: »An Experimental Investigation of the Physical Effects in a Dynamic System«, *Technical Physics Letters* 26 (2000): S. 1105-1107.

Schatzkin, P.: *Defying Gravity*, Tanglewood Press, Terre Haute (Indiana) 2007. Im Internet unter der URL: *http://www.ttbrown.com/defying_gravity/000_preface.html*

Schih, R., et al.: »Microwave Phase Conjugation in a Liquid Suspension of Elongated Microparticles«, *Physical Review Letters* 65 (5) (1990): S. 579-582.

Schkunow, V.V./B.Y. Seldowitsch: »Optical Phase Conjugation«, *Scientific American* 253 (1985), S. 54-59.

Scott, W.B.: *Inside the Stealth Bomber;* Tab/Aero Books, New York 1991.

_______ »Black World Engineers, Scientists Encourage Using Highly Classified Technology for Civil Applications«, *Aviation Week & Space Technology* (1992): S. 66–67.

Scully, F.: *Behind the Flying Saucers*, Henry Holt, New York 1950.

»Secret Advanced Vehicles Demonstrate Technologies for Future Military Use«, *Aviation Week & Space Technology* (1990), S. 20–23.

Shelby, R. A. / D. R. Smith / S. Schultz: »Experimental Verification of a Negative Index of Refraction«, *Science* 292 (2001): S. 77–79.

Smolin, L.: *The Trouble with Physics: The Rise of String Theory, the Fall of Science, and What Comes Next*, Houghton Mifflin, New York 2006.

»Sonic Boom Experiments«, *Product Engineering* 39 (11. März 1968), S. 35–36.

Steinman, W. S. / W. C. Stevens: *Ufo Crash at Aztec: A Well Kept Secret*, Ufo Photo Archives, Tucson 1986, S. 376.

Talbert, A. E.: »Conquest of Gravity Aim of Top Scientists in U.S.«, *New York Herald Tribune*, 20. November 1955, S. 1, 36.

_______ »Space-Ship Marvel Seen if Gravity is Outwitted«, *New York Herald Tribune*, 21. November 1955, S. 1, 6.

_______ »New Air Dream-Planes Flying Outside Gravity«, *New York Herald Tribune*, 22. November 1955, S. 6, 10.

Talley, R. L.: »Twenty-First Century Propulsion Concept«, U.S. Air Force Bericht Nr. PL-TR-91-3009, Mai 1991, zu beziehen beim *National Technical Information Service*.

Tesla, N.: »The Transmission of Electrical Energy without Wires«, *Electrical World and Engineer* (5. März 1904).

Thompson, R.: »Yesterday the Garden Shed, Tomorrow Mars«, *Sydney Morning Herald*, 18. März 1989, Anhang, Abschnitt 8–9.

Ufo Subcommittee of AIAA, »Ufo Encounter 1«, *Astronautics and Aeronautics* (Juli 1971): S. 66–70.

Valone, T.: »Significant Non-conventional Energy and Propulsion Methods for the 21st Century«, in; *Proceedings of the 1990 International Symposium*, 5.73–5.84, S. Elswick, (Hrsg.): *International Tesla Society*, Denver 1991.

_______ (Hrsg.): *Electrogravitics Systems: Reports on a New Propulsion Methodology*, Integrity Research Institute, Washington, D. C. 1994.

_______ »T. T. Brown's Electrogravitics Research in the 1950s«, in: *Proceedings of the 1994 International Tesla Symposium*, S. Elswick, (Hrsg.): *International Tesla Society*, Denver 1994.

_______ *The Homopolar Handbook*, Integrity Research Institute, Washington, D. C. 1998.

Vassilatos, G.: *Secrets of Cold War Technology: Project HAARP and Beyond*, Borderland Sciences, Bayside (California) 1996.

Veselago, V. G.: »The Electrodynamics of Substances with Simultaneously Negative Values of ε and μ«, *Soviet Physics Uspekhi* 10 (1968): S. 509–514; ursprünglich erschienen in russischer Sprache in *Успехи Физических Наук* 92 (1967): S. 517–526.

White, J. O. / M. Cronin-Colomb / B. Fischer / A. Yariv: »Coherent Oscillation by Self-Induced Gratings in the Photorefractive Crystal BaTio3«, *Applied Physics Letters* 40 (1982): S. 450–452.

Woit, P.: *Not Even Wrong: The Failure of String Theory and the Search for Unity in Physical Law*, Basic Books, New York 2006.

Yost, C. A.: »T. T. Brown and the Bahnson Lab Experiments«, *Electric Spacecraft Journal* 2 (1991), S. 6–12.

Zhang, Y., et al.: »Total Negative Refraction in Real Crystals for Ballistic Electrons and Light«, *Physical Review Letters* 91 (2003), Nr. 157404.

STICHWORTVERZEICHNIS

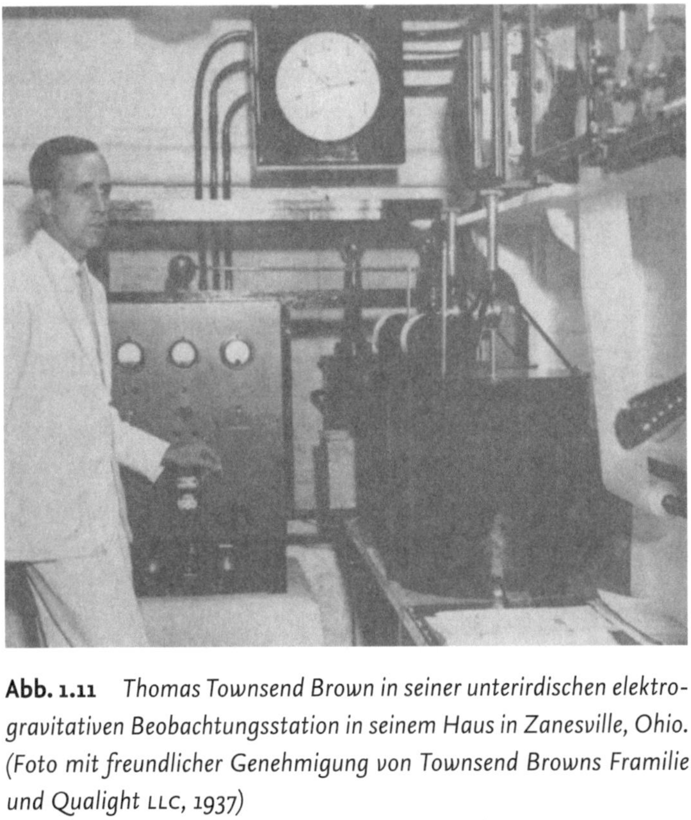

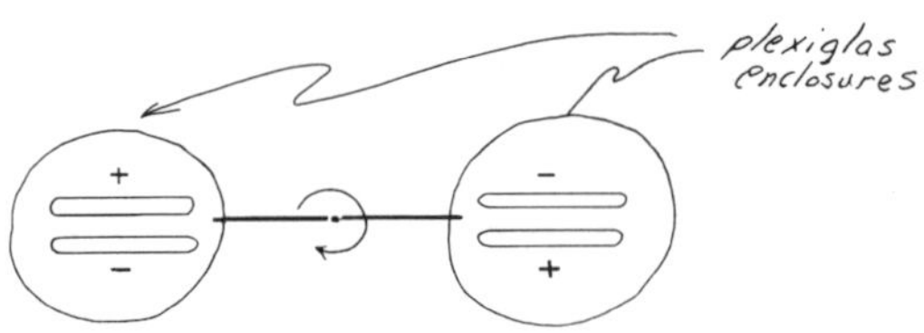

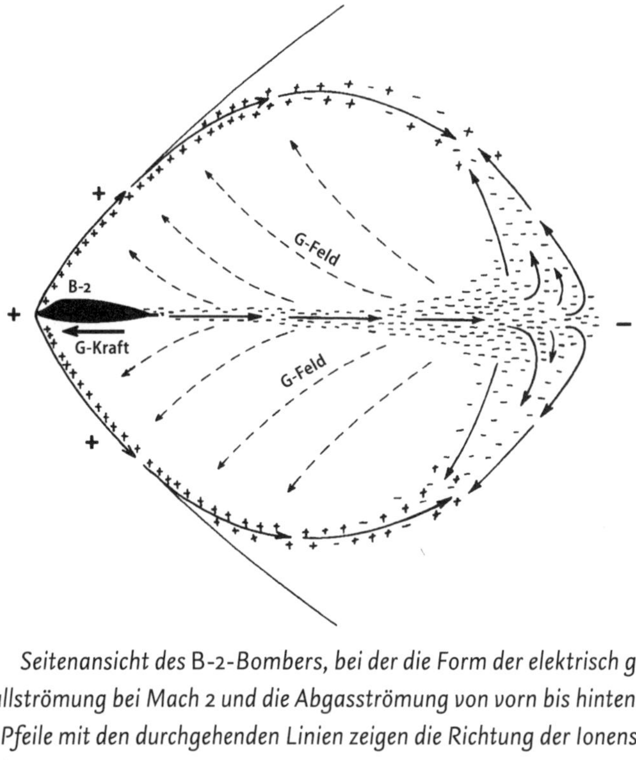

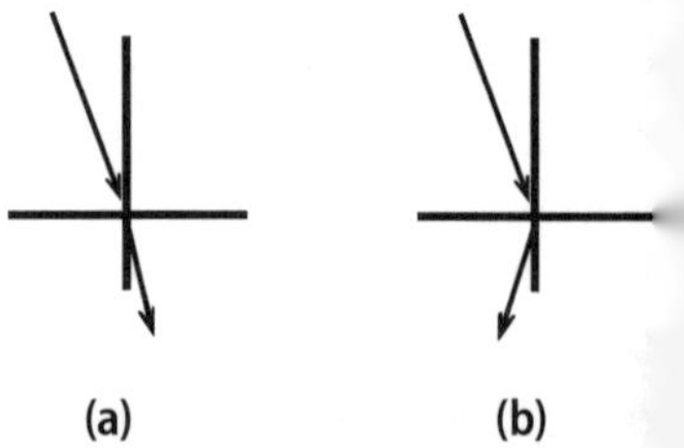

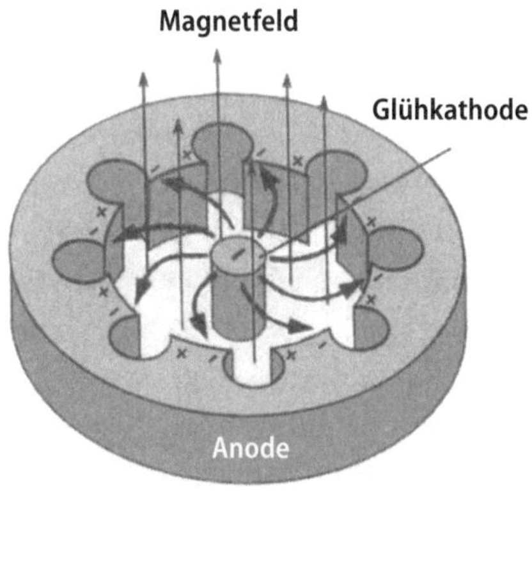

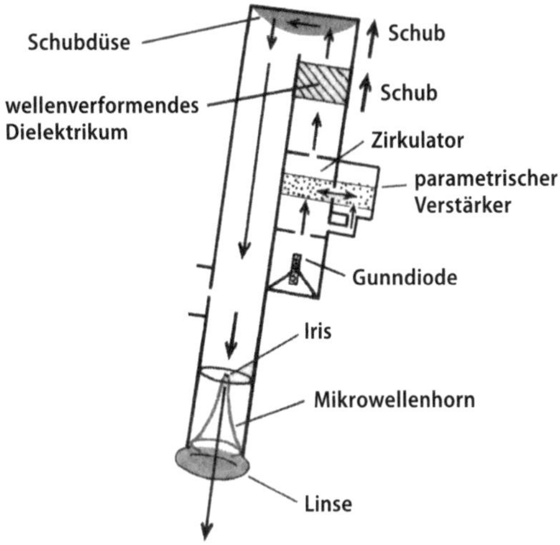

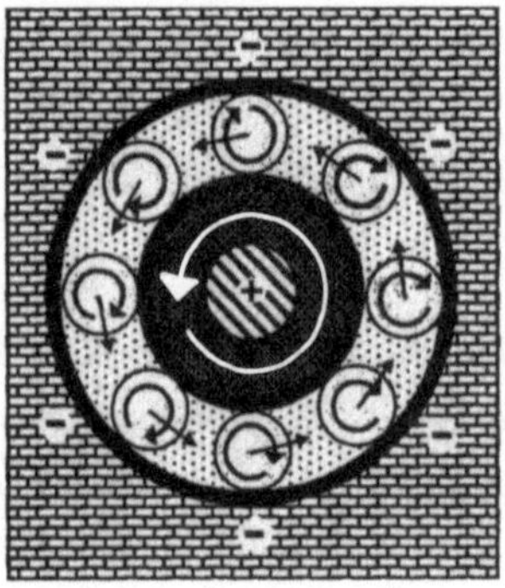

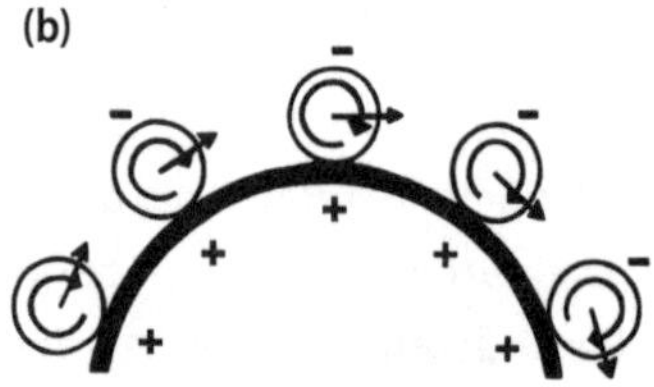

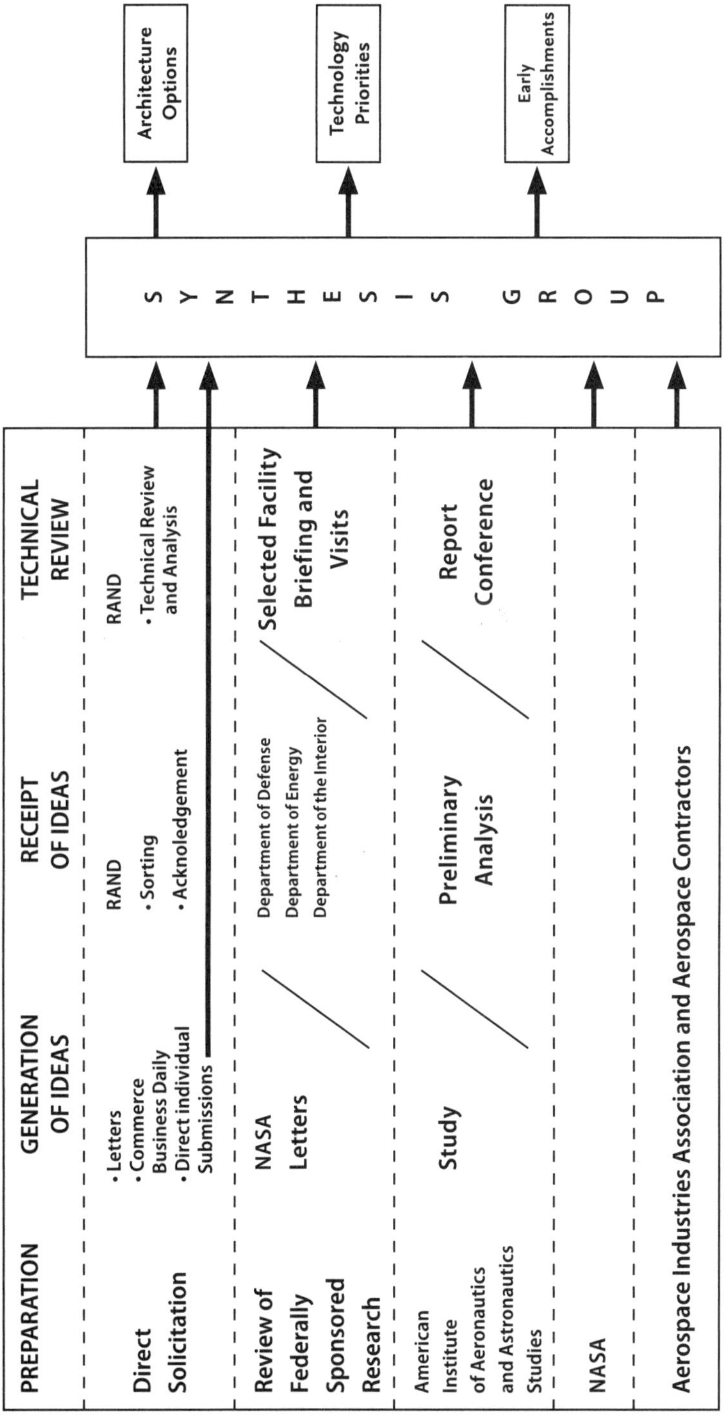

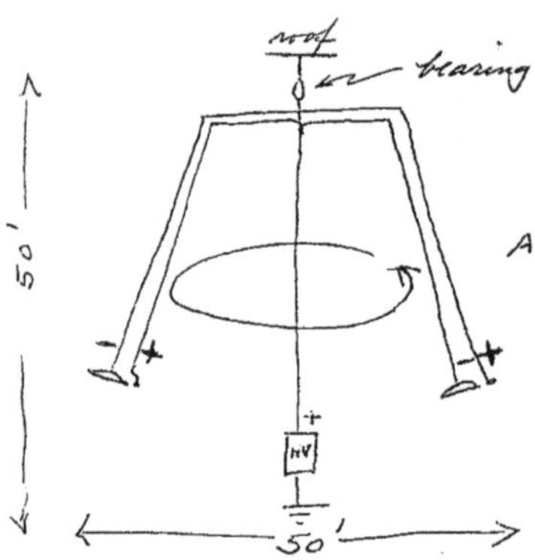

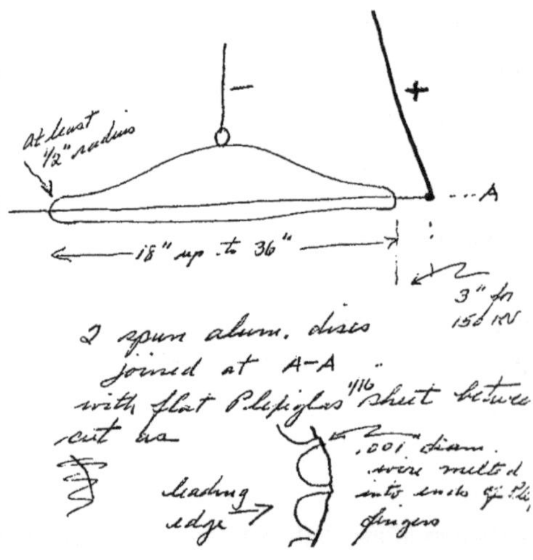

1	7	13
2	8	14
3	9	15
4	10	16
5	11	17
6	12	18
		19

~~TOP [illegible]~~ CONFIDENTIAL

Downgraded to CONFIDENT[IAL] SEE MEMO IS 15/9/[illegible] CF

VERKEHRSMINISTERIUM Vertraulich
Interne Korrespondenz Ottawa, Ontario, 21. November 1950

